CESCOTTI

LUFTFAHRTDEFINITIONEN
ENGLISCH-DEUTSCH
DEUTSCH-ENGLISCH

Einbandgestaltung: Reinhard Bornemann

ISBN 3-613-01167-0

1. Auflage 1987
Copyright © by Motorbuch Verlag, Postfach 13 70, 7000 Stuttgart 1
Eine Abteilung des Buch- und Verlagshauses Paul Pietsch GmbH & Co. KG
Satz und Druck: Rems-Druckerei, 7070 Schwäbisch Gmünd
Buchbinderische Verarbeitung: E. Riethmüller, 7000 Stuttgart 1
Printed in Germany.

Roderich Cescotti

Glossary of Aeronautical Definitions

Luftfahrt-definitionen

English-German
German-English

Englisch-Deutsch
Deutsch-Englisch

Motorbuch Verlag Stuttgart

Contents

Inhalt

Vorwort
zur völlig überarbeiteten Neuauflage 1987

Mit dieser erweiterten Neuauflage wird dem vielfachen Wunsch und Bedarf nach dem vor über dreißig Jahren erstmalig erschienenen Nachschlagewerk entsprochen. Die vorangegangene Ausgabe von 1969, die von ursprünglich 3540 Definitionen und Definitionsverweisungen auf 4140 erweitert worden war, ist in der vorliegenden Neuauflage durch fast 700 Begriffe aus dem Bereich der von der AGARD[1] übernommenen Definitionen der amerikanischen "National Aeronautics and Space Administration" (NASA) und der für den Bereich der NATO[2] verbindlichen Definitionen der AAP-6 ("NATO Glossary of Military Terms and Definitions") – aus letzterer nur aus dem allgemeinen und zivilen Anwendungsbereich – auf mehr als 4830 Stichwörter erweitert worden.
Die in den früheren Auflagen bewährte Systematik und das Nummerungssystem sind praktisch unverändert beibehalten worden. Beide werden in den nachstehenden „Erläuterungen" näher beschrieben.
Unterschiede im amtlichen österreichischen und schweizerischen Fachsprachgebrauch gegenüber der hier gebrachten deutschen Version sind nicht herausgestellt worden. Sie können aus dem „Wörterbuch der ICAO-Terminologie", einem Sonderdruck der Bundesanstalt für Flugsicherung (D-6000 Frankfurt/Main 1, Opernplatz 14), entnommen werden, das aber keine Definitionen der einzelnen Stichwörter enthält.
Mögen diese Grundlagendefinitionen aus den Gebieten der Luft- und Raumfahrt insbesondere dem im nachfolgenden Vorwort zur ersten Auflage von 1956 angesprochenen Personenkreis weiterhin eine verläßliche Arbeitsgrundlage sein. Der erneute Dank des Verfassers gilt all den bereits im früheren Vorwort Erwähnten und denjenigen, die zu der Neuauflage 1987 beigetragen haben.

Fürstenfeldbruck/Obb.   R. C.
Februar 1987

[1] [vgl. nachstehende Druckseite 10]
[2] NATO = North Atlantic Treaty Organization

Preface to the new Edition 1969:

In its new edition the "Aeronautical Definitions" have been revised to reflect the latest available versions of International Civil Aviation Organization (ICAO) and British Standards (BS) 185 definitions.
The formulations in German language developed by the corporations, institutes, governmental and other agencies and by the personalities listed in the preface to the first edition, published in 1956, have formed the basis for the revision of the German text. It has been adjusted accordingly to correspond with the updated ICAO/BS definitions; obsolete definitions have been eliminated; some older definitions not listed any more in the new source material have been retained for reasons of completeness; the whole compilation has been improved from a lexicographical viewpoint; drawings in the text and the meteorological tables have been omitted; the total volume – as compared with the first edition – has been increased from 3540 to 4140 entries.
My renewed thanks go in particular to the British Standards Institution, London; to the "Bundesanstalt für Flugsicherung" (Federal Air Traffic Control Institution), Frankfurt/Main; to the editor of the books of this series, Regierungsbaudirektor a. D. Dr.-Ing. H. J. Zetzmann, "Institut für Flugfunk und Mikrowellen der Deutschen Versuchsanstalt für Luft- und Raumfahrt e. V." (Institute for Aeronautical Radio Research and Microwaves c/o German Aeronautical and Aerospace Research Institution), Oberpfaffenhofen; and – last not least – to my son Rüdiger Cescotti, for all the support I have received in preparing this new revised edition.

Washington, D. C., USA/Brussels, Belgium,
February 1969
R. C.

Vorwort zur Neuauflage 1969:

Die „Luftfahrtdefinitionen" der vorliegenden Neuauflage wurden auf den heutigen Stand der Begriffsbestimmungen der „International Civil Aviation Organization" (ICAO = Internationale Zivilluftfahrt-Organisation) und der entsprechenden „Britischen Normen" (British Standards 185) gebracht.
Sie bauen auf den unter Mitwirkung der im Vorwort zur ersten Auflage erwähnten Körperschaften, Institute, Dienststellen und Persönlichkeiten erarbeiteten und 1956 veröffentlichten deutschen Formulierungen auf; veraltete Begriffe wurden eliminiert, die deutsche Fassung geänderter Begriffe korrigiert, neue Begriffe hinzugefügt, einige ältere Begriffe, die in dem neuen Quellenmaterial nicht mehr geführt werden, der Vollständigkeit halber beibehalten, die Zusammenstellung lexikographisch ausgefeilt und der Gesamtumfang gegenüber der ersten Auflage – bei Fortfall des meteorologischen Tabellenteils sowie der Abbildungen im Text – von 3540 Definitionen und Definitionsverweisungen auf 4140 erweitert.
Mein erneuter Dank gilt insbesondere der „British Standards Institution", London, der Bundesanstalt für Flugsicherung, Frankfurt/M., und dem Herausgeber dieser Buchreihe, Herrn Reg.-Baudirektor a. D. Dr.-Ing. H. J. Zetzmann vom Institut für Flugfunk und Mikrowellen, Deutsche Versuchsanstalt für Luft- und Raumfahrt e. V., Oberpfaffenhofen, und nicht zuletzt meinem Sohn Rüdiger Peter Cescotti für ihre Unterstützung bei der Erarbeitung dieser Neuauflage.

Washington, D. C., USA/Brüssel, Belgien,
Februar 1969
R. C.

Preface to the first edition:

The "Glossary of Aeronautical Definitions" is a systematic compilation of definitions which have been formulated either by the *International Civil Aviation Organization (ICAO)* or the *British Standards Institution* during the post-WW II years.

Apart from their immediate area of application, i. e. Great Britain, the British Standard Institution definitions deserve special attention because they have been selected by the *Advisory Group for Aerospace Research and Development (AGARD)*[1] to form the basis for a multilingual aeronautical dictionary[3].

In order to facilitate the publication of a handy edition, confined to the English-German version of the more essential ICAO and AGARD definitions most urgently needed in Germany, the competent authorities, agencies and personalities have approved the utilization of the English-German definition material in the present form. These definitions should meet requirements in the following fields:

aeronautical research and development;

aircraft industry;

civil aviation, including air traffic control and air weather services;

military aviation with special emphasis on publications, technical and language training, specifications and procurement;

translation activities, both commercial and military.

The special thanks of the publishers, editor and author are herey expressed to all authorities, agencies and individuals concerned, a complete list of which is given below.

The author assisted in the formulation of the German version of the ICAO definitions and finally revised the German version of the AGARD definitions which he formulated in accordance with the decisions of the ICAO Translation Board.

In cases in which *ICAO* and the *British Standards Institution* are using different definitions for one and the same term, both versions have been included in this compilation. Such discrepancies might inspire *AGARD*, in consultation with the *British Standards Institution,* to reach full agreement with *ICAO* upon a standardized definition of these terms.

Until such adjustments have been made on an international level, this version of the English-German aeronautical definitions can be regarded

Vorwort zur ersten Auflage:

Die „Luftfahrtdefinitionen" sind eine systematische Zusammenstellung von Begriffsbestimmungen, die in den Nachkriegsjahren entweder von der *ICAO (International Civil Aviation Organization)* oder der *British Standards Institution* festgelegt worden sind.

Den Definitionen der British Standards Institution kommt über ihren unmittelbaren Anwendungsbereich, d. h. Großbritannien, hinaus deswegen besondere Bedeutung zu, weil sie von der *AGARD (Advisory Group for Aerospace Research and Development)*[1] als Grundlage für ein vielsprachiges Luftfahrt-Wörterbuch[2] ausgewählt worden sind.

Um eine den Erfordernissen auf den Gebieten

der Luftfahrtforschung und -entwicklung,

der Luftfahrtindustrie,

der Zivilluftfahrt, einschließlich des Flugsicherungs- und des Wetterdienstes,

der Militärluftfahrt, hierbei insbesondere des Vorschriftenwesens, der fachlichen und der fremdsprachlichen Ausbildung sowie des Ausschreibungs- und Beschaffungswesens,

des gesamten zivilen und militärischen Übersetzungswesens

entsprechende handliche und auf die in Deutschland vordringlich benötigte englisch-deutsche Fassung beschränkte Sammlung dieser wesentlichsten Begriffsbestimmungen der ICAO und der AGARD herausbringen zu können, haben die zuständigen Dienststellen, Körperschaften und Persönlichkeiten ihre Genehmigung zur Auswertung des englisch-deutschen Definitionsmaterials in der vorliegenden Form erteilt.

Allen Beteiligten (siehe nächste Seite) wird hierdurch der besondere Dank von Verlag, Herausgeber und Verfasser ausgesprochen.

Der Verfasser hat an der Formulierung der deutschen Fassung der ICAO-Definitionen laufend mitgewirkt, die deutsche Fassung der AGARD-Definitionen abschließend überarbeitet und mit den Arbeiten des Ausschusses des BVM zur Festlegung von amtlichen deutschen ICAO-Fachausdrücken abgestimmt.

Wo durch die *ICAO* und die *British Standards Institution* unterschiedliche Definitionen für einzelne Begriffe gegeben sind, wurden in der vorliegenden Sammlung beide Versionen erfaßt. Möge diese Gegenüberstellung dazu beitragen, daß die *AGARD* im Einvernehmen mit der *British Standards Institution* es als ihr Anliegen

as authoritative and generally applicable, since it is based on the cooperation of the beforementioned foreign and German agencies and personalities.

This glossary, with its well over 3.500 basic aeronautical definitions and definition cross-references, will do doubt contribute to reducing to a minimum the uncertainty and the confusion or willful eccentricity in the use of technical expressions in aeronautical literature and translations, in related decrees, publications and regulations, and also in English-German and German-English aeronautical dictionaries.

The thanks for approval and for assistance in formulating the German version of the definitions go in particular to:
the British Standards Institution, London, especially to Mr. R. G. Thorne, R. A. E., Farnborough, Hants, Chairman of the AGARD Documentation Committee, and to Mr. H. Pinsker, Farnborough, who did the initial translation into German; Monsieur G. H. Frénot, Chef de la Section des documents spéciaux Service de Documentation et d'Information technique de l'Aéronautique, Paris, Secretary of the AGARD Documentation Committee;
the Federal Ministry of Transport, Civil Aviation Department, Bonn, for the ICAO Translation Board with the representatives of the Federal Ministry for Foreign Affairs, Bonn – Federal Ministry of Defence, Air Force Department, Bad Godesberg – Federal Administration of Air Navigation Services, Frankfurt/Main – German Weather Service, Frankfurt/Main – Luftfahrt-Bundesamt (Federal Air Office), Braunschweig-Waggum – "Deutsche Lufthansa" (German commercial airline), Köln – Air Law Research Institute, Köln – German Airport Owners Working Combine, Stuttgart – Aircraft Inspection Agency of the German Aeronautical Proving Institute, Essen;
the President of the German Aeronautical Research and Development Institute (DFL), Braunschweig, and also to the Institutes for Aircraft Operation, Flight Mechanics, Reciprocating Engines, Jet Engines, for their participation;
the Air Weather Section of the Central Agency of the German Weather Service, Bonn; and again to the Luftfahrt-Bundesamt (Federal Air Office) for participation in a final review.
The personal gratitude of the author is expressed especially to

betrachtet, mit der *ICAO* zu einer vollen Übereinstimmung hinsichtlich einer einheitlichen Definition dieser Begriffe zu gelangen.

Bis diese anzustrebende grundsätzliche Abstimmung auf internationaler Ebene erfolgt ist, kann die hier vorliegende Fassung der englisch-deutschen Luftfahrtdefinitionen aufgrund der Mitwirkung der vorstehend erwähnten ausländischen und deutschen Stellen und Persönlichkeiten als kompetent und allgemeingültig angesehen werden.

Die über 3500 Definitionen und Definitionsverweisungen werden als Grundlagendefinitionen der Luftfahrt zweifellos dazu beitragen, die Unsicherheit, das Durcheinander oder die eigenbrötlerische Eigenwilligkeit in den Ausdrucksformen des luftfahrttechnischen Schrifttums und der Übersetzungsarbeiten, der einschlägigen Erlasse, Vorschriften und Bestimmungen sowie der englisch-deutsch – deutsch-englischen Fachwörterbücher auf ein Mindestmaß zurückzuführen.

Der Dank für die Genehmigung sowie für die Mitwirkung an der Formulierung der deutschen Fassung der Definitionen gebührt im einzelnen der British Standards Institution, London, zugleich für Mr. R. G. Thorne, R. A. E., Farnborough, Hants, Chairman of the AGARD Documentation Committee, und Herrn H. Pinsker, Farnborough, der die Erstübersetzung der Definitionen der British Standards ins Deutsche besorgte;
Monsieur G. H. Frénot, Chef de la Section des documents spéciaux, Service de Documentation et d'Information technique de l'Aéronautique, Paris, Secretary of the AGARD Documentation Committee;
dem Bundesminister für Verkehr, Abt. Luftfahrt, Bonn, für den Ausschuß zur Festlegung von amtlichen deutschen ICAO-Fachausdrücken mit den Vertretern des Auswärtigen Amtes, Bonn, des Bundesministeriums für Verteidigung, Abt. Luftwaffe, Bad Godesberg – der Bundesanstalt für Flugsicherung, Frankfurt/Main – des Deutschen Wetterdienstes, Frankfurt/Main – des Luftfahrt-Bundesamtes, Braunschweig-Waggum – der Deutschen Lufthansa A. G., Köln – der Forschungsstelle für Luftrecht, Köln – der Arbeitsgemeinschaft Deutscher Verkehrsflughäfen, Stuttgart – der Prüfstelle für Luftfahrzeuge der Deutschen Versuchsanstalt für Luftfahrt, Essen;
dem Herrn Präsidenten der Deutschen Forschungsanstalt für Luftfahrt e. V. (DFL), Braun-

the editor of the book series "Die Bücher der Luftfahrt-Praxis" within which this volume has been published, Reg.-Baudirektor (ret) Dr.-Ing. H. J. Zetzmann; Dr. phil. habil. K. Westendörpf, Ministry of Defence, Air Force Department, Bad Godesberg; and, – last but not least, – to Mr. Philip M. Park, United States Embassy, Mehlem near Bonn, for their valuable assistance in completing this work.

München and Bonn/Rh., September 1956
R. C. and the Publishers

[1] AGARD its the NATO agency established in 1952 which is responsible for making recommendations related to aeronautical and aerospace research and development problems common to all NATO member nations.

[2] NATO = North Atlantic Treaty Organization
[3] AGARD Aeronautical Multilingual Dictionary, Pergamon Press, Oxford, London, New York, Paris, 1960, 1963

schweig, zugleich für die Mitwirkung der Institute für Luftfahrzeugführung, Flugmechanik, Kolbentriebwerke, Strahltriebwerke; dem Referat Flugwetterdienst in der Zentralstelle des Deutschen Wetterdienstes, Bonn, sowie dem Luftfahrt-Bundesamt für eine abschließende Mitprüfung.
Der persönliche Dank des Verfassers gilt noch insbesondere
dem Herausgeber der Buchreihe „Die Bücher der Luftfahrtpraxis", in der auch dieser Band erscheint, Herrn Reg.-Baudirektor a. D. Dr.-Ing. H. J. Zetzmann,
Herrn Dozent z. W. Dr. phil. habil. K. Westendörpf, Bundesministerium für Verteidigung, Abt. Luftwaffe, Bad Godesberg.
und – last but not least – Mr. Philip M. Park von der Amerikanischen Botschaft, Mehlem, für ihre wertvolle Mitwirkung bei der Fertigstellung des Werkes.

München und Bonn/Rh., im September 1956
Verfasser und Verlag

[1] Die AGARD ist die 1952 geschaffene NATO-Körperschaft, die als **Beratergruppe für Luft- und Raumfahrtforschung und -entwicklung** für alle den NATO-Mitgliedstaaten gemeinsame Forschungs- und Entwicklungsfragen auf diesem Gebiet Empfehlungen ausarbeitet.

[2] AGARD Aeronautical Multilingual Dictionary, Pergamon Press, Oxford, London, New York, Paris, 1960 und 1963

Erläuterungen

1. Systematik

Teil 1 (englisch/deutsche Luftfahrtdefinitionen) enthält die Stichwörter mit ihren Definitionen in deutscher und englischer Fassung. Die alphabetische Reihenfolge richtet sich nach der englischen Version. Jedem Stichwort ist eine fortlaufende Nummer beigegeben.

Teil 2 (deutsches Stichwortverzeichnis) enthält die deutschen Stichwörter alphabetisch geordnet. Die Ziffer verweist auf die entsprechende englische und deutsche Definition, im Teil 1 z. B.

Auffangdüse	**980**
~menge	3430
~trichter	980
~verhältnis	1435

Diese Ziffernauszeichnung ist kein Ersatz für das Nummernsystem der „British Standards Institution" oder für die Dezimalklassifikation. Sie soll lediglich die praktische Benutzung des Werkes vereinfachen.

2. Alphabetische Anordnung

Der Teil 1 ist streng nach der alphabetischen Folge aufgebaut. Auch bei zusammengesetzten Begriffen und Wörtern (Komposita) ist die alphabetische Folge eingehalten, so daß z. B. **Aerodynamic lift** und **aerodynamic twist** *vor* **Aerodynamics** stehen.

Lediglich bei zusammengesetzten Wörtern und Begriffen mit "Air" wurde eine Ausnahme gemacht, da bestimmte Wörter im englischen und amerikanischen Schrifttum keine einheitliche Schriftweise besitzen. Die Air-Komposita sind daher so angeordnet, als ob sie alle in einem Wort geschrieben seien, auch wenn in der Wiedergabe eine getrennte Schreibweise besteht, also: **Air log, Air mass, Air meter, Airport, Air position** usw.

Verweisungen sind genau wie Komposita eingeordnet, wobei das Komma außer acht gelassen wird, z. B. **Eddy, Effect, Coriolis ~, Effect, scale ~; Effective margin; Efficiency;** usw.

Der Teil 2 ist nach den gleichen Grundsätzen angeordnet, d. h. **abgeschirmte Zündanlage** steht *vor* **abgeschirmter Nasenausgleich.**

3. Verweisungen und Tilde

Der Eigenart englischsprachiger, katalogähnlicher Nachweise entsprechend ist im Teil 1 weitgehend Gebrauch von *Verweisungen* gemacht worden. Auf diese Weise findet man alle mit dem Stichwort in Zusammenhang stehenden Komposita übersichtlich aufgeführt, z. B. **Beacon, airway ~; Beacon, consol ~; Beacon, fan marker ~;** usw. Das Stichwort **Beacon,** wird hierbei durch die Tilde (~ = Wiederholungszeichen) wiederholt.

Im Teil 2 wird die Tilde sinngemäß angewendet, wobei jedoch gegebenenfalls auch Wortstämme oder -teile durch die Tilde(n) wiederholt werden können, wenn diese im Stichwort *vor* einem Abtrennungsstrich | oder einem Komma stehen, z. B. **Aerodynamik;** ~ische **Verwindung;** ~ischer Auftrieb; ~ischer Ausgleich usw. bzw. **Instrument, elektrisches ~; ~enanflug.**

Bei den Verweisungen wird in einzelnen Fällen nicht auf eine laufende Nummer des englisch/deutschen Definitionsteils verwiesen, sondern auf ein anderes Stichwort und dessen lfd. Nr. Hierdurch wird für den Benutzer zum Ausdruck gebracht, daß das Stichwort, von dem die Verweisung ausgeht, nicht mehr voll dem heutigen Fachsprachgebrauch entspricht und besser das Stichwort, auf das verwiesen wird, Verwendung finden sollte; unter diesem Begriff ist dann auch die volle Definition gegeben.

Bei sinnverwandten Wörtern (Synonymen) ist die Definition dem jeweils meist gebräuchlichen und eindeutigen zugeordnet.

4. Erläuternde Hinweise

Da vielfach aus der Definition allein nicht immer einwandfrei zu erkennen ist, welches Sachgebiet das Stichwort betrifft, ist jedes in Fettdruck gebrachte Stichwort im Teil 1 mit einer in Klammern gesetzten Fachgebietserläuterung versehen. Diese Erläuterung wird durch eine im englischen oder deutschen Sprachgebrauch übliche Abkürzung symbolisiert, wobei weitgehend die amtlichen ICAO-Abkürzungen in ihrer vorgeschriebenen Schreibweise verwendet werden.

List of Abbreviations

Abkürzungsverzeichnis

Abbreviations and their meanings (in the English definitions)

Abkürzungen und ihre Bedeutung (in der deutschen Definitionsübertragung)

Abbr	Abbreviation
A/c	Aircraft (general); A/c heavier-than-air; A/c parts and systems
A/c 1	A/c lighter-than-air
Aero	Aeronautics (general); aerospace
Aerodyn	Aerodynamics and model testing
AT	Air transport
ATC	Air traffic control
BS	British Standard
cf.	compare
El	Electricity
Eng	Power plant (general); piston engine; engine accessory; fuel and fuel system
Flt OPS	Flight operations (other than AT)
GS	Ground services, equipment and facilities (incl. land and water aerodromes) other than ATC or TEL
Hydr	Hydraulics
ICAO	International Civil Aviation Organization
Instr	A/c instruments other than Eng and Nav Instr
Med	Aviation medicine
Met	Meteorology; meteorological service
Miss	Ballistic and guided missiles
Nav	Air navigation; maps and charts; Nav Instr
Para	Parachute
Prop	Propeller
Rotor	Rotorcraft
S.-No.	Serial number
Stab	Stability (of A/c)
Struct	A/c structures
TEL	Telecommunication
Turbo	Gas turbines and jet propulsion

Abk	Abkürzung
Lfz (oder auch Flzg)	Luftfahrzeug (allgemein); Lfz schwerer als Luft; Lfz-Teile und -Bordanlagen; Flugzeug
Lfz 1	Luftfahrzeuge leichter als Luft
Aero	Aeronautik; Luft- und Raumfahrt (allgemein)
Aerodyn	Aerodynamik und Modellversuchstechnik
LVerk	Luftverkehr
FS	Flugsicherung; Flugverkehrskontrolle
BS	Britische Norm
vgl.	vergleiche
El	Elektrizität
Flmot	Triebwerk (allgemein); Kolbenmotor; Motorzubehör; Kraftstoff und Kraftstoffanlage
Flbetr	Flugbetrieb, der nicht unter LVerk fällt
Bod	Bodendienste, -ausrüstung und -einrichtungen (einschl. Land- und Wasserflugplätzen), die nicht unter FS oder Fernm fallen
Hydr	Hydraulik
ICAO	Internationale Zivilluftfahrt-Organisation
Instr	Lfz-Instrumente ohne Flmot- und Nav-Instr
Flmed	Flugmedizin
Met	Meteorologie; Wetterkunde und Wetterdienst
FK	Ballistische und Lenk-Flugkörper
Nav	Flugnavigation; Kartenwesen; Nav-Instr
Fallsch	Fallschirm
Prop	Propeller; Luftschraube
Drehfl	Drehflügler
lfd. Nr.	laufende Nr.
Stab	Stabilität (von Lfz)
Konstr	Konstruktion und Festigkeit von Lfz
Fernm	Fernmeldewesen
Turbo	Gasturbinen- und Strahlantrieb

Part 1

Aeronautical Definitions
English-German

Luftfahrt-definitionen
Englisch-Deutsch

A

1 Abac scale (Nav)
A special form of nomogram, graduated in difference in longitude, middle latitude and conversion angle.
(BS 185: Sect. 11: No. 11 301)

2 Abeam (Nav)
By or to the side of – applied to aircraft, as, the plane passed abeam of the reporting point.
(NASA S.0001)

3 Absolute altimeter (Instr)
An altimeter, such as a radio altimeter, designed to give acceptably accurate direct indications of absolute altitude.
(NASA S.0003)

4 Absolute altitude (Flt OPS)
Altitude above the surface of the earth, either land or water.
(NASA S.0004)

5 Absolute ceiling (A/c)
The altitude at which the maximum rate of climb of an aircraft becomes zero in the International Standard Atmosphere under specified conditions.
(BS 185: Sect. 4: No. 4301)

6 Absolute humidity (Met)
cf./vgl. **Vapour concentration,** S.-No./lfd. Nr. 4590

7 Accelerate-stop distance available (Flt OPS)
The take-off run available augmented by the length measured in the direction of take-off of the surface of runway and stopway that the aerodrome authority has declared available for stopping in an emergency an aeroplane intending to take-off in that direction.
(ICAO, Annex 6, 6th Ed.)

8 Acceleration, angular ~,
cf./vgl. S.-No./lfd. Nr. 371

9 Acceleration error (Nav)
The error caused by the effect of the vertical component of the Earth's magnetic field on the directional properties of a suspended magnetic element.
(BS 185: Sect. 11: No. 11 406)

10 Acceleration, lateral ~,
cf./vgl. S.-No./lfd. Nr. 2378

11 Accelerations (Med)
In aviation medicine accelerations on the human body are referred to as **positive** when their direction is from the head to the feet and as **negative** when in the reverse direction. **Transverse accelerations** are those acting at right angles to the long axis of the body.
(BS 185: Sect. 17: No. 17 101)

12 Accelerator pump (Eng)
A mechanism which temporarily enriches the mixture with the opening of the throttle.
(BS 185: Sect. 8: No. 8342)

13 Accelerometer (Instr)
An instrument for measuring acceleration; e. g., **Indicating accelerometer, Maximum-reading accelerometer, Recording accelerometer.**
(BS 185: Sect. 5: No. 5543)

14 Accelerometer, counting ~,
cf./vgl. S.-No./lfd. Nr. 1163

Abac-Skala (Nav)
Ein Nomogramm für die Beziehung zwischen Längenunterschied, mittlerer Breite und dem Umrechnungswinkel.

Querab (Nav)
Seitlich von, – in Verbindung mit Luftfahrzeugen beispielsweise: das Flugzeug flog querab am Meldepunkt vorbei.

Absoluthöhenmesser (Instr)
Ein Höhenmesser, wie z.B. ein Funkhöhenmesser, der für eine unmittelbare und hinreichend genaue Anzeige der absoluten Höhe ausgelegt ist.

Wahre Höhe; absolute Höhe (Flbetr)
Höhe über der Erdoberfläche, entweder über Land oder über Wasser.

Absolute Gipfelhöhe (Lfz)
Höhe, für die die maximale Steiggeschwindigkeit eines Luftfahrzeuges in der Internationalen Normatmosphäre unter näher bezeichneten Bedingungen gleich Null wird.

Verfügbare Start(lauf)abbruchstrecke (Flbetr)
Die verfügbare Startlaufstrecke, verlängert um den in Startrichtung gemessenen Teil der Piste und Stoppbahn, welche die zuständige Behörde für verfügbar erklärt hat, um ein in dieser Richtung startendes Flugzeug im Notfall zum Halten zu bringen.

Beschleunigungsfehler (Nav)
Die Fehlanzeige einer frei aufgehängten Magnetnadel infolge der Vertikalkomponente des Erdmagnetfeldes.

Beschleunigungen (Flmed)
In der Flugmedizin werden Beschleunigungen auf den menschlichen Körper als **positiv** bezeichnet, wenn sie vom Kopf zu den Füßen verlaufen, und als **negativ,** wenn sie in umgekehrter Richtung auftreten. **Querbeschleunigungen** sind diejenigen, die im rechten Winkel zur Längsachse des Körpers verlaufen.

Beschleunigungspumpe (Flmot)
Eine Pumpe, die das Gemisch beim Gasgeben kurzzeitig anreichert.

Beschleunigungsmesser (Instr)
Gerät zur Messung von Beschleunigungen; z. B. **Beschleunigungsanzeiger, Höchstbeschleunigungsanzeiger, Beschleunigungsschreiber.**

15 **Accelerometer, impact** ~,
cf./vgl. S.-No./lfd. Nr. 2143
16 **Accelerometer, statistical** ~,
cf./vgl. S.-No./lfd. Nr. 4047
17 **Accessory, clockwise** ~,
cf./vgl. S.-No./lfd. Nr. 954
18 **Accessory gearbox (Eng)**
An engine-driven gearbox for driving accessories.
(BS 185: Sect. 8: No. 8201)
19 **Accessory, right-hand** ~,
cf./vgl. S.-No./lfd. Nr. 3569
20 **Accident, aircraft** ~,
cf./vgl. S.-No./lfd. Nr. 171
21 **Acclimatization, altitude** ~,
cf./vgl. S.-No./lfd. Nr. 312
22 **Accumulator, fuel** ~,
cf./vgl. S.-No./lfd. Nr. 1807
23 **Accumulator, hydraulic** ~,
cf./vgl. S.-No./lfd. Nr. 2096
24 **Accuracy landing (Flt OPS)**
A landing in which the pilot sets his aircraft down on a particular spot.
Also called a "precision landing".
(NASA S.0010)
25 **Acrobatic flight (Flt OPS)**
Manoeuvres intentionally performed by an aircraft involving an abrupt change in its attitude, an abnormal attitude, or an abnormal variation in speed.
(ICAO, Annex 2, 5th Ed.)
26 **Action, radius of** ~,
cf./vgl. S.-No./lfd. Nr. 3409
27 **Active homing guidance (Miss)**
A homing guidance system wherein the missile carries both the source of radiation for illuminating the target, and the receiver of the radiation reflected from the target.
(BS 185: Sect. 6: No. 6508)
28 **Activity factor, blade** ~,
cf./vgl. S.-No./lfd. Nr. 688
29 **Actuator (Hydr)**
A power-operated device on aircraft to effect movement over a limited linear or angular range.
(BS 185: Sect. 10: No. 10 101)
30 **Additive (Eng)**
Any material or substance added to fuels or lubricants to improve them or give them some desired quality.
(NASA S. 0015)
31 **Adiabatic (Met)**
Applied to the changes in the temperature and density of a substance subjected to change of pressure, without loss or gain of heat.
(BS 185: Part 3: No. 15 101)
32 **Adjustable pitch propeller (Prop)**
A propeller, the pitch setting of which can be conveniently changed in the course of ordinary field maintenance, but which cannot be changed when the propeller is rotating.
(ICAO, Annex 8, 5th Ed.)
33 **Adjustable-pitch propeller (Prop)**
A propeller, the blades of which can be adjusted to a desired pitch setting when not rotating.
(BS 185: Sect. 9: No. 9131)
34 **Advection (Met)**
The process of transfer by horizontal motion in the atmosphere, e. g., the transfer of heat from low to high latitudes.
(BS 185: Sect. 15: No. 15 101)

Hilfsgeräteantrieb (Flmot)
An das Triebwerk angeschlossenes Getriebe für den Antrieb von Hilfsgeräten.

Landung am Aufsetzpunkt (Flbetr)
Eine Landung, bei welcher der Pilot sein Luftfahrzeug an einem bestimmten Punkt aufsetzt,
– auch als „Ziellandung" bezeichnet.

Kunstflug (Flbetr)
Mit einem Luftfahrzeug absichtlich ausgeführte Flugbewegungen, die mit einer plötzlichen Änderung seiner Fluglage, einer anormalen Fluglage oder einer anormalen Geschwindigkeitsänderung verbunden sind.

Aktive Zielsuchlenkung (FK)
Zielsuchlenksystem, bei dem der Flugkörper sowohl die Strahlungsquelle zur Zielbeleuchtung als auch den Empfänger für die vom Ziel reflektierte Strahlung trägt.

Stellmotor; Steuermotor (Hydr)
Servo-Vorrichtung, die in einem Luftfahrzeug eine begrenzte Linear- oder Winkelbewegung ausführt.

Kraftstoff- bzw. Schmierstoffzusatz (Flmot)
Kraft- oder Schmierstoffen zur Qualitätsverbesserung oder zur Herstellung einer erwünschten Qualität beigegebene Stoffe oder Substanzen.

Adiabatisch (Met)
Die Veränderung von Dichte und Temperatur einer Substanz unter der Einwirkung von Druckänderungen, wobei kein Wärmeaustausch mit der Umgebung stattfindet.

Einstellpropeller (Prop)
Ein Propeller, dessen Steigungseinstellung bei der gewöhnlichen laufenden Wartung in einfacher Weise, jedoch nicht bei laufendem Propeller, gändert werden kann.

Einstellpropeller (Prop)
Ein Propeller, dessen Blätter am Boden auf eine gewünschte Steigung eingestellt werden können.

Advektion (Met)
Der Vorgang des Transportes durch horizontale Verschiebungen in der Atmosphäre, z. B. Wärmetransport von niedrigen zu höheren Breiten.

35 Advisory airspace (ATC)
A generic term meaning variously, advisory area(s) or advisory route(s).
(ICAO, Annex 2, 5th Ed., Annex 11, 5th Ed.)

36 Advisory area (ATC)
A designated area within a flight information region where air traffic advisory service is available.
(ICAO, Annex 2, 5th Ed., Annex 4, 5th Ed., Annex 11, 5th Ed. & BS 185: Sect. 13: No. 13 201)

37 Advisory route (ATC)
A route within a flight information region along which air traffic advisory service is available.
(BS 185: Sect. 13: No. 13 202)
Note. – Air traffic control service provides a much more complete service than air traffic advisory service; advisory areas and routes are therefore not established within controlled airspace, but air traffic advisory service may be provided below and above control areas.
(ICAO, Annex 4, 5th Ed., without note: Annex 2, 5th Ed., Annex 11, 5th Ed.)

38 Advisory service, air traffic ~,
cf./vgl. S.-No./lfd. Nr. 261, 262

39 Aerial (TEL)
That part of a radio equipment which is designed to radiate or to receive radio waves.
(BS 185: Sect. 14: No. 14 401)

40 Aerial, fixed loop ~,
cf./vgl. S.-No./lfd. Nr. 1631

41 Aerial, loop ~,
cf./vgl. S.-No./lfd. Nr. 2563

42 Aerial photograph (Nav)
A photograph of the earth's surface taken from an aircraft in flight.
(NASA S. 0019)

43 Aerial, rotatable loop ~,
cf./vgl. S.-No./lfd. Nr. 3622

44 Aerial, slot ~,
cf./vgl. S.-No./lfd. Nr. 3850

45 Aerial, streamline loop ~,
cf./vgl. S.-No./lfd. Nr. 4085

46 Aerial, suppressed ~
cf./vgl. S.-No./lfd. Nr. 4151

47 Aerobatics (A/c)
Evolutions intentionally performed with an aircraft, other than those required for normal flight
(BS 185: Sect. 2: No. 2101)

48 Aerodrome (GS)
A defined area on land or water (including any buildings, installations and equipment) intended to be used either wholly or in part for the arrival, departure and movement of aircraft.
(ICAO, Annex 2, 5th Ed., Annex 3, 6th Ed., Annex 4, 5th Ed., Annex 6, 6th Ed., Annex 11, 5th Ed., Annex 14, 4th Ed.)

49 Aerodrome (GS)
A defined area on land or water, including any buildings and installations, normally used for the take-off and alighting of aircraft.
(BS 185: Sect. 13: No. 13 101)

50 Aerodrome, alternate ~,
cf./vgl. S.-No./lfd. Nr. 293, 294

51 Aerodrome, alternative ~,
cf./vgl. S.-No./lfd. Nr. 297

52 Aerodrome beacon (GS)
Aeronautical beacon used to indicate the location of an aerodrome.
(ICAO, Annex 14, 4th Ed.

(Flugverkehrs-)Beratungsluftraum (FS)
Ein allgemeiner Begriff, der wechselweise Beratungsbezirk(e) oder Luftweg(e) bedeutet.

(Flugverkehrs-)Beratungsbezirk (FS)
Ein bestimmtes Gebiet innerhalb eines Fluginformationsgebietes, in welchem Flugverkehrsberatungsdienst verfügbar ist.

Luftweg (FS)
Eine Strecke innerhalb eines Fluginformationsgebietes, auf der Flugverkehrsberatungsdienst verfügbar ist.
Anmerkung: Der Flugverkehrskontrolldienst ist umfassender als der Flugverkehrsberatungsdienst. (Flugverkehrs-)Beratungsbezirke und Luftwege werden daher nicht innerhalb kontrollierter Lufträume eingerichtet, jedoch kann Flugverkehrsberatungsdienst unterhalb und oberhalb von Kontrollbezirken vermittelt werden.

Antenne (Fernm)
Der Teil einer Funkausrüstung, der dazu dient, Funkwellen auszustrahlen oder zu empfangen.

Luftaufnahme; Luftbild (Nav)
Eine aus einem im Flug befindlichen Luftfahrzeug aufgenommene Photographie der Erdoberfläche.

Kunstflug (Lfz)
Alle gesteuerten Bewegungen eines Luftfahrzeugs, außer den für den Normalflug erforderlichen.

Flugplatz (Bod)
Ein festgelegtes Gebiet auf dem Lande oder Wasser (einschließlich der Gebäude, Anlagen und Ausrüstung), das ganz oder teilweise für Ankunft, Abflug und Bewegungen von Luftfahrzeugen bestimmt ist.

Flugplatz (Bod)
Festgelegtes Gebiet zu Lande oder Wasser, einschließlich aller Gebäude und Anlagen, das normalerweise dem Start und der Landung von Luftfahrzeugen dient.

Flugplatzleuchtfeuer (Bod)
Luftfahrtleuchtfeuer, das die Lage eines Flugplatzes anzeigt.

53 Aerodrome control (ATC)
A unit established to provide aerodrome control service.
(BS 185: Sect. 13: No. 13 203)

54 Aerodrome control radio station (TEL)
A station providing radio communication between an aerodrome control tower and aircraft or mobile aeronautical stations.
(ICAO, Annex 10, Volume II, 1st Ed.)

55 Aerodrome control service (ATC)
Air traffic control service for aerodrome traffic.
(ICAO, Annex 2, 5th Ed., Annex 11, 5th Ed.)

56 Aerodrome-control service (ATC)
An air-traffic control service for aerodrome traffic.
(BS 185: Sect. 13: No. 13 204)

57 Aerodrome control tower (ATC)
A unit established to provide air traffic control service to aerodrome traffic.
(ICAO, Annex 2, 5th Ed., Annex 3, 6th Ed., Annex 4, 5th Ed., Annex 11, 5th Ed.)

58 Aerodrome, controlled ~,
cf./vgl. S.-No./lfd. Nr. 1127

59 Aerodrome elevation (GS)
The elevation of the highest point of the landing area.
(ICAO, Annex 4, 5th Ed., Annex 14, 4th Ed.)

60 Aerodrome identification sign (GS)
A sign placed on or adjacent to an aerodrome to aid in identifying the aerodrome from the air.
(ICAO, Annex 14, 4th Ed.)

61 Aerodrome location beacon (GS)
A light beacon denoting the location of an aerodrome.
(BS 185: Sect. 13: No. 13 354).

62 Aerodrome meteorological minima (Met)
Limiting meteorological conditions prescribed for the purpose of determining the usability of an aerodrome either for take-off or landing.
Note. – This definition does not preclude the use of limiting conditions for operations, such as "decision height".
(ICAO, Annex 6, 6th Ed.)

63 Aerodrome reference point (GS)
The designated geographical location of an aerodrome.
(ICAO, Annex 4, 5th Ed., Annex 14, 4th Ed. & BS 185: Sect. 13: No. 13 301)

64 Aerodrome, regular ~,
cf./vgl. S.-No./lfd. Nr. 3500, 3501

65 Aerodrome, supplementary ~,
cf./vgl. S.-No./lfd. Nr. 4148

66 Aerodrome surface movement indicator, Abbr ASMI (TEL)
A primary radar system displaying, at a control point on an aerodrome, all fixed or moving objects above a certain size on the runways and taxying surfaces.
(BS 185: Sect. 14: No. 14 501)

67 Aerodrome taxi circulit (Flt OPS)
The specified path of aircraft on the manoeuvring area during specific wind conditions.
(ICAO, Doc 4444 – RAC/501/8)

68 Aerodrome traffic (Flt OPS)
All traffic on the manoeuvring area of an aerodrome and all aircraft flying in the vicinity of an aerodrome.
Note. – An aircraft is in the vicinity of an aerodrome when ist is in, entering or leaving an

(Flug)Platzkontrolle
Dienststelle zur Abwicklung des (Flug)Platzkontrolldienstes.

Funkstelle für die (Flug)Platzkontrolle (Fernm)
Eine Funkstelle für die Verbindung zwischen einer (Flug)Platzkontrollstelle und Luftfahrzeugen oder beweglichen Bodenfunkstellen.

(Flug)Platzkontrolldienst (FS)
Flugverkehrskontrolldienst für den Flugplatzverkehr.

(Flug)Platzkontrolldienst (FS)
Flugverkehrskontrolldienst für den Flugplatzverkehr.

(Flug)Platzkontrollstelle (FS)
Eine Dienststelle für die Kontrolle des Flugverkehrs.

Flugplatz(bezugs)höhe (Bod)
Die Ortshöhe über Meer des höchsten Punktes im Landebereich.

Flugplatzerkennungszeichen (Bod)
Ein Zeichen, das sich auf einem Flugplatz oder in dessen Nähe befindet, um die Erkennung des Flugplatzes aus der Luft zu erleichtern.

Flugplatzleuchtfeuer (Bod)
Leuchtfeuer, das die Lage eines Flugplatzes kennzeichnet.

Flugplatz-Wettermindestbedingungen (Met)
Grenzwerte der Wetterverhältnisse, die zur Bestimmung der Benutzbarkeit eines Flugplatzes für Start oder Landung vorgeschrieben sind.
Anmerkung: Diese Definition schließt die Anwendung von Grenzbedingungen für den Betrieb, wie z. B. „Entscheidungshöhe" nicht aus.

Flugplatzbezugspunkt (Bod)
Der Punkt, der die geographische Lage eines Flugplatzes bestimmt.

(Radar-)Anzeigegerät für Flugplatz-Bodenverkehr (Fernm)
Eine an einem Kontrollpunkt auf einem Flugplatz stationierte Radaranlage, die alle festen und beweglichen Objekte über einer bestimmten Größe auf den Pisten und den Rollflächen anzeigt.

(Flug)Platzrollplan; (Flug)Platzrollroute (Flbetr)
Der unter Berücksichtigung der jeweiligen Windverhältnisse für Luftfahrzeuge festgelegte Weg auf dem Rollfeld.

Flugplatzverkehr (Flbetr)
Der gesamte Verkehr auf dem Rollfeld eines Flugplatzes und alle in der Nähe eines Flugplatzes fliegenden Luftfahrzeuge.
Anmerkung: Ein Luftfahrzeug ist in der Nähe eines Flugplatzes, wenn es sich in einer Platz-

aerodrome traffic circuit.
(ICAO, Annex 2, 5th Ed., Annex 11, 5th Ed.)
69 Aerodrome traffic (Flt OPS)
All traffic on the manoeuvring area of an aerodrome and all traffic flying in, or entering or leaving the aerodrome traffic circuit.
(BS 185: Sect. 13: No. 13 205)
70 Aerodrome traffic circuit (Flt OPS)
The specified path to be flown by aircraft operating in the vicinity of an aerodrome.
(ICAO, Doc 4444 – RAC/501/8)
71 Aerodrome traffic circuit (Flt OPS)
The specified paths to be flown by aircraft operating in the vicinity of an aerodrome within a defined airspace. (At present under United Kingdom regulations this is the airspace enclosed in the area 3000 yards from the boundary of the aerodrome up to a height of 2000 feet above the aerodrome level.)
(BS 185: Sect. 13: No. 13 206)
72 Aerodrome traffic zone (ATC)
An airspace of defined dimensions established around an aerodrome for the protection of aerodrome traffic.
(ICAO, Annex 2, 5th Ed., Annex 4, 5th ED.)
73 Aerodynamic balance (Aerodyn)
A balance designed for measuring aerodynamic forces or moments.
(BS 185: Part 1: No. 4501)
74 Aerodynamic balance (A/c)
The degree to which the hinge moment of a control surface is reduced by balancing.
(BS 185: Sect. 5: No. 5303)
75 (Aerodynamic) balance (A/c)
A device to reduce the hinge moment of the control surface.
(BS 185: Sect. 5: No. 5311)
76 Aerodynamic balance (Prop)
A propeller is in aerodynamic balance when the aerodynamic action on the blades results in no periodic forces or moments on the mounting.
(BS 185: Sect. 9: No. 9102)
77 Aerodynamic centre (Aerodyn)
The point about which the rate of change of pitching moment with incidence is zero.
(BS 185: Sect. 4: No. 4101)
78 Aerodynamic damping (Stab)
That part of the damping of a system which is contributed by the aerodynamic forces and/or moments called into play by the motion.
(BS 185: Sect. 4: No. 4201)
79 Aerodynamic lift (Aerodyn)
The component along the lift axis of the resultant force due only to the relative airflow.
(BS 185: Part 1: No. 4130)
80 Aerodynamic mean chord (A/c)
A chord of length defined by:

$$\frac{1}{S} \int_{-b/2}^{b/2} c^2 \, dy$$

where c = chord length at distance y from the plane of symmetry
b = span
S = gross wing area.
(BS 185: Sect. 5: No. 5219)
81 Aerodynamic stability (Stab)
Stability resulting from the effect of aerodynamic forces.
(NASA S.0033)

runde befindet, in diese einfliegt oder sie verläßt.
Flugplatzverkehr (Flbetr)
Der gesamte Verkehr auf dem Rollfeld eines Flugplatzes und aller Luftverkehr, der sich in der Platzrunde befindet, in diese einfliegt oder sie verlässt.
Platzrunde (Flbetr)
Der festgelegte Flugweg, der von Luftfahrzeugen in der Nähe eines Flugplatzes einzuhalten ist.
Platzrunde (Flbetr)
Die festgelegten Flugwege, die von Luftfahrzeugen in der Nähe eines Flugplatzes innerhalb eines bestimmten Luftraums einzuhalten sind. (Nach den gegenwärtigen Bestimmungen des Vereinigten Königreichs ist dies der Luftraum, der umschlossen wird von einer 3000 Yards (ca. 2700 m) von der Flugplatzgrenze entfernten Linie bis zu einer Höhe von 2000 Fuß (ca. 600 m) über Flugplatzhöhe.)
Flugplatzverkehrszone (FS)
Ein um einen Flugplatz zum Schutz des Flugplatzverkehrs festgelegter Luftraum von bestimmten Ausmaßen.

Luftkraftwaage (Aerodyn)
Wägeeinrichtung zum Messen von Luftkräften und Momenten.

(Aerodynamischer) Ruderausgleich (Lfz)
Betrag, um den das Rudermoment der Steuerfläche hinter dem Gelenk durch Ausgleich herabgesetzt wird.
Ruderausgleich (Lfz)
Vorrichtung zur Verringerung des Rudermoments der Steuerfläche.

Aerodynamischer Ausgleich (Prop)
Eine Luftschraube ist dann aerodynamisch ausgeglichen, wenn die auf ihre Blätter wirkenden Luftkräfte keinerlei periodische Kräfte oder Momente an der Luftschraubenhalterung erzeugen.
Neutralpunkt (Aerodyn)
Punkt an einem Tragflügel, um den die Änderungsgeschwindigkeit des Längsmoments mit dem Anstellwinkel gleich Null ist.
Aerodynamische Dämpfung (Stab)
Der durch Bewegung verursachte Anteil aerodynamischer Kräfte bzw. Momente an der Dämpfung eines Systems.

Aerodynamischer Auftrieb (Aerodyn)
Kraftkomponente in Richtung der Auftriebsachse, die nur von der relativen Anströmung herrührt.
Aerodynamische (mittlere) Flügeltiefe (Lfz)
Flügeltiefe, deren Länge definiert wird durch:

$$\frac{1}{S} \int_{-b/2}^{b/2} c^2 \, dy$$

Hierbei sind c = Flügeltiefe in der Entfernung y von der Symmetrieebene
b = Spannweite
S = Gesamtflügelfläche.
(Aerodynamische) Stabilität (Stab)
Eine auf die Einwirkung aerodynamischer Kräfte zurückzuführende Stabilität.

82 Aerodynamic stiffness (Stab)
That part of the stiffness of a system which is contributed by the aerodynamic forces and/or moments called into play by the motion.
(BS 185: Sect. 4: No. 4202)

83 Aerodynamic torque (Aerodyn)
Torque exerted on something, especially a propeller or rotor, by aerodynamic forces.
(NASA S.0034)

84 Aerodynamic twist (Aerodyn)
Variation of the zero-lift line along the span of a wing or other aerofoil.
(BS 185: Sect. 4: No. 4102)

85 Aerodynamics
Dealing with the motion of air or other gas.
(BS 185: Part 1: No. 1121)

86 Aerodynamics, cf./vgl. **Mechanics of fluids,**
S.-No./lfd. Nr. 2682

87 Aerodyne (A/c), cf./vgl.
Heavier-than-air aircraft.
S.-No./lfd. Nr. 2005, 2006

88 Aeroelastic divergence (Struct)
The aeroelastic instability which results when the rate of change of aerodynamic forces or couples exceeds the rate of change of elastic restoring forces or couples.
(BS 185: Sect. 3: No. 3301)

89 Aeroelasticity (Struet)
A branch of mechanics which treats of the phenomena resulting from the interaction of aerodynamic forces and elastic reactions.
(BS 185: Sect. 3: No. 3303)

90 Aeroembolism (Med)
The formation or liberation of gases in the fluids and tissues of the body, as brought on especially by too-rapid change from a high atmospheric pressure to a lower one.
(NASA S.0037)

91 Aero-engine
An engine used to provide the main propulsive or lifting power for an aircraft.
(BS 185: Sect. 8: No. 8202)

92 Aerofoil (A/c)
A body so shaped as to produce aerodynamic reaction normal to the direction of its motion through the air without excessive drag.
(BS 185: Sect. 5: No. 5201)

93 Aerofoil section (A/c)
The shape of the boundary of a section of an aerofoil in a plane parallel to its plane of symmetry.
(BS 185: Sect. 5: No. 5204)

94 Aerofoil, slotted ~,
cf./vgl. S.-No./lfd. Nr. 3852

95 Aerologation (Nav)
cf./vgl. **Pressure-pattern flying,**
S.-No./lfd. Nr. 3224

96 Aerometeorograph (Met)
A meteorograph carried aloft by a free balloon, airplane, or other vehicle to measure and record meteorological phenomena above the earth's surface.
(NASA S.0040)

97 Aeronaut (A/c 1)
One who operates, or serves as a crew member on, a free balloon or airship.
(NASA S.0041)

98 Aeronautical beacon (GS)
An aeronautical ground light visible at all azimuths, either continuosly or intermittently, to designate a particular point on the surface of the earth.

Aerodynamische Steifigkeit (Stab)
Der durch Bewegung verursachte Anteil aerodynamischer Kräfte bzw. Momente an der Steifigkeit eines Systems.

(Aerodynamisches) Drehmoment (Aerodyn)
Ein von aerodynamischen Kräften auf einen Gegenstand, insbesondere Luftschrauben oder Drehflügel, ausgeübtes Drehmoment.

Aerodynamische Verwindung (Aerodyn)
Änderung der Nullauftriebslinie längs der Spannweite einer Tragfläche oder eines anderen Tragflügels.

Aerodynamik
Lehre von der Bewegung der Luft oder anderer Gase.

Aeroelastisches (aperiodisches) Auskippen (Konstr)
Aeroelastische Instabilität, die sich ergibt, wenn die Änderungsgeschwindigkeit der aerodynamischen Kräfte oder Momente diejenige der elastischen Rückführkräfte oder -momente übertrifft.

Aeroelastizität (Konstr)
Zweig der Mechanik, der die Erscheinungen behandelt, die auf der Wechselwirkung von aerodynamischen Kräften und elastischen Reaktionskräften beruhen.

Höhenembolie (Flmed)
Die Bildung oder das Ausscheiden von Gasen in bzw. aus den Flüssigkeiten und Geweben des menschlichen Körpers, wie sie insbesondere bei zu schnellen Änderungen von hohem zu niedrigerem Luftdruck auftreten.

Flugmotor
Ein Triebwerk, das die hauptsächliche Vortriebs- oder Hubkraft für ein Luftfahrzeug liefert.

Tragflügel (Lfz)
Körper, der so geformt ist, daß er eine Kraft senkrecht zu seiner Bewegungsrichtung in der Luft ohne übermäßig großen Luftwiderstand erzeugt.

Tragflügelprofil (Lfz)
Umriß eines Tragflügelquerschnittes in einer Ebene parallel zu der Symmetrieebene.

Höhensonde (Met)
Eine mittels Freiballon, Flugzeug oder anderem Vehikel aufgestiegene Sonde zur Messung und Aufzeichnung meteorologischer Vorgänge oberhalb der Erdoberfläche.

Freiballonfahrer; Luftschiffer (Lfz 1)
Ein als Führer oder Besatzungsangehöriger eines Freiballons oder Luftschiffs Tätiger.

Luftfahrtleuchtfeuer (Bod)
Ein Luftfahrtbodenfeuer zur Bezeichnung eines bestimmten Punktes auf der Erdoberfläche, das aus allen Richtungen ständig oder periodisch aufleuchtend sichtbar ist.

(ICAO, Annex 14, 4th Ed.)
99 **Aeronautical broadcasting service (TEL)**
A broadcasting service intended for the transmission of information relating to air navigation.
(ICAO, Annex 10, Volume II, 1st Ed.)
100 **Aeronautical broadcasting service (TEL)**
A ground to air radiocommunication service provided for the broadcast transmission of information relating to air navigation.
(BS 185: Sect. 14: No. 14 101)
101 **Aeronautical chart (Nav)**
A representation of a portion of the earth, its culture and relief, specifically designated to meet the requirements of air navigation.
(ICAO, Annex 4, 5th Ed.)
102 **Aeronautical chart (Nav)**
A map representing a portion of the earth's land area or land and water area, made specially for use in air navigation.
(NASA S.0042)
103 **Aeronautical fixed circuit (TEL)**
A circuit forming part of the aeronautical fixed service (AFS).
(ICAO, Annex 10, Volume I and II, 1st Ed.)
104 **Aeronautical fixed service = AFS (TEL)**
A telecommunication service between specified fixed points provided primarily for the safety of air navigation and for the regular, efficient and economical operation of air services.
(ICAO, Annex 10, Volume I and II, 1st Ed., Annes 11, 5th Ed.)
105 **Aeronautical fixed service (TEL)**
A telecommunication service between specified fixed points, intended for the transmission of information relating to air navigation, preparation for and safety of fligtht.
(BS 185: Sect. 14: No. 14 102)
106 **Aeronautical fixed station (TEL)**
A station in the aeronautical fixed service.
(ICAO, Annex 10, Volume II, 1st Ed. & BS 185: Sect. 14: No. 14 106)
107 **Aeronautical fixed telecommunication network = AFTN (TEL)**
An integrated world-wide system of aeronautical fixed circuits provided, as part of the aeronautical fixed service, for the exchange of messages between the aeronautical fixed stations within the network.
Note. –"Integrated" is to be interpreted as a mode of operation necessary to ensure that intelligence can be transmitted from any aeronautical fixed station within the network to any other aeronautical fixed station within the network.
(ICAO, Annex 10, Volume I and II, 1st Ed.)
108 **Aeronautical fixed telecommunication network circuit (TEL)**
A circuit forming part of the AFTN.
(ICAO, Annex 10, Volume I and II, 1st Ed.)
109 **Aeronautical ground light (GS)**
Any light specially provided as an aid to air navigation, other than a light displayed on an aircraft.
(ICAO, Annex 14. 4th Ed.)
110 **Aeronautical information publication = AIP (Aero)**
A publication issued by or with the authority of a State and containing aeronautical information of a lasting character essential to air navigation.
(ICAO, Annex 2, 5th Ed., Annex 11, 5th Ed., Annex 15, 3rd Ed.)

Luftfahrt-Rundsendedienst; Flug-Rundfunkdienst (Fernm)
Ein Rundsendedienst zur Übermittlung von Informationen für die Luftfahrt.

Flug-Rundfunkdienst (Fernm)
Ein Boden/Bord-Funkdienst zur Übermittlung von Informationen für die Luftfahrt im Rundsendeverfahren.

Luftfahrtkarte (Nav)
Eine Darstellung eines Teiles der Erdoberfläche, ihrer Bebauung und ihres Reliefs unter besonderer Berücksichtigung der Erfordernisse der Luftfahrt.

Luftfahrtkarte (Nav)
Eine speziell für die Luftnavigation hergestellte Karte mit der Wiedergabe eines Teils der Land- oder der Land- und Seegebiete der Erde.

Feste Flugfernmeldeverbindung (Fernm)
Eine Verbindung im festen Flugfernmeldedienst.

Fester Flugfernmeldedienst (Fernm)
Ein Fernmeldedienst zwischen bestimmten festen Punkten, der vor allem der Sicherheit der Luftfahrt und dem regelmäßigen, leistungsfähigen und wirtschaftlichen Betrieb des Fluglinienverkehrs dient.

Fester Flugfernmeldedienst
Ein Fernmeldedienst zwischen bestimmten festen Punkten für die Übermittlung von Informationen für die Luftfahrt, Flugvorbereitung und Flugsicherheit.

Feste Flugfernmeldestelle (Fernm)
Eine Fernmeldestelle im festen Flugfernmeldedienst.

Festes Flugfernmeldenetz (Fernm)
Ein weltweites System zusammengeschlossener fester Flugfernmeldeverbindungen, das als Teil des festen Flugfernmeldedienstes dem Austausch von Nachrichten zwischen den festen Flugfernmeldestellen innerhalb des Netzes dient.
Anmerkung: „Zusammengeschlossen" bedeutet hier eine Betriebsart, die erforderlich ist, um zu gewährleisten, daß von jeder festen Flugfernmeldestelle innerhalb des Netzes an jede andere Nachrichten übermittelt werden können.

Verbindung im festen Flugfernmeldenetz (Fernm)
Eine Verbindung, die einen Teil des festen Flugfernmeldenetzes bildet.

Luftfahrtbodenfeuer (Bod)
Jede Lichtquelle, die eigens als Hilfe für die Flugnavigation vorgesehen und nicht an einem Luftfahrzeug angebracht ist.

Luftfahrthandbuch (Aero)
Eine von einem Staat oder in dessen Auftrag herausgegebene Veröffentlichung, die für die Luftfahrt wesentliche Angaben von längerer Gültigkeitsdauer enthält.

111 Aeronautical light (GS)
Any light established for the purpose of aiding air navigation.
(BS 185: Sect. 13: No. 13 327)

Luftfahrtfeuer (Bod)
Jede Lichtquelle, die eigens als Hilfe für die Flugnavigation vorgesehen ist.

112 Aeronautical meteorological office (Met)
An office designated to provide meteorological service for international air navigation.
(ICAO, Annex 3, 6th Ed., Annex 11, 5th Ed.)

Flugwetterwarte (Met)
Eine Dienststelle, die bestimmt ist, den Wetterdienst für die internationale Luftfahrt durchzuführen.

113 Aeronautical meteorological station (Met)
A station designated to make observations and meteorological reports for use in international air navigation.
(ICAO, Annex 3, 6th Ed.)

Flugwetterstation (Met)
Eine Stelle, die bestimmt ist, Wetterbeobachtungen anzustellen und Wettermeldungen für die internationale Luftfahrt abzugeben.

114 Aeronautical mobile service (TEL)
A radio communication service between aircraft stations and aeronautical stations, or between aircraft stations.
(ICAO, Annex 10, Volume II, 1st Ed., Annex 11, 5th Ed.)

Beweglicher Flugfunkdienst (Fernm)
Ein Funkdienst zwischen Luftfunkstellen und Bodenfunkstellen oder zwischen Luftfunkstellen untereinander.

115 Aeronautical mobile service (TEL)
A service of radiocommunication between aircraft stations and aeronautical stations, or between aircraft stations, in which survival craft may also participate.
(BS 185: Sect. 14: No. 14 103)

Beweglicher Flugfunkdienst (Fernm)
Ein Funkdienst zwischen Luftfunkstellen und Bodenfunkstellen oder zwischen Luftfunkstellen untereinander, an dem sich ebenfalls Rettungsschiffe beteiligen können.

116 Aeronautical radio navigation service (TEL)
A radio determination service for the benefit of aircraft, intended for the determination of position or direction, or for obstruction warning in navigation.
(ICAO, Annex 10, Volume II, 1st Ed.)

Flugnavigationsfunkdienst (Fernm)
Ein Funkortungsdienst für Luftfahrzeuge zur Standort- oder Richtungsbestimmung oder zur Hinderniswarnung während des Fluges.

117 Aeronautical radionavigational service (TEL)
A radionavigation service intended for the benefit of aircraft.
(BS 185: Sect. 14: No. 14 104)

Flugnavigationsfunkdienst (Fernm)
Ein Navigationsfunkdienst für Luftfahrzeuge.

118 Aeronautical station (TEL)
A land station in the aeronautical mobile service. In certain instances, an aeronautical station may be placed on board a ship or on earth satellite.
(ICAO, Annex 10, Volume II, 1st Ed.)

Bodenfunkstelle (Fernm)
Eine Landfunkstelle im beweglichen Flugfunkdienst. Eine Bodenfunkstelle kann sich auch an Bord eines Schiffes oder auf einem Erdsatelliten befinden.

119 Aeronautical station (TEL)
A land station in the aeronautical mobile service. In certain instances an aeronautical station may be placed on board a ship.
(BS 185: Sect. 14: No. 14 107)

Bodenfunkstelle (Fernm)
Eine Landfunkstelle im beweglichen Flugfunkdienst. Eine Bodenfunkstelle kann sich auch an Bord eines Schiffes befinden.

120 Aeronautical telecommunication agency (TEL)
An agency responsible for operating a station or stations in the aeronautical telecommunication service.
(ICAO, Annex 10, Volume II, 1st Ed.)

Flugfernmeldeorganisation (Fernm)
Eine für den Betrieb einer oder mehrerer Flugfernmeldestellen verantwortliche Organisation.

121 Aeronautical telecommunication log (TEL)
A record of the activities of an aeronautical telecommunication station.
(ICAO, Annex 10, Volume II, 1st Ed.)

Flugfernmeldelog (Fernm)
Aufzeichnungen über den Betriebsablauf einer Flugfernmeldestelle.

122 Aeronautical telecommunication service (TEL)
A telecommunication service provided for any aeronautical purpose.
(ICAO, Annex 10, Volume II, 1st Ed. & BS 185: Sect. 14: No. 14 105)

Flugfernmeldedienst (Fernm)
Ein Fernmeldedienst für alle Zwecke der Luftfahrt.

123 Aeronautical telecommunication station (TEL)
A station in the aeronautical telecommunication service.
(ICAO, Annex 10, Volume II, 1st Ed., Annex 11, 5th Ed.)

Flugfernmeldestelle (Fernm)
Eine Fernmeldestelle im Flugfernmeldedienst.

124 **Aeronautics**
All activities relating to aerial locomotion.
(BS 185: Sect. 1: No. 1101)

125 **Aeropause (Met)**
Region in which functional effects of the atmosphere on man and aircraft cease to exist.
(AAP-6)

126 **Aeroplane (A/c)**
A power-driven heavier-than-air aircraft, deriving its lift in flight chiefly from aerodynamic reactions on surfaces which remain fixed under given conditions of flight.
(ICAO, Annex 2, 5th Ed., Annex 6, 6th Ed., Annex 7, 2nd Ed., Annex 8, 5th Ed.)

127 **Aeroplane (A/c)**
A power-driven heavier-than-air aircraft with supporting surfaces fixed for flight.
(BS 185: Sect. 5: No. 5101)

128 **Aeroplane, canard ~,**
cf./vgl. S.-No./lfd. Nr. 836

129 **Aeroplane configurations (A/c)**
Various combinations of the positions of the movable elements, such as wing flaps, landing gear, etc., which affect the aerodynamic characteristics of the aeroplane.
(ICAO, Annex 8)

130 **Aeroplane flight manual (A/c)**
A manual, associated with the certificate of airworthiness, containing limitations within which the aeroplane is to be considered airworthy, and instructions and information necessary to the flight crew members for the safe operation of the aeroplane.
(ICAO, Annex 6, 6th Ed.)

131 **Aeroplane, pusher ~,**
cf./vgl. S.-No./lfd. Nr. 3318

132 **Aeroplane, tractor ~,**
cf./vgl. S.-No./lfd. Nr. 4414

133 **Aerostat (A/c 1)**
cf./vgl. **Lighter-than-air aircraft,**
S.-No./lfd. Nr. 2460, 2461

134 **Aerostatics**
Dealing with the equilibrium of stationary bodies in air or other gas.
(BS 185: Part 1: No. 1122)

135 **Aerostatics,** cf./vgl. **Mechanics of fluids,**
S.-No./lfd. Nr. 2682

136 **Aerostation (Aero)**
The operation of lighter-than-air aircraft.
(BS 185: Sect. 1: No. 1102)

137 **Aero-tow flight (Flt OPS)**
Flight during which a glider is being towed by an aeroplane.
(ICAO, Annex 1, 5th Ed.)

138 **Aero-tow flight time in a glider (Flt OPS)**
The total time occupied in tow by an aeroplane, from the moment the glider first moves for the purpose of taking off until the moment it is released from the tow device.
(ICAO, Annex 1, 5th Ed.)

139 **Afterburning (Miss)**
Irregular burning of residual solid propellant in a rocket motor after the main burning and thrust have ceased.
BS 185: Sect. 6: No. 6201)

140 **Afterburning (Turbo)**
cf./vgl. **Reheat,** S.-No./lfd. Nr. 3503

141 **Aftercooler (Eng)**
cf./vgl. **Intercooler,** S.-No./lfd. Nr. 2261

142 **Afterfiring (Eng)**
Firing taking place in the cylinders of an engine after the ignition has been shut off.
(NASA S.0051)

Luftfahrt
Jede Tätigkeit, die sich auf Fortbewegung in der Luft bezieht.

Aeropause (Met)
Region, in der funktionelle Einflüsse der Atmosphäre auf Mensch und Luftfahrzeug zu bestehen aufhören.

Flugzeug (Lfz)
Ein mit eigener Kraft angetriebenes Luftfahrzeug, schwerer als Luft, das seinen Auftrieb im Flug hauptsächlich aus aerodynamischen Reaktionen auf Flächen erhält, die unter gegebenen Flugbedingungen fest bleiben.

Flugzeug (Lfz)
Luftfahrzeug schwerer als Luft, mit Kraftantrieb, dessen Tragflächen für den Flug feststehend bleiben.

Flugzeugzustandsformen (Lfz)
Verschiedenartige Stellungen der beweglichen Teile, wie z. B. Landeklappen, Fahrwerk usw., welche die aerodynamischen Eigenschaften des Flugzeuges beeinflussen.

Flugzeug-Flughandbuch (Lfz)
Ein zum Lufttüchtigkeitszeugnis gehöriges Handbuch, in welchem die Grenzen festgelegt sind, innerhalb derer das Flugzeug als lufttüchtig anzusehen ist, und das Anweisungen und Angaben enthält, welche die Flugbesatzung für den sicheren Betrieb des Flugzeuges benötigt.

Aerostatik
Lehre vom Gleichgewicht ruhender Körper in Luft oder anderen Gasen.

Luftschiffahrt; Luftfahrt mit Aerostaten (Aero)
Betrieb von Luftfahrzeugen leichter als Luft.

Schleppflug (Flbetr)
Flug, bei dem ein Segelflugzeug von einem Flugzeug geschleppt wird.

Schleppflugzeit in einem Segelflugzeug (Flbetr)
Die gesamte im Schlepp durch ein Flugzeug benötigte Zeit vom Augenblick, in dem das Segelflugzeug zum Zwecke des Startens in Bewegung setzt, bis zum Augenblick des Ausklinkens.

Nachverbrennung (FK)
Unregelmäßige Verbrennung von restlichem Festtreibstoff in einem Raketentriebwerk nachdem der Hauptverbrennungsvorgang und der Schub aufgehört haben.

Glühzünden; Nachzünden (Flmot)
Nach dem Ausschalten der Zündanlage eines Motors in den Zylindern erfolgende Zündungen.

143 AFTN group (TEL)
Three or more radio stations in the aeronautical fixed telecommunications network exchanging communications on the same radio frequency.
(ICAO, Annex 10, Volume I, 1st Ed.)

Gruppe im festen Flugfernmeldenetz (Fernm)
Drei oder mehr Funkstellen im festen Flugfernmeldenetz, die auf der gleichen Frequenz miteinander verkehren.

144 Agent, authorized ~,
cf./vgl. S.-No./lfd. Nr. 505
145 Aids, approach ~,
cf./vgl. S.-No./lfd. Nr. 394
146 Aids, approach-and-landing ~,
cf./vgl. S.-No./lfd. Nr. 397
147 Aids, fixing ~,
cf./vgl. S.-No./lfd. Nr. 1639
148 Aids, homing ~,
cf./vgl. S.-No./lfd. Nr. 2049
149 Aids, landing ~,
cf./vgl. S.-No./lfd. Nr. 2345
150 Aids, radionavigational ~,
cf./vgl. S.-No./lfd Nr. 3397

151 Ailavator (A/c)
(Aileron + a + elevator.) Same as "elevon": A control surface combining the functions of aileron and elevator.
(NASA S.0052)

Höhenquerruder (Flzg)
Ein Ruder, in dem die Funktionen des Querruders und des Höhenruders kombiniert sind.

152 Aileron angle (A/c)
The angle between the chord of the control surface and the chord of the corresponding fixed surface.
(BS 185: Sect. 5: No. 5206)

Querruderausschlag (Lfz)
Winkel zwischen der Sehne der Steuerfläche und der Sehne der zugehörigen festen Fläche.

153 Aileron buzz (A/c)
A rapid vibration of an aileron as occurs especially at transonic speeds. The noise resulting from this vibration.
(NASA S.0053)

Querruderflattern; Querruderdröhnen (Flzg)
Schnelles Vibrieren des Querruders, wie es insbesondere im schallnahen Geschwindigkeitsbereich auftritt. Das bei dieser Vibration auftretende Geräusch.

154 Aileron, retractable ~,
cf./vgl. S.-No./lfd. Nr. 3530
155 Aileron reversal (A/c)
A reversal of the control effect usually produced by the deflection of an aileron in a given direction.
(NASA S.0055)

Querruder(wirkungs)umkehr (Flzg)
Eine normalerweise durch den in einer gegebenen Richtung erfolgenden Querruderausschlag hervorgerufene Umkehr der Steuerwirkung.

156 Aileron roll (Flt OPS)
Same as **Slow roll,**
cf./vgl. S.-No./lfd. Nr. 3855
(NASA S.0056)

Gesteuerte Rolle (Flbetr)

157 Aileron, slotted ~,
cf./vgl. S.-No./lfd. Nr. 3853
158 Aileron, spoiler ~,
cf./vgl. S.-No./lfd. Nr. 3947
159 Aileron yaw (Arodyn)
Yaw caused by aileron movement.
(NASA S.0057)

Querruder-Giermoment (Aerodyn)
Durch Querruderbetätigung bedingtes Gieren.

160 Ailerons (A/c)
Pairs of control surfaces, normally hinged along the wing span, designed to control an aircraft in roll by their differential movement. They produce primarily rolling moment.
(BS 185: Sect. 5: No. 5304)

Querruder (Lfz)
Steuerflächenpaare, die normalerweise entlang der Tragflächen angelenkt und so ausgelegt sind, daß sie die Rollbewegung eines Luftfahrzeugs mittels Differentialauslenkung steuern. Sie erzeugen in erster Linie ein Rollmoment.

161 Ailevator (A/c)
(Aileron + elevator) A variant of "ailavator". Same as "elevons".
cf./vgl. S.-No./lfd. Nr. 1461

Höhenquerruder (Flzg)

162 Airborne search radar (TEL)
cf./vgl. **Weather radar,** S.-No./lfd. Nr. 4692
162a Air brake (A/c)
Any device primarily used to increase the drag of an aircraft at will.
(BS 185: Sect. 5: No. 5306)

Luftbremse; Bremsklappe (Lfz)
Anordnung zur willkürlichen Erhöhung des Luftwiderstandes eines Luftfahrzeuges.

163 Air-breathing (Eng)
Of an engine: That takes in air for the pur-

Luftatmend; luftabhängig (Flmot)
Zum Zweck der Verbrennung in einem Flug-

pose of combustion.
(NASA S.0064)

164 Air bump (Met)
A local air disturbance, usually called a "bump".
(NASA S.0065)

165 Air carrier (AT, A/c)
1. A person or organization that carries freight or people by aircraft for hire.
2. An aircraft that carries cargo or passengers.
(NASA S.0066)

166 Air cleaner (Eng),
cf./vgl. **Air filter,** S.-No./lfd. Nr. 192

167 Air-compressor intake throttle (Turbo)
A valve controlling automatically the intake of an air compressor to maintain a required condition on the delivery side at varying altitudes.
(BS 185: Sect. 10: No. 10 102)

168 Air conditioner (A/c)
A portable unit used to control the temperature and humidity of the air in an aircraft on the ground.
(BS 185: Sect. 10: Nr. 10 301)

169 Aircraft
Any machine that can derive support in the atmosphere from the reactions of the air.
(ICAO, Annex 2, 5th Ed., Annex 6, 6th Ed., Annex 7, 2nd Ed., Annex 8, 5th Ed., Annex 11, 5th Ed., Annex 13, 2nd Ed.)

170 Aircraft
A vehicle designed to travel through the air without direct contact with the Earth's surface.
(BS 185: Sect. 1: No. 1103)

171 Aircraft accident (Flt OPS)
An occurrence associated with the operation of an aircraft which takes place between the time any person boards the aircraft with the intention of flight until such time as all such persons have disembarked, in which
a) any person suffers death or serious injury as a result of being in or upon the aircraft or by direct contact with the aircraft or anything attached thereto, or
b) the aircraft receives substantial damage.
(ICAO, Annex 13, 2nd Ed.)

172 Aircraft carrier
A ship specially built for the housing, taking-off, alighting and servicing of aircraft.
(BS 185: Sect. 13: No. 13 401)

173 Aircraft carrier ~,
cf./vgl. S.-No./lfd. Nr. 854

174 Aircraft category (A/c)
Classification of aircraft according to specified basic characteristics, e. g. aeroplane, glider, rotorcraft, free balloon.
Note. –Categories of aircraft are defined in Annex 7.
(ICAO, Annex 1, 5th Ed.)

175 Aircraft, composite ~,
cf./vgl. S.-No./lfd. Nr. 1012

176 Aircraft dinghy
An inflatable boat carried in an aircraft for use after alighting on water in an emergency.
(BS 185: Sect. 1: No. 1104)

177 Aircraft equipment (A/c)
Articles, other than stores and spare parts of a removable nature, for use on board an aircraft during flight, including first-aid and

motor erfolgender Luftdurchsatz.

Bö (Met)
Eine örtlich begrenzte Störung der Luft, die allgemein als „Bö" bezeichnet wird.

Luftfrachtführer; Luftverkehrsunternehmen (LVerk); Verkehrsflugzeug (Lfz)
1. Eine Person oder Gesellschaft, die Fracht oder Passagiere gegen Bezahlung befördert.
2. Ein Luftfahrzeug, das Fracht oder Passagiere befördert.

Selbsttätiges Ansaugventil (Turbo)
Ein Ventil, das automatisch den Eintrittsquerschnitt zu einem Luftverdichter so regelt, daß in unterschiedlichen Höhen eine gewünschte Förderleistung erzielt wird.

Klimagerät (Lfz)
Tragbares Gerät zur Regelung der Lufttemperatur und Luftfeuchtigkeit in einem am Boden befindlichen Luftfahrzeug.

Luftfahrzeug
Jede Maschine, die sich in der Atmosphäre zufolge von Reaktionen der Luft halten kann.

Luftfahrzeug
Ein Fahrzeug, so beschaffen, daß es sich ohne unmittelbaren Kontakt mit der Erdoberfläche durch die Luft bewegen kann.

Luftfahrzeugunfall; Flugunfall (Flbetr)
Ein Vorfall, der sich im Zusammenhang mit dem Betrieb eines Luftfahrzeuges von dem Zeitpunkt an ereignet, da eine Person das Luftfahrzeug mit der Absicht zu fliegen betritt, bis zu dem Zeitpunkt, da alle diese Personen wieder ausgestiegen sind, wobei:
a) eine Person zufolge ihres Aufenthaltes in oder auf dem Luftfahrzeug, einer unmittelbaren Berührung mit ihm oder mit ihm verbundenen Teils getötet oder schwer verletzt wird oder
b) das Luftfahrzeug wesentlich beschädigt wird.

Flugzeugträger
Spezialschiff, auf dem Luftfahrzeuge untergebracht und gewartet werden und auf dem sie starten und landen können.

Luftfahrzeugkategorie (Lfz)
Einteilung von Luftfahrzeugen nach besonderen Grundmerkmalen, z. B. Flugzeug, Segelflugzeug, Drehflügler, Freiballon.
Anmerkung: Luftfahrzeugkategorien sind im Anhang 7 festgelegt.

Schlauchboot (Lfz)
Ein in einem Luftfahrzeug zum Gebrauch nach einer Notlandung auf dem Wasser mitgeführtes, aufblasbares Boot.
Luftfahrzeugausrüstung (Lfz)
Gegenstände, einschließlich Erste-Hilfe- und Lebensrettungsgerät, die für den Gebrauch an Bord eines Luftfahrzeuges während des Flu-

survival equipment.
(ICAO, Annex 9, 5th Ed.)

178 Aircraft, executive ~,
cf./vgl. S.-No./lfd. Nr. 1539

179 Aircraft, heavier-than-air ~,
cf./vgl. S.-No./lfd. Nr. 2005, 2006

180 Aircraft, lighter-than-air ~,
cf./vgl. S.-No./lfd. Nr. 2460, 2461

181 Aircraft operating agency (Aero)
The person, organization or enterprise engaged in, or offering to engage in an aircraft operation.
(ICAO, Annex 10, Volume II, 1st Ed.)

182 Aircraft, pilotless ~,
cf./vgl. S.-No./lfd. Nr. 3046

183 Aircraft station (TEL)
A mobile station in the aeronautical mobile service on board an aircraft or an airspace vehicle.
(ICAO, Annex 10, Volume II, 1st Ed.)

183a Aircraft station (TEL)
A radio station located in an aircraft.
(BS 185: Sect. 14: No. 14 108)

184 Aircraft, tailles ~,
cf./vgl. S.-No./lfd. Nr. 4239

185 Aircraft, tanker ~,
cf./vgl. S.-No./lfd. Nr. 4278

186 Aircraft, type of ~,
cf./vgl. S.-No./lfd. Nr. 4526

187 Aircraft vectoring (ATC)
The directional control of in-flight aircraft through transmission of azimuth headings. (Not used for homing headings.)
(AAP-6)

188 Aircrew (Aero)
The group of persons having duties concerned either with the flying of the aircraft or with passengers or cargo when in flight.
(BS 185: Sect. 16: No. 16 102)

189 Air, emergency ~,
cf./vgl. S.-No./lfd. Nr. 1463

190 Air evacuation (AT)
Evacuation by aircraft of personnel and cargo.
(AAP-6)

191 Airfield (GS)
cf./vgl. **Aerodrome,** S.-No./lfd. Nr. 48, 49

192 Air filter (Eng)
An assembly of filter elements in the air intake.
(BS 185: Sect. 8: No. 8274)

193 Airflow meter (Instr)
An instrument for measuring the flow of air in ducts.
(BS 185: Sect. 5: No. 5547)

194 Airfoil section (Aerodyn)
A section of an airfoil, especially a cross section taken at right angles to the long axis or some other specified axis of the airfoil.
(NASA S.0079)

195 Airframe (A/c)
A power-driven heavier-than-air aircraft without its engine(s).
(BS 185: Sect. 5: No. 5301)

196 Air-ground communication (TEL)
Two-way communication between aircraft and stations or locations on the surface of the earth.
(ICAO, Annex 10, Volume II, 1st Ed., Annex 11, 5th Ed.)

197 Air-ground communication (TEL)
Two-way communication between aircraft

ges bestimmt sind, ausgenommen Bordvorräte und bewegliche Ersatzteile.

Luftfahrzeughalter (Aero)
Personen, Personenvereinigungen oder Unternehmen, die ein Luftfahrzeug in Betrieb haben oder zum Betrieb anbieten.

Luftfahrzeugfunkstelle; Luftfunkstelle (Fernm)
Eine bewegliche Funkstelle im beweglichen Flugfunkdienst an Bord eines Luftfahrzeuges oder eines Raumfahrzeuges.

Luft(fahrzeug)funkstelle (Fernm)
Eine an Bord eines Luftfahrzeuges befindliche Funkstelle.

Kursanweisungen geben (FS)
In der Luft befindliche Luftfahrzeuge durch Übermittlung von Steuerkursen leiten. (Der genannte Ausdruck wird nicht für den Zielanflug verwandt.)

Besatzung; Flugbesatzung (Aero)
Personengruppe, die Dienstleistungen entweder in Verbindung mit dem Fliegen des Luftfahrzeugs oder mit Fluggästen oder Fracht während des Flugs verrichtet.

Abtransport auf dem Luftweg (LVerk)
Abtransport von Personal und Frachtgut auf dem Luftweg.

Luftfilter (Flmot)
Ein Satz von Filterelementen, die in den Lufteinlaß eingebaut sind.

Luftdurchflußmesser (Instr)
Gerät zur Messung des Luftdurchflusses in Leitungen.

Tragflügelquerschnitt; Profil (Aerodyn)
Schnitt eines Tragflügelprofils, insbesondere ein Querschnitt, der senkrecht zur Längsachse oder einer anderweitig definierten Achse des Tragflügels verläuft.

Flugwerk; Zelle (Lfz)
Luftfahrzeug schwerer als Luft, mit Kraftantrieb, ohne Triebwerk(e).

Flugfunkverkehr (Fernm)
Zweiweg-Verkehr zwischen Luftfahrzeugen und Funkstellen oder anderen Stellen auf der Erdoberfläche.

Flugfunkverkehr (Fernm)
Wechselverkehr zwischen Luftfahrzeugen und

and ground stations.
(BS 185: Sect. 13: No. 13 105)

198 Air-ground control radio station (TEL)
An aeronautical telecommunication station having primary responsibility for handling communications pertaining to the operation and control of aircraft in a given area.
(ICAO, Annex 10, Volume II, 1st Ed.)

199 Air-injection starter (Eng)
A type of starter for internal-combustion reciprocating engines that introduces compressed air into the cylinders of an engine in order to rotate it.
(NASA S.0084)

200 Air-intake easing (Turbo)
A casing through which the air is admitted to the compressor.
(BS 185: Sect. 8: No. 8260)

201 Air-intake guide vanes (Turbo),
cf./vgl. **Inlet guide vanes**, S.-No./lfd. Nr. 2209

202 Air-intake oil cooler (Eng)
A cooler incorporated in an air-intake.
(BS 185: Sect. 8: No. 8223)

203 Air interception (Flt OPS)
To effect visual or radar contact by a friendly aircraft with an unidentified aircraft.
(AAP-6)

204 Air interchanger (Aerodyn)
A device whereby a part of the air passing round the circuit in a wind tunnel is replaced by air from outside, the main object being to avoid overheating.
(BS 185: Part 1: 4505)

205 Air landed (AT)
Moved by air and disembarked or unloaded, after the aircraft has landed.
(AAP-6)

206 Airlift (AT)
1. The total weight of personnel and/or cargo that is, or can be, carried by air, or that is offered for carriage by air.

2. To transport passengers and cargo by use of aircraft.
(AAP-6)

207 Airlift (AT)
The action of transporting persons or freight by air.
(NASA S.0087)

208 Air, light ~,
cf./vgl. S.-No./lfd. Nr. 2440

209 Airline (AT)
As provided in Article 96 of the Convention, any air transport enterprise offering or operating a scheduled international air service.
(ICAO, Annex 9, 5th Ed.)

210 Airline (AT)
An air-transport organization offering or operating an air service.
(BS 185: Sect. 13: No. 13 108)

211 Air log (Instr)
An instrument for recording the distance, relative to the air, travelled by an aircraft along the flight path.
(BS 185: Sect. 5: No. 5548)

212 Air marker (GS)
A mark on the ground made so as to be visible to aircraft, indicating direction or giving other useful information.
(NASA S.0089)

Bodenstationen.

Flugfunkleitstelle (Fernm)
Eine Flugfernmeldestelle, die für die Abwicklung des Fernmeldeverkehrs, für Betrieb und Kontrolle von Luftfahrzeugen in einem bestimmten Gebiet die Hauptverantwortung hat.

Druckluftanlasser (Flmot)
Eine Anlasserart für Verbrennungs-Kolbenmotore, bei der den Zylindern Druckluft zum Durchdrehen des Motors zugeführt wird.

Lufteintrittsgehäuse; Einlaufdiffusor (Turbo)
Ein Gehäuse, durch das Luft in den Verdichter angesaugt wird.

Ölkühler im Lufteintritt (Flmot)
Ein im Lufteintritt einer Triebwerksanlage eingebauter Kühler.

Abfangen (Flbetr)
Sicht- oder Radarverbindung von einem eigenen zu einem nicht identifizierten Luftfahrzeug aufnehmen.

Luftaustauscher (Aerodyn)
Vorrichtung, durch die ein Teil der in einem Windkanal umlaufenden Luft durch Frischluft mit dem Hauptzweck ersetzt wird, Überhitzung zu vermeiden.

Luftgelandet (LVerk)
Auf dem Luftweg transportiert und nach Landung des Luftfahrzeugs ausgeladen.

Lufttransportmasse; angebotene Nutzlast (LVerk)
1. Die Gesamtmasse von Personal und/oder Lasten, die auf dem Luftweg befördert wird oder werden kann, oder die für die Beförderung auf dem Luftweg angeboten wird.
Auf dem Luftweg transportieren (LVerk)
2. Personen und Lasten mit Hilfe von Luftfahrzeugen transportieren.

Lufttransport; Luftbrücke (LVerk)
Das Transportieren von Passagieren oder Fracht auf dem Luftweg.

Fluglinienunternehmen; Unternehmen des Linienluftverkehrs (LVerk)
Wie in Artikel 96 des Abkommens festgelegt, jedes Luftverkehrsunternehmen, das eine internationale Fluglinie anbietet oder betreibt.
Fluglinienunternehmen (LVerk)
Luftverkehrsunternehmen, das einen Fluglinienverkehr anbietet oder betreibt.

Luftlog (Instr)
Gerät zur Registrierung des von einem Luftfahrzeug relativ zu seiner Flugbahn zurückgelegten Wegs.

Landmarkierung (Bod)
Eine für Luftfahrzeuge sichtbar angelegte Markierung am Boden, die Richtungshinweise oder andere zweckdienliche Informationen gibt.

213 Air mass (Met)
A large mass of air, the whole of which has been subjected for a considerable time to approximately similar conditions so that no sharp horizontal differences of temperature and humidity exist within it.
(BS 185: Sect. 15: No. 15 501)

214 Air mass, associated ~,
cf./vgl. S.-No./lfd. Nr. 486

215 Air meter (Met)
A type of portable anemometer.
(BS 185: Sect. 15: No. 15 712)

216 Air-mileage indicator (Nav)
An indicating instrument which shows continuously and automatically the air distance flown.
(BS 185: Sect. 11: No. 11 401)

217 Air-mileage unit (Nav)
An instrument which derives continuously and automatically the air distance flown, and feeds this function into other automatic instruments.
(BS 185: Sect. 11: No. 11 402)

218 Air navigation
The art and science of conducting an aircraft to a specified position.
(BS 185: Sect. 11: No. 11 101)

219 Air-oil shock strut (A/c)
A kind of shock strut containing oil and compressed air or other gas.
(NASA S.0090)

220 Air plot (Nav)
A continuous plot of true headings steered and air distances flown.
(BS 185: Sect. 11: No. 11 102)

221 Airport (GS)
An aerodrome at which facilities are provided for the shelter, servicing or repair of aircraft, and for receiving od discharging passengers or goods. Customs facilities are also usually available.
(BS 185: Sect. 13: No. 13 109)

222 Airport beacon (GS)
A rotating beacon located at or near an airport to indicate the specific or general location of the airport.
(NASA S.0094)

223 Airport, customs-free ~,
cf./vgl. S.-No./lfd. nr. 1215

224 Airport, international ~,
cf./vgl. S.-No./lfd. Nr. 2277

225 Airport tariffs (AT)
Charging scales relating to the use of landing, take-off, parking and hangar facilities at airports.
(ICAO Circular 9/AT/2)

226 Air position (Nav)
The calculated position an aircraft assuming no wind effect.
(BS 185: Sect. 11: No. 11 103)

227 Air-position indicator (Nav)
An indicating instrument which shows continuously and automatically the air position of an aircraft by calculation from inputs of heading and airspeed.
(BS 185: Sect. 11: No. 11 403)

228 Air pressure (Aerodyn, Met)
The pressure or force exerted by either still or moving air.
(NASA S.0096)

229 Air refueling (Flt OPS)
The action of resupplying an aircraft with

Luftmasse (Met)
Eine große atmosphärische Luftmasse, die über einen längeren Zeitraum hin annähernd konstanten Bedingungen unterworfen war, so daß in ihr keine scharfen horizontalen Temperatur- oder Feuchtigkeitsunterschiede bestehen.

Tragbarer Windmesser (Met)
Ein tragbares Anemometer.

(Luft-)Meilenanzeiger (Nav)
Instrument, welches fortlaufend und selbsttätig den gegenüber der Luft zurückgelegten Weg anzeigt.

(Luft-)Meilenzählwerk (Nav)
Instrument, das fortlaufend und automatisch die gegenüber der Luft zurückgelegten Meilen anzeigt und diese Werte auf andere automatische Instrumente überträgt.

Flugnavigation
Die Kunst und Wissenschaft, ein Luftfahrzeug zu einem bestimmten Standort zu führen.

Luft-Öl-Federbein (Lfz)
Eine mit Öl, Druckluft oder anderem Gas gefüllte Art von Stoßdämpfer.

Aufzeichnung von Kurs und Entfernung; Mitkoppeln (Nav)
Die kontinuierliche Aufzeichnung der rechtweisenden Steuerkurse und der in der Luft geflogenen Entfernungen.

Verkehrsflughafen (GS)
Ein Flugplatz, auf welchem Einrichtungen zum Unterstellen, Warten und Instandsetzen von Luftfahrzeugen und für den Empfang und die Abfertigung von Fluggästen und von Luftfracht vorhanden sind. Zolldienst steht normalerweise ebenfalls zur Verfügung.

Flughafenfeuer (Bod)
Ein Drehfeuer auf oder in der Nähe eines Flughafens zur Kennzeichnung der genauen oder generellen Lage des Flughafens.

Flughafengebühren(ordnung) (LVerk)
Gebührensätze für Benutzung der Lande-, Start-, Abstell- und Halleneinrichtungen auf Flughäfen.

Standort ohne Windberücksichtigung; Windstillepunkt (Nav)
Der errechnete Standort eines Luftfahrzeugs ohne Berücksichtigung des Windes.

Luft-Standortanzeigegerät; Windstillepunkt-Anzeiger (Nav)
Instrument, welches fortlaufend und selbsttätig den Luftstandort eines Luftfahrzeuges durch rechnerische Verarbeitung eingespeister Steuerkurs- und Fluggeschwindigkeitsangaben anzeigt.

Luftkraft (Aerodyn); Luftdruck (Met)
Der Druck oder die Kraft, die von ruhender oder in Bewegung befindlicher Luft ausgeübt wird.

Luftbetankung (Flbetr)
Der Vorgang der Ergänzung von Kraftstoff bei

fuel in the air, conveying it from one aircraft to the other by means of hoses or other special eqipment. Also called "flight refueling" or "inflight refueling".
(NASA S. 0097)

230 Air report (ATC)
A report prepared by the pilot-in-command during the course of a flight in conformity with requirements for position, operational, or meteorological reporting in AIREP form.
(ICAO, Annex 3, 5th Ed., Annex 10, Volume II, 1st Ed.)

231 Air scoop (A/c 1)
A scoop through which air is forced into ballonnets or stabilizers by the relative wind.
(BS 185: Sect. 7: No. 7201)

232 Airscrew (Prop)
Any type of screw designed to rotate in air, with or without the application of power.
(BS 185: Sect. 9: No. 9101)

233 Air service (AT)
Any scheduled air service performed by aircraft for the public transpart of passengers, mail or cargo.
(Convention on International Civil Aviation, Chicago 1944, Article 96 a)

234 Air service (AT)
A scheduled service for the public transport of passengers, mail or freight, by air.
(BS 185: Sect. 13: 13 106)

235 Air service, domestic ~,
cf./vgl. S.-No./lfd. Nr. 1361

236 Air service, international ~,
cf./vgl. S.-No./lfd. Nr. 2278

237 Air sextant (Nav)
An instrument which determines the altitude of a celestial body, employing a special device to provide an artificial horizon, e. g., **bubble sextant** or **gyro sextant**. It may be fitted with a periscopic, averaging, integrating, or other special device.
(BS 185: Sect. 11: No. 11 404)

238 Airship (A/c 1)
A power-driven lighter-than-air aircraft.
(Annex 7, 2nd Ed. & BS 185: Sect. 7: No. 7101)

239 Airship, non-rigid ~,
cf./vgl. S.-No./lfd. Nr. 2832

240 Airship, pressure-rigid ~,
cf./vgl. S.-No./lfd. Nr. 3229

241 Airship, rigid ~,
cf./vgl. S.-No./lfd. Nr. 3573

242 Airship, semi-rigid ~,
cf./vgl. S.-No./lfd. Nr. 3730

243 Air sickness (Med)
Motion sickness occuring in flight.
(BS 185: Sect. 17: No. 17 126)

244 Airspace (ATC)
Space in the air above the surface of the earth, or a particular portion of such space, usually defined by the boundaries of an area on the surface, projected upward.
(NASA S.0101)

245 Airspace, controlled ~,
cf./vgl. S.-No./lfd. Nr. 1128, 1129

246 Airspeed (Nav)
The speed of an aircraft relative to its surrounding air mass.
(AAP-6)

247 Airspeed (A/c)
The speed of the air relative to an object.
(BS 185: Sect. 4: No. 4103)

einem Luftfahrzeug in der Luft, indem dieser mittels Schlauchleitungen oder anderem Spezialgerät von einem Luftfahrzeug in das andere befördert wird. Auch als „Betankung im Fluge" bezeichnet.

Flugmeldung (FS)
Eine während des Fluges durch den verantwortlichen Luftfahrzeugführer in Übereinstimmung mit den Erfordernissen für Standort-, Betriebs- oder Wettermeldung auf AIREP-Formular vorbereitete Meldung.

Lufthutze (Lfz 1)
Hutze, durch die Luft infolge des Fahrtwindes in Ballonets oder Stabilisierungskörper gedrückt wird.

Luftschraube (Prop)
Eine Schraube, die so ausgelegt ist, daß sie sich in Luft mit oder ohne Kraftantrieb dreht.

Fluglinien(verkehr) (LVerk)
Jeder planmäßige, mittels Luftfahrzeugen für die öffentliche Beförderung von Fluggästen, Post oder Fracht ausgeübte Fluglinienverkehr.

Fluglinien(verkehr) (LVerk)
Planmäßiger Dienst für die öffentliche Beförderung von Fluggästen, Post oder Fracht auf dem Luftwege.

Flugzeugsextant (Nav)
Instrument, mit dessen Hilfe die Höhe von Gestirnen bestimmt wird und das mit einem künstlichen Horizont ausgerüstet ist, z. B. **Libellen-** oder **Kreiselsextant**. Flugzeugsextanten können mit Spezialzubehör, wie z. B. einem Periskop, mittelnden, integrierenden oder anderen Mechanismen ausgerüstet sein.

Luftschiff (Lfz 1)
Ein Luftfahrzeug, leichter als Luft, mit eigenem Kraftantrieb.

Luftkrankheit (Flmed)
Im Flug auftretende Bewegungskrankheit.

Luftraum (FS)
Der Raum in der Luft oberhalb der Erdoberfläche oder ein bestimmter Teil dieses Raums, der allgemein durch die nach oben projizierten Begrenzungen eines auf der Erdoberfläche befindlichen Gebiets definiert wird.

Eigengeschwindigkeit (Nav)
Die Geschwindigkeit eines Luftfahrzeugs in bezug auf die umgebende Luftmasse.

Fluggeschwindigkeit (Lfz)
Geschwindigkeit der Luft in bezug auf einen Körper.

248 **Airspeed, calibrated** ~,
cf./vgl. S.-No./lfd. Nr. 824, 825
249 **Airspeed, equivalent** ~,
cf./vgl. S.-No./lfd. Nr. 1527, 1528
250 **Airspeed, indicated** ~,
cf./vgl. S.-No./lfd. Nr. 2155, 2156
251 **Airspeed indicator (Instr)**
An airspeed meter and display.
(BS 185: Sect. 5: No. 5502)
252 **Airspeed meter (Instr)**
An instrument which measures the indicated
airspeed of an aircraft.
(BS 185: Sect. 5: No. 5504)
253 **Airspeed, rectified** ~,
cf./vgl. S.-No./lfd. Nr. 3471
254 **Airspeed, true** ~, **(A/c),**
cf./vgl. S.-No./lfd. Nr. 4463, 4464
255 **Airstream (Aerodyn)**
A stream of air, as in a wind tunnel or past a
moving airplane; an airflow.
(NASA S.0104)

256 **Air strip (GS)**
An unimproved surface which has been
adapted for take-off or landing of aircraft,
usually having minimal facilities.
(AAP-6)
257 **Air-to-ground communication (TEL)**
One-way communication from aircraft to stations or locations on the surface of the earth.
(ICAO, Annex 10, Volume II, 1st Ed.)
258 **Air-to-ground communication (TEL)**
One-way communication from aircraft to
ground stations.
(BS 185: Sect. 13: No. 13 107)
259 **Air traffic (Flt OPS)**
All aircraft in flight or operating on the
manoeuvring area of an aerodrome.
(ICAO, Annex 2, 5th Ed., Annex 11, 5th Ed.)
260 **Air traffic (Flt OPS)**
All aircraft in flight or operating on the
manoeuvring areas of aerodromes.
(BS 185: Sect. 13: No. 13 207)
261 **Air-traffic advisory service (ATC)**
A service provided within advisory airspace
to ensure separation, in so far as possible, between aircraft which are operating on IFR
flight plans.
(ICAO, Annex 2, 5th Ed.)
262 **Air-traffic advisory service (ATC)**
A service provided to ensure separation, in-
sofar as is possible, between aircraft which
are operating on IFR flight plans, outside
controlled airspace but within advisory
routes or advisory areas.
(BS185: Sect. 13: No. 13 208)
263 **Air-traffic control centre**
An air-traffic control service unit combining
the services of a flight information centre
and an area control centre.
(BS 185: Sect. 13: No. 13 209)
264 **Air-traffic control clearance (ATC)**
Authorization for an aircraft to proceed
under conditions specified by an air traffic
control unit.
(ICAO, Annex 2, 5th Ed., Annex 11, 5th Ed.)
265 **Air-traffic control clearance (ATC)**
Authorization by an air-traffic control service
unit for an aircraft to proceed under specified conditions.
(BS 185: Sect. 13: No. 13 224)
266 **Air-traffic control service (ATC)**
A service provided for the purpose of:
1) preventing collisions

Fahrtmesser (Instr)
Meß- und Anzeigegerät für Fluggeschwindig-
keit.
Fluggeschwindigkeitsmesser (Instr)
Instrument, das die angezeigte Fluggeschwin-
digkeit eines Luftfahrzeuges mißt.

Luftstrom (Aerodyn)
Eine Luftströmung wie in einem Windkanal
oder hinter einem in Bewegung befindlichen
Flugzeug, – ein Luftdurchfluß oder Luftabfluß.
Landestreifen (Bod)
Eine nicht befestigte Fläche, die zum Starten
und Landen von Luftfahrzeugen hergerichtet
und in der Regel mit einem Minimum an Einrichtungen versehen ist.
Bord/Boden-(Funk)Verkehr (Fernm)
Einwegverkehr von Luftfahrzeugen zu Funkstellen oder anderen Stellen auf der Erdoberfläche.
Bord/Boden-(Funk)Verkehr (Fernm)
Einwegverkehr von Luftfahrzeugen mit Bodenstationen.

Flugverkehr (Flbetr)
Alle sich im Flug befindlichen oder auf dem
Rollfeld eines Flugplatzes bewegenden Luft-
fahrzeuge.
Flugverkehr (Flbetr)
Alle sich im Flug befindlichen oder auf den
Rollfeldern der Flugplätze bewegenden Luft-
fahrzeuge.
Flugverkehrsberatungsdienst (FS)
Ein für den (Flugverkehrs-)Beratungsluftraum
bestimmter Dienst, dessen Aufgabe es ist, die
Staffelung von Luftfahrzeugen, die nach IFR-
Flugplänen verkehren, soweit wie möglich zu
sichern.
Flugverkehrsberatungsdienst (FS)
Ein Dienst, dessen Aufgabe es ist, außerhalb
kontrollierten Luftraums, jedoch innerhalb
von Luftwegen und Flugverkehrsberatungsbe-
zirken, die Staffelung von Luftfahrzeugen, die
nach IFR-Flugplänen verkehren, soweit wie
möglich zu sichern.
Flugverkehrskontrollzentrale (FS)
Dienststelle des Flugverkehrskontrolldienstes,
in der die Funktionen einer Fluginformationszentrale und einer Bezirkskontrollstelle vereinigt sind.
Flugverkehrsfreigabe (FS)
Die für ein Luftfahrzeug erteilte Genehmigung, unter den von einer Flugverkehrskontrollstelle angegebenen Bedingungen zu verkehren.
Flugverkehrsfreigabe (FS)
Einem Luftfahrzeug von einer Stelle des Flugverkehrskontrolldienstes erteilte Genehmigung, sich unter angegebenen Bedingungen
fortzubewegen.
Flugverkehrskontrolldienst (FS)
Ein Dienst, dessen Aufgabe es ist:
1) Zusammenstöße zu verhindern:

a) between aircraft and

b) on the manoeuvring area between aircraft and obstructions, and

2) expediting and maintaining an orderly flow of air traffic.
(ICAO, Annex 2, 5th Ed., Annex 11, 5th Ed.)

267 Air-Traffic control service
A service established to promote the safe, orderly, and expeditions flow of air traffic.
(BS 185: Sect. 13: No. 13 210)

268 Air-traffic control unit (ATC)
A generic term meaning variously, area control centre, approach control office or aerodrome control tower.
(ICAO, Annex 2, 5th Ed., Annex 3, 6th Ed., Annex 11, 5th Ed.)

269 Air-traffic service(s) (ATC)
A generic term meaning variously, flight information service, alerting service, air traffic advisory service, air traffic control service, area control service, approach control service or aerodrome control service.
(ICAO, Annex 2, 5th Ed., Annex 11, 5th Ed.)

270 Air-traffic service unit (ATC)
A generic term meaning variously, flight information centre or air traffic control unit.
(ICAO, Annex 2, 5th Ed., Annex 3, 6th Ed., Annex 11, 5th Ed.)

271 Air-traffic signal light (GS)
A light, usually portable, giving a narrow beam and provided with a sighting device for directing the beam.
(BS 185: Sect. 13: No. 13 328)

272 Air volume (A/c 1)
The volume of air that would be displaced by a solid body of the same form and size as the outer cover or envelope of a lighter-than-air aircraft.
Note. –This is the volume used in aerodynamic calculations.
(BS 185: Sect. 7: No. 7140)

273 Airway (ATC)
A control area or portion thereof established in the form of a corridor equipped with radio navigational aids.
(ICAO, Annex 2, 5th Ed., Annex 4, 5th Ed., Annex 11, 5th Ed.)

274 Airway (ATC)
A control area between defined points, marked by radio-navigational aids.
(BS 185: Sect. 13: No. 13 110)

275 Airway beacon (GS)
A light beacon located on or near an airway.
(BS 185: Part 3: No. 13 347)

276 Airworthy (A/c)
Complying with the regulations prescribed by the competent authority certifying the fitness for flight of an aircraft.
(BS 185: Sect. 1: No. 1105)

277 ALERFA (ATC)
The code word used to designate an alert phase.
(ICAO, Annex 11, 5th Ed.)

278 Alert phase (ATC)
A situation wherein apprehension exists as to the safety of an aircraft and its occupants.
(ICAO, Annex 11, 5th Ed., Annex 12, 4th Ed.)

279 Alert, to ~ (ATC)
To warn to prepare for search and rescue and to direct the guarding of specified radio frequencies.
(ICAO, Annex 12, 4th Ed.)

a) zwischen Luftfahrzeugen untereinander,

b) auf dem Rollfeld zwischen Luftfahrzeugen und Hindernissen und

2) einen raschen und geordneten Ablauf des Flugverkehrs zu gewährleisten.

Flugverkehrskontrolldienst (FS)
Dienst zur Förderung des sicheren, geordneten und beschleunigten Ablaufs des Luftverkehrs.

Flugverkehrskontrollstelle (FS)
Ein allgemeiner Begriff, der wechselweise Bezirkskontrollstelle, Anflugkontrollstelle oder (Flug)Platzkontrollstelle bedeutet.

Flugverkehrsdienst(e) (FS)
Ein allgemeiner Begriff, der wechselweise Fluginformationsdienst, (Flug-)Alarmdienst, Flugverkehrsberatungsdienst, Flugverkehrskontrolldienst, Bezirkskontrolldienst, Anflugkontrolldienst oder (Flug)Platzkontrolldienst bedeutet.

Flugverkehrsdienststelle (FS)
Ein allgemeiner Begriff, der wechselweise Fluginformationszentrale oder Flugverkehrskontrollstelle bedeutet.

Luftverkehrs-Signalscheinwerfer (Bod)
Ein üblicherweise tragbarer Scheinwerfer mit gebündeltem Strahl und einer Visiereinrichtung zum Richten des Strahles.

Verdrängtes Luftvolumen (Lfz 1)
Volumen der Luft, die von einem festen Körper gleicher Form und Größe wie die äußere Haut oder Hülle eines Luftfahrzeuges leichter als Luft verdrängt würde.
Anmerkung: Dies ist das bei aerodynamischen Rechnungen verwandte Volumen.

Luftstraße (FS)
Ein in Form eines Korridors errichteter, mit Funknavigationshilfen ausgerüsteter Kontrollbezirk oder Teil eines Kontrollbezirkes.

Luftstraße (FS)
Kontrollbezirk zwischen festgelegten Punkten, die durch Funknavigationshilfen gekennzeichnet sind.

Luftstraßenfeuer (Bod)
Leuchtfeuer, das an einer Luftstraße oder in deren Nähe aufgestellt ist.

Lufttüchtig (Lfz)
In Übereinstimmung mit den Bestimmungen der zuständigen Behörde, die die Eignung eines Luftfahrzeuges für den Flugbetrieb bescheinigt.

ALERFA (FS)
Das Kennwort für Alarmstufe 2 (Bereitschaftsstufe).

Alarmstufe 2 (Bereitschaftsstufe) (FS)
Eine Lage, in der über die Sicherheit eines Luftfahrzeuges und seiner Insassen Besorgnis besteht.

alarmieren (FS)
Benachrichtigung zur Vorbereitung von Such- und Rettungsmaßnahmen und Anordnung zur Überwachung bestimmter Funkfrequenzen.

280 **Alerting post (ATC)**
An agency designated to serve as an intermediary between a person reporting an aircraft in distress and a rescue coordination centre.
(ICAO, Annex 12, 4th Ed.)

281 **Alerting post (ATC)**
The agency designated to serve as an intermediary between the person reporting an aircraft in distress and the rescue co-ordination centre.
(BS 185: Sect. 13: No. 13 221)

282 **Alerting service (ATC)**
A service provided to notify appropriate organizations regarding aircraft in need of search and rescue aid, and assist such organizations as required.
(ICAO, Annex 2, 5th Ed., Annex 11, 5th Ed.)

283 **Alighting (Flt OPS)**
An aircraft alights when it ceases to be airborne, loses flying speed and comes to rest.
(BS 185: Sect. 2: No. 2201)

284 **Alighting channel (GS),**
cf./vgl. **Channel,** S.-No./lfd. Nr. 901

285 **Alighting gear (A/c)**
That part of an aircraft (other than the hull of a flying boat) provided for its support on land or water, and for absorbing the shock on alighting. In addition to the undercarriage, alighting gear includes subsidiary items such as nose or tail wheels or wing-tip floats.
(BS 185: Sect. 5: No. 5381)

286 **Alighting run (Flt OPS)**
The distance travelled in contact with the Earth during alighting.
(BS 185: Sect. 2: No. 2202)

287 **Alignment, out-of ~,**
cf./vgl. S.-No./lfd. Nr. 2932

288 **All burnt (Miss)**
The time at which a rocket has consumed its propellants.
(NASA S.0109)

289 **All-burnt (Miss)**
The stage in the operation of a rocket motor after the main burning and thrust have ceased.
(BS 185: Sect. 6: No. 6202)

290 **All-burnt range (Miss)**
The range of a missile to the all-burnt stage.
(BS 185: Sect. 6: No. 6605)

291 **All-directional patch (A/c 1)**
A circular patch designed to take pull in any direction.
(BS 185: Sect. 7: No. 7244)

292 **Allowable cargo load (AT)**
The amount of cargo, determined by weight, cubic displacement and distance to be flown, which may be transported by specified aircraft.
(AAP-6)

293 **Alternate aerodrome (ATC)**
An aerodrome specified in the flight plan to which a flight may proceed when it becomes inadvisable to land at the aerodrome of intended landing.
Note. – –An alternate aerodrome may be the aerodrome of departure.
(ICAO, Annex 2, 5th Ed., Annex 6, 6th Ed., Annex 11, 5th Ed.)

294 **Alternate aerodrome (ATC)**
An aerodrome specified in the flight plan to which the aircraft may proceed if a landing at the intended destination becomes inadvisable.

Alarmstelle (FS)
Eine Stelle, die als Vermittler zwischen einer Person, die ein in Not befindliches Luftfahrzeug meldet, und einer Such- und Rettungsleitstelle bestimmt ist.

Alarmstelle (FS)
Die Stelle, die als Vermittler zwischen der Person, die ein in Not befindliches Luftfahrzeug meldet, und der Such- und Rettungsleitstelle bestimmt ist.

(Flug)Alarmdienst (FS)
Ein Dienst, dessen Aufgabe es ist, die geeigneten Stellen zu benachrichtigen, wenn ein Luftfahrzeug die Hilfe des Such- und Rettungsdienstes benötigt, und diese Stellen soweit erforderlich, zu unterstützen.

Landen; Landung (Flbetr)
Ein Luftfahrzeug landet, wenn es aufhört, von der Luft getragen zu werden, an Fluggeschwindigkeit verliert und zur Ruhe kommt.

Fahrwerk (Lfz)
Derjenige Teil eines Luftfahrzeuges (außer beim Bootskörper eines Flugbootes), der vorgesehen ist, es auf dem Land oder Wasser zu tragen und den Landestoß aufzunehmen. Zum Fahrwerk gehören außer dem Fahrgestell ergänzende Teile wie z. B. Bug- oder Spornräder oder Tragflächen-Stützschwimmer.

Landestrecke (Flbetr)
Strecke, die ein Luftfahrzeug während des Landens auf dem Boden zurücklegt.

Brennschluß (FK)
Zeitpunkt, zu dem eine Rakete ihre Brennstoffe aufgebraucht hat.

Brennschluß (FK)
Stufe im Betrieb eines Raketentriebwerks, bei welcher der Brennstoff wirksam verbrannt ist und keinen Schub mehr liefert.

Brennschlußentfernung (FK)
Entfernung eines Flugkörpers bis zur Brennschluß-Stufe.

Kreisförmiges Befestigungspflaster (Lfz 1)
Rundes Pflaster, das dazu bestimmt ist, Zugkräfte in jeder Richtung aufzunehmen.

Zulässige Ladung (LVerk)
Die Menge an Ladegut – ausgedrückt in Gewicht, Raumbedarf und Flugentfernung zum Bestimmungsort –, die jeweils von bestimmten Luftfahrzeugen befördert werden kann.

Ausweichflugplatz (FS)
Ein im Flugplan bezeichneter Flugplatz, der angeflogen werden kann, wenn eine Landung auf dem Zielflugplatz nicht angezeigt erscheint.
Anmerkung: Ein Ausweichflugplatz kann auch der Startflugplatz sein.

Ausweichflugplatz (FS)
Ein im Flugplan aufgeführter Flugplatz, der angeflogen werden kann, falls es sich als nicht ratsam erweist, auf dem vorgesehenen Zielflugplatz zu landen.

(BS 185: Sect. 13: No. 13 102)

295 Alternate frequencies (TEL)
The radiotelephony frequencies appropriate
to the route concerned other than primary or
secondary frequencies.
(ICAO, Doc 7181, COM/546/3)

296 Alternating light (GS)
An intermittend light varying in colour.
(BS 185: Sect. 13: No. 13 329)

297 Alternative aerodrome (ATC),
cf./vgl. **Alternate aerodrome,** S.-No./lfd. Nr.
293, 294

**298 Alternative means of communication
(TEL)**
A means of communication provided with
equal status, and in addition to the primary
means.
(ICAO, Annex 10, Volume I, 1st Ed.)

299 Altigraph (Instr)
A recording altimeter.
(NASA S.0111)

300 Altimeter (Instr)
A device for indicating altitude.
(BS 185: Sect. 5: No. 5505)

301 Altimeter, absolute ~,
cf./vgl. S.-No./lfd. Nr. 3

302 Altimeter, barometric ~,
cf./vgl. S.-No./lfd. Nr. 612

303 Altimeter calibrator (Instr)
An apparatus for measuring the instrument
errors of an altimeter.
(BS 185: Part 1: No. 5412)

304 Altimeter, contacting ~,
cf./vgl. S.-No./lfd. Nr. 1061

305 Altimeter, pressure ~,
cf./vgl. S.-No./lfd. Nr. 3197

306 Altimeter, radio ~,
cf./vgl. S.-No./lfd. Nr. 3383

307 Altimeter, recording ~,
cf./vgl. S.-No./lfd. Nr. 3467

308 Altimeter, sonic ~,
cf./vgl. S.-No./lfd. Nr. 3874

309 Altitude (Aero)
The vertical distance of a level, a point or an
object considered as a point, measured from
mean sea level.
(ICAO, Annex 2, 5th Ed., Annex 3, 6th Ed.,
Annex 4, 5th Ed., Annex 10, Volume I and II,
1st Ed., Annex 11, 5th Ed.)

310 Altitude (Aero)
Height above mean sea-level.
(BS 185: Sect. 1: No. 1106)

311 Altitude, absolute ~,
cf./vgl. S.-No./lfd. Nr. 4

312 Altitude acclimatization (Med)
A slow physiological adaptation to signifi-
cantly reduced atmospheric pressure, resulting from prolonged exposure.
(AAP-6)

313 Altitude, (astronomical) ~,
cf./vgl. S.-No./lfd. Nr. 489

314 Altitude, cabin ~,
cf./vgl. S.-No./lfd. Nr. 815

315 Altitude chamber (Med)
An airtight chamber within which the air
pressure, temperature or humidity can be adjusted to duplicate the atmospheric pressure
at different altitudes.
(NASA S.0112)

316 Altitude, critical ~,
cf./vgl. S.-No./lfd. Nr. 1191

Ausweichfrequenzen (Fernm)
Die für die entsprechenden Flugstrecken ver-
wendbaren Sprechfunkfrequenzen, außer
Haupt- oder Nebenfrequenzen.

Wechselfeuer (Bod)
Unterbrochenes Feuer, bei dem die Farbe
wechselt.

**Ausweich(fernmelde)verbindungsart
(Fernm)**
Eine gleichwertige Fernmeldeverbindung zu-
sätzlich zur Hauptverbindungsart.

Barograph; Höhenschreiber (Instr)
Ein Höhenmesser mit graphischer Aufzeichnung.

Höhenmesser (Instr)
Gerät zur Höhenanzeige.

Höhenmesser-Eichgerät (Instr)
Gerät zum Messen der Instrumentenfehler
eines Höhenmessers.

Höhe über Meer (Aero)
Der lotrechte Abstand einer Horizontalebene,
eines Punktes oder eines als Punkt angenommenen Gegenstandes vom mittleren Meeresspiegel.

Höhe über Meer (Aero)
Höhe über dem mittleren Meeresspiegel.

Höhenakklimatisierung (Med)
Ein physiologischer Prozeß, der darin besteht,
daß ein Organismus, der längere Zeit hindurch
einem erheblich verringerten atmosphärischen
Druck ausgesetzt wird, sich diesem allmählich
anpaßt.

Höhenkammer (Flmed)
Eine luftdichte Kammer, in der Luftdruck,
Temperatur oder Feuchtigkeit so reguliert wer-
den können, daß sie dem atmosphärischen
Druck in unterschiedlichen Höhen entspre-
chen.

317 Altitude, density ~,
cf./vgl. S.-No./lfd. Nr. 1268

318 Altitude engine (Eng)
A reciprocating aircraft engine with a high
degree of supercharging, having its maximum rated power output at some altitude
above sea level and intended for use at relatively high altitudes.
(NASA S.0113)

Höhenmotor (Flmot)
Ein Kolben-Flugmotor hoher Aufladung, dessen Höchstleistung in einiger Höhe über Normal Null erreicht wird, und der für eine Verwendung in verhältnismäßig großen Flughöhen bestimmt ist.

319 Altitude, final appoach ~,
cf./vgl. S.-No./lfd. Nr. 1615

320 Altitude, high ~,
cf./vgl. S.-No./lfd. Nr. 2026

321 Altitude, indicated ~,
cf./vgl. S.-No./lfd. Nr. 2157

322 Altitude, minimum flight ~,
cf./vgl. S.-No./lfd. Nr. 2718

323 Altitude, minimum safety ~,
cf./vgl. S.-No./lfd. Nr. 2722

324 Altitude, missed-approach ~,
cf./vgl. S.-No./lfd. Nr. 2724

325 Altitude, parallax in ~,
cf./vgl. S.-No./lfd. Nr. 3002

326 Altitude, pressure ~,
cf./vgl. S.-No./lfd. Nr. 3198, 3199

327 Altitude recorder (Instr),
cf./vgl. **Recording altimeter,** S.-No./lfd. Nr.
3467

328 Altitude sickness (Med)
The syndrome of depression, anorexia, nau-
sea, vomiting and collapse, due to decreased
atmospheric pressure, occuring in an individual exposed to an altitude beyond that to
which acclimatization has occured.
(AAP-6)

Höhenkrankheit (Med)
Ein durch Depressionen, Appetitlosigkeit,
Übelkeit, Erbrechen und Kollaps gekennzeichneter Symptomkomplex, der als Folge des verringerten atmosphärischen Drucks in einer
Höhe auftritt, an die die betreffende Person
nicht akklimatisiert ist.

329 Altitude, simulated ~,
cf./vgl. S.-No./lfd. Nr. 3824

330 Altitude switch (Instr),
cf./vgl. **Contacting altimeter,** S.-No./lfd. Nr.
1061

331 Altitude, transition ~,
cf./vgl. S.-No./lfd. Nr. 4436

332 Altocumulus (Met)
White or grey, or both white and grey patch,
sheet or layer of cloud generally with shading, composed of laminae, rounded masses,
rolls, etc. which are sometimes partly fibrous
or diffuse and which may or may not be
merged; most of the regularly arranged small
elements usually have an apparent width of
between one and five degrees.
(BS 185: Sect. 15: No. 15 420)

Altokumulus (Met)
Weiße oder graue oder weiß-grau gemischte
Wolkenfelder, -decken oder -schichten – im allgemeinen mit Schattenbildung –, die aus
dünnschichtigen, kugel- oder rollenförmigen
oder ähnlichen Wolkenmassen manchmal faseriger oder diffuser Art bestehen, die miteinander verbunden oder nicht verbunden sein können; die Ausdehnung der meisten der regelmäßig angeordneten kleinen Elemente scheint
zwischen einem und fünf Grad zu liegen.

Altostratus (Met)
Ein streifenartiger oder faseriger Wolken-
schleier von mehr oder weniger gräulicher
oder bläulicher Farbe. Diese Wolke ähnelt dik-
kem Zirrostratus, jedoch ohne Halo-Erscheinungen. Sonne und Mond scheinen gerade
noch mit mattem Schein hindurch, wie durch
Milchglas.

333 Altostratus (Met)
A striated or fibrous veil, more or less grey or
bluish in colour. This cloud is like thick cirrostratus but without halo phenomena. The
sun or moon shows vaguely, with a faint
gleam as if through ground glass.
(BS 185: Sect. 15: No. 15 421)

334 Amount, cloud ~,
cf./vgl. S.-No./lfd. Nr. 958

335 Amphibian (A/c)
An aircraft capable of taking-off from and
alighting on either land or water.
(BS 185: Sect. 5: No. 5109)

Amphibienluftfahrzeug (Lfz)
Luftfahrzeug, das sowohl auf dem Lande als
auch auf dem Wasser starten und landen kann.

336 Anemograph (Met)
A recording anemometer which may also
record the direction of the wind.
(BS 185: Sect. 15: No. 15 713)

Anemograph (Met)
Ein Windschreiber, der in manchen Ausfüh-
rungen auch die Windrichtung registriert.

337 Anemometer (Met)
An instrument for determining the speed of
the wind.

Anemometer (Met)
Ein Gerät zum Messen der Windgeschwindigkeit.

(BS 185: Sect. 15: No. 15 711)
338 Aneroid barometer (Met)
A barometer, the action of which depends on the distortion of an airtight metal box with variation of atmospheric pressure.
(BS 185: Sect. 15: No. 15 701)
339 Angle, aileron ~,
cf./vgl. S.-No./lfd. Nr. 152
340 Angle, blade ~,
cf./vgl. S.-No./lfd. Nr. 689
341 Angle, coning ~,
cf./vgl. S.-No./lfd. Nr. 1044
342 Angle, conversion ~,
cf./vgl. S.-No./lfd. Nr. 1146
343 Angle, delta-three ~,
cf./vgl. S.-No./lfd. Nr. 1264
344 Angle, diffuser cone- ~,
cf./vgl. S.-No./lfd. Nr. 1307
345 Angle, drift ~,
cf./vgl. S.-No./lfd. Nr. 1384
346 Angle, drift correction ~,
cf./vgl. S.-No./lfd. Nr. 1385
347 Angle, elevator ~,
cf./vgl. S.-No./lfd. Nr. 1460
348 Angle, flap ~,
cf./vgl. S.-No./lfd. Nr. 1645
349 Angle, glide path ~,
cf./vgl. S.-No./lfd. Nr. 1877
350 Angle, gliding ~,
cf./vgl. S.-No./lfd. Nr. 1889
351 Angle, Greenwich hour ~,
cf./vgl. S.-No./lfd. Nr. 1903
352 Angle, hour ~,
cf./vgl. S.-No./lfd. Nr. 2078
353 Angle, local hour ~,
cf./vgl. S.-No./lfd. Nr. 2078
354 Angle, minimum gliding ~,
cf./vgl. S.-No./lfd. Nr. 2720
355 Angle-of-approach indicator system (GS)
A light system indicating to the pilot of an aircraft approaching to land at an aerodrome the slope of an appropriate descent path.
(BS 185: Sect. 13: No. 13 330)
356 Angle-of-approach lights (GS)
Aeronautical ground lights arranged so as to indicate the desired angle of descent during an approach to an aerodrome.
(ICAO, Annex 14)
357 Angle of attack (Aerodyn),
cf./vgl. **Angle of incidence**, S.-No./lfd. Nr. 359
358 Angle of crab (Flt OPS)
The horizontal angle between the longitudinal axis of a crabbed aircraft and its line of flight; a drift angle.
(NASA S.0119)
359 Angle of incidence (Aerodyn)
The angle between the chord of a wing or the reference line in a body and the direction of the undisturbed flow in the absence of sideslip.
Note. – Not to be confused with **Rigging angle of incidence.**
(BS 185: Sect. 4: No. 4104)
360 Angle of pitch (Aerodyn)
The angle between the plane containing the lateral axis and the direction of the relative airflow, and the plane containing the lateral and longitudinal axes.
In horizontal flight, the angle of pitch is the angle between the longitudinal axis and the direction of motion of the aircraft.
(BS 185: Part 1: No. 4101)

Aneroidbarometer; Dosenbarometer (Met)
Ein Barometer, dessen Anzeigemechanismus von der Verformung einer luftdichten Metalldose unter veränderlichem Außendruck betätigt wird.

Gleitwinkelbefeuerung (Bod)
Befeuerungsanlage, die dem Führer eines zur Landung auf einem Flugplatz anfliegenden Luftfahrzeugs den richtigen Sinkflugwinkel anzeigt.
Anflugwinkelfeuer (Bod)
Luftfahrtfeuer, die derart aufgestellt sind, daß sie den festgelegten Sinkflugwinkel während eines Anfluges auf einen Flugplatz kennzeichnen.

Schiebewinkel (Flbetr)
Der in der Horizontalen gemessene Winkel zwischen der Längsachse eines schiebenden Luftfahrzeugs und seinem Flugweg über Grund; ein Abtriftwinkel.
Anstellwinkel (Aerodyn)
Winkel zwischen der Sehne einer Tragfläche oder der Bezugslinie eines Körpers und der Richtung des ungestörten Luftlußes ohne Schiebeeinfluß.
Anmerkung: Nicht zu verwechseln mit **Einstellwinkel.**

Längsneigungswinkel; Nickwinkel (Aerodyn)
Winkel zwischen der Ebene, die die Querachse und die Flugwindachse enthält, und der Ebene, die Quer- und Längsachsen enthält. Im Horizontalflug ist der Längsneigungswinkel der Winkel zwischen der Längsachse und der Bewegungsrichtung des Luftfahrzeugs.

361 **Angle of roll** (Aerodyn)
The angle through which the aircraft must be turned about the longitudinal axis, whether horizontal or inclined, to bring the lateral axis to a horizontal position. In flight, with the longitudinal axis horizontal, the angle of roll is the angle of inclination to the horizontal of the lateral axis.
(BS 185: Part 1: No. 4105)

362 **Angle of side-slip** (Aerodyn)
The angle between the direction of the undisturbed flow and the plane of symmetry.
(BS 185: Sect. 4: No. 4108)

363 **Angle of stall** (Aerodyn)
The angle of incidence corresponding to the maximum lift coefficient.
(BS 185: Part 1: No. 4107)

364 **Angle, rigging ~ of incidence,**
cf./vgl. S.-No./lfd. Nr. 3559

365 **Angle, rudder ~,**
cf./vgl. S.-No./lfd. Nr. 3644

366 **Angle, sidereal hour ~,**
cf./vgl. S.-No./lfd. Nr. 2078

367 **Angle, stalling ~,**
cf./vgl. S.-No./lfd. Nr. 3985

368 **Angle, tail-setting ~,**
cf./vgl. S.-No./lfd. Nr. 4233

369 **Angle, track ~,**
cf./vgl. S.-No./lfd. Nr. 4408

370 **Angled deck** (A/c carrier)
A flight deck arranged for the landing of aircraft at an angle, in the horizontal plane, to the fore-and-aft axis of an aircraft carrier.
(BS 185: Sect. 13: No. 13 408)

371 **Angular acceleration** (Aerodyn)
The acceleration of a body about an axis.
(NASA S.0129)

372 **Anhedral** (A/c)
The angle at which the port and starboard planes of an aeroplane or glider are inclined downwards to the transverse plane of reference.
(BS 185: Sect. 5: No. 5207)

373 **Anhedral** (A/c)
A negative dihedral.
(NASA S.0130)

374 **Annular radiator** (Eng)
A radiator shaped to fit within a circular cowling and through which the cooling air flows axially.
(BS 185: Sect. 8: No. 8385)

375 **Anoxia** (Med)
Oxygen deprivation serious enough to cause death; hypoxia.
(NASA S.0133)

376 **Antenna** (TEL),
cf./vgl. **Aerial,** S.-No./lfd. Nr. 39

377 **Anti-drag wires** (A/c)
Wires or cables incorporated in the framework of an aerofoil and in its plane, complementary to the drag wires and resisting forces in the opposite direction.
(BS 185: Sect. 3: No. 3229)

378 **Anti-G-suit** (A/c)
A device worn by aircrew to counteract the effects on the human body of positive acceleration.
(AAP-6)

379 **Anti-icing** (A/c)
The protection of aircraft against icing by preventing ice formation (e. g. by continuous heating).
(BS 185: Sect. 15: No. 15 601)

Rollwinkel (Aerodyn)
Winkel, um den ein Luftfahrzeug um seine horizontale oder geneigte Längsachse gedreht werden muß, um die Querachse in eine horizontale Lage zu bringen. Beim Flug mit horizontaler Längsachse ist der Rollwinkel gleich dem zwischen der Querachse und der Horizontalebene gebildeten Winkel.

Schiebewinkel (Aerodyn)
Winkel zwischen der Richtung des ungestörten Luftflusses und der Symmetrieebene.

Kritischer Anstellwinkel; Höchstauftriebswinkel; Strömungsabreißwinkel (Aerodyn)
Anstellwinkel, bei dem der Antriebsbeiwert ein Maximum erreicht.

Winkeldeck (Flzg-Träger)
Flugdeck, das so angeordnet ist, daß Luftfahrzeuge – in der Horizontalebene gesehen – in einem Winkel zur Längsachse des Flugzeugträgers landen.

Winkelbeschleunigung (Aerodyn)
Die Beschleunigung eines Körpers um eine Achse.

Negative V-Stellung (Lfz)
Der Winkel, unter dem die Backbord- und Steuerbord-Tragflächen eines Flugzeugs oder Gleiters abwärts gegen die durch die Querachse laufende Bezugsebene geneigt sind.

Negative V-Stellung (Lfz)
Eine negative V-Stellung.

Ringkühler (Flmot)
Ein Kühler, der so geformt ist, daß er in eine Ringhaube paßt, wobei die Kühlluft in axialer Richtung strömt.

Sauerstoffmangel (Flmed)
Mangel an Sauerstoff in einem Maß, das zum Tode führen kann, – Hypoxie.

Holmauskreuzungen (Lfz)
Drähte oder Kabel im Rahmenwerk eines Tragflügels und in seiner Ebene, die quer zu den Widerstandskabeln verlaufen und Kräfte in der entgegengesetzten Richtung aufnehmen.

Anti-G-Anzug (Lfz)
Von Luftfahrzeugbesatzungen getragene Sonderbekleidung, mit der die Wirkung der positiven Beschleunigung auf den menschlichen Körper herabgesetzt werden soll.

Vereisungsschutz (Lfz)
Schutz von Luftfahrzeugen gegen Vereisung durch Verhüten der Eisbildung (z. B. durch ständiges Beheizen).

380 Anti-icing (A/c)
The prevention of ice formation upon an aircraft's surfaces, in its engine induction system or elsewhere, either by heat or by use of substances such as oil or alcohol.
(NASA S.0135)

Vereisungsschutz (Lfz)
Die Verhütung von Eisansatz auf den Flächen eines Luftfahrzeugs, in der Ansauganlage seines Triebwerks oder an anderem Ort mittels Wärme oder dem Einsatz von Substanzen, wie Öl oder Alkohol.

381 Anti-lift wires (A/c)
Wires to resist forces in the opposite direction to the lift.
(BS 185: Sect. 3: No. 3230)

Gegenkabel (Lfz)
Drähte oder Kabel, die Kräfte entgegengesetzt zur Auftriebsrichtung aufnehmen.

382 Anti-rolling wire (A/c 1)
A wire to prevent rolling of any component relative to the hull or envelope.
(BS 185: Sect. 7: No. 7252)

Antirollkabel (Lfz 1)
Draht, der das Rollen eines Bauteils relativ zum Gerippe oder zur Hülle verhindern soll.

383 Anti-spin parachute
A parachute attached to an aircraft to assist in its recovery from a spin.
(BS 185: Sect. 12: No. 12 142)

Trudelfallschirm
Fallschirm, der an einem Luftfahrzeug befestigt ist, um das Herausnehmen aus dem Trudeln zu unterstützen.

384 Anti-surge valve (Eng),
cf./vgl. **Oil control valve,** S.-No./lfd. Nr. 2882

385 Anti-symmetrical flutter (Struct)
Flutter in which the components on port and starboard sides of an aircraft undergo equal displacements in opposite directions at any instant.
(BS 185: Sect. 3: No. 3308)

Antisymmetrisches Flattern (Konstr)
Flattern, bei dem die Komponenten auf Steuer- und Backbord eines Luftfahrzeuges in jedem Augenblick gleiche Verschiebungen in entgegengesetzten Richtungen erfahren.

386 Anti-trade winds (Met)
A reverse current somtimes occurring above the trade winds at an altitude of 3000 feet or more.
(BS 185: Sect. 15: No. 15 239)

Gegenpassat; Antipassat (Met)
Winde, die manchmal über den Passatwinden in Höhen von 3000 Fuß (etwa 900 m) und darüber auftreten und in entgegengesetzter Richtung zu diesen wehen.

387 Anticipated operating conditions (Flt OPS)
Those conditions which are known from experience or which can be reasonably envisaged to occur during the operational life of the aeroplane taking into account the operations for which the aeroplane is made eligible, the conditions so considered being relative to the meteorological state of the atmosphere, to the configuration of terrain, to the functioning of the aeroplane, to the efficiency of personnel and to all the factors affecting safety of flight. Anticipated Operating Conditions do not include:
a) those extremes which can be effectively avoided by means of operating procedures; and
b) those extremes which occur so infrequently that to require the Standards to be met in such extremes would give a higher level of airworthiness than experience has shown to be necessary and practical.
(ICAO, Annex 8, 5th Ed.)

Zu erwartende Betriebsbedingungen (Flbetr)
Durch Erfahrung bekannte oder während der Betriebslebensdauer eines Flugzeuges im Rahmen seiner zulässigen Verwendungsmöglichkeiten normalerweise voraussehbare Bedingungen, welche die atmosphärischen Verhältnisse, die Geländebeschaffenheit, das Betriebsverhalten des Flugzeuges, das Können des Personals und alle die Flugsicherheit beeinflussenden Faktoren berücksichtigen. Nicht eingeschlossen sind:
a) jene Extreme, die durch betriebliche Verfahren wirksam vermieden werden können, und
b) jene Extreme, die derart selten auftreten, daß die Forderung nach Erfüllung der Normen für solche Extreme einen höheren Grad der Lufttüchtigkeit ergäbe, als es aufgrund der Erfahrung notwendig und durchführbar ist.

388 Anticyclone (Met)
A region of relatively high barometric pressure. The winds circulate clockwise round the centre in the northern, and counterclockwise in the southern hemisphere.
(BS 185: Sect. 15: No. 15 502)

Hochdruckgebiet; Hoch; Antizyklone (Met)
Ein Gebiet mit relativ hohem barometrischem Luftdruck. Auf der nördlichen Halbkugel wehen die Winde im Uhrzeigersinn um den Hochdruckkern, auf der südlichen Halbkugel in entgegengesetztem Uhrzeigersinn.

389 Apex (Para)
The highest point in the canopy of a parachute in a vertical descent.
(BS 185: Sect. 12: No. 12 101)

Scheitel (Fallsch)
Höchster Punkt einer Fallschirmkappe im senkrechten Abstieg.

390 Apogee (Miss)
The point at which a missile trajectory or a satellite orbit is farthest from the center of the gravitational field of the controlling body or bodies.
(AAP-6)

Apogäum (FK)
Der Punkt, an dem sich ein Flugkörper oder Satellit auf seiner Flugbahn am weitesten vom Mittelpunkt des Schwerkraftfeldes des oder der Körper entfernt befindet, dessen bzw. deren System er angehört.

391 Apparent thrust (Prop),
cf./vgl. **Shaft thrust,** S.-No./lfd. Nr. 3769

392 Approach (ATC)
The air space over an approach area.
(BS 185: Sect. 13: No. 13 302)

393 Approach (A/c)
To manoeuvre an aircraft into position relative to the landing area for flattening-out and alighting.
(BS 185: Part 1: No. 2102)

394 Approach aids (Nav)
Systems designed to assist aircraft to make an approach along a pre-determined track or path.
(BS 185: Sect. 14: No. 14 220)

395 Approach aids, radio ~,
cf./vgl. S.-No./lfd. Nr. 3384

396 Approach altitude, final ~,
cf./vgl. S.-No./lfd. Nr. 1615

397 Approach-and-landing aids (Nav)
Systems designed to assist aircraft to make an approach along a predetermined path and a subsequent landing.
(BS 185: Sect. 14: No. 14 228)

398 Approach area (ATC)
A specified portion of the surface of the ground or water preceding the threshold. It is an area within which it may be necessary to take one or more of the following actions: restrict the creation of new obstructions; remove objects or mark objects in order to ensure a satisfactory level of safety and regularity for aircraft operations during the approach phase.
(ICAO, Annex 14, 4th Ed.)

399 Approach area (ATC)
A defined portion of the surface of the ground or water preceding the runway threshold.
(BS 185: Sect. 13: No. 13 303)

400 Approach beacon system, beam ~,
cf./vgl. S.-No./lfd. Nr. 670

401 Approach, beam ~,
cf./vgl. S.-No./lfd. Nr. 669

402 Approach control (ATC)
A unit established to provide an approach-control service.
(BS 185: Sect. 13: No. 13 211)

403 Approach control office (ATC)
A unit established to provide air traffic control service to controlled flights arriving at, or departing from, one or more aerodromes.
(ICAO, Annex 2, 5th Ed., Annex 3, 6th Ed., Annex 4, 5th Ed., Annex 11, 5th Ed.)

404 Approach control radar, Abbr **ACR (ATC)**
A type of surveillance radar displaying at an aerodrome the positions of aircraft within its range.
(BS 185: Sect. 14: No. 14 221)

405 Approach control service (ATC)
Air traffic control service for arriving or departing controlled flights.
(ICAO, Annex 2, 5th Ed., Annex 11, 5th Ed.)

406 Approach-control service (ATC)
An air-traffic control service for arriving or departing flights.
(BS 185: Sect. 13: No. 13 212)

407 Approach, final ~,
cf./vgl. S.-No./lfd. Nr. 1613, 1614

408 Approach funnel (ATC)
A specified airspace around a nominal approach path within which an aircraft approaching to land is considered to be making a normal approach.
(ICAO, Doc 4444 – RAC/501/8)

Anflugbereich (FS)
Der Luftraum über einem Anflugsektor.

Anflug (zur Landung) (Lfz)
Flugmanöver mit dem Ziele, ein Luftfahrzeug in eine auf den Landebereich bezogene Position zum Zwecke des Abfangens und Landens zu bringen.

Anflughilfsmittel (Nav)
Verfahren und Anlagen zur Unterstützung von Luftfahrzeugen, einen Anflug auf einem vorbestimmten Kurs oder Flugweg durchzuführen.

Anflug- und Landehilfsmittel (Nav)
Verfahren und Anlagen zur Unterstützung von Luftfahrzeugen beim Anflug auf einem vorgegebenen Flugweg und bei der anschließenden Landung.

Anflugsektor (FS)
Ein festgelegter Teil auf der Boden-(oder Wasser-)oberfläche vor der Schwelle. Es handelt sich um einen Sektor, in dem es notwendig sein kann, eine oder mehrere der folgenden Maßnahmen zu ergreifen: den Bau neuer Hindernisse zu beschränken; Objekte zu entfernen oder Objekte zu markieren, um ein ausreichendes Maß von Sicherheit und Regelmäßigkeit für den Betrieb von Luftfahrzeugen während der Anflugphase zu gewährleisten.

Anflugsektor (FS)
Ein festgelegter Teil auf der Boden- oder Wasseroberfläche vor der Pistenschwelle.

Anflugkontrollstelle (FS)
Dienststelle, die einen Anflugkontrolldienst durchführt.

Anflugkontrollstelle (FS)
Eine Dienststelle, die Flugverkehrskontrolldienst für kontrollierte Flüge durchführt, die auf einem oder mehreren Flugplätzen ankommen oder von dort abgehen.

Anflugkontrollradar (FS)
Bestimmte Art von Rundsicht-Radargerät auf einem Flugplatz, das die Standorte von Luftfahrzeugen innerhalb seines Erfassungsbereichs anzeigt.

Anflugkontrolldienst (FS)
Flugverkehrskontrolldienst für ankommende und abgehende Luftfahrzeuge bei kontrollierten Flügen.

Anflugkontrolldienst (FS)
Flugverkehrskontrolldienst für ankommende und abgehende Flüge.

Anflugtrichter (FS)
Ein festgelegter Luftraum um einen Sollanflugweg, innerhalb dessen von einem zur Landung anfliegenden Luftfahrzeug angenommen wird, daß es einen normalen Anflug durchführt.

409 Approach, ground-controlled ~,
cf./vgl. S.-No./lfd. Nr. 1916

410 Approach idling conditions (Flt OPS)
The condition of minimum rotational speed associated with landing approach (the minimum being that commensurate with satisfactory acceleration at anticipated flight conditions), and the maximum exhaust gas temperature at this speed.
(ICAO, Annex 8, 5th Ed.)

Anflugleerlaufzustand (Flbetr)
Der Zustand kleinster Drehzahl im Landeanflug und höchster Abgastemperatur bei dieser Drehzahl, wobei die Drehzahl mindestens so hoch sein muß, daß unter den erwarteten Flugbedingungen eine befriedigende Beschleunigung möglich ist.

411 Approach, initial ~,
cf./vgl. S.-No./lfd. Nr. 2203, 2204

412 Approach, instrument ~,
cf./vgl. S.-No./lfd. Nr. 2228

413 Approach, intermediate ~,
cf./vgl. S.-No./lfd. Nr. 2267, 2268

414 Approach light beacon (GS)
An aeronautical beacon placed on the extended centre line of a runway at a fixed distance from the threshold.
(ICAO, Annex 14, 4th Ed.)

Anflugleuchtfeuer (Bod)
Ein Luftfahrtleuchtfeuer, das auf der verlängerten Pistenmittellinie in einem bestimmten Abstand von der Schwelle aufgestellt ist.

415 Approach lights (GS)
A system of lights so arranged as to assist a pilot in aligning his aircraft with a runway and in following a straight path when descending preparatory to landing.
(BS 185: Sect. 13: No. 13 331)

Anflugbefeuerung (Bod)
Befeuerungsanlage, die so angeordnet ist, daß sie den Luftfahrzeugführer unterstützt, beim Sinkflug vor einer Landung sein Luftfahrzeug in Richtung zur Piste und entlang einer geraden Flugbahn zu steuern.

416 Approach, PAR ~,
cf./vgl. S.-No./lfd. Nr. 3189

417 Approach parachute
A parachute deployed from an aircraft to steepen the approach.
(BS 185: Sect. 12: No. 12 143)

Landeanflug-Bremsschirm
Schirm, der zur Erzielung eines steileren Landeanflugs von einem Luftfahrzeug ausgesetzt wird.

418 Approach, plan position ~,
cf./vgl. S.-No./lfd. Nr. 3093

419 Approach, power ~,
cf./vgl. S.-No./lfd. Nr. 3163

420 Approach, PPI ~,
cf./vgl. S.-No./lfd. Nr. 3093, 3189

421 Approach, precision ~,
cf./vgl. S.-No./lfd. Nr. 3189

422 Approach procedure, instrument ~,
cf./vgl. S.-No./lfd. Nr. 2230

423 Approach procedures, ground controlled ~,
cf./vgl. S.-No./lfd. Nr. 1917

424 Approach, radar ~,
cf./vgl. S.-No./lfd. Nr. 3333

425 Approach radar, precision ~,
cf./vgl. S.-No./lfd. Nr. 3190, 3191

426 Approach sequence (ATC)
The order in which two or more aircraft are cleared to approach to land at the aerodrome.
(ICAO, Doc 4444–RAC/501/8)

Anflugfolge (FS)
Die Reihenfolge, in der zwei oder mehreren Luftfahrzeugen der Landeanflug freigegeben wird.

427 Approach speed (A/c)
The indicated air speed at which an aircraft approaches for landing.
(BS 185: Part 1: No. 4302)

Anfluggeschwindigkeit (Lfz)
Angezeigte Fluggeschwindigkeit, mit der ein Flugzeug zur Landung anfliegt.

428 Approach, straight-in ~,
cf./vgl. S.-No./lfd. Nr. 4075

429 Approach surface (ATC)
A specified portion of an inclined plane or a combination of planes limited in plan by the vertical projection of the approach area and chosen so as to establish the heights above which the action described in "approach area" may need to be taken.
(ICAO, Annex 14, 4th Ed.)

Anflugfläche (FS)
Ein festgelegter Teil einer schiefen Ebene oder einer Verbindung von Ebenen, der im Grundriß durch die vertikale Projektion des Anflugsektors begrenzt und so gewählt ist, daß die Höhen bestimmt werden können, oberhalb welcher es notwendig sein kann, die in „Anflugsektor" beschriebenen Maßnahmen zu ergreifen.

430 Approach surface (ATC)
A portion of an inclined plane, the limits of which are vertically above its corresponding approach area.
(BS 185: Sect. 13: No. 13 304)

Anflugfläche (FS)
Teil einer schiefen Ebene, dessen Grenzen senkrecht über dem entsprechenden Anflugsektor liegen.

431 Approach system, ground-controlled ~,
cf./vgl. S.-No./lfd. Nr. 1918

432 Approach system, standard beam ~,
cf./vgl. S.-No./lfd. Nr. 3992

433 Approach time (ATC)
The time at which an aircraft commences its final approach preparatory to landing. (AAP-6)

Anflugbeginn; Anflugzeitpunkt (FS)
Der Zeitpunkt, zu dem ein Luftfahrzeug den Endanflug zur Landung beginnt.

434 Approach time, expected ~,
cf./vgl. S.-No./lfd. Nr. 1551

435 Approach, visual contact ~,
cf./vgl. S.-No./lfd. Nr. 4647

436 Appropriate airworthiness requirement(s) (A/c)
The comprehensive and detailed airworthiness codes established by a Contracting State for the class of aircraft under consideration.
(ICAO, Annex 8, 5th Ed.)

Anzuwendende Lufttüchtigkeits-vorschrift(en) (Lfz)
Die umfassenden und ausführlichen Lufttüchtigkeitsvorschriften, welche ein Vertragsstaat für die in Betracht kommende Luftfahrzeugklasse aufstellt.

437 Approved (Aero)
Accepted by a Contracting State as suitable for a particular purpose.
(ICAO, Annex 8, 5th Ed.)

Genehmigt (Aero)
Von einem Vertragsstaat für einen bestimmten Zweck als geeignet befunden.

438 Approved training (Aero)
Training carried out under special curricula and supervision approved by a Contracting State.
(ICAO, Annex 1, 5th Ed.)

Genehmigte Ausbildung (Aero)
Ausbildung nach besonderem Lehrplan und unter besonderer Aufsicht, die von einem Vertragsstaat genehmigt sind.

439 Apron (GS)
A defined area, on a land aerodrome, intended to accommodate aircraft for purposes of loading or unloading passengers or cargo, refuelling, parking or maintenance.
(ICAO, Annex 14, 4th Ed.)

Vorfeld; Abstellfläche (Bod)
Eine festgelegte Fläche auf einem Landflugplatz, die für die Aufnahme von Luftfahrzeugen zum Ein- und Aussteigen der Fluggäste, Ein- und Ausladen der Fracht, Auftanken, Abstellen oder zur Wartung bestimmt ist.

440 Apron (GS)
A paved or surfaced area where aircraft stand for purposes of loading or unloading, parking or servicing.
(BS 185: Sect. 13: No. 13 305)

Vorfeld; Abstellfläche (Bod)
Massive oder befestigte Fläche, auf der Luftfahrzeuge zum Be- und Entladen, Parken oder zur Wartung abgestellt werden.

441 A.P.S. (aircraft prepared for service) weight,
cf./vgl. **Operating weight,** S.-No./lfd. Nr. 2911, 2912

442 Area, advisory ~,
cf./vgl. S.-No./lfd. Nr. 36

443 Area, approach ~,
cf./vgl. S.-No./lfd. Nr. 398, 399

444 Area, control ~,
cf./vgl. S.-No./lfd. Nr. 1072, 1073

445 Area control centre (ATC)
A unit established to provide air traffic-control service to controlled flights in control areas under its jurisdiction.
(ICAO, Annex 2, 5th Ed., Annex 3, 6th Ed., Annex 11, 5th Ed.)

Bezirkskontrollstelle (FS)
Eine Dienststelle, die Flugverkehrskontrolldienst für kontrollierte Flüge in Kontrollbezirken, die ihrer Zuständigkeit unterliegen, durchführt.

446 Area-control centre (ATC)
A unit established to provide an area-control service.
(BS 185: Sect. 13: No. 13 213)

Bezirkskontrollstelle (FS)
Dienststelle, die einen Bezirkskontrolldienst durchführt.

447 Area control service (ATC)
Air-traffic control service for controlled flights in control areas.
(ICAO, Annes 1, 4th Ed., Annex 2, 5th Ed., Annex 11, 5th Ed.)

Bezirkskontrolldienst (FS)
Flugverkehrskontrolldienst für kontrollierte Flüge in Kontrollbezirken.

448 Area-control service (ATC)
An air-traffic control service for flights under IFR within control areas.
(BS 185: Sect. 13: No. 13 214)

Bezirkskontrolldienst (FS)
Flugverkehrskontrolldienst für IFR-Flüge in Kontrollbezirken.

449 Area, danger ~,
cf./vgl. S.-No./lfd. Nr. 1237

450 Area, design wing ~,
cf./vgl. S.-No./lfd. Nr. 1288

451 Area, direct transit ~,
cf./vgl. S.-No./lfd. Nr. 1315

452 **Area, disk** ~,
cf./vgl. S.-No./lfd. Nr. 1327, 1328
453 **Area, gross wing** ~,
cf./vgl. S.-No./lfd. Nr. 1914
454 **Area, landing** ~,
cf./vgl. S.-No./lfd. Nr. 2347, 2348, 2349
455 **Area, manoeuvring** ~,
cf./vgl. S.-No./lfd. Nr. 2618, 2619
456 **Area, movement** ~,
cf./vgl. S.-No./lfd. Nr. 2776, 2777
457 **Area, net wing** ~,
cf./vgl. S.-No./lfd. Nr. 2809
458 **Area of high pressure** (Met), cf./vgl.
Anticyclone, S.-No./lfd. Nr. 388
459 **Area of low pressure** (Met), cf./vgl.
Depression, S.-No./lfd. Nr. 1278
460 **Area, prohibited** ~,
cf./vgl. S.-No./lfd. Nr. 3261
461 **Area, restricted** ~,
cf./vgl. S.-No./lfd. Nr. 3528
462 **Area, search and rescue** ~,
cf./vgl. S.-No./lfd. Nr. 3703, 3704
463 **Area, signal** ~,
cf./vgl. S.-No./lfd. Nr. 3814, 3815
464 **Area, take-off** ~,
cf./vgl. S.-No./lfd. Nr. 4241, 4242
465 **Area, terminal control** ~,
cf./vgl. S.-No./lfd. Nr. 4312
466 **Aries, first point of** ~,
cf./vg. S.-No./lfd. Nr. 1624
467 **Arm, whirling** ~,
cf./vgl. S.-No./lfd. Nr. 4727

468 **Arrester barrier** (GS)
A net or other arresting device at the end of a runway to stop aircraft which overrun either on take-off or landing.
(BS 185: Sect. 13: No. 13 306)

Fangvorrichtung; Auffangvorrichtung; Barriere (Bod)
Netz oder andere Fangvorrichtung am Ende einer Piste, mit deren Hilfe beim Starten oder Landen zu weit rollende Luftfahrzeuge zum Stillstand gebracht werden.

469 **Arrester hook** (A/c)
A hook on an aircraft to engage arresting gear.
(BS 185: Sect. 5: No. 5382)

Fanghaken (Lfz)
Haken an einem Luftfahrzeug zum Erfassen der Landebremsvorrichtung.

470 **Arresting gear** (A/c carrier)
A device, usually installed in aircraft carriers, for bringing an aircraft to rest.
(BS 185: Sect. 13: No. 13 402)

Landebremsvorrichtung (Flzg-Träger)
Auf Flugzeugträgern gewöhnlich vorhandene Vorrichtung, mit deren Hilfe landende Luftfahrzeuge zum Stillstand gebracht werden.

471 **Arresting hook** (A/c),
cf./vgl. **Arrester hook**, S.-No./lfd. Nr. 469
472 **Arrival time** (Flt OPS)
The time at which an aircraft touches down.
(BS 185: Part 1: No. 2203)

Landezeit (Flbetr)
Zeitpunkt, in dem ein Luftfahrzeug aufsetzt.

473 **Arrow engine** (Eng)
An engine with three rows of cylinders forming, in end view, a broad arrow head.
BS 185: Sect. 8: No. 8312)

W-Motor (Flmot)
Ein Motor mit drei Zylinderreihen, die, von hinten gesehen, eine breite Pfeilspitze bilden.

474 **Articulated blade** (Rotor)
1. A blade connected to the rotor head by flapping, lag and feathering hinges (fully articulated).
2. A blade connected to the rotor head by either a flapping or a lag hinge, and a feathering hinge.
(BS 185: Sect. 5: No. 5714)

Angelenktes Blatt (Drehfl)
1. Blatt, das mit dem Rotorkopf durch Schlag-, Schwenk- und Verstellgelenke verbunden ist (voll angelenkt).
2. Blatt, das mit dem Rotorkopf durch entweder ein Schlag- oder ein Schwenkgelenk und durch ein Verstellgelenk verbunden ist.

475 **Artificial daylight** (GS)
Illumination of an intensity greater than the light of a full moon on a clear night. (The optimum illumination is the equivalent of daylight.)
(AAP-6)

Künstliches Tageslicht (Bod)
Künstliche Beleuchtung, bei der die Lichtstärke größer ist als Vollmondlicht bei klarer Nacht. (Die optimale Lichtstärke für künstliche Beleuchtung entspricht dem Tageslicht.)

476 **Artifical feel system** (A/c)
A device which alters the sensations experienced by the pilot through those limbs which are in contact with the flying controls.

Steuerdrucksimulator (Lfz)
Vorrichtung, mittels derer die vom Luftfahrzeugführer mit seinen Gliedmaßen, die mit dem Steuerwerk in Berührung stehen, emp-

Its purpose is to provide additional information regarding the state of control in order to simplify the pilot's task.
(BS 185: Sect. 5: No. 5320)

477 Artifical horizon (Instr)
A device which gives a visual display of a computed horizon line and a visual indication of aircraft attitude relative to it.
(BS 185: Sect. 5: No. 5510)

478 Artificial moonlight (GS)
Illumination of an intensity between that of starlight and that of a full moon on a clear night.
(AAP-6)

479 Ascension, right ~,
cf./vgl. S.-No./lfd. Nr. 3568

480 Aspect ratio (A/c)
The ratio of the square of the span to the gross area of an aerofoil.
(BS 185: Sect. 5: 5216)

481 Assembly, connecting rod ~,
cf./vgl. S.-No./lfd. Nr. 1045

482 Assembly, forked ~,
cf./vgl. S.-No./lfd. Nr. 1769

483 Assembly, master and articulated ~,
cf./vgl. S.-No./lfd. Nr. 2650

484 Assembly, side-by-side ~,
cf./vgl. S.-No./lfd. Nr. 3797

485 Assembly, slipper-type ~,
cf./vgl. S.-No./lfd. Nr. 3847

486 Associated air mass (Para)
The mass of air which moves relative to the air stream at the same velocity as the canopy.
(BS 185: Sect. 12: No. 12 102)

487 Astro-compass (Nav)
A mechanical device for the solution of the astronomical triangle and the indication of true heading.
(BS 185: Sect. 11: No. 11 407)

488 Astrodome (Nav)
A transparent dome, with known optical characteristics, through which astronomical observations can be made.
(BS 185: Sect. 11: No. 11 405)

489 (Astronomical) altitude (Nav)
The arc of a vertical circle, or corresponding angle at the centre of the Earth, intercepted between a celestial body and the celestial horizon.
(BS 185: Sect. 11: No. 11 201)

490 Astronomical twilight (Nav),
cf./vgl. **Twilight,** S.-No./lfd. Nr. 4519

491 Asymmetrical flutter (Struct)
Flutter in which the components on the port and starboard sides of an aircraft undergo unequal displacements at any instant.
(BS 185: Sect. 3: No. 3309)

492 Atmosphere (Met)
The air surrounding the Earth.
(BS 185: Sect. 15: No. 15 102)

493 Atmosphere, international standard ~,
cf./vgl. S.-No./lfd. Nr. 2281

494 Atmosphere, standard ~,
cf./vgl. S.-No./lfd. Nr. 3989, 3990

495 Atmospheric pressure (Met)
The pressure produced at any point in the atmosphere by the weight of the air above it.
(BS 185: Sect. 15: No. 15 121)

496 Atmospheric refraction (Nav)
Refraction due to the atmosphere, which causes the altitude of a celestial body to appear greater than it really is.
(BS 185: Sect. 11: No. 11 211)

fundenen Sinneswahrnehmungen geändert werden. Sie bezweckt eine Vereinfachung der Aufgabe des Luftfahrzeugführers, indem sie zusätzliche Informationen über den Steuerungszustand vermittelt.
Künstlicher Horizont;
Kreiselhorizont (Instr)
Vorrichtung mit einer angezeigten, errechneten Horizontlinie und einer auf diese bezogenen Anzeige der Lage eines Luftfahrzeugs.
Künstliches Mondlicht (Bod)
Künstliche Beleuchtung, bei der die Lichtstärke zwischen der des Sternenlichts und der des Vollmondlichts bei klarer Nacht liegt.

Flügelstreckung (Lfz)
Verhältnis des Quadrats der Spannweite zur Gesamtfläche eines Tragflügels.

Mitbewegte Luftmasse (Fallsch)
Diejenige Luftmasse, die sich relativ zur umgebenden Atmosphäre mit der Geschwindigkeit der Fallschirmkappe bewegt.
Astrokompaß (Nav)
Mechanisches Gerät zur Auflösung des sphärischen Dreiecks und zur Anzeige des wahren Steuerkurses.

Astrokuppel; Astrodom (Nav)
Eine aus transparentem Material gefertigte Kuppel mit bekannten optischen Eigenschaften, durch welche astronomische Beobachtungen angestellt werden können.
Gestirnshöhe (Nav)
Bodenlänge eines Vertikalkreises oder entsprechender Winkel im Erdmittelpunkt zwischen der Standlinie eines Gestirns und dem Himmelshorizont.

Asymmetrisches Flattern (Konstr)
Flattern, bei dem die Komponenten auf Steuer- und Backbord eines Luftfahrzeuges in jedem Augenblick ungleiche Verschiebungen erfahren.
Atmosphäre (Met)
Die Lufthülle der Erde.

Luftdruck (Met)
Der Druck, der an einer beliebigen Stelle der Atmosphäre durch das Gewicht der darüberliegenden Luftmasse erzeugt wird.
Atmosphärische Strahlenbrechung;
atmosphärische Refraktion (Nav)
Refraktion, infolge der Atmosphäre, die bewirkt, daß die Höhe eines Gestirns größer erscheint als sie wirklich ist.

497 Atmospheric turbulence (Met)
Random variations in the motion of the air.
(BS 185: Sect. 15: No. 15 201)

498 ATS route (ATC)
A specified route designed for channelling the flow of traffic as necessary for the provision of air traffic services.
Note. – The term "ATS route" is used to mean variously, airway, advisory route, controlled or uncontrolled route, arrival or departure route, etc.
(ICAO, Annex 2, 5th Ed., Annex 11, 5th Ed.)

499 Attitude (A/c)
The attitude of an aircraft relative to the horizontal plane through its centre of gravity.
(BS 185: Sect. 2: No. 2102)

500 Attitude, lateral ~,
cf./vgl. S.-No./lfd. Nr. 2379

501 Attitude relative to ground (A/c)
The attitude of an aircraft as defined by the inclination of its three axes to the ground.
(BS 185: Part 1: No. 2104)

502 Audiometer (Instr),
cf./vgl. **Noise meter,** S.-No./lfd. Nr. 2821

503 Authorities, public ~,
cf./vgl. S.-No./lfd. Nr. 3305

504 Authority, competent licensing ~,
cf./vgl. S.-No./lfd. Nr. 1009

505 Authorized agent (AT)
A responsible person who represents an operator and who is authorized by or on behalf of such operator to act on all formalities connected with the entry and clearance of the operator's aircraft, crew, passengers, cargo, mail, baggage or stores.
(ICAO, Annex 9, 5th Ed.)

506 Auto-lean (Eng)
A fuel-air mixture setting providing the leanest fuel-air mixture possible for efficient operation at cruising speeds, automatically compensated for changing altitudes.
(NASA S.0151)

507 Automatic control (Flt OPS)
The state in being when the control surfaces and/or engine controls are automatically operated in accordance with signals detected by instruments and with no pilot control through flying controls.
(BS 185: Sect. 5: MNo. 5308)

508 Automatic cut-out valve (Hydr)
A valve incorporated in the supply pipeline which causes delivery to be diverted when the pipeline pressure has reached the designed figure.
(BS 185: Sect. 10: No. 10 113)

509 Automatic direction finder (= ADF) (TEL)
A radio receiving installation which, by means of a directional aerial, indicates automatically the direction of a transmitting station.
(BS 185: Sect. 14: No. 14 203)

510 Automatic mixture control (Eng)
A device for varying the quantity of fuel delivered in accordance with changes in air density.
(BS 185: Part 2: No. 8356)

511 Automatic observer (Instr)
An apparatus for recording automatically the readings of a specified set of instruments in flight.
(BS 185: Sect. 5: No. 5549)

Luftturbulenz (Met)
Ungleichmäßige Veränderungen der Luftbewegung.

Flugverkehrsstrecke (FS)
Eine festgelegte Strecke, die für die Lenkung des Verkehrsflusses nach den Erfordernissen der Flugverkehrsdienste bestimmt ist.
Anmerkung: Der Begriff „Flugverkehrsstrecke" steht wechselweise für Luftstraße, Luftweg, kontrollierte oder unkontrollierte Strecke, Anflug- oder Abflugstrecke usw.

Fluglage (Lfz)
Lage des Luftfahrzeuges bezogen auf die durch seinen (mittleren) Schwerpunkt verlaufende Horizontalebene.

Fluglage zum Erdboden (Lfz)
Lage des Luftfahrzeuges, die durch die Neigung seiner drei Achsen in bezug auf den Erdboden bestimmt ist.

Bevollmächtigter (LVerk)
Eine verantwortliche Person, die einen (Luftfahrzeug-)Halter vertritt und durch ihn oder in seinem Namen ermächtigt ist, alle Formalitäten im Zusammenhang mit Einflug- und Ausflugabfertigung der Luftfahrzeuge des Halters, der Besatzung, der Fluggäste, der Fracht, der Post, des Gepäcks und der Bordvorräte zu erfüllen.

Automatische Gemischverarmung (Flmot)
Eine Kraftstoff-/Luft-Gemischeinstellung, mit der das für einen effizienten Reiseflug ärmstmögliche Kraftstoff-Luftgemisch erzielt wird und Höhenänderungen automatisch ausgeglichen werden.

Automatische Flugregelung (Flbetr)
Betriebszustand, bei dem Steuerruder und/oder Triebwerkbediengerät in Übereinstimmung mit von Instrumenten aufgefaßten Signalen automatisch betätigt werden, ohne daß ein Luftfahrzeugführer über Steuervorrichtungen einwirkt.

Selbsttätiges Druck(ver)minderungsventil (Hydr)
Ein in die Druckleitung eingebautes Ventil, das eine Umleitung der Arbeitsflüssigkeit vornimmt, sobald der Leistungsdruck einen bestimmten Wert erreicht hat.

Automatisches Peilgerät;
Funkkompaß (Fernm)
Eine Funkempfangsanlage, die mittels einer Richtantenne automatisch die Richtung eines Senders anzeigt.

Selbsttätiger Gemischregler (Flmot)
Eine Vorrichtung, die die Kraftstoffmenge entsprechend den Änderungen der Luftdichte zumißt.

Automatischer Beobachter (Instr)
Gerät zur Anzeigeregistrierung einer Anzahl von Meßgeräten im Fluge.

512 **Automatic parachute**
A parachute which is withdrawn from its pack by a static line or allowed to inflate at a predetermined height by a barometric or other time-delay device.
(BS 185: Sect. 12: No. 12 144)
513 **Automatic pilot (A/c),**
cf./vgl. **Autopilot,** S.-No./lfd. Nr. 519
514 **Automatic pilot control system (A/c),**
cf./vgl. **Autopilot,** S.-No./lfd. Nr. 519
515 **Automatic propeller (Prop)**
A propeller incorporating a mechanism that automatically sets the blades at the most favorable angle for different operating conditions.
(NASA S.0152)
516 **Automatic relay installation (TEL)**
A teletypewriter installation where automatic equipment is used to transfer messages from incoming to outgoing circuits.
Note. – This term covers both fully-automatic and semi-automatic installations.
(ICAO, Annex 10, Volume II, 1st Ed.)

517 **Automatic telecommunication log (TEL)**
A record of the activities of an aeronautical telecommunication station recorded by electrical or mechanical means.
(ICAO, Annex 10, Volume II, 1st Ed.)
518 **Automatic valve (A/c 1)**
A valve arranged to open and close automatically at predetermined pressures.
(BS 185: Sect. 7: No. 7288)

519 **Autopilot (A/c)**
A control system which will automatically manoeuvre the aircraft into, and stabilize it with respect to, a demanded flight condition determined by a computer (human or otherwise) inside or outside the aircraft.
(BS 185: Sect. 5: No. 5309)
520 **Auto-rich (Eng)**
A fuel-mixture setting providing a rich fuel mixture, automatically compensated for changes in altitude.
(NASA S.0154)

521 **Autorotation (Aerodyn)**
Continuous rotation of a body about any axis in uniform air stream due solely to aerodynamic moments.
(BS 185: Sect. 4: No. 4112)

522 **Autorotation (Rotor)**
That condition of flight of a rotorcraft wherin there is free and continuous rotation of the rotor when it is not power driven.
(BS 185: Sect. 5: No. 5729)
523 **Auxiliary parachute**
A subsidiary parachute attached to the pack or to the main parachute to assist in the deployment sequence.
(BS 185: Sect. 12: No. 12 145)
524 **Auxiliary power plant (El),**
cf./vgl. **Auxiliary power unit,** S.-No./lfd. Nr. 526
525 **Auxiliary power plant (Eng)**
An independent engine and ancillary equipment to provide power for auxiliary services on an aircraft.
(BS 185: Sect. 8: No. 8203)

Selbsttätiger Fallschirm
Fallschirm, der aus seiner Verpackung durch eine Aufziehleine herausgezogen oder mittels eines barometrischen oder anderen Verzögerungsrelais in einer vorbestimmten Höhe geöffnet wird.

Automatische Verstellschraube (Prop)
Luftschraube mit einem Mechanismus zur automatischen Verstellung der Luftschraubenblätter auf den für die jeweiligen Betriebsverhältnisse günstigsten Steigungswinkel.

Automatische Weitergabeeinrichtung (Ferm)
Eine Fernschreibeinrichtung, die über ein automatisches Gerät Meldungen von ankommenden nach abgehenden Leitungen weitervermittelt.
Anmerkung: Mit diesem Ausdruck sind sowohl voll- wie halbautomatische Einrichtungen erfaßt.
Automatisches Fernmeldelog (Fernm)
Mechanisch oder elektrisch hergestellte Aufzeichnungen des Verkehrs einer Flugfernmeldestelle.

Selbsttätiges Ventil;
Sicherheitsventil (Lfz 1)
Ventil, das so gebaut ist, daß es sich selbsttätig beim Erreichen eines gegebenen Druckes öffnet oder schließt.
Selbststeueranlage (Lfz)
Steueranlage, mittels derer das Luftfahrzeug automatisch in einen gewünschten, durch einen Rechner (menschlicher oder anderer Art) im oder außerhalb vom Luftfahrzeug eingegebenen Flugzustand gebracht und darin stabilisiert wird.
Automatische Gemischanreicherung (Flmot)
Eine Kraftstoff-/Luft-Gemischeinstellung, mit der eine reiche Kraftstoffmischung erzielt wird und Höhenänderungen automatisch ausgeglichen werden.
Autorotation (Aerodyn)
Andauernde Drehbewegung eines Körpers in einer gleichförmigen Strömung um eine beliebige Achse, wenn diese Drehung ausschließlich auf aerodynamische Momente zurückzuführen ist.
Autorotation (Drehfl)
Derjenige Flugzustand eines Drehflüglers, bei dem sich der Rotor ohne Kraftantrieb in freier, andauernder Drehbewegung befindet.

Hilfsschirm (Fallsch)
Ein am Verpackungssack oder Hauptfallschirm befestigter Hilfsschirm zur Unterstützung des Entfaltungsablaufs.

Hilfstriebwerk (Flmot)
Ein zusätzlicher Motor mit zugehöriger Ausrüstung, der die Antriebsleistung für die Bordanlagen eines Luftfahrzeuges liefert.

526 Auxiliary power unit = APU (El)
Plant for the generation of electric power, additional to or instead of a generating system powered by the aero-engine(s).
(BS 185: Sect. 10: No. 10 202)

527 Auxiliary rotor (Rotor)
A rotor the primary function of which is to counterbalance the torque reaction of the main rotor in a rotorcraft and/or to change the motion of the aircraft about one of the body axes.
(BS 185: Sect. 5: No. 5737)

528 Auxiliary tank (A/c)
A removable tank in which an additional supply of fuel can be carried.
(BS 185: Sect. 8: No. 8246)

529 Avcat (Turbo)
An aviation turbine fuel of the kerosene type with a high flash point.
Note. – The addition of a figure after the term **Avcat** gives an indication of the maximum freezing point, e. g. **Avcat/40** is an **Avcat** which has a freezing point not higher than –40° C.
(BS 185: Sect. 8: No. 8236)

530 Avgas (Eng)
An aviation gasoline.
(BS 185: Sect. 8: No. 8237)

531 Aviation (Aero)
a. The operation of heavier-than-air aircraft.
b. Synonym for 'Aeronautics'.
(BS 185: Sect. 1: No. 1109)

532 Aviation medicine
The special field of medicine which is related to the biological problems of flight.
(BS 185: Sect. 17: No. 17 107)

533 Aviation medicine (Med)
The special field of medicine which is related to the biological and psychological problems of flight.
(AAP-6)

534 Avtur (Turbo)
An aviation turbine fuel of the kerosene type.
Note. – The addition of a figure after the term **Avtur** gives an indication of the maximum freezing point, e. g. **Avtur/40** is an **Avtur** which has a freezing point no higher than –40° C.
(BS 185: Sect. 8: No. 8238)

535 Axes, body ~,
cf./vgl. S.-No./lfd. Nr. 716

536 Axes, wind ~,
cf. vgl. S.-No./lfd. Nr. 4731

537 Axial cord (Para)
A central rigging line joining the apex of a parachute to the lower extremities of the rigging lines.
(BS 185: Sect. 12: No. 12 103)

538 Axial deck (A/c carrier)
A flight deck arranged for landing of aircraft along a path parallel with the fore-and-aft axis of an aircraft carrier.
(BS 185: Sect. 13: No. 13 409)

539 Axial engine (Eng)
An engine with the axes of its cylinders arranged parallel to the driving shaft.
(BS 185: Sect. 8: No. 8313)

540 Axial flow (Rotor)
The component of the air flow normal to the tip-path plane.
(BS 185: Sect. 5: No. 5713)

541 Axial-flow compressor (Turbo)
A compressor in which the air is compressed by its passage axially past alternate rows of

Außenstromaggregat; Anlaßwagen; Hilfsenergieaggregat (El)
Aggregat zur Stromerzeugung, das zusätzlich zu oder an Stelle von einer vom Flugmotor angetriebenen Generatoranlage eingesetzt wird.

Hilfsrotor (Drehfl)
Rotor, dessen Hauptaufgabe darin liegt, das Reaktionsmoment des Hauptrotors in einem Drehflügler auszugleichen und bzw. oder die Bewegung eines Luftfahrzeuges um eine seiner Achsen zu ändern.

Zusatzbehälter; Hilfsbehälter (Lfz)
Ausbaubarer Kraftstoffbehälter, in dem eine zusätzliche Kraftstoffmenge mitgeführt werden kann.

Avcat (Turbo)
Flugkraftstoff für Turbomotore auf Kerosingrundlage mit hohem Flammpunkt.
Anmerkung: Eine hinter der Bezeichnung **Avcat** hinzugefügte Zahl gibt den höchsten Gefrierpunkt an; z. B. ist **Avcat/40** ein **Avcat**-Flugkraftstoff, der oberhalb –40 °C nicht einfriert.

Avgas (Flmot)
Flugkraftstoff für Ottomotoren.

Flugwesen; Luftfahrt (Aero)
a. Betrieb von Luftfahrzeugen schwerer als Luft.
b. Synonym für „Luftfahrt".

Flugmedizin
Das Spezialgebiet der Medizin, das sich mit den biologischen Problemen des Fluges befaßt.

Flugmedizin; Luftfahrtmedizin (Med)
Das Sondergebiet der Medizin, das sich mit den biologischen und psychologischen Problemen des Fliegens befaßt.

Avtur (Turbo)
Flugkraftstoff für Turbomotoren auf Kerosingrundlage.
Anmerkung: Eine hinter der Bezeichnung **Avtur** hinzugefügte Zahl gibt den höchsten Gefrierpunkt an; z. B. ist **Avtur/40** ein **Avtur**-Flugkraftstoff, der oberhalb –40 °C nicht einfriert.

Mittelleine (Fallsch)
Fangleine, die zentral vom Fallschirmscheitel zum unteren Ende der Fangleinen führt.

Axialdeck (Flzg-Träger)
Flugdeck, das so angeordnet ist, dass Luftfahrzeuge auf einer parallel zur Längsachse eines Flugzeugträgers verlaufenden Bahn landen.

Trommelmotor (Flmot)
Ein Kolbenmotor, dessen Zylinderachsen parallel zur Kurbelwellenachse angeordnet sind.

Axialer Durchfluß (Drehfl)
Komponente der Strömung senkrecht zur Blattspitzenebene.

Axialverdichter (Turbo)
Ein Verdichter, bei dem die Luft durch ihren in axialer Richtung erfolgenden Strömungs-

fixed and rotating blades, radially mounted.
(BS 185: Sect. 8: No. 8419)

542 Axial-flow engine (Turbo)
A gas-turbine engine having an axial-flow compressor.
(NASA S.0158)

543 Axial-flow supercharger (Eng)
A supercharger in which the air or mixture is compressed by an axial-flow compressor.
(BS 185: Sect. 8: No. 8361)

544 Axial-flow turbine (Turbo)
A turbine through which the general direction of flow is axial.
(BS 185: Sect. 8: No. 8458)

545 Axial girder (A/c 1)
A girder along the axis of a rigid airship connecting the central fitting of each braced transverse frame and secured to the hull structure fore and aft.
(BS 185: Sect. 7: No. 7228)

546 Axial wire (A/c 1)
A wire along the axis of a rigid airship connecting the central fitting of each braced transverse frame and secured to the hull structure fore and aft.
(BS 185: Sect. 7: No. 7281)

547 Axis (Para)
An imaginary straight line joining the apex of the parachute to the lower extremities of the rigging lines. In a conventional parachute it is the axis of symmetry.
(BS 185: Sect. 12: No. 12 104)

548 Axis, cross-wind ~,
cf./vgl. S.-No./lfd. Nr. 1200

549 Axis, drag ~,
cf./vgl. S.-No./lfd. Nr. 1370

550 Axis, lateral ~,
cf./vgl. S.-No./lfd. Nr. 2380

551 Axis, lift ~,
cf./vgl. S.-No./lfd. Nr. 2423

552 Axis, longitudinal ~,
cf./vgl. S.-No./lfd. Nr. 2547, 2548

553 Axis, normal ~,
cf./vgl. S.-No./lfd. Nr. 2833

554 Axis, roll ~,
cf./vgl. S.-No./lfd. Nr. 3604

555 Axle offset (A/c)
The length of the common normal to the castor axis and to the wheel axis.
(BS 185: Sect. 5: No. 5383)

556 Azimuth (Nav)
The direction of an object from a point, expressed as a horizontal angle measured clockwise from true North.
(BS 185: Sect. 11: No. 11 105)

557 Azimuth gyro (Instr)
A gyroscopic instrument used in aircraft to establish an arbitrary azimuth datum and to measure aircraft heading relative to it.
(BS 185: Sect. 5: No. 5521)

**558 Azimuthal control (Rotor), cf./vgl.
Cyclic pitch control, S.-No./lfd. Nr. 1223**

durchtritt hinter abwechselnd angeordneten festen und rotierenden Schaufelrädern mit radial angeordneten Schaufeln verdichtet wird.
Strahltriebwerk mit Axialverdichter (Turbo)
Eine Gasturbine, die über einen Axialverdichter verfügt.

Axiallader (Flmot)
Ein Lader, bei dem die Verdichtung durch einen Axialverdichter erfolgt.

Axialturbine (Turbo)
Eine Turbine, die im wesentlichen in axialer Richtung durchströmt wird.

Axialträger (Lfz)
Träger längs der Achse eines starren Luftschiffes, der die Mittelknoten aller verspannten Ringe verbindet und der vorn und hinten am Geripe befestigt ist.

Axialseil; Längsseil (Lfz 1)
Seil längs der Achse eines starren Luftschiffes, das die Mittelknoten aller verspannten Ringe verbindet und das vorn und hinten am Geripe befestigt ist.

Fallschirmachse
Gedachte gerade Linie, welche den Fallschirmscheitel mit dem Schnittpunkt der Fangleinen verbindet. Beim Fallschirm herkömmlicher Art fällt diese Linie mit der Symmetrieachse zusammen.

Achsversetzung (Lfz)
Senkrechter Abstand zwischen Schwenkachse und Radachse.

Azimut; rechtweisende Peilung (Nav)
Richtung eines Gegenstands von einem Punkt, die als in der Horizontalen und im Uhrzeigersinn von rechtweisend Nord gemessener Winkel ausgedrückt wird.
Azimutkreisel (Instr)
In Luftfahrzeugen benutztes Kreiselgerät zur Darstellung eines willkürlichen Bezugsazimuts, auf den bezogen der Steuerkurs des Luftfahrzeugs gemessen wird.

B

559 B-scope (TEL)
A kind of radarscope that presents the range

B-Schirm (Fernm)
Eine Art Radarschirmbild, auf dem die Entfer-

of an object by a vertical deflection of the signal on the screen, and bearing by a horizontal deflection.
(NASA S.0232)

560 Back course sector (ATC)
The course sector which is situated on the opposite side of the localizer from the runway.
(ICAO, Annex 10, Volume I, 1st Ed.)

561 Backing (Met)
A counter-clockwise change of wind direction in either hemisphere.
(BS 185: Sect. 15: No. 15 206)

562 Baggage (AT)
Personal property of passengers or crew carried on an aircraft by agreement with the operator.
(ICAO, Annex 9, 5th Ed.)

563 Baggage, unaccompanied ~,
cf./vgl. S.-No./lfd. Nr. 4532

564 Bail (Para)
Usually, to bail out. To jump or leap with a parachue from a flying aircraft.
(NASA S.0163)

565 Balance (A/c), cf./vgl.
(Aerodynamic) balance, S.-No./lfd. Nr. 75

566 Balance, aerodynamic ~,
cf./vgl. S.-No./lfd. Nr. 76

567 Balance, dynamic ~,
cf./vgl. S.-No./lfd. Nr. 1412

568 Balance, horn ~,
cf./vgl. S.-No./lfd. Nr. 2070

569 Balance, reaction ~,
cf./vgl. S.-No./lfd. Nr. 3450

570 Balance, rolling ~,
cf./vgl. S.-No./lfd. Nr. 3614

571 Balance, shrouded ~,
cf./vgl. S.-No./lfd. Nr. 3792

572 Balance, six-component ~,
cf./vgl. S.-No./lfd. Nr. 3830

573 Balance, static ~,
cf./vgl. S.-No./lfd. Nr. 4015, 4016

574 Balance tab (A/c)
A tab designed to reduce the effort required to operate a control surface.
(BS 185: Sect. 5: No. 5356)

575 Balance, three-component ~,
cf./vgl. S.-No./lfd. Nr. 4337

576 Balance weight, distributed mass- ~,
cf./vgl. S.-No./lfd. Nr. 1342

577 Balance weight, mass- ~,
cf./vgl. S.-No./lfd. Nr. 2645

578 Balance weight, remote mass- ~,
cf./vgl. S.-No./lfd. Nr. 3508

579 Balanced surface (A/c)
A control surface in which the hinge moment opposing rotation has been reduced by so disposing the surface that part of it is forward of the hinge or by fitting a balance tab to it, or by other means.
(BS 185: Sect. 5: No. 5314)

580 Ballast (A/c 1)
Any substance so carried in a lighter-than-air aircraft as to be dischargeable for trimming or for gaining height.
(BS 185: Sect. 7: No. 7105)

581 Ballasting-up (A/c 1)
The operation of adjusting the buoyancy or trim by releasing ballast or gas.
(BS 185: Sect. 7: No. 7106)

582 Ballistic missile (Miss)
A missile propelled and guided only in the initial phase of the flight.
(BS 185: Sect. 6: No. 6106)

nung eines Objekts durch ein senkrecht ausgelenktes Signal und die Peilrichtung durch eine horizontale Auslenkung dargestellt werden.

Rückseitiger Kurssektor (FS)
Der Kurssektor, der auf der anderen Seite des Landekurssenders liegt wie die Piste.

Rückdrehen des Windes (Met)
Eine Änderung der Windrichtung im entgegengesetzten Uhrzeigersinn; dies gilt für beide Hemisphären.

Gepäck (LVerk)
Persönliche Gegenstände der Fluggäste oder der Besatzung, die auf Grund einer Vereinbarung mit dem (Luftfahrzeug-)Halter in einem Luftfahrzeug befördert werden.

Aussteigen (Fallsch)
Von einem im Flug befindlichen Luftfahrzeug mit dem Fallschirm abspringen. Im Englischen normalerweise „to bail out".

Ausgleichsruder (Lfz)
Hilfsruder, das den für die Betätigung einer Steuerfläche erforderlichen Kraftaufwand verringern soll.

Ausgeglichenes Ruder (Lfz)
Steuerfläche, deren Rückführmoment durch Anbringung von Flächen vor der Drehachse, durch ein Ausgleichshilfsruder oder durch andere Mittel verringert ist.

Ballast (Lfz 1)
Jegliche Substanz, die so in einem Luftfahrzeug leichter als Luft mitgeführt wird, daß sie zum Trimmen oder zum Höhengewinn abgeworfen werden kann.

Auswiegen (Lfz 1)
Justieren des Auftriebs oder der Trimmung durch Abwerfen bzw. Ablassen von Ballast oder Gas.

Ballistischer Flugkörper (FK)
Ein lediglich in den Anfangsphasen des Flugs angetriebener und gelenkter Flugkörper.

583 Ballistic missile (Miss)
A missile designed primarily in accordance with the laws of ballistics and which is under no thrust from its propelling system during the latter portion of its flight.
(NASA S.0165)

584 Ballonnet (A/c 1)
A compartment within the envelope into which air can be blown, to compensate for the changes in volume in the gas contained in the envelope, to maintain the required superpressure or to alter trim.
(BS 185: Sect. 7: No. 7202)

585 Ballonnet balloon (A/c 1)
A kite balloon containing a compartment into which air is forced in order to maintain the shape of the balloon, when it is not full of gas.
(BS 185: Sect. 7: No. 7108)

586 Ballonnet diaphragm (A/c 1),
cf./vg. **Diaphragm,** S.-No./lfd. Nr. 1300

587 Balloon (A/c 1)
A non-power-driven lighter-than-air aircraft.
(ICAO Annex 7, 2nd Ed. & BS 185: Sect. 7: No. 7107)

588 Balloon, ballonnet ~,
cf./vgl. S.-No./lfd. Nr. 585

589 Balloon, barrage ~,
cf./vgl. S.-No./lfd. Nr. 619

590 Balloon, captive ~,
cf./vgl. S.-No./lfd. Nr. 845

591 Balloon, dilatable ~,
cf./vgl. S.-No./lfd. Nr. 1313

592 Balloon, expanding ~,
cf./vgl. S.-No./lfd. Nr. 1549

593 Balloon, fire ~,
cf./vgl. S.-No./lfd. Nr. 1619

594 Balloon flying cable (A/c 1)
The rope connecting a captive or kite balloon to the winch.
(BS 185: Sect. 7: No. 7253)

595 Balloon, free ~,
cf./vgl. S.-No./lfd. Nr. 1780

596 Balloon, kite ~,
cf./vgl. S.-No./lfd. Nr. 2326

597 Balloon, observation ~,
cf./vgl. S.-No./lfd. Nr. 2866

598 Balloon, pilot ~,
cf./vgl. S.-No./lfd. Nr. 3038

599 Balloon, sounding ~,
cf./vgl. S.-No./lfd. Nr. 3883

600 Bang bang control (Miss)
A control system wherein the control, when applied, is applied to its full extent.
(BS 185: Sect. 6: No. 6401)

601 Bank indicator (Instr.)
A flight instrument consisting of a ball enclosed in a slightly curved transparent tube filled with a damping liquid, the position or movements of the ball in the tube being intended especially to indicate skidding or slipping in a turn.
(NASA S.0171)

602 Bank, to ~ (A/c)
To cause the lateral axis of an aircraft to assume an angle to the horizontal.
(BS 185: Sect. 2: No. 2103)

603 Bank, vertical ~,
cf./vgl. S.-No./lfd. Nr. 4618

604 Bar (Met)
The meteorogical unit of atmospheric pressure, equal to one million dynes (one mega-

Ballistischer Flugkörper (FK)
Ein primär nach den Gesetzen der Ballistik konstruierter Flugkörper, der den zweiten Teil seines Fluges ohne Schub von seinem Antriebssystem zurücklegt.

Ballonet (Lfz 1)
Abteilung in der Hülle, in die Luft geblasen werden kann, um Änderungen im Gasvolumen der Füllung auszugleichen, so daß entweder ein geforderter Überdruck gehalten oder die Trimmung geändert wird.

Ballonet(ballon) (Lfz 1)
Drachenballon mit einer Abteilung, in die Luft gedrückt wird, um die Ballonform aufrechtzuerhalten, wenn der Ballon nicht ganz mit Gas gefüllt ist.

Ballon (Lfz 1)
Ein Luftfahrzeug, leichter als Luft, ohne eigenen Kraftantrieb.

Haltekabel (Lfz 1)
Seil, das einen Fesselballon oder Drachen mit der Winde verbindet.

Zweipunktsteuerung (FK)
Steueranlage, die bei Betätigung jeweils voll anspricht.

Querneigungsanzeiger; Libelle (Instr)
Fluginstrument, das aus einer mit Dämpfungsflüssigkeit gefüllten, leicht gebogenen und durchsichtigen Röhre besteht, in der sich eine Kugel befindet. Die Lage oder Bewegungen der Kugel in der Röhre sollen insbesondere das Abrutschen oder Schieben beim Kurvenflug anzeigen.

Querneigung einnehmen (Lfz)
Die Querachse eines Luftfahrzeugs in eine Winkellage zur Horizontalebene bringen.

Bar (Met)
Die meterologische Einheit des Luftdruckes. Ein Bar ist gleich einer Million Dyn (ein Mega-

dyne) per square centimetre, an equivalent to 750.1 millimetres (29.5300 in.) of mercury at 0°C with the acceleration due to gravity equal to 980.665 cm/sec^2.
(BS 185: Sect. 15: No. 15 122)

605 Bar, horizon ~,
cf./vgl. S.-No./lfd. Nr. 2065

606 Bar, rudder ~,
cf./vgl. S.-No./lfd. Nr. 3645

607 Bar, trapeze ~,
cf./vgl. S.-No./lfd. Nr. 4448

608 Barany chair (Med)
After Robert Barany (1876–1936), Swedish physician. A kind of chair in which a person is revolved to test his susceptibility to vertigo.
(NASA S.0172)

609 Barograph (Met)
A recording barometer.
(BS 185: Sect. 15: No. 15 702)

610 Barometer (Met)
An instrument for measuring the pressure of the atmosphere.
(BS 185: Part 3: No. 15 701)

611 Barometer, aneroid ~,
cf./vgl. S.-No./lfd. Nr. 338

612 Barometric altimeter (Instr)
An aneroid barometer graduated to indicate altitude according to a standard atmosphere.
(BS 185: Sect. 5: No. 5506)

613 Barometric fuel control (Turbo)
A device which regulates the flow in the fuel manifold, by varying the delivery of a fuel pump with changes in atmospheric pressure.
(BS 185: Sect. 8: No. 8432)

614 Barometric pressure control (Turbo)
cf./vgl. **Barometric fuel control,** S.-No./lfd. Nr. 613

615 Barometric tendency (Met)
The change in the barometric pressure during the three hours preceding an observation, usually measured in tenths of a millibar.
(BS 185: Sect. 15: No. 15 504)

616 Barostat (Turbo)
cf./vgl. **Barostatic relief valve,** S.-No./lfd. Nr. 617

617 Barostatic relief valve (Turbo)
A device which, with changes in atmospheric pressure, regulates the pressure supplied, and thereby the flow in the fuel manifold, by means of spill through a relief valve.
(BS 185: Sect. 8: No. 8433)

618 Barothermograph (Met)
An instrument recording pressure and temperature simultaneously.
(BS 185: Sect. 15: No. 15 707)

619 Barrage balloon (A/c 1)
A kite balloon, the cable of which may be used to destroy aircraft which come in contact with it.
(BS 185: Sect. 7 No: 7109)

620 Barrel engine (Eng)
An internal-combustion reciprocating engine having the cylinders parallel to its drive shaft. Also called an „axial engine".
(NASA S.0173)

621 Barrel roll (Flt OPS)
An aerobatic performance in which an airplane is made to roll while simultaneously revolving about an offset axis, describing a

Bárány-Stuhl; Drehstuhl (Flmed)
Eine nach dem schwedischen Arzt Robert Bárány (1876–1936) benannte Stuhlart, auf der eine Person gedreht wird, um ihre Anfälligkeit für Gleichgewichtsstörungen zu überprüfen.

Barograph (Met)
Ein registrierendes Barometer.

Barometer (Met)
Ein Gerät zum Messen des Drucks der Atmosphäre.

Barometrischer Höhenmesser (Instr)
Aneroidbarometer mit Skala zur Anzeige der Höhe über Meer bezogen auf Normatmosphäre.

Barometrischer Kraftstoffregler (Turbo)
Eine Vorrichtung, die die Fördermenge einer Kraftstoff-Förderpumpe selbsttätig als Funktion des atmosphärischen Luftdrucks regelt.

Barometertendenz; Luftdrucktendenz (Met)
Die Luftdruckänderung innerhalb der einer Beobachtung vorausgegangenen drei Stunden, normalerweise in Zehntel Millibar gemessen.

Barometrisches Druckausgleichsventil (Turbo)
Eine Vorrichtung, die den Kraftstoff-Förderdruck und damit die Fördermenge einer Kraftstoffpumpe selbsttätig als Funktion des atmosphärischen Luftdrucks durch die Betätigung eines Ausgleichsventils regelt.

Barothermograph (Met)
Ein Gerät, das gleichzeitig den Luftdruck und die Temperatur aufzeichnet.

Sperrballon (Lfz 1)
Drachenballon, dessen Halteseil benutzt werden kann, Luftfahrzeuge zu zerstören, die damit in Berührung kommen.

Taumelscheibenmotor; axiales Kolbentriebwerk (Flmot)
Ein Verbrennungs-Kolbenmotor, bei dem die Zylinder parallel zu seiner Kurbelwelle angeordnet sind, – auch als „Axial-Triebwerk" bezeichnet.

(Korkenzieher-)Rolle (Flbetr)
Kunstflugfigur, bei der ein Flugzeug in eine Rollbewegung um eine versetzte Achse gebracht wird, so daß es einen korkenzieherähn-

corkscrew flight path.
(NASA S.0174)

622 Barette (GS)
Three or more aeronautical ground lights closely spaced in a transverse line so that from a distance they appear as a short bar of light.
(ICAO, Annex 14, 4th Ed.)

623 Barrier, arrester ~,
cf./vgl. S.-No./lfd. Nr. 468

624 Barrier, crash ~,
cf./vgl. S.-No./lfd. Nr. 468

625 Barrier, heat ~,
cf./vgl. S.-No./lfd. Nr. 2002

626 Barrier, safety ~,
cf./vgl. S.-No./lfd. Nr. 3668

627 Barrier, sonic ~,
cf./vgl. S.-No./lfd. Nr. 3875

628 Barrier, sound ~,
cf./vgl. S.-No./lfd. Nr. 3875

629 Barrier, thermal ~,
cf./vgl. S.-No./lfd. Nr. 4328

630 Base, compass ~,
cf./vgl. S.-No./lfd. Nr. 1000

631 Base leg (ATC)
That segment or portion of an approach pattern approximately at right angles to the final approach on the downwind side of the pattern.
(NASA S.0176)

632 Base-struts, intermediate ~,
cf./vgl. S.-No./lfd. Nr. 2269

633 Base turn (Flt OPS)
A turn executed by the aircraft during the intermediate approach, between the end of the outbound track and the beginning of the final approach track. These tracks are not reciprocal.
Note. –Base turns may be designated as being made either in level flight or while descending, according to the circumstances of each individual instrument approach procedure, the only restriction being that the obstacle clearances specified in Part II be not infringed.
(ICAO, Doc 8168–OPS/611)

634 Base, wheel ~,
cf./vgl. S.-No./lfd. Nr. 4724

635 Basic dry rating (Turbo)
The thrust under standard sea-level conditions of a jet engine not using afterburning, water injection or other methods of thrust augmentation.
(NASA S.0179)

636 Basic lift (Aerodyn)
The lift of a given airfoil section when the lift on the entire airfoil is zero. This lift depends upon the twist of the wing.
(NASA S.0180)

637 Basic weight (A/c)
That weight which includes all items declared as fixed operating equipment and trapped fuel and oil, to which it is only necessary to add the 'variable' or 'expendable' load items for the various missions.
(BS 185: Sect. 5: No. 5612)

638 Basket (A/c 1)
A structure, usually of wicker, suspended from the envelope of a balloon for carrying

lichen Flugweg beschreibt.

Barrette; Kurzbalken (Bed)
Drei oder mehr Luftfahrtbodenfeuer, die in querlaufender Linie eng nebeneinanderstehen, so daß sie aus der Entfernung wie ein kurzer Lichtbalken aussehen.

Queranflugteil (FS)
Der etwa rechtwinkelig zum Endanflugteil verlaufende Teil eines Anflugschemas, der vom Gegenanflugteil des Platzverkehrsschemas ausgeht.

Wendekurve (Flbetr)
Eine Kurve, die vom Luftfahrzeug zwischen dem Ende des Abflugkurses über Grund und dem Anfang des Endanflugkurses über Grund während des Zwischenanfluges durchgeführt wird. Diese Kurse über Grund sind nicht reziprok.
Anmerkung: Wendekurven können so festgelegt werden, daß sie je nach den Umständen des einzelnen Instrumentenanflugverfahrens entweder im Horizontalflug oder während des Sinkens durchgeführt werden, wobei die einzige Beschränkung darin besteht, daß die in Teil II festgelegten Hindernisabstände nicht verletzt werden dürfen.

Standnennschub (Turbo)
Schub eines Strahltriebwerkes unter normalen Verhältnissen in Normal Null ohne Schubverstärkung durch Nachverbrennung, Wassereinspritzung oder andere Methoden.

Auftriebsverteilung bei Auftrieb Null (Aerodyn)
Auftrieb eines gegebenen Tragflügelquerschnitts, wenn der Gesamtauftrieb am Profil gleich Null ist. Dieser Auftrieb hängt von der Verwendung der Tragfläche ab.

Grundmasse (Lfz)
Gewicht mit allen Dingen, die als zur fest eingebauten Betriebsausrüstung und dem (nicht förderbaren) Restkraft- und -schmierstoff gehörend erklärt sind zuzüglich der ‚variablen‘ Dinge*) oder der ‚für den Verbrauch bestimmten‘ Zuladung für die verschiedenen Flugaufträge. *) Cf./vgl. **Betriebsmasse**, S.-No./lfd. Nr. 2911, 2912

Korb (Lfz 1)
Konstruktion, üblicherweise aus Rohrgeflecht, die an der Ballonhülle hängt und zur Auf-

crew, ballast etc.
(BS 185: Sect. 7: No. 7203)

639 **Bay longitudinal (A/c 1)**
That portion of a longitudinal between adjacent transverse frames.
(BS 185: Sect. 7: No. 7229)

640 **Beaching gear (GS)**
Equipment used for transferring seaplanes from water to land or ship, or vice-versa.
(BS 185: Sect. 13: No. 13 307)

641 **Beacon (GS)**
A light visible at all azimuths either continuously or intermittently, indicating a geographical position.
(BS 185: Part 3: No. 13 345)

642 **Beacon, aerodrome ~,**
cf./vgl. S.-No./lfd. Nr. 52

643 **Beacon, aerodrome location ~,**
cf./vgl. S.-No./lfd. Nr. 61

644 **Beacon, aeronautical ~,**
cf./vgl. S.-No./lfd. Nr. 98

645 **Beacon, airport ~,**
cf./vgl. S.-No./lfd. Nr. 222

646 **Beacon, airway ~,**
cf./vgl. S.-No./lfd. Nr. 275

647 **Beacon, consol ~,**
cf./vgl. S.-No./lfd. Nr. 1049

648 **Beacon, fan marker ~,**
cf./vgl. S.-No./lfd. Nr. 1584, 1585

649 **Beacon, four-course ~,**
cf./vgl. S.-No./lfd. Nr. 1771

650 **Beacon, glide-path ~,**
cf./vgl. S.-No./lfd. Nr. 1878

651 **Beacon, hazard ~,**
cf./vgl. S.-No./lfd. Nr. 1991, 1992

652 **Beacon, identification ~,**
cf./vgl. S.-No./lfd. Nr. 2125, 2126

653 **Beacon, inner marker ~,**
cf./vgl. S.-No./lfd. Nr. 2212

654 **Beacon, light ~,**
cf./vgl. S.-No./lfd. Nr. 2443

655 **Beacon, localizer ~,**
cf./vgl. S.-No./lfd. Nr. 2531

656 **Beacon, locator ~,**
cf./vgl. S.-No./lfd. Nr. 2534

657 **Beacon, marker ~,**
cf./vgl. S.-No./lfd. Nr. 2630

658 **Beacon, middle marker ~,**
cf./vgl. S.-No./lfd. Nr. 2712

659 **Beacon, non-directional ~,**
cf./vgl. S.-No./lfd. Nr. 2825

660 **Beacon, omni-directional ~,**
cf./vgl. S.-No./lfd. Nr. 2896

661 **Beacon, omni-directional radio ~,**
cf./vgl. S.-No./lfd. Nr. 2898

662 **Beacon, outer marker ~,**
cf./vgl. S.-No./lfd. Nr. 2938

663 **Beacon, radar ~,**
cf./vgl. S.-No./lfd. Nr. 3335

664 **Beacon, radio ~,**
cf./vgl. S.-No./lfd. Nr. 3385, 3386

665 **Beacon, runway alignment ~,**
cf./vgl. S.-No./lfd. Nr. 3658

666 **Beacon system, beam-approach ~,**
cf./vgl. S.-No./lfd. Nr. 670

667 **Beacon, VHF rotating talking ~,**
cf./vgl. S.-No./lfd. Nr. 4636

668 **Beacon, Z marker ~,**
cf./vgl. S.-No./lfd. Nr. 4815, 4816, 4817

669 **Beam approach (ATC)**
The technique of making a final approach on a predetermined path defined by the emission from a ground radio navigational aid

nahme der Besatzung, von Ballast usw. dient.

Längsfeldträger (Lfz 1)
Teil eines Längsträgers zwischen benachbarten Ringen.

Schwimmerwagen (Bod)
Ausrüstung zum Herausholen von Wasserflugzeugen aus dem Wasser entweder auf Land oder an Bord von Schiffen und umgekehrt.

Leuchtfeuer; Bake (Bod)
Feuer, das nach allen Richtungen hin sichtbar ist und ein konstantes oder veränderliches Lichtsignal ausstrahlt, um einen geographischen Ort anzuzeigen.

Leitstrahlanflug (FS)
Durchführung eines Endanfluges auf einem vorgegebenen Weg, der durch Ausstrahlungen eines Funknavigations-Hilfssystems bestimmt

system.
(BS 185: Part 3: No. 13 219)

670 Beam-approach beacon system (TEL)
A secondary radar system of radionavigation which provides to an aircraft, during its approach, lateral guidance and distance from the optimum point of landing.
(BS 185: Sect. 14: No. 14 222)

671 Beam approach system, standard ~,
cf./vgl. S.-No./lfd. Nr. 3992

672 Beam-rider guidance (Miss)
A system for guiding missiles in which a missile follows a radar beam, light beam, or other kind of beam directed along the path it is desired for the missile to follow.
(NASA S.0184)

673 Beam riding guidance (Miss)
A system of guidance in which a missile steers itself along the axis of a beam of radiation.
(BS 185: Sect. 6: No. 6501)

674 Bearing (Nav)
The angle between a vertical plane of reference through the point of observation and the vertical plane containing this point and the point to be observed.
(BS 185: Sect. 11: No. 11 104)

675 Bearing (Nav)
The horizontal angle at a given point measured clockwise from a specific reference datum to a second point.
(AAP-6)

676 Bearing, curve of equal ~,
cf./vgl. S.-No./lfd. Nr. 1214

677 Bearing, radio ~,
cf./vgl. S.-No./lfd. Nr. 3390

678 Bearing, true ~,
cf./vgl. S.-No./lfd. Nr. 4465

679 Beaufort notation (Met)
A system of letters originated by Rear-Admiral Sir Francis Beaufort for recording weather phenomena.
(BS 185: Sect. 15: No. 15 301)

680 Beaufort scale of wind force (Met)
A numerical scale, ranging from 0 (Calm) to 12 (Hurricane), originated by Rear-Admiral Sir Francis Beaufort for the estimation of wind force by observing its effects on common objects.
(BS 185: Sect. 15: No. 15 207)

681 Belly tank (A/c)
A detachable or droppable auxiliary fuel tank designed to be attached to the belly of an airplane.
(NASA S.0186)

682 Bias construction (Para)
Arrangement of the gores such that the direction of the threads of the fabric make an angle of 45° with the centre-line of the gore.
(BS 185: Sect. 12: No. 12 105)

683 Biassed fabric (A/c 1)
A multi-ply fabric with one or more of the plies so cut that the warp threads lie at an angle to the length.
(BS 185: Sect. 7: No. 7217)

684 Big-end (Eng)
The crank-pin of a connecting rod.
(BS 185: Part 2: No. 8330)

685 Biplane (A/c)
cf./vg. **Multiplane,** S.-No./lfd. Nr. 2781

686 Bipropellant (Miss)
A liquid propellant in the form of two sub-

ist.

Leitstrahlanflug-Funkfeuersystem (Fernm)
Sekundäre Flugnavigations-Radaranlage, die einem Luftfahrzeug im Anflug Kursführung zum und Entfernung vom optimalen Landepunkt gibt.

Leitstrahlenlenkung (FK)
Lenksystem für Flugkörper, bei dem der Flugkörper einem Radarstrahl, Lichtstrahl oder einer anderen Art von Strahl folgt, der in Richtung des für den Flugkörper erwünschten Flugwegs weist.

Leitstrahlenlenkung (FK)
Lenksystem, bei dem sich ein Flugkörper selbst entlang der Achse eines Leitstrahls lenkt.

Peilung (Nav)
Der Winkel zwischen einer lotrechten Bezugsebene durch den Beobachtungspunkt und der lotrechten Ebene durch diesen Punkt und den zu beobachtenden Punkt.

Peilung (Nav)
Winkel, der in einem gegebenen Punkt von einem bestimmten Bezugswert aus im Uhrzeigersinn zu einem zweiten Punkt in der Horizontalen gemessen wird.

Beaufort-Bezeichnung (Met)
Ein von Konteradmiral Sir Francis Beaufort eingeführtes System von Buchstaben zum abgekürzten Notieren von Wettererscheinungen.

Beaufort-Windstärkeskala; Windstärken nach der Beaufort-Skala (Met)
Eine Zahlenskala, welche die Werte 0 (Windstille) bis 12 (Orkan) umfaßt und von Konteradmiral Sir Francis Beaufort aufgestellt wurde. Nach ihr wird die Windstärke durch Beobachtung ihrer Wirkungen an alltäglichen Objekten geschätzt.

(Abwerfbarer) Rumpfaußenbehälter (Lfz)
Ein abnehmbarer oder abwerfbarer, zusätzlicher Kraftstoffbehälter, der so konstruiert ist, daß er an der Rumpfunterseite eines Flugzeugs befestigt werden kann.

Schrägschnittbauart (Fallsch)
Anordnung der Fallschirmbahnen so, daß die Fadenrichtung des Stoffes mit der Mittellinie der Fallschirmbahn einen Winkel von 45° bildet.

Diagonalstoff (Lfz)
Mehrschichtiger Stoff, bei dem eine oder mehrere Lagen so geschnitten sind, daß die Kettenfäden im Winkel zur Länge verlaufen.

Kurbelwellenende (Flmot)
Das Ende einer Pleuelstange, an dem sich der Kurbelzapfen befindet.

Zweifach-Treibstoff (FK)
Flüssigkeits-Treibstoff, der aus zwei Substan-

stances, a fuel and an oxidant, which are kept separate until their mutual chemical reaction is required to produce thrust.
(BS 185: Sect. 6: No. 6214)

687 Bipropellant (Miss)
A rocket propellant consisting of two unmixed or uncombined chemicals (fuel and oxidant) fed to the combustion chamber separately.
(NASA S.0191)

688 Blade activity factor (Prop)
A non-dimensional function of the blade planform used to express the capacity of a blade for absorbing power and expressed by the formula:

$$AF = \left[\frac{5}{R}\right]^5 \int_{o.\,2R}^{R} cr^2\,dr$$

where R = blade tip radius
c = blade chord length at the radius r.
(BS 185: Sect. 9: No. 9105)

689 Blade angle (Prop)
The angle, normally acute, between the pressure face of an element of a propeller and the plane of rotation. When the pressure face is curved, the blade angle is measured with reference to the chord.
(BS 185: Sect. 9: No. 9106)

690 Blade angle setting (Prop),
cf./vgl. **Pitch setting** S.-No./lfd. Nr. 3082, 3083

691 Blade, articulated ~,
cf./vgl. S.-No./lfd. Nr. 474

692 Blade back (Prop)
The side of a propeller blade that faces forward.
(NASA S.0194)

693 Blade damper (Rotor)
A device for damping the motion of a rotor blade about the lag hinge.
(BS 185: Sect. 5: No. 5715)

694 Blade loading (Rotor)
The thrust of the rotor divided by the total area of the rotor blades.
(BS 185: Sect. 5: No. 5716)

695 Blade, rigidly-mounted ~,
cf./vgl. S.-No./lfd. Nr. 3574

696 Blade, stator ~,
cf./vgl. S.-No./lfd. Nr. 4048

697 Blade sweep (Prop)
The angular deviation of the locus of centroids of blade sections from the radial line tangential thereto at the propeller axis, projected on to the plane of rotation.
(BS 185: Sect. 9: No. 9107)

698 Blade tilt (Prop)
The angular deviation of the locus of centroids of blade sections from the plane of rotation. **Backward tilt, Forward tilt).**
(BS 185: Sect. 9: No. 9110)

699 Blank gore parachute
A parachute in which the whole or part of one gore is cut out. The peripheral and vent hems are retained.
(BS 185: Sect. 12: No. 12 146)

700 Bleed (A/c)
To eliminate air from a hydraulic system; e. g. by undoing bleed screws.
(BS 185: Part 2: No. 10 102)

zen – einem Brennstoff und einem Sauerstoffträger – besteht, die getrennt voneinander gehalten werden bis ihre gegenseitige chemische Reaktion für die Schuberzeugung erforderlich ist.

Biergol; Diergol; Zweifach-Treibstoff (FK)
Raketentreibstoff, der aus zwei nicht miteinander vermischten oder kombinierten Chemikalien (Brennstoff und Oxydator) besteht, die getrennt voneinander der Brennkammer zugeführt werden.

Wirksame Blattfläche (Prop)
Eine dimensionslose Zahl als ein Maß der effektiven Blattfläche, die dazu verwendet wird, die Fähigkeit eines Luftschraubenblattes zur Leistungsaufnahme auszudrücken. Sie ist definiert durch die Formel:

$$AF = \left[\frac{5}{R}\right]^5 \int_{o.\,2R}^{R} cr^2\,dr$$

wobei R = Luftschraubenradius
c = Blattiefe am Radius r ist.

Blatt(einstell)winkel (Prop)
Der normalerweise spitze Winkel zwischen der Blattdruckseite und der Rotationsebene der Luftschraube. Bei gewölbter Blattdruckseite wird er auf die Sehne bezogen.

Saugseite der Luftschraube (Prop)
Die nach vorn zeigende Seite eines Luftschraubenblattes.

Blattdämpfer (Drehfl)
Vorrichtung zum Dämpfen der Bewegung eines Rotorblatts um das Schwenkgelenk.

Blattbelastung (Drehfl)
Schub des Rotors dividiert durch die Gesamtfläche der Rotorblätter.

Blattpfeilung (Prop)
Die Winkelabweichung zwischen der Verbindungslinie der Schwerpunkte der Luftschrauben-Konstruktionsblattschnitte und einer diese durchstoßenden Geraden auf der Rotationsebene, die die Propellerachse tangiert.

Blatt-V-Stellung (Prop)
Die Neigung der Verbindungslinie der Schwerpunkte der Luftschrauben-Konstruktionsblattschnitte gegen die Rotationsebene der Luftschraube. **(Rückwärtsneigung, Vorwärtsneigung).**

Fehlbahnfallschirm
Fallschirm, bei dem eine Bahn ganz oder teilweise ausgeschnitten ist, wobei Kappenbasis und Scheitelrand erhalten bleiben.

Entlüften (Lfz)
Das Ausscheiden von Lufteinschlüssen aus einer Hydraulikanlage, z. B. durch das Öffnen von Entlüftungsschrauben.

701 Blind-flying instruments
A group of instruments specified by regulation as essential for instrument flying.
(BS 185: Sect. 5: No. 5511)

702 Blind transmission (TEL)
A transmission from one station to another station in circumstances where two-way communication cannot be established but where it is believed that the called station is able to receive the transmission.
(ICAO, Annex 10, Volume II, 1st Ed.)

703 Blip (TEL)
The display of a received pulse on a cathode ray tube.
(AAP-6)

704 Blip (TEL)
A spot of light or deflection of the trace on a radarscope, caused by the received signal, as from a reflecting object. Also called a „pip".
(NASA S.0202)

705 Blister light (GS)
A light which can withstand being run over by an aircraft wheel without damage either to itself or the aircraft.
(BS 185: Sect. 13: No. 13 332)

706 Blizzard (Met)
A high wind accompanied by extreme cold and driving snow.
(BS 185: Sect. 15: No. 15 208)

707 Block, connector ~,
cf./vgl. S.-No./lfd. Nr. 1047

708 Block construction (Para)
Arrangement of the gores such that the direction of the weft threads of the fabric is parallel to the centre-line of the gore.
(BS 185: Sect. 12: No. 12 106)

709 Block time (AT)
cf./vgl. **Flight time** S.-No./lfd. Nr. 1711, 1712

710 Blowdown turbine (Eng)
A turbine attached to a reciprocating engine which receives exhaust gases separately from each cylinder, utilizing the kinetic energy of the gases.
(NASA S.0206)

711 Blower pipe (A/c 1)
A scoop through which air is forced into ballonnets by the slipstream of the propeller.
BS 185: Sect. 7: No. 7201)

712 Blown flap (A/c)
A flap over the upper surface of which air or other gas is ejected at a speed sufficient to increase its effectiveness.
(BS 185: Sect. 5: No. 5326)

713 Blown periphery (Para)
A potion of the peripheral hem blown between two rigging lines on another section of the canopy during development, and inflating inside out, thus forming a lobe. This is sometimes erroneously termed **"Thrown line"**.
(BS 185: Sect. 12: No. 12 107)

714 Boat, flying ~,
cf./vgl. S.-No./lfd. Nr. 1747

715 Boat seaplane (A/c),
cf./vgl. **Flying boat,** S.-No./lfd. Nr. 1747

716 Body axes (Aerodyn)
A system of co-ordinate axes fixed in the aircraft, usually with the origin at the centre of gravity.
(BS 185: Sect. 4: No. 4113)

717 Bogie (A/c)
A kind of landing gear unit consisting of two

Blindfluginstrumente
Gruppe von Instrumenten, die als notwendig zum Instrumentenflug im einzelnen vorgeschrieben sind.

Blindübermittlung (Fernm)
Eine Übermittlung von einer Fernmeldestelle an eine andere, wenn eine Zweiwegverbindung nicht zustande kommt, aber angenommen wird, daß die gerufene Stelle die Übermittlung doch empfangen kann.

Echozeichen (Fernm)
Die sichtbare Wiedergabe eines empfangenen Impulses auf einer Kathodenstrahlröhre.

Radarecho; Echoanzeige (Fernm)
Ein Lichtpunkt oder Linienausschlag auf einem Radarschirmbild, der von dem empfangenen Signal, wie von einem reflektierenden Objekt, verursacht wird. Im Englischen auch als „pip" bezeichnet.

Überrollfeuer (Bod)
Feuer, das ein Überrolltwerden durch ein Luftfahrzeug-Laufrad aushält, ohne daß es selbst oder das Luftfahrzeug beschädigt werden.

Schneesturm; Blizzard (Met)
Ein starker Wind, der von starker Kälte und Schneetreiben begleitet ist.

Längsschnittbauart (Fallsch)
Anordnung der Fallschirmbahnen so, daß die Schußfäden des Stoffs parallel zur Mittellinie der Fallschirmbahn verlaufen.

Abgasturbine (Flmot)
Eine an einen Kolbenmotor angeschlossene Turbine, in welche die Abgase jedes einzelnen Zylinders zur Nutzung ihrer kinetischen Energie geleitet werden.

Blashutze (Lfz 1)
Hutze, durch die Luft infolge des Luftschraubenstrahls in Ballonets gedrückt wird.

Angeblasene Klappe (Lfz)
Klappe auf der Oberseite, aus der Luft oder ein anderes Gas unter solchem Druck ausströmt, dass die Klappenwirksamkeit erhöht wird.

Ausgebeulter Rand (Fallsch)
Teil der Kappenbasis, der zwischen zwei Fangleinen beim Entfalten nach seiner Innenseite nach außen taschenförmig aufgebläht wird. Dies wird manchmal mit **„übergeschlagener Fangleine"** verwechselt.

Flugzeugfeste (körperfeste) Achsen (Aerodyn)
Koordinatensystem, dessen Achsen fest mit dem Luftfahrzeug verbunden sind und normalerweise vom Schwerpunkt ausgehen.

Tandemfahrgestell (Lfz)
Teil eines Fahrwerks, der aus zwei hintereinan-

sets of wheels in tandem with a central strut. (NASA S.0213)

718 Bonding (El)
The electrical interconnection of metallic parts of an airframe for safe distribution of electric charges and currents.
(BS 185: Sect. 10: No. 10 203)

719 Bonding system (El),
cf./vgl. **Earth system,** S.-No./lfd. Nr. 1423

720 Boom, refuelling ~,
cf./vgl. S.-No./lfd. Nr. 3488

721 Boom, sonic ~,
cf./vgl. S.-No./lfd. Nr. 3876

722 Boost control (Eng)
A device which so regulates the manifold pressure that a predetermined value is not exceeded.
(BS 185: Sect. 8: No. 8343)

723 Boost control cut-out (Eng)
cf./vgl. **Boost control override,** S.-No./lfd. Nr. 724

724 Boost control override (Eng)
A device to override the boost control so that a pressure higher than the normal controlled pressure can be obtained.
(BS 185: Sect. 8: No. 8345)

725 Boost control, variable-datum ~,
cf./vgl. S.-No./lfd. Nr. 4593

726 Boost gauge (Eng)
An instrument for indicating the boost pressure. (Cf. **Manifold pressure gauge.**)
(BS 185: Sect. 8: No. 8346)

727 Boost, power ~,
cf./vgl. S.-No./lfd. Nr. 3165

728 Boost pressure (Eng)
The pressure in the induction system at a point standardized for each type of engine, expressed in pounds per square inch above or below the standard sea-level atmospheric pressure. (Cf. **Manifold pressure.**)
(BS 185: Part 2: No. 8348)

729 Boost rocket motor (Miss)
A rocket motor for accelerating a missile.
(BS 185: Sect. 6: No. 6203)

730 Booster (A/c 1)
A device for increasing super-pressure of a kite balloon above that normally attained by means of an air scoop.
(BS 185: Sect. 7: No. 7205)

731 Booster (A/c, Miss)
An auxiliary or intitial propulsion system which travels with a missile or aircraft and which may or may not separate from the parent craft when its impulse has been delivered. A booster system may contain or consist of one or more units.
(AAP-6)

732 Booster coil (Eng)
An induction coil providing a spark to facilitate starting.
(BS 185: Sect. 8: No. 8378)

733 Booster motor (Miss),
cf./vgl. **Boost rocket motor,** S.-No./lfd. Nr. 729

734 Booster pump (Eng)
A fuel pump used to maintain positive pressure in the feed pipe.
(BS 185: Sect. 8: No. 8239)

735 Booster rocket (A/c, Miss)
A rocket that supplies temporary additional thrust to an aircraft, missile, or the like having other means of propulsion.
(NASA S.0216)

der angeordneten Laufrädern mit einem zentralen Fahrwerkbein besteht.

Erdverbindung; Abbinden (El)
Die elektrische Verbindung von metallischen Teilen eines Flugwerks zur sicheren Verteilung von elektrischen Ladungen und Strömen.

Ladedruckregler (Flmot)
Eine Vorrichtung, die den Absolutladedruck so regelt, dass ein vorgegebener Wert nicht überschritten wird.

Ladedruckregler-Übersteuerung (Flmot)
Eine Vorrichtung, mittels deren der Sollwert eines Ladedruckreglers überschritten werden kann.

Ladedruckmesser (Flmot)
Ein Instrument zum Anzeigen des Ladedrucks. (Vgl. **Absolutladedruckmesser**)

Ladedruck (Flmot)
Der Druck an einem bestimmten Punkt der Einströmleitung, der für jedes Motormuster festgelegt ist. Der Ladedruck wird in kg/m^2 als Druckdifferenz zu dem Normaldruck in Meereshöhe gemessen. (Vgl. **Absolutladedruck**)

Zusatzraketentriebwerk (FK)
Raketentriebwerk zum Beschleunigen eines Flugkörpers.

Gebläse (Lfz 1)
Vorrichtung zur Erhöhung des Überdrucks in einem Drachenballon über den, der normalerweise mittels einer Lufthutze erreicht wird.

Hilfstriebwerk; Starttriebwerk (Lfz, FK)
Von einem Flugkörper oder Luftfahrzeug mitgeführtes zusätzliches Triebwerk, das nach Abgabe seiner Schubkraft entweder von seinem Träger abgestoßen wird oder aber damit verbunden bleibt. Ein Hilfs- oder Starttriebwerk kann aus einer oder mehreren Einheiten bestehen oder zusammengesetzt sein.

Anlass(zünd)spule (Flmot)
Eine Induktionsspule, die einen Funken erzeugt, um das Anlassen eines Flugmotors zu erleichtern.

Kraftstoff-Förderpumpe (Flmot)
Eine Kraftstoffpumpe, die die Kraftstoffzuleitungen unter Druck hält.

Zusatzrakete (Lfz, FK)
Rakete, die kurzzeitig zusätzlichen Schub für ein über eine andere Antriebsart verfügendes Luftfahrzeug, einen Flugkörper oder ähnliches Gerät liefert.

736 **Bootstrap gyro** (Miss),
cf./vgl. **Sight-line gyro**, S.-No./lfd. Nr. 3811

737 **Boss** (Prop)
The central portion of an integral propeller.
(BS 185: Sect. 9: No. 9111)

Nabenwulst (Prop)
Das Mittelstück eines aus einem Stück gearbeiteten Propellers.

738 **Boundary, buffet** ~,
cf./vgl. S.-No./lfd. Nr. 786

739 **Boundary layer** (Aerodyn)
The thin layer of fluid adjacent to a surface, in which the viscous forces are not negligible.
(BS 185: Sect. 4: No. 4402)

Grenzschicht (Aerodyn)
Dünne, an einer Oberfläche anliegende Strömungsschicht, in der die Reibungskräfte nicht gering sind.

740 **Boundary-layer blowing** (Aerodyn)
Boundary-layer control by injecting air or other gas into the boundary layer.
(BS 185: Sect. 4: No. 4406)

Grenzschichtverdichtung (Aerodyn)
Grenzschichtbeeinflussung durch die Injektion von Luft oder anderem Gas in die Grenzschicht.

741 **Boundary-layer control** (Aerodyn)
Control by artificial means of the development of the boundary layer with the object of affecting transition or separation, for example by withdrawing air from the boundary layer through the surface (suction) or by injecting air or other gas into the boundary layer (blowing).
(BS 185: Sect. 4: No. 4405)

Grenzschichtbeeinflussung (Aerodyn)
Beeinflussung der Grenzschichtbildung auf künstlichem Wege mit dem Ziel, den Übergang oder den Abriß zu bewirken, z. B. mittels Luftabsaugen von der Grenzschicht durch die Oberfläche (Absaugung) oder durch die Injektion von Luft oder anderem Gas in die Grenzschicht (Verdichtung).

742 **Boundary layer control** (Aerodyn)
The control of the flow in the boundary layer about a body in order to reduce or eliminate undesirable aerodynamic effects.
(NASA S.0218)

Grenzschichtbeeinflussung; Grenzschichtsteuerung (Aerodyn)
Die Beeinflussung der Strömung in der Grenzschicht um einen Körper mit dem Ziel, unerwünschte aerodynamische Auswirkungen zu reduzieren oder zu eliminieren.

743 **Boundary-layer separation** (Aerodyn)
The separation of a flow having a boundary layer, either laminar or turbulent.
(BS 185: Sect. 4: No. 4469)

Grenzschichtablösung (Aerodyn)
Ablösen einer Strömung mit laminarer oder turbulenter Grenzschicht.

744 **Boundary-layer suction** (Aerodyn)
Boundary-layer control by withdrawing air from the boundary layer.
(BS 185: Sect. 4: No. 4407)

Grenzschichtabsaugung (Aerodyn)
Grenzschichtbeeinflussung durch Absaugen von Luft aus der Grenzschicht.

745 **Boundary-layer transition** (Aerodyn)
The change from laminar to turbulent flow in a boundary layer.
(BS 185: Sect. 4: No. 4417)

Grenzschichtübergang (Aerodyn)
Der Übergang in einer Grenzschicht von laminarer zu turbulenter Strömung.

746 **Boundary lights** (GS)
Aeronautical ground lights delimiting the boundary of a landing area.
(ICAO, Doc 4444 – RAC/501/7)

Umgrenzungsfeuer (Bod)
Luftfahrtbodenfeuer zur Bezeichnung der Grenze eines Landebereichs.

747 **Boundary lights** (GS)
Lights defining the boundary of a landing area.
(BS 185: Sect. 13: No. 13 333)

Umgrenzungsfeuer (Bod)
Feuer, die die Grenzen eines Landebereichs kennzeichnen.

748 **Boundary markers** (GS)
Markers used to indicate the boundary of a landing area.
(ICAO, Annex 4 5th Ed.)

Umgrenzungsmarker (Bod)
Sichtzeichen zur Anzeige der Grenze eines Landebereiches.

749 **Boundary markers** (GS)
Markers indicating the limits of a landing area.
(BS 185: Sect. 13: No. 13 359)

Umgrenzungskennzeichen; Umgrenzungsmarker (Bod)
Sichtzeichen, welche die Grenze eines Landebereichs kennzeichnen.

750 **Bow cap** (A/c 1)
A structure forming the extreme forward end of the envelope or hull.
(BS 185: Sect. 7: No. 7206)

Bugkappe (Lfz 1)
Bauteil, der das vorderste Ende des Gerippes oder der Hülle bildet.

751 **Bow stiffeners** (A/c 1)
Short longitudinal members arranged radially round the bow of a kite balloon or nonrigid or semi-rigid airship to stiffen the envelope locally against aerodynamic pressure.
(BS 185: Sect. 7: No. 7207)

Bugversteifungen (Lfz 1)
Kurze Längsträger, die radial an der Bugkappe eines Drachenballons, eines unstarren oder eines halbstarren Luftschiffs angebracht sind, um die Hülle örtlich gegen aerodynamische Drücke zu versteifen.

752 **Bowser** (GS)
A tank vehicle carrying pumping apparatus and associated equipment used in refuelling aircraft.
(BS 185: Sect. 10: No. 10 414)

Tankwagen (Bod)
Tankfahrzeug, das mit Pumpgerät und Ausrüstung ausgestattet ist, die dem Betanken von Luftfahrzeugen dient.

753 **Brake, air ~,**
cf./vgl. S.-No./lfd. Nr. 162 a
754 **Brake, dive ~,**
cf./vgl. S.-No./lfd. Nr. 1351, 1352
755 **Brake, drag ~,**
cf./vgl. S.-No./lfd. Nr. 1371
756 **Brake horse-power = BHP (Eng)**
The power delivered at the propeller shaft of the engine.
Note. −Units of power: Metric horse-power: 1 cv = 75 kilogram metres per second; English horse-power: 1 hp = 33 000 foot pounds per minute.
Power may also be expressed in kilowatts, and the relation between these units is:
1 hp = 1.014 cv
1 cv = 0.736 kw
1 hp = 0.746 kw
(ICAO, Annex 8)
757 **Brake horsepower (bhp) (Eng)**
The horsepower available at the out-put shaft.
(BS 185: Sect. 8: No. 8301)
758 **Brake horse-power, total equivalent ~,**
cf./vgl. S.-No./lfd. Nr. 4398
759 **Brake, landing ~,**
cf./vgl. S.-No./lfd. Nr. 2350
760 **Brake parachute**
A parachute deployed from an aircraft to reduce its landing run.
(BS 185: Sect. 12: No. 12 147)
761 **Brake, speed ~,**
cf./vgl. S.-No./lfd. Nr. 3897
762 **Braking pitch (Prop)**
A pitch setting selected to give a negative thrust, either by windmilling at small positive pitch or by power operation at reverse pitch.
(BS 185: Sect. 9: No. 9124)

763 **Braking rocket (A/c, Miss)**
A rocket fitted on or in an aircraft, missile, or the like that discharges counter to the direction of flight. Also called "retro-rocket".
(NASA S.0225)

764 **Branch pipe (Eng)**
A short pipe which conveys exhaust gases from a cylinder to an exhaust manifold or collector.
(BS 185: Sect. 8: No. 8370)
765 **Breakaway (Aerodyn),**
cf./vgl. **Separation,** S.-No./lfd. Nr. 3732
766 **Breathing, pressure ~,**
cf./vgl. S.-No./lfd. Nr. 3202, 3203
767 **Breeze, fresh ~,**
cf./vgl. S.-No./lfd. Nr. 1794
768 **Breeze, gentle ~,**
cf./vgl. S.-No./lfd. Nr. 1861
769 **Breeze, glacier ~,**
cf./vgl. S.-No./lfd. Nr. 1869
770 **Breeze, land ~,**
cf./vgl. S.-No./lfd. Nr. 2340
771 **Breeze, light ~,**
cf./vgl. S.-No./lfd. Nr. 2445
772 **Breeze, moderate ~,**
cf./vgl. S.-No./lfd. Nr. 2740
773 **Breeze, mountain ~,**
cf./vgl. S.-No./lfd. Nr. 2773
774 **Breeze, sea ~,**
cf./vgl. S.-No./lfd. Nr. 3691
775 **Breeze, strong ~,**
cf./vgl. S.-No./lfd. Nr. 4096

Bremsleistung (Flmot)
Die an die Luftschraubenwelle vom Motor abgegebene Leistung.
Anmerkung: Leistungseinheiten: Metrische Pferdestärke: 1 PS = 1 cv = 75 kgm/s; Englische Pferdestärke: 1 hp = 33 000 Fußpfund pro Minute.
Die Leistung kann auch in Kilowatt ausgedrückt werden. Die Beziehung zwischen diesen Einheiten ist:
1 hp = 1,014 cv = 1,o14 PS
1 PS = 1 cv = 0,736 kW
1 hp = 0,746 kW
Bremsleistung; Nutzleistung (Flmot)
Die an der abgebenden Welle verfügbare Leistung in PS.

Bremsschirm
Von einem Luftfahrzeug zur Verkürzung seiner Landestrecke ausgesetzter Fallschirm.

Bremsstellung (Prop)
Eine Blatteinstellung, bei der die Luftschraube negativen Schub liefert. Dies geschieht entweder bei kleiner positiver Steigung, wenn die Schraube im Fahrtwind mitläuft, oder bei negativer Steigung, wenn die Schraube vom Motor angetrieben wird.
Bremsrakete (Lfz, FK)
Rakete, die in oder an einem Luftfahrzeug, Flugkörper oder ähnlichem Gerät angebracht ist und Schub in der entgegengesetzten Flugrichtung liefert. Im Englischen auch als "retro-rocket" bezeichnet.
Gabelrohr (Flmot)
Ein kurzes Rohrstück, das die Abgase von einem Zylinder eines Flugmotors zum Abgassammler leitet.

776 Breeze, valley ~,
cf./vgl. S.-No./lfd. Nr. 4555

777 Bridle (Para)
A multi-legged strop.
(BS 185: Sect. 12: No. 12 194)

778 Briefing (ATC)
The act of giving in advance specific instructions or information.
(ICAO, Annex 12, 4th Ed.)

779 Briefing (Flt OPS)
The act of giving in advance specific instructions or information.
(AAP-6)

780 Briefing, meteorological ~,
cf./vgl. S.-No./lfd. Nr. 2693, 2694

781 Broadcast (TEL)
A transmission of information relating to air navigation that is not addressed to a specific station or stations.
(ICAO, Annex 10, Volume II 1st Ed.)

782 Broadcasting service, aeronautical ~,
cf./vg. S.-No./lfd. Nr. 100

783 Bubble sextant (Nav),
cf./vgl. **Air sextant,** S.-No./lfd. Nr. 237

784 Buckling (Struct)
A structural deformation due initially to instability under compressive load, irrespective of whether the deformation is elastic or permanent and whether it leads at once to collapse or not.
(BS 185: Sect. 3: No. 3101)

785 Buffer zone (ATC)
An airspace safety zone established between adjacent traffic lanes or holding patterns.
(NASA S.0234)

786 Buffet boundary (Flt OPS)
A range limiting operating conditions above which the lift coefficient cannot be raised without encountering buffeting.
(NASA S.0235)

787 Buffeting (Struct)
An irregular oscillation of any part of an aircraft produced and maintained directly by an eddying wake.
(BS 185: Sect. 3: No. 3304)

788 Bulk-injection carburettor (Eng)
A carburettor which injects the fuel under pressure into the air stream at some point before it is distributed to the cylinders.
(BS 185: Sect. 8: No. 8348)

789 Bulk-injection pump (Eng)
A fuel-metering pump which carries out the same functions as a bulk-injection carburettor.
(BS 185: Sect. 8: No. 8349)

790 Bulkhead (A/c)
A transverse dividing wall within a structure.
(BS 185: Sect. 3: No. 3201)

791 Bulkhead wiring (A/c 1)
A system of wires in the plane of a main transverse frame, separating, and taking the pressure of, adjacent gas bags.
(BS 185: Sect. 7: No. 7277)

792 Bungee (A/c)
A spring, elastic cord, or other tension device used for example in a control system on an aircraft to balance an opposing force.
(NASA S.0238)

793 Bumping bag (A/c 1)
A fender to prevent damage from contact

Mehrfachstropp (Fallsch)
Aufziehleinenstropp mit mehreren Endstükken.

Flugberatung; Beratung (FS)
Die Erteilung von besonderen Anweisungen oder Informationen im voraus.

Briefing; Einweisung; Flugvorbesprechung (Flbetr)
Die vorherige Ausgabe bestimmter Anweisungen oder Informationen.

Rundfunk; Rundsendung (Fernm)
Eine Übermittlung von Informationen für die Luftfahrt, die nicht an eine oder an mehrere bestimmte Stellen gerichtet ist.

Knicken (Konstr)
Deformation eines Bauelements, zunächst hervorgerufen durch Instabilität bei Druckbelastung, gleichgültig, ob die Deformation elastisch oder bleibend ist und ob sie sofort zum Bruch führt oder nicht.

Pufferzone (FS)
Sicherheitszone im Luftraum, die zwischen zwei aneinander grenzenden Flugschneisen oder Warteräumen eingerichtet ist.

Flatterbereichsgrenze (Flbetr)
Ein die Betriebsbedingungen begrenzender Bereich, oberhalb dessen der Auftriebswert nicht erhöht werden kann, ohne daß Flattern auftritt.

Schütteln; Buffeting (Konstr)
Unregelmäßige Schwingung eines Teils eines Luftfahrzeugs, die unmittelbar durch eine Wirbelschleppe hervorgerufen und aufrechterhalten wird.

Einspritzvergaser (Flmot)
Ein Vergaser, in dem der Kraftstoff unter Druck in den Luftstrom gespritzt wird, bevor er in die einzelnen Zylinder geleitet wird.

Einspritzpumpe (Flmot)
Eine Kraftstoffpumpe, welche dieselbe Funktion erfüllt wie der Einspritzvergaser.

Schott (Lfz)
Querwand, die Teile einer Konstruktion voneinander abtrennt.

Schottverspannung (Lfz 1)
System von Seilen in der Ebene eines Hauptringes, das benachbarte Gaszellen trennt und deren Druck aufnimmt.

Entlastungsvorrichtung; Kraftausgleich (Lfz)
Feder, elastische Schnur oder eine andere unter Federspannung stehende Vorrichtung, wie sie z. B. im Steuerungssystem eines Luftfahrzeugs Verwendung findet, um eine entgegenwirkende Kraft auszugleichen.

Landepuffer (Lfz 1)
Fender, der eine Beschädigung bei der Berüh-

with the ground.
(BS 185: Sect. 7: No. 7301)

794 Bunt (Flt OPS)
A manoeuvre in which an aircraft performs part of an inverted loop.
(BS 185: Sect. 2: No. 2104)

795 Buoy-to-buoy time cf./vgl.
Flight time S.-No./lfd. Nr. 1711, 1712

796 Buoyancy (A/c)
The vertical force on an aircraft, or other body, wholly or partly immersed in a fluid, equal to the weight of the fluid displaced.
(BS 185: Sect. 1: No. 1110)

797 Buoyancy, centre of ~,
cf./vgl. S.-No./lfd. Nr. 881

798 Buoyancy, reserve ~,
cf./vgl. S.-No./lfd. Nr. 3520

799 Burble point (Aerodyn)
A point reached in an increasing angle of attack at which burble begins.
(NASA S.0241)

800 Burner (Turbo)
A device for injecting a spray of fuel into the combustion chamber. This may be of fixed- or variable-orifice type. In American practice the term may include the whole combustion chamber.
(BS 185: Sect. 8: No. 8434)

801 Burner, duplex ~,
cf./vgl. S.-No./lfd. Nr. 1408

802 Burner, simplex ~,
cf./vgl. S.-No./lfd. Nr. 3820

803 Burner, spill ~,
cf./vgl. S.-No./lfd. Nr. 3930

804 Burnout (Miss)
The point in time or in the missile trajectory when combustion of fuels in the rocket engine is terminated by other than programmed cutoff.
(AAP-6)

805 Burnout (Miss)
An act or instance of the complete consumption of the propellants in a rocket.
(NASA S.0242)

806 Burnout velocity (Miss)
The velocity attained by a missile at the point of burnout.
(AAP-6)

807 Busbars (El)
A system of conductors, connected to the supply mains from which electric power is taken to circuits and/or feeders.
(BS 185: Part 2: No. 10 203)

808 Butterfly tail (A/c)
An airplane tail assembly in which the surfaces are set at a pronounced positive dihedral forming a V.
(NASA S.0234)

809 Buzz, aileron ~,
cf./vgl. S.-No./lfd. Nr. 153

810 Buys Ballot's law (Met)
The law that if an observer stands with his back to the wind, pressure is lower on his left than his right in the northern and vice versa in the southern hemisphere.
(BS 185: Sect. 15: No. 15 505)

811 Bypass engine (Turbo)
A jet engine, especially one of the gas turbine type, in which part of the air taken in by the engine is passed around the combustion chamber or chambers to augment the gases

rung mit dem Erdboden verhindern soll.

Abschwung (Flbetr)
Flugfigur, bei der ein Luftfahrzeug einen teilweisen Looping vorwärts ausführt.

Hydrostatischer Auftrieb (Lfz)
Auf ein ganz oder teilweise in eine Flüssigkeit eingetauchtes Luftfahrzeug oder einen anderen Körper wirkende Vertikalkraft, die gleich dem Gewicht der verdrängten Flüssigkeit ist.

Abreißpunkt (Aerodyn)
Der mit zunehmendem Anstellwinkel erreichte Punkt, in dem das Abreissen (der Luftströmung) einsetzt.

Brenner (Turbo)
Eine Vorrichtung, durch die der Kraftstoff in die Brennkammer eingespritzt wird. Brenner können mit einer festen oder variablen Düse ausgestattet sein. Im Amerikanischen kann der Begriff die gesamte Brennkammer umfassen.

Brennschluß (FK)
Der Zeitpunkt bzw. der Punkt auf der Bahn eines Flugkörpers, an dem die Treibstoffverbrennung im Raketentriebwerk auf andere Weise beendet wird, als durch einen programmierten Brennstopp.

Brennschluß (FK)
Vorgang oder Zeitpunkt des vollständigen Aufbrauchens der Treibstoffe einer Rakete.

Brennschlußgeschwindigkeit (FK)
Die Geschwindigkeit, die ein Flugkörper bei Brennschluß erreicht hat.

Sammelschienen (El)
Ein System von elektrischen Leitern, das an das elektrische Bordnetz angeschlossen ist, von dem der Strom den Stromkreisen bzw. Verbindungsleitungen zugeleitet wird.

V-Leitwerk (Flzg)
Flugzeugleitwerk, bei dem die Steuerflächen in einer ausgeprägt positiven V-Stellung angeordnet sind.

Buys Ballots Gesetz (Met)
Das Gesetz, das aussagt, daß bei einem Beobachter, der mit dem Rücken zur Windrichtung steht, auf der nördlichen Halbkugel der Luftdruck links niedriger ist als auf der rechten Seite. Auf der südlichen Halbkugel ist es umgekehrt.

Bypass-Triebwerk; Nebenstromtriebwerk (Turbo)
Strahltriebwerk, insbesondere der Gasturbinenbauart, bei dem ein Teil der für das Triebwerk aufgenommenen Luft um die Brennkam-

of combustion in the jet stream.
(NASA S.0246)

812 **By-pass valve (Eng),** cf./vgl.
Oil control valve, S.-No./lfd. Nr. 2882

mer bzw. Brennkammern herumgeleitet wird,
um die Verbrennungsgase im Düsenstrahl zu
verstärken.

C

813 **C-scope (TEL)**
A radarscope that presents azimuth by deflection of the target signal along a horizontal scale and elevation by deflection along a vertical scale.
(NASA S.0395)

C-Schirm (Fernm)
Radarschirmbild, bei dem die rechtweisende Peilung durch Auslenkung des Zielechos auf einer horizontalen Skala und die Höhe durch Auslenkung auf einer vertikalen Skala dargestellt werden.

814 **Cabin (A/e)**
An enclosure for housing crew and/or passengers. (BS 185: Sect. 5: No. 5366)

Kabine (Lfz)
Abgeschlossener Raum zur Unterbringung der Besatzung und gegebenenfalls der Fluggäste.

815 **Cabin altitude (A/c)**
The simulated altitude condition in a pressurized aircraft cabin.
(NASA S.0247)

Kabinen(druck)höhe (Lfz)
Simulierte Flughöhenverhältnisse in der Druckkabine eines Luftfahrzeugs.

816 **Cabin crew (Aero)**
Those members of the aircrew whose primary concern is the care of the passengers and cargo on the aircraft.
(BS 185: Sect. 16: No. 16 103)

Kabinenbesatzung (Aero)
Diejenigen Besatzungsmitglieder, die primär mit der Betreuung von Fluggästen und Fracht im Luftfahrzeug befaßt sind.

817 **Cabin, pressure ~,**
cf./vgl. S.-No./lfd. Nr. 3204

818 **Cabin, sealed ~**
cf./vgl. S.-No./lfd. Nr. 3695

819 **Cabin supercharger (A/c)**
A compressor for maintaining the pressure in the cabin above the ambient air pressure.
(BS 185: Sect. 10: No. 10 302)

Kabinenluftverdichter (Lfz)
Ein Verdichter, der den Luftdruck in der Kabine über dem der Außenluft hält.

820 **Cable-angle Indicator (Instr)**
An indicator showing the vertical angle between the towing cable and the longitudinal axis of a glider, and the relation of the glider in roll and yaw to the towing aircraft.
(BS 185: Sect. 5: No. 5512)

Schleppseil-Winkelanzeiger (Instr)
Anzeigegerät, das den in einer Vertikalebene gemessenen Winkel zwischen dem Schleppseil und der Längsachse eines Gleitflugzeugs sowie die Lage des Gleitflugzeugs um die Längs- und die Hochachse in bezug auf die Schleppmaschine anzeigt.

821 **Cable, balloon flying ~,**
cf./vgl. S.-No./lfd. Nr. 594

822 **Cable duct (El)**
A channel in an airframe in which electric cables are run.
(BS 185: Part 2: No. 10 204)

Kabelschacht; Kabelführung (El)
Ein Schacht in der Flugzeugzelle, in dem elektrische Leitungen verlegt sind.

823 **Caging device (Instr)**
A device for locking the gimbals of a gyro.
(BS 185: Sect. 5: No. 5522)

Kreiselarretierung (Instr)
Gerät zum Fesseln des Kardanrahmens eines Kreisels.

824 **Calibrated airspeed = CAS (Flt OPS)**
The calibrated airspeed is equal to the airspeed indicator reading corrected for position and instrument error. (As a result of the sea level adiabatic compressible flow correction to the airspeed instrument dial, CAS ist equal to the true airspeed TAS in Standard Atmosphere at sea level).
(ICAO, Annex 8, 5th Ed.)

Berichtigte Fluggeschwindigkeit (Flbetr)
Die berichtigte Fluggeschwindigkeit ist gleich der Fahrtmesseranzeige berichtigt um Einbau- und Instrumentenfehler. (Infolge der Berichtigung der Fahrtmesserskala um den adiabatischen Kompressionseinfluß in Meereshöhe wird in der Normatmosphäre in Meereshöhe die berichtigte Fluggeschwindigkeit gleich der wahren Fluggeschwindigkeit).

825 **Calibrated airspeed (Flt OPS)**
An airspeed value derived when corrections have been applied to an indicated airspeed to compensate for installation errors, instrument errors, errors in the pitot-static system and errors induced by the attitude of the aircraft.
(NASA S.0248)

Berichtigte Fahrtmesseranzeige (Nav);
berichtigte Fluggeschwindigkeit (Flbetr)
Ein nach der Berichtigung der Fahrtmesseranzeige zur Kompensation von Einbau- und Instrumentenfehlern, Fehlern im Staurohrsystem und Fluglagefehlern erhaltener Fluggeschwindigkeitswert.

826 **Calibrator, altimeter ~,**
cf./vgl. S.-Nor./lfd. Nr. 303

827 **Call sign, international** ~
cf./vgl. S.-No./lfd. Nr. 2279
828 **Call sign, ocean station** ~,
cf./vgl. S.-Nor./lfd. Nr. 2877
829 **Call sign, visual** ~,
cf./vgl. S. No./lfd. Nr. 4646
830 **Calm (Met)**
Beaufort number 0: calm; smoke rises vertically (Wind speed: less than 1 knot).
(BS 185: Sect. 15: No. 15 214)
831 **Camber (A/c)**
1. Curvature of the median line of an aerofoil
section; more generally, the curvature of a
surface.
2. The ratio of the maximum height of the
median line above the chord to the chord
length.
(BS 185: Sect. 5: No. 5217)
832 **Camber line (A/c)** cf./vgl.
Median line S.-No./lfd. Nr. 2683
833 **Camber, top,** ~
cf./vgl. S.-No./lfd. Nr. 4387
834 **Camber, upper**
cf./vgl. S.-No./lfd. Nr. 4553
835 **Canard (A/c)**
An aircraft or aircraft configuration having
its horizontal stabilizing and control surfaces
in front of the wing or wings.
(NASA S.0251)
836 **Canard aeroplane (A/c)**
An aeroplane with the surfaces providing the
requisite longitudinal stability and control in
front of the main plane.
(BS 185: Sect. 5: No. 5102)
837 **Canard controls (Miss)**
Control surfaces which are forward of the
wings.
(BS 185: Sect. 6: No. 6402)
838 **Canopy (Para)**
The fabric body of a parachute, which provides high air-drag when inflated.
(BS 185: Sect. 12: No. 12 108)
839 **Canopy, parachute** ~,
cf./vgl. S. No./lfd. Nr. 2984
840 **Cap, bow** ~ **(A/c 1),**
cf./vgl. S.-No./lfd. Nr. 750
841 **Capacity (El)**
1) Of an electrical system: the electric power
which the associated generators and bat-
teries (if any) can supply to an electrical
system under specified conditions.
2) Of a battery: the quantity of electricity,
usually expressed in ampere-hours, which
may be taken from a battery at a given
rate of discharge.
(BS 185: Sect. 10: No. 10 204)
842 **Capsule (A/c)**
A pressurized compartment of an aircraft
housing crew members and capable of being
ejected in an emergency.
(BS 185: Sect. 5: No. 5368)
843 **Capsule (A/c, Miss)**
1. A sealed pressurized cabin for extremely
high altitude or orbital space flight which
provides an acceptable environment for
man, animal or equipment.
2. An ejectable sealed cabin having automatic devices for safe return of the occupants
to the surface.
(AAP-6)

Windstille; still (Met)
Windstärke (Beaufort-Zahl) 0; Windstille;
Rauch steigt gerade empor (Windgeschwindigkeit: weniger als 1 Knoten).
Wölbung (Lfz)
1. Krümmung der Skelettlinie eines Flügel-
profils; allgemeiner: Krümmung einer Fläche.
2. Das Verhältnis der größten Höhe der Skelettlinie über der Profilsehne zur Flügeltiefe.

Entenflugzeug (Lfz)
Ein Luftfahrzeug oder eine Luftfahrzeugausle-
gung, bei der die horizontalen Stabilisierungs-
und Steuerflächen vor der Tragfläche bzw. den
Tragflächen angeordnet sind.
Entenflugzeug (Lfz)
Flugzeug, dessen die erforderliche Längsstabi-
lität und Steuerung liefernde Flächen vor der
Haupttragfläche angeordnet sind.

Entensteuerungssystem (FK)
Steuerflächen, die vor den Tragflächen angeordnet sind.

Fallschirmkappe
Der aus Stoff bestehende Körper eines Fall-
schirms, der im entfalteten Zustand hohen
Luftwiderstand liefert.

Kapazität (El)
1. Einer elektrischen Anlage: Die elektrische
Leistung, die insgesamt von Generatoren
und Batterien (falls vorhanden) einem elektrischen Netz unter bestimmten Bedingungen geliefert werden kann.
2. Einer Batterie: Die gewöhnlich in Ampère-
Stunden ausgedrückte Elektrizitätsmenge,
die einer Batterie unter gegebenen Entlade-
bedingungen entnommen werden kann.
Druckkapsel (Lfz)
Druckkabine eines Luftfahrzeugs für Besatzungsmitglieder, die in einem Notfall abge-
sprengt werden kann.

Kapsel (Lfz, FK)
1. Abgedichtete, druckbelüftete Kabine für
Flüge in größten Höhen bzw. für Raum-
flüge auf einer Umlaufbahn, in der für Menschen, Tiere oder Gerät angemessene Le-
bens- bzw. Funktionsbedingungen hergestellt sind.
2. Abgedichtete, abstoßbare Kabine, die mit
automatischen Einrichtungen für eine sichere Rückkehr der Insassen zur Erdoberfläche versehen ist.

844 **Captain** (Aero), cf./vgl.
Commander, S.-No./lfd. Nr. 991

845 **Captive balloon** (A/c 1)
A balloon anchored or towed by a line.
(BS 185: Sect. 7: No. 7110)

846 **Car** (A/c 1)
The structure in, or suspended below, the
hull or envelope of an airship or kite balloon
for carrying crew, engines, passengers, etc.
(BS 185: Sect. 7: No. 7208)

847 **Car, control** ~,
cf./vgl. S.-No./lfd. Nr. 1082

848 **Car, engine** ~,
cf./vgl. S.-No./lfd. Nr. 1480

849 **Car, wing** ~,
cf./vgl. S.-No./lfd. Nr. 4768

850 **Carburettor, bulk-injection** ~,
cf./vgl. S.-No./lfd. Nr. 788

851 **Carburettor, float-type** ~,
cf./vgl. S.-No./lfd. Nr. 1724

852 **Cardinal points** (Nav)
The directions: north, south, east and west.
(AAP-6)

853 **Cargo** (AT)
Any property carried on an aircraft other
than mail, stores and baggage.
(ICAO, Annex 9, 5th Ed.)

854 **Carrier aircraft** (A/c)
1. An aircraft, especially a fixed-wing airplane, that is carried aboard and operates
from an aircraft carrier.
2. An aircraft that carries something, especially an aircraft that carries another aircraft.
(NASA S.0256)

855 **Cartesian control** (Miss)
A system providing control about the pitch
and yaw axes only, generally exercised by
cruciform control devices.
(BS 185: Sect. 6: No. 6403)

856 **Cartridge, emergency** ~,
cf./vgl. S.-No./lfd. Nr. 1664

857 **Cartridge starter** (Eng), cf./vgl.
Combustion starter, S.-No./lfd. Nr. 987

858 **Cascades** (Aerodyn)
Fixed blades which direct the fluid stream
round the bends in the passages of a wind
tunnel.
(BS 185: Part 1: No. 4506)

859 **Casing, air intake** ~, cf./vgl. S.-No./lfd. Nr.
200

860 **Casing, compressor** ~, sc./vgl. S.-No./lfd. Nr.
1022

861 **Castor length** (A/c)
The distance between the centre of the tyre
contact area and the intersection of the
ground with the castor axis produced.
(BS 185: Sect. 5: No. 5384)

862 **Catapult** (A/c carrier)
A mechanical gear which accelerates an air-
craft to flying speed.
(BS 185: Sect. 13: No. 13 403)

863 **Catch, efficiency of** ~,
cf./vgl. S.-No./lfd. Nr. 1435

864 **Catch, rate of** ~,
cf./vgl. S.-No./lfd. Nr. 3430

865 **Catenary wires** (A/c 1)
Wires approximately forming a catenary between two points of attachment to collect
and transmit loads from other wires.
(BS 185: Sect. 7: No. 7282)

866 **Ceiling** (Flt OPS)
The maximum height attainable by an air-

Fesselballon (Lfz 1)
Ballon, der mittels eines Seils verankert oder
geschleppt wird.

Gondel (Lfz 1)
Bauteil in oder unterhalb des Gerippes oder
der Hülle eines Luftschiffs oder Drachenballons zur Aufnahme von Besatzung, Triebwerken, Fahrgästen usw.

Haupthimmelsrichtungen; Hauptstriche
(Nav)
Die Himmelsrichtungen Nord, Süd, Ost und
West.

Fracht (LVerk)
Alle in einem Luftfahrzeug beförderten Güter,
ausgenommen Post, Bordvorräte und Gepäck.

1. **Bordgestütztes Luftfahrzeug/Flugzeug**
Ein Luftfahrzeug, insbesondere ein Starrflü-
gelflugzeug, das sich an Bord eines Flugzeugträgers befindet und von ihm aus operiert.
2. **Trägerluftfahrzeug; Trägerflugzeug**
Ein Luftfahrzeug, das etwas trägt, – insbesondere ein Luftfahrzeug, das ein anderes Luftfahrzeug trägt.

Kreuzflügelsteuerung (FK)
Steueranlage, die lediglich um die Quer- und
um die Hochachse wirksam ist und im allgemeinen eine kreuzförmige Steueranordnung
aufweist.

Gitter (Aerodyn)
Anordnung von festen Schaufeln, die den
Luftstrom in den Kurven eines Windkanals
umlenkt.

Nachlauf (Lfz)
Abstand zwischen Mittelpunkt der Berüh-
rungsfläche eines Reifens und Schnittpunkt
der Schwenkachse mit dem Boden.

Katapult (Flzg-Träger)
Mechanische Vorrichtung, mit der Luftfahrzeuge bis zur Fluggeschwindigkeit beschleunigt werden.

Kettenseile (Lfz 1)
Seile, die annähernd in einer Kettenlinie zwischen zwei Befestigungspunkten verlaufen
und die Lasten von anderen Seilen aufnehmen
und weiterleiten.

(Dienst-)Gipfelhöhe (Flbetr)
Die größte von einem Luftfahrzeug oder in der

craft or airborne vehicle under given conditions and at which it can perform effectively. (NASA S.0260)

867 Ceiling (Met)
The height above the ground or water of the base of the lowest layer of cloud below 6,000 metres (20,000 feet) covering more than half the sky.
(ICAO, Annex 2, 5th Ed.)

868 Ceiling, absolute ~,
cf./vgl. S.-No./lfd. Nr. 5

869 Ceiling, hovering ~,
cf./vgl. S.-No./lfd. Nr. 2082

870 Ceiling, service ~,
cf./vgl. S.-No./lfd. Nr. 3760

871 Ceiling, static ~,
cf./vgl. S.-No./lfd. Nr. 4018

872 Ceilometer (Met)
A device or apparatus for measuring the height of a cloud ceiling.
(NASA S.0261)

873 Celestial guidance (Miss)
The guidance of a missile by means of instruments and devices which automatically sight preselected celestial bodies, calculate positions, and direct the missile along a predetermined flight path.
(NASA S.0263)

874 Centre, aerodynamic ~,
cf./vgl. S.-No./lfd. Nr. 77

875 Centre, air-traffic control ~,
cf./vgl. S.-No./lfd. Nr. 263

876 Centre, area control ~,
cf./vgl. S.-No./lfd. Nr. 445, 446

877 Centre, communication ~,
cf./vgl. S.-No./lfd. Nr. 995 a

878 Centre, flexural ~,
cf./vgl. S.-No./lfd. Nr. 1670

879 Centre, flight information ~,
cf./vgl. S.-No./lfd. Nr. 1685, 1686

880 Centre line (A/c), cf./vgl.
Median line, S.-No./lfd. Nr. 2683

881 Centre of buoyancy (A/c)
The centre of gravity of the fluid displaced by an aircraft, or other body, wholly or partially immersed in a fluid.
(BS 185: Sect. 1: No. 1111)

882 Centre of gross lift (A/c 1)
The centre of gravity of the air displaced by the gas in a lighter-than-air aircraft under standard conditions of gross lift.
(BS 185: Sect. 7: No. 7124)

883 Centre of pressure (Aerodyn)
The point on some reference line (e. g. the chord of an aerofoil) about which the pitching moment is zero.
(BS 185: Sect. 4: No. 4122)

884 Center-of-pressure travel (Aerodyn)
The movement of the center of pressure of an airfoil along the chord with changing angle of attack.
(NASA S.0266)

885 Centre-point mooring (A/c 1)
A method of securing a balloon close to the ground by means of a centre-point rigging.
(BS 185: Sect. 7: No. 7302)

886 Centre-point pennant (A/c 1)
A wire used for hauling a balloon down to the bed mechanically.
(BS 185: Sect. 7: No. 7303)

887 Centre-point rigging (A/c 1)
Auxiliary rigging wires brought to a shackle by which the balloon is attached to the cen-

Luft befindlichen Vehikel erreichbare Höhe, in der es noch voll flugfähig ist.

Hauptwolkenuntergrenze (Met)
Die Höhe – über Grund oder Wasser – der Untergrenze der niedrigsten Wolkenschicht, die mehr als die Hälfte des Himmels bedeckt und unterhalb von 6000 m (20 000 Fuß) liegt.

Wolkenhöhenmesser (Met)
Vorrichtung oder Gerät zum Messen der Höhe einer Hauptwolkenuntergrenze.

Astro-Selbststeuerung (FK)
Steuerung eines Flugkörpers mittels Instrumenten und Vorrichtungen, die zuvor ausgewählte Himmelskörper automatisch anmessen, Standorte berechnen und den Flugkörper auf einen vorgegebenen Flugweg dirigieren.

Auftriebsschwerpunkt (Lfz)
Schwerpunkt der Flüssigkeit, die von einem ganz oder teilweise in eine Flüssigkeit eingetauchten Luftfahrzeug oder einem anderen Körper verdrängt wird.

Auftriebsmittelpunkt (Lfz 1)
Schwerpunkt der Luft, die von dem Gas eines Luftfahrzeugs leichter als Luft verdrängt wird, wenn für den Gesamtauftrieb Normalbedingungen bestehen.

Druckpunkt (Aerodyn)
Der Punkt auf einer Bezugslinie (z. B. der Flügelsehne), in dem das Längsmoment gleich Null ist.

Druckpunktwanderung (Aerodyn)
Die mit der Änderung des Anstellwinkels einhergehende Lageänderung des Druckpunktes eines Tragflügels entlang der Flügelsehne.

Zentralverankerung (Lfz 1)
Methode, einen Ballon mit Hilfe einer Zentralverseilung dicht am Boden zu verankern.

Ankerseil; Ankertau (Lfz 1)
Seil zum mechanischen Niederholen eines Ballons in seine Verankerung

Zentralverseilung (Lfz 1)
Hilfsseile, die in einen Schäkel einmünden, an dem das Ankertau befestigt wird.

tre-point pennant.
(BS 185: Sect. 7: No. 7304)

888 Centre, rescue coordination ~,
cf./vgl. S.-No./lfd. Nr. 3517

889 Centre section (A/c)
The middle or central section of a wing, to
which the outer wing panels are attached.
Where a wing has no clearly defined central
section, the centre section is considered to lie
between points of attachment of the wing to
the fuselage or fuselage struts.
(BS 185: Sect. 5: No. 5365)

890 Centre, shear ~,
cf./vgl. S.-No./lfd. Nr. 3771

891 Centre square (ATC)
An ocean area 10 nautical miles square,
orientated with its axes true North-South
and East-West the centre of which is the designated station.
(ICAO, Doc. 6926–AN/856/4)

892 Centrifugal compressor (Turbo)
A compressor in which the air is compressed
under centrifugal force by its passage outwards in a radial impeller.
(BS 185: Sect. 8: No. 8420)

893 Centrifugal supercharger (Eng)
A supercharger in which the air or mixture is
compressed by a centrifugal compressor.
(BS 185: Sect. 8: No. 8362)

894 Certify as airworthy, to ~ (Aero)
To certify that an aircraft or parts thereof
comply with current airworthiness requirements after being overhauled, repaired, mod-
ified or installed.
(ICAO, Annex 1, 5th Ed.)

895 Cetane-number (Eng)
A number indicating the relative ignitability
of a fuel oil for compression-ignition engines.
(NASA S.0270)

896 CG datum point (AT)
An arbitrarily chosen fixed point from which
distances are measured to the centres of
gravity of the various loads carried, for the
purpose of determining the position of the
centre of gravity of the loaded aircraft.
(BS 185: Sect. 5: No. 5601)

897 Chamber, altitude ~,
cf./vgl. S.-No./lfd. Nr. 315

898 Chamber ascent (Med)
A simulated ascent in an altitude chamber.
(NASA S.0271)

899 Chamber, combustion ~,
cf./vgl. S.-No./lfd. Nr. 986

900 Chamber, plenum ~,
cf./vgl. S.-No./lfd. Nr. 3108

901 Channel (GS)
A defined rectangular area on a water aerodrome intended for the alighting and take-off
of aircraft along its length.
(BS 185: Sect. 13: No. 13 308)

902 Channel lights (GS)
Lights arranged along an alighting channel
indicating the path to be used for taking-off
and alighting.
(BS 185: Sect. 13: No. 13 334)

903 Channel patch (A/c 1)
A channel shaped fabric fitting secured to
the envelope to enable a rigid member to be
laced thereto.
(BS 185: Sect. 7: No. 7245)

904 Channel, taxi ~,
cf./vgl. S.-No./lfd. Nr. 4283

(Tragflächen-) Mittelstück (Lfz)
Mittlerer Teil einer Tragfläche, an den die äußeren Tragflächenstücke anschließen. Weist
eine Tragfläche kein klar abgegrenztes Mittelstück auf, so wird dieses als zwischen den Befestigungspunkten der Tragflächen am Rumpf
oder an den Rumpfstreben liegend angenommen.

Mittelquadrat (FS)
Ein Seegebiet von zehn nautischen Meilen im
Quadrat, dessen Achsen nach rechtsweisend
Nord-Süd und Ost-West ausgerichtet sind und
dessen Mittelpunkt der festgelegte Standort
ist.

Zentrifugalverdichter (Turbo)
Ein Verdichter, bei dem die Luft durch ihren
in einem rotierenden Schaufelrad nach außen
erfolgenden Strömungsdurchtritt unter der
Wirkung der Zentrifugalkraft verdichtet wird.

Schleuderlader; Zentrifugallader (Flmot)
Ein Lader, bei dem die Verdichtung durch ein
Schleudergebläse erfolgt.

Die Lufttüchtigkeit bescheinigen (Aero)
Bescheinigen, daß ein Luftfahrzeug oder Teile
davon den bestehenden Lufttüchtigkeitsanfor-
derungen entsprechen, nachdem sie überholt,
instandgesetzt, geändert oder eingebaut worden sind.

Cetan-Zahl (Flmot)
Die Zahl, mit der das relative Zündvermögen
eines Brennöls für Dieselmotore ausgedrückt
wird.

Schwerpunktbezugspunkt (LVerk)
Ein willkürlich gewählter fester Punkt, von
dem aus die Entfernungen zu den Schwer-
punkten der verschiedenen mitgeführten Zu-
ladungen ermittelt werden, um die Lage des
(mittleren) Schwerpunkts des beladenen Luftfahrzeugs zu bestimmen.

(Höhen-)Kammeraufstieg (Flmed)
Simulierter Aufstieg in einer Höhenkammer.

Wasserpiste; Rinne (Bod)
Eine festgelegte, rechteckige Fläche auf einem
Wasserflugplatz, die in ihrer Länge für Lande-
und Startlauf von Luftfahrzeugen bestimmt
ist.

Rinnenfeuer; Wasserpistenfeuer (Bod)
Feuer, die so entlang einer Landerinne angeordnet sind, daß sie die für Start und Landung
zu benutzende Bahn kennzeichnen.

Röhrenförmiges Befestigungspflaster (Lfz 1)
Röhrenförmiges Stoffgebilde, das an der Hülle
befestigt ist und das dazu dient, einen starren
Bauteil daran anzuschnüren.

905 **Channel, water** ~,
cf./vgl. S.-No./lfd. Nr. 4677
906 **Chart, aeronautical** ~,
cf./vgl. S.-No./lfd. Nr. 101, 102
907 **Chart, composite** ~,
cf./vgl. S.-No./lfd. Nr. 1013
908 **Chart, constant level** ~,
cf./vgl. S.-No./lfd. Nr. 1050
909 **Chart, constant pressure** ~,
cf./vgl. S.-No./lfd. Nr. 1051
910 **Chart, prebaratic** ~,
cf./vgl. S.-No./lfd. Nr. 3187
911 **Chart, synoptic weather** ~,
cf./vgl. S.-No./lfd. Nr. 4187
912 **Chine (A/c)**
The extreme side member of the planing bottom running approximately parallel to the keel in side elevation.
(BS 185: Sect. 3: No. 3202)
913 **Chock-to-chock time** cf./vgl.
Fight time S.-No./lfd. Nr. 1711, 1712
914 **Chokes (Med)**
A form of altitude sickness characterized by coughing, a deep and usually burning irritation in the lungs, and shallow breathing.
(NASA S.0286)
915 **Chord (A/c)**
The straight line through the centres of curvature at the leading and trailing edges of an aerofoil section.
(BS 195: Sect. 5: No. 5218
916 **Cord, aerodynamic mean** ~,
cf./vgl. S.-No./lfd. Nr. 80
917 **Chord, first mean** ~,
cf./vgl. S.-No./lfd. Nr. 1622
918 **Chord lenght (A/c)**
The length of that part of the chord which is intercepted by the aerofoil section boundary.
(BS 185: Sect. 5: No. 5220)
919 **Chord position (A/c)**
The position of the chord is defined by the coordinates (x, y, z) of its quarter-chord point and its inclination (θ) to the x-y plane. (The origin of the co-ordinates is a fixed point in the plane of symmetry).
(BS 185: Sect. 5: No. 5221)
920 **Chord, second mean** ~,
cf./vgl. S.-No./lfd. Nr. 3708
921 **Chord, standard mean** ~,
cf./vgl. S.-No./lfd. Nr. 3993
922 **Chord wiring (A/c 1)**
A system of wires interconnecting the joints of a main transverse frame.
(BS 185: Sect. 7: No. 7283)
923 **Chuffing (Miss)**
Intermittent burning of a rocket motor, producing an irregular noise.
(BS 185: Sect. 6: No. 6207)
924 **Circle, great** ~,
cf./vgl. S.-No./lfd. Nr. 1902
925 **Circle, vertical** ~,
cf./vgl. S.-No./lfd. Nr. 4619
926 **Circling guidance light (GS)**
One of a system of lights arranged to help aircraft in making a circuit before landing.
(BS 185: Sect. 13: No. 13 335)

927 **Circuit, aerodrome traffic** ~,
cf./vgl. S.-No./lfd. Nr. 70
928 **Circuit, aeronautical fixed** ~,
cf./vgl. S.-No./lfd. Nr. 103
929 **Circuit, feeder** ~,
cf./vgl. S.-No./lfd. Nr. 1593

Kimm (Lfz)
Leiste, die die Gleitfläche eines Flugbootkörpers seitlich abschließt und die in der Seitenansicht etwa parallel zum Kiel verläuft.

Atemsperre (Flmed)
Eine Art Höhenkrankheit, die durch Husten, eine tiefreichende und meist brennende Irritation der Lunge sowie flache Atmung gekennzeichnet ist.

Profilsehne (Lfz)
Gerade durch die Krümmungsmittelpunkte der Vorder- und Hinterkante eines Tragflügelprofils.

Flügeltiefe (Lfz)
Länge des Teils der Flügelsehne, der von der Berandung des Profils abgeschnitten wird.

Lage der Sehne (Lfz)
Die Lage der Profilsehne ist definiert durch die Koordinaten x. y, z ihres 1/4-Punktes und ihre Neigung (θ) gegen die x-y-Ebene. (Der Koordinatenursprung ist ein fester Punkt in der Symmetrieebene.)

Querseile (Lfz 1)
System von Seilen, das die Knoten eines Hauptringes miteinander verbindet.

Ungleichmäßige Verbrennung (FK)
Aussetzende Verbrennung eines Raketentriebwerks, die ein ungleichmäßiges Geräusch hervorruft.

Platzrundenfeuer (Bod)
Ein so angeordnetes und zu einer Befeuerungsanlage gehöriges Feuer, daß Luftfahrzeuge beim Fliegen einer Platzrunde vor der Landung unterstützt werden.

930 **Circuit, hydraulic** ~,
cf./vgl. S.-No./lfd. Nr. 2097
931 **Circuit, interlocking** ~,
cf./vgl. S.-No./lfd. Nr. 2266
932 **Circuit, main** ~,
cf./vgl. S.-No./lfd. Nr. 2595
933 **Circuit, pneumatic** ~,
cf./vgl. S.-No./lfd. Nr. 3111
934 **Circuit, sub-** ~,
cf./vgl. S.-No./lfd. Nr. 4112
935 **Circulation (Aerodyn)**
The integral of the component of the fluid
velocity along any closed path with respect
to the distance round the path.
(BS 185; Part 1: No. 4404)

Zirkulation (Aerodyn)
Integral über die Strömungsgeschwindigkeits-
komponenten längs irgendeines geschlossenen Weges, erstreckt über diesen Weg.

936 **Circumferential gas bag wires (A/c 1)**
Circumferential wires inside longitudinals to
take the pressure of the gas bags.
(BS 185: Sect. 7: No. 7279)

Gaszellen-Umfangsseile (Lfz 1)
Umfangsseile innerhalb von Längsträgern, die
den Druck der Gaszellen aufnehmen sollen.

937 **Circumferential outer-cover wires (A/c 1)**
Circumferential wires outside or within longitudinals to which the outer cover is attached.
(BS 185: Sect. 7: No. 7284)

Umfangsaußenseile (Lfz 1)
Umfangsseile außerhalb oder innerhalb der
Längsträger, an denen die Außenhaut befe-
stigt ist.

938 **Cirrocumulus (Met)**
Thin white patch, sheet or layer of cloud
without shading composed of very small elements in the form of grains, ripples, etc.
merged or separate and more or less regularly arranged; most of the elements have
an apparent width of less than one degree.
(BS 185: Sect. 15: No. 15 411)

Zirrokumulus (Met)
Dünne weiße Wolkenfelder, -decken oder
-schichten ohne Schattenbildung, die aus sehr
kleinen kornförmigen, gerippten oder ähnlichen Elementen bestehen, die ineinander
übergehend oder voneinander getrennt mehr
oder weniger regelmäßig angeordnet sind; die
meisten dieser Elemente scheinen eine Ausdehnung von weniger als einem Grad zu haben.

939 **Cirrostratus (Met)**
A thin withish veil which does not blur the
outlines of the sun or moon, but gives rise to
halo phenomena.
(BS 185: Sect.15: No. 15 412)

Zirrostratus (Met)
Ein dünner, weißlicher Schleier, der die Um-
risse von Mond und Sonne zwar durchschei-
nen läßt, aber zu Halo-Erscheinungen führt.

940 **Cirrus (Met)**
Detached clouds of delicate and fibrous appearance, without shading, generally white
in colour.
(BS 185: Sect. 15: No. 15 413)

Zirrus (Met)
Nicht zusammenhängende, zarte und faserige
Wolken ohne Schattenbildung, im allgemeinen
von weißer Farbe.

941 **Civil twilight (Met)**
For computation purposes, the period during
which the sun is between the horizon and a
point 6° below the horizon, morning or evening.
(NASA S.0294)

Bürgerliche Dämmerung (Met)
Für rechnerische Zwecke: die Periode am
Morgen oder am Abend, während der sich die
Sonne zwischen dem Horizont und einem um
6° unterhalb des Horizonts gelegenen Punkt
befindet.

942 **Civil twilight (Nav),** cf./vgl.
Twilight, S.-No./lfd. Nr. 4519
943 **Classical flutter (Struct)**
Flutter which can occur only because of
coupling (inertial, aerodynamic or elastic) between two or more degrees of freedom.
(BS 185: Sect. 3: No. 3310)

Klassisches Flattern (Konstr)
Flattern, das ausschließlich wegen der Kopp-
lung (aerodynamische, elastisch oder durch
die Trägheit) zwischen zwei oder mehr Freiheitsgraden auftreten kann.

944 **Classified matter (Flt OPS)**
Official information or material which re-
quires protection in the national interest.
(AAP-6)

Verschlußsache (Flbetr)
Informationen oder Sachen amtlichen Charak-
ters, die im nationalen Interesse geschützt
werden müssen.

945 **Clear air turbulence (Met)**
Strong atmospheric turbulence occasionally
encountered in clear air at great heights
above the Earth's surface, notably near a jet
stream.
(BS 185: Sect. 15: No. 15 202)

Klarluftturbulenz (Met)
Starke Lufturbulenz, die gelegentlich in großen Höhen über der Erdoberfläche in klarer
Luft vor allem in der Nähe eines Strahlstroms
auftritt.

946 **Clearance, air traffic control** ~,
cf./vgl. S.-No./lfd. Nr. 264, 265
947 **Clearance limit (ATC)**
The point to which an aircraft is granted an
air traffic control clearance.
(ICAO, Annex 2, 5th Ed., Annex 11, 5th Ed.)

Freigabegrenze (FS)
Der Punkt, bis zu dem für ein Luftfahrzeug
eine Flugverkehrsfreigabe erteilt wird.

948 **Clearance, on-top cruising level** ~,
cf./vgl. S.-No./lfd. Nr. 2901

949 **Clearway (GS)**
A defined rectangular area on the ground or water at the end of a runway in the direction of take-off and under control of the Competent Authority, selected or prepared as a suitable area over which an aircraft may make a portion of its initial climb to a specified height.
(ICAO, Annex 4, 5th Ed., Annex 14, 4th Ed.)

950 **Clearway (GS)**
A defined rectangular area forming an extension to a strip, channel or stopway if any, cleared of obstructions to enable an aircraft to make its initial take-off climb to a specified height.
(BS 185: Sect. 13: No. 13 309)

951 **Climb, rate of** ~,
cf./vgl. S.-No./lfd. Nr. 3431

952 **Climbing shaft (A/c 1)**
A shaft leading up through the interior of an airship to give access to the top of the hull or envelope.
(BS 185: Sect. 7: No. 7212)

953 **Clipped wing (A/c)**
A wing having its tip or tips more or less squared off as seen in a planform.
(NASA S.0299)

954 **Clockwise accessory (Eng)**, cf./vgl.
Right-hand accessory, S.-No./lfd. Nr. 3569

955 **Clockwise drive (Eng.)**, cf./vgl.
Right-hand drive, S.-No./lfd. Nr. 3570

956 **Closed working section (Aerodyn)**
A working section that is bounded by solid walls.
(BS 185: Sect. 4: No. 4651)

957 **Closing speed, critical** ~,
cf./vgl. S.-No./lfd. Nr. 1192

958 **Cloud amount (Met)**
The proportion of sky obscured by cloud; officially expressed in oktas.
(BS 185: Sect. 15: No. 15 401)

959 **Cloud and collision warning system (TEL)**
A primary-radar equipment in an aircraft providing, by a cathode-ray tube display, indication of the position of potentially dangerous clouds, other aircraft, or high ground in its path.
(BS 185: Part 3: No. 14 231)

960 **Cloud, funnel** ~,
cf./vgl. S.-No./lfd. Nr. 1818

961 **Cloud height (Met)**
The height of the cloud base above the ground.
(BS 185: Sect. 15: No. 15 402)

962 **Cloud searchlight (Met)**
A projector for producing an illuminated region on the cloud base to determine its height.
(BS 185: Sect. 15: No. 15 715)

963 **Cloud, wave** ~,
cf./vgl. S.-No./lfd. No. 4683

964 **Clouds, convection** ~,
cf./vgl. S.-No./lfd. Nr. 1143

965 **Clouds, heap** ~,
cf./vgl. S.-No./lfd. Nr. 2001

966 **Clouds, high** ~,
cf./vgl. S.-No./lfd. Nr. 2027

967 **Clouds, low** ~,
cf./vgl. S.-No./lfd. Nr. 2578

968 **Clouds, medium** ~,
cf./vgl. S.-No./lfd. Nr. 2685

Freifläche (Bod)
Eine in Startrichtung auf dem Boden oder Wasser am Ende einer Piste festgelegte rechteckige Fläche, die unter Aufsicht der zuständigen Behörde steht und als geeignet ausgewählt oder so hergerichtet ist, daß darüber ein Luftfahrzeug einen Teil seines Anfangssteigfluges bis zu einer bestimmten Höhe durchführen kann.

Freifläche (Bod)
Eine festgelegte, rechteckige Fläche in Verlängerung eines Start- und Landestreifens, einer Wasserpiste oder Stoppfläche, falls vorhanden, die hindernisfrei ist, um einem Luftfahrzeug seinen Anfangssteigflug nach dem Start auf eine bestimmte Höhe zu ermöglichen.

Klettergang (Lfz 1)
Schacht, der durch das Innere eines Luftschiffs führt und Zugang gibt zur Oberseite der Hülle oder des Gerippes.

Gestutzte Tragfläche (Flzg)
Tragfläche, die in der Draufsicht an ihrem Ende bzw. ihren Enden mehr oder weniger rechtwinkelig abgeschnitten ist.

Geschlossene Meßstrecke (Aerodyn)
Eine von massiven Wänden begrenzte Meßstrecke.

Bedeckungsgrad (Met)
Der Bruchteil des von Wolken verdeckten Himmels; die Bedeckung wird offiziell in Achteln angegeben.

Wolken- und Zusammenstoß-Warnanlage (Fernm)
Primäres Bord-Radargerät, das auf dem Schirm einer Kathodenstrahlröhre den Standort von möglicherweise gefährlichen Wolkenformationen, anderen Luftfahrzeugen oder Hindernissen auf dem Flugweg anzeigt.

Wolkenhöhe (Met)
Die Höhe der Wolkenuntergrenze über Grund.

Wolkenscheinwerfer (Met)
Ein Scheinwerfer, der einen Lichtfleck an der Wolkenunterseite erzeugt, um hierdurch deren Höhe zu bestimmen.

969 **Clouds, orographic ~,**
cf./vgl. S.-No./lfd. Nr. 2925

970 **Cluster (Para)**
An assemblage of two or more parachutes attached to a single load and generally designed to open simultaneously.
(BS 185: Sect. 12: No. 12 109)

Mehrfachfallschirm; Fallschirmtraube
Vereinigung von zwei oder mehr Fallschirmen, die eine gemeinsame Last tragen und im allgemeinen so angeordnet sind, daß sie sich gleichzeitig öffnen.

971 **Coaxial propellers**
Two propellers mounted on concentric shafts at having independent drives and normally rotating in opposite directions.
(BS 185: Sect. 9: No. 9132)

Koaxiale Propeller
Zwei Propeller, die auf zwei koaxialen Wellen angebracht sind, welche unabhängig voneinander angetrieben werden und normalerweise im Gegensinn zueinander rotieren.

972 **Cocked hat (Nav)**
The triangle formed by the intersection of three position lines that do not meet at one point.
(BS 185: Sect. 11: No. 11 106)

Standliniendreieck (Nav)
Das Dreieck, das von drei Standlinien gebildet wird, die sich nicht in einem Punkte schneiden.

973 **Cockpit (A/c)**
A compartment housing the pilot(s).
(BS 185: Sect. 5: No. 5369)

Führerraum (Lfz)
Kabine zur Unterbringung der (des) Luftfahrzeugführer(s).

974 **Code light (GS)**
An intermittent light having a characteristic conforming to signals of the Morse code.
(BS 185: Sect. 13: No. 13 336)

Morsefeuer (Bod)
Feuer, das Lichtsignale in Form von Morsezeichen ausstrahlt.

975 **Coefficient, drag ~,**
cf./vgl. S.-No./lfd. Nr. 1372

976 **Coil, booster ~,**
cf./vgl. S.-No./lfd. Nr. 732

977 **Col (Met)**
A saddle-shaped region in the isobaric field, with relatively high pressure on two opposite sides, and relatively low pressure on the remaining sides.
Note. −If two anticyclones and two depressions occur simultaneously, arranged in alternate sequence, a single col is formed in the centre.
(BS 185: Sect. 15: No. 15 506)

Sattel (Met)
Ein sattelförmiges Gebiet im Isobarenfeld mit relativ hohem Druck an zwei entgegengesetzten Seiten und niedrigem Druck an den beiden anderen Seiten.
Anmerkung: Wenn zwei Hochdruckgebiete und zwei Tiefdruckgebiete gleichzeitig in abwechselnder Folge auftreten, bildet sich in der Mitte ein einziger Sattel.

978 **Cold front (Met)**
The boundary line at the Earth's surface between advancing cold air and the warmer air under which it pushes.
(BS 185: Sect. 15: No. 15 515)

Kaltfront (Met)
Die Grenze auf der Erdoberfläche zwischen vordringenden Kaltluftmassen und den Warmluftmassen, unter die sie sich schieben.

979 **Collective pitch control (Rotor)**
A control by which an equal alteration of blade angle is imposed on all the blades independently of their azimuthal position.
(BS 185: Sect. 5: No. 5733)

Nichtperiodische Steigungssteuerung (Drehfl)
Steuerung, bei der allen Blättern unabhängig von ihrem Azimutwinkel die gleiche Änderung des Blattwinkels erteilt wird.

980 **Collector (Aerodyn)**
A bell-mouth downstream of an open working section.
(BS 185: Sect. 4: No. 4605)

Auffangdüse; Auffangtrichter (Aerodyn)
Glockenförmige Öffnung stromabwärts einer offenen Meßstrecke.

981 **Collector (Eng),** cf./vgl.
Collector ring, S.-No./lfd. Nr. 982

982 **Collector ring (Eng)**
An exhaust manifold in the form of a ring, used in radial engines.
(BS 185: Sect. 8: No. 8369)

Abgassammelring (Flmot)
Bei Sternmotoren benutzter Abgassammler in Ringform.

983 **Collision course (Flt OPS)**
The steady course taken by an aircraft, missile, etc. which if maintained will cause it to collide with another aircraft, etc.
(NASA S.0316)

Kollisionskurs (Flbetr)
Der von einem Luftfahrzeug, Flugkörper usw. gleichbleibend geflogene Kurs, der bei unverändertem Beibehalten zur Kollision mit einem anderen Luftfahrzeug usw. führt.

984 **Collision warning system, cloud and ~,**
cf./vgl. S.-No./lfd. Nr. 959

985 **Column, control ~,**
cf./vgl. S.-No./lfd. Nr. 1087

986 **Combustion chamber (Turbo)**
A chamber in which the combustion occurs. This may be a simple chamber or contain one or more flame tubes.
(BS 185: Sect. 8: No. 8438)

Brennkammer (Turbo)
Eine Kammer, in der der Verbrennungsprozeß stattfindet. Die Brennkammer kann sowohl als eine einzige Kammer, als auch als ein System von mehreren Flammrohren ausgebildet sein.

987 **Combustion starter (Eng)**
A device in which the firing of a charge pro-

Patronenanlasser (Flmot)
Eine Vorrichtung zum Anlassen eines Motors,

vides the energy to rotate the engine for starting.
(BS 185: Sect. 8: No. 8282)

988 Combustor (Turbo)
A name generally assigned to the combination of flame holder or stabilizer, igniter, combustion chamber, and injection system of a ramjet or gas turbine.
(AAP-6)

bei der die Verbrennungsgase beim Abfeuern einer Patrone die Energie zum Durchdrehen des Motors liefern.
Strahlrohranlage; Brennkammer (Turbo)
Übliche Bezeichnung der in einem Staustrahltriebwerk oder in einer Gasturbine verwandten Kombination von Flammenhalter oder Stabilisator, Brennkammer und Einspritzanlage.

989 Command guidance (Miss)
The guidance of a guided missile or other pilotless vehicle by means of electronic signals (or electric signals by wire for some short-range missiles) sent to receiving devices in the vehicle which cause it to follow a desired path.
(NASA S.0322)

Kommandolenkung (FK)
Steuerung eines Lenkflugkörpers oder anderen unbemannten Vehikels mittels elektronischer Signale (oder bei einigen Kurzstrecken-Flugkörpern mittels drahtübertragener elektrischer Signale) an Empfänger in dem Flugkörper, die bewirken, daß er einem vorgegebenen Flugweg folgt.

990 Command guidance (Miss)
A system wherein computed intelligence transmitted to a missile causes it to follow a directed path.
(BS 185: Sect. 6: No. 6502)

Kommandolenkung (FK)
System, bei dem ein Flugkörper durch übermittelte Rechenwerte veranlaßt wird, einem vorbestimmten Kurs zu folgen.

991 Commander (Aero)
The member of the aircrew in charge of an aircraft. In a flying boat the commander is often referred to as the **master**.
(BS 185: Sect. 16: No. 16 106)

Kommandant (Aero)
Das Besatzungsmitglied, welches für ein Luftfahrzeug verantwortlich ist. Der Kommandant eines Flugboots wird häufig als "**Master**" (Kapitän) bezeichnet.

992 Commercial crew (Aero), cf./vgl.
Cabin crew, S-No./lfd. Nr. 816

993 Commercial load (AT), cf./vgl.
Payload, S.-No./lfd. Nr. 3020

994 Communication, air-ground ~,
cf./vgl. S.-No./lfd. Nr. 196, 197

995 Communication, air-to-ground ~,
cf./vgl. S.-No./lfd. Nr. 257, 258

995a Communication centre (TEL)
An aeronautical fixed station which relays or retransmits telecommunication traffic from (or to) a number of other aeronautical fixed stations directly connected to it.
(ICAO, Annex 10, Volume II, 1st Ed.)

Fernmeldezentrale
Eine feste Flugfernmeldestelle, welche die Meldungen zwischen anderen ihr unmittelbar angeschlossenen festen Flugfernmeldestellen vermittelt.

996 Communication, ground-to-air ~,
cf./vgl. S.-No./lfd. Nr. 1932, 1933

997 Communications, conference ~,
cf./vgl. S.-No./lfd. Nr. 1040

998 Communications, printed ~,
cf./vgl. S.-No./lfd. Nr. 3246

999 Compass, astro- ~,
cf./vgl. S.-No./lfd. Nr. 487

1000 Compass base (GS)
An area provided with means for orienting aircraft to facilitate compensating of their compasses.
(BS 185: Sect. 13: No. 13 310)

Kompensierscheibe (Bod)
Eine Fläche, die mit Vorrichtungen zum Ausrichten von Luftfahrzeugen zwecks Kompensierung der Kompasse versehen ist.

1001 Compass deviation (Nav)
The angular difference between magnetic and compass headings.
(BS 185: Sect. 11: No. 11 107)

Kompaßablenkung: Deviation (Nav)
Winkelunterschied zwischen magnetischem und Kompaß-Steuerkurs.

1002 Compass, fluxgate ~,
cf./vgl. S.-No./lfd. Nr. 1745

1003 Compass, gyro-magnetic ~,
cf./vgl. S.-No./lfd. Nr. 1974

1004 Compass, landing ~,
cf./vgl. S.-No./lfd. Nr. 2351

1005 Compass, magnetic ~,
cf./vgl. S.-No./lfd. Nr. 2586

1006 Compass, radio ~,
cf./vgl. S.-No./lfd. Nr. 3391

1007 Compass, sun ~,
cf./vgl. S.-No./lfd. Nr. 4126

1008 Compass swinging (A/c)
The action of turning an aircraft about to different headings to determine the deviation of

Kompensieren (Lfz)
Vorgang zur Bestimmung der Kompaßabweichung durch Drehen eines Luftfahrzeugs auf

its compass.
(NASA S.0324)

1009 Competent licensing authority (Aero)
The authority designated by a Contracting State as responsible for the licensing of personnel
(ICAO, Annex 1, 5th Ed.)

1010 Component, lift ~,
cf./vgl. S.-No./lfd. Nr. 2426

1011 Component vorticity (Aerodyn), cf./vgl.
Vorticity, S.-No./lfd. Nr. 4662

1012 Composite aircraft
1. A term applied to two aircraft fastened or hitched together, usually a large airplane carrying a smaller airplane.
2. An aircraft having a composite power plant, e.g., a reciprocating engine and a jet engine.
(NASA S.0325)

1013 Composite chart (Met)
A chart depicting for points along an air route, the weather conditions forecast for the times at which it is estimated that the aircraft will be over those points.
(BS 185: Sect. 15: No. 15 507)

1014 Compound rotorcraft
An aircraft utilizing in flight the features of both aeroplane and rotorcraft.
(BS 185: Sect. 5: No. 5702)

1015 Compound turbine engine (Turbo)
A gas turbine engine in which the compression of the intake air is performed in stages in a number of mechanically separate compressors each of which is driven by a separate turbine.
(BS 185: Sect. 8: No. 8411)

1016 Compressed-air starter (Eng)
A device for starting an engine by utilizing the expansive energy of compressed air, in the cylinders or otherwise.
(BS 185: Sect. 8: No. 8283)

1017 Compressed-air wind tunnel (Aerodyn)
A wind tunnel in which compressed air is used as the working fluid in order to obtain high values of the Reynolds number.
BS 185: Sect. 4: No. 4632)

1018 Compressibility drag (Aerodyn)
The increase in drag arising from the compressibility of the air which occurs at high speeds.
(BS 185: Part 1: No. 4405)

1019 Compression-ignition engine (Eng)
An engine in which ignition of the charge in the cylinder is produced by the heat of compression alone.
(BS 185: Sect. 8: No. 8314)

1020 Compression ring (Eng), cf./vgl.
Gas ring, S.-No./lfd. Nr. 1836

1021 Compressor, axial-flow ~,
cf./vgl. S.-No./lfd. Nr. 541

1022 Compressor casing (Turbo)
A casing enclosing the impeller or rotating member.
(BS 185: Sect. 8: No. 8425)

1023 Compressor, centrifugal ~,
cf./vgl. S.-No./lfd. Nr. 892

1024 Compressor delivery ducts (Turbo)
Ducts which connect the compressor delivery to the combustion system.
(BS 185: Part 2: No. 8417)

verschiedene Steuerkurse.

Zuständige Behörde (Aero) (die für die Erteilung der Erlaubnis ~)
Die von einem Vertragsstaat für die Erteilung der Erlaubnis an Luftfahrtpersonal als verantwortlich bezeichnete Behörde.

1. **Mistelschleppkombination (Lfz)**
Begriff zur Kennzeichnung von zwei miteinander fest verbundenen oder ineinander gehakten Luftfahrzeugen; meist ein größeres Flugzeug, das ein kleineres trägt.
2. **Flugzeug mit Mischantrieb (Lfz)**
Ein Luftfahrzeug, das über eine Triebwerkskombination von z. B. einem Kolbenmotor und einem Strahltriebwerk verfügt.

Zusammengesetzte Karte (Met)
Eine Karte, auf der für verschiedene Punkte entlang einer Flugstrecke die Wetterbedingungen zu denjenigen Zeiten angegeben werden, zu denen das Flugzeug diese planmäßig überfliegen wird.

Verbund-Drehflügler
Luftfahrzeug, das sich im Fluge die Eigenschaften sowohl des Flugzeugs wie des Drehflüglers nutzbar macht.

Verbund-Turbotriebwerk (Turbo)
Ein Gasturbinentriebwerk, dessen Verdichter aus einer Anzahl von mechanisch nicht miteinander gekuppelten Stufen besteht, die jeweils von einer gesonderten Turbine angetrieben werden.

Druckluftanlasser (Flmot)
Eine Vorrichtung zum Anlassen eines Motors unter Verwendung der Expansionskraft von Druckluft in den Zylindern oder anderswo.

Überdruckkanal (Windkanal mit veränderlicher Dichte) (Aerodyn)
Windkanal, in dem Druckluft als Strömungsmedium verwandt wird, um hohe Reynoldssche Zahlenwerte zu erreichen.

Kompressibilitätswiderstand (Aerodyn)
Bei hohen Geschwindigkeiten auftretende Zunahme des Widerstandes infolge der Kompressibilität der Luft.

Dieselmotor; Motor mit Verdichtungszündung (Flmot)
Ein Kolbenmotor, bei dem sich das Gemisch im Zylinder allein durch die infolge der Kompression eintretende Temperaturerhöhung entzündet.

Verdichtergehäuse (Turbo)
Ein Gehäuse, das das Laderlaufrad oder den Läufer eines Verdichters umschließt.

Verdichteraustrittskanäle (Turbo)
Die Kanäle, durch die die verdichtete Luft vom Verdichter in die Brennkammern strömt.

1025 Compressor, double-entry ~,
cf./vgl. S.-No./lfd. Nr. 1366

1026 Compressor drum (Turbo)
A cylinder or series of connected disks upon
which the rotating blades of an axial-flow
compressor are mounted.
(BS 185: Sect. 8: No. 8427)

1027 Compressor, multi-stage ~,
cf./vgl. S.-No./lfd. Nr. 2785

1028 Compressor, radial-flow ~,
cf./vgl. S.-No./lfd. Nr. 3365

1029 Compressor, single-entry ~,
cf./vgl. S.-No./lfd. Nr. 3827

1030 Compressor, single-stage ~,
cf./vgl. S.-No./lfd. Nr. 3828

1031 Compressor stage (Turbo)
A compressor or part of a compressor consisting of one row of rotating and one row of
fixed blades in an axial flow machine or one
impeller and its associated diffuser in a centrifugal machine.
(BS 185: Sect. 8: No. 8428)

1032 Compressor stall (Turbo)
A condition occuring in a rotary air compressor when some of the blades or vanes meet
the airflow at such an angle that there is a reversal of flow, often leading to flame-out in a
gas-turbine engine.
(NASA S.0333)

1033 Condensation trail (Flt OPS)
A visible trail of condensed water vapor or
ice particles left behind an aircraft, an airfoil,
etc. in motion through the air. Also called a
"contrail" or "vapor trail".
(NASA S.0337)

1034 Condenser discharge light (E)
A lamp in which high brightness flashes of
extremely short duration are produced by
the discharge of electricity at high voltage
through a gas enclosed in a tube.
(ICAO, Annex 14, 4th Ed.)

1035 Conditioner, air ~,
cf./vgl. S.-No./lfd. Nr. 168

1036 Cone, exhaust ~,
cf./vgl. S.-No./lfd. Nr. 1541

1037 Cone of silence (TEL)
An inverted cone-shaped space directly over
the aerial towers of some forms of radio beacons in which signals are unheard or greatly
reduced in volume.
(AAP-6)

1038 Cone of silence marker (TEL), cf./vgl.
Z marker-beacon, S-No./lfd. Nr. 4815

1039 Cone, tail ~,
cf./vgl. S.-No./lfd. Nr. 4226

1040 Conference communications (TEL)
Communication facilities whereby direct
speech conversation may be conducted between three or more locations simultaneously.
(ICAO, Annex 11, 5th Ed.)

1041 Configuration (as applied to the aeroplane)
(A/c)
A particular combination of the positions of
the movable elements, such as wing flaps,
landing gear, etc., which affect the aerodynamic characteristics of the aeroplane.
(ICAO, Annex 8, 5th Ed.)

1042 Configurations, aeroplane ~,
cf./vgl. S.-No./lfd. Nr. 129

Trommelläufer (Turbo)
Ein Zylinder oder eine Reihe von miteinander
verbundenen Scheiben, auf die die rotierenden Blätter eines Verdichters montiert sind.

Verdichterstufe (Turbo)
Verdichter oder Teil eines Verdichters, der im
Fall eines Axialverdichters aus einer Reihe fester und einer Reihe rotierender Schaufelräder
oder im Falle eines Zentrifugalverdichters aus
einem Laderlaufrad und seinem dazugehörigen Diffusor besteht.

Verdichterabreißen (Turbo)
Ein Zustand, der in einem Rotationsverdichter
eintritt, wenn der Luftstrom bei einigen der
Turbinenlaufschaufeln und Leitschaufeln unter einem solchen Winkel auftrifft, daß eine
Umkehrung der Strömungsrichtung erfolgt,
was in einem Gasturbinentriebwerk häufig
zum Flammabriß führt.

Kondens(ations)streifen (Flbetr)
Sichtbare Spur kondensierten Wasserdampfes
oder von Eispartikelchen, die sich hinter einem in Bewegung durch die Luft befindlichen
Luftfahrzeug, einem Tragflügel usw. bildet. Im
Englischen auch als „contrail" oder „vapor
trail" bezeichnet.

Gasentladungsleuchte; Kondensatorenentla-
dungslampe (El)
Eine Lampe, in der Blitze hoher Leuchtdichte
von außerordentlich kurzer Dauer durch die
Entladung elektrischer Energie hoher Spannung in einer gasgefüllten Röhre erzeugt werden.

Nullkegel (Fernm)
Raum in Form eines umgekehrten Kegels unmittelbar über den Antennen von Funkfeuern,
in dem die Zeichen nicht oder nur mit geringer Lautstärke gehört werden können.

Konferenzverbindungen (Fernm)
Fernmeldeverbindungen, die einen direkten
Sprechverkehr zwischen drei oder mehreren
Stellen gleichzeitig ermöglichen.

Zustandsform (angewandt auf das Flug-
zeug) (Lfz)
Eine besondere Kombination von Stellungen
der beweglichen Teile, wie Flügelklappen,
Fahrwerk usw., welche die aerodynamischen
Eigenschaften des Flugzeuges beeinflussen.

1043 Conical surface (GS)
A specified surface sloping upwards and outwards from the periphery of the inner horizontal surface and establishing the vertical limits above which it may be necessary to take one or more of the following actions: restrict the creation of new obstructions; remove objects or mark objects in order to ensure a satisfactory level of safety and regularity for aircraft manoeuvring visually in the vicinity of an aerodrome.
(ICAO, Annex 14, 4th Ed.)

1044 Coning angle (Rotor)
The angle between the longitudinal axis of a blade and the tip-path plane.
(BS 185: Sect. 5: No. 5710)

1045 Connecting rod assembly (Eng)
The complete assembly of one or more connecting rods working on one crankpin.
(BS 185: Sect. 8: No. 8328)

1046 Connector (El)
A device for making an efficient electrical joint between conductors, such that the joint may readily be broken and remade.
(BS 185: Part 2: No. 10 209)

1047 Connector block (El)
An insulating body containing a connector or connectors.
(BS 185: Part 2: No. 10 210)

1048 Consol (TEL)
A long-range radio aid to navigation, the emissions of which, by means of their radio frequency modulation characteristics, enable bearings to be determined.
(AAP-6)

1049 Consol beacon (TEL)
A continuous-wave, medium-frequency long range directional radio beacon producing a number of radial equi-signal zones which shift in azimuth at a fixed rate and are separated by zones of dot-and-dash signals. The bearing of a mobile station with respect to the beacon is determined by a count of the dot-and-dash signals within each respective zone.
(BS 185: Sect. 14: No. 14 204)

1050 Constant level chart (Met)
An isobaric chart drawn for a specified altitude.
(BS 185: Sect. 15: No. 15 508)

1051 Constant pressure chart (Met)
A chart showing, by means of pressure contour lines, the altitude of a constant-pressure surface.
(BS 185: Sect. 15: No. 15 509)

1052 Constant-speed propeller
A propeller, the pitch of which varies automatically to maintain a preselected constant rotational speed.
(BS 185: Sect. 9: No. 9133)

1053 Construction, bias ~,
cf./vgl. S.-No./lfd. Nr. 682

1054 Construction, block ~,
cf./vgl. S.-No./lfd. Nr. 708

1055 Construction, geodetic ~,
cf./vgl. S.-No./lfd. Nr. 1862

1056 Construction weight (Miss)
The weight of a wingless rocket exclusive of propellant, load, and crew, if any.
(NASA S.0342)

1057 Consumption (Eng)
The total quantity of fuel (or oil) consumed

Kegelfläche (Bod)
Eine festgelegte Fläche, die von der Peripherie der inneren Horizontalfläche schräg aufwärts nach außen verläuft und die vertikalen Grenzen festlegt, oberhalb welcher es notwendig sein kann, eine oder mehrere der folgenden Maßnahmen zu ergreifen: den Bau neuer Hindernisse zu beschränken; Objekte zu entfernen oder Objekte zu markieren, um ein ausreichendes Maß von Sicherheit und Regelmäßigkeit für Luftfahrzeuge zu gewährleisten, die in Flugplatznähe nach Sicht fliegen.

Konuswinkel (Drefl)
Winkel zwischen der Längsachse eines Blattes und der Blattspitzenebene.

Kurbeltrieb (Flmot)
Ein System von einer oder mehreren Pleuelstangen, die auf einem gemeinsamen Kurbelzapfen arbeiten.

Lösbares Verbindungsstück (El)
Eine Vorrichtung zum Herstellen einer betriebsfähigen elektrischen Verbindung zwischen einzelnen Leitern, derart, daß die Verbindung leicht getrennt und wieder angeschlossen werden kann.

Anschlußklemme (El)
Ein Isolierkörper, der ein oder mehrere Verbindungsstücke trägt.

Konsol-Funkfeuer (Fernm)
Fernbereichs-Funknavigationshilfe, deren Ausstrahlungen aufgrund der Charakteristik ihrer Frequenzmodulation Peilungen ermöglichen.

Konsol-Funkfeuer; Sonne (Fernm)
Mittelwellen-Richtfunkfeuer mit ungedämpfter Welle und großer Reichweite, das Zeichen so aussendet, daß eine Anzahl von radialen Zonen gleicher Zeichen entsteht, welche sich mit konstanter Winkelgeschwindigkeit in der Horizontalebene drehen und durch Gebiete mit Punkt- und Strichzeichen getrennt werden. Die Peilrichtung einer beweglichen Funkstelle zum Funkfeuer läßt sich durch Auszählen der empfangenen Punkt- und Strichzeichen innerhalb jeder der jeweiligen Zonen ermitteln.

Karte konstanten Niveaus (Met)
Eine Karte, auf der die Isobaren für eine bestimmte Höhe über Meer eingezeichnet sind.

Karte konstanten Drucks (Met)
Eine Karte, auf der durch Höhenschichtlinien die Höhe einer Fläche gleichen Druckes über Meer angegeben wird.

Verstellpropeller mit konstanter Drehzahl
Ein Verstellpropeller, dessen Steigung selbsttätig so reguliert wird, daß er eine vorgegebene konstante Drehzahl beibehält.

Konstruktionsmasse (FK)
Gewicht einer Rakete ohne Tragflächen und ausschließlich des Treibstoffs, der Nutzlast und gegebenenfalls Besatzung.

Verbrauch (Flmot)
Die gesamte in der Stunde verbrauchte Kraft-

per hour.
(BS 185: Sect. 8: No. 8204)

1058 Consumption, specific ~,
cf./vgl. S.-No./lfd. Nr. 3895

1059 Contact flying (Flt OPS)
Flying in which a pilot ascertains his aircraft's attitude and finds his way from place to place by visual reference to the horizon and to landmarks.
(NASA S.0344)

Fliegen mit Erdsicht; Sichtflug (Flbetr)
Flug, bei dem der Luftfahrzeugführer die Lage seines Luftfahrzeugs im Raum und seinen Flugweg von Ort zu Ort mittels visueller Bezugnahme auf den Horizont und auf Landmarken bestimmt.

1060 Contact, radar ~,
cf./vgl. S.-No./lfd. Nr. 3338, 3339

1061 Contacting altimeter (Instr)
An instrument in which electrical contacts are made or broken at a predetermined altitude.
(BS 185: Sect. 5: No. 5507)

Kontakthöhenmesser (Instr)
Höhenmeßgerät, in dem beim Erreichen einer vorher festgelegten Höhe elektrische Kontakte hergestellt oder unterbrochen werden.

1062 Continuous flow oxygen system (Med, A/c)
An oxygen system in which the oxygen flows during both inspiration and expiration.
(BS 185: Sect. 17: No. 17 129)

Dauerfluß-Sauerstoffanlage (Flmed, Lfz)
Sauerstoffanlage, bei der Sauerstoff sowohl beim Einatmen als auch beim Ausatmen zufließt.

1063 Contour, pressure ~,
cf./vgl. S.-No./lfd. Nr. 3206

1064 Contra-flow turbine engine (Turbo)
A gas turbine engine in which the turbine and compressor blades are integral or adjacent, and the working fluid flows in opposite directions through the respective passages of the two sets of blades.
(BS 185: Sect. 8: No. 8413)

Gegenstrom-Gasturbinentriebwerk (Turbo)
Ein Gasturbinentriebwerk, bei dem die Verdichter- und Turbinenschaufeln entweder aus einem einzigen Stück gearbeitet oder direkt nebeneinander eingebaut sind, wobei die beiden Schaufelkränze in entgegengesetzter Richtung durchströmt werden.

1065 Contra-rotating propellers
Two propellers mounted on concentric shafts having a common drive and rotating in opposite directions.
(BS 185: Sect. 9: No. 9134)

Gegenläufige Propeller
Ein Propellerpaar, das auf zwei koaxialen Wellen angebracht ist, welche einen gemeinsamen Antrieb besitzen und im Gegensinn rotieren.

1066 Contraction ratio (Aerodyn)
The ratio of the cross-sectional area at the beginning of the contraction to that at the working section.
(BS 185: Sect. 4: No. 4612)

Verengungsverhältnis (Aerodyn)
Verhältnis der Querschnittsfläche am Beginn der Verengung zum Querschnitt der Meßstrekke.

1067 Contrail, cf./vgl.
Condensation trail, S.-No./lfd. Nr.1033

1068 Control advance (Rotor)
The phase angle by which the controlled change of cyclic pitch variation is displaced in azimuth from the direction of control-lever displacement.
(BS 185: Sect. 5: No. 5734)

Steuerungsvorlauf (Drehfl)
Phasenwinkel, um den die gesteuerte periodische Steigerungsänderung von der entsprechenden Stellung des Steuerungshebels im Azimut abweicht.

1069 Control, aerodrome ~,
cf./vgl. S.-No./lfd. Nr. 53

1070 Control, air-traffic ~ service,
cf./vgl. S.-No./lfd. Nr. 266, 267

1071 Control, approach ~,
cf./vgl. S.-No./lfd. Nr. 402

1072 Control area (ATC)
A controlled airspace extending upwards from a specified height above the surface of the earth without an upper limit unless one is specified.
(ICAO Annex 2, 5th Ed., Annex 4, 5th Ed., Annex 11, 5th Ed.)

Kontrollbezirk (FS)
Ein kontrollierter Luftraum, der sich von einer festgelegten Höhe über der Erdoberfläche an ohne eine obere Begrenzung, falls eine solche nicht festgelegt ist, nach oben erstreckt.

1073 Control area (ATC)
A controlled airspace of defined dimensions above a specified datum.
(BS 185: Sect. 13: No. 13 215)

Kontrollbezirk (FS)
Kontrollierter Luftraum von bestimmter Ausdehnung oberhalb einer festgelegten Bezugsgröße.

1074 Control, automatic ~,
cf./vgl. S.-No./lfd. Nr. 507

1075 Control, automatic mixture ~,
cf./vgl. S.-No./lfd. Nr. 510

1076 Control, azimuthal ~,
cf./vgl. S.-No./lfd. Nr. 558

1077 Control, bang bang ~,
cf./vgl. S.-No./lfd. Nr. 600

stoff- (oder Öl-)menge.

1078 **Control, barometric fuel ~,**
cf./vgl. S.-No./lfd. Nr. 613
1079 **Control, barometric pressure ~,**
cf./vgl. S.-No./lfd. Nr. 614
1080 **Control, boost ~,**
cf./vgl. S.-No./lfd. Nr. 722
1081 **Control, boundary layer ~,**
cf./vgl. S.-No./lfd. Nr. 741, 742
1082 **Control car (A/c 1)**
A car from which an airship is operated.
(BS 185: Sect. 7: No. 7209)

Führergondel (Lfz 1)
Gondel, von der aus ein Luftschiff geführt
wird.

1083 **Control, cartesian ~,**
cf./vgl. S.-No./lfd. Nr. 855
1084 **Control centre, area ~,**
cf./vgl. S.-No./lfd. Nr. 445, 446
1085 **Control clearence, air traffic ~,**
cf./vgl. S.-No./lfd. Nr. 264, 265
1086 **Control, collective pitch ~,**
cf./vgl. S.-No./lfd. Nr. 979
1087 **Control column (A/c)**
The lever, or pillar, supporting a handwheel
or its equivalent, by which the longitudinal
and lateral controls are operated.
(BS 185: Sect. 5: No. 5315)

Steuersäule (Lfz)
Hebel oder Säule, die ein Handrad oder der-
gleichen tragen, mit denen die Höhen- und
Querrudersteuerung betätigt werden.

1088 **Control, cruise ~,**
cf./vgl. S.-No./lfd. Nr. 1204, 1205
1089 **Control, cyclic pitch ~,**
cf./vgl. S.-No./lfd. Nr. 1223
1090 **Control, Dep ~,**
cf./vgl. S.-No./lfd. Nr. 1271
1091 **Control feel (A/c)**
The feel or impression of the stability and
control of an aircraft that a pilot receives
through the cockpit controls, either from the
aerodynamic forces acting on the control surfaces or from forces simulating these aerodynamic forces.
(NASA S.0351)

Steuerdruck (Lfz)
Der von einem Luftfahrzeugführer über die
Steuerorgane im Führerraum verspürte Steuerdruck oder Eindruck der Stabilität und Kontrolle eines Luftfahrzeugs, der entweder von
den auf die Steuerflächen wirkenden aerodynamischen Kräften oder von Kräften herrührt,
die diese aerodynamischen Kräfte simulieren.

1092 **Control force (A/c)**
An aerodynamic force acting on a control
surface, or a deflecting force exerted on a
control surface by the pilot or by power devices in the aircraft control system.
(NASA S.0352)

Ruderkraft (Lfz)
Eine auf eine Steuerfläche wirkende aerodynamische Kraft oder eine vom Luftfahrzeugführer oder mittels Kraftverstärkern im Steuerwerk des Luftfahrzeugs zur Auslenkung einer
Steuerfläche auf diese ausgeübte Kraft.

1093 **Control, fuel ~ unit,**
cf./vgl. S.-No./lfd. Nr. 1809
1094 **Control lag (A/c)**
A time lapse occuring between the movement of a control and the response or effect
which the movement brings about, as between the movement of a cockpit control in
an aircraft and the responsive movement of
the aircraft.
(NASA S.0355)

Steuerverzug (Lfz)
Die zwischen einer Ruderbetätigung und der
damit erzielten Reaktion oder Wirkung liegende Zeitspanne, wie z. B. zwischen der Betätigung der Steuerung im Führerraum eines
Luftfahrzeugs und der daraufhin erfolgenden
Bewegung des Luftfahrzeugs.

1095 **Control, lateral ~,**
cf./vgl. S.-No./lfd. Nr. 2381, 2382
1096 **Control lock (A/c)**
A securing device to prevent movement of a
control or control surface.
(NASA S.0359)

Ruderverriegelung (Lfz)
Eine Sicherungsvorrichtung, die eine Bewegung der Steuerung oder einer Steuerfläche
verhindert.

1097 **Control, mixture ~,**
cf./vgl. S.-No./lfd. Nr. 2732
1098 **Control office, approach ~,**
cf./vgl. S.-No./lfd. Nr. 403
1099 **Control, operational ~,**
cf./vgl. S.-No./lfd. Nr. 2913, 2914
1100 **Control, pitch ~,**
cf./vgl. S.-No./lfd. Nr. 3071
1101 **Control, polar ~,**
cf./vgl. S.-No./lfd. Nr. 3141
1102 **Control, power-assisted ~ (system),**
cf./vgl. S.-No./lfd. No.3164

1103 **Control, power-operated ~,**
cf./vgl. S.-No./lfd. Nr. 3184
1104 **Control, proportional ~,**
cf./vgl. S.-No./lfd. Nr. 3297
1105 **Control, radar ~,**
cf./vgl. S.-No./lfd. Nr. 3340, 3341
1106 **Control radar, approach ~,**
cf./vgl. S.-No./lfd. Nr. 404
1107 **Control, reversal of ~,**
cf./vgl. S.-No./lfd. Nr. 3539
1108 **Control service, aerodrome ~,**
cf./vgl. S.-No./lfd. Nr. 55, 56
1109 **Control service, air traffic ~,**
cf./vgl. S.-No./lfd. Nr. 266, 267
1110 **Control service, approach ~,**
cf./vgl. S.-No./lfd. Nr. 405, 406
1111 **Control service, area ~,**
cf./vgl. S.-No./lfd. Nr. 447, 448
1112 **Control stick (A/c)**
A lever for controlling the movements of an aircraft in flight. On a fixed-wing airplane, the control stick operates the elevators by a back-and-forth movement and the ailerons by a side-to-side movement; on a helicopter, the control stick operates the rotor so as to obtain rotor thrust in a chosen direction. (NASA S.0364)

Steuerknüppel; Steuersäule (Lfz)
Hebel zur Steuerung der Bewegungen eines Luftfahrzeugs im Flug. In einem Starrflügler werden die Höhenruder durch Vor- und Rückwärtsbewegen des Steuerknüppels und die Querruder durch seitliche Bewegungen betätigt; bei einem Drehflügler wird der Rotor durch den Steuerknüppel so verstellt, daß ein Schub des Rotors in der gewählten Richtung erzielt wird.

1113 **Control surface (A/c)**
An aerofoil or part thereof which moves to produce changes in the forces and/or moments acting on an aircraft in order to control it.
(BS 185: Sect. 5: No. 5316)

Steuerfläche; Ruder (Lfz)
Ein Tragflügel oder Teil desselben, der sich bewegt, um Änderungen der an einem Luftfahrzeug wirksamen Kräfte und/oder Momente zu bewirken und es zu steuern.

1114 **Control system, flight ~,**
cf./vgl. S.-No./lfd. Nr. 1676
1115 **Control system, irreversible ~,**
cf./vgl. S.-No./lfd. Nr. 2296
1116 **Control system, power-assisted ~,**
cf./vgl. S.-No./lfd. Nr. 3164
1117 **Control system, powered ~,**
cf./vgl. S.-No./lfd. Nr. 3184
1118 **Control tower, aerodrome ~,**
cf./vgl. S.-No./lfd. Nr. 57
1119 **Control unit, fuel ~,**
cf./vgl. S.-No./lfd. Nr. 1809
1120 **Control valve, differential- ~,**
cf./vgl. S.-No./lfd. Nr. 1304
1121 **Control valve, idling ~,**
cf./vgl. S.-No./lfd. Nr. 2130
1122 **Control valve, oil ~,**
cf./vgl. S.-No./lfd. Nr. 2882
1123 **Control, variable-datum boost ~,**
cf./vgl. S.-No./lfd. Nr. 4593
1124 **Control zone (ATC)**
A controlled airspace extending upwards from the surface of the earth to a specified upper limit.
(ICAO, Annex 2, 5th Ed., Annex 4, 5th Ed., Annex 11, 5th Ed.)

Kontrollzone (FS)
Ein kontrollierter Luftraum, der sich von der Erdoberfläche nach oben bis zu einer festgelegten oberen Grenze erstreckt.

1125 **Control zone (ATC)**
A controlled airspace extending from the surface of the Earth to a specified height.
(BS 185: Sect. 13: No. 13 216)

Kontrollzone (FS)
Kontrollierter Luftraum, der sich von der Erdoberfläche bis zu einer festgelegten Höhe erstreckt.

1126 **Controllable-pitch propeller**
A propeller, the blades of which can be changed to certain predetermined pitch settings when rotating.
(BS 185: Sect. 9: No. 9135)

(Zwei-, bzw. Mehrstellungs-)Verstellpropeller
Ein Propeller, dessen Blätter im Fluge auf bestimmte vorgegebene Anstellwinkel verstellt werden können.

1127 **Controlled aerodrome (ATC)**
An aerodrome at which air traffic control service is provided to aerodrome traffic.
Note. – The term "**controlled aerodrome**" indicates that air traffic control service is pro-

Flugplatz mit Verkehrskontrolle (FS)
Ein Flugplatz mit Flugverkehrskontrolldienst für den Flugplatzverkehr.
Anmerkung: Die Bezeichnung „**Flugplatz mit Verkehrskontrolle**" besagt, daß Flugverkehrs-

vided to aerodrome traffic but does not necessarily imply that a control zone exists, since a control zone is required at aerodromes where air traffic control service will be provided to IFR flights, but not at aerodromes where it will be provided only to VFR flights.
(ICAO, Annex 2, 5th Ed., Annex 11, 5th Ed.)

1128 Controlled airspace (ATC)
An airspace of defined dimensions within which air traffic control service is provided to controlled flights.
(ICAO, Annex 2, 5th Ed., Annex 4, 5th Ed., Annex 11, 5th Ed.)

1129 Controlled airspace (ATC)
An airspace of defined dimensions within which air-traffic control service is mandatory for aircraft flying in accordance with IFR.
(BS 185: Sect. 13: No. 13 217)

1130 Controlled flight (ATC)
Any flight which is provided with air traffic control service.
(ICAO, Annex 2, 5th Ed., Annex 11, 5th Ed.)

1131 Controlled tab (A/c)
A balance tab controllable in flight.
(BS 185: Sect. 5: No. 5357)

1132 Controller, final ~,
cf./vgl. S.-No./lfd. Nr. 1617

1133 Controller, precision ~,
cf./vgl. S.-No./lfd. Nr. 3193

1134 Controller, pressure~,
cf./vgl. S.-No./lfd. Nr. 3208

1135 Controller, radar ~,
cf./vgl. S.-No./lfd. Nr. 3342, 3343

1136 Controller, runway ~,
cf./vgl. S.-No./lfd. Nr. 3660

1137 Controller, surveillance ~,
cf./vgl. S.-No./lfd. Nr. 4165

1138 Controllers (A/c)
cf./vgl. **Elevons,** S.-No./lfd. Nr. 1461

1139 Controls, canard ~,
cf./vgl. S.-No./lfd. Nr. 837

1140 Controls, flying ~,
cf./vgl. S.-No./lfd. Nr. 1750

1141 Controls, irreversible ~,
cf./vgl. S.-No./lfd. Nr. 2295

1142 Convection (Met)
The process of transfer of heat and mass by vertical motion in the atmosphere.
(BS 185: Sect. 15: No. 15 108)

1143 Convection clouds (Met),
cf./vgl. **Heap clouds,** S.-No./lfd. Nr. 2001

1144 Convectional turbulence (Met)
Atmospheric turbulence predominantly associated with varying vertical air currents caused by heating of the atmosphere adjacent to the Earth's surface.
(BS 185: Sect. 15: No. 15 203)

1145 Convergency (Nav)
The difference between the angles at which a great circle between two places cuts the meridians at the two places.
(BS 185: Sect. 11: No. 11 302)

1146 Conversion angle (Nav)
The angular difference at a point between the great circle bearing and the rhumb line bearing of another point.
(BS 185: Sect. 11: No. 11 303)

1147 Convertor (El)
A rotary machine, or combination of machines, for the conversion of alternating into direct current.
(BS 185: Sect. 10: No. 10 208)

kontrolldienst für den Flugplatzverkehr besteht, schließt aber nicht notwendigerweise ein, daß eine Kontrollzone vorhanden ist. Eine Kontrollzone ist nur für Flugplätze erforderlich, auf denen Flugverkehrskontrolldienst für IFR-Flüge durchgeführt wird, nicht jedoch für Flugplätze, auf denen dieser Dienst nur für VFR-Flüge zur Verfügung steht.

Kontrollierter Luftraum (FS)
Ein Luftraum von festgelegten Ausmaßen, in welchem Flugverkehrskontrolldienst für kontrollierte Flüge durchgeführt wird.

Kontrollierter Luftraum (FS)
Ein Luftraum von festgelegten Ausmaßen, in dem Flugverkehrskontrolldienst für Luftfahrzeuge, die nach Instrumentenflugregeln fliegen, zwingend vorgeschrieben ist.

Kontrollierter Flug (FS)
Jeder Flug, für den Flugverkehrskontrolldienst ausgeübt wird.

Gesteuertes Hilfsruder (Lfz)
Ausgleichsruder, das im Fluge verstellt werden kann.

Konvektion (Met)
Der Vorgang des Transportes von Wärme und Masse durch vertikale Bewegungen in der Atmosphäre.

Konvektive Turbulenz (Met)
Luftturbulenz, die vorwiegend in Verbindung mit unterschiedlichen Vertikalluftströmungen auftritt und durch Erwärmung der an die Erdoberfläche angrenzenden Atmosphäre entsteht.

Konvergenz (Nav)
Unterschied zwischen den Winkeln, unter denen ein Großkreis zwischen zwei Orten die Meridiane an diesen zwei Orten schneidet.

Umrechnungswinkel (Nav)
Die an einem Punkt gemessene Winkelabweichung zwischen der Großkreispeilung und der Loxodrompeilung eines anderen Punktes.

Gleichstromumformer; Umformer (El)
Eine rotierende Maschine oder eine Kombination von Maschinen zur Umwandlung von Wechselstrom in Gleichstrom.

1148 Coolant (Eng)
The liquid used for cooling the engine.
(BS 185: Part 2: No. 8382)

1149 Cooling drag (Aerodyn)
Drag associated with the cooling of the power plant.
(BS 185: Sect. 4: No. 4124)

1150 Cooling, ducted ~,
cf./vgl. S.-No./lfd. Nr. 1402

1151 Cooling, evaporative ~,
cf./vgl. S.-No./lfd. Nr. 1537

1152 Co-Pilot (Aero)
A licensed pilot serving in any piloting capacity other than as pilot-in-command but excluding a pilot who is on board the aircraft for the sole purpose of receiving flight instruction.
(ICAO, Annex 1, 5th Ed.)

1153 Co-pilot (Aero)
A pilot, responsible for assisting the first pilot to fly the aircraft.
(BS 185: Sect. 16: No. 16 105)

1154 Copilot (AT)
On certain aircraft, a fellow pilot who assists the regular pilot (the regular pilot being usually called the "pilot" or the "first pilot") in his duties and sometimes flies the aircraft.
(NASA S.0369)

1155 Cord, axial ~,
cf./vgl. S.-No./lfd. Nr. 537

1156 Cord, rip ~,
cf./vgl. S.-No./lfd. Nr. 3588, 3589

1157 Cord, trailing edge ~,
cf./vgl. S.-No./lfd. Nr. 4426

1158 Core (A/c)
The material between the skins of a sandwich. It stabilizes the skins and may carry direct load.
(BS 185: Sect. 3: No. 3216)

1159 Coriolis effect (Nav)
The displacement of the apparent horizon as defined by the bubble in a sextant, caused by the interaction of the Earth's angular velocity and the angular velocity of the aircraft around the Earth's axis.
(BS 185: Sect. 11: No. 11203)

1160 Correction, Q-~,
cf./vgl. S.-No./lfd Nr. 3322

1161 Countdown (Miss)
The step-by-step process leading to initiation of missile testing.launching and firing. It is performed in accordance with a pre-designated time schedule.
(AAP-6)

1162 Counter-rotating propellers,
cf./vgl. **Contra-rotating propellers,** S.-No./lfd. Nr. 1065

1163 Counting accelerometer (Instr)
An accelerometer recording the number of times the acceleration has exceeded any or all of a number of predetermined values. Usually also records airspeeds and/or altitude at pre-set intervals.
(BS 185: Sect. 5: No. 5545)

1164 Coupled-engine power unit (Eng)
A power unit containing engines coupled together to drive a common shaft.
(BS 185: Sect. 8: No. 8213)

1165 Coupled flutter (Struct),
cf./vgl. **Classical flutter,** S.-No./lfd. Nr. 943

Kühlmittel (Flmot)
Die zum Kühlen eines Flugmotors verwendete Flüssigkeit.

Kühlwiderstand (Aerodyn)
Widerstand, der mit der Kühlung der Triebwerksanlage zusammenhängt.

Zweiter Pilot; Zweiter Luftfahrzeugführer (Aero)
Ein Inhaber eines Luftfahrscheines für Luftfahrzeugführer, der Tätigkeiten eines Luftfahrzeugführers, mit Ausnahme der des (Luftfahrzeug-)Kommandanten ausübt; ausgenommen sind Luftfahrzeugführer, die sich ausschließlich zu ihrer Flugschulung an Bord befinden.

Zweiter Luftfahrzeugführer (Aero)
Ein Luftfahrzeugführer, der für die Unterstützung des Ersten Luftfahrzeugführers beim Fliegen des Luftfahrzeugs verantwortlich ist.

Co-Pilot; Zweiter Luftfahrzeugführer (LVerk)
Ein in bestimmten Luftfahrzeugen eingesetzter weiterer Pilot, der den regulären Luftfahrzeugführer (der meist als der „Pilot" oder „Erster Luftfahrzeugführer" bezeichnet wird) in seinen Funktionen unterstützt und fallweise das Luftfahrzeug selbst fliegt.

Kern (Lfz)
Material zwischen den Schichten einer Sandwichplatte. Es verleiht den Schichten Festigkeit und kann unmittelbare Belastungen aufnehmen.

Coriolis-Effekt (Nav)
Auswanderung des durch die Luftblase in einem Sextanten gekennzeichneten künstlichen Horizonts infolge der Wechselwirkung zwischen der Winkelgeschwindigkeit der Erde und derjenigen des Luftfahrzeugs um die Erdachse.

Nullzählen (FK)
Verfahren, das vor der Erprobung, dem Start oder dem Abschuß von Flugkörpern zur schrittweisen Einleitung dieser Maßnahmen führt; wird nach einem im voraus genau festgelegten Zeitplan durchgeführt.

Beschleunigungszähler (Instr)
Beschleunigungsmesser, der registriert, wie oft die Beschleunigung einen oder alle einer Anzahl von bestimmten Werten überschritten hat. Normalerweise werden auch Fluggeschwindigkeit und bzw. oder Flughöhe in festgesetzten Zeitabständen registriert.

Gekuppeltes Triebwerk (Flmot)
Ein aus mehreren Kraftmaschinen bestehendes Triebwerk, wobei die Motore gekuppelt sind und eine gemeinsame Welle antreiben.

1166 **Couplings, ground test** ~,
cf./vgl. S.-No./lfd. Nr. 1929
1167 **Course (Nav)**
cf./vgl. **Heading,** S.-No./lfd. Nr. 1998, 1999
1168 **Course, collision** ~,
cf./vgl. S.-No./lfd. Nr. 983
1169 **Course line (ILS: ATC)**
The locus of points nearest to the runway
centre line in any horizontal plane at which
the DDM is zero.
(ICAO, Annex 10, Volume I, 1st Ed.)
1170 **Course, magnetic** ~,
cf./vgl. S.-No./lfd. Nr. 2587
1171 **Course sector (ILS: ATC)**
A sector, in any horizontal plane, containing
the course line and limited by the loci of
points at which the DDM is 0,155.
(ICAO, Annex 10, Volume I, 1st Ed.)
1172 **Course, speed** ~,
cf./vgl. S.-No./lfd. Nr. 3899
1173 **Course, true** ~,
cf./vgl. S.-No./lfd. Nr. 4466
1174 **Cowling (Eng)**
A cover surrounding the whole or part of a
power unit when installed in an aircraft.
(BS 185: Sect. 8: No. 8206)
1175 **Cowling, non-pressure** ~,
cf./vgl. S.-No./lfd. Nr. 2828
1176 **Cowling, pressure** ~,
cf./vgl. S.-No./lfd. Nr. 3209
1177 **Cowling, ring** ~,
cf./vgl. S.-No./lfd. Nr. 3579
1178 **Cowling, sealed** ~,
cf./vgl. S.-No./lfd. Nr. 3696
1179 **Cowling, unsealed** ~,
cf./vgl. S.-No./lfd. Nr. 4549
1180 **Crab, angle of** ~,
cf./vgl. S.-No./lfd. Nr. 358
1181 **Crabpot valve (A/c 1)**
A special type of fabric sleeve the operation
of which is controlled by a hand-line.
(BS 185: Sect. 7: No. 7289)
1182 **Crankcase sump (Eng)**
That portion of the engine in which lubricat-
ing oil is collected and led to the oil pumping
system.
(BS 185: Part 2: No. 8336)
1183 **Crew (Aero),**
cf./vgl. **Aircrew,** S.-No./lfd. Nr. 188
1184 **Crew, cabin** ~,
cf./vgl. S.-No./lfd. Nr. 816
1185 **Crew, commercial** ~,
cf./vgl. S.-No./lfd. Nr. 992
1186 **Crew, flight** ~,
cf./vgl. S.-No./lfd. Nr. 1677
1187 **Crew member (Aero)**
A person assigned by an operator to duty on
an aircraft during flight time.
(ICAO, Annex 6, 6th Ed., Annex 9, 5th Ed.,
Annex 12, 4th Ed.)
1188 **Crew member, flight** ~,
cf./vgl. S.-No./lfd. Nr. 1678
1189 **Crew, operating** ~,
cf./vgl. S.-No./lfd. Nr. 2909
1190 **Crimped joint (El)**
An effectively permanent mechanical joint in
which a ferrule or lug is clamped by simple
pressure onto a cable core.
1191 **Critical altitude (A/c, Miss)**
The altitude beyond which an aircraft or air-
breathing guided missile ceases to perform
satisfactorily.
(AAP-6)

Kurslinie (ILS: FS)
Der in einer beliebigen Horizontalebene gebildete geometrische Ort aller der Pistenmittellinie am nächsten liegenden Punkte mit dem
DDM-Wert Null.

Kurssektor (ILS: FS)
Ein Sektor in einer beliebigen Horizontalebene, der die Kurslinie enthält und durch den
geometrischen Ort aller Punkte mit DDM-Wert
0,155 begrenzt ist.

Motorhaube: Triebwerkverkleidung (Flmot)
Die Verkleidung eines Teils oder des ganzen in
ein Luftfahrzeug eingebauten Triebwerkes.

Crabpot-Ventil (Lfz 1)
Spezieller Typ von Stoffventil, das von einem
Handseil betätigt wird.

Ölsumpf (Flmot)
Der Teil des Motorgehäuses, in dem das
Schmieröl aufgefangen und zur Ölpumpe ge-
leitet wird.

Besatzungsmitglied (Aero)
Eine Person, die vom (Luftfahrzeug-)Halter bestimmt ist, während der Flugzeit Aufgaben in
einem Luftfahrzeug zu erfüllen.

Gepreßter Kontakt (El)
Eine dauerhafte mechanische Verbindung, bei
der eine Zwinge oder ein Kabelschuh durch
einfachen Druck an eine Kabelader ange-
klemmt ist.
Kritische Höhe (Lfz, FK)
Die Höhe, über der ein Luftfahrzeug oder ein
luftabhängiger Lenkflugkörper nicht mehr
ordnungsgemäß funktioniert.

1192 **Critical closing speed (Para)**
The speed, during acceleration, at which a normally inflated parachute will collapse into the squid form.
(BS 185: Sect. 12: No. 12 110)

1193 **Critical height (Eng)**
The maximum altitude at which a specified manifold pressure can be maintained without ram at a specified engine speed.
(BS 185: Sect. 8: No. 8302)

1194 **Critical opening speed (Para)**
The speed, during retardation, at which a parachute in squid form becomes normally inflated.
(BS 185: Sect. 12: No. 12 111)

1195 **Critical point (Nav)**
The point during a flight, from which it takes the same consumption of fuel to proceed to the destination as to return to the point of departure.
(BS 185: Sect. 11: No. 11 108)

1196 **Critical power unit(s) (Eng)**
The power unit(s) failure of which gives the most adverse effect on the aeroplane characteristics relative to the case under consideration.
(ICAO, Annex 8, 5th Ed.)

1197 **Crossbar (GS)**
A line of lights forming part of an approach light system being at right angles to, and symmetrically disposed about, the line of lights forming the centre-line of the system.
(BS 185: Sect. 13: No.13 350)

1198 **Cross-over attachment (A/c 1)**
A circular drum or pulley fitted to the metallic vee of a balloon rigging to carry the main flying cable, while relieving the load on the cable clamps or splice.
(BS 185: Sect. 7: No. 7254)

1199 **Cross seam (Para)**
The seam joining two adjacent panels in a gore.
(BS 185: Sect. 12: No. 12 178)

1200 **Cross-wind axis (Aerodyn)**
The straight line through the centre of gravity perpendicular to the lift and drag axes. The positive direction is to port.
(BS 185: Sect. 4: No. 4119)

1201 **Cross-wind force (Aerodyn)**
The component of the total aerodynamic force in the direction of the cross-wind axis.
(BS 185: Sect. 4: No. 4139)

1202 **Crown (Para)**
The upper portion of the canopy.
(BS 185: Sect. 12: No. 12 112)

1203 **Cruciform girder (A/c 1)**
A cruciform structure with its arms vertical and horizontal, taking the forces from the rudder and elevator pintles and supporting the stabilizing fins.
(BS 185: Sect. 7: No. 7230)

1204 **Cruise control (Flt OPS)**
The act or practice of operating an aircraft so as to achieve the most efficient performance on a given flight under the available conditions.
(NASA S.0393)

1205 **Cruise control (Flt OPS)**
The method of operating an aircraft to produce optimum fuel economy with regard to time or distance, or both.
(BS 185: Sect. 13: No. 13 111)

Untere kritische Geschwindigkeit (Fallsch)
Diejenige Geschwindigkeit, bei welcher ein normalerweise voll gefüllter Fallschirm im beschleunigten Fall in die Birnenform zusammenfällt.

Kritische Höhe; Volldruckhöhe (Flmot)
Die größte Höhe, in der ein vorgeschriebener Ladedruck ohne eine Mitwirkung des Flugstaudrucks bei einer gegebenen Drehzahl aufrechterhalten wird.

Kritische Entfaltungsgeschwindigkeit (Fallsch)
Diejenige Geschwindigkeit, bei welcher sich ein halb gefüllter Fallschirm im verzögerten Fall normalerweise voll entfaltet.

Umkehrgrenzpunkt (Nav)
Derjenige Punkt auf einer Flugstrecke, von dem aus man die gleiche Kraftstoffmenge verbraucht, zum Ziel weiterzufliegen wie zum Ausgangspunkt zurückzukehren.

Kritische Triebwerkeinheit(en) (Flmot)
Die Triebwerkeinheit(en), deren Ausfall die Eigenschaften des Flugzeuges im betrachteten Fall am ungünstigsten beeinflußt.

Querbalken (Bod)
Eine Linie von Feuern, die Teil der Anflugbefeuerung sind und rechtwinkelig zu den die Mittellinie der Befeuerungsanlage bildenden Feuern verlaufen und symmetrisch zu dieser Linie angeordnet sind.

Haltekabelrolle (Lfz 1)
Trommel oder Umlenkrolle, die an dem Haltepunkt des Leinenwerks befestigt ist und das Haltekabel trägt und dabei die Kabelspleissung oder die Kabelklampen entlastet.

Quernaht (Fallsch)
Naht zwischen zwei aneinander grenzenden Feldern einer Fallschirmbahn.

Querkraftachse (Aerodyn)
Gerade durch den Schwerpunkt senkrecht zur Auftriebs- und Widerstandsachse. Positive Richtung backbord.

Querkraft (Aerodyn)
Komponente der aerodynamischen Gesamtkraft in Richtung der Querkraftachse.

Krone (Fallsch)
Der obere Teil einer Fallschirmkappe.

Kreuzträger (Lfz 1)
Kreuzförmige Konstruktion mit vertikalen und horizontalen Armen, die die Kräfte von den Protzösen am Seitenruder und Höhenruder aufnimmt und die Stabilisierungsfläche trägt.

Reiseflugkontrolle; Leistungsanpassung an die Reisegeschwindigkeit (Flbetr)
Tätigkeiten oder Betriebspraxis, um bei einem Luftfahrzeug die bestmögliche Leistung bei einem Flug unter den vorherrschenden Bedingungen zu erzielen.

Reiseflugregelung (Flbetr)
Planmäßiges Verfahren, ein Luftfahrzeug so zu fliegen, daß ein optimaler Kraftstoffverbrauch im Verhältnis zu Zeit oder bzw. und Entfernung erzielt wird.

1206 Cruising ceiling (A/c)
The greatest height at which the cruising threshold can be maintained exceeding maximum weak-mixture cruising power.
(BS 185: Part 1: No. 4315)

1207 Cruising level (ATC)
A level maintained during a significant portion of a flight.
Note. – (abridged) In air-ground communications a level will be expressed in terms of "altitude", "height" or a "flight level" depending upon the reference datum and the altimeter setting in use in a particular area.
(ICAO, Annex 2, 5th Ed., Annex 11, 5th Ed.)

1208 Cruising threshold (A/c)
The equivalent airspeed giving the lowest acceptable continuous cruising speed.
(BS 185: Sect. 4: No. 4303)

1209 Culture (Aero)
All features constructed on the surface of the earth by man, such as cities, railways, canals, etc.
(ICAO, Annex 4, 5th Ed.)

1210 Cumulonimbus (Met)
Heavy masses of cloud with great vertical development, the upper parts having a fibrous texture and often spreading out in the shape of an anvil. Associated with violent vertical currents and thundery conditions.
(BS 185: Sect. 15: No. 15 407)

1211 Cumulonimbus turbulence (Met)
Intense convectional turbulence within or near cumulonimbus cloud.
(BS 185: Sect. 15: No. 15 204)

1212 Cumulus (Met)
Thick clouds with vertical development. The upper surface is dome-shaped and exhibits protuberances, while the base is nearly horizontal.
(BS 185: Sect. 15: No. 15 408)

1213 Current flight plan (ATC)
The flight plan, including changes, if any, brought about by subsequent clearances.
(ICAO, Annex 2, 5th Ed.)

1214 Curve of equal bearing (Nav)
The curve joining all points on the Earth's surface from which the great circle bearings of a given point are the same.
(BS 185: Sect. 11: No. 11 109)

1215 Customs-free airport (AT)
Any international airport at which, provided they remain within the designated boundaries of the airport until removal by air to a point outside the territory of the State, crew, passengers, baggage, cargo, mail and stores may be disembarked or unladen, may remain and may be transshipped, without being subjected to customs charges or duties, but where customs examination may be carried out in special circumstances.
(ICAO, Annex 9)

1216 Customs-free trade zone (AT)
An area where goods, merchandise or baggage may be deposited, stored, packed, processed or sold, and from which they may be removed to a point outside the territory of the State without being subjected to customs charges or duties, but where customs examination may be carried out in special circumstances.
(ICAO, Annex 9)

1217 Cut-off, fuel~,
cf./vgl. S.-No./lfd. Nr. 1810

Reiseflug-Gipfelhöhe (Lfz)
Größte Höhe, in der die sichere Reisegeschwindigkeit ohne Überschreiten der höchsten Reisesparleistung gehalten werden kann.

Reiseflughöhe; Reiseflugfläche (FS)
Eine Höhe, die während eines wesentlichen Teiles eines Fluges beibehalten wird.
Anmerkung (gekürzt): Im Flugfunkverkehr wird eine Reiseflughöhe als Höhe über Meer, Höhe oder Flugfläche angegeben, je nach Bezugswert und der in einem bestimmten Gebiet benutzten Höhenmessereinstellung.

Sichere Reisegeschwindigkeit (Lfz)
Äquivalente Fluggeschwindigkeit, die die niedrigste, bequem fliegbare Reisegeschwindigkeit ergibt.

Bebauung (Aero)
Alle von Menschenhand auf der Erdoberfläche errichteten Anlagen, wie Städte, Eisenbahnen, Kanäle usw.

Kumulonimbus (Met)
Schwere Wolkenmassen mit kräftiger Vertikalentwicklung, deren obere Teile faserig sind und sich häufig in Form eines Ambosses ausbreiten. Sie sind gewittriger Art und von heftigen Aufwinden begleitet.

Kumulonimbus-Turbulenz (Met)
Konvektive Turbulenz heftiger Art in oder in der Nähe von Kumulonimbuswolken.

Kumulus (Met)
Dicke Wolken mit vertikaler Entwicklung; ihre Oberseite ist kuppelförmig mit kräftigen Auswüchsen, die Unterseite ist nahezu eben.

Geltender Flugplan (FS)
Der Flugplan, der etwaige, durch nachträgliche Freigaben bewirkte Änderungen einschließt.

Linie gleicher Peilung (Nav)
Die Linie, die alle diejenigen Punkte auf der Erdoberfläche verbindet, von welchen die Großkreispeilungen eines gegebenen Punktes gleich sind.

Zollfreier Flughafen; Freiflughäfen (LVerk)
Jeder internationale Flughafen, auf dem Besatzung, Fluggäste, Gepäck, Fracht, Post und Bordvorräte unter der Voraussetzung, daß sie bis zum Ausflug nach einem Ort außerhalb des Staatsgebietes innerhalb der im Flughafen festgesetzten Grenzen verbleiben, aussteigen oder ausgeladen werden können, an Bord bleiben oder umgeladen werden können, ohne zur Zahlung von Zollgebühren verpflichtet zu sein. Zolluntersuchungen können jedoch unter besonderen Umständen durchgeführt werden.

Freihandelszone (LVerk)
Ein Gebiet, in dem Güter, Handelswaren oder Gepäck in Verwahrung gegeben, gelagert, gepackt, behandelt oder verkauft werden können und von dem aus sie nach einem anderen Ort außerhalb des eigenen Staatsgebietes verbracht werden dürfen, ohne daß für sie Zollgebühren entrichtet werden müssen. Zolluntersuchungen können jedoch unter bestimmten Umständen durchgeführt werden.

1218 **Cut-off, slow-running** ~,
cf./vgl. S.-No./lfd. Nr. 3856
1219 **Cutoff** (Turbo, Miss)
The deliberate shutting off of a reaction engine.
(AAP-6)
1220 **Cutoff velocity** (Miss)
The velocity attained by a missile at the point of cutoff.
(AAP-6)
1221 **Cut-out valve, automatic** ~,
cf./vgl. S.-No./lfd. Nr. 508
1222 **Cycle, turnaround** ~,
cf./vgl. S.-No./lfd. Nr. 4516
1223 **Cyclic pitch control** (Rotor)
A control by which the blade pitch angle is varied sinusoidally with the blade azimuth position.
(BS 185: Sect. 5: No. 5735)
1224 **Cyclogyro** (Rotor)
A rotorcraft on which the rotor is similar in form to a paddle wheel, power-driven about a horizontal axis.
(BS 185: Sect. 5: No. 5704)
1225 **Cyclone** (Met), cf.
Tropical revolving storm, S.-No. 4459

Brennstopp (Turbo, FK)
Absichtliches Abstellen eines Rückstoßtriebwerks.

Brennstoppgeschwindigkeit (FK)
Die Geschwindigkeit, die ein Flugkörper im Zeitpunkt des Brennstopps erreicht hat.

Periodische Steigerungssteuerung (Drehfl)
Steuerung, bei der der Blattanstellwinkel sinusförmig mit dem Azimutwinkel des Blattes geändert wird.

Schaufelflügler; Radflügelflugzeug (Drehfl)
Drehflügler, dessen Rotor in seiner Form einem Schaufelrad ähnelt, der kraftgetrieben ist und sich um eine horizontale Achse dreht.

Zyklon (Met)
Vgl. **Tropischer Wirbelsturm**, lfd. Nr. 4459

D

1226 **D-value** (Instr)
The amount (positive or negative) by which the altitude (Z) of a point on an isobaric surface differs from the altitude (Zp) of the same isobaric surface in the ICAO standard atmosphere (i. e. D-value = Z–Zp).
(ICAO, Annex 3, 6th Ed.)
1227 **D-value** (Instr)
The difference between the heights indicated by a radio altimeter and a pressure altimeter set to the standard pressure value (1013.2 mb).
(BS 185: Sect. 5: No. 5514)
1228 **Damper, blade** ~,
cf./vgl. S. No./lfd. Nr. 693
1229 **Damper, flame** ~,
cf./vgl. S.-No./lfd. Nr. 1640
1230 **Damper, induction flame** ~,
cf./vgl. S.-No./lfd. Nr. 2191
1231 **Damper, shimmy** ~,
cf./vgl. S.-No./lfd. Nr. 3779
1232 **Damping factor** (Stab)
A measure of the rate of change of amplitude of an oscillation or of the rate of change of magnitude of a subsidence or a divergence; positive when decreasing, negative when increasing.
(BS 185: Part 1: No. 4201)
1233 **Damping, internal** ~,
cf./vgl. S.-No./lfd. Nr. 2276
1234 **Damping moment** (Aerodyn)
A moment dependent on the rate of displacement. When the damping is positive the moment tends to resist the motion.
(BS 185: Part 1: No. 4138)
1235 **Damping, structural** ~,
cf./vgl. S.-No./lfd. Nr. 4099

D-Wert (Instr)
Der (positive oder negative) Betrag, um den die Höhe über Meer (Z) eines Punktes einer Fläche gleichen Luftdruckes von der Höhe über Meer (Zp) derselben Fläche gleichen Luftdruckes in der ICAO-Normatmosphäre abweicht (d. h. D-Wert = Z–Zp).
D-Wert (Instr)
Differenzwert zwischen den Höhenanzeigen eines Flughöhenmessers und eines auf den Normalluftdruck von 1013,2 Millibar eingestellten barometrischen Höhenmessers.

Dämpfungsfaktor (Stab)
Maß für Amplitudenänderung einer Schwingung oder für das Abklingen einer Anfachung einer aperiodischen Bewegung; positiv für abklingende Bewegungen, negativ für angefachte Bewegungen.

Dämpfungsmoment (Aerodyn)
Moment, das vom Betrag der Auslenkung abhängt. Ein positives Dämpfungsmoment wirkt der Bewegung entgegen.

1236 Damping valve (Hydr)
A valve to prevent fluid oscillations.
(BS 185: Part 2: No. 10 116)

Dämpfungsventil (Hydr)
Ein Ventil, das dazu vorgesehen ist, Flüssigkeitsschwingungen in einer Hydraulikanlage zu dämpfen.

1237 Danger area (ATC)
An airspace of defined dimensions within which activities dangerous to the flight of aircraft may exist at specified times.
(ICAO, Annex 2, 5th Ed., Annex 4, 5th Ed.)

Gefahrengebiet (FS)
Ein Luftraum von festgelegten Ausmaßen, in dem zu bestimmten Zeiten Vorgänge stattfinden können, die für Luftfahrzeuge gefährlich sind.

1238 Datum level (Nav)
A horizontal plane to which elevations, heights, or depths on a map or chart are related.
(BS 185: Sect. 11: No. 11 304)

Bezugsebene; Bezugsfläche (Nav)
Horizontale Ebene, auf die die Höhen- oder Tiefenangaben einer Karte bezogen sind.

1239 Datum point (Nav)
Any reference point of known or assumed co-ordinates from which calculations or measurements may be taken.
(AAP-6)

Datumpunkt (Nav)
Punkt, dessen Koordinaten bekannt sind oder als bekannt angenommen werden, und von dem aus Berechnungen oder Messungen durchgeführt werden können.

1240 Datum point, CG ~,
cf./vgl. S.-No./lfd. Nr. 896

1241 Datum, reference ~,
cf./vgl. S.-No./lfd. Nr. 3477

1242 Daylight, artificial ~,
cf./vgl. S.-No./lfd. Nr. 475

1243 Dead reckoning (Nav)
Navigation based on speed, elapsed time and direction from a known position.
(BS 185: Sect. 11: No. 11 110)

Koppelnavigation
Navigation auf der Grundlage von Geschwindigkeit und der von einem bekannten Standort geflogenen Zeit und Richtung.

1244 Dead stick (A/c)
A propeller that has stopped rotating during flight, or a windmilling propeller.
(NASA S.0405)

Stehende Luftschraube; fahrtwindgetriebene Luftschraube (Lfz)
Luftschraube, die ihre Drehbewegung im Flug eingestellt hat oder im Fahrtwind mitläuft.

1245 Décalage (A/c)
The angle between the chord of the upper plane of a biplane and that of the lower plane in a section parallel to the plane of symmetry.
(BS 185: Sect. 5: No. 5208)

Schränkung (Lfz)
Winkel zwischen den Sehnen der oberen und unteren Tragfläche eines Doppeldeckers in einer Schnittebene parallel zur Symmetrieebene.

1246 Decision height (Flt OPS)
A specified height at which a missed approach must be initiated if the required visual reference to continue the approach to land has not been established.
Note 1 – Decision height may be referenced to datums such as MSL, the aerodrome elevation, the elevation of the threshold or the highest elevation within the first 900 m (3000 ft) of the runway, as specified by the Competent Authority.
Note 2 – The "required visual reference" means that section of the visual aids or of the approach area which should have been in view for sufficient time for the pilot to have made an assessment of the aircraft position and rate of change of position, in relation to the nominal flight path.
Note 3 – It is essential that the calculation of the decision height takes into account the OCL, the performance of the aircraft and of the approach and missed approach systems.
(ICAO, Doc 4444 RAC/501/8)

Entscheidungshöhe (Flbetr)
Eine festgelegte Höhe, in der ein Fehlanflug eingeleitet werden muß, falls die zur Fortsetzung des Landeanfluges erforderliche Erdsicht nicht aufgenommen worden ist.
Anmerkung 1: Die Entscheidungshöhe kann auf Bezugswerte wie mittlere Meereshöhe, die Flugplatzhöhe, die Höhe der Schwelle oder die höchste Höhe auf den ersten 900 m (3000 Fuß) der Piste bezogen werden, wie es die zuständige Behörde jeweils festgelegt hat.
Anmerkung 2: Mit „erforderliche Erdsicht" ist derjenige Teil der optischen Hilfen oder des Anflugsektors gemeint, der für den Luftfahrzeugführer so lange in Sicht gewesen sein sollte, daß er den Luftfahrzeugstandort und das Ausmaß der Standortänderung gegenüber dem Soll-Flugweg hat feststellen können.
Anmerkung 3: Es ist wesentlich, daß bei der Berechnung der Entscheidungshöhe die Hindernisfreigrenze, die Leistungseigenschaften des Luftfahrzeuges und die Anflug- und Fehlanflugsysteme berücksichtigt werden.

1247 Deck, angled ~,
cf./vgl. S.-No./lfd. Nr. 370

1248 Deck, axial ~,
cf./vgl. S.-No./lfd. Nr. 538

1249 Deck, flight ~,
cf./vgl. S.-No./lfd. Nr. 1679, 1680

1250 Deck landing mirror sight (A/c carrier)
A landing aid on an aircraft carrier incorporating a system of lights and a mirror, so stabilized as to indicate to the pilot the correct descent path on to the flight deck.
(BS 185: Sect. 13: No. 13 404)

Decklande-Spiegelvisier (Flzg-Träger)
Landehilfe auf einem Flugzeugträger, die eine Lichteranordnung und einen Spiegel umfaßt, die so stabilisiert sind, daß dem Luftfahrzeugführer der richtige Sinkflugweg auf das Flugdeck angezeigt wird.

1251 **Declination (Nav)**
The arc of a celestial meridian or corresponding angle at the centre of the Earth, intercepted between a celestial body and the celestial equator.
(BS 185: Sect. 11: No. 11 204)
1252 **Declination, magnetic** ~,
cf./vgl. S.-No./lfd. Nr. 2588
1253 **Decompression, explosive** ~,
cf./vgl. S.-No./lfd. Nr. 1552
1254 **Decompression sickness (Med)**
A syndrome including bends, chokes, neurological disturbances and collapse, resulting from exposure to reduced ambient pressure and caused by gas bubbles in the tissues, fluids and blood vessels.
(AAP-6)

1255 **Defuelling, pressure** ~,
cf./vg. S.-No./lfd. Nr. 3210
1256 **Degree of standardized test distortion (TEL)**
The degree of distortion of the restitution measured during a specific period of time when the modulation is perfect and corresponds to a specific text.
(ICAO, Annex 10, Volume I, 1st Ed.)
1257 **De-icer boot (A/c)**
A rubber strip on the leading edge of an airfoil, inflated with compressed air to break up ice which has formed.
(NASA S.0407)
1258 **De-icing (A/c)**
The protection of aircraft against icing by allowing ice to build up and causing it to be removed by mechanical, chemical or thermal means.
(BS 185: Sect. 15: No. 15 602)
1259 **Delayed drop (Para)**
A live parachute descent begun by a free fall, for a distance greater than that normally allowed for the opening parachute to clear the aircraft.
(BS 185: Sect. 12: No. 12 113)
1260 **Delayed opening (Para)**
The normal deployment of the parachute, or development of the canopy, delayed by an automatic device.
(BS 185: Sect. 12: No. 12 114)
1261 **Delivery ducts, compressor** ~,
cf./vgl. S.-No./lfd. Nr. 1024
1262 **Delivery pressure, maximum** ~,
cf./vgl. S.-No./lfd. Nr. 2656
1263 **Delivery pressure, zero** ~,
cf./vgl. S.-No./lfd. Nr. 4820
1264 **Delta-three angle (Rotor)**
The acute angle between the normal to the blade axis in plan view and the flapping-hinge axis.
(BS 185: Sect. 5: No. 5711)
1265 **Delta wing (A/c)**
A wing resembling a Greek capital delta in planform.
(BS 185: Sect. 5: No. 5225)
1266 **Delta wing (A/c)**
A wing shaped in planform substantially like the Greek letter delta, or like an isosceles triangle, the base forming the trailing edge.
(NASA S.0411)

Abweichung; Deklination (eines Gestirns) (Nav)
Die Bogenlänge auf einem Himmelsmeridian oder der entsprechende Winkel im Erdmittelpunkt zwischen der Standlinie eines Gestirns und dem Himmelsäquator.

Druckfallkrankheit (Flmed)
Ein durch Gefäßkrämpfe, Erstickungsanfälle, Störungen des Nervensystems und Kollaps gekennzeichneter Symptomenkomplex, der auftritt, wenn ein Organismus in eine Umgebung mit erheblich verringertem atmosphärischen Druck gebracht wird; wird durch das Eindringen von Gasbläschen in die Gewebe, die Körperflüssigkeiten und die Blutgefäße verursacht.

Verzerrungen, Verzerrungsgrad bei genormten Prüfbedingungen (Fernm)
Der Grad der Wiedergabeverzerrung eines bestimmten Prüftextes bei verzerrungsfreier Modulation, gemessen in einem bestimmten Zeitabschnitt.

Tragflügel-Enteisungsvorrichtung; Enteiserschlauch (Lfz)
Mit Preßluft aufblasbarer Gummistreifen auf der Tragflügelvorderkante zum Absprengen des Eisansatzes.
Enteisung (Lfz)
Schutz von Luftfahrzeugen gegen Vereisung indem das Ansetzen von Eis zugelassen wird, um es dann durch mechanische, chemische oder thermische Mittel zu entfernen.

Absprung mit verzögerter Öffnung (Fallsch)
Fallschirmabsprung, bei dem der Springer länger mit dem Öffnen wartet, als es normalerweise zum sicheren Freikommen vom Luftfahrzeug notwendig ist.

Verzögerte Öffnung (Fallsch)
Normaler Vorgang zum Entfalten oder Öffnen eines Fallschirms, der durch einen selbsttätigen Mechanismus verzögert wird.

Delta-drei-Winkel (Drehfl)
Spitzer Winkel zwischen der Senkrechten zur Blattachse im Grundriß und der Schlaggelenkachse.

Delta-Tragfläche (Lfz)
Eine Tragfläche, die in der Draufsicht dem großen griechischen Buchstaben Delta gleicht.

Delta-Tragfläche (Lfz)
Tragfläche, die in der Draufsicht im wesentlichen dem griechischen Buchstaben Delta oder einem gleichschenkeligen Dreieck gleicht, dessen Basis die Tragflächenhinterkante bildet.

1267 **Demand oxygen system** (Med, A/c)
An oxygen system in which oxygen or an oxygen/air mixture flows to the user during inspiration only.
(BS 185: Sect. 17: No. 17 131)

1268 **Density altitude** (Met)
The altitude in International Standard Atmosphere at which the density is equal to the given density.
(BS 185: Sect. 1: No. 1107)

1269 **Density height** (Met),
cf./vgl. **Density altitude**, S.-No./lfd. Nr. 1268

1270 **Density, vapour** ~,
cf./vgl. S.-No./lfd. Nr. 4590

1271 **Dep control** (A/c)
(After Armand Déperdussin (died 1924), French aviation pioneer). The control system for airplanes in which the elevators and ailerons are operated by a control column and the rudder is operated by foot pressure on pedals or on a pivoted bar.
(NASA S.0413)

1272 **Departure** (Nav)
The rhumb line distance made good in an East-West direction.
(BS 185: Sect. 11: No. 11 305)

1273 **Departure point** (Flt OPS)
A navigational check point used by aircraft as a marker for setting course.
(AAP-6)

1274 **Departure, PPI** ~,
cf./vgl. S.-No./lfd. Nr. 3186

1275 **Departure time** (Flt OPS)
The time at which an aircraft becomes airborne.
(BS 185: Part 1: No. 2205)

1276 **Deployment** (Para)
The withdrawal of the canopy and rigging lines from the pack.
(BS 185: Sect. 12: No. 12 115)

1277 **Deployment bag** (Para),
cf-/vgl. **Sleeve**, S.-No./lfd. Nr. 3842

1278 **Depression** (Met)
A region of relatively low barometric pressure. The winds circulate counter-clockwise round the centre in the northern and clockwise in the southern hemisphere.
(BS 185: Sect. 15: No. 15 511)

1279 **Depression, secondary** ~,
cf./vgl. S.-No./lfd. Nr. 3710

1280 **Depth of modulation, differences in** ~,
cf./vgl. S.-No./lfd. Nr. 1303

1281 **Derivatives, rotary** ~,
cr./vgl. S.-No./lfd. Nr. 3619

1282 **Derivatives, stability** ~,
cf./vgl. S.-No./lfd. Nr. 3961

1283 **Design gross weight** (Struct)
The design weight at which it is expected that an aircraft will meet the relevant specified airworthiness requirements.
(BS 185: Sect. 5: No. 5613)

1284 **Design landing weight** (A/c)
The maximum weight of the aeroplane at which for structural design purposes, it is assumed that it will be planned to land.
(ICAO, Annex 8, 5th Ed.)

1285 **Design maximum weight** (A/c)
The maximum aeroplane weight used in structural design for flight load condition.
(ICAO, Annex 8, 5th Ed.)

1286 **Design take-off weight** (A/c)
The maximum weight at which the aeroplane, for structural design purposes, is as-

Lungenautomatische Sauerstoffanlage (Flmed, Lfz)
Sauerstoffanlage, bei der Sauerstoff oder ein Sauerstoff-Luftgemisch dem Benutzer lediglich beim Einatmen zufließt.

Luftdichtenhöhe (Met)
Höhe nach der Internationalen Normatmosphäre, bei der die Luftdichte gleich einer gegebenen Dichte ist.

Knüppelsteuerung (Lfz)
(Nach dem 1924 verstorbenen französischen Luftfahrtpionier Armand Déperdussin benannt). Steuerwerk für Flugzeuge, bei dem Höhen- und Querruder über einen Steuerknüppel und das Seitenruder durch Fußdruck auf Pedale oder einen um einen Zapfen drehbaren Hebelarm betätigt werden.

Breitenentfernung; Abweitung (Nav)
Die in Ost-West-Richtung zurückgelegte loxodromische Distanz.

Abflugpunkt; Abflugort (Flbetr)
Navigatorischer Kontrollpunkt, von dem aus Luftfahrzeuge auf Kurs gehen.

Startzeit; Abflugzeit (Flbetr)
Zeitpunkt, in dem ein Luftfahrzeug vom Boden abhebt.

Entfaltung (Fallsch)
Das Herausziehen der Fallschirmkappe und der Fangleinen aus dem Fallschirmpack.

Tiefdruckgebiet; Tief; Depression (Met)
Ein Gebiet mit relativ niedrigem barometrischen Luftdruck. Auf der nördlichen Halbkugel zirkulieren die Winde im entgegengesetzten Uhrzeigersinn um den Tiefdruckkern, auf der südlichen Halbkugel im Uhrzeigersinn.

Bemessungsgrundmasse (Konstr)
Bemessungsmasse, bei der ein Luftfahrzeug bestimmten, einschlägigen Lufttüchtigkeitserfordernissen entsprechen soll.

Bemessungslandemasse (Lfz)
Die dem Festigkeitsnachweis für das Landen zugrunde gelegte größte Masse des Flugzeuges.

Bemessungshöchstmasse (Lfz)
Die dem Festigkeitsnachweis für Fluglastfälle zugrunde gelegte größte Masse des Flugzeuges.

Bemessungsstartmasse (Lfz)
Die dem Festigkeitsnachweis für den Beginn des Startlaufs zugrunde gelegte größte Masse

sumed to be planned to be at the start of the take-off run.
(ICAO, Annex 8, 5th Ed.)

1287 Design taxying weight (A/c)
The maximum weight of the aeroplane at which structural provision is made for load liable to occur during use of the aeroplane on the ground prior to the start of take-off.
(ICAO, Annex 8, 5th Ed.)

1288 Design wing area (A/c)
The area enclosed by the wing outline (including wing flaps in the retracted positions and ailerons, but excluding fillets or fairings) on a surface containing the wing chords. The outline is assumed to be extended through the nacelle and fuselage to the plane of symmetry in any reasonable manner.
(ICAO, Annex 8, 5th Ed.)

1289 Designated station (ATC)
The geographical position prescribed for an ocean station.
(ICAO, Doc 6926–An/856/4)

1290 Despatcher (Para)
A person who supervises the exit of stores from an aircraft in flight.
(BS 185: Sect. 12: No. 12 119)

1291 DETRESFA (ATC)
The code word used to designate a distress phase.
(ICAO, Annex 11, 5th Ed.)

1292 Development (Para)
The inflation of the parachute after deployment.
(BS 185: Part 3: No. 12 119)

1293 Deviation, compass ~,
cf./vgl. S.-No./lfd. Nr. 1001

1294 Dew point (Met)
The temperature to which humid air must be cooled without change of pressure or humidity mixing ratio for it to become saturated with respect to liquid water.
(BS 185: Sect. 15: No. 15 109)

1295 Diameter (Prop)
The diameter of the circle described by the tips of the blades.
(BS 185: Sect. 9: No. 9112)

1296 Diameter, flat ~,
cf./vgl. S.-No./lfd. Nr. 1666

1297 Diameter, maximum inflated ~,
cf./vgl. S.-No./lfd. Nr. 2660

1298 Diameter, mouth ~,
cf./vgl. S.-No./lfd. Nr. 2774

1299 Diameter, semi- ~,
cf./vgl. S.-No./lfd. Nr. 3728

1300 Diaphragm (A/c 1)
A fabric partition within a lighter-than-air aircraft, which may be gastight to provide separate compartments (e. g. **Ballonet diaphragm**) or non-gastight to maintain shape (e. g., **Stabilizer diaphragm**).
(BS 185: Sect. 7: No. 7213)

1301 Diaphragm, ballonnet ~,
cf./vgl. S.-No./lfd. Nr. 586

1302 Diaphragm, stabilizer ~,
cf./vgl. S.-No./lfd. Nr. 3971

1303 Differences in depth of modulation (TEL)
The percentage modulation depth of the larger signal minus the percentage modulation depth of the smaller signal, divided by 100.
(ICAO, Annex 10, Volume I, 1st Ed.)

des Flugzeuges.

Bemessungsrollmasse (Lfz)
Die dem Festigkeitsnachweis für Belastungen, die vor dem Startbeginn bei Bewegungen am Boden auftreten können, zugrunde gelegte größte Masse des Flugzeuges.

Bemessungsflügelfläche; Bezugsflügelfläche (Lfz)
Die vom Flügelumriß (einschließlich Flügelklappen in eingefahrener Stellung und Querruder, jedoch ohne Ausrundungen und Verkleidungsübergänge) begrenzte Fläche, projiziert auf eine die Flügelsehnen enthaltende Fläche. Der Umriß wird in sinnvoller Weise als durch Gondeln und Rumpf bis zur Symmetrieebene durchlaufend angenommen.

Festgelegter Mittelpunkt (FS)
Der für eine Ozeanstation vorgeschriebene geographische Standort.

Absetzer (Fallsch)
Besatzungsmitglied, das den Abwurf von Lasten aus einem im Fluge befindlichen Luftfahrzeug überwacht.

DETRESFA (FS)
Das Kennwort für Alarmstufe 3 (Notstufe).

Füllung (Fallsch)
Vorgang des Öffnens des Fallschirms nach der Entfaltung.

Taupunkt (Met)
Diejenige Temperatur, auf die feuchte Luft ohne Änderung ihres Drucks oder Feuchtigkeitsgehalts abgekühlt werden muß, damit sie in bezug auf Wasser in flüssigem Zustand saturiert wird.

Luftschraubendurchmesser (Prop)
Der Durchmesser des Kreises, den die Spitzen der Blätter einer Luftschraube beschreiben.

Zwischenwand (Lfz 1)
Stofftrennwand innerhalb eines Luftfahrzeugs leichter als Luft, die gasdicht sein kann, um einzelne Abteilungen zu schaffen (z. B. **Ballonet-Zwischenwände**) oder gasdurchlässig zur Aufrechterhaltung der Form sein kann (z. B. **Stabilisierungskörper-Zwischenwände**).

Differenz der Modulationsgrade (Fernm)
Der prozentuale Modulationsgrad des stärkeren Signals abzüglich des prozentualen Modulationsgrades des schwächeren Signals, geteilt durch 100.

1304 Differential-control valve (Hydr)
A valve for regulating the distribution of flow between two or more pipelines.
(BS 185: Sect. 10: No. 10 114)

1305 Diffuser (Aerodyn)
A device for transforming kinetic energy of a fluid into pressure energy; in subsonic flow a duct which increases gradually in section along the direction of flow.
(BS 185: Sect. 4: No. 4606)

1306 Diffuser (Turbo)
A ring of fixed vanes, or one or more expansion passages, situated in the compressor delivery to assist in the conversion of the velocity of the air into pressure.
(BS 185: Part 2: No. 8419)

1307 Diffuser cone-angle (Aerodyn)
The angle between the axis and the surface of a right circular cone for which the rate of change of cross-sectional area with distance along the axis is the same as that of the diffuser.
(BS 185: Sec. 4: No. 4608)

1308 Diffusion (A/c 1)
The movement of a gas by which adjacent layers tend towards uniformity of composition applied not only to contiguous layers but also to those separated by a permeable partition in which the discontinuities have diameters so small that the transfer of gas is proportional to the concentration difference.
(BS 185: Sect. 7: No. 7119)

1309 Diffusion (Struct)
Variation along any length of a structure of transverse distribution of stress due to direct loads applied in the direction of that length.
(BS 185: Sect. 3: No. 3104)

1310 Dihedral (A/c)
The angle at which the port and starboard planes of an aeroplane or glider are inclined upwards to the transverse plane of reference.
(BS 185: Sect. 5: No. 5209)

1311 Dihedral angles (AMC-Navigation Lights: A/c)
The three dihedral angles referred to in this specification are as follows:
i) Dihedral Angle L is formed by two intersecting vertical planes, one parallel to the longitudinal axis of the aeroplane, and the other at 110° to the left of the first, when looking forward along the longitudinal axis.
ii) Dihedral Angle R is formed by two intersecting vertical planes, one parallel to the longitudinal axis of the aeroplane, and the other at 110° to the right of the first, when looking forward along the longitudinal axis.
iii) Dihedral Angle A is formed by two intersecting vertical planes making angles of 70° to the right and 70° to the left respectively, looking aft along the longitudinal axis, to a vertical plane passing through the longitudinal axis.
(ICAO, Annex 8, 5th Ed.)

1312 Dihedral, negative ~,
cf./vgl. S.-No./lfd. Nr. 2800, 2801

1313 Dilatable balloon (A/c 1)
A kite balloon fitted with rubber cords or other device to control its shape when not full of gas.
(BS 185: Sect. 7: No. 7111)

Differentialventil (Hydr)
Ein Ventil, das die relative Fördermenge in zwei oder mehreren Leitungen regelt.

Diffusor (Aerodyn)
Anordnung, um kinetische Energie eines strömenden Mediums in Druckenergie umzuwandeln; bei Strömung im Unterschallbereich ein Rohr, dessen Querschnitt sich zunehmend in der Strömungsrichtung erweitert.

Diffusor (Turbo)
Ein Ring fester Leitschaufeln oder ein oder mehrere sich erweiternde Kanäle am Verdichteraustritt, in dem die kinetische Energie der Luft in Druck umgewandelt wird.

Diffusorwinkel (Aerodyn)
Winkel zwischen der Achse und der Oberfläche eines Kreiskegels, für den die Querschnittfläche sich in demselben Verhältnis entlang seiner Achse vergrößert, wie bei dem Diffusor.

Diffusion (Lfz)
Gasbewegung zwischen benachbarten Schichten infolge der Tendenz von Gasen, sich gleichförmig zu vermischen. Diffusion findet nicht nur zwischen sich unmittelbar berührenden Schichten statt, sondern auch zwischen solchen, die durch eine durchlässige Wand getrennt sind, deren Poren so klein sind, daß der Gasaustausch der Konzentrationsdifferenz proportional ist.

Diffusion; Spannungsverlauf (Konstr)
Änderung der Spannungsverteilung über den Querschnitt eines Bauteils der Länge nach infolge direkter Belastung in Längsrichtung.

V-Stellung; V-Form (Lfz)
Der Winkel, unter dem die Backbord- und die Steuerbord-Tragflächen eines Flugzeuges oder Gleiters aufwärts gegen die durch die Querachse laufende Bezugsebene geneigt sind.

Öffnungswinkel (AMC-Positionslampen: Lfz)
Die drei Öffnungswinkel, auf die hier Bezug genommen wird, sind:
i) der Öffnungswinkel L, der durch zwei sich schneidende Vertikalebenen gebildet wird, von denen die eine parallel zur Flugzeuglängsachse liegt und die andere, in Flugrichtung gesehen, um 110° nach links zur ersten steht;
ii) der Öffnungswinkel R, der durch zwei sich schneidende Vertikalebenen gebildet wird, von denen die eine parallel zur Flugzeuglängsachse liegt und die andere, in Flugrichtung gesehen, um 110° nach rechts zur ersten steht;
iii) der Öffnungswinkel A, der durch zwei sich schneidende Vertikalebenen gebildet wird, die zu einer durch die Längsachsen gehenden Vertikalebene, entgegen der Flugrichtung gesehen, in Winkeln von 70° nach rechts und 70° nach links stehen.

Dehnungsballon (Lfz 1)
Drachenballon, der mit Gummischnüren oder anderen Vorrichtungen versehen ist, die seine Form erhalten, wenn er nicht ganz mit Gas gefüllt ist.

1314 Direct-injection pump (Eng)
A fuel-metering pump which injects the fuel direct to the individual engine cylinders.
(BS 185: Sect. 8: No. 8350)

1315 Direct transit area (AT)
A special area established in connection with an international airport, approved by the public authorities concerned and under their direct supervision, for accommodation of traffic which is pausing briefly in its passage through the Contracting State.
(ICAO, Annex 9, 5th Ed.)

1316 Direct transit arrangements (AT)
Special arrangements approved by the public authorities concerned by which traffic which is pausing briefly in its passage through the Contracting State may remain under their direct control.
(ICAO, Annex 9, 5th Ed., Annex 15, 3rd Ed.)

1317 Direction finder, automatic ~,
cf./vgl. S.-No./lfd. Nr. 509
1318 Direction-finder, radio ~,
cf./vgl. S.-No./lfd. Nr. 3392
1319 Direction indicator (Instr)
An instrument for indicating aircraft heading relative to a scale stabilized by a horizontal-axis gyroscope.
(BS 185: Part 1: No. 5425)
1320 Direction indicator, landing ~,
cf./vg. S.-No./lfd. Nr. 2352, 2353
1321 Direction, no-lift ~,
cf./vgl. S.-No./lfd. Nr. 2819
1322 Directional gyro (Instr)
An azimuth gyro with a direct display and means for setting the datum to a specified compass heading.
(BS 185: Sect. 5: No. 5523)
1323 Directional instability (Stab)
The instability whereby the motion of an aircraft tends to depart from straight flight by a combination of side-slipping and yawing when kept on a level keel by the ailerons.
(BS 185: Part 1: No. 4206)
1324 Directional stability (Stab)
Stability of motion involving yawing, side-slipping, or any combination of these.
(BS 185: Sect. 4: No. 4222)
1325 Dischargeable weight (A/c 1)
The total weight which can be discharged in an emergency.
(BS 185: Sect. 7: No. 7143)
1326 Disembarkation (AT)
The leaving of an aircraft after a landing, except by crew or passengers continuing on the next stage of the same through-flight.
(ICAO, Annex 9, 5th Ed.)

1327 Disk area (Prop)
The area of the circle described by the tips of the blades.
(BS 185: Sect. 9: No. 9113)
1328 Disk area (Rotor)
The area of the circle described by the tips of the blades.
(BS 185: Sect. 5: No. 5718)
1329 Disk loading (Rotor)
The thrust of the rotor divided by the rotor disk area.
(BS 185: Sect. 5: No. 5719)
1330 Disk, turbine ~,
cf./vgl. S.-No./lfd. Nr. 4479

Zylindereinspritzpumpe (Flmot)
Eine Kraftstoffpumpe, die den Kraftstoff unmittelbar in die einzelnen Zylinder einspritzt.

Transitbereich; Durchgangsbereich (LVerk)
Ein besonderer, in Verbindung mit einem internationalen Flughafen stehender, von den Behörden genehmigter und unter deren unmittelbarer Aufsicht stehender Bereich für die Aufnahme des Durchgangsverkehrs während eines kurzen Aufenthaltes in dem Vertragsstaat.

Transiteinrichtungen; Durchgangseinrichtungen (LVerk)
Von den zuständigen Behörden genehmigte Sondervorkehrungen, die es ermöglichen, daß der Durchgangsverkehr während eines kurzen Aufenthaltes in dem Vertragsstaat unter unmittelbarer Aufsicht dieser Behörden verbleibt.

Kurszeiger (Instr)
Gerät zum Anzeigen des Steuerkurses eines Luftfahrzeuges auf einer Skala, die durch einen Kreisel mit horizontaler Achse im Raum gehalten wird.

Kurskreisel (Instr)
Azimutkreisel mit unmittelbarer Anzeige und der Möglichkeit, einen bestimmten Kompaßsteuerkurs als Bezugswert einzustellen.

Richtungsinstabilität (Stab)
Instabilität, infolge derer ein Luftfahrzeug dazu neigt, unter Schieben und Gieren vom Geradeausflug abzuweichen, wenn es mit den Querrudern am Rollen verhindert wird.

Richtungsstabilität (Stab)
Stabilität der Bewegung gegenüber Gieren, Schieben oder einer Kombination beider.

Abwerfbares Gewicht (Lfz 1)
Gesamtgewicht, das im Notfall abgeworfen werden kann.

Aussteigen (LVerk)
Das Verlassen eines gelandeten Luftfahrzeuges durch Besatzung oder Fluggäste, soweit sie ihre Reise nicht auf dem nächsten Abschnitt desselben durchgehenden Fluges fortsetzen.

Luftschraubenkreisfläche (Prop)
Flächeninhalt des von den Blattspitzen beschriebenen Kreises.

Rotorkreisfläche (Drehfl)
Flächeninhalt des von den Blattspitzen beschriebenen Kreises.

Kreisflächenbelastung (Drehfl)
Rotorschub dividiert durch die Rotorkreisfläche.

1331 Displacement, piston ~,
cf./vgl. S.-No./lfd. Nr. 3064

1332 Disposable lift (A/c 1)
The gross lift less the fixed weight.
(BS 185: Sect. 7: No. 7125)

Verfügbarer Auftrieb (Lfz 1)
Gesamtauftrieb vermindert um festes Gewicht.

1333 Disposable load (A/c)
For a military aircraft: the fuel, oil and armament stores. For a civil aircraft: the crew, fuel, oil and pay load.
(BS 185: Sect. 5: No. 5608)

Verfügbare Masse (Lfz)
Beim Militärluftfahrzeug: Kraftstoff, Öl und Munitionszuladung. Beim Zivilluftfahrzeug = Betriebsladung: Besatzung, Kraftstoff, Öl und Nutzlast.

1334 Disposable load, maximum ~,
cf./vgl. S.-No./lfd. Nr. 2657

1335 Disposable weight (A/c 1)
All weight other than fixed weight.
(BS 185: Sect. 7: No. 7144)

Verfügbare Masse (Lfz 1)
Alle Masseanteile außer der festen Masse.

1336 Distance-marking lights (GS)
Lights indicating distances, in the approach area, from the threshold lights.
(BS 185: Part 3: No. 13 333)

Entfernungskennzeichnungsfeuer (Bod)
Feuer, die innerhalb des Anflugsektors die Entfernungen von den Schwellenfeuern anzeigen.

1337 Distance measuring equipment (= DME) (TEL)
An airborne secondary-radar equipment which, when used in conjunction with a ground transponder beacon, indicates its distance from the beacon.
(BS 185: Sect. 14: No. 14 205)

Entfernungsmeßgerät (Fernm)
Sekundäres Bord-Radargerät, welches bei Benutzung in Verbindung mit einem am Boden arbeitenden Transponder die Entfernung von dem Funkfeuer anzeigt.

1338 Distance, polar ~,
cf./vgl. S.-No./lfd. Nr. 3142

1339 Distance, zenith ~,
cf./vg. S.-No./lfd. Nr. 4819

1340 Distress (ATC)
A state of being threatened by serious and imminent danger and of requiring immediate assistance.
(ICAO, Annex 12, 4th Ed.)

Flugnot; Luftnot (FS)
Ein Zustand ernster und unmittelbar drohender Gefahr, der sofortige Hilfe erfordert.

1341 Distress phase (ATC)
A situation wherein there is reasonable certainty that an aircraft and its occupants are threatened by grave and imminent danger or require immediate assistance.
(ICAO, Annex 11, 5th Ed., Annex 12, 4th Ed.)

Alarmstufe 3 (Notstufe) (FS)
Eine Lage, in der weitgehende Gewißheit darüber besteht, daß einem Luftfahrzeug und seinen Insassen schwere und unmittelbare Gefahr droht oder daß sie sofortige Hilfe benötigen.

1342 Distributed mass-balance weight (Struct)
A mass-balance weight which is distributed along the span of the control surface.
(BS 185: Sect. 3: No. 3316)

Verteilter Massenausgleich (Konstr)
Massenausgleich, der längs der Spannweite der Steuerfläche verteilt ist.

1343 Distribution, mixture ~,
cf./vgl. S.-No./lfd. Nr. 2734

1344 Disturbance (Stab)
A displacement from steady state conditions.
(BS 185: Sect. 4: No. 4203)

Störung (Stab)
Änderung eines stationären Zustands.

1345 Disturbance, sea ~,
cf./vgl. S.-No./lfd. Nr. 3692

1346 Disturbing moment (Aerodyn)
A moment which tends to produce any rotational displacement of an aircraft.
(BS 185: Part 1: No. 4139)

Störmoment (Aerodyn)
Moment, das irgendeine Drehung des Luftfahrzeuges zu verursachen sucht.

1347 Ditching (Flt OPS)
The forced alighting of an aircraft on water.
(ICAO, Annex 12, 4th Ed.)

Notwasserung; Notlandung auf (dem) Wasser (Flbetr)
Die Notlandung eines Luftfahrzeuges auf Wasser.

1348 Ditching (Flt OPS)
An emergency alighting on water of a land- or ship-based aircraft.
(BS 185: Sect. 2: No. 2203)

Notlandung auf Wasser; Notwasserung (Flbetr)
Notlandung eines vom Land oder Schiff operierenden Luftfahrzeugs auf dem Wasser.

1349 Dive (Flt OPS)
A steep descent, with or without power.
(BS 185: Sect. 2: No. 2105)

Sturzflug; Stechflug (Flbetr)
Steiler Sinkflug mit oder ohne Triebwerksleistung.

1350 Dive-angle indicator (Instr)
An instrument for indicating the angle between the vertical and the flight path of an aircraft in a dive.
(BS 185: Sect. 5: No. 5515)

Sturzwinkelanzeiger (Instr)
Gerät zum Anzeigen des Winkels zwischen der Vertikalen und der Flugbahn eines Luftfahrzeuges im Sturzflug.

1351 Dive brake (A/c)
An air brake designed especially to slow

Sturzflugbremse (Flzg)
Eine speziell zur Verlangsamung des Sturz-

down an airplane in a dive. A dive brake normally consists of a flap, plate or the like located in the wing or fuselage.
(NASA S.0430)

1352 Dive brake (A/c),
cf./vgl. **Air brake,** S.-No./lfd. Nr. 162 a
1353 Dive flap (A/c)
A flap-type air brake used to reduce the limiting velocity of an aircraft.
(BS 185: Sect. 5: No. 5307)
1354 Divergence (Stab)
A disturbance which increases without oscillation.
(BS 185: Sect. 4: No. 4204)
1355 Divergence, aeroelastic ~,
cf./vgl. S.-No./lfd. Nr. 88
1356 Divergence, lateral ~,
cf./vgl. S.-No./lfd. Nr. 2383
1357 Divergence, longitudinal ~,
cf./vgl. S.-No./lfd. Nr. 2550
1358 Divergence speed (Struct)
The lowest equivalent air speed at which aeroelastic divergence occurs.
(BS 185: Sect. 3: No. 3302)
1359 Doldrums (Met)
The equatorial oceanic regions of calms and variable winds which are often associated with heavy rains, thunderstorms, and squalls.
(BS 185: Sect. 14: No. 15 215)
1360 Dome refraction (Nav)
Refraction due to the optical characteristics of an astrodome.
(BS 185: Sect. 11: No. 11 212)

1361 Domestic air service (AT)
A scheduled air service which passes through the air space over only one state.
(Manual of Aircraft Accident Investigation, ICAO Doc 6920-AN/855)
1362 Doping
Treatment of a fabric surface to tauten, strengthen or render it air-tight.
(BS 185: Sect. 5: No. 5302)
1363 Doppler navigation system (TEL)
An extension of dead reckoning navigation whereby true ground speed and track are measured directly by the use of a Doppler sensor, a compass and a computer.
(BS 185: Sect. 14: No. 14 216)
1364 Double channel simplex (TEL)
Simplex using two frequency channels, one in each direction.
(ICAO, Annex 10, Volume I, 1st Ed.)
1365 Double-engine power unit (Eng)
A power unit containing two engines driving co-axial propellers.
(BS 185: Sect. 8: No. 8214)
1366 Double-entry compressor (Turbo)
A compressor in which air is admitted to both sides of the impeller, or to both ends of the rotating member.
(BS 185: Sect. 8: No. 8422)
1367 Down lock (A/c)
A locking device that holds a retractable landing gear in the extended position.
(NASA S.0439)
1368 Downwash (Aerodyn)
The angle through which the air stream is deflected by an aerofoil or other body, measured in a plane parallel to the plane of symmetry.
(BS 185: Part 1: No. 4108)

flugs eines Flugzeugs konstruierte Luftbremse. Sie besteht normalerweise aus einer in der Tragfläche oder dem Rumpf untergebrachten Klappe, Platte oder ähnlicher Vorrichtung.

Sturzflugbremse; Sturzflugklappe (Lfz)
Luftbremse in Form einer Klappe, um die Grenzgeschwindigkeit eines Luftfahrzeuges herabzusetzen.
Angefachte aperiodische Bewegung (Stab)
Störung, die ohne Schwingungen anwächst.

Kritische Auskippgeschwindigkeit (Konstr)
Niedrigste bezogene Fluggeschwindigkeit, bei der aero-elastisches Auskippen auftritt.

Kalmengürtel; Doldrums (Met)
Die Meeresgebiete am Äquator, in denen Windstillen mit veränderlichen Winden abwechseln, die häufig von schweren Regenfällen, Gewittern und Böen begleitet sind.

Strahlenbrechung (oder Refraktion) durch Astrokuppel (Nav)
Refraktion, die durch die optischen Eigenschaften einer Astrokuppel hervorgerufen wird.
Inland-Fluglinie(nverkehr) (LVerk)
Planmäßiger Fluglinienverkehr, der durch den Luftraum nur eines Staates führt.

Lackieren (mit Spannlack)
Behandlung der Oberfläche eines Gewebes, um es zu spannen, zu verstärken oder luftdicht zu machen.
Doppler-Navigationsverfahren (Fernm)
Eine Erweiterung der Koppelnavigation, indem eine Direktmessung von wahrer Grundgeschwindigkeit und Flugweg über Grund mittels eines Dopplersensors, eines Kompasses und eines Rechengerätes erfolgt.
Zweikanal-Simplexbetrieb (Fernm)
Simplexbetrieb, bei dem in beiden Richtungen je ein Frequenzkanal benutzt wird.
Doppeltriebwerk (Flmot)
Ein Triebwerk, das aus zwei Kraftmaschinen besteht, die unabhängige koaxiale Propeller antreiben.
Doppelflutiger Verdichter (Turbo)
Ein Verdichter, bei dem die Luft zu beiden Seiten des Laderlaufrads oder des Läufers eintritt.

Fahrwerk(ausfahr)verriegelung (Lfz)
Eine Sperrvorrichtung, die ein Einziehfahrwerk in der Ausfahrstellung verriegelt.

Abwindwinkel (Aerodyn)
Winkel, um den die Strömung durch einen Tragflügel oder einen anderen Körper, gemessen in einer Ebene parallel zur Symmetrieebene, abgelenkt wird.

1369 Drag (Aerodyn)
The component of the total aerodynamic force in the direction of the undisturbed flow. In powered flight, contributions to this component arising from thrust are excluded.
(BS 185: Sect. 4: No. 4140)

1370 Drag axis (Aerodyn)
The straight line through the centre of gravity parallel to the direction of the undisturbed flow. The positive direction is downstream.
(BS 185: Sect. 4: No. 4120)

1371 Drag brake,
cf./vgl. **Speed brake,** S.-No./lfd. Nr. 3897

1372 Drag coefficient (Aerodyn)
A coefficient representing the drag on a given airfoil or other body, or a coefficient representing a particular kind of drag.
(NASA S.0441)

1373 Drag, compressibility ~,
cf./vgl. S.-No./lfd. Nr. 1018

1374 Drag, cooling ~,
cf./vgl. S.-No./lfd. Nr. 1149

1375 Drag, form ~,
cf./vgl. S.-No./lfd. Nr. 1770

1376 Drag hinge (Rotor),
cf./vgl. **Lag hinge,** S.-No./lfd. Nr. 2333

1377 Drag, pressure ~,
cf./vgl. S.-No./lfd. Nr. 3212

1378 Drag, profile ~,
cf./vgl. S.-No./lfd. Nr. 3257

1379 Drag struts (A/c)
Struts incorporated in the framework of an aerofoil to carry the loads induced by the air forces in the plane of the aerofoil.
(BS 185: Sect. 3: No. 3227)

1380 Drag, surface-friction ~,
cf./vgl. S.-No./lfd. Nr. 4157

1381 Drag wire (A/c 1)
A wire led forward from a car or other unit to the hull or envelope to transmit drag.
(BS 185: Sect. 7: No. 7255)

1382 Drag wires (A/c)
Wires or cables incorporated in the framework of an aerofoil and in its plane, to resist forces in the general direction of the drag.
(BS 185: Sect. 3: No. 3231)

1383 Drift (Nav)
Horizontal displacement of an aircraft, under the action of wind, from the track which it would have followed in still air.
(BS 185: Sect. 11: No. 11 111)

1384 Drift angle (Nav)
The angle between the heading of an aircraft and the track. It is named 'starboard' or 'port' as the track is to starboard or port of the heading.
(BS 185: Sect. 11: No. 11 112)

1385 Drift correction angle (Nav)
A measure of the amount of turning necessary to make the track of an aircraft, rocket, etc., coincide with its heading or course, measured from the track to the heading.
(NASA S.0448)

1386 Drift sight (Nav)
An istrument used to measure drift angle.
(BS 185: Sect. 11: No. 11 415)

1387 Drip flap (A/c 1)
A strip of fabric secured by one edge to the envelope or outer cover to deflect rain from

Widerstand (Aerodyn)
Komponente der aerodynamischen Gesamtkraft in Richtung des ungestörten Luftflusses, – im Flug mit Kraftantrieb unter Ausschluß von Einflüssen des Schubs auf diese Komponente.

Widerstandsachse (Aerodyn)
Gerade durch den Schwerpunkt parallel zur ungestörten Anströmrichtung. Positiv in der Anströmrichtung.

Widerstandsbeiwert (Aerodyn)
Beiwert zur Kennzeichnung des Widerstandes an einem gegebenen Tragflügel oder anderem Körper, oder ein Beiwert für eine bestimmte Widerstandsart.

Abstandsstreben (Lfz)
Streben im Rahmenwerk eines Tragflügels zur Aufnahme von Kräften, die von Luftkräften in der Tragflügelebene herrühren.

Widerstandskabel (Lfz 1)
Draht, der den Widerstand einer Gondel oder eines anderen Bauteils nach vorn auf das Gerippe oder die Hülle leiten soll.

Widerstandskabel (Lfz)
Drähte oder Kabel im Rahmenwerk eines Tragflügels und in seiner Ebene, die Kräfte in der allgemeinen Richtung des Widerstandes aufnehmen sollen.

Abtrift (Nav)
Durch Windeinfluß hervorgerufene horizontale Versetzung eines Luftfahrzeugs von seinem Flugweg über Grund, dem es bei Windstille gefolgt wäre.

Abtriftwinkel (Nav)
Der zwischen dem Steuerkurs eines Luftfahrzeuges und dem Kurs über Grund gemessene Winkel. Er wird als „steuerbord" (+) oder „backbord" (–) bezeichnet, je nachdem, ob der Kurs über Grund nach steuerbord oder nach backbord von dem Steuerkurs abweicht.

Luvwinkel; Vorhaltewinkel (Nav)
Winkelmaß für die notwendige Kursverbesserung, um den Flugweg über Grund mit dem Steuerkurs eines Luftfahrzeugs, einer Rakete usw. in Übereinstimmung zu bringen, ausgedrückt im Gradunterschied zwischen Flugweg über Grund und Steuerkurs.

(Optischer) Abtriftmesser (Nav)
Gerät zum Messen des Abtriftwinkels.

Regentraufe (Lfz 1)
Stoffstreifen, der an einer Seite der Hülle oder äußeren Haut angebracht ist, um die darunter-

the surface below it.
(BS 185: Sect. 7: No. 7214)

1388 Drive, right-hand ~,
cf./vgl. S.-No./lfd. Nr. 3570

1389 Drizzle (Met)
Liquid precipitation in the form of droplets so small that their individual impact on water surfaces is imperceptible.
(BS 185: Sect. 15: No. 15 312)

1390 Drogue (A/c)
A device attached to the reception coupling at the end of the refuelling hose of a tanker aircraft, usually of conical shape. By its drag it extends and stabilizes the hose during trailing and provides an aiming point for a probe.
(BS 185: Sect. 10: No. 10 419)

1391 Drone (A/c)
A remotely-controlled unmanned aircraft.
(BS 185: Sect. 6: No. 6102)

1392 Droop flap (A/c)
A flap at the leading edge of a wing, deflected downward to improve stalling characteristics.
(NASA S.0452)

1393 Drop, delayed ~,
cf./vgl. S.-No./lfd. Nr. 1259

1394 Drop tank (A/c)
An external tank designed to be dropped in flight.
(BS 185: Sect. 8: No. 8247)

1395 Dry adiabatic lapse rate (Met)
The lapse rate of dry air under adiabatic conditions (approx. 1 deg C per 100 metres or 5.4 deg F per 1000 feet).
(BS 185: Sect. 15: No. 15 119)

1396 Dry-type filter element (Eng)
A filter element in which the filtration is effected by a dry matrix.
(BS 185: Sect. 8: No. 8276)

1397 Dry weight (A/c)
For operational purposes, the gross weight of the aircraft less fuel.
(BS 185: Sect. 5: No. 5614)

1398 Dry weight (Eng)
The weight of an engine without liquid, but including all accessories essential to its running and any drives incorporated in it for non-essential accessories.
(BS 185: Sect. 8: No. 8219)

1399 Dual instruction (Aero)
Pilot instruction in which the student flies with the instructor and is allowed to operate the aircraft with one of the sets of dual controls.
(NASA S.0454)

1400 Dual instruction time (Aero)
Flight time during which a person is receiving flight instruction from a pilot on board the aircraft.
(ICAO, Annex 1, 5th Ed.)

1401 Duct, turbine entry ~,
cf./vgl. S.-No./lfd. Nr. 4485

1402 Ducted cooling (Eng)
A system in which cooling air is constrained to flow in (a) duct(s) to or from the power plant.
(BS 185: Sect. 8: No. 8382)

1403 Ducted-fan turbine engine (Turbo)
A gas turbine engine in which a portion of the net energy is used to drive a ducted fan.
(BS 185: Sect. 8: No. 8414)

liegenden Teile vor Regen zu schützen.

Sprühregen; Nieseln (Met)
Flüssigkeitsniederschlag in Form von Tröpfchen, die so klein sind, daß das Auftreffen der einzelnen Tröpfchen auf Wasseroberflächen nicht wahrnehmbar ist.

Fangtrichter (Lfz)
Normalerweise konisch geformte Vorrichtung an der Anschlußkupplung am Ende des Betankungsschlauchs eines Tankerluftfahrzeugs. Durch ihren Eigenwiderstand zieht sie den Schlauch beim Ausfahren aus, stabilisiert ihn und dient als Zielpunkt für eine Betankungssonde.

Ferngelenktes (Zieldarstellungs-)Flugzeug; Drohne (Lfz)
Ferngelenktes, unbemanntes Luftfahrzeug.

Nasenklappe (Flzg)
Klappe an der Tragflächenvorderkante, die nach unten ausgelenkt wird, um das Überziehverhalten zu verbessern.

Abwurfbehälter (Lfz)
Außenbehälter zum Abwerfen im Fluge.

Trockenadiabatischer Temperaturgradient (Met)
Der Temperaturgradient trockener Luft unter adiabatischen Bedingungen (angenähert 1 °C pro 100 m oder 5,4 °F pro 1000 Fuß).

Trockenfilterelement (Flmot)
Ein Filterelement, in dem die Filterung durch trockene Materie erfolgt.

Leertankmasse (Lfz)
Für betriebliche Zwecke: die Gesamtmasse des Luftfahrzeugs abzüglich Kraftstoff.

Trockengewicht (Flmot)
Das Gewicht eines Triebwerks ohne Kraft-, Schmier- und Kühlstoff, jedoch einschließlich aller zum Betrieb des Motors notwendigen Hilfsgeräte sowie aller Antriebe für das übrige Zubehör.

Doppelsteuerschulung (Aero)
Flugzeugführerschulung, bei welcher der Flugschüler mit dem Lehrer fliegt und das Flugzeug mit einem Satz der Doppelsteuerung fliegen darf.

Schulungszeit am Doppelsteuer (Aero)
Flugzeit, während der eine Person an Bord eines Luftfahrzeuges von einem Luftfahrzeugführer Flugschulung erhält.

Kühlung durch Düsenkühler (Flmot)
Eine Kühlanlage, bei der die Kühlluft entweder vor oder hinter dem Triebwerk durch eine oder mehrere Düsen geführt wird.

Bypass-Triebwerk; Mantelstrom-, Zweikreis-Triebwerk (Turbo)
Ein Gasturbinen-Triebwerk, bei dem ein Teil der Nutzenergie dazu benutzt wird, einen in einer Düse laufenden Verdichter zu treiben.

1404 Ducted oil cooler (Eng)
A cooler installed in a duct.
(BS 185: Sect. 8: No. 8224)

1405 Ducted radiator (Eng)
A radiator installed in a duct.
(BS 185: Sect. 8: No. 8386)

1406 Dump valve (Turbo)
An automatic valve which rapidly drains the fuel manifold when the fuel pressure falls below a predetermined value. It usually operates when the engine is stopped.
(BS 185: Sect. 8: No. 8440)

1407 Duplex (TEL)
A method in which telecommunication between two stations can take place in both directions simultaneously.
(ICAO, Annex 10, Volume I and II, 1st Ed.)

1408 Duplex burner (Turbo)
A burner with alternative fuel entries and a single exit orifice.
(BS 185: Sect. 8: No. 8435)

1409 Dust devil (Met)
A small whirlwind, formed by strong convection over desert regions which raises dust or sand in a vertical column.
(BS 185: Sect. 15: No. 15 216)

1410 Dust storm (Met)
A squall carrying dust or fine sand extending to a height of some hundreds, possibly thousands, of feet.
(BS 185: Sect. 15: No. 15 217)

1411 Dutch roll (Flt OPS)
A lateral oscillation with a pronounced rolling component.
(BS 185: Sect 2: No. 2123)

1412 Dynamic balance (Prop)
A propeller is in dynamic balance when the centrifugal forces due to its rotation do not produce a resultant force or couple in the propeller shaft.
(BS 185: Sect. 9: No. 9103)

1413 Dynamic heating (A/c)
Heating of the surface of an aircraft by virtue of its motion through the air. The heat is generated because the air at the surface is brought to rest relatively to the aircraft, either by direct impact in the stagnation region or by the action of viscosity elsewhere.
(BS 185: Part 3: No. 15 601)

1414 Dynamic lift (A/c 1)
The aerodynamic lift due to the movement of the air relative to a lighter-than-air aircraft.
(BS 185: Sect. 7: No. 7126)

1415 Dynamic model (Aerodyn)
A model in which the distribution of mass as well as the linear dimensions are so represented as to make the motion of the model correspond to that of the full-scale aircraft.
(BS 185: Sect. 4: No. 4609)

1416 Dynamic pressure (Aerodyn)
1. The difference between the total pressure and the static pressure.
2. Formerly used for kinetic pressure.
(BS 185: Sect. 4: No. 4456)

1417 Dynamic stability (Stab)
Complete stability of motion when aerodynamic forces, gravity and inertia are all taken into account.
(BS 185: Sect. 4: No. 4223)

1418 Dynamometer, torque ~,
cf./vgl. S.-No./lfd. Nr. 4395

Düsenölkühler (Flmot)
Ein Ölkühler, der in eine Luftführung eingebaut ist.

Düsenkühler (Flmot)
Ein Kühler, der in eine Luftführung eingebaut ist.

Kraftstoff-Ablaßventil (Turbo)
Ein automatisches Ventil, das die Kraftstoffzuleitung schnell entleert, wenn der Kraftstoffdruck unter einen festgesetzten Wert fällt. Es tritt normalerweise beim Abstellen des Triebwerks in Tätigkeit.

Duplexbetrieb (Fernm)
Ein Verfahren, bei dem der Verkehr zwischen zwei Fernmeldestellen gleichzeitig in beiden Richtungen stattfinden kann.

Duplexbrenner (Turbo)
Ein Brenner mit zwei Wirbelsystemen und einer einzigen Austrittsöffnung.

Sandhose; Staubteufel; Staubtrombe (Met)
Ein eng begrenzter Wirbelwind, der über Wüstengebieten durch starke Konvektion entsteht, wobei Staub oder Sand in einer vertikalen Säule hochgesaugt wird.

Staubsturm (Met)
Eine Böe, die Staub oder feinen Sand bis in Höhen von mehreren 100 oder möglicherweise mehreren 1000 Fuß hinaufträgt.

Holländische Rolle (Flbetr)
Eine Querschwingung mit ausgeprägter Rollkomponente.

Dynamischer Ausgleich (Prop)
Eine Luftschraube ist dann dynamisch ausgeglichen, wenn die Zentrifugalkräfte der rotierenden Schraube auf die Luftschraubenwelle weder eine resultierende Kraft noch ein Moment ausüben.

Dynamische Erwärmung (Lfz)
Die Erwärmung der Oberfläche eines Luftfahrzeugs infolge seiner Bewegung durch die Luft. Die Erwärmung erfolgt dadurch, daß die Luft an der Oberfläche relativ zum Luftfahrzeug zum Stillstand gebracht wird, und zwar entweder durch ein direktes Auftreffen in der Stauzone oder durch die Wirkung der Luftzähigkeit an anderer Stelle.

Dynamischer Auftrieb (Lfz 1)
Aerodynamischer Auftrieb infolge der Bewegung der Luft relativ zu einem Luftfahrzeug leichter als Luft.

Dynamisch ähnliches Modell (Aerodyn)
Modell, dessen Massenverteilung wie auch geometrische Abmessungen so abgestimmt sind, daß die Bewegungen des Modells mit denen des Luftfahrzeuges natürlicher Größe übereinstimmen.

Staudruck (Aerodyn)
1. Differenz zwischen dem Druck im Staupunkt (Gesamtdruck) und dem statischen Druck.
2. Frühere Bezeichnung für kinetischen Druck.

Dynamische Stabilität (Stab)
Uneingeschränkte Stabilität der Bewegung unter voller Berücksichtigung der aerodynamischen Kräfte, der Schwerkraft und Trägheit.

1419 Dynamotor (El),
cf./vgl. **Rotary transformer,** S.-No./lfd. Nr. 3621

E

1420 E-scope (TEL)
A radarscope that presents the range of an object by a horizontal displacement of the signal spot and its elevation by a vertical displacement.
(NASA S. 0507)

1421 Earth return (El)
The electrically-bonded part of an airframe used in an electrical circuit.
(BS 185: Sect. 10: No. 10 210)

1422 Earth return system (El)
An electric power distribution system incorporating the earth system reinforced as necessary by additional conductors.
(BS 185: Part 2: No. 10 214)

1423 Earth system (El)
A system in which all the metallic parts of an aircraft are interconnected to form a low resistance network for the safe distribution of electric currents and charges.
(BS 185: Part 1: No. 1110)

1424 Earth, to ~ (El)
The electrical connection (of a wire, etc.) to the earth system of an aircraft.
(BS 185: Part 1: No. 1109)

1425 Easting (Nav)
Eastward (that is left to right) reading of grid values.
(AAP-6)

1426 Echo, radar ~,
cf./vgl. S.-No./lfd. Nr. 3346

1427 Economizer (Med, A/c)
A valve controlled reservoir in a continuous flow oxygen system which stores oxygen during expiration.
(BS 185: Sect. 17: No. 17 130)

1428 Eddy (Aerodyn)
Motion in which there is circulation round a limited region of intense vorticity.
(BS 185: Part 1: No. 4406)

1429 Effect, Coriolis ~,
cf./vgl. S.-No./lfd. Nr. 1159

1430 Effect, scale ~,
cf./vgl. S.-No./lfd. Nr. 3681

1431 Effective intensity (GS)
The effective intensity of a flashing light is equal to the intensity of a fixed light of the same colour which will produce the same visual range under identical conditions of observation.
(ICAO, Annex 14, 4th Ed.)

1432 Effective margin (TEL)
That margin of an individual apparatus which could be measured under actual operating conditions.
(ICAO, Annex 10, Volume I, 1st Ed.)

1433 Efficiency (Prop)
The ratio of the thrust horse-power to the torque horse-power.
(BS 185: Part 2: No. 9114)

1434 Efficiency, net ~,
cf./vgl. S.-No./lfd. Nr. 2804

E-Schirm (Fernm)
Radarschirmbild, auf dem die Entfernung eines Objektes durch eine horizontale Auslenkung des Echozeichens und seine Elevation durch eine senkrechte Auslenkung dargestellt werden.

Erdleitung (El)
Der elektrisch verbundene Teil eines Flugwerks, der als Teil des elektrischen Bordnetzes verwendet wird.

Erdleitungssystem (El)
Ein elektrisches Stromverteilungssystem, das die gegebenenfalls durch zusätzliche Leiter verstärkte Erdleitung einschließt.

Erdungsanlage; Erde (El)
Eine Anlage, bei der alle metallischen Teile eines Luftfahrzeugs miteinander verbunden sind, um ein Leitungsnetz mit geringem elektrischen Widerstand zu bilden, das alle elektrischen Ströme und Ladungen sicher verteilt.

Erden (El)
Die elektrische Verbindung (eines Drahtes u. dgl.) mit der Erdungsanlage eines Luftfahrzeuges.

Bestimmung des Ostwertes (Nav)
Das Ablesen von Kartengitterwerten in ostwärtiger Richtung, d. h. von links nach rechts.

Sauerstoff-Sparregler (Flmed, Lfz)
Ein ventilgesteuerter Behälter in einer Dauerfluß-Sauerstoffanlage, der Sauerstoff beim Ausatmen speichert.

Wirbel (Aerodyn)
Bewegung, bei der es eine Zirkulation um ein begrenztes Gebiet hoher Wirbelstärke gibt.

Wirksame Lichtintensität (Bod)
Die wirksame Lichtintensität eines Blitzfeuers (Blinkfeuers), die der Intensität eines Festfeuers derselben Farbe gleich ist, das unter denselben Beobachtungsbedingungen die gleiche Sichtweite ermöglicht.

Effektiver Verzerrungsgrad (Fernm)
Der Verzerrungsgrad eines Gerätes, der unter tatsächlichen Betriebsbedingungen gemessen werden kann.

Luftschraubenwirkungsgrad (Prop)
Das Verhältnis der Schubleistung zur Antriebsleistung einer Luftschraube.

1435 Efficiency of catch (Met)
The proportion of the total water droplets in the path of an aircraft which actually strike it. This proportion depends on a number of factors, including the speed of the aircraft, the size of the droplets, and the shape of the part concerned.
(BS 185: Sect. 15: No. 15 612)

1436 Efficiency, propulsive ~,
cf./vgl. S.-No./lfd. Nr. 3298

1437 Effuser (Aerodyn)
A device for transforming pressure energy of a fluid into kinetic energy.
(BS 185: Sect. 4: No. 4610)

1438 Effuser, supersonic ~,
cf./vgl. S.-No./lfd. Nr. 4143

1439 Effusion (A/c 1)
The flow of gas through holes which are sufficiently large for the velocity to be approximately proportional to the square root of the pressure difference.
(BS 185: Sect. 7: No. 7120)

1440 Ejection (Flt OPS)
Escape of aircrew members from an aircraft by means of explosively propelled seats.
(AAP-6)

1441 Ejection gun (A/c)
The explosively-operated ram mechanism of an ejection seat or capsule, or other body.

1442 Ejection seat (A/c)
A seat capable of being ejected in any emergency to carry the occupant and his equipment clear of the aircraft.
(BS 185: Sect. 5: No. 5371)

1443 Ejection seat (A/c)
An airplane seat designed to be catapulted with its occupant from the airplane, usually by explosive force. Sometimes called an "ejector seat".
(NASA S. 0479)

1444 Ejector pipe (Eng)
A pipe so disposed or shaped as to produce appreciable forward thrust.
(BS 185: Sect. 8: No. 8371)

1445 Ejector seat,
cf./vgl. **Ejection seat,** S.-No./lfd. Nr. 1443

1446 Elastic model (Aerodyn)
A model in which the distribution of stiffness as well as the linear dimensions are so represented as to make the aeroelastic behaviour of the model correspond to that of the full-scale aircraft.
(BS 185: Sect. 4: No. 4614)

1447 Elasticity, aero~,
cf./vgl. S.-No./lfd. Nr. 89

1448 Electric starter (Eng)
An electric motor used to rotate the engine for starting.
(BS 185: Sect. 8: No. 8284)

1449 Electrical bonding,
cf./vgl. **Bonding,** S.-No./lfd. Nr. 718

1450 Electrical equipment (El)
Individual items which together make up an electrical system in an aircraft.
(BS 185: Sect. 10: No. 10 211)

1451 Electrical instrument (El)
A device for indicating, recording or measuring an electrical quantity or condition.
(BS 185: Sect. 10: No. 10 212)

1452 Electrical interference (El)
Any electrical disturbance which has un-

Auffangverhältnis (Met)
Derjenige Teil der gesamten Wassermenge in der Flugbahn eines Luftfahrzeuges, der tatsächlich mit dem Luftfahrzeug in Berührung kommt. Dieses Verhältnis hängt von einer Reihe von Faktoren ab, unter anderem von der Fluggeschwindigkeit, der Tropfengröße und der Form des betreffenden Teiles des Luftfahrzeuges.

Effusor; Ausflußrohr (Aerodyn)
Anordnung, um Druckenergie eines strömenden Mediums in kinetische Energie umzuwandeln.

Effusion (Lfz)
Gasaustausch durch Poren, die genügend groß sind, daß die Geschwindigkeit ungefähr der Quadratwurzel des Druckgefälles proportional ist.

Aussteigen mit Schleudersitz (Flbetr)
Verlassen eines Luftfahrzeugs im Notfall mit Hilfe von herausschießbaren Sitzen durch Luftfahrzeugbesatzungsmitglieder.

Schleudersitzkanone; Absprengkanone (Lfz)
Die durch Explosivkraft betätigte Ramme eines Schleudersitzes, einer Kapsel oder eines anderen Körpers.

Schleudersitz (Lfz)
Sitz, der in jedem Notfall herausgeschleudert werden kann und den Sitzinhaber mit seiner Ausrüstung in sichere Entfernung vom Luftfahrzeug trägt.

Schleudersitz (Lfz)
Ein derart konstruierter Flugzeugsitz, daß er mit dem darauf Sitzenden, normalerweise mittels Explosivkraft, aus dem Flugzeug katapultiert werden kann. Im Englischen auch als "ejector seat" bezeichnet.

Abgasschubrohr (Flmot)
Ein Abgasrohr, das so geformt oder angebracht ist, daß es merklichen Schub liefert.

Elastisch ähnliches Modell (Aeordyn)
Modell, dessen Steifigkeitsverteilung wie auch geometrische Abmessungen so aufeinander abgestimmt sind, daß das aeroelastische Verhalten des Modells mit dem eines Luftfahrzeuges natürlicher Größe übereinstimmt.

Elektrischer Anlasser (Flmot)
Ein Elektromotor, der zum Durchdrehen des Motors beim Anlassen benutzt wird.

Elektrische Ausrüstung (El)
Einzelne Teile, die zusammen die elektrische Anlage eines Luftfahrzeuges bilden.

Elektrisches Instrument (El)
Ein Gerät zum Anzeigen, Aufzeichnen oder Messen einer Strommenge oder einer elektrischen Betriebsbedingung.

Elektrische Störungen (El)
Jede Art elektrischer Störung, die sich auf

desirable effects on electrical or radio equipment.
(BS 185: Sect. 10: No. 10 214)

1453 Electrical system (El)
A group of electrical equipment with all items correlated for a specific purpose.
(BS 185: Sect. 10: No. 10 213)

1454 Elevation (Aero)
The vertical distance of a point or a level, on or affixed to the surface of the earth, measured from mean sea level.
(ICAO, Annex 4, 5th Ed., Annex 10, Volume I, 1st Ed.)

1455 Elevation (Aero)
The altitude of a point on the Earth's surface.
(BS 185: Sect. 1: No. 1113)

1456 Elevation (Nav)
Height or altitude above the surface or other datum plane.
(NASA S. 0486)

1457 Elevation, aerodrome ~,
cf./vgl. S.-No./lfd. Nr. 59

1458 Elevator (A/c)
A control surface for controlling an aircraft in pitch. It produces primarily pitching moment.
(BS 185: Sect. 5: No. 5317)

1459 Elevator (A/c 1)
A movable surface for controlling the motion of an airship in pitch.
(BS 185: Sect. 7: No. 7215)

1460 Elevator angle (A/c)
The angle between the chord of the control surface and the chord of the corresponding fixed surface.
(BS 185: Sect. 5: No. 5206)

1461 Elevons (A/c)
Control surfaces combining the functions of ailerons and elevators. When placed on the tail they are sometimes called **tailerons.** Elevons in the form of all-moving wing tips have been referred to occasionally as **controllers.**
(BS 185: Sect. 5: No. 5318)

1462 Embarkation (AT)
The boarding of an aircraft for the purpose of commencing a flight, except by such crew or passengers as have embarked on a previous stage of the same through-flight.
(ICAO, Annex 9, 5th Ed.)

1463 Emergency air (A/c)
Compressed air for energizing a hydraulic or pneumatic circuit in the event of failure of the normal power supply.
(BS 185: Sect. 10: No. 10 103)

1464 Emergency cartridge (A/c)
A cartridge, the products of combustion of which energize a hydraulic or pneumatic circuit in the event of failure of the normal power supply or operate an emergency mechanism such as an ejection seat.
(SB 185: Sect. 10: No. 10 104)

1465 Emergency parachute
A parachute used by an occupant of an aircraft for an emergency descent.
(BS 185: Sect. 12: No. 12 148)

1466 Emergency phase(s) (ATC)
A generic term meaning variously, alert phase, distress phase or uncertainty phase.
(ICAO, Annex 11, 5th Ed.)

1467 Empty weight (A/c)
The weight of an aircraft including the weight of its power plant, trapped fuel and

---

elektrische oder Funkausrüstung auswirkt.

Elektrische Anlage (El)
Eine Gruppe elektrischer Ausrüstungsteile, die für einen bestimmten Zweck aufeinander abgestimmt sind.

Ortshöhe über Meer (Aero)
Der vom mittleren Meeresspiegel gemessene lotrechte Abstand eines Punktes oder einer Fläche, die sich auf der Erdoberfläche befinden oder mit ihr verbunden sind.

Höhe über Meer (Aero)
Höhe eines Punktes auf der Erdoberfläche (über dem mittleren Meeresspiegel).

Seehöhe; Elevation (Nav)
Höhe über einer bestimmten Bezugsgröße oder über dem Meer oder einer anderen Bezugsebene.

Höhenruder (Lfz)
Ruder zur Steuerung eines Luftfahrzeugs um seine Querachse. Es erzeugt primär ein Kippmoment.

Höhenruder (Lfz 1)
Bewegliche Fläche zum Steuern der Längsneigung eines Luftschiffs.

Höhenruderausschlag (Lfz)
Winkel zwischen der Sehne der Steuerfläche und der Sehne der zugehörigen festen Fläche.

Kombiniertes Höhen- und Querruder; Höhenquerruder (Lfz)
Steuerflächen, in denen die Funktionen des Höhen- und Querruders vereinigt sind. Am Leitwerk angebracht, werden sie manchmal als "tailerons", in der Form voll beweglicher Tragflächenenden gelegentlich als "controllers" bezeichnet.

Zusteigen; Einsteigen (LVerk)
Das Besteigen eines Luftfahrzeuges zwecks Antritt eines Fluges, ausgenommen durch Besatzung oder Fluggäste, die bereits auf einem früheren Abschnitt desselben durchgehenden Fluges eingestiegen waren.

Hilfsdruckluft (Lfz)
Ein Vorrat an Druckluft, mit dem im Falle des Versagens des normalen Antriebs gewisse Teile der Hydraulik- oder Pneumatikanlage eines Luftfahrzeuges betätigt werden können.

Hilfspatrone (Lfz)
Eine Patrone, deren Verbrennungsgase im Falle des Versagens des normalen Antriebs eine Hydraulik- oder Pneumatikanlage eines Luftfahrzeuges betätigen oder eine Notvorrichtung, wie z. B. einen Schleudersitz, auslösen können.

Rettungsfallschirm
Fallschirm, der vom Insassen eines Luftfahrzeugs zum Rettungsabsprung benutzt wird.

Alarmstufe(n) (FS)
Ein allgemeiner Begriff, der wechselweise Bereitschaftsstufe, Notstufe oder Ungewißheitsstufe bedeutet.

Leermasse (Lfz)
Masse eines Luftfahrzeugs einschließlich der Massenanteile seiner Triebwerksanlage, der

oil, coolant, fluid in the hydraulic system, ballast normally carried, fixed equipment and furnishings, and other weight as may be defined in context; also sometimes applied to a rocket less the weight of its propellants and load.
(NASA S. 0490)

1468 End plate (A/c)
A plate or surface at the end of an airfoil, attached in a substantially vertical plane parallel to the direction of flight, that inhibits the formation of a tip vortex and thus produces an effect similar to that of increased aspect ratio.
(NASA S. 0493)

1469 End speed (A/c carrier)
The speed of an aircraft relative to the ship at the moment of release from the catapult.
(BS 185: Sect. 13: No. 13 405)

1470 Endurance (A/c)
The length of time an aircraft can continue flying under given conditions without refuelling.
(BS 185: Sect. 4: No. 4304)

1471 Endurance, prudent limit of ~,
cf./vgl. S.-No./lfd. Nr. 3303

1472 Engaging speed (A/c carrier)
The speed of an aircraft realtive to the ship at the moment of engaging the arresting gear.
(BS 185: Sect. 13: No. 13 406)

1473 Engine, aero- ~,
cf./vgl. S.-No./lfd. Nr. 91

1474 Engine, altitude ~,
cf./vgl. S.-No./lfd. Nr. 318

1475 Engine, arrow ~,
cf./vgl. S.-No./lfd. Nr. 473

1476 Engine, axial ~,
cf./vgl. S.-No./lfd. Nr. 539

1477 Engine, axial-flow ~,
cf./vgl. S.-No./lfd. Nr. 542

1478 Engine, barrel ~,
cf./vgl. S.-No./lfd. Nr. 620

1479 Engine, bypass ~,
cf./vgl. S.-No./lfd. Nr. 811

1480 Engine car (A/c 1)
A car, or portion of a car, wholly devoted to propulsive machinery.
(BS 185: Sect. 7: No. 7210)

1481 Engine, compound turbine ~,
cf./vgl. S.-No./lfd. Nr. 1015

1482 Engine, compression-ignition ~,
cf./vgl. S.-No./lfd. Nr. 1019

1483 Engine, contra-flow turbine ~,
cf./vgl. S.-No./lfd. Nr. 1064

1484 Engine, critical ~,
cf./vgl. S.-No./lfd. Nr. 1196

1485 Engine, ducted-fan turbine ~,
cf./vgl. S.-No./lfd. Nr. 1403

1486 Engine, fan ~,
cf./vgl. S.-No./lfd. Nr. 1583

1487 Engine, gas-turbine ~,
cf./vgl. S.-No./lfd. Nr. 1838

1488 Engine, H- ~,
cf./vgl. S.-No./lfd. Nr. 2024

1489 Engine, in-line ~,
cf./vgl. S.-No./lfd. Nr. 2210

1490 Engine, intermittent jet ~,
cf./vgl. S.-No./lfd. Nr. 2274

1491 Engine, inverted ~,
cf./vgl. S.-No./lfd. Nr. 2287

eingeschlossenen Kraft- und Schmierstoffe, des Kühlstoffs und der Hydraulikflüssigkeit, des normalerweise mitgeführten Ballastes, der fest eingebauten Ausrüstung und Ausstattung sowie anderer Gewichte, wie sie in diesem Zusammenhang definiert werden können. Wird manchmal auch auf Raketen angewandt, hier abzüglich der Massenanteile ihrer Treibstoffe und Nutzlast.

Endscheibe (Flzg)
Scheibe oder Fläche am Ende eines Tragflügels, in etwa senkrecht und parallel zur Flugrichtung angebracht, wodurch die Bildung von Randwirbeln verhindert und eine gleichartige Wirkung wie mit einer größeren Flügelstreckung erzielt wird.

Katapult-Endgeschwindigkeit (Flzg-Träger)
Geschwindigkeit eines Luftfahrzeuges relativ zum Schiff in dem Zeitpunkt, wenn es das Katapult verläßt.

Höchstflugdauer (Lfz)
Zeitdauer, die ein Luftfahrzeug unter gegebenen Bedingungen in der Luft bleiben kann, ohne nachzutanken.

Einfanggeschwindigkeit (Flzg-Träger)
Geschwindigkeit eines Luftfahrzeugs relativ zum Schiff in dem Zeitpunkt, wenn es in die Landebremsvorrichtung einhakt.

Motorgondel (Lfz 1)
Gondel, oder Teil einer Gondel, die ganz von der Triebwerksanlage eingenommen wird.

1492 Engine, multi-row radial ~,
cf./vgl. S.-No./lfd. Nr. 2783
1493 Engine, opposed-cylinder ~,
cf./vgl. S.-No./lfd. Nr. 2918
1494 Engine, opposed-piston ~,
cf./vgl. S.-No./lfd. Nr. 2919
1495 Engine, piston ~,
cf./vgl. S.-No./lfd. Nr. 3065
1496 Engine pod (Turbo)
A streamlined structure or nacelle on an airplane, usually slung beneath the wing or attached to the wing tip, housing one or more
jet engines.
(NASA S. 0498)

Triebwerksgondel (Turbo)
Stromlinienförmige Struktur oder Gondel an
einem Flugzeug mit einem oder mehreren
Strahltriebwerken, die im allgemeinen unter
der Tragfläche abgehängt oder am Trag-
flächenende befestigt ist.

1497 Engine, propeller turbine ~,
cf./vgl. S.-No./lfd. Nr. 3287
1498 Engine, prototype ~,
cf./vgl. S.-No./lfd. Nr. 3301
1499 Engine, pulse jet ~,
cf./vgl. S.-No./lfd. Nr. 3309
1500 Engine, radial ~,
cf./vgl. S.-No./lfd. Nr. 3363
1501 Engine, ram-jet ~,
cf./vgl. S.-No./lfd. Nr. 3417
1502 Engine rating (Eng/Turbo)
A statement of the guaranteed minimum or
alternatively the average performance of the
engine, including output r. p. m., specific
fuel consumption, gas temperature, time
limit and any other relevant data, in specified
conditions.
(BS 185: Sect. 8: No. 8209)

**Nennleistung; zulässige Motorleistung
(Flmot/Turbo)**
Angabe der garantierten Mindestleistung oder
auch Durchschnittsleistung eines Motors unter bestimmten Bedingungen, einschließlich
abgegebener Motordrehzahl (s^{-1} bzw. min^{-1}),
spezifischem Kraftstoffverbrauch, Abgastemperatur, zeitlichen Begrenzungen und anderen
wichtigen Daten.

1503 Engine, reaction ~,
cf./vgl. S.-No./lfd. Nr. 3451
1504 Engine, right-handed ~,
cf./vgl. S.-No./lfd. Nr. 3571
1505 Engine, rocket ~,
cf./vgl. S.-No./lfd. Nr. 3596
1506 Engine, rotary ~,
cf./vgl. S.-No./lfd. Nr. 3620
1507 Engine, series ~,
cf./vgl. S.-No./lfd. Nr. 3744
1508 Engine speed (Turbo)
The revolutions per minute of the main or
other specified rotor assembly.
(BS 185: Sect. 8: No. 8402)

Triebwerkdrehzahl (Turbo)
Die Umdrehungen pro Minute des Hauptrotors eines Triebwerks oder anderer besonders
gekennzeichneter Teile desselben.

1509 Engine, supercharged ~,
cf./vgl. S.-No./lfd. Nr. 4128
1510 Engine, supercompression ~,
cf./vgl. S.-No./lfd. Nr. 4140
1511 Engine, turboramjet ~,
cf./vgl. S.-No./lfd. Nr. 4496
1512 Engine, V- ~,
cf./vgl. S.-No./lfd. Nr. 4609
1513 Engine, vertical ~,
cf./vgl. S.-No./lfd. Nr. 4620
1514 Engine, X- ~,
cf./vgl. S.-No./lfd. Nr. 4809
1515 Engineer, flight ~,
cf./vgl. S.-No./lfd. Nr. 1682
1516 Engineer, licensed aircraft ~,
cf./vgl. S.-No./lfd. Nr. 2419
1517 Engines, paired ~,
cf./vgl. S.-No./lfd. Nr. 2967
1518 Entry duct, turbine ~,
cf./vgl. S.-No./lfd. Nr. 4485
1519 Entry point (ATC)
The point at which an aircraft entering a control zone crosses the boundary.
(BS 185: Sect. 13: No. 13 225)

Einflugpunkt (FS)
Der Punkt, an dem ein Luftfahrzeug beim Ein-
flug in eine Kontrollzone die Grenze über-
fliegt.

1520 Envelope (A/c 1)
1. The gas-containing unit of a balloon or
non rigid or semi-rigid airship.

Hülle (Lfz 1)
1. Der Gasbehälter eines Ballons, eines unstarren oder eines halbstarren Luftschiffes,

2. The outer cover of an airship in which the gas-containing units are surrounded by a layer of air or inert gas.
(BS 185: Sect. 7: No. 7216)

1521 Equilibrium height (A/c 1)
The altitude at which, under given conditions, equilibrium is established between the lift and weight of a free balloon or an airship acting as a free balloon.
(BS 185: Sect. 7: No. 7115)

1522 Equipment, aircraft ~,
cf./vgl. S.-No./lfd. Nr. 177

1523 Equipment, distance-measuring ~,
cf./vgl. S.-No./lfd. Nr. 1337

1524 Equipment, electrical ~,
cf./vgl. S.-No./lfd. Nr. 1450

1525 Equipment, ground ~,
cf./vgl. S.-No./lfd. Nr. 1919

1526 Equi-signal zone (TEL)
A zone within which, with an overlapping signal pattern system, indication is given that an aircraft is on a particular track.
(B 185: Sect. 14: No. 14 502)

1527 Equivalent airspeed (A/c)

TAS $\left(\dfrac{p}{p_0}\right)^{1/2}$ where p is the density of the air in the conditions under consideration and p_0 is the density of the air at sea level in the Standard Atmosphere.
(ICAO, Annex 8, 5th Ed.)

1528 Equivalent airspeed, Abbr E.A.S. (A/c)
The product of the true airspeed and the square root of the relative air density.
(BS 185: Sect. 4: No. 4317)

1529 Equivalent brake horsepower, total ~,
cf./vgl. S.-No./lfd. Nr. 4398

1530 Equivalent shaft horsepower (Turbo)
The equivalent shaft horsepower, under sea level static conditions, is derived by dividing the jet thrust by a constant. This constant is between 1.12 and 1.21 when the thrust is expressed in kilogrammes and is between 2.5 and 2.7 when the thrust is expressed in pounds.
(ICAO, Annex 8)

1531 Error, acceleration ~,
cf./vgl. S.-No./lfd. Nr. 9

1532 Error, installation ~,
cf./vgl. S.-No./lfd. Nr. 2225

1533 Error, position ~,
cf./vgl. S.-No./lfd. Nr. 3148

1534 Errors, quadrantal ~,
cf./vgl. S.-No./lfd. Nr. 3324

1535 Eta patch (A/c 1)
A fan-shaped patch of fabric and webbing secured to the envelope.
(BS 185: Sect. 7: No. 7246)

1536 Evacuation, air ~,
cf./vgl. S.-No./lfd. Nr. 190

1537 Evaporative cooling (Eng)
A cooling system which utilizes the latent heat of evaporation by allowing the coolant to boil and, after condensation, to return to the cylinder jackets.
(BS 185: Sect. 8: No. 8384)

1538 Evaporative ice (Met)
Ice formed on the induction system on or near surfaces wetted by fuel and cooled by its evaporation. Ice can form from water in the free state or by sublimation from vapour,

2. die Außenhaut eines Luftschiffes, in dem die Gaszellen von Luft oder einem neutralen Gas umgeben sind.

Gleichgewichtshöhe (Lfz 1)
Höhe, in der sich unter gegebenen Bedingungen zwischen dem Auftrieb und der Masse eines Ballons oder eines Luftschiffes, das motorlos schwebt, Gleichgewicht einstellt.

Dauertonzone; Zone gleicher Amplitude (Fernm)
Zone, in welcher mit einem System sich überschneidender Zeichen angezeigt wird, daß sich ein Luftfahrzeug auf einem bestimmten Kurs befindet.

Äquivalente Fluggeschwindigkeit (Lfz)

TAS $\left(\dfrac{p}{p_0}\right)^{1/2}$ worin p die Luftdichte unter der in Betracht kommenden Bedingungen und p_0 die Luftdichte in Meereshöhe in der Normatmosphäre bedeuten.

Äquivalente Fluggeschwindigkeit (Lfz)
Produkt aus der wahren Fluggeschwindigkeit und der Quadratwurzel aus der relativen Luftdichte.

Wellenvergleichsleistung in Pferdestärke; äquivalente Wellenleistung (Turbo)
Die Wellenvergleichsleistung bei Meereshöhen-Luftzustand wird ermittelt durch Teilung des Düsenschubs durch einen Festwert. Dieser Festwert liegt zwischen 1,12 und 1,21, wenn der Schub in kg ausgedrückt wird und zwischen 2,5 und 2,7, wenn er in "Pounds" angegeben ist.

Fächerförmiges Befestigungspflaster (Lfz 1)
Fächerförmiges Pflaster aus Stoff und Gurten, das fest mit der Hülle verbunden ist.

Verdampfungskühlung (Flmot)
Eine Kühlanlage, die von der Wärmeabgabe einer Flüssigkeit bei ihrer Verdampfung Gebrauch macht. Das Kühlmittel erreicht den Siedepunkt, verdampft und wird nach seiner Kondensation wieder in den Zylindermantel zurückgeführt.

Verdunstungseis (Met)
Eisbildung in der Ansauganlage an oder in der Nähe von Flächen, welche von Kraftstoff benetzt und durch dessen Verdunstung abgekühlt werden. Eis kann sich sowohl aus freien

at air temperatures up to 25°C.
(BS 185: Sect. 15: No. 15 606)

Wassertropfen als auch durch Sublimieren von Wasserdampf bei Temperaturen bis zu + 25° Celsius bilden.

1539 Executive aircraft (A/c)
A passenger airplane or small transport designed especially for the use of business executives.
(NASA S. 0509)

Geschäftsflugzeug
Passagier- oder kleines Transportflugzeug, das speziell für die Nutzung durch führende Geschäftsleute konstruiert ist.

1540 Exhaust-collector ring (Eng)
A circular manifold which collects the exhaust from the cylinders of a radial engine.
(NASA S. 0510)

Abgassammelring (Flmot)
Ringförmiger Abgassammler, der die Abgase der Zylinder eines Sternmotors aufnimmt.

1541 Exhaust cone (Turbo)
An assembly which leads the exhaust gases from the annular turbine discharge to the jet pipe. It usually consists of two main parts, an inner and an outer cone, mounted concentrically with the turbine wheel.
(BS 185: Sect. 8: No. 8467)

Abgaskonus (Turbo)
Der Teil einer Gasturbine, durch den die Abgase aus der ringfömigen Austrittsöffnung hinter der Turbine in das Strahlrohr geleitet werden. Es besteht meist aus zwei Hauptteilen, einem äußeren und einem inneren Konus, die beide koaxial mit der Turbinenachse verlaufen.

1542 Exhaust gas temperature (Turbo)
The average temperature of the exhaust gas stream obtained in an approved manner.
(ICAO, Annex 8, 5th Ed.)

Abgastemperatur (Turbo)
Die in anerkannter Weise gemessene mittlere Temperatur des Abgasstrahles.

1543 Exhaust manifold (Eng)
A pipe or chamber into which exhaust gases are led from a number of cylinders.
(BS 185: Sect. 8: No. 8368)

Abgassammler (Flmot)
Ein Rohr oder eine Kammer, in die die Abgase aus einer Anzahl von Zylindern eines Flugmotors geleitet werden.

1544 Exhaust nozzle (Turbo, Miss)
A nozzle through which exhaust gases are ejected as from a jet or rocket engine.
(NASA S. 0511)

Strahldüse; Schubdüse (Turbo, FK)
Düse bei einem Strahl- oder Raketentriebwerk, aus der die Verbrennungsgase ausgestoßen werden.

1545 Exhaust stack (Eng)
A pipe, usually a short pipe, for leading exhaust gases from an engine cylinder and discharging them, ordinarily, into the open.
(NASA S. 0512)

Abgasstutzen; Auspuffstutzen (Flmot)
Ein im allgemeinen kurzes Rohr, durch das Abgase von einem Flugmotorenzylinder normalerweise in die freie Luft abgeleitet werden.

1546 Exhaust stator-blades (Turbo)
An assembly of stator-blades situated behind the turbine discharge to remove residual whirl from the exhaust gases.
(BS 185: Sect. 8: No. 8468)

Abgasleitschaufeln (Turbo)
Eine Anordnung von Leitschaufeln, die hinter der Turbine eingebaut sind, um den Drall aus der Abgasströmung gleichzurichten.

1547 Exhaust system (Turbo)
The duct or ducts through which the exhaust gases from the combustion system and turbine are discharged.
(BS 185: Part 2: No. 8425)

Abgasanlage (Turbo)
Die Leitung oder die Leitungen, durch die die Abgase aus den Brennkammern und der Gasturbine in die Atmosphäre abgeleitet werden.

1548 Exosphere (Aero)
The outermost layer of the atmosphere.
(NASA S. 0514)

Exosphäre Aero)
Die äußerste Schicht der Atmosphäre.

1549 Expanding balloon (A/c 1),
cf./vgl. **Dilatable balloon,** S.-No./lfd. Nr. 1313

1550 Expected (Aero)
Used in relation to various aspects of performances (e. g., rate or gradient of climb) this term means the standard performance for the type, in the relevant conditions (e. g., weight, altitude and temperature).
(ICAO, Annex 8, 5th Ed.)

Erwartet (Aero)
Angewandt in Verbindung mit den verschiedenen Ausdrucksformen der Leistungsarten (z. B. Steiggeschwindigkeit oder Steigwinkel) weist dieser Ausdruck auf die Normleistung des Musters unter den gegebenen Bedingungen hin (z. B. Gewicht, Höhe über Meer und Temperatur).

1551 Expected approach time (ATC)
The time at which it is expected that an arriving aircraft will be cleared to commence approach for a landing.
(ICAO, Annex 2, 5th Ed.)

Voraussichtlicher Anflugzeitpunkt (FS)
Der Zeitpunkt, zu welchem für ein ankommendes Luftfahrzeug voraussichtlich der Beginn des Landeanfluges freigegeben wird.

1552 Explosive decompression (Med)
A very rapid (i. e. one tenth of a second or less) reduction of the pressure in a pressurized compartment to that of the external atmosphere. If the change in pressure is of sufficient magnitude, physiological damage may be caused to the occupants.
(BS 185: Sect. 17: No. 17 115)

Explosive Dekompression (Flmed)
Sehr schnelle Verminderung des Drucks (d. h. in ¹/₁₀ Sekunde oder schneller) in einer Druckkabine auf den der Außenatmosphäre. Bei einer entsprechenden Größenordnung des Druckunterschieds können physiologische Schäden bei den Insassen verursacht werden.

1553 Exposure suit (Aero)
A suit designed to protect a person from a harmful environment, such as freezing water.
(NASA S. 0517)

1554 Extension flap (A/c)
A flap, the movement of which increases the effective chord length of the aerofoil, e. g. **Fowler flap; Gouge flap.**
(BS 185: Sect. 5: 5328)

1555 External-airfoil flap (A/c)
An auxiliary airfoil, usually located below and near the trailing edge of a wing, that is deflected to increase lift and drag.
(NASA S. 0520)

1556 Extractor parachute
A parachute designed to withdraw a load from an aircraft in flight. It is called a **retarder parachute** when it is used to deploy the main load-carrying parachute.
(BS 185: Sect. 12: No. 12 149)

1557 Eye of storm (Met)
The central calm area of a tropical revolving storm.
(BS 185: Sect. 15: No. 15 218)

Schutzanzug (Aero)
Ein zum Schutz des Menschen vor schädlichen Umwelteinflüssen, wie z. B. gefrierendem Wasser, geschaffener Anzug.

Fowler-Klappe (Lfz)
Landeklappe, die beim Ausfahren die wirksame Flügeltiefe vergrößert, z. B. **Gouge-Klappe.**

Hilfsflügel (Lfz)
Ein im allgemeinen unterhalb und in der Nähe der Tragflächenhinterkante angebrachter Hilfstragflügel, der zur Erhöhung von Auftrieb und Widerstand ausgelenkt wird.

Aufziehschirm (Fallsch)
Schirm, der dem Herausziehen einer Last aus einem Luftfahrzeug im Flug dient. Er wird **Verzögerungsschirm** bezeichnet, wenn er dem Entfalten des Haupt-Lastenfallschirms dient.

Auge des Sturmes; Sturmzentrum (Met)
Die windstille Zone im Zentrum eines tropischen Wirbelsturms.

F

1558 Fabric, biassed ~,
cf./vgl. S.-No./lfd. Nr. 683
1559 Fabric, multi-ply ~,
cf./vgl. S.-No./lfd. Nr. 2782
1560 Fabric, parallel ~,
cf./vgl. S.-No./lfd. Nr. 3003
1561 Face, pressure ~,
cf./vgl. S.-No./lfd. Nr. 3214
1562 Face, suction ~,
cf./vgl. S.-No./lfd. Nr. 4118

1563 Facility performance category I-ILS (ATC)
An ILS which provides guidance information from the coverage limit of the ILS to the point at which the localizer course line intersects the glide path at a height of 60 metres (200 feet) or less above the horizontal plane containing the ILS reference point.
(ICAO, Annex 10, Volume I, 1st Ed.)

1564 Facility performance category II-ILS (ATC)
An ILS which provides guidance information from the coverage limit of the ILS to the point at which the localizer course line intersects the glide path at a height of 15 metres (50 feet) or less above the horizontal plane containing the ILS reference point.
(ICAO, Annex 10, Volume I, 1st Ed.)

1565 Facility performance category III-ILS (ATC)
An ILS which, with the aid of ancillary equipment where necessary, provides guidance information from the coverage limit of the facility to, and along, the surface of the runway.
(ICAO, Annex 10, Volume I, 1st Ed.)

1566 Facsimile (TEL)
A system of telcommunication for the transmission of fixed images with a view to their reception in a permanent form.
(AAP-6)

Gerätekategorie I-ILS (FS)
Ein Instrumentenlandesystem, das Kursführungsinformationen von der Reichweitengrenze des ILS bis zu dem Punkt liefert, wo die Kurslinie des Landekurssenders den Gleitweg in einer Höhe von 60 m (200 Fuß) oder weniger über der horizontalen Fläche, die den ILS-Bezugspunkt enthält, schneidet.

Gerätekategorie II-ILS (FS)
Ein Instrumentenlandesystem, das Kursführungsinformationen von der Reichweitengrenze des ILS bis zu dem Punkt liefert, wo die Kurslinie des Landekurssenders den Gleitweg in einer Höhe von 15 m (50 Fuß) oder weniger über der horizontalen Fläche, die den ILS-Bezugspunkt enthält, schneidet.

Gerätekategorie III-ILS (FS)
Ein Instrumentenlandesystem, das, soweit erforderlich, mit Hilfe von Zusatzeinrichtungen Kursführungsinformationen von der Reichweitengrenze der Anlage bis zur Oberfläche und entlang der Oberfläche der Piste liefert.

Faksimile(übertragungs)system (Fernm)
Fernmeldesystem zur Übermittlung unbewegter Bilder und deren Empfang in dauerhafter Form.

1567 **Factor, blade activity ~,**
cf./vgl. S.-No./lfd. Nr. 688
1568 **Facor, damping ~,**
cf./vgl. S.-No./lfd. Nr. 1232
1569 **Factor, height power ~,**
cf./vgl. S.-No./lfd. Nr. 2015
1570 **Factor load ~,**
cf./vgl. S.-No./lfd. Nr. 2506, 2507
1571 **Factor, manoeuvring load ~,**
cf./vgl. S.-No./lfd. Nr. 2620
1572 **Factor of safety (Struct)**
A design factor used to provide for the possibility of loads greater than those assumed, and for uncertainties in design and fabrication.
(ICAO, Annex 8, 5th Ed.)
1573 **Factor of safety (Struct)**
The factor by which a limit load is multiplied to produce the load to be used in the design of an aircraft or part of an aircraft. It is introduced to provide a margin of strength against loads greater than the limit loads, and against uncertainties in materials, construction, load estimation and stress analysis.
(BS 185: Sect. 3: No. 3106)

1574 **Factor, proof ~,**
cf./vgl. S.-No./lfd. Nr. 3262
1575 **Factor, reserve ~,**
cf./vgl. S.-No./lfd. Nr. 3521
1576 **Factor, ultimate ~,**
cf./vgl. S.-No./lfd. Nr. 4528
1577 **Falring (A/c)**
A secondary structure added to any part to reduce its drag.
(BS 185: Sect. 3: No. 3203)
1578 **Fall, free ~,**
cf./vgl. S.-No./lfd. Nr. 1782
1579 **Falling leaf (Flt OPS)**
A kind of aerobatic stunt or performance in which an airplane maintaining an approximately level attitude and an approximately constant heading makes a series of checked spins, oscillating from side to side and gradually sinking, simulating the movements of a falling leaf.
(NASA S. 0524)
1580 **False lift (A/c 1)**
The additional lift caused by positive superheat.
(BS 185: Sect. 7: No. 7127)
1581 **False origin (Nav)**
A fixed point to the south and west of a grid zone from which grid distances are measured eastward and northward.
(AAP-6)
1582 **False rib (Struct)**
An incomplete airfoil rib, often skeletonized, inserted ahead of the front spar of the airfoil between the main ribs to assist in maintaining the form of the leading edge. Also called a "former rib" or "nose rib".
(NASA S. 0525)

1583 **Fan engine (Eng. Turbo)**
1. An internal-combustion reciprocating engine with its cylinders so disposed that they suggest the spread of a hand-held fan.
2. A ducted-fan engine.
(NASA S. 0526)
1584 **Fan marker-beacon (TEL)**
A type of radio beacon, the emissions of

Sicherheitsfaktor; Sicherheitszahl (Konstr)
Ein Rechnungsvielfaches, das verwendet wird, um höhere Belastungen als die angenommenen sowie Unsicherheiten bei der Bemessung und Ungenauigkeiten bei der Herstellung zu berücksichtigen.
Sicherheitsfaktor; Sicherheitszahl (Konstr)
Faktor, mit dem die sichere Last multipliziert wird, um die Last zu erhalten, die für den Entwurf eines Luftfahrzeuges oder Luftfahrzeugteils verwendet wird. Sie wird eingeführt, um einen Überschuß an Festigkeit gegenüber Belastungen, die größer sind als die sichere Last, und gegenüber Unsicherheiten in Materialeigenschaften, Konstruktion, Lastannahmen und Festigkeitsrechnungen zu erhalten.

Verkleidung(sübergang) (Lfz)
Nichttragendes Bauteil, der zur Verringerung des Widerstandes an beliebiger Stelle angebracht ist.

Fallendes Blatt (Flbetr)
Eine Art Kunstflugfigur, bei der ein Flugzeug unter annähernder Beibehaltung einer Horizontalfluglage und eines etwa gleichbleibenden Steuerkurses eine Reihe kontrollierter Trudelbewegungen mit allmählicher Höhenaufgabe und Pendelbewegungen nach beiden Seiten ausführt und damit die Bewegungen eines fallenden Blattes nachahmt.
Falscher Auftrieb (Lfz 1)
Zusätzlicher Auftrieb infolge Aufwärmung.

Verschobener Koordinatennullpunkt (Nav)
Fester Punkt südlich und westlich einer Gitterzone, von dem aus Gitterentfernungen nach Osten und Norden gemessen werden.

Hilfsrippe; Formrippe; Nasenrippe (Konstr)
Eine vor dem Vorderholm eines Tragflügels zwischen den Hauptrippen angeordnete, nicht voll ausgeführte und z. T. nur skelettartig ausgebildete Tragflügelrippe, die der Formerhaltung der Tragflächenvorderkante dient. Im Englischen auch als **"former rib"** (= **Formrippe**) oder **"nose rib"** (= **Nasenrippe**) bezeichnet.
1. **Fächermotor (Flmot)**
Ein Verbrennungs-Kolbenmotor, dessen Zylinder so angeordnet sind, daß sie einem in der Hand gehaltenen, gespreizten Fächer ähneln.
2. **Manteltriebwerk (Turbo)**
Ein Zweikreis-Triebwerk.
Fächerfunkfeuer (Fernm)
Ein Funkfeuer mit vertikal gerichteter und fä-

which radiate in a vertical fan-shaped pattern.
(ICAO, Annex 4, 5th Ed., Annex 10, Volume I, 1st Ed.)

1585 Fan marker-beacon (TEL)
A form of marker beacon radiating a vertical fan-shaped pattern.
(BS 185: Sect. 14: No. 14 303)

1586 Fan straighteners (Aerodyn)
Radial vanes installed near the fan in a wind tunnel to counteract the rotation of the stream produced by it.
(BS 185: Sect. 4: No. 4615)

1587 Feathered pitch (Prop)
The pitch setting, specified in the Propeller Instruction Manual, which, in flight with the engine stopped, gives approximately the minimum drag, and corresponds with a windmilling torque of approximately zero.
(ICAO, Annex 8, 5th Ed.)

1588 Feathering (Rotor)
Variation with azimuth angle of the blade pitch angle about the feathering hinge.
(BS 185: Sect. 5: No. 5720)

1589 Feathering hinge (Rotor)
A blade pivot which allows the blade pitch angle to be varied.
(BS 185: Sect. 5: No. 5722)

1590 Feathering pitch (Prop)
A pitch setting selected to give minimum rotation and approximately minimum drag when the engine is stopped.
(BS 185: Sect. 9: No. 9125)

1591 Feedback (Aero)
In aeronautics, the transmittal of forces initiated by aerodynamic action on control surfaces or rotor blades to the cockpit controls; the forces so transmitted.
(NASA S. 0530)

1592 Feed pipes (Eng)
Pipes leading oil from the oil tank to the engine.
(BS 185: Sect. 8: No. 8231)

1593 Feeder circuit (El)
An arrangement of conductors for transmitting electric power from some point on a main circuit to one or more current-consuming items of apparatus.
(BS 185: Sect. 10: No. 10 207)

1594 Feel (A/c)
The sensation (e. g. of force and displacement) experienced by the pilot through those limbs which are in contact with the flying controls.
(BS 185: Sect. 5: No. 5319)

1595 Feel (Aero)
The sensation or impression that a pilot has or receives as to his, or his aircraft's, attitude, orientation, speed, direction of movement or acceleration, or proximity to nearby objects, or as most often used, as to the aircraft's stability and responsiveness to control.
(NASA S. 0531)

1596 Feel, control ~,
cf./vgl. S.-No./lfd. Nr. 1091

1597 Feel system, artificial ~,
cf./vgl. S.-No./lfd. Nr. 476

1598 Feel system, q ~,
cf./vgl. S.-No./lfd. Nr. 3323

cherförmiger Ausstrahlung.

Fächerfunkfeuer (Fernm)
Eine bestimmte Art von Markierungsfunkfeuer, das ein fächerförmiges Vertikaldiagramm ausstrahlt.

Gebläsegleichrichter (Aerodyn)
Ein in der Nähe des Antriebsgebläses im Windkanal angeordnetes System radialer Leitschaufeln, das der durch das Gebläse hervorgerufenen Rotation des Luftstrahls entgegenwirkt.

Segelstellung; Fahnenstellung (Prop)
Die im Propellerhandbuch festgelegte Steigungseinstellung, die im Fluge bei stillgelegtem Motor annähernd den geringsten Widerstand und ein (Propeller-)Schleppdrehmoment von angenähert Null ergibt.

Anstellwinkelverstellung (Drefl)
Änderung des Blattanstellwinkels mit dem Azimutwinkel um das Verstellgelenk.

Verstellgelenk (Drehfl)
Blattgelenk, das eine Änderung des Blattanstellwinkels gestattet.

Segelstellung (Prop)
Eine Blatteinstellung, bei der die Luftschraube bei stehendem Triebwerk mit geringster Drehzahl mitläuft und in etwa den geringsten Luftwiderstand liefert.

Steuerdruck (Aero)
Bedeutet in der Luftfahrt die durch aerodynamische Einwirkungen auf die Steuerflächen oder Rotorblätter bewirkte Übertragung von Kräften auf die Steuerorgane im Führerraum; die solchermaßen übertragenen Kräfte.

Förderleitungen (Flmot)
Rohrleitungen, die vom Ölbehälter zum Motor führen.

Nebennetz: Hilfsnetz (El)
Ein Leitungssystem zum Leiten elektrischer Energie von irgendeinem Punkt eines Hauptnetzes zu einem oder mehreren stromverbrauchenden Apparatteilen.

(Steuerdruck-)Gefühl (Lfz)
Die von einem Luftfahrzeugführer mit seinen Gliedmassen, die mit dem Steuerwerk in Berührung stehen, empfundene Sinneswahrnehmung (z. B. Steuerdruck und -ausschlag).

Fliegerisches Gefühl (Aero)
Das Empfinden oder der Eindruck, den ein Luftfahrzeugführer hinsichtlich seiner oder seines Luftfahrzeugs Fluglage, Orientierung, Geschwindigkeit, Bewegungsrichtung oder Beschleunigung, oder der Entfernung zu nahegelegenen Objekten hat; meist im Zusammenhang mit der Stabilität und dem Ansprechen des Luftfahrzeugs auf Steuerausschläge gebraucht.

1599 Feel system, spring ~,
cf./vgl. S.-No./lfd. Nr. 3952

1600 Fence (Struct)
A projection from the surface of a wing and extending chordwise to modify the wing surface pressure distribution.
(BS 185: Sect. 5: No. 5323)

1601 Fence (Struct)
A stationary plate or vane projecting from the upper surface of a wing (sometimes continued around the leading edge), substantially parallel to the airstream, used to prevent spanwise flow. Sometimes called a "stall fence".
(NASA S. 0533)

1602 FIDO (GS)
Abbreviation for fog, intense, dispersal of – pronounced as a word and used to signify the act or method of dispersing fog over a runway by burning gasoline or other liquid fuel, usually in perforated pipes, at the sides of the runway.
(NASA S. 0534)

1603 Fillet (A/c)
A fairing at the junction of two surfaces to improve the air-flow.
(BS 185: Sect. 3: No. 3204)

1604 Filter, air ~,
cf./vgl. S.-No./lfd. Nr. 192

1605 Filter element (Eng)
A device for removing entrained particles from an airstream.
(BS 185: Sect. 8: No. 8275)

1606 Filter element, dry-type ~,
cf./vgl. S.-No./lfd. Nr. 1396

1607 Filter element, wet-type ~,
cf./vgl. S.-No./lfd. Nr. 4723

1608 Fin (A/c)
A fixed vertical surface to provide adequate directional stability.
(BS 185: Sect. 5: No. 5324)

1609 Fin (A/c)
A fixed or adjustable airfoil or vane attached longitudinally to an aircraft, rocket, or similar body to provide a stabilizing effect; specifically, the vertical fin on an airplane, as distinguished from its horizontal counterpart.
(NASA S. 0536)

1610 Fin (A/c 1)
1. A fixed surface outside the envelope or outer cover of a lighter-than-air aircraft providing aerodynamic stability.
2. Those parts of the stabilizers of a kite balloon providing stability in pitch.
(BS 185: Sect. 7: No. 7223)

1611 Fin carrier (A/c 1)
A frame laced to channel patches on the envelope of a non-rigid or semi-rigid airship to distribute the forces from a fin.
(BS 185: Sect. 7: No. 7224)

1612 Fin post (A/c)
The principal structural member of a fin, usually carrying the rudder.
(BS 185: Sect. 3: No. 3205)

1613 Final approach (ATC)
That part of an instrument approach procedure from the time the aircraft has
a) completed the last procedure turn, where one is specified; or
b) crossed a specified fix; or
c) intercepted the last track specified for the

(Grenzschicht-)Zaun (Konstr)
Eine auf der Tragflächenoberseite in Richtung der Profilsehne verlaufende Leiste, mittels derer die Druckverteilung auf der Oberfläche beeinflußt wird.

(Grenzschicht-)Zaun (Konstr)
Fest mit einer Tragfläche verbundene und von ihrer Oberseite herausragende Platte oder Längsleitfläche, die z. T. um die Tragflächenvorderkante herumgeführt ist, im wesentlichen parallel zur Anströmrichtung verläuft und zur Verhütung eines Luftflusses in Richtung der Spannweite verwendet wird. Im Englischen auch als "stall fence" bezeichnet.

FIDO; künstliche Nebelauflösung (Bod)
Abkürzung wie links angegeben, als ein Wort ausgesprochen. FIDO findet Verwendung für das Verfahren zum Zerstreuen des Nebels über der Landebahn mittels der Verbrennung von meist aus perforierten Rohren beiderseits der Landebahn austretendem Benzin oder anderem flüssigen Brennstoff.

Verkleidungsübergang; Ausrundung (Lfz)
Verkleidung der Naht zweier Flächen zur Verbesserung der Luftströmung.

Filterelement (Flmot)
Vorrichtung zum Entfernen von mitgeführten Partikelchen aus einem Luftstrom.

Seitenflosse (Lfz)
Feststehende, vertikale Fläche zur Erzielung ausreichender Richtungsstabilität.

Seiten(leitwerks)flosse (Lfz)
Festes oder einstellbares Profil oder Längsleitfläche, die zur Erzielung einer stabilisierenden Wirkung in Längsrichtung an einem Luftfahrzeug, einer Rakete oder gleichartigem Fluggerät befestigt ist; hier insbesondere die senkrechte Flosse auf einem Flugzeug im Unterschied zu der entsprechenden horizontalen Fläche.

Flosse (Lfz 1)
1. Feste Fläche außerhalb der Hülle oder Außenhaut eines Luftfahrzeuges leichter als Luft, die aerodynamische Stabilität gibt.
2. Diejenigen Teile des Stabilisierungswulst eines Drachenballons, die Längsstabilität geben.

Flossenträger (Lfz 1)
Rahmen, der an das röhrenförmige Befestigungspflaster der Hülle eines unstarren oder halbstarren Luftschiffes geschnürt ist, um die Kräfte einer Flosse weiterzuleiten.

Seitenflossenholm (Lfz)
Hauptbauglied einer Seitenflosse, das normalerweise das Seitenruder trägt.

Endanflug (FS)
Der Teil eines Instrumentenanflugverfahrens, von dem Zeitpunkt an, zu dem das Luftfahrzeug
a) die letzte Verfahrenskurve, wo eine solche vorgeschrieben ist, vollendet hat, oder
b) einen festgelegten Punkt überflogen hat,

procedure, until it has crossed a point in the vicinity of an aerodrome from which:
i) a landing can be made; or
ii) a missed-approach procedure is initiated.
(ICAO, Annex 2, 5th Ed.)

1614 Final approach (ATC)
The part of an approach from the time the aircraft has completed the last turn into landing or has crossed a specified position to the point where a landing can be made.
(BS 185: Sect. 13: No. 13 226)

1615 Final approach altitude (ATC)
The altitude at which to begin the final approach.
(BS 185: Sect. 13: No. 13 227)

1616 Final-approach procedure (ATC)
The part of the approach procedure beginning when the aircraft reaches the axis of the runway in use, either heading towards the runway to land directly, or heading for the reciprocal of the runway or to complete the final procedure turn, and ending either upon landing or when missed-approach action is taken.
(BS 185: Sect. 13: No. 13 228)

1617 Final controller (ATC)
cf./vgl. **Precision controller**, S.-No./lfd. Nr. 3193

1618 Final procedure turn (ATC)
The part of the final-approach procedure during which an aircraft on the reciprocal leg reverses its course towards the aerodrome to proceed along the runway in use.
(BS 185: Sect. 13: No. 13 229)

1619 Fire balloon (A/c 1)
A hot-air balloon that carries a fire beneath the open mouth of the bag to keep the air within heated for prolonged flight.
(NASA S. 0539)

1620 Fire wall (Struct)
A fire-proof or fire-resistant wall or bulkhead separating an engine from the rest of an aircraft structure to prevent the spread of any fire originating at the engine.
(NASA S. 0541)

1621 Fireproof material (Aero)
A material capable of withstanding heat as well as or better than steel when the dimensions in both cases are appropriate for the specific purpose.
(ICAO, Annex 7, 2nd Ed.)

1622 First mean chord (A/c)
cf./vgl. **Standard mean chord**, S.-No./lfd. Nr. 3993

1623 First pilot (Aero)
A pilot, fully qualified on type, responsible for the flying of an aircraft.
(BS 185: Sect. 16: No. 16 108)

1624 First point of Aries (Nav)
The point on the celestial sphere at which the sun, on its passage along the ecliptic, crosses the celestial equator from South to North. This occurs at the vernal equinox.
(BS 185: Sect. 11: No. 11 205)

1625 Fix (Nav)
The ground position of an aircraft determined by observations of terrestrial or celestial objects, or by radio aids.
(BS 185: Sect. 11: No. 11 114)

oder
c) auf den letzten für das Verfahren festgelegten Kurs eingedreht hat, bis zum Überfliegen eines in der Nähe eines Flugplatzes gelegenen Punktes, von dem aus
i) eine Landung durchgeführt werden kann, oder
ii) ein Fehlanflugverfahren eingeleitet wird.

Endanflug (FS)
Der Teil eines Anflugs von dem Zeitpunkt an, zu dem das Luftfahrzeug die letzte Kurve vor der Landung beendet oder einen festgelegten Standort überflogen hat, bis zu dem Punkt, von dem aus eine Landung durchgeführt werden kann.

Endanflughöhe (FS)
Flughöhe, in welcher zum Endanflug anzusetzen ist.

Endanflugverfahren (FS)
Der Teil eines Anflugs beginnend zu dem Zeitpunkt, zu dem das Luftfahrzeug – entweder zur unmittelbaren Landung in Richtung der Piste oder in Gegenrichtung der Piste fliegend oder um die letzte Verfahrenskurve zu beenden – die Achse der in Betrieb befindlichen Piste erreicht, und endend entweder durch die Landung oder zu dem Zeitpunkt, zu dem ein Fehlanflugverfahren begonnen wird.

Letzte Verfahrenskurve (FS)
Der Teil eines Endanflugverfahrens, bei dem ein auf Gegenkurs zu der in Betrieb befindlichen Piste fliegendes Luftfahrzeug auf diese in Richtung zum Flugplatz einkurvt.

Heißluftballon (Lfz 1)
Heißluftballon, der unter der Öffnung der Hülle ein Feuer mit sich führt, um die Innenluft für längere Fahrten aufgeheizt zu halten.

Brandschott (Konstr)
Feuersichere oder feuerhemmende Wandung oder Schott, das einen Flugmotor von der übrigen Luftfahrzeugstruktur trennt, um die Ausbreitung jeglichen beim Motor entstehenden Feuers zu verhindern.

Feuerfester Werkstoff (Aero)
Ein (Bau)Stoff, der gegenüber Hitze mindestens gleich widerstandsfähig ist wie Stahl, wenn die Abmessungen in beiden Fällen dem besonderen Zweck angepaßt sind.

Erster Luftfahrzeugführer (Aero)
Ein voll auf einem Luftfahrzeugmuster einsatzbereiter Luftfahrzeugführer, der für das Fliegen eines Luftfahrzeugs verantwortlich ist.

Widderpunkt; Frühlingspunkt (Nav)
Derjenige Punkt auf der Himmelskugel, in dem die Sonne auf ihrer Bahn auf der Ekliptik den Himmelsäquator von Süden nach Norden kreuzt. Dies tritt während der Frühlings-Tagundnachtgleiche ein.

Peilstandort (Nav)
Der durch Beobachtungen von terrestrischen Objekten oder Gestirnen oder durch Funkhilfsmittel festgestellte Standort eines Luftfahrzeuges über Grund.

1626 **Fix (Nav)**
A position determined from terrestrial, electronic or astronomical data.
(AAP-6)

1627 **Fix, running ~,**
cf./vgl. S.-No./lfd. Nr. 3653
1628 **Fixed circuit, aeronautical ~,**
cf./vgl. S.-No./lfd. Nr. 103
1629 **Fixed light (GS)**
A light having constant luminous intensity when observed from a fixed point.
(ICAO, Annex 14, 4th Ed.)
1630 **Fixed light (GS)**
A light having constant luminous intensity when observed from a fixed direction.
(BS 185: Sect. 13: No. 13 337)
1631 **Fixed loop aerial (TEL)**
A loop aerial permanently fixed with respect to the centre line of the aircraft and used with a homing receiver.
(BS 185: Sect. 14: No. 14 403)
1632 **Fixed-pitch propeller**
A propeller, the pitch setting of which cannot be changed except by processes constituting a workshop operation.
(ICAO, Annex 8, 5th Ed.)
1633 **Fixed-pitch propeller**
A propeller having no provision for changing the pitch setting.
(BS 185: Sect. 9: No. 9136)
1634 **Fixed service, aeronautical ~,**
cf./vgl. S.-No./lfd. Nr. 104
1635 **Fixed station, aeronautical ~,**
cf./vgl. S.-No./lfd. Nr. 106
1636 **Fixed telecommunication network, aeronautical ~,**
cf./vgl. S.-No./lfd. Nr. 107
1637 **Fixed telecommunication network circuit, aeronautical ~,**
cf./vgl. S.-No./lfd. Nr. 108
1638 **Fixed weight (A/c 1)**
The weight of a lighter-than-air aircraft complete in flying order without fuel, oil, dischargeable weight or pay load.
(BS 185: Sect. 7: No. 7145)
1639 **Fixing aids (TEL)**
Systems designed to determine the geographical position of an aircraft.
(BS 185: Sect. 14: No. 14 202)

1640 **Flame damper (Eng)**
A device to prevent visual detection of an aircraft by its exhaust flame.
(BS 185: Sect. 8: No. 8374)

1641 **Flame damper, induction ~,**
cf./vgl. S.-No./lfd. Nr. 2191
1642 **Flame-trap (Eng)**
A device fitted in the induction system to prevent the passage of flame in the event of a "backfire" or "blow-back".
(BS 185: Sect. 8: No. 8336)
1643 **Flame tube (Turbo)**
A tube, within a combustion chamber, in which combustion occurs.
(BS 185: Sect. 8: No. 8439)
1644 **Flap (A/c)**
Any surface usually forming part of the rear portion of a wing, adjustable in flight, the primary function of which is to increase the lift.
(BS 185: Sect. 5: No. 5325)

(festgelegter, ermittelter) Standort; Position (Nav)
Position, die mit Hilfe von terrestrischen, elektronischen oder astronomischen Daten genau bestimmt wird.

Festfeuer (Bod)
Ein Feuer, das, von einem festen Punkt aus betrachtet, eine gleichbleibende Lichtstärke hat.
Festfeuer (Bod)
Ein Feuer, das – aus einer bestimmten Richtung betrachtet – eine gleichbleibende Lichtstärke hat.
Feste Rahmenantenne (Fernm)
Rahmenantenne, die fest in Richtung der Flugzeuglängsachse angebracht ist und in Verbindung mit einem Zielflugempfänger benutzt wird.
Festpropeller
Ein Propeller, dessen Steigungseinstellung nicht oder nur durch eine werkstattmäßige Bearbeitung geändert werden kann.

Festpropeller; Nichtverstellbarer Propeller
Ein Propeller, dessen Blätter nicht verstellt werden können.

Festmasse (Lfz 1)
Masse eines Luftfahrzeuges, leichter als Luft, im flugfähigen Zustand ohne Kraftstoff, Öl, abwerfbares Gewicht oder Nutzlast.

Hilfsmittel zur Standortbestimmung (Fernm)
Funkanlagen, die der Bestimmung des geographischen Standorts von Luftfahrzeugen dienen.
Flammendämpfer (Flmot)
Eine Vorrichtung, die das Sichtbarwerden von heißen Abgasen und damit die Entdeckung eines Luftfahrzeuges bei Dunkelheit verhindern soll.

Flammenrückschlagsicherung (Flmot)
Eine Vorrichtung in der Einströmleitung eines Motors, die das Durchschlagen der Verbrennungsflamme vom Motor in den Vergaser verhindert.
Flammenrohr (Turbo)
Ein im Inneren der Brennkammer angebrachtes Rohr, in dem der Verbrennungsprozess stattfindet.
Klappe; Landeklappe (Lfz)
Jede Fläche, die normalerweise zum rückwärtigen Teil einer Tragfläche gehört und im Fluge verstellt werden kann und deren Hauptzweck die Erhöhung des Auftriebs ist.

1645 **Flap angle** (A/c)
The angle between the chord of the control surface and the chord of the corresponding fixed surface.
(BS 185: Sect. 5: No. 5206)

Klappenausschlag (Lfz)
Winkel zwischen der Sehne der Steuerfläche und der Sehne der zugehörigen festen Fläche.

1646 **Flap, blown** ~,
cf./vgl. S.-No./lfd. Nr. 712

1647 **Flap, dive** ~,
cf./vgl. S.-No./lfd. Nr. 1353

1648 **Flap, drip** ~,
cf./vgl. S.-No./lfd. Nr. 1387

1649 **Flap, droop** ~,
cf./vgl. S.-No./lfd. Nr. 1392

1650 **Flap, extension** ~,
cf./vgl. S.-No./lfd. Nr. 1554

1651 **Flap, Fowler** ~,
cf./vgl. S.-No./lfd. Nr. 1772

1652 **Flap, Gouge** ~,
cf./vgl. S.-No./lfd. Nr. 1849

1653 **Flap, jet** ~,
cf./vgl. S.-No./lfd. Nr. 2308

1654 **Flap, landing** ~,
cf./vgl. S.-No./lfd. Nr. 2355

1655 **Flap, plain** ~,
cf./vgl. S.-No./lfd. Nr. 3090

1656 **Flap, recovery** ~,
cf./vgl. S.-No./lfd. Nr. 3469

1657 **Flap, slotted** ~,
cf./vgl. S.-No./lfd. Nr. 3854

1658 **Flap, split** ~,
cf./vgl. S.-No./lfd. Nr. 3943

1659 **Flap, suction** ~,
cf./vgl. S.-No./lfd. Nr. 4119

1660 **Flapping** (Rotor)
Angular oscillation of a blade about the flapping hinge.
(BS 185: Sect. 5: No. 5712)

Schlagbewegung (Drehfl)
Winkelschwingungen eines Blattes um die Schlaggelenkachse.

1661 **Flapping hinge** (Rotor)
A blade pivot which allows the flapping angle to vary.
(BS 185: Sect. 5: No. 5723)

Schlaggelenk (Drefl)
Blattgelenk, das eine Verstellung des Schlagwinkels gestattet.

1662 **Flare** (Flt OPS)
Usually, to flare out. To descend in a smooth curve in landing, making a transition from a steep descent to a direction of flight substantially parallel to the surface.
(NASA S. 0552)

Abfangen; ausschweben (Flbetr)
In einer allmählichen Ausrundung beim Landevorgang niedergehen, indem von einem steilen Sinkflug in eine im wesentlichen parallel zur Landefläche verlaufende Flugrichtung übergegangen wird.

1663 **Flare-out** (Flt OPS)
cf./vgl. **Flattening-out**, S.-No./lfd. Nr. 1669

1664 **Flash point** (Eng)
The temperature at which a substance, such as fuel oil, will give off a vapor that will flash or burn momentarily when ignitet.
(NASA S. 0554)

Flammpunkt (Flmot)
Temperatur, bei der eine Substanz wie Schweröl Dämpfe entwickelt, die bei Zündung augenblicklich entflammt werden oder verbrennen.

1665 **Flashing light** (GS)
An intermittent light in which the light periods are clearly shorter than the dark periods, with a repeated cycle.

Blinkfeuer; Blitzfeuer (Bod)
Periodisch unterbrochenes Feuer, bei dem die helle Periode wesentlich kürzer ist als die dunkle.

1666 **Flat diameter** (Para)
The diameter of the maximum inscribed circle of a flat parachute when spread out on the ground.
(BS 185: Sect. 12: No. 12 122)

Plankappendurchmesser (Fallsch)
Durchmesser des größten, einen Plankappenfallschirm umschreibenden Kreises, wenn der Schirm auf dem Boden ausgebreitet ist.

1667 **Flat parachute**
A parachute, the canopy of which consists of triangular gores forming a regular polygon when laid out flat.
(BS 185: Sect. 12: No. 12 150)

Plankappenfallschirm
Fallschirm, dessen Kappe aus dreieckigen Bahnen besteht, welche im ausgebreiteten Zustand ein regelmäßiges Vieleck bilden.

1668 **Flat spin** (Flt OPS)
A spin at a large mean angle of incidence with the longitudinal axis more nearly horizontal than vertical.
(BS 185: Sect. 2: No. 2129)

Flachtrudeln (Flbetr)
Trudeln, mit großem mittleren Anstellwinkel, wobei die Flugzeuglängsachse um weniger als 45° nach unten geneigt ist.

1669 **Flattening-out (Flt OPS)**
The transition between the approach and the horizontal motion before alighting.
(BS 185: Sect. 2: No. 2107)

1670 **Flexural centre (Struct)**
cf./vgl. **Shear centre**, S.-No./lfd. Nr. 3771

1671 **Flick roll (Flt OPS)**
A rapidly executed roll in which the autorotative tendency of the wings is aided to some extent by the rolling moment due to the use of rudder at high angles of incidence.
(BS 185: Sect. 2: No. 2124)

1672 **Flight, aerobatic ~,**
cf./vgl. S.-No./lfd. Nr. 25

1673 **Flight, aero-tow ~,**
cf./vgl. S.-No./lfd. Nr. 137

1674 **Flight altitude, minimum ~,**
cf./vgl. S.-No./lfd. Nr. 2718

1675 **Flight characteristic (A/c)**
A characteristic exhibited by an aircraft, rocket, missile or the like in flight, such as a tendency to stall or to yaw, an ability to remain stable at certain speeds.
(NASA S. 0557)

1676 **Flight control system (A/c)**
The arrangement of all control elements which enable control forces and torques to be brought into play by the human pilot or otherwise.
(BS 185: Sect. 5: No. 5335)

1677 **Flight crew (Aero)**
Those membres of the aircrew whose primary concern is the operation and navigation of the aircraft and its safety in flight.
(BS 185: Sect. 16: No. 16 109)

1678 **Flight crew member (Aero)**
A lincensed crew member charged with duties essential to the operation of an aircraft during flight time.
(ICAO, Annex 1, 5th Ed., Annex 6, 5th. Ed., Annex 9, 5th Ed., Annex 2, 5th Ed.)

1679 **Flight deck (A/c)**
The compartment in an aircraft containing the operating stations of the flight crew.
(BS 185: Sect. 5: No. 5372)

1680 **Flight deck (A/c carrier)**
The deck of an aircraft carrier used for the launching and landing of aircraft.
(BS 185: Sect. 13: No. 13 407)

1681 **Flight duty period (Aero)**
The total time from the moment a flight crew member commences duty, immediately subsequent to a rest period and prior to making a flight or a series of flights, to the moment he is relieved of all duties having completed such flight or series of flights.
(ICAO, Annex 6, 6th Ed.)

1682 **Flight engineer (Aero)**
A member of the flight crew responsible for engineering duties.
(BS 185: Sect. 16: No. 16 110)

1683 **Flight, IFR ~,**
cf./vgl. S.-No./lfd. Nr. 2133, 2134

1684 **Flight indicator (Instr)**
A component of a flight instrument system giving information about attitude.
(BS 185: Sect. 5: No. 5518)

1685 **Flight information centre (ATC)**
A unit established to provide flight information service and alerting service.
(ICAO, Annex 2, 5th Ed., Annex 3, 6th Ed., Annex 11, 5th Ed.)

Abfangen (zur Landung) (Flbetr)
Übergang vom Landeanflug in eine Horizontalbewegung unmittelbar vor dem Landen.

Gerissene Rolle (Flbetr)
Schnell ausgeführte Rolle, bei der das Autorotationsbestreben der Tragflächen bei hohen Anstellwinkeln in gewissem Umfange unterstützt wird durch das auf die Seitenruderbetätigung zurückzuführende Rollmoment.

Flugeigenschaft (Lfz)
Im Flug gezeigte Eigenschaft eines Luftfahrzeugs, einer Rakete, eines Flugkörpers oder ähnlichen Fluggeräts, wie beispielsweise eine Tendenz zum Abkippen oder Gieren, – das Vermögen, sich in bestimmten Geschwindigkeitsbereichen flugstabil zu verhalten.

Steuerwerk (Lfz)
Anordnung aller Steuerelemente, mittels derer durch den Luftfahrzeugführer oder auf anderem Wege Steuerkräfte und Drehmomente ausgeübt werden können.

Flugbesatzung (Aero)
Diejenigen Besatzungsmitglieder, die primär mit dem Betrieb und der Navigation des Luftfahrzeugs und dessen Flugsicherheit befaßt sind.

Flugbesatzungsmitglied (Aero)
Ein zugelassenes Besatzungsmitglied, dem Aufgaben übertragen worden sind, deren Erfüllung für den Betrieb eines Luftfahrzeuges während der Flugzeit wesentlich ist.

Besatzungs(betriebs)raum (Lfz)
Raum in einem Luftfahrzeug, in dem sich die Arbeitsplätze der Flugbesatzung befinden.

Flugdeck (Flzg-Träger)
Deck eines Flugzeugträgers, das für Start und Landung von Luftfahrzeugen benutzt wird.

Flugdienstzeit (Aero)
Die gesamte Zeit von dem Augenblick an, in dem ein Flugbesatzungsmitglied unmittelbar nach einer Ruhezeit und vor einem Flug oder einer Reihe von Flügen seinen Dienst antritt, bis dieses Besatzungsmitglied nach Abschluß eines derartigen Fluges oder einer Reihe solcher Flüge von allen Pflichten befreit wird.

Bordingenieur; Flugingenieur (Aero)
Mitglied der Flugbesatzung, das für technische Dienstverrichtungen verantwortlich ist.

Flug(lagen)anzeiger (Instr)
Teil einer Flugüberwachungsinstrumenten-Anlage, der Angaben zur Fluglage liefert.

Fluginformationszentrale (FS)
Eine Dienststelle für die Durchführung des Fluginformationsdienstes und des Alarmdienstes

1686 Flight-information centre (ATC)
A unit established to provide flight-information service and to alert the search-and-rescue services.
(BS 185: Sect. 13: No. 13 218)

1687 Flight information region (ATC)
An airspace of defined dimensions within which flight information service and alerting service are provided.
(ICAO, Annex 2, 5th Ed., Annex 4, 5th Ed., Annex 11, 5th Ed.)

1688 Flight-information region (ATC)
An airspace of defined dimensions within which air-traffic services are provided according to the types of airspace therein.
(BS 185: Sect. 13: No. 13 219)

1689 Flight information service (ATC)
A service provided for the purpose of giving advice and information useful for the safe and efficient conduct of flights.
(ICAO, Annex 2, 5th Ed., Annex 11, 5th Ed.)

1690 Flight-information service (ATC)
A service provided for the purpose of giving advice and information to assist in the safe and efficient conduct of flights.
(BS 185: Sect. 13: No.13 220)

1691 Flight, instrument ~,
cf./vgl. S.-No./lfd. Nr. 2233

1692 Flight instrument system (Instr)
An arrangement of meters giving the pilot information on the speed, orientation and flight path of an aircraft relative to a known datum.
(BS 185: Sect. 13: No. 5516)

1693 Flight levels (Flt OPS)
Surfaces of constant atmospheric pressure which are related to a specific pressure datum, 1013.2 millibars (29.92 inches), and are separated by specific pressure intervals.
Note 1. –A pressure type altimeter calibrated in accordance with the Standard Atmosphere:
a) when set to a QNH altimeter setting, will indicate **altitude;**
b) when set to a QFE altimeter setting, will indicate **height** above the QFE reference datum;
c) when set to a pressure of 1013.2 mb (29.92 inches) may be used to indicate **flight levels.**
Note 2. –The terms "height" and "altitude" used in **Note 1** above, indicate altimetric rather than geometric heights and altitudes.
(ICAO, Annex 2, 5th Ed., Annex 3, 6th Ed., Annex 11, 5th Ed.)

1694 Flight levels (Flt OPS)
Surfaces of constant atmospheric pressure which are related to the pressure datum 1013.2 mb (29.92 in) and are separated by specific pressure intervals.
(BS 185: Sect. 13: No. 13 230)

1695 Flight line (GS)
The general area surrounding the hangars at an airdrome, including aprons and ramps, where aircraft are made ready or kept ready for flight; a line of parked aircraft ready for flight.
(NASA S. 0560)

1696 Flight Mach number (Aerodyn)
The ratio of the true airspeed of an aircraft to the speed of sound under prevailing atmospheric conditions.
(BS 185: Sect. No. 4305)

Fluginformationszentrale (FS)
Eine Dienststelle für die Durchführung des Fluginformationsdienstes und zur Alarmierung der Such- und Rettungsdienste.

Fluginformationsgebiet (FS)
Ein Luftraum von festgelegten Ausmaßen, in welchem Fluginformationsdienst und (Flug-) Alarmdienst zur Verfügung stehen.

Fluginformationsgebiet (FS)
Ein Luftraum von festgelegten Ausmaßen, in welchem Flugverkehrsdienste entsprechend den Luftraumarten in diesem Gebiet zur Verfügung stehen.

Fluginformationsdienst (FS)
Ein Dienst, dessen Aufgabe es ist, Ratschläge und Auskünfte für die sichere und leistungsfähige Durchführung von Flügen zu erteilen.

Fluginformationsdienst (FS)
Ein Dienst, dessen Aufgabe es ist, Ratschläge und Auskünfte zur Unterstützung der sicheren und leistungsfähigen Durchführung von Flügen zu erteilen.

Flugüberwachungsinstrumenten-Anlage (Instr)
Anordnung von Meßgeräten, die dem Luftfahrzeugführer Angaben zur Geschwindigkeit, Orientierung und zum Flugweg eines Luftfahrzeugs in bezug auf einen bekannten Bezugswert liefert.

Flugflächen (Flbetr)
Flächen konstanten Luftdruckes, die auf den Druckwert 1013,2 mb (29,92 Zoll) bezogen und durch bestimmte Druckabstände gestaffelt sind.
Anmerkung 1: Ein auf Normatmosphäre geeichter barometrischer Höhenmesser
a) zeigt **Höhe über Meer** an, wenn er auf einen QNH-Wert eingestellt ist;
b) zeigt **Höhe** über dem QFE-Bezugswert an, wenn er auf einen QFE-Wert eingestellt ist;
c) kann zur Anzeige von **Flugflächen** verwendet werden, wenn er auf den Druck 1013,2 mb (29,92 Zoll) eingestellt ist.
Anmerkung 2: Die in **Anmerkung 1** verwendeten Ausdrücke „Höhe" und „Höhe über Meer" bezeichnen Flughöhen und nicht geometrische Höhen.

Flugflächen (Flbetr)
Flächen konstanten Luftdrucks, die auf den Druckwert 1013,2 mb (29,92 Zoll) bezogen und durch bestimmte Druckabstände gestaffelt sind.

(Flugbetriebs-)Abstellplatz (Bod)
Das allgemeine Umfeld in der Nähe der Flugzeughallen auf einem Flugplatz, einschließlich der Hallenvorfelder und Parkrampen, innerhalb dessen Luftfahrzeuge für den Flugbetrieb fertiggemacht oder bereitgestellt werden; eine Reihe flugfertig geparkter Luftfahrzeuge.

Flug-Machzahl (Aerodyn)
Verhältnis der wahren Fluggeschwindigkeit eines Luftfahrzeuges zur Schallgeschwindigkeit unter den vorherrschenden atmosphärischen Bedingungen.

1697 Flight manual, aeroplane ~,
cf./vgl. S.-No./lfd. Nr. 130
1698 Flight, normal ~,
cf./vgl. S.-No./lfd. Nr. 2834
1699 Flight path (Flt OPS)
The path of the centre of gravity of an aircraft relative to a given datum.
(BS 185: Sect. 2: No. 2108)
1700 Flight path, minimal ~,
cf./vgl. S.-No./lfd. Nr. 2716
1701 Flight-path recorder (Instr)
An instrument for recording the angle of the flight path to the horizontal.
(BS 185: Sect. 5: No. 5550)
1702 Flight plan (ATC)
Specified information provided to air traffic services units, relative to the intended flight or portion of a flight of an aircraft.
Note. –Specifications for flight plans are contained in Annex 2. When the expression "Flight Plan Form" is used it denotes the Model Flight Plan Form at Appendix 2 to the PANS RAC.
(ICAO, Annex 2, 5th Ed., Annex 11, 5th Ed.)
1703 Flight plan (ATC)
Specified information relative to the intended flight of an aircraft.
(BS 185: Sect. 11: No. 11 115)
1704 Flight plan, current ~,
cf./vgl. S.-No./lfd. Nr. 1213
1705 Flight recorder (Instr)
A general term applied to any instrument or device that records information about the performance of an aircraft in flight.
(NASA S. 0563)
1706 Flight refueling,
cf./vgl. **air refueling,** S.-No./lfd. Nr. 229
1707 Flight, special VFR ~,
cf./vgl. S.-No./lfd. Nr. 3893, 3894
1708 Flight surgeon (Med)
A military or naval medical officer specializing in aviation medicine, assigned to an aviation unit, and so designated by proper authority.
(NASA S. 0565)
1709 Flight test (Flt OPS)
Test of an aircraft, rocket, missile, or other vehicle by actual flight or launching. Flight tests are planned to achieve specific test objectives and gain operational information.
(AAP-6)

1710 Flight, through- ~,
cf./vgl. S.-No./lfd. Nr. 4343
1711 Flight time (Flt OPS)
The total time from the moment the aircraft first moves under its own power for the purpose of taking off until the moment it comes to rest at the end of the flight.
Note. –Flight time as here defined is synonymous with the term **"block-to-block" time** or **"chock-to-chock" time** in general usage which is measured from the time the aircraft moves from the loading point until it stops at the unloading point.
(ICAO, Annex 1, 5th Ed., Annex 6, 6th Ed.)
1712 Flight time (Flt OPS)
The period beginning at the time when the aircraft moves under the control of the pilot at the commencement of a flight, and ending when it returns to rest at the end of the

Flugweg; Flugbahn (Flbetr)
Weg des Schwerpunktes eines Luftfahrzeuges in Relation zu einem gegebenen Bezugswert.

Flugbahnwinkelschreiber (Instr)
Gerät zur Registrierung des Winkels zwischen der Flugbahn und der Horizontalen.

Flugplan (FS)
Vorgeschriebene, für die Flugverkehrsdienststellen bestimmte Angaben über den beabsichtigten Flug oder Teil eines Fluges eines Luftfahrzeuges.
Anmerkung: Nähere Einzelheiten über Flugpläne sind im Anhang 2 enthalten. Wo der Ausdruck „Flugplanformblatt" verwendet wird, bezeichnet er den Musterflugplan in Anlage 2 zu PANS RAC.
Flugplan (FS)
Im einzelnen aufgeführte Angaben bezüglich des beabsichtigten Flugs eines Luftfahrzeuges.

Flug(daten)schreiber (Instr)
Allgemeine Bezeichnung für jede Art von Instrument oder Vorrichtung, die Informationen über den Leistungsverlauf eines im Flug befindlichen Luftfahrzeugs aufzeichnet.

Fliegerarzt (Flmed)
Militär- oder Marinearzt, der sich auf Flugmedizin spezialisiert hat, einer fliegenden Einheit zugeordnet ist und dem von der zuständigen Stelle diese Bezeichnung zuerkannt worden ist.
Flugerprobung (Flbetr)
Erprobung eines Luftfahrzeuges, einer Rakete, eines Flugkörpers oder sonstigen Fluggeräts, bei der das zu erprobende Gerät tatsächlich geflogen bzw. gestartet wird. Mit Flugerprobungen will man besondere Erprobungsziele erreichen und praktische Erfahrungen mit dem Gerät gewinnen.

Flugzeit (Flbetr)
Die gesamte Zeit vom erstmaligen Abrollen eines Luftfahrzeugs mit eigener Kraft zum Zwecke des Startens bis zum Stillstand nach Beendigung des Fluges.
Anmerkung: Die hier definierte Flugzeit ist gleichbedeutend mit dem im allgemeinen Sprachgebrauch üblichen Ausdruck „Blockzeit", die vom Augenblick des Abrollens des Luftfahrzeuges vom Beladeplatz bis zum Halten am Entladeplatz gemessen wird.

Flugzeit (Flbetr)
Der Zeitraum, der mit dem Zeitpunkt beginnt, zu dem sich das Luftfahrzeug bei Beginn eines Flugs unter der Führung des Luftfahrzeugführers in Bewegung setzt und endet, wenn es

flight.
(BS 185: Sect. 2: No. 2204)

1713 Flight time in a glider (Flt OPS)
The total time occupied in flight, whether being towed or not, from the moment the glider first moves for the purpose of taking off until the moment it comes to rest at the end of the flight.
(ICAO, Annex 1, 5th Ed.)

1714 Flight time in a glider, aero-tow ~,
cf./vgl. S.-No./lfd. Nr. 138

1715 Flight time, solo ~,
cf./vgl. S.-No./lfd. Nr. 3871

1716 Flight, VFR ~,
cf./vgl. S.-No./lfd. Nr. 4630, 4631

1717 Flight visibility (Flt OPS)
The visibility forward from the cockpit of an aircraft in flight.
(ICAO, Annex 2, 5th Ed.)

1718 Flight, visual ~,
cf./vgl. S.-No./lfd. Nr. 4648

1719 Float (A/c)
A watertight body giving buoyancy and stability in roll on the water to a seaplane or amphibian and enabling it to take off and alight.
(BS 185: Sect. 5: No. 5383)

1720 Float refuelling valve (A/c)
A refuelling valve in a fuel tank operated by a float on the surface of the fuel.
(BS 185: Sect. 10: No. 10 411)

1721 Float seaplane (A/c)
A seaplane provided with floats as its means of support on water.
(BS 185: Sect. 5: No. 5106)

1722 Float, stabilizing ~,
cf./vgl. S.-No./lfd. Nr. 3972

1723 Float, to ~ (A/c)
A tentency to travel an excessive distance horizontally after flattening-out before alighting.
(BS 185: Sect. 2: No. 2109)

1724 Float-type carburettor (Eng)
A carburettor in which the head of the fuel supplied to the jet is controlled by a float and a needle valve.
(BS 185: Sect. 8: No. 8351)

1725 Floating gudgeon pin (Eng)
A gudgeon pin which is free to rotate in both piston and connecting rod.
(BS 185: Sect. 8: No. 8334)

1726 Floodlight (GS)
A light providing intense illumination over a restricted area, e. g., Apron floodlight, Aerodrome floodlight, Runway floodlight.
(BS 185: Sect. 13: No. 13 339)

1727 Flotation gear (A/c)
Emergency flotation appliances for aircraft.
(BS 185: Sect. 5: No. 5386)

1728 Flow, axial ~,
cf./vgl. S.-No./lfd. Nr. 540

1729 Flow, incompressible ~,
cf./vgl. S.-No./lfd. Nr. 2153

1730 Flow, laminar ~,
cf./vgl. S.-No./lfd. Nr. 2335

1731 Flow separation (Aerodyn)
The breakaway of flow from over a surface; the condition of a flow separated from over the surface of a body and no longer following its contours.
(NASA S. 0569)

1732 Flow, supersonic ~,
cf./vgl. S.-No./lfd. Nr. 4144, 4145

nach Beendigung des Flugs zum Stillstand kommt.

Flugzeit in einem Segelflugzeug (Flbetr)
Die gesamte im Flug verbrachte Zeit eines geschleppten oder nicht geschleppten Segelflugzeuges von dem Augenblick an, in dem sich das Segelflugzeug zum Zweck des Startens in Bewegung setzt, bis zu seinem Stillstand nach Beendigung des Fluges.

Flugsicht (Flbetr)
Die Sicht in Flugrichtung aus dem Führerraum eines im Flug befindlichen Luftfahrzeuges.

Schwimmer (Lfz)
Wasserdichter Körper, der einem Wasser- oder Amphibienflugzeug auf dem Wasser Auftrieb und Querstabilität gibt und ihm Start und Landung ermöglicht.

Betankungs-Schwimmerventil (Lfz)
Betankungsventil im Kraftstoffbehälter, das durch einen Schwimmer auf der Kraftstoffoberfläche betätigt wird.

Schwimmerflugzeug (Lfz)
Wasserflugzeug, das im Wasser von Schwimmern getragen wird.

Ausschweben (Lfz)
Tendenz (eines Flugzeugs), nach dem Abfangen zur Landung vor dem Aufsetzen eine größere Strecke horizontal auszuschweben.

Schwimmervergaser (Flmot)
Ein Vergaser, bei dem die Höhe des Kraftstoffspiegels durch einen Schwimmer und ein Nadelventil geregelt wird.

Schwimmender Kolbenbolzen (Flmot)
Ein Kolbenbolzen, der sowohl im Kolben als auch im Pleuelstangenlager frei rotieren kann.

Scheinwerfer (Bod)
Licht zur intensiven Beleuchtung einer begrenzten Fläche, z. B. Vorfeld-Scheinwerfer, Flugplatz-Scheinwerfer oder Pisten-Scheinwerfer.

Notwasserungsausrüstung (Lfz)
Notwasserungshilfsmittel für Luftfahrzeuge.

Strömungsablösung (Aerodyn)
Das Abreißen der Strömung oberhalb einer Fläche; Zustand einer von der Oberfläche eines Körpers abgelösten und an seinen Konturen nicht mehr anliegenden Strömung.

1733 **Flow, turbulent** ~,
cf./vgl. S.-No./lfd. Nr. 4505
1734 **Flow, uniform** ~,
cf./vgl. S.-No./lfd. Nr. 4542
1735 **Fluids, mechanics of** ~,
cf./vgl. S.-No./lfd. Nr. 2282
1736 **Flutter (Struct)**
A sustained oscillation due to the interaction between aerodynamic forces, elastic reactions and inertia.
(BS 185: Sect. 3: No. 3307)

Flattern; aero-elastische Schwingungen (Konstr)
Ungedämpfte Schwingungen infolge der Wechselwirkung zwischen aerodynamischen Kräften, elastischen Reaktionskräften und Trägheitskräften.

1737 **Flutter, anti-symmetrical** ~,
cf./vgl. S.-No./lfd. Nr. 385
1738 **Flutter, asymmetrical** ~,
cf./vgl. S.-No./lfd. Nr. 491
1739 **Flutter, classical** ~,
cf./vgl. S.-No./lfd. Nr. 943
1740 **Flutter, coupled** ~,
cf./vgl. S.-No./lfd. Nr. 1165
1741 **Flutter speed (Struct)**
The lowest equivalent airspeed at which flutter occurs.
(BS 185: Sect. 3: No. 3311)

Kritische Flattergeschwindigkeit (Konstr)
Niedrigste äquivalente Fluggeschwindigkeit, bei der Flattern auftritt.

1742 **Flutter, stalling** ~,
cf./vgl. S.-No./lfd. Nr. 3986
1743 **Flutter, symmetrical** ~,
cf./vgl. S.-No./lfd. Nr. 4184
1744 **Fluxgate (Nav)**
A detector which gives an electrical signal proportional to the intensity of the external magnetic field acting along its axis.
(BS 185: Sect. 11: No. 11 408)

Magnetfeldmesser; induktive Meßsonde (Nav)
Detektor, der ein elektrisches Signal abgibt, welches der Stärke des in Richtung seiner Achse wirkenden Magnetfeldes der Erde proportional ist.

1745 **Fluxgate compass (Nav)**
An azimuth presentation from a gyroscope monitored by a fluxgate.
(BS 185: Sect. 11: No. 11 409)

Erdinduktionskompaß (Nav)
Azimutanzeige durch einen von einem Magnetfeldmesser gestützten Kreisel.

1746 **Fluxvalve (Nav)** ~,
cf./vgl. **Fluxgate**, S.-No./lfd. Nr. 1744
1747 **Flying boat (A/c)**
A seaplane of which the main body or hull is also the means of support on water.
(BS 185: Sect. 5: No. 5107)

Flugboot (Lfz)
Wasserflugzeug, das vom Hauptbootskörper oder Bootsrumpf auf dem Wasser getragen wird.

1748 **Flying cable, balloon** ~,
cf./vgl. S.-No./lfd. Nr. 594
1749 **Flying, contact** ~,
cf./vgl. S.-No./lfd. Nr. 1059
1750 **Flying controls (A/c)**
Input elements directly moved by the human pilot to operate the control surfaces.
(BS 185: Sect. 5: No. 5338)

Steuer(bedien)organe (LFZ)
Die vom Luftfahrzeugführer zur Betätigung der Steuerflächen unmittelbar bewegten Bedienelemente.

1751 **Flying, pressure-pattern** ~,
cf./vgl. S.-No./lfd. Nr. 3224
1752 **Flying rigging (A/c 1)**
The system of rigging between a kite balloon and the flying cable.
(BS 185: Sect. 7: No. 7256)

Befestigungsleinenwerk (Lfz 1)
Leinenwerk zwischen einem Drachenballon und dem Haltekabel.

1753 **Flying speed, maximum** ~,
cf./vgl. S.-No./lfd. Nr. 2659
1754 **Flying speed, minimum** ~,
cf./vgl. S.-No./lfd. Nr. 2719
1755 **Flying time (Flt OPS)**
The summation of the flight times.
(BS 185: Sect. 2: No. 2205)

Gesamtflugzeit (Flbetr)
Die Summierung der Flugzeiten.

1756 **Flying wing (A/c)**
A type of airplane consisting essentially of a wing, the fuselage being an integral part of the wing and no empennage being present, the control surfaces or devices being attached to the wing itself. Sometimes called a "tailless airplane".
(NASA S. 0576)

Fliegender Flügel; schwanzloses Flugzeug; Nurflügelflugzeug (Lfz)
Flugzeugtyp, der im wesentlichen aus einer Tragfläche besteht mit in diese integriertem Rumpf und nicht sichtbarem Steuerwerk, da Steuerruder oder -vorrichtungen unmittelbar an die Tragfläche angeschlossen sind. Auch als „schwanzloses Flugzeug" bezeichnet.

1757 Flying wires (A/c)
cf./vgl. **Lift wires**, S.-No./lfd. Nr. 2436, 2437

1758 Fog (Met)
Atmospheric obscurity produced in the surface layer by suspended water droplets, or smoke, in which visibility falls below 1100 yards.
(In synoptic reporting "Fog" is not used when the obscurity is caused by dry smoke.)
(BS 185: Sect. 15: No. 15 302)

Nebel (Met)
Sichtverminderung in der bodennahen Schicht der Atmosphäre, hervorgerufen von in der Luft schwebenden Wassertröpfchen oder Rauch. Man spricht von Nebel, wenn die Sicht auf weniger als 1100 yards (= 1000 m) zurückgeht. (Der Begriff „Nebel" findet in synoptischen Wettermeldungen keine Anwendung, wenn die Sichtverminderung auf trockenen Rauch zurückzuführen ist.)

1759 Fog, sea~,
cf./vgl. S.-No./lfd. Nr. 3693

1760 Föhn (Met)
A warm dry wind which blows down the leeward slopes, when the general wind current comes over mountains.
(BS 185: Sect. 15: No. 15 219)

Föhn (Met)
Ein trockener, warmer Wind, der an der Leeseite herunterweht, wenn die allgemeine Windströmung das Gebirge quert.

1761 Force, control ~,
cf./vgl. S.-No./lfd. Nr. 1092

1762 Force, cross wind ~,
cf./vgl. S.-No./lfd. Nr. 1201

1763 Force, lateral ~,
cf./vgl. S.-No./lfd. Nr. 2384

1764 Force, normal ~,
cf./vgl. S.-No./lfd. Nr. 2835

1765 Force, stick ~,
cf./vgl. S.-No./lfd. Nr. 4054

1766 Fore plane (A/c)
cf/vgl. **Nose plane**, S.-No./lfd. Nr. 2846

1767 Forecast (Met)
A statement of expected meterorological conditions for a specified period and for a specified area or portion of airspace.
(ACAO, Annex 3, 6th Ed., Annex 11, 5th Ed.)

Wettervorhersage (Met)
Eine Darlegung der zu erwartenden Wetterverhältnisse für einen bestimmten Zeitraum und für einen bestimmten Bereich oder Teil eines Luftraumes.

1768 Forecast (MET)
A statement of the meterological conditions at a given place, over a given area or along a given route, to be expected during a definite period.
Note. –Forecasts for air navigation are issued, normally, for varying periods from a few hours (short period forecasts) to 30 hours ahead and include information regarding:
(i)   The direction and speed of the surface wind,
(ii)   Upperwinds and temperatures,
(iii)   Cloud: amount, type, altitude of base and top,
(iv)   Surface visibility,
(v)   Weather conditions,
(vi)   Altitude of the 0°C isotherm,
(vii)   Airframe icing,
(viii) Mean sea level pressure when required,
(ix)   Special features of the meteorological situation.
(BS 185: Sect. 15: No. 15 513)

Wettervorhersage (Met)
Die Voraussage der Wetterbedingungen für einen bestimmten Ort, für ein bestimmtes Gebiet, oder entlang einer bestimmten Flugstrecke, welche für einen bestimmten Zeitraum erwartet werden.
Anmerkung: Wettervorhersagen für die Luftfahrt werden üblicherweise für verschieden lange Zeiträume ausgegeben, die zwischen wenigen Stunden (kurzfristige Wettervorhersage) bis zu 30 Stunden schwanken. Sie enthalten Angaben über:
(i)   Richtung und Geschwindigkeit des Bodenwindes,
(ii)   Höhenwinde und Temperaturen,
(iii)   Bewölkung: Bedeckungsgrad, Art. Höhe der Unter- und Obergrenze (über Meer),
(iv)   Bodensicht,
(v)   Wetterbedingungen,
(vi)   Höhe der 0°C-Isotherme (über Meer),
(vii)   Vereisung am Flugwerk,
(viii) (Erforderlichenfalls) Luftdruck in (mittlerer) Meereshöhe,
(ix)   Besondere Wettererscheinungen.

1769 Forked asssembly (Eng)
A assembly by connecting rods in which one carries the big-end bearing and the remainder encircle and oscillate upon a surface formed on the master rod or big-end bearing concentric with the latter.
(BS 185: Sect. 8: No. 8329)

Gabelpleuel (Flmot)
Ein System von mehreren Pleuelstangen, von denen eine das Hauptpleuellager enthält, während die anderen auf der Hauptpleuelstange oder konzentrisch mit dieser auf der Kurbelwelle gelagert sind.

1770 Form drag (Aerodyn)
The pressure drag less the induced drag.
(BS 185: Part 1: No. 4122)

Formwiderstand (Aerodyn)
Druckwiderstand, vermindert um den induzierten Widerstand.

1771 Four-course beacon (TEL),
cf./vgl. **Radio range**, S.-No./lfd. Nr. 3399, 3400

1772 Fowler flap (A/c)
cf.vgl. **Extension flap**, S.-No./lfd. Nr. 1554

1773 **Fractocumulus (Met)**
Ragged cumulus in which the different parts show continual change.
(BS 185: Part 3: No. 15 406)

1774 **Fractostratus (Met)**
A stratus broken up into irrergular, ragged fragments.
(BS 185: Pat. 3: No. 15 415)

1775 **Frame (A/c)**
a) Generally: a plane structure transverse to the axis of a tube and maintaining the shape of the cross-section of the tube.
b) Specifically: a structural member lying in a transverse plane of a fuselage, hull or nacelle, and following the periphery.
(BS 185: Sect. 3: No. 3206)

1776 **Frame, intermediate transverse ~,**
cf./vgl. S.-No./lfd. Nr. 2273

1777 **Frame longitudinal (A/c 1)**
That portion of a longitudinal in the way of a transverse frame forming a component member thereof.
(BS 185: Sect. 7: No. 7231)

1778 **Frame, spar ~,**
cf./vgl. S.-No./lfd. Nr. 3888

1779 **Free airport (GS)**
An international airport at which, provided they remain within a designated area until removal by air to a point outside the territory of the State, crew, passengers, baggage, cargo, mail and stores may be disembarked or unladen, may remain and may be transshipped, without being subjected to any customs charges or duties and, except in special circumstances, to any examination.
(ICAO, Annex 9, 5th Ed.)

1780 **Free balloon (A/c 1)**
A balloon floating freely in the air.
(BS 185: Sect. 7: No. 7112)

1781 **Free-balloon net (A/c 1)**
A net over the envelope of a free balloon, from which the basket is suspended.
(BS 185: Sect. 7: No. 7240)

1782 **Free fall (Miss, Para)**
a. The fall or drop of a body, such as a rocket, not guided, not under thrust, and not retarded by a parachute or other braking device.
b. The drop of a parachutist through the air before opening his parachute.
(NASA S.0585)

1783 **Fre-flight wind tunnel (Aerodyn)**
A wind tunnel in which the model can be observed in free flight.
(BS 185: Sect. 4: No. 4635)

1784 **Free gyro (Instr)**
A gyro which is free from restraint.
(BS 185: Sect. 5: No. 5524)

1785 **Free parachute**
A man-carrying parachute which can be deployed manually by the parachutist.
(BS 185: Sect. 12: No. 12 151)

1786 **Free zone (GS)**
An area where merchandise, whether of domestic or foreign origin, may be admitted, deposited, stored, packed, exhibited, sold, processed or manufactured, and from which such merchandise may be removed to a point outside the territory of the State without being subjected to customs duties or internal consumer taxes or, except in special

Fraktokumulus (Met)
Zerrissene Kumuluswolken, deren Bestandteile ständige Veränderungen erfahren.

Fraktostratus (Met)
Ein Stratus, der in unregelmäßig zerrissene Fragmente aufgelöst ist.

Rahmen (Lfz)
a) allgemein: Ebener Bauteil quer zur Achse einer Röhre, der die Form des Querschnitts der Röhre hält,
b) im besonderen: Bauteil in der Querschnittsebene eines Rumpfes, eines Bootskörpers oder einer Gondel, der deren Kontur folgt.

Längsrahmen (Lfz 1)
Teil eines Längsträgers, der mit einem Querrahmen eine Einheit bildet.

Freiflughafen (Bod)
Ein internationaler Flughafen, auf welchem Besatzung, Fluggäste, Gepäck, Fracht, Post und Bordvorräte – vorausgesetzt, daß sie bis zum Ausflug nach einem Ort außerhalb des Hoheitsgebietes in einem festgelegten Bereich verbleiben – aussteigen oder ausgeladen werden, verbleiben, umsteigen oder umgeschlagen werden dürfen, ohne irgendwelchen Zollgebühren oder Zöllen und, besondere Umstände ausgenommen, irgendeiner Kontrolle zu unterliegen.

Freiballon (Lfz 1)
Ballon, der frei in der Luft schwebt.

Freiballonnetz (Lfz 1)
Netz über der Hülle eines Freiballons, an dem der Korb aufgehängt ist.

Freier Fall (FK, Fallsch)
a. Fall oder Abwurf eines Körpers, wie z. B. einer Rakete ohne Lenkung und Schub, die keine Verzögerung durch einen Fallschirm oder andere Bremsvorrichtung unterworfen ist.
b. Der Fall eines Fallschirmspringers durch die Luft bis zum Öffnen seines Fallschirmes.

Freiflugkanal (Aerodyn)
Windkanal, in dem das Verhalten eines Modells im freien Flug beobachtet werden kann.

Freier Kreisel (Instr)
Kreisel, der frei beweglich ist.

Von Hand betätigter Fallschirm; Freifallschirm
Personenfallschirm, der durch den Springer von Hand betätigt werden kann.

Freizone (Bod)
Ein Bereich, in welchem Waren inländischen oder ausländischen Ursprungs zugelassen sind, in Verwahrung gegeben, verpackt, ausgestellt, verkauft, weiterbearbeitet oder verarbeitet werden können und aus dem diese Waren nach einem Ort außerhalb des Hoheitsgebietes verbracht werden können, ohne Zöllen oder Inlandsverbrauchssteuern oder, besondere

circumstances, to inspection. Merchandise of domestic origin admitted into a free zone may be deemed to be exported.
(ICAO, Annex 9, 5th Ed.)

1787 French landing (Flt OPS)
With an airplane having a tail skid or tail wheel, a landing in which the tail is held off the ground as long as possible before coming to a stop.
(NASA S.0596)

1788 Frequencies, alternate ~,
cf./vgl. S.-No./lfd. Nr. 295

1789 Frequency channel (TEL)
A continuous portion of the frequency spectrum appropiate for a transmission utilizing a specified class of emission.
Note. –The classification of emissions and information relevant to the portion of the frequency spectrum appropriate for a given type of transmission (bandwidths) are specified in the ITU Regulations (Geneva 1959) Art. 2, RR 104 to RR 111 inclusive.
(ICAO, Annex 10, Volume I and II, 1st Ed.)

1790 Frequency parameter (Struct)
The ratio of the product of the frequency of an oscillation and a representative length of an oscillating system to the airspeed. One of the non-dimensional parameters on which the oscillatory derivatives depend.
(BS 185: Sect. 3: No. 3314)

1791 Frequency, primary ~,
cf./vgl. S.-No./lfd. Nr. 3239

1792 Frequency, reduced ~,
cf./vgl. S.-No./lfd. Nr. 3473

1793 Frequency, secondary ~,
cf./vgl. S.-No./lfd. Nr. 3711

1794 Fresh breeze (Met)
Beaufort number 5: Small trees in leaf begin to sway; crested wavelets form on inland water (wind speed: 17–21 knots).
(BS 185: Sect. 15: Table 2)

1795 Friction, skin ~,
cf./vgl. S.-No./lfd. Nr. 3836

1796 Frictional turbulence (Met)
Atmospheric turbulence produced by wind flow over surface irregularities.
(BS 185: Sect. 15: No. 15 205)

1797 Front (Met)
A line of narrow belt marking the boundary at the Earth's surface between two air masses of different characteristics. A front is usually associated with a belt of cloud and precipitation and a more or less sharp change in wind.
(BS 185: Sect. 15: No. 15 514)

1798 Front, cold ~,
cf./vgl. S.-No./lfd. Nr. 978

1799 Front course sector (TEL)
The course sector which is situated on the same side of the localizer as the runway.
(ICAO, Annex 10, Volume I, 1st Ed.)

1800 Front, warm ~,
cf./vgl. S.-No./lfd. Nr. 4670

1801 Frontogenesis (Met)
The development or marked intensification of a front.
(BS 185: Sect. 15: No. 15 518)

1802 Frontolysis (Met)
The disappearance or marked weakening of a front.
(BS 185: Sect. 15: No. 15 519)

1803 Frost (Met)
A condition in which the temperature of the

Umstände ausgenommen, einer Kontrolle zu unterliegen. Waren inländischen Ursprungs, die in eine Freizone zugelassen wurden, können als ausgeführt angesehen werden.

Radlandung (Flbetr)
Landung eines mit Schleifsporn oder Spornrad ausgestatteten Luftfahrzeugs, bei der das Heck des Luftfahrzeugs vor dem Ausrollen so lange wie möglich oberhalb des Erdbodens gehalten wird.

Frequenzkanal (Fernm)
Ein zusammenhängender Teil des Frequenzspektrums, der für eine Ausstrahlung in einer bestimmten Sendeart geeignet ist.
Anmerkung: Die Einteilung der Ausstrahlungen und Angaben über den benötigten Teil des Frequenzspektrums, der einer bestimmten Übertragungsart zugeordnet ist (Bandbreite), sind in den Funkvorschriften der Internationalen Fernmeldeunion (ITU) festgelegt (Genf 1959) Art. 2, RR 104 bis RR 111 einschl.

Reduzierte Frequenz (Konstr)
Verhältnis des Produkts aus der Frequenz einer Schwingung und einer Bezugslänge eines gegebenen schwingungsfähigen Systems zur Fluggeschwindigkeit. Einer der dimensionslosen Parameter, von dem die Schwingungsderivate abhängen.

Frische Brise (Met)
Windstärke (Beaufort-Zahl) 5: Kleine belaubte Bäume beginnen zu schwanken; Schaumkämme bilden sich auf Seen (Windgeschwindigkeit: 17–21 Knoten)

Reibungsturbulenz (Met)
Luftturbulenz, die durch Windströmung über Bodenunebenheiten erzeugt wird.

Front (Met)
Eine Linie oder ein schmales Band, die auf der Erdoberfläche die Grenze zwischen zwei Luftmassen mit merklich verschiedenen Eigenschaften angeben. Eine Front wird normalerweise gekennzeichnet durch einen Bewölkungs- und Niederschlagsgürtel und eine mehr oder weniger ausgeprägte Windänderung.

Frontseitiger Kurssektor (Fernm)
Der Kurssektor, der auf derselben Seite des Landekurssenders liegt wie die Piste.

Frontogenesis; Frontenbildung (Met)
Die Entwicklung oder merkliche Verstärkung einer Front.

Frontolysis; Frontenauflösung (Met)
Das Auflösen oder die merkliche Abschwächung einer Front.

Frost (Met)
Der Zustand, bei dem die Lufttemperatur un-

air is below the freezing point of water.
(BS 185: Sect. 15: No. 15 304)

1804 Frost, glazed ~,
cf./vgl. S.-No./lfd. Nr. 1872

1805 Frost, hoar ~,
cf./vgl. S.-No./lfd. Nr. 2037

1806 Fuel (Miss)
A substance requiring oxidation for the re-
lease of its energy.
(BS 185: Sect. 6: No. 6209)

Brennstoff (FK)
Substanz, die zum Freiwerden ihrer Energie
der Oxydation bedarf.

1807 Fuel accumulator (Turbo)
A device for storing fuel, during a portion of
the starting cycle, in order to augment the
flow momentarily when a predetermined
fuel pressure has been reached.
(BS 185: Sect. 8: No. 8441)

Kraftstoffspeicher (Turbo)
Eine Anlage, in der während einer bestimmten
Phase des Anlaßvorgangs Kraftstoff gespeichert wird, so daß anschließend die Kraftstoff-
zufuhr kurzzeitig erhöht werden kann, sobald
ein vorgegebener Kraftstoffdruck erreicht ist.

1808 Fuel control, barometric ~,
cf./vgl. S.-No./lfd. Nr. 613

1809 Fuel control unit (Turbo)
A device for controlling the fuel supply to an
engine in accordance with pilot demand, ambient conditions and engine limitations.
(BS 185: Sect. 8: No. 8442)

Kraftstoffregler (Turbo)
Vorrichtung zur Regelung der Kraftstoffver-
sorgung für ein Triebwerk in Abhängigkeit
von der Leistungswahl durch den Luftfahrzeugführer, den Umgebungsbedingungen und
den Betriebsgrenzwerten für das Triebwerk.

1810 Fuel cut-off (Eng) cf./vgl. **Slow-running cut-off,** S.-No./lfd. Nr. 3856

1811 Fuel grade (Eng)
The quality of a fuel as defined by its knock
rating.
(BS 185: Sect. 8: No. 8303)

Oktanzahl; Kraftstoffleistungszahl (Flmot)
Die durch ihre Oktanzahl ausgedrückte Güte
eines Kraftstoffs.

1812 Fuel-Jettison gear (A/c)
Gear for the rapid disscharge of fuel in
emergency.
(BS 185: Sect. 8: No. 8241)

Kraftstoff-Schnellablaß (Lfz)
Eine Vorrichtung, die das schnelle Ablassen
des Kraftstoffs im Notfall ermöglicht.

1813 Fuel manifold (Turbo)
A main pipe with a series of branch pipes
distributing fuel to the burners.
(BS 185: Sect. 8: No. 8443)

Kraftstoff-Sammelleitung (Turbo)
Eine Kraftstoffleitung mit einer Anzahl von
Abzweigungen, durch die der Kraftstoff den
einzelnen Brennern zugeführt wird.

1814 Fuel nozzle (Turbo),
cf./vgl. **Burner,** S.-No./lfd. Nr. 800

1815 Fuel-pressure switch (Turbo)
A device which ensures that full current is
not applied to the electric starter motor until
fuel pressure has reached a predetermined
figure.
(BS 185: Sect. 8: No. 8444)

Kraftstoffdruck-Schalter (Turbo)
Ein Schalter, der verhindert, daß der elektrische Anlassermotor mit voller Leistung arbeitet, ehe der Kraftstoffdruck einen Sollwert erreicht.

1816 Fully-automatic relay installation (TEL)
A teletypewriter installation where interpretation of the relaying responsibility in respect of an incoming message and the resultant setting-up of the connections required to
effect the appropriate retransmissions is carried out automatically, as well as all other
normal operations of relay, thus obviating
the need for operator intervention, except for
supervisory purposes.
(ICAO, Annex 10, Volume II, 1st Ed.)

**Vollautomatische
Weitergabeeinrichtung (Fernm)**
Eine Fernschreibeinrichtung, bei der die Festlegung der Verantwortung für die Weitergabe
in bezug auf eine einlaufende Meldung und
auf die daraus folgende Herstellung der erforderlichen Verbindungen zur entsprechenden
Weitergabe sowie alle anderen normalen Weitergabevorgänge automatisch erfolgen und auf
diese Weise das Eingreifen des Bedienungspersonals, ausgenommen für Überwachungs-
zwecke, überflüssig macht.

1817 Fully-factored load (Struct),
cf./vgl. **Ultimate load,** S.-No./lfd. Nr. 4529,
4530

1818 Funnel cloud (Met)
A cloud column or inverted cloud cone, pro-
truding from a cloud base, produced by a
more or less intense vortex. It occurs with
cumulonimbus and, less often, with cumulus.
(BS 185: Sect. 15: No. 15 405)

Trichterwolke; Trombe; Wolkenschlauch (Met)
Durch einen mehr oder weniger intensiven
Wirbel hervorgerufene Wolkensäule oder umgekehrter Wolkenkegel unterhalb einer
Wolkenuntergrenze. Sie tritt bei Kumulonim-
bus- und – weniger häufig – bei Kumulus-Wol-
ken auf.

1819 Fuselage (A/c)
The main structural body of an aircraft other
than a flying boat or boat amphibian.
(BS 185: Sect. 5: No. 5373)

Rumpf (Lfz)
Hauptbauteil eines Luftfahrzeuges, außer von
Flugbooten oder Flugboot-Amphibien.

G

1820 G-suit (Aero)
A suit that exerts pressure on the abdomen and lower parts of the body to prevent or retard the collection of blood below the chest under positive acceleration.
(NASA S. 0625)

1821 Gale (Met)
Beaufort number 8: Breaks twigs off trees, generally impedes progress (wind speed: 34–40 knots).
(BS 185: Sect. 15: Table 2)

1822 Gale, near ~,
cf./vgl. S.-No./lfd. Nr. 2798

1823 Gale, strong ~,
cf./vgl. S.-No./lfd. Nr. 4097

1824 Gap (of a multiplane: A/c)
The distance between the leading edge of the upper plane and the projection of this leading edge on to the chord of the lower plane.
(BS 185: Sect. 5: No. 5226)

1825 Gapless-type ice guard (Eng)
An ice guard fitted in the intake mouth, used in conjunction with an automatic alternative air inlet.
(BS 185: Sect. 8: No. 8280)

1826 Gapped-type ice guard (Eng)
An ice guard mounted forward of the air intake entry to provide a gap which does not ice up.
(BS 185: Sect. 8: No. 8281)

1827 Gas bag (A/c 1)
A gas-containing unit of a rigid airship.
(BS 185: Sect. 7: No. 7225)

1828 Gas-bag alarm (A/c 1)
A device connected to a gas bag which indicates when a predetermined pressure has been reached.
(BS 185: Sect. 7: No. 7290)

1829 Gas-bag net (A/c 1)
A net of cordage or wire to retain a gas bag in position.
(BS 185: Sect. 7: No. 7241)

1830 Gas bag wires, circumferential ~,
cf./vgl. S.-No./lfd. Nr. 936

1831 Gas-bag wiring (A/c 1)
A system of wiring enclosing each gas bag of a rigid airship.
(S 185: Sect. 7: No. 7278)

1832 Gas bag wiring, circumferential ~,
cf./vgl. S.-No./lfd. Nr. 936

1833 Gas cell (A/c 1)
One of several compartments or chambers in certain airships, usually in a rigid airship, holding lifting gas; also, sometimes applied to the single, entire envelope of a balloon or airship.
(NASA S. 0611)

1834 Gas hood (A/c 1)
A hood or cowl, or ports in the outer cover of a rigid airship, through which the gas escapes from inside the hull.
(BS 185: Sect. 7: No. 7291)

1835 Gas main (A/c 1)
A fabric hose running through the length of a rigid airship having branches to the gas bags for inflation.
(BS 185: Sect. 7: No. 7226)

Druckanzug (Aero)
Ein Anzug, der bei positiven Beschleunigungen Druck auf den Unterleib und die unteren Gliedmaßen ausübt, um einen Blutstau unterhalb der Brust zu verhüten oder zu verzögern.

Stürmischer Wind (Met)
Windstärke (Beaufort-Zahl) 8: Zweige brechen; Gehen im Freien erschwert (Windgeschwindigkeit: 34–40 Knoten).

Tragflächenabstand (Lfz mit mehreren Tragflächen)
Abstand zwischen der Vorderkante der oberen Tragfläche und der Projektion dieser Vorderkante auf die Profilsehne der unteren Tragfläche.

Geschlossenes Vereisungsnetz (Flmot)
Ein den Hauptlufteinlass völlig ausfüllendes Vereisungsnetz. Falls es im Fluge ganz vereist, wird ein alternativer Lufteinlass automatisch geöffnet.

Offenes Vereisungsnetz (Flmot)
Ein vor dem Lufteinlaß so eingebautes Vereisungsnetz, daß es einen Schlitz freiläßt, der nicht zueisen kann.

Gaszelle (Lfz 1)
Gasbehälter eines starren Luftschiffes.

Prallmelder (Lfz 1)
Vorrichtung an einer Gaszelle, die das Erreichen eines vorher festgelegten Drucks anzeigt.

Gaszellennetz (Lfz 1)
Netz aus Schnüren oder Draht, das die Gaszellen in ihrer Lage hält.

Gaszellennetz (Lfz 1)
System von Seilen, das jede der Gaszellen eines starren Luftschiffes umspannt.

Gaszelle (Lfz)
Eine unter mehreren mit Auftriebsgas gefüllten Abteilungen oder Kammern bestimmter Luftschiffe, insbesondere Starrluftschiffe; zum Teil auch für die nicht unterteilte Vollhülle eines Ballons oder Luftschiffs verwendeter Begriff.

Entlüftungshutzen (Lfz 1)
Abdeckung, Verkleidung oder Öffnungen in der äusseren Bespannung eines starren Luftschiffs, durch die Gas aus dem Innern des Gerippes entweichen kann.

Gasleitung (Lfz 1)
Stoffschlauch, der durch die ganze Länge eines starren Luftschiffs läuft und Zuleitungen für das Füllen der Gaszellen hat.

1836 **Gas ring (Eng)**
A spring ring for maintaining a gas-tight seal between the piston and the cylinder wall.
(BS 185: Sect. 8: No. 8339)

1837 **Gas trunk (A/c 1)**
A duct between a gas-bag valve and a gas hood.
(BS 185: Sect. 7: No. 7227)

1838 **Gas-turbine engine (Turbo)**
An engine in which the working fluid is heated by internal combustion and expanded through a turbine.
(BS 185: Sect. 8: No. 8102)

1839 **Gas volume (A/c 1)**
The volume of the contained gas under standard conditions.
Note. –This is the volume used in aerostatic calculations.
(BS 185: Sect. 7: No. 7141)

1840 **Gate (ATC)**
A position on the extension of the axis of the runway in use, above which an aircraft heading towards that runway is required to pass at a time assigned by approach control.
(BS 185: Part 3: No. 13 224)

1841 **Gathered parasheet (Para)**
A parasheet, the periphery of which is constrained by a hem cord.
(BS 185: Sect. 12: No. 12 166)

1842 **Gauge, boost ~,**
cf./vgl. S.-No./lfd. Nr. 726

1843 **Gauge, manifold pressure ~,**
cf./vgl. S.-No./lfd. Nr. 2613

1844 **Gauge, rain ~,**
cf./vgl. S.-No./lfd. Nr. 3415

1845 **GCA,** cf/vgl. S.-No./lfd. Nr. 1916

1846 **Gear, alighting ~,**
cf./vgl. S.-No./lfd. Nr. 285

1847 **Gear, arresting ~,**
cf./vgl. S.-No./lfd. Nr. 470

1848 **Gear, beaching ~,**
cf./vgl. S.-No./lfd. Nr. 640

1849 **Gearbox, accessory ~,**
cf./vgl. S.-No./lfd. Nr. 18

1850 **Gear, flotation ~,**
cf./vgl. S.-No./lfd. Nr. 1727

1851 **Gear, fuel-jettison ~,**
cf./vgl. S.-No./lfd. Nr. 1812

1852 **Gear, landing ~,**
cf./vgl. S.-No./lfd. Nr. 2357

1853 **Gear, nose-wheel landing ~,**
cf./vgl. S.-No./lfd. Nr. 2850

1854 **Gear, ski landing ~,**
cf./vgl. S.-No./lfd. Nr. 3832

1855 **Gear, tail-wheel landing ~,**
cf./vgl. S.-No./lfd. Nr. 4237

1856 **Gear, tricycle landing ~,**
cf./vgl. S.-No./lfd. Nr. 4453

1857 **Geared tab (A/c)**
A balance tab mechanically linked to a control surface so that its angular movement is determined by that of the control surface.
(BS 185: Sect. 5: No. 5358)

1858 **Gee (TEL)**
A VHF hyperbolic system of radionavigation.
(BS 185: Sect. 14: No. 14 208)

1859 **Gee H (TEL)**
A radar navigating system comprising two separate fixed transponder stations interrogated by a transmitter in an aircraft, thus enabling the distance to each fixed station to be

Dichtungsring (Flmot)
Ein Federring, der eine Gasabdichtung zwischen dem Kolben und der Zylinderwand herstellt.

Gasschacht (Lfz 1)
Leitung zwischen dem Ventil einer Gaszelle und der Entlüftungshutze.

Gasturbine (Turbo)
Eine Kraftmaschine, in der Arbeitsgas durch einen Verbrennungsprozess erhitzt und mittels einer Turbine zur Arbeitsleistung ausgenutzt wird.

Gasvolumen (Lfz 1)
Volumen einer Gasfüllung unter Normalbedingungen.
Anmerkung: Dies ist das bei aereostatischen Rechnungen verwandte Volumen.

Beginn der Einflugschneise; Ablaufpunkt (FS)
Ort auf der Verlängerung der Betriebs-Landebahnachse, über dem ein Luftfahrzeug einen Steuerkurs auf diese Landebahn eingenommen haben muss, um zu einem von der Anflugkontrollstelle bestimmten Zeitpunkt einzufliegen.

Parasheet-Fallschirm mit verstärkter Basis
Ein Parasheet-Fallschirm, dessen Basis durch ein Basisband verstärkt ist.

(Zwangsläufig) angelenktes Hilfsruder (Lfz)
Mechanisch mit einer Steuerfläche verbundenes Ausgleichsruder, dessen Winkelausschlag durch den der Steuerfläche bestimmt wird.

Gee (Fernm)
Ein Hyperbel-Funknavigationsverfahren auf UKW.

Gee H (Fernm)
Eine Radar-Navigationsanlage, die aus zwei gesonderten festen Transpondern besteht, die von einem Sender in einem Luftfahrzeug abgefragt werden; dadurch ist im Luftfahrzeug

measured in the aircraft.
(BS 185: Sect. 14: No. 14 206)

1860 General inference (Met)
A general description of the meteorological situation at a given time, deduced from the pressure, temperature and wind fields shown on synoptic charts, together with the changes in progress and a statement of the type of weather likely to be experienced over a particular area as a result of these changes.
(BS 185: Sect. 15: No. 15 520)

1861 Gentle breeze (Met)
Beaufort number 3; Leaves and small twigs in constant motion; wind extends light flag (wind speed: 7–10 knots).
(BS 185: Sect. 15: Table 2)

1862 Geodetic construction (Struct)
A method of making curved space frames in which the principal structural members follow geodesics in the surface, the curves being designed in such a manner that the forces set up in the members are either tension or compression.
(BS 185: Sect. 3: No. 3112)

1863 Geometric pitch (Prop)
The distance which an element of a propeller would advance in one revolution when moving along a helix to which the line defining the blade angle of that element is tangential.
Note. –The geometric pitch of an element of a fixed-pitch propeller at the standard radius is usually referred to as the 'pitch' of the particular propeller, and is marked on it.
(BS 185: Sect. 9: No. 9117)

1864 Geometric twist (A/c)
Variation, along the span of a wing or other aerofoil, of the angle between the chord and a fixed datum.
(BS 185: Sect. 5: No. 5227)

1865 Geostrophic wind speed (Met)
The speed of the wind calculated from the pressure gradient, the air density, the rotational velocity of the Earth and the latitude, but neglecting the curvature of the path of the air.
(BS 185: Sect. 15: No. 15 221)

1866 Gills (Eng)
A set of movable flaps at the rear of a cowling to control the flow of cooling air.
(BS 185: Sect. 8: No. 8384)

1867 Girder, axial ~,
cf./vgl. S.-No./lfd. Nr. 545

1868 Girder, cruciform ~,
cf./vgl. S.-No./lfd. Nr. 1203

1869 Glacier breeze (Met)
A cold breeze, blowing down the course of a glacier, owing its origin to the cooling of the air in contact with the ice.
(BS 185: Part 3: No. 15 205)

1870 Glare shield (Eng)
A device to protect the pilot's night vision from being impaired by exhaust flames or glow.
(BS 185: Sect. 8: No. 8375)

1871 Glaze ice (Met)
A transparent or translucent coating of ice with glassy surface which forms at forward edges and extends back over the surface, formed by contact with the larger droplets of rain. Only a small part freezes on impact, the greater part flows back over the surface and

die Messung der Entfernungen zu den beiden festen Stationen möglich.

Allgemeine Wetterübersicht (Met)
Die allgemeine Beschreibung einer Wetterlage zu einer gegebenen Zeit, wobei diese aus der auf synoptischen Wetterkarten eingezeichneten Luftdruck-, Temperatur- und Windverteilung abgeleitet ist, sowie eine Aussage über die Entwicklungstendenzen und des aus diesen Veränderungen voraussichtlich zu erwartenden Wetters für ein bestimmtes Gebiet.

Schwache Brise (Met)
Windstärke (Beaufort-Zahl) 3: Blätter und dünne Zweige bewegen sich, Wind streckt einen Wimpel (Windgeschwindigkeit: 7–10 Knoten).

Geodätische Bauweise (Konstr)
Konstruktionsprinzip unter Benutzung räumlich gekrümmter Rahmen, bei dem die Hauptstäbe geodätischen Linien der Oberfläche folgen. Die Kurven sind so entworfen, daß die in den Bauteilen auftretenden Kräfte entweder Zug- oder Durckkräfte sind.

Geometrische Blattsteigung (Prop)
Der Weg, den ein Blattelement während einer vollen Umdrehung der Luftschraube in Richtung der Luftschraubenachse zurücklegen würde, wenn es auf einer Schraubenlinie tangential zu der Blattsehne forschreiten würde.
Anmerkung: Die geometrische Steigung der Blattelemente am Bezugsradius einer Luftschraube fester Steigung wird üblicherweise als die „Steigung" der betreffenden Luftschraube definiert und ist auf dieser als solche angegeben.

Geometrische Verwindung (Lfz)
Änderung des Winkels zwischen der Sehne und einer festen Richtung längs der Spannweite einer Tragfläche oder eines anderen Tragflügels.

Geostrophische Windgeschwindigkeit (Met)
Die Windgeschwindigkeit, die aus dem Druckgradienten, der Luftdichte, der Rotationsgeschwindigkeit der Erde und der geographischen Breite unter Vernachlässigung der Krümmung der Luftbahn berechnet wird.

Kühlerklappen (Flmot)
Eine Reihe von beweglichen Klappen an der Hinterkante einer Motorhaube, die die Kühlluftströmung regeln.

Gletscherwind (Met)
Eine kalte Brise, die entlang dem Gletscherverlauf abwärts weht und auf die Abkühlung der Luft über dem Eise zurückzuführen ist.

Blendschutz (Flmot)
Eine Vorrichtung, die den Führer eines Luftfahrzeuges gegen Blendung durch heisse Abgase oder Glühen des Abführungsrohres schützt.

Klareis (Met)
Ein durchsichtiger oder durchscheinender Eisüberzug, der sich an nach vorne gerichteten Kanten des Flugzeuges bildet und sich nach hinten hin fortsetzt. Er entsteht beim Anprall grösserer Regentropfen. Nur ein kleiner Teil gefriert unmittelbar an der Auftreffstelle, der

freezes there.
(BS 185: Sect. 15: No. 15 607)

1872 Glazed frost (Met)
A layer of smooth ice formed by rain falling on aircraft or other exposed object the temperature of which is below freezing point.
(BS 185: Sect. 15: No. 15 305)

1873 Glide (Flt OPS)
A controlled descent at normal angle of incidence with little or no thrust. It is normally relative to the air and not necessarily relative to the ground.
(BS 185: Sect. 2: No. 2110)

1874 Glide path (TEL)
That locus of points in the vertical plane containing the runway centre line at which the DDM is zero, which, of all such loci, has the smallest angle above the horizontal plane.
(ICAO, Annex 10, Volume I, 1st Ed.)

1875 Glide path (Flt OPS)
1. The flight path of an aircraft or winged missile as it glides downward, the line of which forms an angle with the longitudinal axis of the aircraft or the missile.
2. The line to be followed by an aircraft as it descends from horizontal flight to land upon the surface. Also called **"glide slope"**.
(AAP-6)

1876 Glide path (Flt OPS, TEL)
1. The flight path of an aircraft in a glide, seen from the side.
2. In an instrument landing system a path to be followed in the glide to a landing.
(NASA S. 0618)

1877 Glide path angle (Flt OPS)
The angle of the glide path above the horizontal plane.
(Annex 10, Volume I, 1st Ed.)

1878 Glide-path beacon (TEL)
A directional radio beacon, forming part of the instrument landing system, which indicates vertical deviation of the aircraft from its optimum path of descent.
(BS 185: Sect. 14: No. 14 229)

1879 Glide path sector (TEL)
A sector in the vertical plane containing the glide path, limited by the loci of points at which the DDM is 0.175.
Note. –The glide path sector is divided by the glide path into two parts called upper sector and lower sector referring respectively to the sectors above and below the glide path.
(ICAO, Annex 10, Volume I, 1st Ed.)

1880 Glide ratio (Flt OPS)
The ratio of the forward distance traveled to the vertical distance descended in a glide.
(NASA S. 0619)

1881 Glide slope, cf./vgl. **Glide path,** S.-No./lfd. Nr. 1876

1882 Glide, spiral ~, cf./vgl. S.-No./lfd. Nr. 3940

1883 Glider (A/c)
A non-power-driven heavier-than-air aircraft, deriving its lift in flight chiefly from aerodynamic reactions on surfaces which remain fixed under given conditions of flight.
(ICAO, Annex 7, 2nd Ed.)

Rest fließt nach hinten ab und gefriert dort.

Glatteis (Met)
Eine glatte Eisschicht, die dadurch entsteht, daß Regen auf ein Luftfahrzeug oder auf ein anderes ihm ausgesetztes Objekt fällt, dessen Temperatur unter dem Gefrierpunkt liegt.

Gleitflug (Flbetr)
Ein gesteuerter Sinkflug im normalen Anstellwinkelbereich mit wenig oder ohne Schub. Ein Gleitflug erfolgt normalerweise in Relation zur umgebenden Luft und nicht notwendigerweise in Relation zum Boden.

Gleitweg (Fernm)
Der geometrische Punkt aller Punkte mit dem DDM-Wert Null in der die Pistenmittellinie einschließenden Vertikalebene, der den kleinsten Winkel gegen die Horizontalebene aufweist.

Gleitweg (Flbetr)
1. Der Flugweg, den ein Luftfahrzeug oder ein mit Tragflügeln versehener Flugkörper beim Abwärtsgleiten beschreibt und dessen Verlauf mit der Längsachse des Luftfahrzeugs oder Flugkörpers einen Winkel bildet.
2. Die Linie, der ein Luftfahrzeug folgen muß, wenn es aus dem Horizontalflug auf der Erdoberfläche landen will. Im Englischen auch als „glide slope" bezeichnet.

1. Gleitweg (Flbetr)
Die von der Seite betrachtete Flugbahn eines Luftfahrzeugs während eines Gleitfluges.

2. Gleitwegstrahl (Fernm)
Die bei einem Instrumentenanflugsystem beim Gleitflug zur Landung einzuhaltende Flugbahn.

Gleitwegwinkel (Flbetr)
Der Winkel des Gleitweges bezogen auf die Horizontalebene.

Gleitweg-Funkfeuer (Fernm)
Richtfunkfeuer, das Teil eines Instrumenten-Landesystems ist und die Abweichung des Luftfahrzeugs in der Senkrechten von seinem optimalen Sinkflugweg anzeigt.

Gleitwegsektor (Flbetr)
Ein Sektor in der den Gleitweg enthaltenden Vertikalebene, der durch den geometrischen Ort aller Punkte mit dem DDM-Wert 0,175 begrenzt ist.
Anmerkung: Der Gleitwegsektor wird durch den Gleitweg in zwei Teile geteilt, die in bezug auf die Sektoren oberhalb und unterhalb des Gleitweges oberer und unterer Sektor genannt werden.

Gleitzahl (Flbetr)
Das Verhältnis der bei einem Gleitflug zurückgelegten Strecke zur aufgegebenen Höhe.

Segelflugzeug; motorloses Flugzeug (Lfz)
Ein Luftfahrzeug, schwerer als Luft, ohne eigenen Kraftantrieb, das seinen Auftrieb im Flug hauptsächlich durch dynamische Luftkräfte an Flächen erhält, die unter gegebenen Flugbedingungen feststehend bleiben.

1884 **Glider** (A/c)
A non-power-driven heavier-than-air aircraft.
(BS 185: Sect. 5: No. 5112)
1885 **Glider, aero-tow flight time in a** ~,
cf./vgl. S.-No./lfd. Nr. 138
1886 **Glider, primary** ~,
cf./vgl. S.-No./lfd. Nr. 3240
1887 **Glider, towed** ~,
cf./vgl. S.-No./lfd. Nr. 4403
1888 **Gliding** (A/c),
cf./vgl. **Glide,** S.-No./lfd. Nr. 1873
1889 **Gliding angle** (Flt OPS)
The angle between the flight path in a glide
and the horizontal.
(BS 185: Sect. 2: No. 2112)
1890 **Gliding angle, minimum** ~,
cf/vgl. S.-No./lfd. Nr. 2720
1891 **Glow screen** (Eng)
A device for obscuring the glow from hot
metal.
(BS 185: Sect. 8: No. 8376)
1892 **Gore** (A/c 1)
A shaped section of an envelope or gas bag.
(BS 185: Sect. 7: No. 7218)
1893 **Gore** (Para)
A shaped section of the canopy normally
bounded by two adjacent rigging lines.
(BS 185: Sect. 12: No. 12 126)
1894 **Gouge flap** (A/c), cf./vgl.
Extension flap, S.-No./lfd. Nr. 1554
1895 **Grade, fuel** ~,
cf./vgl. S.-No./lfd. Nr. 1811
1896 **Gradient, pressure** ~,
cf./vgl. S.-No./lfd. Nr. 3216
1897 **Gradient distance, gust** ~,
cf./vgl. S.-No./lfd. Nr. 1968
1898 **Gradient wind speed** (Met)
The speed of the wind calculated as for geostrophic wind speed, but taking into account
the curvature of the path of the air.
(BS 185: Sect. 15: No. 15 222)
1899 **Graphic scale** (Nav)
A graduated line by means of which distances on the map or chart may be measured
in terms of actual ground distance.
(AAP-6)
1900 **Graticule** (Nav)
A network of lines representing the earth's
parallels of latitude and meridians of longitude.
(AAP-6)
1901 **Gravity tank** (A/c)
A tank from which the engine is supplied by
gravity alone.
(BS 185: Sect. 8: No. 8248)
1902 **Great circle** (Nav)
A circle on the surface of a sphere, especially
the earth, whose plane passes through the
center of the sphere.
(NASA S. 0621)
1903 **Greenwich hour angle** (Nav)
cf./vgl. **Hour angle,** S.-No./lfd. Nr. 2078
1904 **Greenwich mean time** (= GMT) (Nav)
Mean solar time at the meridian of Greenwich.
(BS 185: Sect. 11: No. 11 216)
1905 **Grid** (Nav)
A network of lines on a map or chart which
is used to provide the data to which directions and positions can be related.
(BS 185: Sect. 11: No. 11 306)
1906 **Grid navigation**
A system of navigation utilizing a grid instead of true north for the measurement of

Gleitflugzeug; Gleiter (Lfz)
Luftfahrzeug schwerer als Luft, ohne Kraftantrieb.

Gleitwinkel (Flbetr)
Winkel zwischen dem Gleitflugweg und der
Horizontalen.

Abschirmung (Flmot)
Eine Abschirmvorrichtung zum Abdecken von
glühenden Metallteilen.

Bahn(länge) (Lfz 1)
Formgerecht geschnittener Teil einer Hülle
oder Gaszelle.
(Fallschirm-)Bahn
Besonders geschnittener Teil der Fallschirmkappe, der normalerweise durch zwei benachbarte Fangleinen begrenzt wird.

Gradientwindgeschwindigkeit (Met)
Eine geostrophische Windgeschwindigkeit, bei
deren Berechnung auch die Krümmung der
Luftbahn berücksichtigt wird.

Maßstab (Nav)
Mit einer Einteilung versehene Linie, mit deren Hilfe Entfernungen auf der Karte gemessen und als tatsächliche Entfernungen abgele-
sen werden können.
Gradnetz (Nav)
Netz von Linien zur Darstellung der Längen-
und Breitengrade der Erde.

Fallbehälter (Lfz)
Ein Kraftstoffbehälter, von dem aus der Kraftstoff lediglich unter der Wirkung der Schwerkraft zum Motor gefördert wird.
Großkreis (Nav)
Kreis auf der Oberfläche einer Kugel, insbesondere der Erdkugel, dessen Kreisebene
durch den Mittelpunkt der Kugel geht.

Mittlere Greenwich-Zeit (Nav)
Für den Meridian von Greenwich geltende
mittlere Sonnenzeit.

Gradnetz; Gitternetz (Nav)
Gitterlinien auf einer Karte, die als Bezugssy-
stem zum Messen von Winkeln und zur Festlegung von Standorten dienen.

Gradnetznavigation; Gitternavigation
Eine Navigationsart, die ein Gradnetz anstelle
des auf rechtsweisend Nord bezogenen Koor-

angles.
(BS 185: Sect. 11: No. 11 116)

1907 Grid north (Nav)
The northerly or zero direction indicated by
the grid datum of directional reference.
(AAP-6)

1908 Grivation (Nav)
The horizontal angle between the grid datum
and the magnetic meridian at any point.
(BS 185: Sect. 11: No. 11 117)

1909 Gross lift (A/c 1)
The buoyancy in standard atmosphere at sea
level under standard conditions of purity of
gas and fullness.
(BS 185: Sect. 7: No. 7128)

1910 Gross lift, centre of ~,
cf./vgl. S.-No./lfd. Nr. 882

1911 Gross thrust (Prop),
cf./vgl. **Shaft thrust,** S.-No./lfd. Nr. 3769

1912 Gross weight (A/c)
The weight of an aircraft with its crew and
contents.
(BS 185: Sect. 5: No. 5615)

1913 Gross weight, design ~,
cf/vgl. S.-No./lfd. Nr. 1283

1914 Gross wing area (A/c)
1. The area of the surface bounded by the
two wing tips and the leading and trailing
edges continued to intersect on the centre
line.
2. The area of the surface bounded by the
two wing tips, the leading and trailing
edges and by straigth lines joining their
intersections (ignoring fillets) with the
fuselage and wing nacelles.
(BS 185: Sect. 5: No. 5214)

1915 Gross wing loading (Struct),
cf./vgl. **Wing loading,** S.-No./lfd. Nr. 4772

**1916 Ground-controlled
approach (= GCA) (ATC)**
The technique or procedure for "talking
down" an aircraft during its approach,
through the use of surveillance and precision
radar from the ground. The purpose is to
place the aircraft in a position for landing
during conditions of bad visibility and low
ceiling.
(BS 185: Sect. 13: No. 13 257)

**1917 Ground-controlled approach procedures
(ATC)**
The technique or procedures for talking
down, through the use of both surveillance
and precision approach radar, an aircraft
during its approach so as to place it in a position for landing.
Note. –The foregoing is normally accomplished through radio telephony transmissions of heading and level instructions from
the radar unit to the pilot of the aircraft.
(ICAO, Doc 4444–RAC/501/8)

**1918 Ground-controlled approach system,
Abbr GCA (ATC)**
A system of radionavigation comprising a
Surveillance radar element (SRE) and a Pre-
cision approach radar (PAR) element for the
operation of a ground-controlled approach.
(BS 185: Sect. 14: No. 14 223)

1919 Ground equipment (GS)
Articles of a specialized nature for use in the
maintenance, repair and servicing of an aircraft on the ground, including testing equipment and cargo- and passenger-handling

dinatensystems zum Messen von Winkeln benutzt.
Gitter-Nord (Nav)
Die Nord- oder Nullrichtung, die durch die Be-
zugsrichtungslinie des Gitters angezeigt wird.

Grivation (Nav)
Der in der Horizontalen überall gemessene
Winkel zwischen der Gradnetzlinie und der
magnetischen Nordrichtung.
Gesamtauftrieb (Lfz 1)
Auftrieb in der Normatmosphäre in Meeres-
höhe für einen gegebenen Zustand der Gaszu-
sammensetzung und Füllung.

Startmasse; Flugmasse (Lfz)
Masse eines Luftfahrzeuges mit seiner Besatzung und Inhalt.

Gesamtflügelfläche (Lfz)
1. Inhalt der Fläche, begrenzt von den beiden
Tragflächenspitzen, den Vorder- und Hinterkanten und fortgesetzt bis zur Rumpf-
mittellinie.
2. Inhalt der Fläche, die begrenzt wird von
den beiden Tragflächenspitzen, den Vorder-
und Hinterkanten und den geradlinigen
Verbindungen der Schnittpunkte zwischen
den Kanten und dem Rumpf bzw. den Trag-
flächengondeln unter Vernachlässigung der
Verkleidungen.

GCA-Verfahren; GCA-Anflug (FS)
Verfahren, um ein Luftfahrzeug während seines Anflugs durch Benutzung von Rundsicht-
und Präzisionsradargeräten vom Boden aus so
herunterzusprechen, daß es bei schlechter
Sicht und niedriger Wolkenuntergrenze in eine
Position kommt, von der aus die Landung erfolgen kann.

GCA-Verfahren (FS)
Die Verfahrensweise, ein Luftfahrzeug während seines Anfluges unter Verwendung von
Rundsicht- und Präzisionsanflugradar so herunterzusprechen, daß es in eine für die Landung geeignete Lage gebracht wird.
Anmerkung: Dies geschieht normalerweise
durch Sprechfunkübermittlung von Steuer-
kurs- und Höhenanweisungen der Radarstelle
an den Luftfahrzeugführer.

GCA-Anflugsystem (FS)
Eine Funknavigationsanlage, die aus einem
Rundsicht-Radargeräteelement (SRE) und ei-
nem   Präzisionsanflug-Radargeräteelement
(PAR) besteht und der Durchführung vom Bo-
den geleiteter Anflüge dient.

Bodenausrüstung; Bodengerät (Bod)
Gegenstände besonderer Art für die Wartung,
Instandsetzung und Versorgung eines Luftfahrzeuges am Boden, einschließlich Prüfgerät
und Einrichtungen für die Abfertigung von

equipment.
(ICAO, Annex 9, 5th Ed.)

1920 **Ground idling conditions (Turbo)**
The conditions of minimum rotational speed associated with zero forward speed and the maximum exhaust gas temperature at this rotational speed.
(ICAO, Annex 8, 5th Ed.)

1921 **Ground light, aeronautical ~,**
cf./vgl. S.-No./lfd. Nr. 109

1922 **Ground looping (Flt OPS)**
An uncontrollable violent turn of an aircraft while taxying, alighting or taking-off.
(BS 185: Sect. 2: No. 2206)

1923 **Ground position (Nav)**
The position on the Earth vertically below an aircraft.
(BS 185: Sect. 11: No. 11 119)

1924 **Ground-position indicator (Nav)**
An instrument which determines and displays automatically the dead-reckoning position of an aircraft.
(BS 185: Sect. 11: No. 11 416)

1925 **Ground running-time (Flt OPS)**
The period of engine-running time while an aircraft is at rest and/or taxying.
(BS 185: Sect. 2: No. 2207)

1926 **Ground (sea) returns (TEL)**
Echos received from the earth (sea) on an aircraft radar set.
(BS 185: Sect. 14: No. 14 503)

1927 **Ground speed (Nav)**
The speed of an aircraft relative to the Earth's surface.
(BS 185: Sect. 4: No. 4318)

1928 **Ground starter (GS)**
Any device, not carried in an aircraft, for starting an aero-engine.
(BS 185: Sect. 8: No. 8285)

1929 **Ground test couplings (A/c)**
Couplings enabling the hydraulic or pneumatic system to be tested by an externally applied source of power.
(BS 185: Sect. 10: No. 10 105)

1930 **Ground time, instrument ~,**
cf./vgl. S.-No./lfd. Nr. 2235

1931 **Ground, to ~,**
To prohibit an aircraft from flying.
(BS 185: Sect. 1: No. 1114)

1932 **Ground-to-air communication (TEL)**
One-way communication from stations or locations on the surface of the earth to aircraft.
(ICAO, Annex 10, Volume II, 1st Ed.)

1933 **Ground-to-air communication (TEL)**
One-way communication from ground stations to aircraft.
(BS 185: Sect. 13: No. 13 112)

1934 **Ground-traffic signal light (GS)**
A light installed on a movement area for controlling traffic on the ground.
(BS 185: Sect. 13: No. 13 340)

1935 **Ground visibility (Met)**
The visibility at an aerodrome, as reported by an accredited observer.
(ICAO, Annex 2, 5th Ed.)

1936 **Grounding (El)**
The connection to the ground of an aircraft earth system.
(BS 185: Part 1: No. 1111)

1937 **Guard, ice ~,**
cf./vgl. S.-No./lfd. Nr. 2114

Fracht und Fluggästen.

Bodenleerlaufzustand (Turbo)
Der Zustand kleinster Drehzahl bei Vorwärtsgeschwindigkeit Null und höchster Abgastemperatur bei dieser Drehzahl.

Ringelpietz; Ausbrechen (Flbetr)
Nicht steuerbare heftige Richtungsänderung eines Luftfahrzeugs während des Rollens, Landens oder Startens.

Standort über Grund (Nav)
Derjenige Punkt auf der Erdoberfläche, der sich senkrecht unter einem Luftfahrzeug befindet.

Koppelstandortanzeiger (Nav)
Gerät, welches selbsttätig den Koppelstandort eines Luftfahrzeuges bestimmt und anzeigt.

Bodenlaufzeit (Flbetr)
Zeit, in der der Motor läuft, während das Luftfahrzeug abgestellt ist oder rollt.

Bodenecho (Fernm)
Die von einem Bord-Radargerät empfangenen Bodenechos.

Grundgeschwindigkeit (Nav)
Geschwindigkeit eines Luftfahrzeugs relativ zur Erdoberfläche.

Bodenanlaßgerät (Bod)
Jede nicht an Bord eines Luftfahrzeuges mitgeführte Vorrichtung zum Anlassen von Flugmotoren.

Bodenanschlüsse (Lfz)
Anschlüsse, die im Flugzeug dazu vorgesehen sind, die Hydraulik- oder Pneumatikanlage mit einer außerhalb des Luftfahrzeuges befindlichen Kraftquelle zu verbinden, um die Bordanlage zu prüfen.

Sperren
Ein Luftfahrzeug vom Fliegen sperren.

Boden/Bord-(Funk-)Verkehr (Fernm)
Einwegverkehr von Funkstellen oder anderen Stellen auf der Erdoberfläche zu Luftfahrzeugen.

Boden/Bord-(Funk-)Verkehr (Fernm)
Einwegverkehr von Bodenstationen zu Luftfahrzeugen.

Signalfeuer für den Bodenverkehr (Bod)
Feuer, das auf einer Bewegungsfläche zum Regeln des Verkehrs auf dem Boden angebracht ist.

Bodensicht (Met)
Die von einem beauftragten Beobachter gemeldete Sicht auf einem Flugplatz.

Erdung (El)
Die Verbindung der Erdungsanlage eines Luftfahrzeuges mit der Erde.

1938 **Gudgeon pin** (Eng)
The pin which attaches the connecting rod to the piston.
(BS 185: Sect. 8: No. 8333)

Kolbenbolzen (Flmot)
Der Bolzen, der die Pleuelstange mit dem Kolben verbindet.

1939 **Gudgeon pin, floating** ~,
cf./vgl. S.-No./lfd. Nr. 1725

1940 **Guidance, active homing** ~,
cf./vgl. S.-No./lfd. Nr. 27

1941 **Guidance, beam-rider** ~,
cf./vgl. S.-No./lfd. Nr. 672

1942 **Guidance, beam riding** ~,
cf./vgl. S.-No./lfd. Nr. 673

1943 **Guidance, celestial** ~,
cf./vgl. S.-No./lfd. Nr. 873

1944 **Guidance, command** ~,
cf./vgl. S.-No./lfd. Nr. 989, 990

1945 **Guidance, homing** ~,
cf./vgl. S.-No./lfd. Nr. 2050

1946 **Guidance, inertial** ~,
cf./vgl. S.-No./lfd. Nr. 2195, 2196

1947 **Guidance, magnetic** ~,
cf./vgl. S.-No./lfd. Nr. 2589

1948 **Guidance, memory** ~,
cf./vgl. S.-No./lfd. Nr. 2686

1949 **Guidance, passive homing** ~,
cf./vgl. S.-No./lfd. Nr. 3011

1950 **Guidance, preset** ~,
cf./vgl. S.-No./lfd. Nr. 3195

1951 **Guidance receiver** (Miss)
The receiving set in a missile which converts the received intelligence into a form suitable for feeding to the control system.
(BS 185: Sect. 6: No. 6506)

Lenkempfänger (FK)
Empfangsgerät in einem Flugkörper, das übermittelte Werte so umwandelt, daß sie in die Steueranlage eingespeist werden können.

1952 **Guidance, semi-active homing** ~,
cf./vgl. S.-No./lfd. Nr. 3726

1953 **Guidance system** (Miss)
A system which evaluates flight information, correlates it with target data, determines the desired flight path of the missile and communicates the necessary commands to the missile flight control system.

Lenksystem; Lenkanlage (FK)
System, das Informationen über den Flug eines Flugkörpers ermittelt, diese mit den Zielwerten in Beziehung setzt, den gewünschten Flugweg des Flugkörpers ermittelt und die notwendigen Kommandos an die Steueranlage des Flugkörpers gibt.

1954 **Guidance, terrestrial** ~,
cf./vgl. S.-No./lfd. Nr. 4316

1955 **Guide, track** ~,
cf./vgl. S.-No./lfd. Nr. 4409

1956 **Guide vane, toroidal** ~,
cf./vgl. S.-No./lfd. Nr. 4392

1957 **Guide-vane, toroidal-intake** ~,
cf./vgl. S.-No./lfd. Nr. 4392

1958 **Guide-vanes, air-intake** ~,
cf./vgl. S.-No./lfd. Nr. 201

1959 **Guide-vanes, impeller-intake** ~,
cf./vgl. S.-No./lfd. Nr. 2146

1960 **Guide vanes, inlet** ~,
cf/vgl. S.-No./lfd. Nr. 2209

1961 **Guide-vanes, nozzle** ~,
cf/vgl. S.-No./lfd. Nr. 2856

1962 **Guide-vanes, rotating** ~,
cf/vgl. S.-No./lfd. Nr. 3623

1963 **Guided missile** (Miss)
A missile whose flight path can be controlled throughout its flight.
(BS 185: Sect. 6: No. 6103)

Lenkflugkörper (FK)
Flugkörper, der auf seinem gesamten Flugweg geleitet werden kann.

1964 **Guided missile**
An unmanned vehicle moving above the surface of the earth, whose trajectory or flight path is capable of being altered by an external or internal mechanism.
(AAP-6)

Lenkflugkörper
Unbemannter Körper, der sich oberhalb der Erdoberfläche bewegt und dessen Flugbahn oder Flugweg durch einen innerhalb oder außerhalb des Flugkörpers befindlichen Mechanismus geändert werden kann.

1965 **Gull wing** (A/c)
An airplane wing in which the inboard section has more positive dihedral than the out-

Knickflügel (Lfz)
Tragfläche eines Flugzeugs, deren zum Rumpf liegender Teil eine stärkere positive V-Stellung

board section.
(NASA S. 0627)
1966 Gun, ejection ~,
cf/vgl. S.-No./lfd. Nr. 1441
1967 Gust (Met)
A rapid variation with time or distance in the
speed or direction of the wind.
(BS 185: Sect. 15: No. 15 223)
1968 Gust gradient distance (Met)
The horizontal distance over which the vertical velocity of a gust changes from zero to
its maximum value.
(BS 185: Sect. 15: No. 15 224)
1969 Gyro (Instr)
A spinning rotor, usually in a gimbal system,
providing one or more additional degrees of
freedom.
(BS 185: Sect. 5: No. 5520)
1970 Gyro, azimuth ~,
cf./vgl. S.-No./lfd. Nr. 557
1971 Gyro, bootstrap ~,
cf./vgl. S.-No./lfd. Nr. 736
1972 Gyro, free ~,
cf./vgl. S.-No./lfd. Nr. 1784
1973 Gyro horizon (Instr), cf./vgl.
Artificial horizon, S.-No./lfd. Nr. 477
1974 Gyro-magnetic compass (Nav)
A magnetic compass which is stabilized by a
gyroscope.
(BS 185: Sect. 11: No. 11 410)
1975 Gyro sextant (Nav),
cf./vgl. **Air sextant,** S.-No./lfd. Nr. 237
1976 Gyro, sight-line ~,
cf./vgl. S.-No./lfd. Nr. 3811
1977 Gyro, vertical ~,
cf./vgl. S.-No./lfd. Nr. 4621
1978 Gyroplane (Rotor)
A heavier-than-air aircraft supported in flight
by the reactions of the air on one or more rotors which rotate freely on substantially
vertical axes.
(ICAO, Annex 7, 2nd Ed.)
1979 Gyroplane (Rotor)
A rotorcraft with non-power-driven rotor(s)
rotating on substantially vertical axes.
(BS 185: Sect. 5: No. 6705)
1979a Gyroscope (Instr),
cf./vgl. **Gyro,** S.-No./lfd. Nr. 1969

aufweist als der äußere Teil.

Bö(e) (Met)
Eine schnelle zeitliche oder örtliche Änderung
der Windgeschwindigkeit oder Windrichtung.

Böen(schwell)tiefe (Met)
Die horizontale Strecke, in der der Aufwind in
einer Böe von Null auf seinen Maximalwert
ansteigt.

Kreisel (Instr)
Rotierender Körper, normalerweise in einem
Kardanrahmen aufgehängt, in dem er in einer
oder zusätzlich mehreren Richtungen frei beweglich ist.

Kreiselmagnetkompaß (Nav)
Kreiselstabilisierter Magnetkompaß.

Flugschrauber (Drehfl)
Ein Luftfahrzeug schwerer als Luft, das seine
tragende Kraft im Fluge durch Luftkräfte auf
einen oder mehrere Drehflügel erhält, die sich
frei um im wesentlichen lotrechte Achsen drehen.
Flugschrauber (Drehfl)
Drehflügler, dessen Rotor oder Rotoren nicht
kraftgetrieben sind und sich um im wesentlichen vertikale Achsen drehen.

H

1980 Hail (Met)
Precipitation in the form of hard pellets of
ice from cumulonimbus clouds, often associated with thunderstorms.
(BS 185: Sect. 15: No. 15 313)
1981 Hail, soft ~,
cf./vgl. S.-No./lfd. Nr. 3866
1982 Half loop (Flt OPS)
An airplane stunt or maneuver consisting of
one half of a complete loop of any kind, usually one half of an inside loop begun from an
upright position.
(NASA S.0632)
1983 Half-roll (Flt OPS)
A half-revolution about the longitudinal axis.
(BS 185: Part 1: No. 2128)
1984 Hand starter (Eng)
A device embodied in an aero-engine or at-

Hagel (Met)
Niederschlag aus Kumulonimbuswolken in
der Form von harten Eiskugeln, welcher häufig während eines Gewitters auftritt.

Halber Überschlag; halber Looping (Flbetr)
Kunstflugfigur, die aus der Hälfte eines flugla-
genmäßig beliebigen Loopings besteht, meist
ein aus der Normalfluglage nach oben angesetzter Halblooping.

Halbe Rolle (Flbetr)
Halbe Drehung um die Längsachse.

Handanlasser (Flmot)
Eine zum Flugmotor gehörige Vorrichtung

tached thereto, for rotating the engine by hand, otherwise than by the propeller, for starting.
(BS 185: Sect. 8: No. 8286)

1985 **Hangar (GS)**
A building or other suitable shelter for housing aircraft.
(BS 185: Sect. 13: No. 13 311)

1986 **Hard standing (GS)**
A prepared hard surface for parking aircraft or heavy vehicles.
(BS 185: Sect. 13: No. 13 312)

1987 **Harness (Para)**
An assembly of straps or cords worn by a parachutist or employed to suspend an inanimate load to which the parachute is attached.
(BS 185: Sect. 12: No. 12 127)

1988 **Harness, ignition** ~,
cf./vgl. S.-No./lfd. Nr. 2137

1989 **Harness, parachute** ~,
cf./vgl. S.-No./lfd. Nr. 2990

1990 **Harness release (Para),** cf./vgl.
Quick release box, S.-No./lfd. Nr. 3329

1991 **Hazard beacon (GS)**
An aeronautical beacon used to designate a danger to air navigation.
(ICAO, Annex 14, 4th Ed.)

1992 **Hazard beacon (GS)**
A light beycon designating a particularly dangerous obstruction.
(BS 185: Sect. 13: No. 13 355)

1993 **Haze (Met)**
Atmospheric obscurity due to the presence of solid matter such as dust, smoke, or hygroscopic particles carrying a deposit of water in air not saturated with water vapour.
(BS 185: Sect. 15: No. 15 309)

1994 **Head, pressure** ~,
cf./vgl. S.-No./lfd. Nr. 3217

1995 **Head resistance (Aerodyn)**
The resistance exerted by the air against the front of an aircraft or other body moving throught it, proportional to its frontal area.
(NASA S.0635)

1996 **Head, rotor** ~,
cf./vgl. S.-No./lfd. Nr. 3627

1997 **Head, total** ~,
cf./vgl. S.-No./lfd. Nr. 4399

1998 **Heading (Nav)**
The direction in which the longitudinal axis of an aircraft is pointed, usually expressed in degrees from North (true, magnetic, compass or grid).
(ICAO, Annex 2, 5th Ed.)

1999 **Heading (Nav)**
The direction of the longitudinal axis of an aircraft defined by the horizontal angle it makes with a specified meridian. It is measured clockwise from North. The meridian may be true, magnetic, compass or grid, and the heading is correspondingly named.
(BS 185: Sect. 11: No. 11 119)

2000 **Heading, true** ~,
cf./vgl. S.-No./lfd. Nr. 4467

2001 **Heap clouds (Met)**
Clouds with vertical structure.
(BS 185: Sect. 15: No. 15 406)

2002 **Heat barrier,** cf./vgl.
Thermal barrier, S.-No./lfd. Nr. 4328

zum Durchdrehen eines Motors von Hand, ohne dabei die Luftschraube von Hand durchzudrehen.

Flugzeughalle; Hangar (Bod)
Gebäude oder anderes geeignetes Schutzbauwerk zum Unterstellen von Luftfahrzeugen.

Betonabstellplatz (Bod)
Besonders befestigte Fläche zum Parken von Luftfahrzeugen oder anderen schweren Fahrzeugen.

Fallschirmgurtzeug (Fallsch)
System von Gurten oder Seilen, das der Fallschirmspringer trägt oder das dafür verwendet wird, tote Lasten, die sich am Fallschirm befinden, zu tragen.

Gefahrenfeuer (Bod)
Ein Luftfahrtleuchtfeuer zur Bezeichnung einer Gefahr für die Luftfahrt.

Gefahrenfeuer (Bod)
Leuchtfeuer zur Kennzeichnung eines besonders gefährlichen Hindernisses.

(Trockener) Dunst (Met)
Sichtverminderung, die durch die Anwesenheit von festen Partikeln in nicht mit Wasserdampf gesättigter Luft in der Atmosphäre hervorgerufen wird, z. B. durch Staub, Rauch oder hygroskopische Teilchen, an denen sich Wasser angesetzt hat.

Stirnwiderstand (Aerodyn)
Der gegen die Vorderseite eines sich durch die Luft bewegenden Luftfahrzeugs oder anderen Körpers ausgeübte, proportional zur Größe der Stirnfläche wirksame Widerstand der Luft.

Steuerkurs (Nav)
Die Richtung der Längsachse eines Luftfahrzeuges, gewöhnlich in Graden ausgedrückt und auf rechtweisend, mißweisend, Kompaß- oder Gitter-Nord bezogen.

Steuerkurs (Nav)
Die Richtung der Längsachse eines Luftfahrzeuges, definiert durch den Winkel, den sie mit einem bestimmten Meridian in der Horizontalen bildet. Der Kurswinkel wird im Uhrzeigersinn von Nord gemessen. Als Bezugsmeridian kann sowohl der rechtweisende als auch der magnetische, der Kompaß- oder Gittermeridian benutzt werden, wobei der Steuerkurs entsprechend bezeichnet wird.

Haufenwolken (Met)
Wolken mit vertikalem Aufbau.

2003 Heating, dynamic ~,
cf./vgl. S.-No./lfd. Nr. 1413

2004 Heating muff (Eng)
A chamber, surrounding an exhaust pipe or manifold, to provide hot air.
(BS 185: Sect. 8: No. 8377)

Heizmantel (Flmot)
Ein Mantel um einen Abgassammler oder um ein Abgasrohr, in dem Luft aufgewärmt wird.

2005 Heavier-than-air aircraft
Any aircraft deriving its lift in flight chiefly from aerodynamic forces.
(ICAO, Annex 7, 2nd Ed.)

Luftfahrzeug schwerer als Luft; Aerodyn (Lfz)
Jedes Luftfahrzeug, das seinen Auftrieb im Flug hauptsächlich durch dynamische Luftkräfte erhält.

2006 Heavier-than-air aircraft
An aircraft which derives its lift in flight chiefly from aerodynamic forces.
(BS 185: Sect. 1: No. 1115)

Luftfahrzeug schwerer als Luft
Ein Luftfahrzeug, das seinen Auftrieb vorwiegend durch Luftkräfte erhält.

2007 Height (Aero)
1. The vertical distance of a level, a point, or an object considered as a point, measured from a specified datum.
   Note. – The datum may be specified in the text or in an explanatory note in the publication concerned.
2. The vertical dimension of an object.
   Note. – The term **"height"** may also be used in a figurative sense for a dimension other than vertical, e. g., the height of a letter or a figure painted on a runway.
(ICAO, Annex 2, 5th Ed., Annex 3, 6th Ed., Annex 4, 5th Ed., Annex 10, Volume I and II, 1st Ed., Annex 11, 5th Ed.)

Höhe (Aero)
1. Der lotrechte Abstand einer Horizontalebene, eines Punktes oder eines als Punkt angenommenen Gegenstandes von einem bestimmten Bezugswert.
   Anmerkung: Der Bezugswert kann entweder im Text oder in einer Erläuterung der betreffenden Veröffentlichung angegeben sein.
2. Die lotrechte Ausdehnung eines Gegenstandes.
   Anmerkung: Der Ausdruck „Höhe" kann auch in bildlichem Sinne für eine Ausdehnung benutzt werden, die nicht lotrecht ist, z. B. für die Höhe der auf einer Piste aufgemalten Buchstaben oder Zahlen.

2008 Height (Flt OPS)
The true clearance distance between the lowest part of the aeroplane and the relevant datum.
(ICAO, Annex 8, 5th Ed.)

Höhe (Flbetr)
Der wahre lichte Abstand zwischen dem untersten Teil des Flugzeuges und dem entsprechenden Bezugswert.

2009 Height (Aero)
The vertical distance above a specified datum.
(BS 185: Sect. 1: No. 1116)

Höhe (über einer Bezugsgröße) (Aero)
Vertikaler Abstand von einem bestimmten Bezugspunkt.

2010 Height, cloud ~,
cf./vgl. S.-No./lfd. Nr. 961

2011 Height, critical ~,
cf./vgl. S.-No./lfd. Nr. 1193

2012 Height, density ~,
cf./vgl. S.-No./lfd. Nr. 1269

2013 Height, equilibrium ~,
cf./vgl. S.-No./lfd. Nr. 1521

2014 Height indicator (Instr)
An instrument in an aircraft for indicating the distance between it and the ground vertically beneath.
(BS 185: Sect. 5: No. 5508)

Echolot (Instr)
Instrument in einem Luftfahrzeug, das die Entfernung zwischen dem Luftfahrzeug und der senkrecht darunter befindlichen Erdoberfläche anzeigt.

2015 Height power factor (Eng)
The ratio of the power or thrust developed at a specified altitude to that which would be developed at standard sea level. It applies to maximum power or thrust conditions at full throttle.
(BS 185: Sect. 8: No. 8210)

Höhenleistungszahl (Flmot)
Das Verhältnis der in einer bestimmten Höhe über einer Bezugsgröße entwickelten Motor- oder Schubleistung zu der in Normalnull gelieferten Leistung. Die Höhenleistungszahl bezieht sich stets auf die Motor- oder Schubhöchstleistung bei Vollgasstellung.

2016 Height, pressure ~,
cf./vgl. S.-No./lfd. Nr. 3218, 3219

2017 Height, safety ~,
cf./vgl. S.-No./lfd. Nr. 3669

2018 Height, spot ~,
cf./vgl. S.-No./lfd. Nr. 3950

2019 Helicopter (Rotor)
A heavier-than-air aircraft supported in flight by the reactions of the air on one or more power-driven rotors on substantially vertical axes.
(ICAO, Annex 7, 2nd Ed.)

Hubschrauber; Helikopter (Drehfl)
Ein Luftfahrzeug schwerer als Luft, das seine tragende Kraft im Fluge durch Luftkräfte auf einen oder mehrere mit eigener Kraft angetriebene Drehflügel erhält, die sich um im wesentlichen lotrechte Achsen drehen.

2020 **Helicopter (Rotor)**
A rotorcraft deriving both lift and control
from power-driven rotor(s) rotating on substantially vertical axes.
(BS 185: Sect. 5: No. 5706)

2021 **Hem, peripheral ~,**
cf./vgl. S.-No./lfd. Nr. 3029

2022 **Hem rigged parachute**
A parachute, the rigging lines of which are
attached at the peripheral hem and do not
pass over the canopy.
(BS 185: Sect. 12: No. 12 153)

2023 **Hem, vent ~,**
cf./vgl. S.-No./lfd. Nr. 4612

2024 **H-engine (Eng)**
An engine with its cylinders forming, in end
view, the letter "H".
(BS 185: Sect. 8: No. 8315)

2025 **High (Met)**
cf./vgl. **Anticyclone,** S.-No./lfd. Nr. 388

2026 **High altitude (Flt OPS)**
Conventionally, an altitude above 10 000
metres (33 000 feet).
(AAP-6)

2027 **High clouds (Met)**
Clouds, usually composed of ice crystals,
with an average cloud height of more than:
10 000 feet (Polar regions)
16 500 feet (Temperate regions)
20 000 feet (Equatorial regions).
(BS 185: Sect. 15: No. 15 410)

2028 **High pressure, area of ~,**
cf./vgl. S.-No./lfd. Nr. 458

2029 **High-speed wind tunnel (Aerodyn)**
A wind tunnel in which the stream velocity,
although still subsonic, is sufficiently high to
enable the effects of compressibility of the
fluid to be observed.
(BS 185: Part 1: No. 4525)

2030 **High-voltage test (El)**
A test of the insulation characteristics of
electrical equipment performed at a specified test voltage.
(BS 185: Part 2: No. 10 228)

2031 **High-wing monoplane (A/c)**
A monoplane in which the wings are located
at or near the top of the fuselage.
(BS 185: Sect. 5: No. 5119)

2032 **Hinge, drag ~,**
cf./vgl. S.-No./lfd. Nr. 1376

2033 **Hinge, feathering ~,**
cf./vgl. S.-No./lfd. Nr. 1589

2034 **Hinge, flapping ~,**
cf./vgl. S.-No./lfd. Nr. 1661

2035 **Hinge, lag ~,**
cf./vgl. S.-No./lfd. Nr. 2333

2036 **Hinge moment (Aerodyn)**
The moment about the hinge axis of a control or other hinged surface due to aerodynamic forces.
(BS 185: Sect. 4: No. 4150)

2037 **Hoar frost (Met)**
A white semi-crystalline surface coating of
ice which forms when the temperature of the
aircraft is below the hoar-frost point.
(BS 185: Sect. 15: No. 15 608)

2038 **Hoar-frost point (Met)**
The temperature to which humid air must be
cooled without change of pressure or humidity mixing ratio for it to become saturated in
the presence of ice.
(BS 185: Sect. 15: No. 15 110)

Hubschrauber; Helikopter (Drehfl)
Drehflügler, dessen Auftrieb und Steuerung
ein oder mehrere kraftgetriebene Rotoren bewirken, die sich um im wesentlichen vertikale
Achsen drehen.

Fallschirm mit angelenkten Fangleinen
Fallschirm, dessen Fangleinen an der Kappenbasis befestigt sind und nicht über die Fallschirmkappe verlaufen.

H-Motor (Flmot)
Ein Kolbenmotor, dessen vier Zylinderreihen
von hinten gesehen ein „H" bilden.

Große Höhe (Flbetr)
Üblicherweise eine Höhe von über 10 000 Me-
tern (33 000 Fuß).

Hohe Wolken (Met)
Für gewöhnlich aus Eiskristallen bestehende
Wolken mit einer durchschnittlichen Höhe von
über
10 000 Fuß (ca. 3000 m) in Polarbereichen,
16 500 Fuß (ca. 5000 m) in gemäßigten
Bereichen,
20 000 Fuß (ca. 6000 m) in Äquatorial-
bereichen.

Hochgeschwindigkeitskanal (Aerodyn)
Windkanal, in dem die Strömungsgeschwindigkeit, obwohl unter der Schallgeschwindigkeit liegend, genügend hoch ist, um den Einfluß der Kompressibilität am Modell zu beobachten.

Isolationsprüfung (El)
Die Prüfung der Isolation eines elektrischen
Bauteils mit einer vorgeschriebenen Prüfspan-
nung.

Schulterdecker (Lfz)
Eindecker, dessen Tragflächen an oder nahe
der Oberseite des Rumpfes angebracht sind.

Rudermoment (Aerodyn)
Moment um die Gelenkachse einer Steuer-
oder anderen angelenkten Fläche infolge von
Luftkräften.

Rauhreif (Met)
Ein weißer, halbkristalliner Eisüberzug, der
sich an der Oberfläche eines Luftfahrzeuges
ablagert, wenn dessen Temperatur unter dem
Rauhreifpunkt liegt.

Rauhreifpunkt (Met)
Diejenige Temperatur, auf die feuchte Luft
ohne Änderung ihres Drucks oder Feuchtigkeitsgehalts abgekühlt werden muß, damit sie
bei vorhandenem Eis saturiert wird.

2039 Holding pattern (Flt OPS)
The flight track an aircraft is directed to follow at a holding point.
(BS 185: Sect. 13: No. 13 231)

2040 Holding point (ATC)
A specified location, identified by visual or other means, in the vicinity of which the position of an aircraft in flight is maintained in accordance with air traffic control clearances.
(ICAO, Doc 4444–RAC/501/8)

2041 Holding point (Flt OPS)
1. An identifiable point, in the vicinity of which an aircraft in flight is instructed to remain.
2. A taxi-holding position.
(BS 185: Sect. 13: No. 13 232)

2042 Holding position, taxi- ~,
cf./vgl. S.-No./lfd. Nr. 4287, 4288

2043 Holding procedure (ATC)
A predetermined manoeuvre which keeps an aircraft within a specified airspace whilst awaiting further clearance.
(ICAO, Doc 4444–RAC/501/8)

2044 Holding track (Flt OPS),
cf./vgl. **Holding pattern**, S.-No./lfd. Nr. 2039

2045 Holes, primary ~,
cf./vgl. S.-No./lfd. Nr. 3241

2046 Holes, secondary ~,
cf./vgl. S.-No./lfd. Nr. 3712

2047 Holes, tertiary ~,
cf./vgl. S.-No./lfd. Nr. 4317

2048 Homing (Flt OPS)
The procedure of using the direction-finding equipment of one radio station with the emission of another radio station, where at least one of the stations is mobile, and whereby the mobile station proceeds continuously towards the other station.
(ICAO, Annex 10, Volume II, 1st Ed.)

2049 Homing aids (TEL)
Systems designed to guide an aircraft to an aerodrome or carrier.
(BS 185: Sect. 14: No. 14 214)

2050 Homing guidance (Miss)
A system wherein devices built into a missile enable it to detect and steer itself towards, or to intercept, a target.
(BS 185: Sect. 6: No. 6507)

2051 Homing guidance, active ~,
cf./vgl. S.-No./lfd. Nr. 27

2052 Homing guidance, passive ~,
cf./vgl. S.-No./lfd. Nr. 3011

2053 Homing guidance, semi-active ~,
cf./vgl. S.-No./lfd. Nr. 3726

2054 Homing head (Miss)
The equipment (usually in the nose) of a homing missile which detects radiation from the target and passes the information to the guidance receiver.
(BS 185: Sect. 6: No. 6511)

2055 Homing, passive ~,
cf./vgl. S.-No./lfd. Nr. 3010

2056 Homing receiver (TEL)
A radio apparatus which indicates aurally or visually deviation of the longitudinal axis of an aircraft from the line joining it to a radio transmitter.
(BS 185: Part 3: No. 14 409)

2057 Honeycomb (Aerodyn)
A grid of intersecting surfaces in a wind tunnel to reduce large-scale disturbances and to straighten the air flow.
(BS 185: Sect. 4: No. 4618)

Warteschleife (Flbetr)
Der Flugweg über Grund, dem an einem Wartepunkt zu folgen ein Luftfahrzeug angewiesen ist.

Wartepunkt (FS)
Ein festgelegter Ort, der optisch erkennbar oder mit anderen Hilfen feststellbar ist und in dessen Nähe sich ein Luftfahrzeug im Fluge gemäß Flugverkehrsfreigabe aufhalten kann.

Wartepunkt (Flbetr)
1. Ein erkennbarer Punkt, in dessen Nähe zu bleiben ein im Fluge befindliches Luftfahrzeug angewiesen ist.
2. Ein Wartepunkt beim Rollen.

Warteverfahren (FS)
Ein vorherbestimmtes Verfahren, durch das ein Luftfahrzeug in einem festgelegten Luftraum gehalten wird, während es auf weitere Freigabe wartet.

Zielflug(verfahren) (Flbetr)
Das Verfahren unter Benutzung des Peilgerätes einer Funkstelle und der Ausstrahlung einer zweiten, von denen mindestens eine beweglich ist, wobei sich die bewegliche Funkstelle der anderen stetig nähert.

Zielflug-Hilfsmittel (Fernm)
Verfahren, mit denen ein Luftfahrzeug zu einem Flugplatz oder Flugzeugträger geleitet wird.

Zielsuchlenkung (FK)
System, bei dem in einen Flugkörper eingebaute Vorrichtungen bewirken, daß dieser ein Ziel erfaßt, sich darauf einsteuert oder es abfängt.

Zielsuchkopf (FK)
Das (normalerweise im Kopf untergebrachte) Gerät eines Zielsuch-Flugkörpers, das die Ausstrahlung vom Ziel auffaßt und die Werte an den Empfänger der Lenkanlage weiterleitet.

Zielflugempfänger; Peilempfänger (Fernm)
Funkgerät, das mittels Sicht- oder Höranzeige die Abweichung der Längsachse eines Luftfahrzeugs von der Linie, die es mit einer Funksendeanlage verbindet, anzeigt.

Wabengleichrichter (Aerodyn)
Aus sich überkreuzenden Leitflächen im Windkanal gebildetes Gitter, das dazu dient, größere Störungen zu vermindern und die Strömung geradezurichten.

2058 **Honeycomb radiator** (Eng)
A radiator consisting of a block of tubes between which the coolant circulates.
(BS 185: Sect. 8: No. 8387)

2059 **Hood, gas** ~,
cf./vgl. S.-No./lfd. Nr. 1834

2060 **Hood, valve** ~,
cf./vgl. S.-No./lfd. Nr. 4566

2061 **Hook, arrester** ~,
cf./vgl. S.-No./lfd. Nr. 469

2062 **Hook, arresting** ~,
cf./vgl. S.-No./lfd. Nr. 471

2063 **Hoop** (A/c 1),
cf./vgl. **Load ring**, S.-No./lfd. Nr. 2515

2064 **Horizon, artificial** ~,
cf./vgl. S.-No./lfd. Nr. 477

2065 **Horizon bar** (Instr)
The gyro-stabilized line or bar in an artificial horizon.
(NASA S.0644)

2066 **Horizon, gyro** ~,
cf./vgl. S.-No./lfd. Nr. 1973

2067 **Horizon lights** (GS)
Lights indicating a ground reference to assist a pilot taking-off.
(BS 185: Part 3: No. 13 338)

2068 **Horizon, radar** ~,
cf./vgl. S.-No./lfd. Nr. 3348

2069 **Horizontal and vertical planes (AMC-Navigation Lights)** (A/c)
For the purpose of this specification:
i) the horizontal plane is the plane containing the longitudinal axis and perpendicular to the plane of symmetry of the aeroplane;
ii) vertical planes are planes perpendicular to the horizontal plane defined in i).
(ICAO, Annex 8, 5th Ed.)

2070 **Horn balance** (A/c)
A localized balance area at the tip of a control surface. This may be shielded by a surface in front.
(BS 185: Sect. 5: No. 5312)

2071 **Horse latitudes** (Met)
The belts of calm, light winds and fine, clear weather which lie approximately 30 °N and S of the equator between the trade-wind belts and the prevailing westerly winds of higher latitudes.
(BS 185: Sect. 15: No. 15 225)

2072 **Horsepower, brake** ~,
cf./vgl. S.-No./lfd. Nr. 756, 757

2073 **Horsepower, equivalent shaft** ~,
cf./vgl. S.-No./lfd. Nr. 1530

2074 **Horsepower, take-off** ~,
cf./vgl. S.-No./lfd. Nr. 4247

2075 **Horsepower, total equivalent brake** ~,
cf./vgl. S.-No./lfd. Nr. 4398

2076 **Horsepower, weight per** ~,
cf./vgl. S.-No./lfd. Nr. 4719

2077 **Hot start** (Turbo)
The start of a jet engine in which the temperature of the exhaust pipe rises to an abnormally high and unsafe degree.
(NASA S.0648)

2078 **Hour angle** (Nav)
The arc of the celestial equator, or corresponding angle at the centre of the earth, or corresponding spherical angle at the pole, measured westwards from a specified celestial meridian to that of a celestial body.
If the specified celestial meridian is that of

Wabenkühler (Flmot)
Ein Kühler, der aus einem wabenförmigen Röhrensystem besteht, in dem das Kühlmittel umläuft.

Horizontbalken (Instr)
Kreiselstabilisierte Linie oder Balken in einem künstlichen Horizont.

Horizontfeuer (Bod)
Feuer, die eine Bezugslinie am Boden zur Unterstützung des Luftfahrzeugführers beim Starten anzeigen.

Horizontal- und Vertikalebenen (AMC-Positionslichter) (Lfz)
Für diesen Zweck gilt:
i) die Horizontalebene ist die Ebene, welche die Flugzeuglängsachse enthält und senkrecht zur Symmetrieebene des Flugzeuges steht;
ii) Vertikalebenen stehen senkrecht zu der unter i) definierten Horizontalebene.

Hornausgleich; Außenausgleich (Lfz)
Am äußeren Ende einer Steuerfläche angeordnete, örtlich begrenzte Ausgleichsfläche. Sie kann durch eine davorliegende Fläche abgeschirmt sein.

Roßbreiten (Met)
Schönwettergürtel mit Windstillen oder leichten Winden, die etwa 30 Breitengrade nördlich und südlich vom Äquator liegen und die Passatwindzonen von den Gebieten mit vorherrschenden Westwinden in den höheren Breiten trennen.

Heißstart (Turbo)
Anlassen eines Strahltriebwerks, bei dem die Abgastemperatur im Strahlrohr auf einen abnormen und nicht mehr betriebssicheren Wert ansteigt.

Stundenwinkel (Nav)
Die in westlicher Richtung von einem bestimmten Himmelsmeridian zu einem Gestirn gemessene Bogenlänge auf dem Himmelsäquator oder der entsprechende Winkel im Erdmittelpunkt oder der entsprechende sphärische Winkel am Pol.

the observer, the hour angle is known as the **Local hour angle (L.H.A.)**, e. g. **Greenwich hour angle (G.H.A.)**.
If the specified celestial meridian is that of the first point of Aries, the hour angle is known as the **Sidereal hour angle (S.H.A.)**.
(BS 185: Sect. 11: No. 11 206)

2079 Hour angle, Greenwich ~,
cf./vgl. S.-No./lfd. Nr. 1903

2080 Hour angle, local ~,
cf./vgl. S.-No./lfd. Nr. 2078

2081 Hour angle, sidereal ~,
cf./vgl. S.-No./lfd. Nr. 2078

2082 Hovering ceiling (Rotor)
The maximum altitude at which a rotary-wing aircraft can hover under the given conditions.
(NASA S.0650)

2083 H2S (TEL)
A primary-radar equipment in an aircraft providing, on a cathode-ray tube display, a representation of the Earth's surface below.
(BS 185: Sect. 14: No. 14 210)

2084 Hub (prop)
1. In an integral propeller: the detachable part on which the complete propeller is mounted on the propeller shaft.
2. In a propeller with detachable blades: the central portion to which the blade roots are attached.
(BS 185: Sect. 9: No. 9118)

2085 Hub, rotor ~,
cf./vgl. S.-No./lfd. Nr. 3628

2086 Hull (A/c)
The main structural and flotation body of a flying boat or boat amphibian.
(BS 185: Sect. 5: No. 5374)

2087 Hull (A/c 1)
The structural framework of a rigid airship.
(B 185: Sect. 7: No. 7235)

2088 Humidity (Met)
The condition of the atmosphere in respect of water vapour.
(BS 185: Sect. 15: No. 15 111)

2089 Humidity, absolute ~,
cf./vgl. S.-No./lfd. Nr. 6

2090 Humidity mixing ratio (Met)
In any volume of air, the ratio of the mass of water vapour to the mass of dry air.
(BS 185: Sect. 15: No. 15 112)

2091 Humidity, relative ~,
cf./vgl. S.-No./lfd. Nr. 3504

2092 Hump speed (Flt OPS)
The speed during take-off at which the water resistance of a seaplane or amphibian is highest.
(BS 185: Sect. 2: No. 2208)

2093 Hunting (Flt OPS)
An uncontrolled oscillation about the flight path, the amplitude of which remains approximately constant.
(BS 185: Part 1: No. 2115)

2094 Hunting (Rotor)
Angular oscillation of a blade about the drag hinge.
(BS 185: Part 1: No. 6216)

2095 Hurricane (Met)
Beaufort number 12: Windspeed 64 knots and over.
(BS 185: Sect. 15: Table 2)

2096 Hydraulic accumulator (Hydr)
A pressure vessel for storing hydraulic energy.
(BS 185: Part 2: No. 10 107)

Wenn der betreffende Himmelsmeridian durch den Beobachtungsort geht, wird der Stundenwinkel als „örtlicher Stundenwinkel" bezeichnet, z. B. „Greenwicher Stundenwinkel".
Geht der betreffende Himmelsmeridian durch den Widderpunkt, wird der Stundenwinkel als „siderischer Stundenwinkel" bezeichnet.

Schwebeflug-Gipfelhöhe (Drehfl)
Maximale Höhe, in der ein Drehflügler sich unter den gegebenen Bedingungen im Schwebeflug halten kann.

H2S (Fernm)
Primäre Radar-Bordausrüstung, die auf dem Schirm einer Kathodenstrahlröhre ein Bild der Erdoberfläche unterhalb eines Luftfahrzeugs liefert.

Propellernabe
1. Bei einem aus einem Stück gearbeiteten Propeller: Das lösbare Bauteil, mit dem der gesamte Propeller auf der Propellerwelle befestigt ist.
2. Bei einem Propeller mit eingesetzten Blättern: Das Mittelstück, in das die einzelnen Blattwurzeln eingesetzt sind.

Bootskörper; Bootsrumpf (Lfz)
Hauptbauteil eines Flugbootes oder eines Flugboot-Amphibiums.

Gerippe (Lfz 1)
Rahmenkonstruktion eines starren Luftschiffes.

Feuchtigkeit; Luftfeuchtigkeit (Met)
Der Zustand der Atmosphäre in bezug auf Wasserdampf.

Feuchtigkeitsgehalt (Met)
In einem beliebigen Luftvolumen das Verhältnis der Wasserdampfmenge zur Menge der trockenen Luft.

Kritische Geschwindigkeit (eines Wasserflugzeugs); Aufstufgeschwindigkeit (Flbetr)
Geschwindigkeit während des Starts, bei der der Wasserwiderstand eines Wasserflugzeugs oder Amphibienflugzeugs am größten ist.

Hunting (Flbetr)
Ungesteuerte Schwingung um die Flugbahn, deren Amplitude ungefähr konstant bleibt.

Schwenkbewegung (Drehfl)
Winkelschwingung eines Blattes um das Schwenkgelenk.

Orkan; Hurrikan; tropischer Wirbelsturm (Met)
Windstärke (Beaufort-Zahl) 12: Windgeschwindigkeit: mehr als 64 Knoten.

Hydraulikspeicher (Hydr)
Ein Druckgefäß zum Aufspeichern hydraulischer Energie.

2097 **Hydraulic circuit (Hydr)**
A branch of an aircraft hydraulic system
serving a particular purpose; e. g. **Flap circuit, Undercarriage circuit.**
(BS 185: Sect. 10: No. 10 106)

2098 **Hydraulic lock (Hydr)**
A condition in which the fluid is prevented
from flowing, thereby locking some part of
the equipment, or a device for providing this
condition.
(BS 185: Sect. 10: No. 10 107)

2099 **Hydraulic system (Hydr)**
1. A particular method of transmitting power
by means of liquid under pressure.
2. Of an aircraft: the complete Hydraulic installation.
(BS 185: Sect. 10: No. 10 108)

2100 **Hydrodynamics,**
cf./vgl. **Mechanics of fluids,** S.-No./lfd. Nr.
2682

2101 **Hydrofoil (A/c)**
A surface, similar in form to an aerofoil, on a
seaplane or amphibian hull or float to facilitate take-off by providing hydrodynamic lift.
(BS 185: Sect. 5: No. 5387)

2102 **Hydrofoil (A/c)**
A structure or body similar to an airfoil, but
designed to act in water.
(NASA S.0654)

2103 **Hydroplane**
1. A hydrofoil designed to skim the surface
of the water.
2. A boat designed to ride on the surface of
the water when in motion, deriving much
of its support from hydrodynamic action.
(NASA S.0656)

2104 **Hydrostatics,**
cf./vgl. **Mechanics of fluids,** S.-No./lfd. Nr.
2682

2105 **Hygrograph (Met)**
A recording hygrometer.
(BS 185: Sect. 15: No. 15 704)

2106 **Hygrometer (Met)**
An instrument for measuring the humidity of
the air.
(BS 185: Sect. 15: No. 15 703)

2107 **Hyperbolic system (TEL)**
A radionavigation system designed to fix the
position of an aircraft by reference to two or
more hyperbolic grids derived from emissions generated by three or more ground
transmitters.
(BS 185: Sect. 14: No. 14 207)

2108 **Hypersonic speed (Aerodyn)**
A supersonic speed, great compared with the
speed of sound: usually taken as five times
that speed or greater.
(BS 185: Sect. 4: No. 4477)

2109 **Hypersonics (Aerodyn)**
That branch of aerodynamics that deals with
high supersonic speeds, sometimes defined
as dealing with Mach numbers of 5 or
greater.
(NASA S.0660)

2110 **Hypoxia (Med)**
A deprivation of oxygen, especially a deprivation of oxygen extensive enough to cause
impairment of the physical faculties.
(NASA S.0661)

Hydraulikkreis (Hydr)
Ein Teil der Hydraulikanlage eines Flugzeuges, der einer bestimmten Funktion dient, z. B.
der **Landeklappen-Hydraulikkreis,** der **Fahrwerk-Hydraulikkreis.**

Hydraulische Verriegelung (Hydr)
Ein Zustand in einer Hydraulikanlage, bei
dem die Strömung unterbunden und damit ein
Teil der Ausrüstung verriegelt ist oder eine
Vorrichtung zum Herstellen dieses Zustands.

Hydraulikanlage (Hydr)
1. Eine besondere Art von Leistungsübertragung durch unter Druck stehender Flüssigkeit.
2. Beim Luftfahrzeug: Die gesamten hydraulischen Einbauten.

Unterwasser-Tragflügel (Lfz)
In ihrer Form einem Tragflügel gleichende Fläche an einem Wasserflugzeug oder Amphibien-
Bootskörper oder Schwimmer, die hydrodynamischen Auftrieb zum Erleichtern des Abhebens erzeugt.

Unterwasser-Tragflügel (Lfz)
Einem Tragflügel gleichende Konstruktion
oder Körper, der jedoch für eine Verwendung
im Wasser ausgelegt ist.
1. **Wassertragfläche**
Eine zum Gleiten auf der Wasseroberfläche
ausgelegte Tragfläche.
2. **Tragflächenboot**
Ein Boot, das derart konstruiert ist, daß es
bei voller Bewegung auf dem Wasser gleiten kann und dabei vorwiegend von hydrodynamischen Kräften getragen wird.

Hygrograph; Feuchtigkeitsschreiber (Met)
Ein registrierendes Hygrometer.

Hygrometer; Feuchtigkeitsmesser (Met)
Ein Gerät zum Messen der Luftfeuchtigkeit.

Hyperbel(navigations)verfahren (Fernm)
Ein Funknavigationsverfahren zur Bestimmung eines Luftfahrzeugstandorts unter Verwendung von zwei oder mehreren Hyperbelgitternetzen, die durch Ausstrahlungen von
mindestens drei Bodensendern gebildet werden.

Hyperschallgeschwindigkeit; hohe Überschallgeschwindigkeit (Aerodyn)
Eine im Vergleich zur Schallgeschwindigkeit
hohe Überschallgeschwindigkeit, die meist als
mindestens der fünffachen Schallgeschwindigkeit entsprechend angenommen wird.

Hyperschallaerodynamik
Teil der Aerodynamik, der sich mit hohen
Überschallgeschwindigkeiten befaßt; wird
manchmal dahingehend definiert, daß sich
dies auf Mach-Zahl 5 oder höhere Geschwindigkeiten erstreckt.

Hypoxia; Hypoxie (Flmed)
Auftreten von Sauerstoffmangel, insbesondere
in einem solchen Ausmaß, daß das physische
Leistungsvermögen des Menschen gefährdet
wird.

2111 Hypsometric tints (Nav)
A succession of shades or colour graduation used to depict ranges of elevation.
(ICAO, Annex 4, 5th Ed.)

Höhenschichtfarben; Höhenfarbskala (Nav)
Eine Folge von Schattierungen oder Farbabstufungen zur Darstellung von Höhenschichten.

I

2112 Ice, evaporative ~,
cf./vgl. S.-No./lfd. Nr. 1538
2113 Ice, glaze ~,
cf./vgl. S.-No./lfd. Nr. 1871
2114 Ice guard (Eng)
A screen fitted to an intake to provide a surface for the adhesion of ice and so prevent its serious accretion in the air intake system.
(BS 185: Sect. 8: No. 8279)

Vereisungsschutzgitter (Flmot)
Ein Drahtnetz, das in einen Lufteinlaß mit der Absicht eingebaut ist, eine Auffangfläche für den Ansatz von Eis zu schaffen und dadurch eine Eisbildung in der Ansauganlage zu verhüten.

2115 Ice guard, gapless-type ~,
cf./vgl. S.-No./lfd. Nr. 1825
2116 Ice guard, gapped-type ~,
cf./vgl. S.-No./lfd. Nr. 1826
2117 Ice, impact ~,
cf./vgl. S.-No./lfd. Nr. 2144
2118 Ice, rime ~,
cf./vgl. S.-No./lfd. Nr. 3576
2119 Ice, throttle ~,
cf./vgl. S.-No./lfd. Nr. 4342
2120 Icing (Met)
The action or process by which atmospheric moisture is deposited as ice; the condition under which this occurs, as, to encounter icing.
2. An accreation of ice.
(NASA S.0662)

Vereisung (Met)
1. Vorgang, bei dem sich Luftfeuchtigkeit als Eis niederschlägt; die Bedingung, unter der Vereisung auftritt.
2. Ein Ansetzen von Eis.

2121 Icing, anti-~,
cf./vgl. S.-No./lfd. Nr. 379, 380
2122 Icing, de-~,
cf./vgl. S.-No./lfd. Nr. 1258
2123 Icing index (Met)
An estimate of the probability of ice formation at a particular place and time.
(BS 185: Sect. 15: No. 15 610)

Vereisungsindex; Vereisungsgrad (Met)
Die geschätzte Wahrscheinlichkeit des Auftretens von Vereisung zu einem gegebenen Zeitpunkt an einem gegebenen Ort.

2124 Icing, rate of ~,
cf./vgl. S.-No./lfd. Nr. 3433
2125 Identification beacon (GS)
An aeronautical beacon emitting a coded signal by means of which a particular point of reference can be identified.
(ICAO, Annex 14, 4th Ed.)

Kennfeuer (Bod)
Ein Luftfahrtleuchtfeuer, das eine Kennung ausstrahlt, mit deren Hilfe ein bestimmter Bezugspunkt ausgemacht werden kann.

2126 Identification beacon (GS)
A light beacon coded to identify an aerodrome.
(BS 185: Sect. 13: No. 13 356)

(Flugplatz-)Kennfeuer (Bod)
Leuchtfeuer, das ein bestimmtes Lichtsignal zur Kennzeichnung eines Flugplatzes ausstrahlt.

2127 Identification sign (GS)
A name sign identifying a point from the air.
(BS 185: Sect. 13: No. 13 351)

Erkennungszeichen (Bod)
Namenszeichen zur Identifizierung eines Punktes aus der Luft.

2128 Idling conditions, approach ~,
cf./vgl. S.-No./lfd. Nr. 410
2129 Idling conditions, ground ~,
cf./vgl. S.-No./lfd. Nr. 1920
2130 Idling control valve (Turbo),
cf./vgl. **Minimum pressure valve,** S.-No./lfd.. Nr. 2721
2131 IFR (ATC)
The symbol used to designate the instrument flight rules.
(ICAO, Annex 2, 5th Ed., Annex 11, 5th Ed.)

IFR (FS)
Das für die Bezeichnung von Instrumentenflugregeln benutzte Zeichen.

2132 IFR (ATC)
Abbreviation for 'Instrument Flight Rules'.
(BS 185: Sect. 13: No. 13 233)

IFR (FS)
Abkürzung für ‚Instrumentenflugregeln'.

2133 IFR flight (ATC)
A flight conducted in accordance with the instrument flight rules.
(ICAO, Annex 2, 5th Ed., Annex 11, 5th Ed.)

IFR-Flug (FS)
Ein nach den Instrumentenflugregeln durchgeführter Flug.

2134 IFR flight (ATC)
A flight conducted in accordance with IFR.
(BS 185: Sect. 13: No. 13 234)

IFR-Flug (FS)
Ein nach den Instrumentenflugregeln durchgeführter Flug.

2135 Igniter plug (Turbo)
An electric discharge plug for igniting the fuel when starting the turbine.
(BS 185: Sect. 8: No. 8445)

Anlaßzündkerze (Turbo)
Eine Zündkerze zum Zünden des Kraftstoffes beim Anlassen einer Gasturbine.

2136 Igniter, torch ~,
cf./vgl. S.-No./lfd. Nr. 4389

2137 Ignition harness (Eng)
The system of high-tension wiring, together with any conduits or shielding, between the distributor and spark plugs of an engine.
(NASA S.0665)

Zündgeschirr (Flmot)
Das zwischen Zündverteiler und Zündkerzen eines Motors angeordnete System von Hochspannungskabeln einschließlich ihrer Durchführungen und Abschirmung.

2138 Ignition system, screened ~,
cf./vgl. S.-No./lfd. Nr. 3689

2139 Illuminating radar (Miss)
cf./vgl. **Lamp set**, S.-No./lfd.. Nr. 2339

2140 ILS marker (TEL)
A location marker in an instrument landing system.
(NASA S.0666)

ILS-Einflugzeichen (Fernm)
Markierungsfunkfeuer in einem Instrumentenlandesystem.

2141 IMC (Met)
The symbol used to designate instrument meteorological conditions.
(ICAO, Annex 2, 5th Ed., Annex 11, 5th Ed.)

IMC (Met)
Das für die Bezeichnung von Instrumentenwetterbedingungen benutzte Zeichen.

2142 Immelmann (turn) (Flt OPS)
(After Max Immelmann (1890–1916), German aviator) An airplane maneuver in which the plane makes an inside half-loop and then makes a half-roll back to its original upright position, thus changing direction by 180° and simultaneously gaining altitude. The Immelmann turn is a form of reversement.
(NASA S.0667)

Immelmann-Turn (Flbetr)
(Benannt nach Max Immelmann (1890–1916), deutscher Flieger) Flugmanöver, bei dem das Flugzeug einen halben Looping rückwärts ausführt, gefolgt von einer halben Rolle zurück in die normale Ausgangsfluglage, wodurch eine Flugrichtungsänderung um 180° unter gleichzeitigem Höhengewinn erzielt wird. Der Immelmann-Turn ist eine Flugmanöverart zur Richtungsumkehr.

2143 Impact accelerometer (Instr)
An accelerometer used to measure the deceleration of an aircraft on alighting.
(BS 185: Sect. 5: No. 5544)

Landestoß-Beschleunigungsmesser (Instr)
Gerät zur Messung der negativen Beschleunigung eines Luftfahrzeugs beim Aufsetzen.

2144 Impact ice (Met)
Ice which forms when snow, sleet, or supercooled water droplets impinge upon aircraft surfaces, etc. which are at or below freezing temperature.
(NASA S.0669)

Aufschlageis (Met)
Eisbildung, die beim Auftreffen von Schnee, Schneeregen oder unterkühlten Wassertröpfchen auf Luftfahrzeugflächen eintritt, die eine Temperatur am oder unter dem Gefrierpunkt aufweisen.

2145 Impeller (Turbo)
The rotating member of a centrifugal compressor, carrying suitably shaped guidevanes.
(BS 185: Sect. 8: No. 8429)

Laderlaufrad; Impeller (Turbo)
Der rotierende Teil eines Zentrifugalverdichters mit entsprechend geformten Leitschaufeln.

2146 Impeller-intake guide-vanes (Turbo),
cf./vgl. **Rotating guide-vanes**, S.-No./lfd.. Nr. 3623

2147 Impulse starter (Eng)
A mechanical device which gives a series of impulses to the magneto to facilitate starting.
(BS 185: Sect. 8: No. 8379)

Abschnappkupplung; Schnapper (eines Anlaßmagneten) (Flmot)
Eine mechanische Vorrichtung, die zur Erleichterung des Anlassens eines Flugmotors eine Reihe von Impulsen an den Magneten leitet.

2148 INCERFA (ATC)
The code word used to designate an uncertainty phase.
(ICAO, Annex 11, 5th Ed.)

INCERFA (FS)
Das Kennwort für Alarmstufe 1 (Ungewißheitsstufe).

2149 Incidence, angle of ~,
cf./vgl. S.-No./lfd. Nr. 359

2150 **Incidence indicator** (Instr)
An instrument for indicating the angle in the plane of symmetry between the flight path and the longitudinal axis of an aircraft.
(BS 185: Sect. 5: No. 5528)

2151 **Incidence, rigging angle of** ~,
cf./vgl. S.-No./lfd. Nr. 3559

2152 **Incidence wires** (A/c)
Wires or cables bracing the main plane structure in the plane of a pair of front and rear struts.
(BS 185: Sect. 3: No. 3232)

2153 **Incompressible flow** (Aerodyn)
In aerodynamics, flow in which the density changes are insignificant, as occurs throughout most of the range of subsonic flight.
(NASA S.0674)

2154 **Index, icing** ~,
cf./vgl. S.-No./lfd. Nr. 2123

2155 **Indicated airspeed, Abbr I.A.S.** (A/c)
The reading of an airspeed indicator corrected for instrument errors only.
(BS 185: Sect. 4: No. 4319)

2156 **Indicated airspeed** (A/c)
The reading of an airspeed indicator.
(BS 185: Sect. 11: No. 11 132)

2157 **Indicated altitude** (Instr)
Altitude as shown by any altimeter. With a pressure, or barometric, altimeter it is altitude as shown by the reading uncorrected for instrument error and uncompensated for variations from standard air conditions.
(NASA S.0675)

2158 **Indicated stalling speed** (A/c)
The indicated airspeed at the stall.
(BS 185: Part 1: No. 4312)

2159 **Indicating accelerometer** (Instr)
cf./vgl. **Accelerometer,** S.-No./lfd.. Nr. 13

2160 **Indicator, aerodrome surface movement** ~,
cf./vgl. S.-No./lfd. Nr. 66

2161 **Indicator, air-mileage** ~,
cf./vgl. S.-No./lfd. Nr. 216

2162 **Indicator, air-position** ~,
cf./vgl. S.-No./lfd. Nr. 227

2163 **Indicator, airspeed** ~,
cf./vgl. S.-No./lfd. Nr. 251

2164 **Indicator, angle of attack** ~,
cf./vgl. S.-No./lfd. Nr. 2150

2165 **Indicator, bank** ~,
cf./vgl. S.-No./lfd. Nr. 601

2166 **Indicator, cable-angle** ~,
cf./vgl. S.-No./lfd. Nr. 820

2167 **Indicator, direction** ~,
cf./vgl. S.-No./lfd. Nr. 1319

2168 **Indicator, dive-angle** ~,
cf./vgl. S.-No./lfd. Nr. 1350

2169 **Indicator, flight** ~,
cf./vgl. S.-No./lfd. Nr. 1684

2170 **Indicator, ground-position** ~,
cf./vgl. S.-No./lfd. Nr. 1924

2171 **Indicator, height** ~,
cf./vgl. S.-No./lfd. Nr. 2014

2172 **Indicator, incidence** ~,
cf./vgl. S.-No./lfd. Nr. 2150

2173 **Indicator, landing direction** ~,
cf./vgl. S.-No./lfd. Nr. 2352, 2353

2174 **Indicator (light), angle-of-approach** ~,
cf./vgl. S.-No./lfd. Nr. 356

2175 **Indicator, maximum safe airspeed** ~,
cf./vgl. S.-No./lfd. Nr. 2666

2176 **Indicator, moving target** ~,
cf./vgl. S.-No./lfd. Nr. 2779

2177 **Indicator, pitch** ~,
cf./vgl. S.-No./lfd. Nr. 3077

Anstellwinkelanzeiger (Inst)
Instrument, das den Winkel zwischen der Flugbahn und der Längsachse eines Luftfahrzeugs, gemessen in der Symmetrieebene, anzeigt.

Stielauskreuzungen (Lfz)
Drähte oder Kabel, die die Tragfflügelkonstruktion in der Ebene eines Paares von Vorder- und Hinterstielen verspannen.

Inkompressible Strömung (Aerodyn)
Strömung auf aerodynamischem Gebiet, deren Dichtänderungen unbedeutend sind, wie es in fast dem gesamten Bereich des Unterschallfluges der Fall ist.

Angezeigte Fluggeschwindigkeit (Lfz)
Anzeige eines Fahrtmessers, die nur um den Instrumentenfehler korrigiert ist.

Angezeigte Fluggeschwindigkeit (Lfz)
Anzeige eines Fahrtmessers.

Angezeigte Höhe (Instr)
Die von Höhenmessern jeglicher Art angezeigte Flughöhe. Bei einem barometrischen Höhenmesser ist dies die hinsichtlich Instrumentenfehler und Abweichungen von der Normatmosphäre nicht korrigierte bzw. kompensierte Ablesung.

Angezeigte Abkippgeschwindigkeit (Lfz)
Angezeigte Fluggeschwindigkeit beim Überziehen.

2178 **Indicator, plan position** ~,
cf./vgl. S.-No./lfd. Nr. 3094
2179 **Indicator, rate-of-climb** ~,
cf./vgl. S.-No./lfd. Nr. 3432
2180 **Indicator, refuelling** ~,
cf./vgl. S.-No./lfd. Nr. 3490
2181 **Indicator, siedslip** ~,
cf./vgl. S.-No./lfd. Nr. 3802
2182 **Indicator system, angle-of-approach** ~,
cf./vgl. S.-No./lfd. Nr. 355
2183 **Indicator, terrain clearance warning** ~,
cf./vgl. S.-No./lfd. Nr. 4315
2184 **Indicator, turn** ~,
cf./vgl. S.-No./lfd. Nr. 4512
2185 **Indicator, turn-and-bank** ~,
cf./vgl. S.-No./lfd. Nr. 4507
2186 **Indicator, turn-and-sideslip** ~,
cf./vgl. S.-No./lfd. Nr. 4508
2187 **Indicator, turn-and-slip** ~,
cf./vgl. S.-No./lfd. Nr. 4509
2188 **Indicator, vertical speed** ~,
cf./vgl. S.-No./lfd. Nr. 4624
2189 **Indicator, wind direction** ~,
cf./vgl. S.-No./lfd. Nr. 4733
2190 **Induced power loss (Prop)**
The power expended in overcoming the drag of the blade elements associated with thrust.
(BS 185: Sect. 9: No. 9127)

Induzierter Leistungsverlust (Prop)
Der Teil der Antriebsleistung, der dazu aufgewandt wird, den Widerstand der an der Schuberzeugung beteiligten Blattelemente zu überwinden.

2191 **Induction flame damper (Eng)**
cf./vgl. **Flame-trap,** S.-No./lfd. Nr. 1642
2192 **Induction manifold (Eng)**
A branched pipe for distributing the air or mixture to a number of cylinders.
(BS 185: Sect. 8: No. 8352)

Ansaugluftverteiler; Ansaugleitung (Flmot)
Eine Rohrverzweigung, durch die die Ansaugluft oder das Gemisch in die einzelnen Zylinder verteilt wird.

2193 **Inertia starter (Eng)**
A device by which energy is stored in a small high-speed flywheel and, for starting, transmitted to the engine through a slipping clutch, the flywheel being energized either by hand or otherwise.
(BS 185: Sect. 8: No. 8287)

Schwungkraftanlasser (Flmot)
Eine Anlasseranlage, bei der die zum Durchdrehen des Motors notwendige Energie in einem kleinen Schwungrad gespeichert wird, das entweder von Hand oder maschinell auf hohe Tourenzahl gebracht wurde, und dann über eine Rutschkupplung auf den Motor übertragen wird.

2194 **Inertia, virtual** ~,
cf./vgl. S.-No./lfd Nr. 4638
2195 **Inertial guidance (Miss)**
A system of guidance in which velocities or distances or both, deduced from accelerations measured in the missile, are compared with data stored before launching.
(BS 185: Sect. 6: No. 6512).

Trägheitslenkung (FK)
Lenksystem, bei dem von im Flugkörper gemessenen Beschleunigungen abgeleitete Geschwindigkeiten und/oder Entfernungen mit Daten verglichen werden, die vor dem Abschuß gespeichert wurden.

2196 **Inertial guidance (Miss)**
The guidance of a missile by means of self-contained devices that respond to inertial reactions to acceleration to activate control mechanisms.
(NASA S.0687)

Trägheitslenkung (FK)
Lenkung eines Flugkörpers mittels bodenunabhängiger Vorrichtungen, die zur Betätigung der Steuerungsmechanismen auf Beschleunigungskräfte mit Trägheitsreaktionen ansprechen.

2197 **Inertial model (Aerodyn),** cf./vgl.
Dynamic model, S.-No./lfd. Nr. 1415
2198 **Inference, general** ~,
cf./vgl. S.-No./lfd Nr. 1860
2199 **Inflation net (A/c 1)**
A net of cordage used to hold down an envelope during inflation.
(BS 185: Sect. 7: No. 7242)

Füllnetz (Lfz 1)
Netz aus Schnüren zum Niederhalten einer Hülle beim Füllen.

2200 **Inflation time (Para)**
The interval between the end of deployment ("lines taut") and the full inflation of the canopy.
(BS 185: Sect. 12: No. 12 128)
2201 **In-flight refueling,** cf./vgl.
Air refueling, S.-No./lfd. Nr. 229

Füllzeit (Fallsch)
Zeit zwischen der Beendigung des Entfaltevorgangs („Leinen stramm") und der vollen Füllung der Fallschirmkappe.

2202 Inherent stability (Stab)
The stability of something inherent in its design and construction; specifically, with an aircraft, that built-in stability that causes the aircraft, when disturbed from a condition of steady flight, to return to that condition without corrective action being necessary.
(NASA S.0692)

Eigenstabilität (Konstr)
Die einer Konstruktion inhärente Stabilität; insbesondere die in ein Luftfahrzeug eingebaute Stabilität, durch welche dieses im Falle, daß sein gleichmäßiger Flug gestört wird, ohne Korrekturmaßnahmen in diesen Flugzustand zurückkehrt.

2203 Initial approach (ATC)
That part of an instrument approach procedure consisting of the first approach to the first navigational facility asssociated with the procedure or to a predetermined fix.
Note. – In radar approaches no distinction is made between initial and intermediate approach.
(ICAO, Doc 8168–OPS/611/2)

Anfangsflug (FS)
Der Teil eines Instrumentenanflugverfahrens, der aus dem ersten Anflug auf die erste mit dem Verfahren verbundene Navigationseinrichtung oder auf einem vorbestimmten Standort besteht.
Anmerkung: Bei Radaranflügen wird keine Unterscheidung zwischen Anfangs- und Zwischenanflug gemacht.

2204 Initial approach (ATC)
That part of an approach procedure consisting of first approach to the first navigation facility associated with the procedure, or to a predetermined position.
(BS 185: Sect. 13: No. 13 235)

Anfangsanflug (FS)
Der aus dem ersten Anflug auf die erste zum Verfahren gehörige Navigationseinrichtung oder auf einen vorbestimmten Standort bestehende Teil eines Anflugverfahrens.

2205 Initial approach area (ATC)
An area of defined width lying between the last preceding navigational fix or deadreckoning position and either the facility to be used for making an instrument approach or a point associated with such a facility that is used for demarcating the termination of initial approach.
Note. – Where no such area is specified the minimum sector altitudes shown on approach charts are applicable.
(ICAO, Doc 8168–OPS/611/2)

Anfangsanflugbereich (FS)
Ein Bereich von festgelegter Breite, der zwischen dem letzten Navigationsstandort oder Koppelort und entweder einer für einen Instrumentenanflug benutzten Einrichtung oder einem Punkt liegt, der zur Begrenzung des Anfangsanflugs verwendet wird.
Anmerkung: Wo kein solcher Bereich angegeben ist, sind die in den Anflugkarten vermerkten Sektormindesthöhen anzuwenden.

2206 Injection (Eng)
Specifically, the introduction of fuel, fuel and air, fuel and oxidant, water, or other substance into an engine induction system or combustion chamber.
(NASA S.0693)

Einspritzung (Flmot)
In vorliegendem Fall die Einführung von Kraftstoff, Kraftstoff und Luft, Kraftstoff und Oxidator, Wasser oder anderen Substanzen in das Einströmsystem eines Motors oder in eine Brennkammer.

2207 Injection, refrigerant ~,
cf./vgl. S.-No./lfd. Nr. 3485

2208 Injection, water ~,
cf./vgl. S.-No./lfd. Nr. 4678

2209 Inlet guide vanes (Turbo)
Radial or circumferential vanes fitted in the air intake.
(BS 185: Sect. 8: No. 8266)

Eintrittsleitschaufeln (Turbo)
Radiale oder ringförmige Leitflächen im Lufteinlauf.

2210 In-line engine (Eng)
An engine with its cylinders arranged in bank(s) from front to rear.
(BS 185: Sect. 8: No. 8316)

Reihenmotor (Flmot)
Ein Kolbenmotor, dessen Zylinder in einer oder mehreren Reihen hintereinander angeordnet sind.

2211 Inner horizontal surface (GS)
A specified portion of a horizontal plane located above an aerodrome and its immediate environment. This surface establishes the height above which it may be necessary to take one or more of the following actions: restrict the creation of new obstructions; remove objects or mark objects to ensure a satisfactory level of safety and regularity for aircraft manoeuvring visually in the aerodrome circuit before commencing the approach phase.
(ICAO, Annex 14, 4th Ed.)

Innere Horizontalfläche (Bod)
Ein festgelegter Teil einer horizontalen Ebene oberhalb eines Flugplatzes und seiner unmittelbaren Umgebung. Diese Fläche legt die Höhe fest, oberhalb welcher es notwendig sein kann, eine oder mehrere der folgenden Maßnahmen zu ergreifen: den Bau neuer Hindernisse zu beschränken; Objekte zu entfernen oder zu markieren, um ein ausreichendes Maß von Sicherheit und Regelmäßigkeit für Luftfahrzeuge zu gewährleisten, die vor Einleiten der Anflugphase in der Platzrunde nach Sicht fliegen.

2212 Inner marker beacon (TEL)
A marker beacon, associated with the **Instrument landing system** or the **Standard beam approach system,** used to define the final pre-determined point during an instrument approach and indicating the proximity of the aerodrome boundary.
(BS 185: Sect. 14: No. 14 232)

Platzeinflugzeichen, Abk. PEZ (Fernm)
Markierungsfeuer, das beim **Instrumenten-Landesystem (ILS)** oder beim **SBA-Landefunkfeuersystem (SBA)** dazu dient, den letzten vorbestimmten Punkt während eines Instrumentenanflugs zu kennzeichnen und dem Luftfahrzeugführer die Nähe der Flugplatzgrenze anzuzeigen.

2213 **Inner pack** (Para)
cf./vgl. **Pack,** S.-No./lfd. Nr. 2957

2214 **Inner ridge-girder** (A/c 1)
A component member of the inner ring of a stiff-jointed main transverse frame.
(BS 185: Sect. 7: No. 7271)

2215 **Inner section** (A/c),
cf./vgl. **Wing,** S.-No./lfd. Nr. 4764

2216 **Inquiry** (Aero)
The process leading to determination of the cause of an aircraft accident including completion of the relevant report.
(ICAO, Annex 13, 2nd Ed.)

2217 **Inside loop** (Flt OPS)
A loop, usually begun from an upright flying position, in which the airplane's back is toward the inside of the loop.
(NASA S.0697)

2218 **Inspection port** (A/c 1)
An opening, covered with a transparent disk to facilitate inspection of the interior of an envelope or gas bag.
(BS 185: Sect. 7: No. 7236)

2219 **Instability** (Stab)
The quality whereby any disturbance from steady motion tends to increase. An aircraft is unstable if, following a disturbance from a given type of steady motion, it does not return to its initial steady motion without movement of the controls by the pilot.
(BS 185: Sect. 4: No. 4208)

2220 **Instability, directional** ~,
cf./vgl. S.-No./lfd. Nr. 1323

2221 **Instability, lateral** ~,
cf./vgl. S.-No./lfd. Nr. 2385

2222 **Instability, longitudinal** ~,
cf./vgl. S.-No./lfd. Nr. 2553

2223 **Instability, rolling** ~,
cf./vgl. S.-No./lfd. Nr. 3615

2224 **Instability, spiral** ~,
cf./vgl. S.-No./lfd. Nr. 3941

2225 **Installation error** (Instr)
An error in a pitot-static system owing to faulty connections or the like, thus affecting the measurements of the pitot-static instruments.
(NASA S.0698)

2226 **Instruction, dual** ~,
cf./vgl. S.-No./lfd. Nr. 1399

2227 **Instrument alighting channel** (GS)
cf./vgl. **Instrument runway or alighting channel,** S.-No./lfd. Nr. 2243

2228 **Instrument approach** (Flt OPS)
The technique of making an approach on a predetermined path defined by a radio or radar navigational aid system.
(BS 185: Sect. 13: No. 13 236)

2229 **Instrument approach area** (GS)
An approach area serving an instrument runway in the landing direction for which a nonvisual aid has been provided.
(ICAO, Annex 14, 4th Ed.)

2230 **Instrument approach procedure** (ATC)
A series of predetermined manoeuvres for the orderly transfer of an aircraft under instrument flight conditions from the beginning of the initial approach to a landing, or to a point from which a landing may be made visually.
Note. – The term „instrument flight conditions" is used in this definition in preference to other terms such as „instrument meteorological conditions", because the latter term

Innerer Firstträger (Lfz 1)
Einzelteil des inneren Ringes eines versteiften Hauptringes.

Untersuchung(sverfahren) (Aero)
Das Verfahren, das zur Ermittlung der Ursache eines Luftfahrzeugunfalls einschließlich der Abfassung des entsprechenden Berichtes führt.

Looping rückwärts (Flbetr)
Ein im allgemeinen aus der Normalfluglage angesetzter Looping, bei dem der Rücken des Flugzeugs im Kreisinneren des Loopings liegt.

Inspektionsfenster (Lfz 1)
Öffnung in einer Hülle oder Gaszelle, die mit einem durchsichtigen Material bedeckt ist, um die Inspektion ihres Inneren zu erleichtern.

Instabilität (Stab)
Eigenschaft, infolge derer jede Störung einer stationären Bewegung zum Anwachsen neigt. Ein Luftfahrzeug ist instabil, wenn es nach einer Störung seines gegebenen stationären Flugzustands in diesen nicht ohne Steuerbetätigung durch den Luftfahrzeugführer zurückkehrt.

Einbaufehler (Instr)
Fehler in einer Staudruckanlage durch fehlerhafte Anschlüsse oder ähnliches, die sich auf die Anzeigewerte der von der Anlage abhängigen Instrumente auswirken.

Instrumentenanflug (Flbetr)
Die Technik, einen Anflug auf einem vorbestimmten Flugweg durchzuführen, der durch Funk- oder Radar-Navigationshilfsmittel und -anlagen genau gekennzeichnet ist.

Instrumentenanflugsektor (Bod)
Ein Anflugsektor für eine Instrumentenpiste in der Landerichtung, für die eine nichtoptische Hilfe vorgesehen ist.

Instrumentenanflugverfahren (FS)
Eine Folge von vorbestimmten Flugbewegungen zur ordnungsgemäßen Führung eines Luftfahrzeuges unter Instrumentenflugbedingungen vom Beginn des Anfangsanflugs bis zu einer Landung oder bis zu einem Punkt, von dem aus eine Landung mit Sicht durchgeführt werden kann.
Anmerkung: Dem Ausdruck „Instrumentenflugbedingungen" wird in dieser Begriffsbestimmung vor anderen Ausdrücken, wie z. B.

refers to meteorological conditions necessitating flight under the Instrument Flight Rules, but does not necessarily imply flight by reference to instruments, which is the intent of the present wording.
(ICAO, Annex 2, 5th Ed.)

2231 Instrument approach runway (GS)
An instrument runway served by a non-visual aid providing at least directional guidance adequate for a straight-in-approach.
(ICAO, Annex 4, 5th Edl, Annex 14, 4th Ed.)

2232 Instrument, electrical ~,
cf./vgl. S.-No./lfd. Nr. 1451

2233 Instrument flight (Flt OPS)
Flight in which the path and attitude of an aircraft are controlled solely by reference to instruments.
(AAP-6)

2234 Instrument flight time (Flt OPS)
Time during which a pilot is piloting an aircraft solely by reference to instruments and without external reference points.
(ICAO, Annex 1, 5th Ed.)

2235 Instrument ground time (Aero)
Time during which a pilot is practising, on the ground, simulated instrument flight on a mechanical device approved by the Competent Licensing Authority.
(ICAO, Annex 1, 5th Ed.)

2236 Instrument landing system (TEL)
A radio aid to navigation intended to facilitate aircraft in landing which provides lateral and vertical guidance including indications of distance from the optimum point of landing.
(ICAO, Annex 4, 5th Ed.)

2237 Instrument landing system, Abbr ILS (TEL)
A system of radionavigation which provides an aircraft, during its approach and landing, with lateral and vertical guidance and marker-beacon indications at specified points.
(BS 185: Sect. 14: No. 14 230)

2238 Instrument landing system (TEL)
A system of radio navigation intended to assist aircraft in landing which provides lateral and vertical guidance, including indications of distance from the optimum point of landing.
(AAP-6)

2239 Instrument meteorological conditions (Met)
Meteorological conditions expressed in terms of visibility, distance from cloud, and ceiling, less than the minima specified for visual meteorological conditions.
(ICAO, Annex 2, 5th Ed., Annex 11, 5th Ed.)

2240 Instrument meteorological conditions (= IMC) (Met)
Weather conditions worse than the specified minima for VMC.
(BS 185: Sect. 13: No. 13 237)

2241 Instrument rating (Aero)
A rating authorizing a pilot to do instrument flying.
(NASA S.0699)

2242 Instrument runway (GS)
A runway intended for the operation of aircraft using non-visual aids and comprising:
a) Instrument approach runway.
An instrument runway served by a non-visual aid providing at least directional

„**Instrumentenwetterbedingungen**", der Vorzug gegeben, weil sich letzterer Ausdruck auf Wetterbedingungen bezieht, die Flüge nach Instrumentenflugregeln notwendig machen, aber nicht unbedingt Flug nach Instrumenten bedeutet, wie es die Absicht der vorliegenden Fassung ist.

Instrumentenanflugpiste (Bod)
Eine Instrumentenpiste mit einer nichtoptischen Hilfe, die zumindest für einen Geradeausanflug ausreichende Richtungsführung bietet.

Instrumentenflug (Flbetr)
Flug, bei dem der Flugweg und Fluglage eines Luftfahrzeugs allein mit Hilfe von Instrumenten gesteuert werden.

Instrumentenflugzeit (Flbetr)
Zeit, während der ein Luftfahrzeugführer ein Luftfahrzeug nur nach Instrumenten und ohne äußere Bezugspunkte steuert.

Instrumentenbodenzeit (Aero)
Zeit, während der ein Luftfahrzeugführer am Boden einen Scheininstrumentenflug auf einem mechanischen Gerät durchführt, das durch die zuständige Behörde anerkannt ist.

Instrumentenlandesystem (Fernm)
Eine Funknavigationshilfe zur Erleichterung der Landung von Luftfahrzeugen mit seitlicher und vertikaler Führung, einschließlich Entfernungsanzeigen zum günstigsten Landepunkt.

Instrumentenlandesystem, Abk. ILS (Fernm)
Funknavigationsanlage, die ein Luftfahrzeug während seines Anflugs und seiner Landung mit Kurs- und Höhenführungsangaben und mit Anzeigen von Markierungsfunkfeuern an bestimmten Punkten versorgt.

ILS-System (Fernm)
Zur Erleichterung der Landung von Luftfahrzeugen bestimmtes Funknavigationssystem, mit dessen Hilfe das Luftfahrzeug der Seite und Höhe nach geleitet wird, unter gleichzeitiger Anzeige der Entfernung zum günstigsten Landepunkt.

Instrumentenwetterbedingungen (Met)
Wetterverhältnisse, ausgedrückt in Werten für Sicht, Abstand von den Wolken und Hauptwolkenuntergrenze, die unter den für Sichtwetterbedingungen festgelegten Mindestwerten liegen.

Instrumentenwetterbedingungen (Met)
Wetterverhältnisse, die schlechter sind als die für VMC festgelegten Mindestwerte.

Instrumentenflugberechtigung; Berechtigung für IFR-Flüge (Aero)
Berechtigung eines Luftfahrzeugführers zur Flugdurchführung nach Instrumenten.

Instrumentenpiste (Bod)
Eine Piste für den Flugbetrieb mit Luftfahrzeugen unter Verwendung nichtoptischer Hilfen; hierzu gehören:
a) Instrumentenanflugpiste.
Eine Instrumentenpiste mit einer nichtopti-

guidance adequate for a straight-in-approach.

b) Precision approach runway.
An instrument runway served by ILS or GCA approach aids and intended for use in conditions of poor visibility, or low cloud base.
(ICAO, Annex 4, 5th Ed.)

2243 Instrument runway or alighting channel (GS)
A runway or alighting channel equipped with non-visual aids for take-off and landing (alighting).
(BS 185: Sect. 13: No. 13 313)

2244 Instrument time (Aero)
Instrument flight time or instrument ground time.
(ICAO, Annex 1, 5th Ed.)

2245 Instruments, blind-flying ~,
cf./vgl. S.-No./lfd. Nr. 701

2246 Insulation plate (Turbo)
A shield to protect the rear face of the turbine disk from the heat of the exhaust gases.
(BS 185: Sect. 8: No. 8469)

2247 Intake air heater (Eng)
A device for raising the temperature of the intake air entering the engine.
(BS 185: Sect. 8: No. 8268)

2248 Intake, non-ramming ~,
cf./vgl. S.-No./lfd. Nr. 2830

2249 Intake, ramming ~,
cf./vgl. S.-No./lfd. Nr. 3418

2250 Intake throttle, air-compressor ~,
cf./vgl. S.-No./lfd. Nr. 167

2251 Intake, variable geometry ~,
cf./vgl. S.-No./lfd. Nr. 4595

2252 Intake, wedge ~,
cf./vgl. S.-No./lfd. Nr. 4697

2253 Integral tank (A/c)
Part of the structure of the aircraft adapted to form a tank.
(BS 185: Sect. 8: No. 8249)

2254 Intercept (Nav)
The difference (usually in minutes of arc) between the observed altitude of a celestial body and that calculated for the time of observation.
(BS 185: Sect. 11: No. 11 207)

2255 Interception, air ~,
cf./vgl. S.-No./lfd. Nr. 203

2256 Interchanger, air ~,
cf./vgl. S.-No./lfd. Nr. 204

2257 Intercom (TEL), cf./vgl.
Intercommunication, S.-No./lfd. Nr. 2259

2258 Intercom, cf./vgl.
Interphone, S.-No./lfd. Nr. 2283

2259 Intercommunication (TEL)
A telephone system within an aircraft for the use of the crew.
(BS 185: Sect. 14: No. 14 504)

2260 Interconnector (Turbo)
A pipe connecting adjacent combustion chambers or flame tubes.
(BS 185: Sect. 8: No. 8447)

2261 Intercooler (Eng)
A component installed on the delivery side of a supercharger or compressor to cool either the compressed air or the mixture.
(BS 185: Sect. 8: No. 8353)

2262 Interference (Aerodyn)
The aerodynamic influence of bodies on one another.
(BS 185: Sect. 4: No. 4151)

schen Hilfe, die zumindest für einen Geradeausanflug ausreichende Richtungsführung bietet.

b) Präzisionsanflugpiste.
Eine Instrumentenpiste mit ILS- oder GCA-Anflughilfen, die für die Benutzung bei schlechten Sichtbedingungen oder bei niedriger Wolkenuntergrenze bestimmt ist.

Instrumentenpiste oder Instrumentenwasserpiste (Bod)
Piste oder Wasserpiste, die mit nichtoptischen Hilfsmitteln für Start und Landung ausgerüstet ist.

Instrumentenzeit (Aero)
Instrumentenflugzeit oder Instrumentenbodenzeit.

Turbinenradabschirmung (Turbo)
Eine Schutzscheibe, die die Rückseite des Turbinenlaufrades gegen die Hitze der Abgase abschirmt.

Ansaugluftheizung (Flmot)
Eine Vorrichtung zum Anwärmen der Ansaugluft eines Motors.

Integralbehälter (Lfz)
Teil der Konstruktion eines Luftfahrzeugs, der so ausgelegt ist, daß er einen Behälter bildet.

Intercept; Gestirnshöhenunterschied (Nav)
Die (normalerweise in Bogenminuten) angegebene Differenz zwischen der beobachteten Höhe eines Gestirns und der für den Beobachtungszeitpunkt berechneten Höhe.

Bordverständigungsanlage; Eigenverständigungsanlage, Abk EiV; Gegensprechanlage (Fernm)
Fernsprechanlage innerhalb eines Luftfahrzeugs für die Besatzung.

Brennkammer-Zwischenstück (Turbo)
Eine Rohrverbindung zwischen zwei benachbarten Brennkammern oder Flammrohren.

(Ladeluft-)Zwischenkühler (Flmot)
Ein Kühler, der an der Druckseite eines Laders angebracht ist, um entweder die komprimierte Ansaugluft oder das Gemisch zu kühlen.

Interferenz (Aerodyn)
Aerodynamische Beeinflussung von Körpern aufeinander.

2263 **Interference, electrical** ~,
cf./vgl. S.-No./lfd. Nr. 1452
2264 **Interference, magnetic** ~,
cf./vgl. S.-No./lfd. Nr. 2590
2265 **Interheater (Turbo)**
A combustion-chamber unit situated between the turbine stages, to provide additional power.
(BS 185: Sect. 8: No. 8455
2266 **Interlocking circuit (El)**
A circuit in which the operation of one item
of electrical apparatus is made dependent
upon the fulfilment of certain pre-determined conditions in other items of apparatus, controls or circuits.
(BS 185: Sect. 10: No. 10 205)
2267 **Intermediate approach (Flt OPS)**
That part of an instrument approach procedure from the first arrival at the first navigational facility or predetermined fix, to the beginning of the final approach.
Note. – In radar approaches no distinction is
made between initial and intermediate approach.
(ICAO, Doc 8168–OPS/611/2)
2268 **Intermediate approach (ATC)**
That part of an approach procedure from the
first navigation facility or pre-determined position to the beginning of the final approach.
(BS 185: Sect. 13: No. 13 238)
2269 **Intermediate base-struts (A/c 1)**
Struts in the outer ring of a transverse frame
intermediate between, and parallel to, the
frame longitudinal.
(BS 185: Sect. 7: No. 7272)
2270 **Intermediate longitudinal (A/c 1)**
A light auxiliary longitudinal, intermediate
between the main longitudinals.
(BS 185: Sect. 7: No. 7232)
2271 **Intermediate radial strut (A/c 1)**
A strut connecting the inner and outer ridge
main joints of a stiff-jointed intermediate
transverse frame.
(BS 185: Sect. 7: No. 7273)
2272 **Intermediate stop (AT)**
Any scheduled stop between termini or sector points.
(ICAO, Doc 5234–STA/527)
2273 **Intermediate transverse frame (A/c 1)**
A system of members connecting the longitudinal girders and forming a complete ring
between the main transverse frames.
(BS 185: Sect. 7: No. 7274)
2274 **Intermittent jet (engine) (Turbo),**
cf./vgl. **Pulse jet (engine),** S.-No./lfd. Nr. 3309
2275 **Internal-combustion starter (Eng)**
An internal-combustion engine used to rotate the engine for starting.
(BS 185: Sect. 8: No. 8288)
2276 **Internal damping (Struct)**
The damping intrinsic to the material of the
structure.
(BS 185: Sect. 3: No. 3305)
2277 **International airport (AT)**
Any airport designated by the Contracting
State in whose territory it is situated as an
airport of entry and departure for international air traffic, where the formalities incident
to customs, immigration, public health, agri-
cultural quarantine and similar procedures
are carried out.
(ICAO, Annex 9, 5th Ed., Annex 15, 3rd Ed.)

Zwischenerhitzer (Turbo)
Eine Brennkammer, die zwischen zwei Stufen
einer Turbine angeordnet ist, um zusätzliche
Energie zu liefern.

**Gesteuerter Kreis; Verriegelungsschaltung
(El)**
Ein Stromkreis, in dem die Betätigung eines
elektrischen Apparateteils von der Erfüllung
gewisser vorbestimmter Bedingungen in anderen Apparateteilen, Schaltungen oder Stromkreisen abhängig gemacht worden ist.

Zwischenflug (Flbetr)
Der Teil eines Instrumentenanflugverfahrens
zwischen dem ersten Eintreffen über der ersten Navigationseinrichtung oder dem vorbestimmten Standort und dem Beginn des Endanflugs.
Anmerkung: Bei Radaranflügen wird keine
Unterscheidung zwischen Anfangs- und Zwischenanflug gemacht.

Zwischenanflug (FS)
Der Teil eines Anflugverfahrens zwischen dem
ersten Eintreffen über der ersten Navigationseinrichtung – oder dem vorbestimmten Standort – und dem Beginn des Endanfluges.

Hilfsstreben (Lfz 1)
Streben im äußeren Teil eines Ringes, die zwischen und parallel zum Längsrahmen liegen.

Zwischenlängsträger (Lfz 1)
Leichter Hilfslängsträger, der zwischen Haupt-
längsträgern liegt.

Hilfradialstrebe (Lfz 1)
Strebe, die den inneren und äußeren First eines versteiften Hilfsringes verbindet.

Zwischenlandung; Zwischenhalt (LVerk)
Jede planmäßige Landung zwischen Endflug-
plätzen oder Flugplätzen der Streckenab-
schnitte.

Hilfsring (Lfz)
System von Bauteilen, das die Längsträger
verbindet und einen vollständigen Ring zwischen den Hauptringen bildet.

**Anlaß(verbrennungs)motor; Riedelanlasser
(Flmot)**
Ein Verbrennungsmotor, der die Energie zum
Anlassen eines Flugmotors liefert.

Innere Dämpfung (Konstr)
Dämpfung als Materialeigenschaft eines Bauteils.

Internationaler Flughafen (LVerk)
Jeder Flughafen, der von dem Vertragsstaat, in
dessen Gebiet er liegt, als Flughafen für Ein-
und Ausflug im internationalen Flugverkehr
bezeichnet worden ist, und auf dem die Formalitäten in bezug auf Zoll, Einreise, Gesund-
heitswesen, landwirtschaftliche Quarantäne
u. ä. vorgenommen werden.

2278 **International air service (AT)**
An air service which passes through the air space over the territory of more than one State.
(Convention on International Civil Aviation, Chicago 1944, Article 96 b)

Internationale(r) Fluglinie(nverkehr) (LVerk)
Fluglinienverkehr, der durch den Luftraum über dem Gebiet von mehr als einem Staat führt.

2279 **International call sign (TEL)**
A call sign assigned in accordance with the provisions of the International Telecommunications Union to identify a radio station. The nationality of the radio station is identified by the first or the first two characters. (When used in visual signalling, International Call Signs are referred to as "Signal Letters").
(AAP-6)

Internationales Rufzeichen (Fernm)
Rufzeichen, das nach den Bestimmungen des Internationalen Fernmeldevereins (UIT) zugewiesen ist, um eine Funkstelle zu kennzeichnen. Die Nationalität der Funkstelle ist durch das erste oder die ersten beiden Zeichen gekennzeichnet. (Im optischen Signalverkehr werden diese Rufzeichen „Unterscheidungssignale" genannt).

2280 **International NOTAM Office (Aero)**
An office designated by a State for the exchange of NOTAMs internationally.
(Annex 15, 3rd Ed., Annex 11, 5th Ed.)

Internationales NOTAM-Büro (Aero)
Eine von einem Staat für den internationalen NOTAM-Austausch bezeichnete Stelle.

2281 **International standard atmosphere (Met)**
A standard atmosphere adopted internationally for use in comparing the performance of aircraft.
(BS 185: Sect. 15: No. 15 103)

Internationale Normatmosphäre, Abk. INA (Met)
Eine international vereinbarte Normatmosphäre, die zum Vergleich der Leistungen von Luftfahrzeugen benutzt wird.

2282 **International telecommunication service**
A telecommunication service between offices or stations of different States, or between mobile stations which are not in the same State, or are subject to different States.
(Annex 10, Volume II, 1st Ed.)

Internationaler Fernmeldedienst
Ein Fernmeldedienst zwischen beweglichen Fernmeldestellen, die sich in verschiedenen Staaten befinden oder verschiedenen Staaten unterstehen.

2283 **Interphone/intercom (A/c)**
A telephone apparatus by means of which personnel can talk to each other within an aircraft.
(AAP-6)

Eigenverständigungsanlage (EiV); Bordverständigungsanlage; Gegensprechanlage (Lfz)
Telefonanlage, mit deren Hilfe Personal eines Luftfahrzeugs sich untereinander verständigen kann.

2284 **Interplane struts (A/c)**
Struts connecting a plane to the plane above or below.
(BS 185: Sect. 3: No. 3228)

Flügelstiele (Lfz)
Streben, die einen Tragflügel mit dem Tragflügel darüber oder darunter verbinden.

2285 **Inversion (Met)**
An increase of temperature with altitude.
(BS 185: Sect. 15: No. 15 116)

Inversion (Met)
Eine Zunahme der Temperatur mit der Höhe.

2286 **Inversion, temperature ~,**
cf./vgl. S.-No./lfd. Nr. 4308

2287 **Inverted engine (Eng)**
An engine with its cylinders below the crankshaft.
(BS 185: Sect. 8: No. 8317)

Motor mit hängenden Zylindern (Flmot)
Ein Kolbenmotor, dessen Zylinder unterhalb der Kurbelwelle angeordnet sind.

2288 **Inverted loop (Flt OPS)**
A complete revolution in flight of an aircraft in a vertical plane about a lateral axis, with its upper surface on the outside of the resulting curved flight path.
(BS 185: Sect. 2: No. 2114)

Looping vorwärts (Flbetr)
Flugfigur, bei der das Luftfahrzeug in der Vertikalebene eine volle Umdrehung um eine Querachse ausführt, wobei seine Oberseite vom Krümmungsmittelpunkt der Flugbahn abgekehrt ist.

2289 **Inverted spin (Flt OPS)**
A spin in which the aircraft is inverted and the wing incidence exceeds the negative stalling incidence.
(BS 185: Sect. 2: No. 2130)

Rückentrudeln (Flbetr)
Trudeln, bei dem sich das Luftfahrzeug in Rückenfluglage befindet und der Anstellwinkel des Tragflügels größer ist als der kritische Anstellwinkel in seinem negativen Bereich.

2290 **Inverted spin (Flt OPS)**
A spin in which the airplane is upside down throughout.
(NASA S.0714)

Rückentrudeln (Flbetr)
Trudeln, bei dem sich das Flugzeug ständig in einer Rückenfluglage befindet.

2291 **Inverter; invertor (El)**
A device for converting direct current into alternating current.
(BS 185: Sect. 10: No. 10 215)

Wechselstromumformer; Wechselrichter (El)
Eine Vorrichtung zur Umwandlung von Gleichstrom in Wechselstrom.

2292 **Investigation (Aero)**
The gathering together in an orderly manner of factual information relating to an aircraft accident.
(ICAO, Annex 13, 2nd Ed.)

Voruntersuchung (Aero)
Die Ermittlung allen Tatsachenmaterials im Zusammenhang mit einem Luftfahrzeugunfall.

2293 Investigator-in-charge (Aero)
The person charged with the responsibility for the organization, conduct and control of an investigation.
Note. – Nothing in the above definition is intended to preclude the functions of an investigator-in-charge being assigned to a commission or other body.
(ICAO, Annex 13, 2nd Ed.)

2294 Inward-flow-turbine (Turbo)
A turbine in which the general direction of flow is radially inwards with axial outlet, and the pressure drop in the working fluid is caused largely by the action of centrifugal force during passage through the rotating member.
(BS 185: Sect. 8: No. 8460)

2295 Irreversible controls (A/c),
cf./vgl. **Irreversible control system,**
S.-No./lfd. Nr. 2296

2296 Irreversible control system (A/c)
A flight control in which the control surface can be moved freely by the pilot but cannot be moved by aerodynamic forces alone.
(BS 185: Sect. 5: No. 5339)

2297 Isentropic (Met)
Without change of entropy; generally equivalent to "adiabatic".
(BS 185: Sect. 15: No. 15 117)

2298 Isobar (Met)
A line on a weather chart showing equal barometric pressure at a standard level.
(BS 185: Sect. 15: No. 15 521)

2299 Isogonal (Nav)
A line on a map or chart on which all points have the same magnetic variation for a specified epoch.
(ICAO, Annex 4, 5th Ed.)

2300 Isogonal (Nav)
A line drawn on a map or chart joining points of equal variation.
(BS 185: Sect. 11: No. 11 307)

2301 Isogriv (Nav)
A line drawn on a map or chart joining points of equal grivation.
(BS 185: Sect. 11: No. 11 308)

2302 Isogriv (Nav)
A line on a map or chart which joins points of equal angular difference between the North of the navigation grid and Magnetic North.
(ICAO, Annex 4, 5th Ed.)

2303 Isolating spark gap (El)
A spark gap in the H. T. booster lead to prevent feed-back from the magneto.
(BS 185: Sect. 8: No. 8380)

2304 Isotach (Met)
A line on a chart connecting points of equal speed value, commonly used for wind speed.
(NASA S.0718)

2305 Issuing a maintenance release (Aero)
To certify that the inspection and maintenance work has been completed satisfactorily in accordance with the methods prescribed in the Maintenance Manual by signing the maintenance release referred to in 8.7 of Annex 6.
(ICAO, Annex 1, 5th Ed.)

Leiter einer Voruntersuchung (Aero)
Die mit der Verantwortung für die Organisation, Durchführung und Überwachung einer Voruntersuchung beauftragte Person.
Anmerkung: Mit dieser Begriffsbestimmung ist nicht beabsichtigt, die Übertragung der Tätigkeit des Leiters einer Voruntersuchung auf eine Kommission oder ein anderes Gremium auszuschließen.

Zentripetalturbine (Turbo)
Eine Turbine, die im wesentlichen in radialer Richtung nach innen hin durchströmt wird, wobei die Abgase in axialer Richtung austreten. Der Druckabfall des Arbeitsgases wird im wesentlichen durch die Wirkung der Zentrifugalkräfte bei Durchtritt durch das Turbinenlaufrad verursacht.

Selbsthemmendes Steuerwerk (Lfz)
Steuerwerk, bei dem die Steuerfläche vom Luftfahrzeugführer frei bewegt werden kann, während aerodynamische Kräfte allein die Steuerung nicht beeinflussen können.

Isentropisch (Met)
Ohne Entropieveränderung; im allgemeinen gleichbedeutend mit „adiabatisch".

Isobare (Met)
Eine Linie auf einer Wetterkarte, die Orte gleichen Luftdrucks verbindet, wobei dieser auf ein bestimmtes Bezugsniveau bezogen ist.

Isogone (Nav)
Eine auf einer Karte dargestellte Verbindungslinie aller Punkte gleicher Ortsmißweisung für einen bestimmten Zeitraum.

Isogone (Nav)
Verbindungslinie auf einer Karte zwischen Orten gleicher Ortsmißweisung.

Isogrive (Nav)
Verbindungslinie auf einer Karte zwischen Orten gleicher Grivation.

Isogrive (Nav)
Eine Linie auf einer Karte, die Punkte gleichen Winkelunterschiedes zwischen Nord des Navigationsgitters und mißweisend Nord verbindet.

Rückschlag-Funkensperre (El)
Eine Funkensperre in der Leitung zur Zündspule, um das Zurückschlagen vom Magnet zu verhindern.

Isotache (Met)
Linie auf einer Karte, die Punkte gleicher Geschwindigkeitserte verbindet; findet allgemein für Windgeschwindigkeit Verwendung.

Ausstellung eines Wartungsabnahmescheins (Aero)
Durch Unterzeichnen eines Wartungsabnahmescheines nach 8.7 des Anhangs 6 bescheinigen, daß die in dem Wartungshandbuch vorgeschriebenen Prüfungs- und Wartungsarbeiten richtig ausgeführt worden sind.

J

2306 Jackstay (A/c 1)
A wire provided to maintain the correct spacing between component parts of a rigging system.
(BS 185: Sect. 7: No. 7257)

2307 JATO (Flt OPS)
(From "Jet-assisted take-off"). A take-off utilizing an auxiliary jet-producing unit or units, usually rockets, for additional thrust.
(NASA S.0720)

2308 Jet flap (A/c)
A sheet of high velocity air or other gas ejected near the rear of a wing at an angle to the main air stream to increase the lift, thus performing the function of a flap.
(BS 185: Sect. 5: No. 5342)

2309 Jet, intermittent ~,
cf./vgl. S.-No./lfd. Nr. 2274

2310 Jet pipe (Turbo)
A pipe which leads the exhaust gases from the exhaust cone to the propelling nozzle.
(BS 185: Sect. 8: No. 8470)

2311 Jet, pulse ~,
cf./vgl. S.-No./lfd. Nr. 3309

2312 Jet silencer (Turbo)
A device incorporated with the propelling nozzle to reduce the noise from the jet.
(BS 185: Sect. 8: No. 8471)

2313 Jet stream (Met)
A horizontal core of air, at altitudes between 15 000 and 40 000 feet, extending for great distances along the track of the wind and moving at very high speeds, markedly higher than the speed of the surrounding air.
(BS 185: Sect. 15: No. 15 227)

2314 Jet thrust, static ~,
cf./vgl. S.-No./lfd. Nr. 4020

2315 Jet turbine engine (Turbo),
cf./vgl. **Turbojet**, S.-No./lfd. Nr. 4493

2316 Jettison valve (A/c)
A valve which permits the discharge of fuel overboard in emergency.
(BS 185: Sect. 8: No. 8254)

2317 Jettisonable tank (A/c)
A tank which can be jettisoned in emergency.
(BS 185: Sect. 8: No. 8250)

2318 Joint, crimped ~,
cf./vgl. S.-No./lfd. Nr. 1190

2319 Jump take-off (Rotor)
With a rotary-wing aircraft, a kind of take-off in which the rotor blades, at a non-lifting pitch, are driven at high r. p. m., then suddenly increased in pitch, resulting in a take-off at a comparatively fast speed.
(NASA S.0728)

2320 Junk ring (Sleeve-valve Eng)
A ring for maintaining a gastight seal between the cylinder head and the bore of a sleeve valve.
(BS 185: Sect. 8: No. 8337)

Stützdraht (Lfz 1)
Draht, der die einzelnen Teile eines Leinenwerks im richtigen Abstand zueinander hält.

JATO; Start mit Starthilfe (Flbetr)
(Abkürzung von "jet-assisted take-off"). Flugzeugstart, bei dem zur Erzeugung zusätzlichen Schubs ein oder mehrere Rückstoßgeräte, meist Raketen, eingesetzt werden.

Luftstrahl-Klappe (Lfz)
Dünne Schicht von Luft oder anderem Gas, das unter hohem Druck in der Nähe der Tragflächenhinterkante in einem Winkel zur Hauptluftströmung zur Auftriebserhöhung austritt und damit die Funktion einer Klappe verrichtet.

Strahlrohr (Turbo)
Ein Rohr, durch das die Abgase einer Turbine von dem Abgaskonus zur Schubdüse strömen.

Schalldämpfer (Turbo)
In die Schubdüse eingebaute Vorrichtung zur Herabsetzung des vom Düsenstrahl verursachten Lärms.

Strahlstrom (Met)
Ein horizontales, schlauchartiges Gebiet in Höhen zwischen 15 000 (etwa 4500 m) und 40 000 Fuß (etwa 12 000 m), das sich über große Entfernungen entlang der Windströmung erstreckt und in dem die Luft mit einer sehr hohen Geschwindigkeit strömt, die diejenige der umgebenden Luft beträchtlich übersteigt.

Schnellablaßventil (Lfz)
Ventil, mittels dessen im Notfall Kraftstoff nach außenbords abgelassen werden kann.

Abwerfbarer Behälter (Lfz)
Behälter, der im Notfall abgeworfen werden kann.

Sprungstart (Drehfl)
Startart eines Drehflüglers, bei der die Rotorblätter mit Nullauftriebssteigung auf hohe Drehzahl und dann plötzlich auf Startsteigung gebracht werden, so daß ein Start mit verhältnismäßig hoher Abhebegeschwindigkeit erfolgt.

Zylinderkopfring (Schieber-Flmot)
Ein Ring, der eine Gasabdichtung zwischen dem Zylinderkopf und der Zylinderlauffläche eines Schieberventils herstellt.

K

2321 Katabatic wind (Met)
A local wind caused by the downward motion, due to convection, of cold air off high ground.
(BS 185: Sect. 15: No. 15 228)

2322 Keel (A/c 1)
1. An internal or external framework along the underside of the hull of a rigid airship forming an integral part of the structure as a means of distributing the effect of the concentrated loads along the hull.
2. A rigid or articulated member along the underside of a semi-rigid airship envelope.
(BS 185: Sect. 7: No.7237)

2323 Keelson (A/c)
A longitudinal member forming part of the main structure of a hull or float and running internally along the bottom.
(BS 185: Sect. 3: No. 3208)

2324 Kinetic pressure (Aerodyn)
The kinetic energy per unit volume of fluid. It is equal to half the product of the fluid density and the square of the speed.
(BS 185: Sect. 4: No. 4458)

2325 Kite (A/c)
A non-power-driven heavier-than-air aircraft without controls, anchored to, or towed from, the ground.
(BS 185: Sect. 5: No. 5117)

2326 Kite balloon (A/c 1)
A captive balloon so shaped and trimmed as to derive stability and aerodynamic lift from the relative wind.
(BS 185: Sect. 7: No. 7113)

2327 Knock rating, rich mixture ~,
cf./vgl. S.-No./lfd. Nr. 3553

2328 Knock rating, weak-mixture ~,
cf./vgl. S.-No./lfd. Nr. 4688

2329 Knot (Nav)
One nautical mile (6070.1033 feet) per hour.
(NASA 0.733)

2330 Knuckle pin (Eng),
cf./vgl. **Wrist-pin**, S.-No./lfd. Nr. 4807

Fallwind (Met)
Ein örtlicher Wind, der durch Abwärtsbewegung kalter Luft über hohem Gelände infolge Konvektion entsteht.

Kiel (Lfz 1)
1. Rahmenkonstruktion entlang dem Inneren oder Äußeren der Unterseite des Gerippes eines starren Luftschiffs, die ein Bestandteil des Gerippes ist und die Aufgabe hat, die konzentrierten Lasten zu verteilen.
2. Starrer oder angelenkter Bauteil entlang der Unterseite der Hülle eines halbstarren Luftschiffes.

Innenkiel; Kielschwein (Lfz)
Längsträger am Boden eines Bootskörpers oder eines Schwimmers.

Kinetischer Druck (Aerodyn)
Die kinetische Energie bezogen auf die Volumeneinheit der Strömung. Sie ist gleich der Hälfte des Produkts aus Strömungsdichte und dem Quadrat der Geschwindigkeit.

Drachen (Lfz)
Luftfahrzeug schwerer als Luft, ohne Kraftantrieb und Steuerwerk, das entweder am Boden verankert ist oder von dort aus geschleppt wird.

Drachenballon (Lfz)
Fesselballon, der so geformt und getrimmt ist, daß seine Stabilität und sein aerodynamischer Auftrieb von der Anströmung herrühren.

Knoten (Nav)
Eine nautische Meile (1,8532 km) Stundengeschwindiget.

L

2331 Lading (AT)
The placing of cargo, mail, baggage or stores on board an aircraft to be carried on a flight, except such cargo, mail, baggage or stores as have been laden on a previous stage of the same through-flight.
(ICAO, Annex 9, 5th Ed.)

2332 Lag, control ~,
cf./vgl. S.-No./lfd. Nr. 1094

2333 Lag hinge (Rotor)
A blade pivot which allows the blade to be displaced angularly in azimuth.
(BS 185: Sect. 5: No. 5724)

2334 Laminar boundary layer (Aerodyn)
A boundary layer in which the flow is laminar.
(BS 185: Sect. 4: No. 4403)

Zuladen; Einladen; Beladen (LVerk)
Das Unterbringen von Fracht, Post, Gepäck oder Bordvorräten auf einem Fluge, ausgenommen Fracht, Post, Gepäck oder Bordvorräte, die bereits auf einem früheren Abschnitt desselben durchgehenden Fluges eingeladen wurden.

Schwenkgelenk (Drefl)
Blattgelenk, das eine Auslenkung des Blattes aus dem Azimut gestattet.

Laminare Grenzschicht (Aerodyn)
Eine Grenzschicht mit laminarem Strömungsverlauf.

2335 **Laminar flow** (Aerodyn)
Flow in which there is no mixing between adjacent layers (except on a molecular scale).
(BS 185: Sect. 4: No. 4430)

Laminare Strömung; Laminarströmung (Aerodyn)
Strömung, in der kein Vermischen aneinander grenzender Schichten erfolgt (ausgenommen im Molekularbereich).

2336 **Laminar separation** (Aerodyn)
Boundary layer separation, when the boundary layer is still laminar.
(BS 185: Sect. 4: No. 4471)

Laminares Ablösen (Aerodyn)
Ablösen der Grenzschicht, wenn sich diese noch im laminaren Zustand befindet.

2337 **Laminar separation** (Aerodyn)
The separation of a laminar-flow boundary layer from a body, leaving a turbulent sublayer.
(NASA S.0738)

Laminares Ablösen (Aerodyn)
Das Ablösen einer laminaren Grenzschicht von einem Körper unter Hinterlassung einer turbulenten Unterschicht.

2338 **Laminar sublayer** (Aerodyn)
A very thin layer of laminar flow in a boundary layer, next to the body and beneath a turbulent layer.
(NASA S.0739)

Laminare Unterschicht (Aerodyn)
Eine sehr dünne, unmittelbar an einem Körper anliegende laminare Strömung einer Grenzschicht unterhalb einer turbulenten Schicht.

2339 **Lamp set** (Miss)
Transmitting equipment which illuminates a target so that the reflected radiations can be used for guidance.
(BS 185: Sect. 6: No. 6513)

Beleuchtungsradar (FK)
Sendegerät, das ein Ziel so beleuchtet, daß die reflektierten Ausstrahlungen für die Lenkung benutzt werden können.

2340 **Land breeze** (Met)
An off-shore wind during a clear night, caused by the more rapid cooling of the air over land than over water.
(BS 185: Sect. 15: No. 15 210)

Landwind (Met)
Ein ablandiger Wind, der in klaren Nächten dadurch hervorgerufen wird, daß sich die Luft über Land schneller abkühlt als über Wasser.

2341 **Landed, air** ~,
cf./vgl. S.-No./lfd. Nr. 205

2342 **Landing** (Flt OPS)
The whole of the successive situations of an aircraft between the moment when the pilot manoeuvres to make contact with the ground (or a solid platform) and the moment when he stops or could stop the aircraft.
(ICAO)

Landung (Flbetr)
Alle aufeinanderfolgenden Zustände eines Luftfahrzeuges zwischen dem Augenblick, in dem der Luftfahrzeugführer Maßnahmen einleitet, um mit dem Boden (oder mit einem festen Untergrund) Berührung zu bekommen und dem Augenblick, in dem er das Luftfahrzeug zum Stillstand bringt oder bringen könnte.

2343 **Landing** (Flt OPS)
Alighting on land or an a ship's deck.
(BS 185: Sect. 2: No. 2209)

Landung (Flbetr)
Landen auf dem Erdboden oder auf Deck eines Schiffes.

2344 **Landing, accuracy** ~,
cf./vgl. S.-No./lfd. Nr. 24

2345 **Landing aids** (GS)
Any illuminating light, radio beacon, radar device, communicating device, or any system of such devices for aiding aircraft in an approach and landing.
(AAP-6)

Landehilfen (Bod)
Befeuerungs-, Funkfeuer-, Radar- oder Fernmeldeeinrichtungen oder Systeme aus solchen Einrichtungen, die Luftfahrzeugen beim Anflug und der Landung Hilfe leisten.

2346 **Landing aids, approach-and-** ~,
cf./vgl. S.-No./lfd. Nr. 397

2347 **Landing area** (GS)
The part of the movement area intended for the landing or take-off run of aircraft.
(ICAO, Annex 2, 5th Ed., Annex 4, 5th Ed., Annex 14, 4th Ed.)

Landebereich (Bod)
Der Teil der Bewegungsfläche, der für Lande- oder Startlauf von Luftfahrzeugen bestimmt ist.

2348 **Landing area** (GS)
That part of the movement area primarily intended for the take-off and landing of aircraft.
(BS 185: Sect. 13: No. 13 314)

Landebereich (Bod)
Derjenige Teil der Rollfläche, der in erster Linie für Start und Landung vorgesehen ist.

2349 **Landing area** (GS)
Any specially prepared or selected surface of land, water or deck designated or used for take-off and landing of aircraft.
(AAP-6)

Landebereich (Bod)
Zum Start und zur Landung von Luftfahrzeugen bestimmter oder verwendeter Teil der Erd- oder Wasseroberfläche oder eines Schiffsdecks, der für diesen Zweck besonders hergerichtet oder bestimmt ist.

2350 **Landing brake** (A/c)
A device using aerodynamic reactions to slow down an aircraft in landing, such as a reversible pitch propeller.

Landebremsvorrichtung (Lfz)
Vorrichtung, die mittels aerodynamischer Reaktionen die Geschwindigkeit eines Luftfahrzeugs bei der Landung herabsetzt, wie z. B.

(NASA S.0741)

2351 Landing compass (Nav)
A portable magnetic compass fitted with a sighting device to determine the magnetic heading of an aircraft, used for calibration of aircraft compasses.
(BS 185: Sect. 11: No. 11 411)

2352 Landing direction indicator (GS)
A device to indicate visually the direction currently designated for landing and for take-off.
(ICAO, Annex 4, 5th Ed., Annex 14, 4th Ed.)

2353 Landing-direction indicator (GS)
A device indicating the direction for taking-off or alighting.
(BS 185: Sect. 13: No. 13 352)

2354 Landing distance available (GS)
The length of that part of the surface of an aerodrome that:
a) is free from all obstructions;
b) is capable of bearing the weight of the aeroplane under prevailing operating conditions;
c) is within the limits of the surface that the aerodrome authority has declared available for the ground run of aeroplanes landing in a particular direction.
(ICAO, Annex 6, 6th Ed.)

2355 Landing flap (A/c)
A flap, so called when considering its special application in landing.
(NASA S.0742)

2356 Landing, French ~,
cf./vgl. S.-No./lfd. Nr. 1787

2357 Landing gear (A/c)
The alighting gear of a landplane.
(BS 185: Sect. 5: No. 5388)

2358 Landing gear, nose-wheel ~,
cf./vgl. S.-No./lfd. Nr. 2850

2359 Landing gear, quadricycle ~,
cf./vgl. S.-No./lfd. Nr. 3326

2360 Landing gear, ski ~,
cf./vgl. S.-No./lfd. Nr. 3832

2361 Landing gear, tail wheel ~,
cf./vgl. S.-No./lfd. Nr. 4237

2362 Landing gear, tricycle ~,
cf./vgl. S.-No./lfd. Nr. 4453

2363 Landing, power ~,
cf./vgl. S.-No./lfd. Nr. 3167

2364 Landing procedure (ATC)
The part of the approach beginning when the aircraft reaches the axis of the runway in use, either heading towards the runway to land directly, or heading for the reciprocal of the runway, or to complete the final procedure turn, and ending either upon landing or when missed-approach action is taken.
(BS 185: Part 3: No.13 244)

2365 Landing run (Flt OPS)
cf./vgl. **Alighting run,** S.-No./lfd. Nr. 286

2366 Landing speed (A/c)
The minimum airspeed at which an aircraft normally alights.
(BS 185: Part 1: No. 4305)

2367 Landing, spot ~,
cf./vgl. S.-No./lfd. Nr. 3951

2368 Landing surface (GS)
That part of the surface of an aerodrome, which the aerodrome authority has declared available for the normal ground or water run of aircraft landing in a particular direction.
(ICAO, Annex 6, 6th Ed.)

Luftschrauben mit Bremssteigungseinstellung.

Bezugskompaß (Nav)
Tragbarer Magnetkompaß, der mit einer Visiereinrichtung zur Feststellung des magnetischen Steuerkurses eines Luftfahrzeugs versehen ist und der Eichung von Luftfahrzeugkompassen dient.

Landerichtungsanzeiger (Bod)
Ein Gerät, das die für Start und Landung jeweils bestimmte Richtung sichtbar anzeigt.

Landerichtungsanzeiger (Bod)
Vorrichtung zum Anzeigen der Start- und Landerichtung.

Verfügbare Landestrecke (Bod)
Die Länge desjenigen Teiles der Oberfläche eines Flugplatzes, der
a) von allen Hindernissen frei ist;
b) die Masse des Flugzeuges unter den vorherrschenden Betriebsbedingungen tragen kann;
c) innerhalb der Grenze der Fläche liegt, welche die zuständige Behörde für den Landelauf von in einer bestimmten Richtung landenden Flugzeugen für verfügbar erklärt hat.

Landeklappe (Lfz)
Eine Klappe, die so bezeichnet wird, wenn ihre spezielle Funktion beim Landevorgang gemeint ist.

Fahrwerk (Lfz)
Fahrwerk eines Landflugzeugs.

Landeverfahren (FS)
Teil eines Anfluges, der beginnt, wenn das Luftfahrzeug die Anfluggrundlinie der Betriebslandebahn erreicht, und zwar entweder mit Kurs auf die Landebahn, um direkt zu landen, oder mit Gegenkurs oder um zur letzten Verfahrenskurve einzudrehen, und endet entweder mit der Landung oder bei einem Fehlanflug mit dem Durchstarten endet.

Landegeschwindigkeit (Lfz)
Minimalgeschwindigkeit, mit der ein Luftfahrzeug normalerweise landet.

Landefläche (Bod)
Derjenige Teil der Fläche eines Flugplatzes, den die zuständige Behörde für den normalen Landelauf (Boden oder Wasser) von in einer bestimmten Richtung landenden Luftfahrzeugen für verfügbar erklärt hat.

2369 **Landing system, instrument ~,**
cf./vgl. S.-No./lfd. Nr. 2236, 2237, 2238

2370 **Landing tee**
cf./vgl. **wind tee,** S.-No./lfd. Nr. 4745

2371 **Landing weight, maximum ~,**
cf./vgl. S.-No./lfd. Nr. 2261, 2262

2372 **Landing wires (A/c),**
cf./vgl. **Anti-lift wires,** S.-No./lfd. Nr. 381

2373 **Landplane (A/c)**
An aeroplane capable normally of taking off from and alighting solely on the ground or a solid platform.
(ICAO)

Landflugzeug (Lfz)
Flugzeug, das normalerweise nur vom Boden oder von einem festen Untergrund zu starten und dort zu landen in der Lage ist.

2374 **Landplane (A/c)**
An aeroplane capable of taking-off from and alighting on land.
(BS 185: Sect. 5: No. 5103)

Landflugzeug (Lfz)
Flugzeug, das auf Land starten und landen kann.

2375 **Lapse rate (Met)**
The rate of decrease of temperature with altitude.
(BS 185: Sect. 15: No. 15 118)

Vertikaler Temperaturgradient (Met)
Der Betrag der Temperaturabnahme mit der Höhe.

2376 **Lapse rate, dry adiabatic ~,**
cf./vgl. S.-No./lfd. Nr. 1395

2377 **Lapse rate, saturated adiabatic ~,**
cf./vgl. S.-No./lfd. Nr. 3678

2378 **Lateral acceleration (A/c, Miss)**
Acceleration to the side of the line of movement; acceleration substantially along the lateral axis of an aircraft, rocket, etc.
(NASA S.0747)

Querbeschleunigung (Lfz, FK)
Beschleunigung in seitlicher Richtung in bezug auf die Bewegungsrichtung; Beschleunigung, die im wesentlichen entlang der Querachse eines Luftfahrzeugs, einer Rakete usw. verläuft.

2379 **Lateral attitude (A/c, Miss)**
The attitude of an aircraft, rocket, etc. with respect to its lateral axis.
(NASA S.0748)

Querlage (Lfz, FK)
Fluglage eines Luftfahrzeugs, einer Rakete usw. in bezug auf seine bzw. ihre Querachse.

2380 **Lateral axis (Aerodyn)**
The straight line through the centre of gravity perpendicular to the plane of symmetry. The positive direction is to starboard.
(BS 185: Sect. 4: No. 4116)

Querachse (Aerodyn)
Gerade durch den Schwerpunkt senkrecht zur Symmetrieebene. Positiv nach steuerbord.

2381 **Lateral control (Miss)**
Control of the motion about the axes of a missile normal to the longitudinal axis.
(BS 185: Sect. 6: No. 6404)

Quersteuerung (FK)
Steuerung der Bewegung eines Flugkörpers um die Achsen, die senkrecht zur Längsachse stehen.

2382 **Lateral control (A/c, Miss)**
Control over the rolling movement of an aircraft, rocket, etc., or over lateral atitude. With a fixed-wing airplane, this control is usually accomplished by the use of ailerons.
(NASA S.0749)

Quersteuerung (Lfz, FK)
Steuerung der Rollbewegung oder der Querlage eines Luftfahrzeugs, einer Rakete usw. Bei einem Starrflügler erfolgt diese Steuerung normalerweise mittels Querruder.

2383 **Lateral divergence (Stab)**
A divergence involving rolling, yawing, sideslipping, or any combination of these. It can lead to a spin or a spiral dive.
(BS 185: Sect. 4: No. 4205)

Angefachte aperiodische Seitenbewegung (Stab)
Eine angefachte aperiodische Bewegung bestehend aus Rollen, Gieren, Schieben oder einer Kombination dieser Bewegungen, die zum Trudeln oder zu einem Sturzspiralflug führen kann.

2384 **Lateral force (Aerodyn)**
The component of the total aerodynamic force along the y-axis (or lateral axis).
(BS 185: Sect. 4: No. 4141)

Seitenkraft (Aerodyn)
Komponente der aerodynamischen Gesamtkraft in Richtung der y-Achse (oder Querachse).

2385 **Lateral instability (Stab),**
cf./vgl. **Rolling instability,** S.-No./lfd. Nr. 3615

2386 **Lateral motion (Stab)**
Motion involving rolling, yawing, sideslipping, or any combination of these.
(BS 185: Sect. 4: No. 4209)

Querbewegung (Stab)
Eine aus Rollen, Gieren, Schieben oder jeglicher Kombination daraus bestehende Bewegung.

2387 **Lateral oscillation (Stab)**
An oscillation involving rolling, yawing, sideslipping, or any combination of these.
(BS 185: Sect. 4: No. 4217)

Querschwingung (Stab)
Eine aus Rollen, Gieren, Schieben oder jeglicher Kombination daraus bestehende Schwingung.

2388 Lateral separation (Flt OPS)
The lateral spacing of aircraft at or about the same flight level.
(BS 185: Sect. 13: No. 13 239)

2389 Lateral stability (Stab)
Stability of motion involving rolling, yawing, sideslipping, or any combination of these.
(BS 185, Sect. 4: No. 4224)

2390 Lateral velocity (A/c)
The resolved part of velocity relative to the undisturbed air in the direction of the lateral axis.
(BS 185: Part 1: No. 4133)

2391 Latitudes, horse ~,
cf./vgl. S.-No./lfd. Nr. 2071

2392 Launch (Miss)
The transition from static repose to dynamic flight of a missile.
(AAP-6)

2393 Launch pad (Miss)
A concrete or other hard surface area on which a missile launcher is positioned.
(AAP-6)

2394 Launcher (Miss)
A structure which supports a missile at appropriate elevation and bearing before launching.
(BS 185: Sect. 6: No. 6301)

2395 Launcher (Miss)
A structural device designed to support and hold a missile in position for firing.
(AAP-6)

2396 Launcher, zero-lenght ~,
cf./vgl. S.-No./lfd. Nr. 4821

2397 Launching shoe (Miss)
A launcher which carries a missile in its launching position on an aircraft and provides electrical and other services prior to launch.
(BS 185: Sect. 6: No. 6303)

2398 Law, Buys Ballot's ~,
cf./vgl. S.-No./lfd. Nr. 810

2399 Layer, boundary ~,
cf./vgl. S.-No./lfd. Nr. 739

2400 Layer, transition ~,
cf./vgl. S.-No./lfd. Nr. 4437

2401 Lead prediction (Miss)
The prediction of the point ahead of a moving target at which the missile should be aimed to intercept the target.
(BS 185: Sect. 6: No. 6405)

2402 Leading edge (A/c)
The forward edge of an aerofoil or other body moving through air.
(BS 185: Sect. 5: No. 5228)

2403 Leading-edge radiator (Eng)
A surface radiator which forms part of the leading edge of a wing.
(BS 185: Sect. 8: No. 8388)

2404 Leading sweep (Prop)
A deviation towards the leading edge.
(BS 185: Sect. 9: No. 9108)

2405 Leak detector (A/c 1)
An instrument which detects the presence in air of gases which have a substantially different density from that of air. It can be adapted to find leaks in an envelope or gas bag.
(BS 185: Sect. 7: No. 7121)

2406 Leakage (A/c 1)
The loss of gas from an envelope or gas bag, from diffussion, effusion, transpiration or escape into the air through the neck of the balloon.

Seitenstaffelung (Flbetr)
Seitliche Staffelung von Luftfahrzeugen, die sich auf gleicher oder etwa gleicher Flugfläche befinden.

Querstabilität; Stabilität um die Längsachse (Stab)
Stabilität der Bewegung gegenüber Rollen, Gieren, Schieben oder jeglicher Kombination daraus.

Quergeschwindigkeit; Schiebegeschwindigkeit (Lfz)
Geschwindigkeitskomponente in der ungestörten Luft in Richtung der Querachse.

Start (FK)
Übergang eines Flugkörpers vom Ruhezustand zum Flug mit eigenem Antrieb.

Startplattform (FK)
Betonierte oder anderweitig mit fester Decke versehene Fläche, auf der ein Flugkörper-Startgerät aufgestellt ist.

Startgerät (FK)
Konstruktion zum Auflegen eines Flugkörpers mit den für den Abschluß erforderlichen Höhen- und Seitenrichtwerten.

Startgerät (FK)
Gerüst oder Gestell, das einen Flugkörper zu tragen und in die Startposition zu halten hat.

Raketenschuh (FK)
Startgerät, das einen Flugkörper in seiner Abschußstellung an einem Luftfahrzeug trägt und vor dem Abfeuern Strom und sonstige Versorgungsdienste liefert.

Vorhalterechnung (FK)
Errechnung des vor einem sich bewegenden Ziel liegenden Punktes, auf den der Flugkörper zu richten ist, um das Ziel abzufangen.

Vorderkante; Eintrittskante (Lfz)
Vordere Kante eines Tragflügels oder anderen Körpers, der sich durch die Luft bewegt.

Flächennasenkühler (Flmot)
Ein Oberflächenkühler, der ein Teil der Vorderkante einer Tragfläche ist.

Vorwärtspfeilung (Prop)
Eine Blattpfeilung in Richtung der Blattvorderkante.

Lecksucher (Lfz)
Instrument, das die Anwesenheit von Gasen in Luft anzeigt, deren Dichte wesentlich von derjenigen der Luft abweicht. Es kann benutzt werden, um Undichtigkeiten in einer Hülle oder einer Gaszelle festzustellen.

Leck (Lfz 1)
Gasverlust einer Hülle oder Gaszelle, der auf Diffusion, Effusion, Transpiration oder auf Entströmen durch den Ballonhals zurückzuführen ist.

(BS 185: Sect. 7: No. 7118)
2407 Lee waves (Met)
Standing waves on the lee side.
(BS 185: Sect. 15: No. 15 234)

Leewellen (Met)
Stehende Wellen auf der Leeseite.

2408 Left-handed propeller
A propeller rotating counter-clockwise as viewed from behind the aircraft.
(BS 185: Sect. 9: No. 9137)

Lindsdrehende Propeller
Ein Propeller, der sich, vom Heck des Luftfahrzeuges aus gesehen, im entgegengesetzten Uhrzeigersinn dreht.

2409 Leg, base ~,
cf./vgl. S.-No./lfd. Nr. 631
2410 Leg, oleo ~,
cf./vgl. S.-No./lfd. Nr. 2894
2411 Leg, reciprocal ~,
cf./vgl. S.-No./lfd. Nr. 3459
2412 Length, castor ~,
cf./vgl. S.-No./lfd. Nr. 861
2413 Length, chord ~,
cf./vgl. S.-No./lfd. Nr. 918
2414 Let down (ATC)
The part of an intermediate procedure, between the end of the initial approach and the beginning of the final-approach procedure, during which an aircraft cleared to begin its final-approach procedure is descending from its initial approach altitude to the height at which final-approach procedure begins.
(BS 185: Sect. 13: No. 13 240)

(Anflug-)Sinkverfahren; Sinkflug (FS)
Teil eines Zwischenverfahrens zwischen dem Ende des Anfangsanflugs und dem Einleiten des Endanflugverfahrens, während dessen ein zum Endanflug freigegebenes Luftfahrzeug von der Höhe seines Anfangsanflugs auf die Höhe sinkt, in der das Endanflugverfahren eingeleitet wird.

2415 Level, cruising ~,
cf./vgl. S.-No./lfd. Nr. 1207
2416 Level, datum ~,
cf./vgl. S.-No./lfd. Nr. 1238
2417 Level, transition ~,
cf./vgl. S.-No./lfd. Nr. 4438
2418 Level, flight ~,
cf./vgl. S.-No./lfd. Nr. 1693, 1694
2419 Licensed aircraft engineer (Aero)
A person licensed by the competent authority to certify that inspections, required by the regulations for the time being in force, have been made.
(BS 185: Sect. 16: No. 16 112)

Luftfahrzeugprüfingenieur (Aero)
Jemand, der von der zuständigen Behörde ermächtigt ist, zu bescheinigen, daß Prüfungen durchgeführt wurden, die nach den zur Zeit geltenden Bestimmungen erforderlich sind.

2420 Licensing authority, competent ~,
cf./vgl. S.-No./lfd. Nr. 1009
2421 Lift (Aerodyn)
The component of the total aerodynamic force in the direction of the lift axis.
(BS 185: Sect. 4: No. 4142)

Auftrieb (Aerodyn)
Komponente der aerodynamischen Gesamtkraft in Richtung der Auftriebsachse.

2422 Lift, aerodynamic ~,
cf./vgl. S.-No./lfd. Nr. 79
2423 Lift axis (Aerodyn)
The straight line through the centre of gravity in the plane of symmetry and perpendicular to the drag axis. The positive sense is in the dorsal direction.
(BS 185: Sect. 4: No. 4121)

Auftriebsachse (Aerodyn)
Gerade durch den Schwerpunkt in der Symmetrieebene senkrecht zur Widerstandsachse. Positiv nach oben.

2424 Lift, basic ~,
cf./vgl. S.-No./lfd. Nr. 636
2425 Lift, centre of gross ~,
cf./vgl. S.-No./lfd. Nr. 882
2426 Lift component (Aerodyn)
A component of the total dynamic forces on a body in a fluid flow, acting in the lift direction.
(NASA S.0756)

Auftriebskomponente (Aerodyn)
Komponente der dynamischen Gesamtkräfte, die auf einen umströmten Körper einwirken und die in Richtung des Auftriebs wirkt.

2427 Lift, disposable ~,
cf./vgl. S.-No./lfd. Nr. 1332
2428 Lift, dynamic ~,
cf./vgl. S.-No./lfd. Nr. 1414
2429 Lift, false ~,
cf./vgl. S.-No./lfd. Nr. 1580
2430 Lift, gross ~,
cf./vgl. S.-No./lfd. Nr. 1909

2431 Lift, net ~,
cf./vgl. S.-No./lfd. Nr. 2807
2432 Lift, rotor ~,
cf./vgl. S.-No./lfd. Nr. 3629
2433 Lift, static ~,
cf./vgl. S.-No./lfd. Nr. 4021
2434 Lift, total ~,
cf./vgl. S.-No./lfd. Nr. 4400

2435 Lift web (Para)
That part of the harness connected to the rigging lines.
(BS 185: Sect. 12: No. 12 131)

Traggurt (Fallsch)
Der mit den Fangleinen verbundene Teil des Gurtzeugs.

2436 Lift wires (A/c)
Wires or cables the principal function of which is to transfer the lift of the main planes to the main structure.
(BS 185: Sect. 3: No. 3233)

Tragkabel (Lfz)
Drähte oder Kabel, deren Hauptfunktion es ist, die Auftriebskräfte von den Hauptrragflächen auf die Hauptbauteile zu übertragen.

2437 Lift wires (A/c 1)
Wires in the place of a transverse frame transmitting the loads due to gravity to the upper part of the hull.
(BS 185: Sect. 7: No. 7285)

Auftriebsseile (Lfz 1)
Seile in der Ebene eines Ringes, die Gewichtslasten auf den oberen Teil des Gerippes übertragen.

2438 Light, aeronautical ~,
cf./vgl. S.-No./lfd. Nr. 111
2439 Light, aeronautical ground ~,
cf./vgl. S.-No./lfd. Nr. 109

2440 Light air (Met)
Beaufort number 1: Direction of wind by smoke drift, but not by wind vanes (wind speed: 1–3 knots).
(BS 185: Sect. 15: Table 2)

Leiser Zug (Met)
Windstärke (Beaufort-Zahl) 1: Rauch spricht auf Windrichtung an, jedoch keine Windfahne (Windgeschwindigkeit: 1–3 Knoten).

2441 Light, air-traffic signal ~,
cf./vgl. S.-No./lfd. Nr. 271
2442 Light, alternating ~,
cf./vgl. S.-No./lfd. Nr. 296

2443 Light beacon (GS)
A light indicating a geographical position: it may be fixed, flashing or occulting, or coded to give a Morse signal.
(BS 185: Sect. 13: No. 13 353)

Leuchtfeuer (Bod)
Feuer, das einen geographischen Ort kennzeichnet; es kann als Festfeuer, Blink- bzw. Blitzfeuer, unterbrochenes Feuer oder als Morsezeichen ausstrahlendes Feuer ausgelegt sein.

2444 Light, blister ~,
cf./vgl. S.-No./lfd. Nr. 705

2445 Light breeze (Met)
Beaufort number 2: wind felt on face, leaves rustle; ordinary vane moved by wind (wind speed: 4–6 knots).
(BS 185: Sect. 15: Table 2)

Leichte Brise (Met)
Windstärke (Beaufort-Zahl) 2: Wind im Gesicht fühlbar, Blätter säuseln, Windfahne bewegt sich (Windgeschwindigkeit: 4–6 Knoten).

2446 Light, circling guidance ~,
cf./vgl. S.-No./lfd. Nr. 926
2447 Light, code ~,
cf./vgl. S.-No./lfd. Nr. 974
2448 Light, fixed ~,
cf./vgl. S.-No./lfd. Nr. 1629, 1630
2449 Light, flashing ~,
cf./vgl. S.-No./lfd. Nr. 1665
2450 Light, ground-traffic signal ~,
cf./vgl. S.-No./lfd. Nr. 1934
2451 Light, linear ~,
cf./vgl. S.-No./lfd. Nr. 2497
2452 Light, obstruction ~,
cf./vgl. S.-No./lfd. Nr. 2870, 2871
2453 Light, occulting ~,
cf./vgl. S.-No./lfd. Nr. 2875
2454 Light, omni-directional ~,
cf./vgl. S.-No./lfd. Nr. 2897
2455 Light, point ~,
cf./vgl. S.-No./lfd. Nr. 3124
2456 Light, runway edge ~,
cf./vgl. S.-No./lfd. Nr. 3661
2457 Light, runway surface ~,
cf./vgl. S.-No./lfd. Nr. 3666
2458 Light, stopway ~,
cf./vgl. S.-No./lfd. Nr. 4066

2459 Light, undulating ~,
cf./vgl. S.-No./lfd. Nr. 4539

2460 Lighter-than-air-aircraft
Any aircraft supported chiefly by its buoy-
ancy in the air.
(IACO, Annex 7, 2nd Ed.)

**Luftfahrzeug leichter als Luft; Aerostat
(Lfz 1)**
Jedes Luftfahrzeug, das hauptsächlich durch
seinen statischen Auftrieb in der Luft getragen
wird.

2461 Lighter-than-air-aircraft
An aircraft which is supported chiefly by its
buoyancy in air.
(BS 185: Sect. 1: No. 1117)

Luftfahrzeug leichter als Luft
Ein Luftfahrzeug, das hauptsächlich durch seinen statischen Auftrieb in der Luft getragen
wird.

2462 Lights, angle-of-approach ~,
cf./vgl. S.-No./lfd. Nr. 356

2463 Lights, approach ~,
cf./vgl. S.-No./lfd. Nr. 415

2464 Lights, boundary ~,
cf./vgl. S.-No./lfd. Nr. 746, 747

2465 Lights, channel ~,
cf./vgl. S.-No./lfd. Nr. 902

2466 Lights, distance-marking ~,
cf./vgl. S.-No./lfd. Nr. 1336

2467 Lights, horizon ~,
cf./vgl. S.-No./lfd. Nr. 2067

2468 Lights, navigation ~,
cf./vgl. S.-No./lfd. Nr. 2793

2469 Lights, runway ~,
cf./vgl. S.-No./lfd. Nr. 3663

2470 Lights, taxi-channel ~,
cf./vgl. S.-No./lfd. Nr. 4284

2471 Lights, taxi-track ~,
cf./vgl. S.-No./lfd. Nr. 4292, 4293

2472 Lights, taxiway ~,
cf./vgl. S.-No./lfd. Nr. 4292, 4293

2473 Lights, threshold ~,
cf./vgl. S.-No./lfd. Nr. 4340

2474 Limit, clearance ~,
cf./vgl. S.-No./lfd. Nr. 947

2475 Limit load (Struct)
The maximum load expected to be applied,
in a particular condition of operation, to the
aircraft or to any part of it.
(BS 185: Sect. 3: No. 3114)

Sichere Last (Konstr)
Maximale Beanspruchung eines Luftfahrzeugs
oder Luftfahrzeugteils, wie sie bei einem speziellen Betriebszustand zu erwarten ist.

2476 Limit loads (Struct)
The maximum loads assumed to occur in the
Anticipated Operating Conditions.
(ICAO, Annex 8, 5th Ed.)

Sichere Lasten (Konstr)
Die größten unter den erwarteten Betriebsbedingungen angenommenen Lasten.

2477 Limit of endurance, prudent ~,
cf./vgl. S.-No./lfd. Nr. 3303

2478 Limiting velocity (A/c)
The steady velocity attainable by an aircraft
along a straight path at any specified angle to
the horizontal under given atmospheric and
propulsive conditions.
(BS 185: Sect. 4: No. 4154)

Grenzgeschwindigkeit (Lfz)
Stationäre Geschwindigkeit, die ein Luftfahrzeug im Geradeausflug bei gegebenem Bahn-
neigungswinkel unter gegebenen atmosphärischen und Vortriebsbedingungen erreichen
kann.

2479 Line, air ~,
cf./vgl. S.-No./lfd. Nr. 209, 210

2480 Line, camber ~,
cf./vgl. S.-No./lfd. Nr. 837

2481 Line, centre ~,
cf./vgl. S.-No./lfd. Nr. 880

2482 Line, course ~,
cf./vgl. S.-No./lfd. Nr. 1169

2483 Line, flight ~,
cf./vgl. S.-No./lfd. Nr. 1695

2484 Line, lubber ~,
cf./vgl. S.-No./lfd. Nr. 2581

2485 Line, mean ~,
cf./vgl. S.-No./lfd. Nr. 2678

2486 Line, median ~,
cf./vgl. S.-No./lfd. Nr. 2683

2487 Line of position (Nav)
In air navigation, a line along which an aircraft is known to be, i. e. a line containing all
possible locations of an aircraft at a given in-

Standlinie (Nav)
In der Flugnavigation eine Linie, auf der sich
ein Luftfahrzeug bekanntermaßen befindet,
z. B. eine Linie mit allen möglichen Standor-

stant. A line of position may be a circle of equal altitude, a radio bearing, a line in the direction of a bearing, etc. A railroad, highway, or the like may also provide a line of position.
(NASA S.0762)

2488 Line, position ~,
cf./vgl. S.-No./lfd. Nr. 3150

2489 Line, quarter-chord ~,
cf./vgl. S.-No./lfd. Nr. 3327

2490 Line, rhumb ~,
cf./vgl. S.-No./lfd. Nr. 3548

2491 Line, rigging ~,
cf./vgl. S.-No./lfd. Nr. 3563

2492 Line, shroud ~,
cf./vgl. S.-No./lfd. Nr. 3789

2493 Line Squall (Met)
A squall advancing on a wide front, caused by the replacement of a warmer by a colder body of air.
Note. – The passage of a well-developed line squall, which may be hundreds of miles long, is usually marked by a sudden or very rapid change of wind direction, heavy rain, hail or snow, thunder and lightning, rapid rise in barometric pressure, a sudden or rapid fall of temperature, and violent vertical disturbances. A frequent characteristic is a long arch or line of low black cloud.
(BS 185: Sect. 15: No. 15 231)

2494 Line, static ~,
cf./vgl. S.-No./lfd. Nr. 4022

2495 Line, valve ~,
cf./vgl. S.-No./lfd. Nr. 4569

2496 Line vortex (Aerodyn)
A vortex in which the vorticity is concentrated in a line.
(BS 185: Sect. 4: No. 4492)

2497 Linear light (GS)
A luminous signal having perceptile length.
(ICAO, Annex 4)

2498 Lines, thickness ~,
cf./vgl. S.-No./lfd. Nr. 4334

2499 Lip (Para)
A partial extension to the periphery of the canopy to facilitate development.
(BS 185: Sect. 12: No. 12 132)

2500 Liquid propellant (Miss)
Any combustible liquid fed to the combustion chamber of a rocket engine.
(AAP-6)

2501 Load, allowable cargo ~,
cf./vgl. S.-No./lfd. Nr. 292

2502 Load classification number (= LCN) (GS)
The number which defines the load-carrying capacity of the paved surface of an aerodrome.
(BS 185: Sect. 13: No. 13 113)

2503 Load, commercial ~,
cf./vgl. S.-No./lfd. Nr. 993

2504 Load, disposable ~,
cf./vgl. S.-No./lfd. Nr. 1333

2505 Load factor (Struct)
The ratio of a specified load to the weight of the aeroplane, the former being expressed in terms of aerodynamic forces, intertia forces, or ground reactions.
(ICAO, Annex 8, 5th Ed.)

2506 Load factor (Struct)
The ratio to the weight of an aircraft of the resultant of a specified system of external

ten eines Luftfahrzeugs zu einer gegebenen Zeit. Eine Standlinie kann u. a. eine höhengleiche Kreisstandlinie, eine Funkpeilung oder eine Linie in Richtung einer Funkpeilung sein. Auch eine Eisenbahn, Landstraße oder ähnliches kann eine Standlinie darstellen.

Linienbö(e) (Met)
Auf breiter Front vordringende Böen, die bei der Verdrängung einer Warmluftmasse durch Kaltluft entstehen.
Anmerkung: Der Durchgang einer voll entwickelten Böenfront, die mehrere hundert Meilen breit sein kann, ist üblicherweise von den folgenden meteorologischen Erscheinungen begleitet: Plötzliche oder sehr rasche Änderung der Windrichtung, schwere Regenfälle, Hagel oder Schneefälle, Gewitter, starker Anstieg des Luftducks, plötzlicher oder rascher Temperaturabfall und heftige Aufwinde. Ein häufig beobachtetes Merkmal ist eine langgestreckte, bogenförmige oder geradlinige dunkle tiefliegende Wolke.

Linienwirbel (Aerodyn)
Wirbel, dessen Wirbelstärke linienförmig konzentriert ist.

Linearfeuer (Bod)
Lichtsignal mit wahrnehmbarer Längenausdehnung.

Lippe (Fallsch)
Teilweise über den Rand des Fallschirms hinausragender Stoffteil, der das Entfalten der Fallschirmkappe erleichtern soll.
Flüssiger Raketentreibstoff (FK)
Flüssiger Treibstoff, der der Brennkammer eines Raketentriebwerks zugeführt wird.

Rollbahnbelastungswert; Tragfähigkeitszahl; LCN-Zahl (Bod)
Zahl, durch die die Belastungsfähigkeit der befestigten Oberfläche eines Flugplatzes ausgedrückt wird.

Lastfaktor; Lastvielfaches (Konstr)
Die Verhältniszahl einer festgelegten Last zur Masse des Flugzeuges, wobei diese Last als Luft-, Trägheits- oder Bodenkraft (Boden- oder Wasserkraft) gegeben ist.

Lastvielfaches (Konstr)
Verhältnis der Resultierenden aus einem System äußerer gegebener Belastungen zur

loads. Such load may arise from the aerodynamic forces, gravity, ground or water reaction, or from combinations of these forces.
(BS 185: Sect. 3: No. 3115)

2507 Load factor (AT)
The actual pay load as a percentage of the maximum permissible pay load on a particular flight.
(BS 185: Sect. 5: No. 5602)
2508 Load factor, manoeuvring ~,
cf./vgl. S.-No./lfd. Nr. 2620
2509 Load, fully-factored ~,
cf./vgl. S.-No./lfd. Nr. 1817
2510 Load, limit ~,
cf./vgl. S.-No./lfd. Nr. 2475, 2476
2511 Load manifest (AT)
A document specifying in detail the payload expressed in terms of passengers and/or freight carried in one aircraft for a specific destination.
(AAP-6)
2512 Load, maximum disposable ~,
cf./vgl. S.-No./lfd. Nr. 2657
2513 Load, pay ~,
cf./vgl. S.-No./lfd. Nr. 3020
2514 Load, proof ~,
cf./vgl. S.-No./lfd. Nr. 3263
2515 Load ring (A/c 1)
A ring to which the basket suspensions and the net of a free balloon are secured.
(BS 185: Sect. 7: No. 7238)
2516 Load, static ~,
cf./vgl. S.-No./lfd. Nr. 4023
2517 Load, ultimate ~,
cf./vgl. S.-No./lfd. Nr. 4529, 4530
2518 Load, unfactored ~,
cf./vgl. S.-No./lfd. Nr. 4540
2519 Load, useful ~,
cf./vgl. S.-No./lfd. Nr. 4554
2520 Loading, blade ~,
cf./vgl. S.-No./lfd. Nr. 694
2521 Loading, disk ~,
cf./vgl. S.-No./lfd. Nr. 1329
2522 Loading, net wing ~,
cf./vgl. S.-No./lfd. Nr. 2810
2523 Loading, power ~,
cf./vgl. S.-No./lfd. Nr. 3168
2524 Loading, span ~,
cf./vgl. S.-No./lfd. Nr. 3886
2525 Loading, surface ~,
cf./vgl. S.-No./lfd. Nr. 4159
2526 Loading, unsymmetrical ~,
cf./vgl. S.-No./lfd. Nr. 4551
2527 Loading, wing ~,
cf./vgl. S.-No./lfd. Nr. 4772
2528 Local mean time (= LMT) (Nav)
The hour angle, expressed in time, of the mean sun, measured westward from the observer's meridian ± 12 hours.
(BS 185: Sect. 11: No. 11 217)
2529 Local sidereal time (= LST) (Nav)
The hour angle, expressed in time, of the celestial meridian of the first point of Aries, measured westward from the observer's meridian.
(BS 185: Sect. 11: No. 11 218)
2530 Localizer (TEL)
A directional radio beacon which provides to an aircraft an indication of its lateral position relative to a specific runway.
(AAP-6)

Masse des Luftfahrzeugs. Diese Lasten können durch aerodynamische Kräfte, durch die Schwerkraft, durch Berühren mit dem Boden oder Wasser oder aus Kombinationen dieser Kräfte entstehen.
Zuladungsfaktor; Nutzladefaktor (LVerk)
Tatsächliche Nutzlast bei einem bestimmten Flug als Prozentsatz der höchstzulässigen Nutzlast.

Ladeliste (Lverk)
Dokument, aus dem die in einem Luftfahrzeug beförderte Nutzlast, ausgedrückt in Passagieren und/oder Fracht, nach Bestimmungsorten aufgeschlüsselt, genau ersichtlich ist.

Korbring (Lfz 1)
Ring, an dem sowohl der Korb als auch das Netz eines Freiballons befestigt sind.

Mittlere Ortszeit (= MOZ) (Nav)
Der in Zeiteinheiten (± 12 Stunden) vom Meridian des Beobachtungsortes aus in westlicher Richtung gemessene Stundenwinkel der mittleren Sonne.
Siderische Ortszeit (Nav)
Der vom Meridian des Beobachtungsorts aus in westlicher Richtung in Zeiteinheiten gemessene Stundenwinkel des Himmelsmeridians des Widderpunktes.

Landeskurssender (Fernm)
Richtfunkfeuer, das einem Luftfahrzeug seinen seitlich versetzten Standort in bezug auf eine bestimmte Landebahn anzeigt.

2531 Localizer beacon (TEL)
A directional radio beacon, forming part of the instrument landing system, which indicates horizontal deviation of the aircraft from its optimum path of descent along the runway axis. When a beacon having a similar function is used as part of the **standard beam approach system (SBA)** it is called an "**Approach beacon**".
(BS 185: Sect. 14: No. 14 231)

2532 Localizer course (TEL)
The locus of points, in any given horizontal plane, at which the DDM (Differences in depth of modulation) is zero.
Note. – In terms of the received radiation pattern this is equivalent to zero deflection of a normally adjusted airborne localizer indicator (see Annex 10, "**cours line**".)
(ICAO, Doc 8168–OPS/611/2)

2533 Location indicator (TEL)
A 4-letter code group formulated in accordance with rules prescribed by ICAO and assigned to the location of an aeronautical fixed station.
(ICAO, Annex 10, Volume II, 1st Ed.)

2534 Locator beacon (TEL)
A non-directional radio beacon of low power, associated with an instrument landing system.
(BS 185: Sect. 14: No. 14 301)

2533 Lock, control ~, cf./vgl. S.-No./lfd. Nr. 1096
2536 Lock, down ~, cf./vgl. S.-No./lfd. Nr. 1367
2537 Lock, hydraulic ~, cf./vgl. S.-No./lfd. Nr. 2098
2538 Lock, mouth ~, cf./vgl. S.-No./lfd. Nr. 2775
2539 Lock, retraction ~, cf./vgl. S.-No./lfd. Nr. 3532
2540 Lock, up-and-down ~, cf./vgl. S.-No./lfd. Nr. 4552
2541 Lock, vapor ~, cf./vgl. S.-No./lfd. Nr. 4588
2542 Log, aeronautical telecommunication ~, cf./vgl. S.-No./lfd. Nr. 121
2543 Log, air ~, cf./vgl. S.-No./lfd. Nr. 211
2544 Log, automatic telecommunication ~, cf./vgl. S.-No./lfd. Nr. 517

2545 Longeron (A/c)
A main longitudinal member of a fuselage or nacelle.
(BS 185: Sect. 3: No. 3209)

2546 Longitudinal (A/c 1)
A girder on the outside of the hull structure running fore and aft.
(BS 185: Sect. 7: No. 7233)

2547 Longitudinal axis (Aerodyn)
A straight line through the centre of gravity in the plane of symmetry and in a fore-and-aft direction. The positive direction is forward.
(BS 185: Sect. 4: No. 4117)

2548 Longitudinal axis (AMC – Navigation Lights) (A/c)
For the purpose of this specification, the longitudinal axis of the aeroplane is a selected axis parallel to the direction of flight at a normal cruising speed, and passing through the centre of gravity of the aeroplane.
(ICAO, Annex 8, 5th Ed.)

Landekurssender (Fernm)
Richtfeuer des Instrumentenlandesystems (ILS), das die Abweichung des Luftfahrzeugs in der Horizontalen von seinem optimalen Sinkflugweg über der Anfluggrundlinie anzeigt. Wenn ein Funkfeuer mit gleichartiger Arbeitsweise als Bestandteil des **SBA-Landefunkfeuersystems** benutzt wird, bezeichnet man es als „**Anflugfunkfeuer**".

Landekurs (Fernm)
Der in einer beliebigen Horizontalebene gebildete geometrische Ort aller Punkte, an denen der DDM-Wert (Differenz der Modulationsgrade) gleich Null ist.
Anmerkung: In bezug auf das an Bord empfangene Strahlungsdiagramm bedeutet dies Nullpunktanzeige auf einem normal eingestellten Landekursanzeiger (s. Anhang 10, „**Kurslinie**").

Ortskennung (Fernm)
Eine nach den von der ICAO aufgestellten Regeln zusammengesetzte 4-Buchstaben-Schlüsselgruppe, die dem Ort einer festen Flugfernmeldestelle zugeteilt ist.

(Platz-)Anflugfunkfeuer (Fernm)
Ungerichtetes Funkfeuer mit kleiner Leistung, das einem Instrumentenlandesystem (ILS) zugeordnet ist.

Längsträger; Rumpfholm (Lfz)
Haupt-Längsbauteil eines Rumpfes oder einer Gondel.

Längsträger (Lfz 1)
Träger, der außen an der Gerippekonstruktion von vorn nach hinten läuft.

Längsachse (Aerodyn)
Gerade durch den Schwerpunkt in der Symmetrieebene in Längsrichtung. Positiv nach vorn.

Längsachse (AMC-Positionslichter) (Lfz)
Für den Zweck dieser Bestimmung wird die Längsachse des Flugzeuges so gewählt, daß sie bei normaler Reisegeschwindigkeit als Parallele zur Flugrichtung durch den Schwerpunkt des Flugzeuges geht.

2549 **Longitudinal, bay** ~,
cf./vgl. S.-No./lfd. Nr. 639

2550 **Longitudinal divergence (Stab)**
A divergence in the plane of symmetry. It can lead to a dive or a stall.
(BS 185: Sect. 4: No. 4206)

Angefachte aperiodische Längsbewegung (Stab)
Eine angefachte aperiodische Bewegung in der Symmetrieebene, die zu einem Sturzflug oder zum Strömungsabriß führen kann.

2551 **Longitudinal force (Aerodyn)**
The component of the total aerodynamic force along the x-axis (or longitudinal axis).
(BS 185: Sect. 4: No. 4143)

Längskraft (Aerodyn)
Komponente der aerodynamischen Gesamtkraft in Richtung der x-Achse (oder Längsachse).

2552 **Longitudinal, frame** ~,
cf./vgl. S.-No./lfd. Nr. 1777

2553 **Longitudinal instability (Stab)**
The instability whereby motion in the plane of symmetry of the aircraft (along the normal and longitudinal axes and in pitch) tends to depart from the steady state.
(BS 185: Part 1: No. 4207)

Längsinstabilität (Stab)
Instabilität, infolge derer die Bewegung eines Luftfahrzeugs in der Symmetrieebene (in Richtung der Längs- und Hochachse und um die Querachse) dazu neigt, vom stationären Zustand abzuweichen.

2554 **Longitudinal, intermediate** ~,
cf./vgl. S.-No./lfd. Nr. 2270

2555 **Longitudinal, main**~,
cf./vgl. S.-No./lfd. Nr. 2597

2556 **Longitudinal motion (Stab)**
Motion in the plane of symmetry.
(BS 185: Sect. 4: No. 4210)

Längsbewegung (Stab)
Eine Bewegung in der Symmetrieebene.

2557 **Longitudinal oscillation (Stab)**
An oscillation in the plane of symmetry.
(BS 185: Sect. 4: No. 4218)

Längsschwingung (Stab)
Eine Schwingung in der Symmetrieebene.

2558 **Longitudinal separation (ATC)**
The longitudinal spacing of aircraft at or about the same flight level by a minimum interval of time.
(BS 185: Sect. 13: No. 13 241)

Längsstaffelung (FS)
Staffelung in Längsrichtung auf in gleicher oder etwa gleicher Flugfläche befindlichen Luftfahrzeugen durch einen in Zeiteinheiten ausgedrückten Mindestabstand.

2559 **Longitudinal stability (Stab)**
Stability of motion in the plane of symmetry.
(BS 185: Sect. 4: No. 4225)

Längsstabilität; Stabilität um die Querachse (Stab)
Stabilität der Bewegung in der Symmetrieebene.

2560 **Longitudinal velocity (A/c)**
The resultant part of the velocity relative to the undisturbed air in the direction of the longitudinal axis.
(BS 185: Part 1: No. 4135)

Längsgeschwindigkeit (Lfz)
Geschwindigkeitskomponente in der ungestörten Luft in Richtung der Flugzeuglängsachse.

2561 **Loom (El)**
A preformed cable run and the associated terminations.
(BS 185: Sect. 10: No. 10 217)

Kabelbaum (El)
Ein vorgefertigter Kabelstrang mit den dazugehörigen Kabelenden.

2562 **Loop (Flt OPS)**
A complete revolution in flight of an aircraft in a vertical plane about a lateral axis, with its upper surface on the inside of the resulting curved flight path.
(BS 185: Sect. 2: No. 2113)

Looping; Überschlag (Flbetr)
Flugfigur, bei der das Luftfahrzeug in der Vertikalebene eine volle Umdrehung um eine Querachse ausführt, wobei seine Oberseite dem Krümmungsmittelpunkt der Flugbahn zugekehrt ist.

2563 **Loop aerial (TEL)**
An aerial consisting of one or more turns of a conductor, either self-supporting or with a protective covering, used for direction-finding and communication.
(BS 185: Sect. 14: No. 14 402)

Rahmenantenne; Peilrahmen (Fernm)
Antenne, die aus einer oder mehreren Windungen eines Leiters besteht und die zur Peilung oder zum Funkempfang dient. Der Leiter kann dabei entweder selbsttragend sein oder in einem festen Rahmen geführt werden.

2564 **Loop aerial, fixed** ~,
cf./vgl. S.-No./lfd. Nr. 1631

2565 **Loop aerial, rotatable** ~,
cf./vgl. S.-No./lfd. Nr. 3622

2566 **Loop aerial, streamline** ~,
cf./vgl. S.-No./lfd. Nr. 4085

2567 **Loop, half** ~,
cf./vgl. S.-No./lfd. Nr. 1982

2568 **Loop, inside** ~,
cf./vgl. S.-No./lfd. Nr. 2217

2569 **Loop, inverted** ~,
cf./vgl. S.-No./lfd. Nr. 2288

2570 **Loop, normal** ~,
cf./vgl. S.-No./lfd. Nr. 2836

2571 **Loop, outside** ~,
   cf./vgl. S.-No./lfd. Nr. 2942
2572 **Looping, ground** ~,
   cf./vgl. S.-No./lfd. Nr. 1922
2573 **Loops, stowage** ~,
   cf./vgl. S.-No./lfd. Nr. 4073
2574 **Loran (TEL)**
   A medium- or low-frequency hyperbolic system of radionavigation giving a longer range than Gee.
   (BS 185: Sect. 14: No. 14 209)
2575 **Loss, induced power** ~,
   cf./vgl. S.-No./lfd. Nr. 2190
2576 **Loss, profile-drag power** ~,
   cf./vgl. S.-No./lfd. Nr. 3258
2577 **Low (Met)** ~,
   cf./vgl. **Depression,** S.-No./lfd. Nr. 1278
2578 **Low clouds (Met)**
   Clouds with an average cloud height of less than 6500 feet.
   (BS 185: Sect. 15: No. 15 414)
2579 **Low pressure, area of** ~,
   cf./vgl. S.-No./lfd. Nr. 459
2580 **Low-wing monoplane (A/c)**
   A monoplane in which the wings are located at or near the bottom of the fuselage.
   (BS 185: Sect. 5: No. 5120)
2581 **Lubber line (Instr)**
   1. A line on any direction-indicating instrument or device representing the longitudinal axis of the aircraft, or vessel, and hence indicating heading.
   2. Loosely, a refernce line on any instrument, such as a horizontal line on an attitude gyro.
   (NASA S.0768)

Loran (Fernm)
Ein Hyperbel-Funknavigationsverfahren auf Mittel- oder Langwelle, das eine größere Reichweite als Gee besitzt.

Tiefe Wolken (Met)
Wolken mit einer durchschnittlichen Höhe von weniger als 6500 Fuß (ca. 2000 m).

Tiefdecker (Lfz)
Eindecker, dessen Tragflächen an oder nahe der Unterseite des Rumpfes angebracht sind.

1. **Steuerstrich (Instr)**
   Linie auf jeder Art von richtunganzeigendem Instrument oder Vorrichtung, die die Längsachse des Luftfahrzeugs oder Schiffs darstellt und damit den Steuerkurs anzeigt.
2. **Bezugslinie (Instr)**
   Ganz allgemein eine Bezugslinie auf jeder Art von Instrument, wie z. B. eine Horizontlinie auf einem Fluglagekreisel.

M

2582 **Mach number (Aerodyn)**
   The ratio of the fluid speed to the local speed of sound. It expresses the square root of the inertial to the elastic forces in a fluid.
   (BS 185: Sect. 4: No. 4448)

2583 **Mach number (Aerodyn)**
   The ratio of the velocity of a body to that of sound in the surrounding medium.
   (AAP-6)

2584 **Mach number, flight**~,
   cf./vgl. S.-No./lfd. Nr. 1696
2585 **Machmeter (Instr)**
   An instrument for measuring Mach number.
   (BS 185: Sect. 5: No. 5529)
2586 **Magnetic compass (Nav)**
   An instrument containing a freely suspended magnetic element which, while affected solely by the horizontal component of the Earth's magnetic field, indicates the direction of the field at the point of observation.
   (BS 185: Part 3: No. 11 412)
2587 **Magnetic course (Nav)**
   A course measured with respect to magnetic north.
   (NASA S.0776)
2588 **Magnetic declination (Nav)**
   cf./vgl. **Variation,** S.-No./lfd.Nr. 4598, 4599

Machzahl (Aerodyn)
Verhältnis einer Strömungsgeschwindigkeit zur örtlichen Schallgeschwindigkeit. Es drückt aus die Quadratwurzel aus dem Verhältnis von inertialen zu elastischen Kräften in einer Strömung.

Machzahl (Aerodyn)
Das Verhältnis der Geschwindigkeit eines Körpers zur Geschwindigkeit des Schalls in dem Medium, von dem der betreffende Körper umgeben ist.

Machmeter (Nav)
Instrument zum Messen der Machzahl.

Magnetkompaß (Nav)
Instrument, welches ein frei aufgehängtes Magnetsystem enthält, das nur auf die Horizontalkomponente des Erdmagnetfeldes anspricht und damit die Richtung des Magnetfeldes am Beobachtungsort anzeigt.

Mißweisender Kurs (Nav)
Ein in bezug auf mißweisend Nord gemessener Kurswert.

2589 **Magnetic guidance** (Miss)
A form of terrestrial guidance.
(BS 185: Sect. 6: No. 6620)

2590 **Magnetic interference** (El)
Undesirable and unintended effects on apparatus due to magnetic fields created by electric currents or magnetic materials or both. It includes modification of the magnetization of existing materials by electric currents or mechanical shock.
(BS 185: Sect. 10: No. 10 215)

2591 **Magnetic meridian** (Nav)
The horizontal direction of the magnetic axis of a freely suspended magnetic element influenced only by the Earth's field.
(BS 185: Sect. 11: No. 11 412)

2592 **Magnetic north** (Nav)
The direction indicated by the north seeking pole of a freely suspended magnetic needle, influenced only by the earth's magnetic field.
(AAP-6)

2593 **Magnetic variation** (Nav)
The angular difference between True North and Magnetic North.
Note. – The value given indicates whether the angular difference is East or West of True North.
(ICAO, Annex 4, 5th Ed.)

2594 **Mail** (AT)
Dispatches of correspondence and other objects tendered by and intended for delivery to postal administrations.
(ICAO, Annex 9, 5th Ed.)

2595 **Main circuit** (El)
An arrangement of conductors for conveying electric power from a main distribution point in an aircraft to one or more current-consuming items or apparatus or sub-circuits.
(BS 185: Sect. 10: No. 10 206)

2596 **Main, gas~,**
cf./vgl. S.-No./lfd. Nr. 1835

2597 **Main longitudinal** (A/c 1)
A longitudinal forming an essential structural member of a rigid airship.
(BS 185: Sect. 7: No. 7234)

2598 **Main mooring wire** (A/c 1)
The rope paid out through the mooring cone.
(BS 185: Sect. 7: No. 7305)

2599 **Main plane** (A/c)
The main supporting surface of an aircraft, usually divided into port and starboard wings.
(BS 185: Sect. 5: No. 5345)

2600 **Main radial strut** (A/c 1)
A strut connecting the inner and outer ridge main joints of a stiff-jointed main transverse frame.
(BS 185: Sect. 7: No. 7275)

2601 **Main rotor** (Rotor)
A rotor the primary function of which is to provide lift.
(BS 185: Sect. 5: No. 5738)

2602 **Main rotor** (Turbo)
The complete assembly of the rotating parts of the compressor and turbine.
(BS 185: Sect. 8: No. 8456)

2603 **Main runway** (GS)
The runway determined as such by the Competent Authority.
(ICAO, Annex 14, 4th Ed.)

2604 **Main seam** (Para)
The seam joining two adjacent gores in a 'canopy.
(BS 185: Sect. 12: No. 12 179)

Magnetische Lenkung (FK)
Eine Form der terrestrischen Lenkung.

Magnetische Störung(en) (El)
Unerwünschte und unbeabsichtigte Einwirkungen auf Geräte durch von elektrischen Strömen bzw. magnetischen Materialien herrührende magnetische Felder, einschließlich Veränderungen der Magnetisierung vorhandener Materialien durch elektrische Ströme oder mechanischen Stoß.

Mißweisender Meridian (Nav)
Horizontalrichtung der magnetischen Achse eines frei aufgehängten Magnetsystems, wenn dieses lediglich der Einwirkung des Erdfeldes ausgesetzt ist.

Mißweisend Nord (Nav)
Die Richtung, die vom nordweisenden Pol einer freibeweglich aufgehängten und nur vom Magnetfeld der Erde beeinflußten Magnetnadel angezeigt wird.

Ortsmißweisung (Nav)
Der Winkelunterschied zwischen rechtweisend Nord und mißweisend Nord.
Anmerkung: Der gegebene Wert zeigt an, ob der Winkelunterschied Ost oder West in bezug auf rechtweisend Nord ist.

Post (LVerk)
Briefsendungen und andere Gegenstände, die von Postverwaltungen übergeben worden und zur Auslieferung an solche bestimmt sind.

Hauptnetz (El)
Ein Leitungssystem zum Leiten elektrischer Energie von einem Hauptverteilungspunkt in einem Luftfahrzeug zu einem oder mehreren stromverbrauchenden Apparateteilen oder Nebennetzen.

Hauptlängsträger (Lfz 1)
Längsträger, der einen wesentlichen Bauteil eines starren Luftschiffes bildet.

Hauptankertau (Lfz 1)
Seil, das durch den Verankerungskonus führt.

Haupttragfläche; Tragwerk (Lfz)
Fläche eines Luftfahrzeuges, die den Hauptteil des Auftriebs liefert. Sie wird im allgemeinen unterteilt in Backbord- und Steuerbord-Tragflächen.

Hauptradialstrebe (Lfz 1)
Strebe, die den inneren und äußeren First eines versteiften Hauptringes verbindet.

Hauptrotor (Drehfl)
Rotor, dessen Hauptaufgabe die Erzeugung von Auftrieb ist.

Hauptrotor (Turbo)
Die vollständige Baugruppe der rotierenden Teile eines Verdichters oder einer Turbine.

Hauptpiste (Bod)
Die Piste, die von der zuständigen Behörde als Hauptpiste bestimmt worden ist.

Radialnaht (Fallsch)
Naht zwischen zwei aneinander grenzenden Bahnen einer Fallschirmkappe.

2605 **Mains, supply** ~,
cf./vgl. S.-No./lfd. Nr. 4149

2606 **Maintenance release, issuing a** ~,
cf./vgl. S.-No./lfd. Nr. 2305

2607 **Maneton (Eng)**
The detachable short end of a crankshaft in a rotary or radial engine.
(BS 185: Sect. 8: No. 8338)

Kurbelzapfen (Flmot)
Das lösbare kurze Ende einer Kurbelwelle eines Umlauf- oder Sternmotors.

2608 **Manifest, load** ~,
cf./vgl. S.-No./lfd. Nr. 2511

2609 **Manifold, exhaust** ~,
cf./vgl. S.-No./lfd. Nr. 1543

2610 **Manifold, fuel** ~,
cf./vgl. S.-No./lfd. Nr. 1813

2611 **Manifold, induction** ~,
cf./vgl. S.-No./lfd. Nr. 2192

2612 **Manifold pressure (Eng)**
The absolute pressure in the induction system at a point standardized for each type of engine. (Cf. **Boost pressure.**)
(BS 185: Sect. 8: No. 8306)

(Absolut)ladedruck (Flmot)
Der absolute Druck in der Ladeleitung eines Motors an einem Punkt, der für jede Motorbauart einheitlich festgelegt ist. (Vgl. **Ladedruck.**)

2613 **Manifold pressure gauge (Eng)**
An instrument for indicating the manifold pressure. (Cf. **Boost gauge.**)
(BS 185: Sect. 8: No. 8307)

(Absolut)ladedruckmesser (Flmot)
Ein Instrument zum Anzeigen des Absolutladedrucks (Vgl. **Ladedruckmesser.**)

2614 **Manoeuvre margin with stick fixed (Stab)**
A measure of the displacement of the control column necessary to produce a given normal acceleration in a steady pull-out. It is positive when the displacement is backward for an increase in acceleration.*)
(BS 185: Sect. 4: No. 4211)
*) Cf. Note at S.-No. 2615

Maß für die Abfangstabilität mit festem Knüppel ·(Stab)
Maß des Steuersäulenausschlags, das erforderlich ist, beim stationären Abfangen eine gegebene Normalbeschleunigung zu erzielen. Es ist positiv, wenn zur Beschleunigungserhöhung ein Ausschlag nach hinten erforderlich ist. (Vgl. Anmerkung lfd. Nr. 2615)

2615 **Manoeuvre margin with stick free (Stab)**
A measure of the change of hinge moment on the control surface necessary to produce a given normal acceleration in a steady pull-out. It is positive when a pull force on the control column is required for an increase in acceleration.*)
(BS 185: Sect. 4: No. 4212)
*) **Note.** – The measure commonly used for these quantities is an equivalent movement of the centre of gravity of the aircraft.

Maß für die Abfangstabilität mit losem Knüppel (Stab)
Maß der Änderung des Rudermoments an einer Steuerfläche, das erforderlich ist, beim stationären Abfangen eine gegebene Normalbeschleunigung zu erzielen. Es ist positiv, wenn zur Beschleunigungserhöhung eine Zugkraft an der Steuersäule erforderlich ist.
Anmerkung: Das für diese Größen allgemein benutzte Maß ist das einer entsprechenden Schwerpunktverlagerung im Luftfahrzeug.

2616 **Manoeuvre point with stick fixed (Stab)**
The position of the centre of gravity for which the position of the control column required to maintain a steady normal acceleration does not depend on the acceleration.
(BS 185: Sect. 4: No. 4213)

Abfangneutralpunkt mit festem Knüppel (Stab)
Schwerpunktlage, bei der die zur Beibehaltung einer stationären Normalbeschleunigung erforderliche Steuersäulenstellung von der Beschleunigung unabhängig ist.

2617 **Manoeuvre point with stick free (Stab)**
The position of the centre of gravity for which the hinge moment on the control surface required to maintain a steady normal acceleration does not depend on the acceleration.
(BS 185: Sect. 4: No. 4214)

Abfangneutralpunkt mit losem Knüppel (Stab)
Schwerpunktlage, bei der das zur Beibehaltung einer stationären Normalbeschleunigung erforderliche Rudermoment an einer Steuerfläche von der Beschleunigung unabhängig ist.

2618 **Manoeuvring area (GS)**
That part of an aerodome to be used for the take-off and landing of aircraft and for the movement of aircraft associated with take-off and landing.
Note. – The manoeuvring area includes the landing area, taxiways, etc.
(ICAO, Annex 2, 5th Ed., Annex 11, 5th Ed., Annex 15, 3rd Ed.)

Rollfeld (Bod)
Der Teil eines Flugplatzes, der für Start und Landung sowie für die damit verbundenen Bewegungen von Luftfahrzeugen zu benutzen ist.
Anmerkung: Das Rollfeld umfaßt Landebereich, Rollbahnen usw.

2619 **Manoeuvring area (GS)**
That part of the movement area used for the movement of aircraft between the points of embarkation or disembarkation and the points of take-off or landing.
(BS 185: Sect. 13: No. 13 315)

Rollfeld (Bod)
Der Teil der Bewegungsfläche, der für das Bewegen von Luftfahrzeugen zwischen den Ein- und Aussteigepunkten und den Start- und Landepunkten benutzt wird.

2620 **Manoeuvring load factor (Struct)**
The total aerodynamic lift on the aeroplane, acting perpendicularly to the flight path, divided by the weight of the aeroplane.
Note. – In straight steady level flight, this load factor is equal to unity.
(ICAO, Annex 8, 5th Ed.)

Auftriebsfaktor; Abfanglastvielfaches (Konstr)
Der gesamte, senkrecht zur Flugbahn auf das Flugzeug wirkende aerodynamische Auftrieb, geteilt durch die Masse des Flugzeuges.
Anmerkung: Im stetigen, horizontalen Geradeausflug ist dieser Lastfaktor (dieses Lastvielfache) gleich Eins.

2621 **Manoeuvring valve (A/c 1)**
A valve operated by hand.
(BS 185: Sect. 7: No. 7292)

Steuerungsventil (Lfz 1)
Von Hand bedientes Ventil.

2622 **Mares' tails (Met)**
cf./vgl. **Cirrus**, S.-No./lfd. Nr. 940

2623 **Margin (TEL)**
The maximum degree of distortion of the circuit at the end of which the apparatus is siutated which is compatible with the correct translation of all the signals which it may possibly receive.
(ICAO, Annex 10, Volume I, 1st Ed.)

Zulässiger Verzerrungsgrad (Fernm)
Der größte Verzerrungsgrad der Leitung, bei dem das am Leitungsende angeschlossene Gerät alle angebotenen Signale noch einwandfrei verarbeiten kann.

2624 **Margin, effective ~,**
cf./vgl. S.-No./lfd. Nr. 1432

2625 **Margin, manoeuvre ~ with stick fixed,**
cf./vgl. S.-No./lfd. Nr. 2614

2626 **Margin, manoeuvre ~ with stick free,**
cf./vgl. S.-No./lfd. Nr. 2615

2627 **Margin, static ~ with stick fixed,**
cf./vgl. S.-No./lfd. Nr. 4024

2628 **Margin, static ~ with stick free,**
cf./vgl. S.-No./lfd. Nr. 4025

2629 **Marker, air ~,**
cf./vgl. S.-No./lfd. Nr. 212

2630 **Marker beacon (TEL)**
A radio beacon which radiates vertically a distinctive pattern for providing position information to aircraft.
(BS 185: Sect. 14: No. 14 302)

Markierungsfunkfeuer (Fernm)
Funkfeuer, das ein Vertikaldiagramm zur Übermittlung von Standortinformationen an Luftfahrzeuge ausstrahlt.

2631 **Marker beacon, fan ~,**
cf./vgl. S.-No./lfd. Nr. 1584, 1585

2632 **Marker beacon, inner ~,**
cf./vgl. S.-No./lfd. Nr. 2212

2633 **Marker beacon, middle ~,**
cf./vgl. S.-No./lfd. Nr. 2712

2634 **Marker beacon, outer ~,**
cf./vgl. S.-No./lfd. Nr. 2938

2635 **Marker beacon, Z ~,**
cf./vgl. S.-No./lfd. Nr. 4815, 4816, 4817

2636 **Marker, cone of silence ~,**
cf./vgl. S.-No./lfd. Nr. 1038

2637 **Marker, ILS ~,**
cf./vgl. S.-No./lfd. Nr. 2140

2638 **Marker, zone of silence ~,**
cf./vgl. S.-No./lfd. Nr. 4826

2639 **Markers (GS)**
Objects, other than landing direction indicators, wind direction indicators and flags, used to indicate obstructions or to convey aeronautical information by day.
(ICAO, Annex 14, 4th Ed.)

Marker (Bod)
Gegenstände, außer Lande- und Windrichtungsanzeigern und Flaggen, die benutzt werden, um am Tage Hindernisse anzuzeigen oder aeronautische (führungstechnische) Hinweise zu geben.

2640 **Markers (GS)**
Objects of approved shape or colour indicating specific areas and obstructions.
(BS 185: Sect. 13: No. 13 358)

Sichtzeichen; Marker (Bod)
Objekte von zugelassener Form oder Farbe, mit denen bestimmte Gebiete und Hindernisse gekennzeichnet werden.

2641 **Markers, boundary ~,**
cf./vgl. S.-No./lfd. Nr. 748, 749

2642 **Markers, obstruction ~,**
cf./vgl. S.-No./lfd. Nr. 2872

2643 **Markers, taxi-channel ~,**
cf./vgl. S.-No./lfd. Nr. 4285

2644 **Markings (GS)**
Signs displayed on surfaces in order to convey aeronautical information.
(ICAO, Annex 14, 4th Ed.)

Marken; Sichtzeichen (Bod)
Auf Oberflächen dargestellte Zeichen, um aeronautische (führungstechnische) Hinweise zu geben.

2645 Mass-balance weight (Struct)
A mass attached to a control surface, usually forward of the hinge, for the purpose of reducing or eliminating the inertial coupling between angular movement of the control and some other degree of freedom of the aircraft.
(BS 185: Sect. 3: No. 3315)

2646 Mass-balance weight, distributed ~,
cf./vgl. S.-No./lfd. Nr. 1342

2647 Mass-balance weight, remote ~,
cf./vgl. S.-No./lfd. Nr. 3508

2648 Mast,
cf./vgl. **Rotor mast,** S.-No./lfd. Nr. 3631

2649 Master (Aero),
cf./vgl. **Commander,** S.-No./lfd. Nr. 991

2650 Master and articulated assembly (Eng)
An assembly of connecting rods in which the big-end of the master rod carries the articulated rods oscillating on wrist pins and held in lugs or flanges on the master rod.
(BS 185: Sect. 8: No. 8330)

2651 Material, fireproof ~,
cf./vgl. S.-No./lfd. Nr. 1621

2652 Maximum continuous performance (Eng),
cf./vgl. **Maximum continuous power,** S.-No./lfd. Nr. 2653, 2654

2653 Maximum continuous power (Eng)
The brake horsepower developed in Standard Atmosphere at a specified altitude under the maximum conditions of crankshaft rotatinal speed and engine manifold pressure approved for use during periods of unrestricted duration.
(ICAO, Annex 8, 5th Ed.)

2654 Maximum continuous power (Eng)
The horse power developed in International Standard Atmosphere at a specified altitude in the limiting engine operating conditions approved for use during periods of unrestricted duration.
(BS 185: Sect. 8: No. 8308)

2655 Maximum continuous power and/or thrust (Eng/Turbo)
The power and/or thrust (other than propeller thrust) developed under standard sea level static conditions, under the maximum conditions of rotational speed and exhaust gas temperature approved for use during periods of unrestricted duration.
(ICAO, Annex 8, 5th Ed.)

2656 Maximum delivery pressure (Hydr)
The pressure at which the operation of control mechanism automatically begins to reduce the delivery from the pump.
(BS 185: Sect. 10: No. 10 109)

2657 Maximum disposable load (A/c)
The maximum licensed take-off weight less the weight empty of the aircraft. The weight empty includes all fixed equipment, fixed ballast, unusable fuel supply, undrainable oil, engine coolant and hydraulic fluid.
(BS 185: Sect. 5: No. 5609)

2658 Maximum engine overspeed (Eng)
The maximum engine rotational speed that has been determined to have no detrimental effect on the engine when used for a stated period of time.
(ICAO, Annex 5, 5th Ed.)

2659 Maximum flying speed (A/c)
The maximum true airspeed of an aircraft in straight and level flight in International Standard Atmosphere under specified condi-

Massenausgleich (Konstr)
Masse an einer Steuerfläche, gewöhnlich vor der Drehachse, die die Trägheitskopplung zwischen der Ruderbewegung und anderen Freiheitsgraden des Luftfahrzeugs verringern oder ausschalten soll.

Pleuelstern (Flmot)
Eine Anordnung von Pleuelstangen, wobei die Hauptpleuelstange am Kurbelwellenende so ausgebildet ist, daß es die Nebenpleuel an Flanschen oder Angüssen mit Hilfe von Anlenkbolzen aufnimmt.

Höchstzuläsige Dauerleistung (Flmot)
Die bei Normatmosphäre in einer festgelegten Höhe erzeugte Bremsleistung bei den für Dauerbetrieb zugelassenen Höchstwerten für Kurbelwellendrehzahl und Ladedruck.

Höchstzulässige Dauerleistung (Flmot)
Die bei Internationaler Normatmosphäre in einer festgelegten Höhe erzeugte Leistung in Pferdestärke bei den für den Dauerbetrieb eines Motors zugelassenen Betriebsgrenzwerten.

Höchstzulässige Dauerleistung und/oder höchstzulässiger Dauerschub (Flmot/Turbo)
Die Leistung und/oder der Schub (jedoch ohne Propellerschub), die am Stand bei Normatmosphäre in Meereshöhe bei den für Dauerbetrieb zugelassenen Höchstwerten für Drehzahl und Abgastemperatur erzeugt werden.

Maximaler Förderdruck (Hydr)
Derjenige Förderdruck, bei welchem durch Betätigung der Steuervorrichtung die Förderleistung der Pumpe automatisch abzunehmen beginnt.

Höchstzulässige Ladung; Höchstzuladung (Lfz)
Höchstzulässige Startmasse minus Leermasse eines Luftfahrzeuges. Die Leermasse schließt alle feste Ausrüstung und festen Ballast, nichtentnehmbaren Kraftstoff, nichtablaßbares Öl, Motorkühlmittel und Hydraulikflüssigkeit ein.

Höchste Motorüberdrehzahl (Flmot)
Die höchste Motordrehzahl, bei deren Einhalten während einer angegebenen Zeitdauer der Motor erwiesenermaßen keinen Schaden erleidet.

Höchstfluggeschwindigkeit (Lfz)
Höchste wahre Fluggeschwindigkeit im horizontalen Geradeausflug, die ein Luftfahrzeug unter näher bezeichneten Bedingungen in der

tions.
(BS 185: Sect. 4: No. 4320)

2660 Maximum inflated diameter (Para)
The diameter of a circle of which the area is equal to the maximum projected area of the canopy.
(BS 185: Sect. 12: No. 12 122)

2661 Maximum landing weight (A/c)
The maximum all-up weight due to design or operational limitations at which an aircraft is permitted to land except in an emergency.
(BS 185: Sect. 5: No. 5617)

2662 Maximum landing weight (A/c)
The maximum gross weight due to design or operational limitations at which an aircraft is permitted to land.
(AAP-6)

2663 Maximum licensed take-off weight (A/c)
Maximum take-off weight, according to the airworthiness certificate.
(BS 185: Sect. 5: No. 5618)

2664 Maximum propeller overspeed
The maximum propeller rotational speed which has been determined to have no detrimental effect on the propeller when used for a stated period of time.
(ICAO, Annex 8, 5th Ed.)

2665 Maximum-reading accelerometer (Instr)
cf./vgl. **Accelerometer**, S.-No./lfd. Nr. 13

2666 Maximum safe airspeed indicator (Instr)
An airspeed indicator with an additional pointer which shows automatically the indicated airspeed corresponding to a pre-determined limiting Mach number. In addition there may be a mark on the dial showing the maximum permissible airspeed.
(BS 185: Sect. 5: No. 5503)

2667 Maximum take-off power (Eng)
The horse power developed in standard sea level conditions in the limiting engine operating conditions approved for use in normal take-off, and restricted to a continuous period of five minutes.
(BS 185: Sect. 8: No. 8309)

2668 Maximum take-off weigth (A/c)
The maximum all-up weight due to design or operational limitations at which an aircraft is permitted to take off.
(BS 185: Sect. 5: No. 5619)

2669 Maximum weak-mixture power (Eng)
The brake horsepower developed in Standard Atmosphere at a specified altitude, under the maximum conditions of crankshaft rotational speed and engine manifold pressure, for use during periods of unrestricted duration, with economical cruising mixture strength.
(ICAO, Annex 8, 5th Ed.)

2670 Maximum weak-mixture power (Eng)
The horse power developed in International Standard Atmosphere at a specified altitude in the limiting engine operating conditions approved for use during periods of unrestricted duration with economical cruising mixture strenght.
(BS 185: Sect. 8: No. 8310)

2671 Maximum weight (A/c)
The maximum flying weight of an aircraft permissible under the regulations obtaining, irrespective of operating conditions.
(BS 185: Sect. 5: No. 5616)

Internationalen Normatmosphäre erreichen kann.

Maximaler Durchmesser im gefüllten Zustand (Fallsch)
Durchmesser des Kreises, der die maximale horizontale Projektion der entfalteten Fallschirmkappe umschreibt.

Höchstzulässige Landemasse (Lfz)
Höchste Gesamtmasse, mit der ein Luftfahrzeug aufgrund seiner Konstruktion oder Betriebsgrenzwerte landen darf; Notfälle sind ausgenommen.

Höchstzulässige Landemasse; (zulässige) Landehöchstmasse (Lfz)
Die nach der Konstruktion eines Luftfahrzeugs oder aufgrund betriebsbedingter Beschränkungen höchstzulässige Gesamtmasse, mit der ein Luftfahrzeug landen darf.

Höchstzulässige (Lizenz-)Startmasse (Lfz)
Höchste, im Lufttüchtigkeitszeugnis festgelegte Startmasse.

Höchste Propellerüberdrehzahl
Die höchste Propellerdrehzahl, bei deren Einhalten während einer angegebenen Zeitdauer der Propeller erwiesenermaßen keinen Schaden erleidet.

Sicherheits-Höchstfahrtmesser (Instr)
Fahrtmesser mit einem zusätzlichen Zeiger, der automatisch die „angezeigte Fluggeschwindigkeit" entsprechend einer vorbestimmten Grenz-Machzahl anzeigt. Auf dem Gerät kann außerdem die höchstzulässige Fluggeschwindigkeit markiert sein.

Höchste Startleistung (Flmot)
Die bei Normverhältnissen in Meereshöhe erzeugte Leistung in Pferdestärke bei den für einen normalen Start zugelassenen Betriebsgrenzwerten eines Motors mit einer Begrenzung auf fünf Minuten ununterbrochene Laufzeit.

Höchstzulässige Startmasse; (zulässige) Starthöchstmasse (Lfz)
Höchste Gesamtmasse, mit der ein Luftfahrzeug aufgrund seiner Konstruktion oder Betriebsgrenzwerte starten darf.

Höchste Sparleistung (Flmot)
Die Bremsleistung bei Normatmosphäre in einer festgelegten Höhe bei den für Dauerbetrieb mit Sparfluggemischeinstellung vorgesehenen Höchstwerten für Kurbelwellendrehzahl und Ladedruck.

Höchste Sparleistung (Flmot)
Die bei Internationaler Normatmosphäre in einer festgelegten Höhe erzeugte Leistung in Pferdestärke bei den für Dauerbetrieb mit Sparfluggemischeinstellung für einen Motor zugelassenen Betriebsgrenzwerten.

Höchstzulässige Flugmasse; (zulässige) Flughöchstmasse (Lfz)
Höchste Flugmasse eines Luftfahrzeugs, die unabhängig von den Betriebsbedingungen nach den geltenden Bestimmungen zulässig ist.

2672 Meaconing (TEL)
A system of receiving radio beacon signals
and rebroadcasting them on the same frequency to confuse navigation. The meaconing stations cause inaccurate bearings to be
obtained by aircraft or ground stations.
(AAP-6)
2673 Mean chord, aerodynamic ~,
cf./vgl. S.-No./lfd. Nr. 80
2674 Mean chord, first ~,
cf./vgl. S.-No./lfd. Nr. 1622
2675 Mean chord, second ~,
cf./vgl. S.-No./lfd. Nr. 3708
2676 Mean chord, standard ~,
cf./vgl. S.-No./lfd. Nr. 3993
2677 Mean geometric chord (A/c)
The design wing area divided by the wing
span.
(ICAO, Annex 8, 5th Ed.)
2678 Mean line (Struct)
A line midway between the upper and lower
contours of an airfoil profile.
(NASA S.0790)
2679 Mean time, Greenwich ~,
cf./vgl. S.-No./lfd. Nr. 1904
2680 Mean time, local ~,
cf./vgl. S.-No./lfd. Nr. 2528
2681 Mechanical turbulence (Met),
cf.-vgl. **Frictional turbulence,** S.-No./lfd. Nr.
1796
2682 Mechanics of fluids
The study of equilibrium of bodies immersed
in or floating on fluids; the study of the motion of fluids, and the reactions of the fluid
motion on bodies in contact with the fluid. It
is divided into the following four branches:
Aerodynamics – which treats of the motion
of air or other gas.
Aerostatics – which treats of the equilibrium
of stationary bodies in air or other gas.
Hydrodynamics – which treats of the motion
of water or other liquid.
Hydrostatics – which treats of the equilibrium of stationary bodies in water or other liquid.
(BS 185: Sect. 1: No. 1118)
2683 Median line (of an aerofoil: A/c)
A line, each point of which is equidistant
from the upper and lower boundaries of the
aerofoil section, the distances being measured normal to the chord.
(BS 185: Sect. 5: No. 5229)
2684 Medicine, aviation ~,
cf./vgl. S.-No./lfd. Nr. 532, 533
2685 Medium clouds (Met)
Clouds with an average cloud height of:
6500–13 000 feet (Polar regions)
6500–23 000 feet (Temperate regions)
6500–25 000 feet (Equatorial regions)
(BS 185: Sect. 15: No. 15 419)

2686 Memory guidance (Miss)
Guidance based on programmed information.
(BS 185: Sect. 6: No. 6514)
2687 Meridian, magnetic ~,
cf./vgl. S.-No./lfd. Nr. 2591
2688 Meridional parts (Nav)
The distances, usually in minutes of arc,
from the terrestrial equator along the meridian to a particular latitude.
(BS 185: Sect. 11: No. 11 309)

Meacon-Funkfeuertäuschung (Fernm)
Verfahren, bei dem empfangene Funkfeuersi-
gnale auf der gleichen Frequenz wieder ausgestrahlt werden, um die Navigation zu erschwe-
ren. Die Meacon-Stationen verursachen bei
Luftfahrzeugen und Bodenstellen ungenaue
Peilungen.

**Mittlere geometrische Flügeltiefe; mittlere
geometrische Profiltiefe (Lfz)**
Die Bemessungsflügelfläche geteilt durch die
Flügelspannweite.
Skelettlinie (Konstr)
Eine in der Mitte zwischen den oberen und un-
teren Konturlinien eines Tragflügelprofils ge-
zogene Linie.

Strömungsmechanik
Untersuchung des Gleichgewichts von Körpern, die in eine Flüssigkeit eingetaucht sind
oder darauf schwimmen; die Untersuchung
der Bewegung von Flüssigkeiten und die
Rückwirkungen der Flüssigkeitsbewegung auf
den Körper. Die Strömungsmechanik wird
eingeteilt in folgende vier Zweige: **Aerodynamik,** die sich mit der Bewegung der Luft oder
anderer Gase befaßt, **Aerostatik,** die sich mit
dem Gleichgewicht ruhender Körper in Luft
oder anderen Gasen befaßt, **Hydrodynamik,**
die sich mit der Bewegung des Wassers oder
anderer Flüssigkeiten befaßt, **Hydrostatik,** die
sich mit dem Gleichgewicht ruhender Körper
in Wasser oder anderen Flüssigkeiten befaßt.
Skelettlinie (eines Tragflügels: Lfz)
Eine Linie, die in allen Punkten in der Mitte
zwischen der Profiloberseite und -unterseite
verläuft, wobei die Abstände senkrecht zu der
Profilsehne gemessen werden.

Mittelhohe Wolken (Met)
Wolken mit einer durchschnittlichen Höhe
zwischen
6500–13 000 Fuß (ca. 2000–4000 m) in Polarbereichen
6500–23 000 Fuß (ca. 2000–7000 m) in gemäßigten Bereichen
6500–25 000 Fuß (Ca. 2000–7600 m) in Äquato-
rialbereichen.
Programmlenkung (FK)
Lenkung, die auf programmierten Werten ba-
siert.

Meridionalteile (Nav)
Normalerweise in Bogenminuten ausgedrückte Entfernungen vom Erdäquator entlang des Meridians bis zu einer bestimmten
geographischen Breite.

2689 **Mesh wiring (A/c 1)**
A network of wires to prevent the gas bag from chafing against the longitudinals.
(BS 185: Sect. 7: No. 7280)

2690 **Metallic vee (A/c 1)**
The lowest legs of a kite balloon rigging brought to a single point to which the balloon flying cable is attached.
(BS 185: Sect. 7: No. 7258)

2691 **Meteorograph (Met)**
An instrument recording two or more of the common meteorological quantities (e. g. pressure, temperature, humidity).
(BS 185: Sect. 15: No. 15 706)

2692 **Meteorological authority**
The authority providing or arranging for the provision of meteorological service for international air navigation on behalf of a Contracting State.
(ICAO, Annex 3, 6th Ed.)

2693 **Meteorological briefing**
Oral commentary by a meteorologist supplemented by answers to questions on existing and expected meteorological conditions.
(ICAO, Annex 3, 6th Ed.)

2694 **Meteorological briefing**
Oral explanation, to aircrew before flight, by a meteorologist of existing and expected weather conditions.
(BS 185: Sect. 15: No. 15 522)

2695 **Meteorological conditions, instrument ~,**
cf/vgl. S.-No./lfd. Nr. 2239, 2240

2696 **Meteorological conditions, visual ~,**
cf./vgl. S.-No./lfd. Nr. 4649, 4650

2697 **Meteorological information**
Meteorological reports, analyses, forecasts and any other statement relating to existing or expected meteorological conditions originating from or available through a Meteorological Authority or its meteorological offices.
(ICAO, Annex 3, 6th Ed.)

2698 **Meteorological minima, aerodrome ~,**
cf./vgl. S.-No./lfd. Nr. 62

2699 **Meteorological observation**
The evaluation of one or more meteorological elements.
(ICAO, Annex 3, 6th Ed.)

2700 **Meteorological report**
A statement of observed meteorological conditions related to a specified time and location.
(ICAO, Annex 3, 6th Ed.)

2701 **Meteorology, synoptic ~,**
cf./vgl. S.-No./lfd. Nr. 4186

2702 **Meter, air ~,**
cf./vgl. S.-No./lfd. Nr. 215

2703 **Meter, airflow ~,**
cf./vgl. S.-No./lfd. Nr. 193

2704 **Meter, noise ~,**
cf./vgl. S.-No./lfd. Nr. 2821

2705 **Meter, oxygen ~,**
cf./vgl. S.-No./lfd. Nr. 2952

2706 **Meter, porosity ~,**
cf./vgl. S.-No./lfd. Nr. 3144

2707 **Meter, purity ~,**
cf./vgl. S.-No./lfd. Nr. 3317

2708 **Meter, side-force ~,**
cf./vgl. S.-No./lfd. Nr. 3799

2709 **Meter, sideslip ~,**
cf./vgl. S.-No./lfd. Nr. 3803

2710 **Meter, sound ~,**
cf./vgl. S.-No./lfd. Nr. 3880

Verseilung (Lfz 1)
Seilnetz, das Reibung der Gaszellen an den Längsträgern verhindern soll.

Haltepunkt (Lfz 1)
Die untersten Enden des Leinenwerks eines Drachenballons, die zu einem Punkt geführt werden, an dem das Schleppseil befestigt ist.

Meteorograph (Met)
Ein Gerät, das gleichzeitig zwei oder mehrere meteorologische Größen aufzeichnet (z. B. Luftdruck, Temperatur, Luftfeuchtigkeit).

Wetterdienstbehörde (Met)
Die Behörde, die meteorologische Dienste für die internationale Luftfahrt im Namen eines Vertragsstaates leistet oder sie veranlaßt.

Mündliche Wetterberatung (Met)
Von einem Meteorologen gegebene mündliche Erläuterung ergänzt duch Antworten auf Fragen über bestehende und zu erwartende Wetterverhältnisse.

Mündliche Wetterberatung (Met)
Der Luftfahrtzeugbesatzung vor dem Flug von einem Meteorologen gegebene mündliche Erläuterung der bestehenden und zu erwartenden Wetterverhältnisse.

Wetterauskunft; Wetterinformation(en) (Met)
Wettermeldungen, Analysen, Wettervorhersagen und alle anderen Angaben, die sich auf bestehende oder zu erwartende Wetterverhältnisse beziehen und von einer Wetterdienstbehörde oder deren Wetterwarten ausgegeben werden oder von diesen erhältlich sind.

Wetterbeobachtung (Met)
Die Feststellung eines oder mehrerer Wetterelemente.

Wettermeldung; Wetterbericht (Met)
Eine Angabe über beobachtete Wetterverhältnisse, bezogen auf eine bestimmte Zeit und einen bestimmten Ort.

2711 Meter, yaw ~,
cf./vgl. S.-No./lfd. Nr. 4812
2712 Middle marker beacon (TEL)
A marker beacon, associated with the instrument landing system, used to define the second predetermined point during an instrument approach.
(BS 185: Sect. 14: No. 14 233)
2713 Mid-wing monoplane (A/c)
A Monoplane in which the wings are located approximately midway between the top and bottom of the fuselage.
(BS 185: Sect. 5: No. 5121)
2714 Mile, nautical ~,
cf./vgl. S.-No./lfd. Nr. 2789
2715 Millibar (Met)
The thousandth part of a bar. (1 in or 25.40 mm of mercury = 33.864 millibars).
(BS 185: Sect. 15: No. 15 123)
2716 Minmal flight path (Flt OPS)
The flight path between two points that affords the shortest possible time enroute.
(NASA S.0796)
2717 Minimum control speed (A/c)
The lowest possible speed of a multi-engined aircraft at which, at a constant power setting and aircraft configuration, the pilot is able to maintain a straight course after failure of one or more engines.
(BS 185: Sect. 4: No. 4321)

2718 Minimum flight altitude (ATC)
The lowest safe altitude at which aircraft may operate on instruments.
(BS 185: Sect. 13: No. 13 242)
2719 Minimum flying speed (A/c)
The minimum airspeed at which an aircraft can be maintained in straight and level flight in the International Standard Atmosphere under specified conditions.
(BS 185: Sect. 4: No. 4322)
2720 Minimum gliding angle (Flt OPS)
The shallowest or flattest gliding angle an aircraft can steadily maintain with no engine thrust.
(NASA S.0797)
2721 Minimum pressure valve (Turbo)
A device which prevents the burner fuel pressure from falling below a predetermined value.
(BS 185: Sect. 8: No. 8448)
2722 Minimum safety altitude (Flt OPS)
The altitude below which it is hazardous to fly owing to presence of high ground or other obstacles.
(AAP-6)
2723 Minimum sector altitude (Flt OPS)
The lowest altitude which may be used under emergency conditions which will provide a minimum clearance of 300 metres (1.000 ft) above all obstacles located in an area contained within a sector of a circle of 25 nautical miles radius centred on a radio aid to navigation.
(ICAO, Doc 8168–OPS/611/2)
2724 Missed-approach altitude (ATC)
The minimum altitude at which a final approach should be discontinued if it cannot be completed.
(BS 185: Sect. 13: No. 13 243)
2725 Missed-approach procedure (Flt OPS)
The procedure to be followed if, after an in-

Haupteinflugzeichen, Abk. HEZ (Fernm)
Markierungsfunkfeuer, das beim Instrumentenlandesystem (ILS) dazu dient, den zweiten vorbestimmten Punkt während eines Instrumentenanflugs zu kennzeichnen.

Mitteldecker (Lfz)
Eindecker, dessen Tragflächen ungefähr in der Mitte zwischen der Ober- und Unterseite des Rumpfes angebracht sind.

Millibar (Met)
Der tausendste Teil eins Bar (1 Zoll oder 25,40 mm Quecksilbersäule = 33,864 Millibar).

Flugweg mit kürzestem Zeitbedarf (Flbetr)
Flugweg zwischen zwei Punkten, der die geringstmögliche Streckenflugzeit erfordert.

Mindestfluggeschwindigkeit bei Triebwerkausfall (Lfz)
Die niedrigst mögliche Geschwindigkeit eines mehrmotorigen Luftfahrzeugs, bei welcher der Luftfahrzeugführer bei gleichbleibender Triebwerkleistung und Luftfahrzeugzustandsform in der Lage ist, nach Ausfall von einem oder mehreren Triebwerken einen geraden Kurs zu halten.
Mindestflughöhe (FS)
Geringste Sicherheitshöhe über mittlerer Meereshöhe, in der Luftfahrzeuge nach Instrumenten fliegen dürfen.
Mindestfluggeschwindigkeit (Lfz)
Niedrigste Fluggeschwindigkeit, bei der ein Luftfahrzeug im horizontalen Geradeausflug in der Internationalen Normatmosphäre unter näher bezeichneten Bedingungen gehalten werden kann.
Bester Gleitwinkel (Flbetr)
Der flachste Gleitwinkel, den ein Luftfahrzeug ohne Motorschubleistung ständig beibehalten kann.

Leerlaufventil (Turbo)
Eine Vorrichtung, die verhindert, daß der Kraftstoffdruck zu den Brennern unter einen Sollwert abfällt.

Sicherheitsmindesthöhe (Flbetr)
Die Höhe, unterhalb deren das Fliegen wegen vorhandener Bodenerhebungen oder sonstiger Hindernisse gefährlich ist.

Sektormindesthöhe (Flbetr)
Die geringste Höhe über Meer, die in Notlagen benutzt werden kann und die einen Mindestabstand von 300 m (100 Fuß) über allen Hindernissen im Bereich eines Kreissektors mit einem Radius von 25 nautischen Meilen um eine Funknavigationseinrichtung gewährleistet.

Fehlanflughöhe; Durchstarthöhe (FS)
Geringste Höhe, in der ein Endanflug, wenn er nicht durchgeführt werden kann, abzubrechen ist.

Fehlanflugverfahren (Flbetr)
Das anzuwendende Verfahren, wenn nach ei-

strument approach, a landing is not effected and occuring normally:
a) when the aircraft has descended to the decision height and has not established visual contact, or
b) when directed by air traffic control to pull up or to go around again.
(ICAO, Doc 8168–OPS/611/2)

2726 Missed-approach procedure (ATC)
The procedure to be followed when an aircraft cannot complete final approach.
(BS 185: Sect. 13: No. 13 244)

2727 Missile, ballistic ~,
cf./vgl. S.-No./lfd. Nr. 583

2728 Missile, guided ~,
cf./vgl. S.-No./lfd. Nr. 1963, 1964

2729 Mist (Met)
Atmospheric obscurity produced in the surface layer by suspended water droplets in which visibility remains at 1100 yards or more.
(BS 185: Sect. 15: No. 15 310)

2730 Mixed-matrix radiator (Eng)
A radiator compounded with an oil cooler so that tubes are used for coolant and oil.
(BS 185: Sect. 8: No. 8389)

2731 Mixing ratio of moist air (Met), cf./vgl. Humidity mixing ratio, S.-No./lfd. Nr. 2090

2732 Mixture control (Eng)
A device embodied in the fuel-metering system for adjusting the mixture strength.
(BS 185: Sect. 8: No. 8354)

2733 Mixture control, automatic ~,
cf./vgl. S.-No./lfd. Nr. 510

2734 Mixture distribution (Eng)
The distribution, with respect to both quantity and quality, of the fuel-air mixture supplied to the several cylinders of an engine.
(NASA S.0802)

2735 Mobile service, aeronautical ~,
cf./vgl. S.-No./lfd. Nr. 114

2736 Mobile surface station (TEL)
A station in the aeronautical telecommunication service, other than an aircraft station, intended to be used while in motion or during halts at unspecified points.
(ICAO, Annex 10, Volume II, 1st Ed.)

2737 Model, dynamic ~,
cf./vgl. S.-No./lfd. Nr. 1415

2738 Model, elastic ~,
cf./vgl. S.-No./lfd. Nr. 1446

2739 Model, inertial ~,
cf./vgl. S.-No./lfd. Nr. 2197

2740 Moderate breeze (Met)
Beaufort number 4: Raises dust und loose paper; small branches are moved (wind speed: 11−16 knots).
BS 185: Sect. 15: Table 2)

2741 Modulation rate (TEL)
The reciprocal of the unit interval measured in seconds. This rate is expressed in bauds.
Note. – Telegraph signals are characterized by intervals of time of duration equal to or longer than the shortest or unit interval. The modulation rate (formerly telegraph speed) ist therefore expressed as the inverse of the value of this unit interval. If, for example, the unit interval is 20 milliseconds, the modulation rate ist 50 bauds.
(ICAO, Annex 10, Volume I, 1st Ed.)

2742 Moment, damping ~,
cf./vgl. S.-No./lfd. Nr. 1234

nem Instrumentenanflug eine Landung nicht durchgeführt wird, was normalerweise eintritt, wenn das Luftfahrzeug
a) bis auf die Entscheidungshöhe gesunken und keine Erdsicht hergestellt ist, oder
b) durch die Flugverkehrskontrolle angewiesen wird, hochzuziehen oder den Anflug zu wiederholen.

Fehlanflugverfahren (FS)
Verfahren, das zu befolgen ist, wenn ein Luftfahrzeug den Endanflug nicht durchführen kann.

(Feuchter) Dunst (Met)
Sichtverminderung in der bodennahen Schicht der Atmosphäre, hervorgerufen von in der Luft schwebenden Wassertröpfchen. Man spricht von Dunst, wenn die Sicht dabei mindestens 1000 yards (= 1000 m) beträgt.

Gemischter Kühler (Flmot)
Ein mit einem Ölkühler kombinierter Kühler, der so gebaut ist, daß seine Kühlröhren abwechselnd Kühlmittel und Öl enthalten.

Gemischregler (Flmot)
Eine Vorrichtung in der Kraftstoff-Zumeßanlage zur Regelung des Gemischs.

Gemischverteilung (Flmot)
Die quantitative und qualitative Verteilung des den einzelnen Zylindern eines Motors zugeführten Kraftstoffluftgemischs.

Bewegliche Bodenfunkstelle (Fernm)
Eine Funkstelle im Flugfernmeldedienst, ausgenommen Luft(fahrzeug)funkstellen, die während der Fahrt oder bei Halten an nicht festgelegten Orten verwendet werden.

Mäßige Brise (Met)
Windstärke (Beaufort-Zahl) 4: Hebt Staub und loses Papier, bewegt Zweige und dünne Äste (Windgeschwindigkeit: 11−16 Knoten).

Schrittgeschwindigkeit (Fernm)
Der reziproke Wert des Einheitsintervalls in Sekunden gemessen. Dieser Wert wird in Baud ausgedrückt.
Anmerkung: Telegraphiesignale sind durch Zeitintervalle gekennzeichnet, deren Dauer gleich lang oder länger als das kürzeste oder das Einheitsintervall ist. Die Schrittgeschwindigkeit (früher Telegraphiegeschwindigkeit) wird daher als reziproker Wert des Einheitsintervalls ausgedrückt. Ist zum Beispiel das Einheitsintervall 20 Millisekunden lang, so beträgt die Schrittgeschwindigkeit 50 Baud.

2743 **Moment, disturbing** ~,
cf./vgl. S.-No./lfd. Nr. 1346
2744 **Moment, hinge** ~,
cf./vlg. S.-No./lfd. Nr. 2036
2745 **Moment, pitching** ~,
cf./vgl. S.-No./lfd. Nr. 3085
2746 **Moment, restoring** ~,
cf./vgl. S.-No./lfd. Nr. 3527
2747 **Moment, rolling** ~,
cf./vgl. S.-No./lfd. Nr. 3616
2748 **Moment, yawing** ~,
cf./vgl. S.-No./lfd. Nr. 4814
2749 **Momentum separation** (Eng)
The removal of entrained particles from the
air stream by utilizing their momentum.
(BS 185: Sect. 8: No. 8278)
2750 **Monitoring, radar** ~,
cf./vgl. S.-No./lfd. Nr. 3352, 3353
2751 **Monocoque** (Struct)
A type of construction as of an airplane fuselage, in which most or all the stresses are carried by the covering or skin.
(NASA S.0807)
2752 **Monoplane** (A/c)
An aeroplane or glider with one pair of
wings.
(BS 185: Sect. 5: No. 5118)
2753 **Monoplane, high-wing** ~,
cf./vgl. S.-No./lfd. Nr. 2031
2754 **Monoplane, low-wing** ~,
cf./vgl. S.-No./lfd. Nr. 2580
2755 **Monoplane, mid-wing** ~,
cf./vgl. S.-No./lfd. Nr. 2713
2756 **Monoplane, parasol** ~,
cf./vgl. S.-No./lfd. Nr. 3009
2757 **Monopropellant** (Miss)
Propellant in the form of a single substance
requiring no additional chemical component
for the production of thrust.
(BS 185: Sect. 6: No. 6215)
2758 **Monopropellant** (Miss)
A rocket propellant consisting of a single
substance, especialliy a liquid, containing
both fuel and oxidant.
(NASA S.0808)
2759 **Monsoon** (Met)
A wind which blows, in certain regions, with
great persistance und regularity in a constant
direction which varies with the season of the
year.
(Bs 185: Sect. 15: No. 15 229)
2760 **Moonlight, aritificial** ~,
cf./vgl. S.-No./lfd. Nr. 478
2761 **Mooring, centre-point** ~,
cf./vgl. S.-No./lfd. Nr. 885
2762 **Mooring cone** (A/c 1)
The conical member at the extreme bow of
an airship.
(BS 185: Sect. 7: No. 7306)
2763 **Mooring point** (A/c 1)
A specially strengthened part of an airship or
its rigging from which mooring ropes are led.
(BS 185: Sect. 7: No. 7307)
2764 **Mooring spindle** (A/c 1)
The member which supports the mooring
cone.
(BS 185: Sect. 7: No. 7308
2765 **Mooring, tail-guy** ~,
cf./vgl. S.-No./lfd. No. 4227
2766 **Mooring wire, main** ~,
cf./vgl. S.-No./lfd. No. 2598
2767 **Mosaic** (Aero)
An assemblage of aerial photographs

Ablenkfilterung (Fltmot)
Ein Filtrierverfahren, bei dem Fremdkörper in
einem Luftstrom durch dessen Umlenkung
abgesondert werden.

Schale(nbauweise) (Konstr)
Bauart wie z. B. eines Flugzeugrumpfes, bei
der fast alle oder sämtliche Beanspruchungen
von der Beplankung oder Außenhaut aufgenommen werden.

Eindecker (Lfz)
Flugzeug oder Gleiter mit einem Paar Tragflächen.

Einfach-Treibstoff (FK)
Treibstoff, der aus einer Substanz besteht und
keines weiteren chemischen Zusatzes für die
Schuberzeugung bedarf.

Monopropergol; Einfach-Treibstoff (FK)
Raketentreibstoff, der aus einer einzigen Substanz, speziell einer flüssigen Substanz besteht, die sowohl Treibstoff wie auch Oxidator
enthält.

Monsun (Met)
Ein Wind, der in bestimmten Gebieten mit au-
ßerordentlicher Regelmäßigkeit auftritt und
anhaltend aus einer gleichbleibenden Richtung weht, die mit der Jahreszeit wechselt.

Verankerungskonus (Lfz 1)
Konischer Bauteil an der Bugspitze eines Luftschiffs.

Verankerungspunkt (Lfz 1)
Verstärkter Teil eines Luftschiffs oder seiner
Verseilung, von dem die Verankerungsseile
ausgehen.
Spindel des Verankerungskonus (Lfz 1)
Bauteil, der den Verankerungskonus trägt.

Zusammengesetztes Luftbild; Mosaik (Aero)
Zusammenstellung von Luftbildern, die so an-

matched so as to form a continuous picture.
(NASA S.0810)

2768 Mosaic, uncontrolled ~,
cf./vgl. S.-No./lfd. No. 4534

2769 Most economical range (A/c)
The range when an aircraft is continuously flown under conditions giving maximum fuel economy for the weight and prevailing wind.
(BS 185: Sect. 4: No. 4312)

2770 Most probable position (Nav)
The position of an aircraft estimated from all the data available, taking into account their probable accuracy.
(BS 185: Sect. 11: No. 11 120)

2771 Motion, streamline ~,
cf./vgl. S.-No./lfd. No. 4086

2772 Motor, rocket ~,
cf./vgl. S.-No./lfd. No. 3596, 3597

2773 Mountain breeze (Met)
A katabatic wind which blows down valleys and mountain slopes at night or in winter.
(BS 185: Sect. 15: No. 15 211)

2774 Mouth diameter (Para)
The distance between opposite rigging points at the peripheral hem with the canopy fully inflated.
(BS 185: Sect. 12: No. 12 123)

2775 Mouth lock (Para)
A device, situated at or near the exit of a pack, preventing the canopy from emerging until the rigging lines are deployed.
(BS 185: Sect. 12: No. 12 133)

2776 Movement area (GS)
That part of an aerodrome intended for the surface movement of aircraft.
(ICAO, Annex 4, 5th Ed., Annex 14, 4th Ed., Annex 15, 3rd Ed.)

2777 Movement area (GS)
That part of an aerodrome prepared for the take-off, landing and movement of aircraft.
(BS 185: Sect. 13: No. 13 316)

2778 Movement indicator, aerodrome surface ~,
cf./vgl. S.-No./lfd. No. 66

2779 Moving target indicator (= MTI) (TEL)
A radar indicator that permits cancellation of returns from fixed objects, showing returns from moving objects only.
(NASA S.0813)

2780 Multi-element oil cooler (Eng)
A cooler composed of a number of cooling units.
(BS 185: Sect. 8: No. 8226)

2781 Multiplane (A/c)
An aeroplane or glider with two or more sets of wings one above another, e. g., **Biplane oder Triplane.**
Note. – Monoplane, biplane, triplane or multiplane are also used as adjectives associated with a particular component, e. g. **Biplane rudder, triplane tail** etc.
(BS 185: Sect. 5: No. 5123)

2782 Multi-ply fabric (A/c 1)
Fabric formed of more than one ply.
(BS 185: Sect. 7: No. 7219)

2783 Multi-row radial engine (Eng)
A radial engine with two or more rows of cylinders.
(BS 185: Sect. 8: No. 8321)

einander gepaßt sind, daß sie ein zusammenhängendes Bild ergeben.

Wirtschaftlichste Reichweite (Lfz)
Reichweite, bei der das Luftfahrzeug dauernd unter den Bedingungen geflogen wird, die für die jeweilige Flugmasse und den vorherrschenden Winden den wirtschaftlichsten Kraftstoffverbrauch ergeben.

Wahrscheinlichster Standort (Nav)
Standort eines Luftfahrzeugs, der aus allen verfügbaren Daten ermittelt wurde, wobei deren wahrscheinliche Genauigkeit in Rechnung gestellt wurde.

Bergwind (Met)
Ein Fallwind, der nachts oder im Winter entlang von Tälern oder Berghängen hinunterweht.

Basisdurchmesser (Fallsch)
Entfernung zwischen gegenüberliegenden Fangleinenbefestigungspunkten am unteren Rand einer voll gefüllten Fallschirmkappe.

Öffnungssicherung (Fallsch)
Vorrichtung, die an oder in der Nähe der Öffnung eines Fallschirmpacks angebracht ist, um zu verhindern, daß die Fallschirmkappe aus dem Pack austritt, bevor die Fangleinen frei sind.

Bewegungsfläche (Bod)
Der Teil eines Flugplatzes, der für Bewegungen von Luftfahrzeugen am Boden bestimmt ist.

Bewegungsfläche (Bod)
Derjenige Teil eines Flugplatzes, der für Start, Landung und Bewegungen von Luftfahrzeugen hergerichtet ist.

Festzielunterdrückung; Festzeichenlöschung (Ferm)
Radarbilddarstellung, bei der die Echozeichen ortsfester Objekte unterdrückt werden und lediglich das Radarecho beweglicher Ziele sichtbar ist.

Vielzelliger Ölkühler (Flmot)
Ein Ölkühler, der aus einer Anzahl von Kühlungselementen besteht.

Mehrdecker (Lfz)
Flugzeug oder Gleiter mit zwei oder mehreren übereinanderliegenden Paaren von Tragflächen, z. B. **Doppeldecker** oder **Dreidecker.**
Anmerkung: "Monoplane, biplane, triplane" oder "multiplane" werden in Verbindung mit einem bestimmten Einzelteil auch adjektivisch gebraucht, z. B., "biplane rudder" = **doppeltes Seitenruder,** "triplane tail" = **dreifaches Leitwerk** usw.

Mehrschichtiger Stoff (Lfz 1)
Stoff, der aus mehr als einer Schicht besteht.

Mehrfachsternmotor (Flmot)
Ein Sternmotor mit zwei oder mehreren Zylindersternen.

2784 **Multi-speed supercharger (Eng)**
A gear-driven supercharger in which alternative gear ratios may be engaged.
(BS 185: Sect. 8: No. 8363)

2785 **Multi-stage compressor (Turbo)**
A compressor having two or more stages of compression in series.
(BS 185: Part 2: No. 8412)

2786 **Multi-stage supercharger (Eng)**
A supercharger having two or more stages of compression in series.
(BS 185: Sect. 8: No. 8364)

Umschaltbarer Lader (Flmot)
Ein Lader, der über ein Getriebe angetrieben wird, dessen Übersetzungsverhältnis umgeschaltet werden kann.

Mehrstufiger Verdichter (Turbo)
Ein Verdichter, bei dem zwei oder mehrere Verdichtungsstufen hintereinander angeordnet sind.

Mehrstufiger Lader (Flmot)
Ein Lader, bei dem zwei oder mehrere Verdichtungsstufen hintereinander angeordnet sind.

N

2787 **N-struts (Struct)**
A set of three struts, usually interplane struts, arranged like the letter "N".
(NASA S.0835)

2788 **Nacelle (A/c)**
A streamlined structure on an aircraft, separate from the fuselage, for housing crew, engines or other items of load.
(BS 185: Sect. 5: No. 5375)

2789 **Nautical mile (Nav)**
A unit of distance equal to one minute of a great circle. The international nautical mile is taken to be 6076.10333 feet.
(NASA S.0818)

2790 **Nautical twilight (Nav)**
cf./vgl. **Twilight**, S.-No./lfd. Nr. 4519

2791 **Navigation, air ~,**
cf./vgl. S.-No./lfd. Nr. 218

2792 **Navigation, grid ~,**
cf./vgl. S.-No./lfd. Nr. 1906

2793 **Navigation lights (A/c)**
Lights, specified by regulations, to be shown by all aircraft in flight during the hours of darkness.
(BS 185: Sect. 11: No. 11 121)

2794 **Navigation, radio ~,**
cf./vgl. S.-No./lfd. Nr. 3396

2795 **Navigation system, Doppler ~,**
cf./vgl. S.-No./lfd. Nr. 1363

2796 **Navigational aid, short distance ~,**
cf./vgl. S.-No./lfd. Nr. 3786

2797 **Near gale (Met)**
Beaufort number 7: Whole trees in motion; inconvenience felt when walking against wind (wind speed: 28–33 knots).
(BS 185: Sect. 15: Table 2)

2798 **Neck (A/c 1)**
A tube at the bottom of a balloon for the automatic discharge of gas in flight and for use in inflation and deflation.
(BS 185: Sect. 7: No. 7239)

2799 **Negative accelerations (Med),**
cf./vgl. **Accelerations**, S.-No./lfd. Nr. 11

2800 **Negative dihedral (A/c)**
A downward inclination of a wing or other surface.
(NASA S.0819)

2801 **Negative dihedral (A/c),**
cf./vgl. **Anhedral**, S.-No./lfd. Nr. 373

2802 **Negative G (Aero)**
A force acting on a body undergoing negative acceleration.
(NASA S.0820)

N-Stiel; N-Strebe (Konstr)
Ein Satz von drei Streben, normalerweise zwischen zwei Tragflächen, die in Form des Buchstaben „N" angeordnet sind.

Gondel (Lfz)
Eine stromlinienförmige, vom Rumpf eines Luftfahrzeugs abgesetzte Konstruktion zur Aufnahme von Besatzung, Motoren und anderer Zuladung.

Nautische Meile; Seemeile (Nav)
Entfernungsmaßeinheit, die der Bogenminute eines Großkreises entspricht. Die internationale nautische Meile wird mit 1853,2115 m angenommen.

Positionslichter; Navigationslichter (Lfz)
Durch Bestimmungen im einzelnen festgelegte Lichter, die ein Luftfahrzeug im Flug während der Dunkelheit zu führen hat.

Steifer Wind (Met)
Windstärke (Beaufort-Zahl) 7: Ganze Bäume in Bewegung; Behinderung beim Gehen gegen den Wind (Windgeschwindigkeit: 28–33 Knoten).

Füllansatz (Lfz 1)
Schlauch am Boden eines Ballons zur automatischen Gasentleerung im Fluge oder zur Füllung und Entleerung am Boden.

Negative V-Stellung (Lfz)
Nach unten geneigte Stellung eines Tragflügels oder einer anderen Fläche.

Negative Beschleunigung; Verzögerung (Aero)
Die auf einen Körper als negative Beschleunigung einwirkende Kraft.

2803 Nephoscope (Met)
An instrument for determining, from the ground, the direction of motion of a cloud and its velocity-height ratio.
(BS 185: Sect. 15: No. 15 716)

2804 Net efficiency (Prop)
The ratio of the net thrust horse-power to the torque horse-power.
(BS 185: Part 2: No. 9115)

2805 Net gradient (of climb) (Flt OPS)
The net gradient of climb throughout these requirements is the expected gradient of climb diminished by the manoeuvre performance (i. e. that gradient of climb necessary to provide power to manoeuvre) and by the margin (i. e. that gradient of climb necessary to provide for those variations in performance which are not expected to be taken explicit account of operationally).
(ICAO, Annex 8, 5th Ed.)

2806 Net height (Flt OPS)
The height of a point on the net (take-off) flight path being considered.
(ICAO, Annex 8, 5th Ed.)

2807 Net lift (A/c 1)
The gross lift less the disposable and fixed weights of a lighter-than-air aircraft. In a captive balloon, it is equal to the cable tension at the top of the flying cable.
(BS 185: Sect. 7: No. 7129)

2808 Net thrust (Prop)
The resultant force on a combination of propeller and nacelle or fuselage measured parallel to the propeller axis.
(BS 185: Part 2: No. 9149)

2809 Net wing area (A/c)
The gross wing area, less the part covered by the fuselage.
(BS 185: Sect. 5: No. 5215)

2810 Net wing loading (Struct)
Gross weight divided by net wing area.
(BS 185: Sect. 5: No. 5607)

2811 Network, radio telephony ~,
cf./vgl. S.-No./lfd. Nr. 3408

2812 Network station (TEL)
An aeronautical station forming part of a radio telephony network.
(ICAO, Annex 10, Volume II, 1st Ed.)

2813 Neutral point with stick fixed (Stab)
The position of the centre of gravity for which the position of the control column required to trim at a given speed does not depend on the speed.
(BS 185: Sect 4: No. 4215)

2814 Neutral point with stick free (Stab)
The position of the centre of gravity for which the hinge moment on the control surface required to trim at a given speed does not depend on the speed.
(BS 185: Sect. 4: No. 4216)

2815 Night (Aero)
The hours between the end of evening civil twilight and the beginning of morning civil twilight or such other period between sunset and sunrise as may be specified by the appropriate authority.
Note. – Civil twilight ends in the evening when the centre of the sun's disc is 6 degrees below the horizon and begins in the morning when the centre of the sun's disc is 6 degrees below the horizon.
(ICAO, Annex 1, 5th Ed., Annex 6, 6th Ed.)

Wolkenspiegel; Wolkenzugmesser (Met)
Ein Gerät zur Bestimmung der Zugrichtung und relativen Geschwindigkeit der Wolken vom Boden aus.

Nutzleistungswirkungsgrad (Prop)
Das Verhältnis der an der Welle verfügbaren Schubleistung zur Antriebsleistung einer Luftschraube.

Netto-Steigwinkel; „sicherer" Steigwinkel (Flbetr)
Der Netto-Steigwinkel („sichere" Steigwinkel) ist bei den vorliegenden Anforderungen der erwartete Steigwinkel vermindert um den durch Steuerausschläge bedingten Wert (d. h. um jenen Winkel, der für die Durchführung von Flugbewegungsänderungen notwendig ist) und um einen Toleranzwert (d. h. um jenen Winkel, der zur Berücksichtigung von solchen Leistungsänderungen notwendig ist, die erwartungsgemäß im Betrieb nicht genau erfaßt werden können).

Netto-Höhe; „sichere" Höhe (Flbetr)
Die Höhe eines Punktes auf der jeweiligen Netto-(Start-)Flugbahn.

Freier Auftrieb (Lfz 1)
Gesamtauftrieb, vermindert um die verfügbare und feste Masse eines Luftfahrzeugs leichter als Luft. Bei einem Fesselballon ist er gleich der Seilspannung am oberen Ende des Haltekabels.

Nutzschub (Prop)
Die resultierende Vortriebskraft einer Kombination von Luftschraube und Motorgondel oder Flugzeugrumpf, gemessen parallel zur Luftschraubenachse.

Nettoflügelfläche (Lfz)
Gesamtflügelfläche nach Abzug des vom Rumpf bedeckten Teils.

Netto-Tragflächenbelastung (Konst)
Gesamtmasse dividiert durch Nettoflügelfläche.

Netzfunkstelle (Fernm)
Eine Bodenfunkstelle, die Teil eines Sprechfunknetzes ist.

Neutralpunkt mit festem Knüppel (Stab)
Schwerpunktlage, bei der die zum Trimmen bei einer gegebenen Geschwindigkeit erforderliche Steuersäulenstellung von der Geschwindigkeit unabhängig ist.

Neutralpunkt mit losem Knüppel (Stab)
Schwerpunktlage, bei der das zum Trimmen bei einer gegebenen Geschwindigkeit erforderliche Rudermoment an einer Steuerfläche von der Geschwindigkeit unabhängig ist.

Nacht (Aero)
Die Stunden zwischen dem Ende der bürgerlichen Abenddämmerung und dem Beginn der bürgerlichen Morgendämmerung oder eine andere Zeitspanne zwischen Sonnenuntergang und Sonnenaufgang, die durch die zuständige Behörde festgelegt werden kann.
Anmerkung: Die bürgerliche Dämmerung endet am Abend und beginnt am Morgen, wenn sich die Mitte der Sonnenscheibe 6° unter dem Horizont befindet.

2816 Night (Nav)
The hours between sunset and sunrise or such other period between sunset and sunrise as may be prescribed by the appropriate authority.
(BS 185: Sect. 13: No. 13 245)

Nacht (Nav)
Die Stunden zwischen Sonnenuntergang und Sonnenaufgang oder eine andere von einer zuständigen Behörde vorgeschriebene Zeitspanne zwischen Sonnenuntergang und Sonnenaufgang.

2817 Nimbostratus (Met)
Grey cloud layer, often dark, the appearance of which is rendered diffuse by more or less continuously falling rain or snow which in most cases reaches the ground. It is thick enough throughout to blot out the sun. Low ragged clouds frequently occur below the layer, with which they may or may not merge.
(BS 185: Sect. 15: No. 14 415)

Nimostratus (Met)
Graue, meist dunkle Wolkenschicht von diffusem Aussehen, das von mehr oder weniger andauerndem Regen- oder Schneefall hervorgerufen wird, der meist den Boden erreicht. Sie ist so dick, daß die Sonne nirgendwo hindurchscheint. Unter der Schicht befinden sich häufig tiefe, mit ihr verbundene oder nicht verbundene Wolkenfetzen.

2818 No-flow pressure (Hydr),
cf./vgl. **Zero-delivery pressure,** S.-No./lfd. Nr. 4820

2819 No-lift direction (Aerodyn)
The direction of the airflow relative to an aerofoil section for which the lift would be zero on a parallel untwisted aerofoil of that section.
(BS 185: Part 1: No. 4145)

Nullauftriebsrichtung (Aerodyn)
Anströmrichtung in bezug auf ein Flügelprofil, für die bei einem parallelen unverwundenen Tragflügel dieses Profils kein Auftrieb entsteht.

2820 No-wind position,
cf./vgl. **Air position,** S.-No./lfd. Nr. 226

2821 Noise meter (Instr)
An instrument for the measurement of some quantity characteristic of the streength of a noise, e. g., sound pressure level or intensity.
(BS 185: Sect. 5: No. 5551)

Geräuschmesser; Lärmmesser (Instr)
Instrument zum Messen einer für die Stärke eines Geräusches charakteristischen Größe, z. B. Schalldruck oder Lautstärke.

2822 Noise-meter, objective ~,
cf./vgl. S.-No./lfd. Nr. 2865

2823 Noise-meter, subjective ~,
cf./vgl. S.-No./lfd. Nr. 4114

2824 Noise suppressor (Turbo),
cf./vgl. **Jet silencer,** S.-No./lfd. nr. 2312

2825 Non-directional beacon (TEL)
A transmitter used as a beacon, whose bearing can only be determined by an aircraft equipped for direction finding.
(BS 185: Sect. 14: No. 14 305)

Ungerichtetes Funkfeuer; Kreisfunkfeuer (Fernm)
Ein als Funkfeuer benutzter Sender, dessen Peilung lediglich von Luftfahrzeugen mit Peilgeräteausstattung festgestellt werden kann.

2826 Non-instrument runway (GS)
A runway for the operation of aircraft using visual approach procedures.
(ICAO, Annex 14, 4th Ed.)

Sichtflugpiste (Bod)
Eine Piste, die für den Flugbetrieb von Luftfahrzeugen nach Sichtanflugverfahren bestimmt ist.

2827 Non-network communications (TEL)
Radio telephony communications conducted by a station of the aeronautical mobile service, other than those conducted as part of a radio telephony network.
(ICAO, Annex 10, Volume II, 1st Ed.)

Netzfreie Fernmeldeverbindungen
Sprechfunkverbindungen, die von einer Stelle des beweglichen Flugfunkdienstes außerhalb des Sprechfunknetzes hergestellt werden.

2828 Non-pressure cowling (Eng)
A cowling designed to prevent entry of surrounding air into the engine nacelle.
(BS 185: Sect. 8: No. 8207)

Geschlossene Motorhaube (Flmot)
Eine Motorhaube, die so konstruiert ist, daß keine Außenluft in die Motorgondel eintreten kann.

2829 Non-radar separation (ATC)
The separation used when aircraft position information is derived from sources other than radar.
(ICAO, Doc 4444–RAC/501/8)

Konventionelle Staffelung; Staffelung ohne Radar (FS)
Die Staffelung, die angewendet wird, wenn Standortinformationen über Luftfahrzeuge aus anderen Quellen als Radar gewonnen werden.

2830 Non-ramming intake (Eng)
An air intake in which the effect of forward speed on intake air pressure is neutralized.
(BS 185: Sect. 8: No. 8269)

Staufreier Lufteinlaß (Flmot)
Ein Lufteinlaß, bei dem die Wirkung des Flugstaudrucks auf den Ansaugluftdruck neutralisiert wird.

2831 Non-return-flow wind tunnel (Aerodyn)
A wind tunnel not provided with a duct between the downstream end of the diffuser and the upstream end of the concentration.
(BS 185: Sect. 4: No. 4640)

Windkanal offener Bauart (Aerodyn)
Windkanal, der über kein Verbindungsrohr zwischen dem stromabwärtigen Ende des Diffusors und dem stromaufwärtigen der Verengung verfügt.

2832 Non-rigid airship (A/c 1)
An airship in which the internal pressure alone maintains the designed shape of the envelope.
(BS 185: Sect. 7: No. 7102)

2833 Normal axis (Aerodyn)
The straight line through the centre of gravity in the plane of symmetry perpendicular to the longitudinal axis. The positive sense is in the ventral direction
(BS 185: Sect. 6: No. 4118)

2834 Normal flight (Flt OPS)
All flying manoeuvres necessary for ordinary flying, e. g. horizontal straight flight, climbing and gliding, turns and side-slips for purposes of losing height or counteracting drift.
(BS 185: Sect. 2: No. 2115)

2835 Normal force (Aerodyn)
The component of the total aerodynamic force along the z-axis (or normal axis).
(BS 185: Sect. 4: No. 4144)

2836 Normal loop (Flt OPS)
The usual form of inside loop, in which the airplane, beginning from an upright flying position, passes successively through a backward curving climb, inverted flight, and a curving dive, regaining its original attitude at the finish.
(NASA S.0825)

2837 Normal propeller state (Rotor)
The operating condition of a rotor when the rotor thrust is in the opposite direction to the axial flow through and outside the rotor disk area.
(BS 185: Sect. 5: No. 5730)

2838 Normal velocity (A/c)
The resolved part of the velocity relative to the undisturbed air in the direction of the normal axis.
(BS 185: Part 1: No. 4136)

2839 North, grid ~,
cf./vgl. S.-No./lfd. Nr. 1907

2840 North, magnetic ~,
cf./vgl. S.-No./lfd. Nr. 2592

2841 North, true ~,
cf./vgl. S.-No./lfd. Nr. 4468

2842 Northing (Nav)
Northward (that is, from bottom to top) reading of grid values on a map. ·
(AAP-6)

2843 Nose cap (A/c 1), cf./vgl.
Bow cap, S.-No./lfd. Nr. 750

2844 Nose cap (Prop)
A boss or hub fairing fitted co-axially and rotating with the propeller. It does not extend aft to the front of the blade roots.
(BS 185: Sect. 9: No. 9119)

2845 Nose heaviness (Flt OPS)
The tendency of an aircraft to pitch down by the nose in flight.
(BS 185: Sect. 2: No. 2116)

2846 Nose plane (A/c)
A surface fixed, movable or adjustable in flight, located forward of the main plane, contributing to longitudinal control and/or stability.
(BS 185: Sect. 5: No. 5346)

2847 Nose radiator (Eng)
A radiator fitted at the front of a fuselage or nacelle.
(BS 185: Sect. 8: No. 8390)

2848 Nose rib (A/c)
A rib between the front spar and leading

Unstarres Luftschiff; Prall-Luftschiff (Lfz 1)
Luftschiff, dessen zugrunde gelegte Hüllenform allein durch den Innendruck aufrechterhalten wird.

Hochachse (Aerodyn)
Gerade durch den Schwerpunkt in der Symmetrieebene senkrecht zur Längsachse. Positiv nach unten.

Normalflug (Flbetr)
Alle Flugbewegungen, die zum üblichen Fliegen notwendig sind, z. B. gerader Horizontalflug, Steig- und Gleitflug, Kurven- und Schiebeflug, um Höhe zu verlieren oder der Abtrift entgegenzuwirken.

Normalkraft; Vertikalkraft (Aerodyn)
Komponente der aerodynamischen Gesamtkraft in Richtung der z-Achse (oder Hochachse).

Looping (rückwärts) (Flbetr)
Die gebräuchliche Form des Überschlags in rückwärtiger Richtung, bei dem das Flugzeug von der Normalfluglage ausgehend fortlaufend einen nach hinten gekrümmten Steigflug und über die Rückenlage einen bogenförmigen Sturzflug bis zur Wiedereinnahme der ursprünglichen Fluglage beschreibt.

Hubschrauberzustand (Drehfl)
Betriebszustand eines Rotors, bei dem der Rotorschub in die zum axialen Durchfluß innerhalb der Rotorkreisfläche entgegengesetzte Richtung zeigt.

Normalgeschwindigkeit; Vertikalgeschwindigkeit (Lfz)
Geschwindigkeitskomponente in der ungestörten Luft in Richtung der Hochachse.

Bestimmung des Nordwertes (Nav)
Ablesen von Kartengitterwerten in nördlicher Richtung, d. h. von unten nach oben.

Nasenkappe (Prop)
Eine Nabenwulst- oder eine Nabenverkleidung, die konzentrisch auf der Nabe befestigt ist und mit dieser rotiert. Die Nasenkappe reicht nach hinten nicht über die Vorderkante der Blattwurzeln hinweg.

Kopflastigkeit (Flbetr)
Tendenz eines Luftfahrzeugs, im Flug nach vorn abzukippen.

Nasenfläche (Lfz)
Feststehende, bewegliche oder im Flug verstellbare Fläche, die sich vor der Haupttragfläche befindet und zur Steuerung um die Querachse und/oder Längsstabilität beiträgt.

Bugkühler (Flmot)
Ein Kühler, der in den Bug eines Flugzeugrumpfes oder einer Motorgondel eingebaut ist.

Nasenrippe (Lfz)
Rippe zwischen dem vorderen Holm und der

edge of an aerofoil.
(BS 185: Sect. 3: No. 3213)

Vorderkante eines Profils.

2849 Nose stiffeners (A/c 1),
cf./vgl. **Bow stiffeners,** S.-No./lfd. Nr. 751

2850 Nose-wheel landing gear (A/c)
A landing gear with a nose-wheel undercarriage.
(BS 185: Sect. 5: No. 5389)

Bugradfahrwerk; Dreiradfahrwerk (Lfz)
Fahrwerk mit Bugradfahrgestell.

2851 NOTAM (ATC)
A notice containing information concerning the establishment, condition or change in any aeronautical facility, service, procedure or hazard, the timely knowledge of which is essential to personnel concerned with flight operations.
– Class I distribution.
  Distribution by means of telecommunication.
– Class II distribution.
  Distribution by means other than telecommunication.
(ICAO, Annex 10, Volume II, 1st Ed, Annex 11, 5th Ed., Annex 15, 3rd Ed.)

NOTAM (FS)
Eine Nachricht über Errichtung, Zustand oder Änderung jeglicher Luftfahrtanlagen, Dienste, Verfahren oder aber Gefahren, deren rechtzeitige Kenntnis für das betroffene Luftfahrtpersonal wesentlich ist.
– Verteilung Klasse I:
  Verteilung auf dem Fernmeldeweg.
– Verteilung Klasse II:
  Verteilung auf anderem als dem Fernmeldeweg.

2852 NOTAM Office, international ~,
cf./vgl. S.-No./lfd. Nr. 2280

2853 Nozzle (Aerodyn)
1. An effuser or part of an effuser in a supersonic wind tunnel in which the fluid is accelerated from subsonic to supersonic speed by means of a convergent-divergent duct and a region of uniform flow achieved. (Sometimes called **a supersonic effuser.**)
2. The contraction of subsonic wind tunnel having an open working section.
(BS 185: Sect. 4: No. 4613)

Düse (Aerodyn)
1. Teil oder Gesamtheit eines Ausflußrohrs in einem Überschallkanal, in dem die Strömung mittels eines konvergierend-divergierenden Rohrs von Unterschall- auf Überschallgeschwindigkeit beschleunigt und eine gleichförmige Strömung erzielt wird. (Auch **Überschall-Effusor** bezeichnet.)
2. Die Verengung in einem Unterschallkanal mit einer offenen Meßstrecke.

2854 Nozzle, exhaust ~,
cf./vgl. S.-No./lfd. Nr. 1544

2855 Nozzle, fuel ~,
cf./vgl. S.-No./lfd. Nr. 1814

2856 Nozzle guide-vanes (Turbo)
A ring of stationary vanes which accelerates the gas and directs it on to a row of rotating turbine blades.
(BS 185: Sect. 8: No. 8457)

Eintrittsleitschaufeln; Düsenleitschaufeln (Turbo)
Ein Kranz stationärer Schaufeln, der die Gase aus den Brennkammern beschleunigt und in Richtung auf ein Turbinenlaufrad lenkt.

2857 Nozzle, propelling ~,
cf./vgl. S.-No./lfd. Nr. 3294

2858 Nozzle, variable-area propelling ~,
cf./vgl. S.-No./lfd. Nr. 4592

2859 Nuclear turbojet
A turbojet engine having a nuclear reactor, rather than a combustion chamber, to heat the incoming air for expansion through the turbine and out through the jet nozzle.
(NASA S.0836)

Atomares Strahltriebwerk; kernenergetisches Turbostrahltriebwerk
Turbostrahltriebwerk, das an Stelle einer Brennkammer über einen nuklearen Reaktor verfügt, der die einströmende Luft zur Expansion durch die Turbine und Austritt durch die Strahldüse erhitzt.

2860 Null (TEL)
A minimum radio signal or an absence of any signal, as in the transmitting pattern of an antenna or in the reception of a direction-finding set.
(NASA S.0837)

(Akustisches) Minimum; Schweigezone (Fernm)
Minimales Funksignal oder völliges Ausbleiben eines Signals, wie es aufgrund der Sendecharakteristik einer Antenne oder beim Empfang eines Funkpeilgeräts auftritt.

2861 Number, cetane ~,
cf./vgl. S.-No./lfd. Nr. 895

2862 Number, flight Mach ~,
cf./vgl. S.-No./lfd. Nr. 1696

2863 Number, Mach ~,
cf./vgl. S.-No./lfd. Nr. 2582

2864 Number, Reynolds ~,
cf./vgl. S.-No./lfd. Nr. 3546

O

2865 Objective noise-meter (Instr)
A noise meter operating objectively, i. e.
without requiring from the user any subjective judgment of the magnitude of the quantity under measurement.
(BS 185: Sect. 5: No. 5552)

Absoluter Geräuschmesser (Instr)
Objektiv arbeitender Geräuschmesser, d. h.
vom Beobachter wird keine subjektive Beurteilung der zu messenden Größe gefordert.

2866 Observation balloon (A/c 1)
A balloon fitted with a basket or car to carry
observers.
(BS 185: Sect. 7: No. 7114)

Beobachtungsballon (Lfz 1)
Ballon mit Korb oder Gondel für Beobachter.

2867 Observer, automatic ~,
cf./vgl. S.-No./lfd. Nr. 511

2868 Obstacle clearance limit (Flt OPS)
The height above aerodrome elevation below
which the minimum prescribed vertical
clearance cannot be maintained either on approach or in the event of a missed approach.
(ICAO, Doc 8168–OPS/611/2)

Hindernisfreigrenze (Flbetr)
Die Höhe über Flugplatz, unterhalb welcher
der vorgeschriebene vertikale Mindestabstand
beim Anflug oder im Falle eines Fehlanflugs
nicht mehr eingehalten werden kann.

2869 Obstacle clearance surface (GS)
A surface above which obstacles must not
penetrate if the required obstacle clearance
is to be maintained.
(ICAO, Doc 8168–OPS/611/2)

Hindernisfreifläche (Bod)
Eine Fläche, über die keine Hindernisse hin-
ausragen dürfen, wenn der erforderliche Hin-
dernisabstand gewahrt bleiben soll.

2870 Obstruction light (GS)
A light indicating the presence of an obstruc-
tion.
(BS 185: Sect. 13: No. 13 341)

Hindernisfeuer (Bod)
Feuer, das Hindernisse kennzeichnet.

2871 Obstruction lights (GS)
Aeronautical ground lights provided to indi-
cate obstructions.
(ICAO, Doc 444–RAC/501/7)

Hindernisfeuer; Hindernisbefeuerung (Bod)
Luftfahrtbodenfeuer zur Anzeige von Hindernissen.

2872 Obstruction markers (GS)
Markers indicating obstructions forming po-
tential hazards to aircraft.
(BS 185: Sect. 13: No. 13 360)

Hindernissichtzeichen; Hindernismarker (Bod)
Sichtzeichen zum Anzeigen von Hindernissen,
die Luftfahrzeuge gefährden könnten.

2873 Obturator ring (Eng)
A gas ring L-shaped in cross section.
(BS 185: Sect. 8: No. 8340)

Feuerring (Flmot)
Ein Dichtungsring mit L-förmigem Querschnitt.

2874 Occlusion (Met)
The residual front after the cold front of a depression has overtaken the warm front and
the warm sector has been lifted from the surface of the Earth.
(BS 185: Sect. 15: No. 15 516)

Okklusion (Met)
Die verbleibende Front, nachdem die Kaltfront eines Tiefs die Warmfront überholt hat
und die Warmluftmasse völlig vom Boden ab-
gehoben hat.

2875 Occulting light (GS)
An intermittent light in which the light periods are equal to or longer than the dark periods, with a repeated cycle.
(BS 185: Sect. 13: No. 13 342)

Unterbrochenes Feuer (Bod)
Periodisch unterbrochenes Feuer, dessen helle
Perioden gleich oder länger als die dunklen
sind.

2876 Ocean station (ATC)
The area enclosed by a square with sides of
210 nautical miles centred on the designated
station and oriented with its axes true North-
South and East-West.
(ICAO, Doc 6926–AN/856/4)

Ozeanstation (FS)
Ein quadratischer Bereich mit einer Seiten-
länge von 210 Seemeilen, dessen Mittelpunkt
der festgelegte Standort ist und dessen Achsen
nach rechtweisend Nord-Süd und Ost-West
ausgerichtet sind.

2877 Ocean station call sign (ATC)
The call sign assigned to identify an ocean
station when used by an ocean station vessel
assigned to and occupying the ocean station
identified thereby.
(ICAO, Doc 6926–AN/856/4)

Rufzeichen einer Ozeanstation (FS)
Das zur Kennung einer Ozeanstation bestimmte Rufzeichen, das von dem Ozeanstationsschiff verwendet wird, das dieser Ozeanstation zugeteilt ist und sie besetzt.

2878 Ocean station vessel (ATC)
A vessel specially equipped and currently as-
signed to occupy an ocean station.
(This term should not be used for vessels not
on duty.)
(ICAO, Doc 6926–AN/856/4)

Ozeanstationsschiff (FS)
Ein besonders ausgerüstetes Schiff, das dazu
bestimmt ist, eine Ozeanstation zu besetzen.
(Dieser Ausdruck sollte nur für eingesetzte
Schiffe verwendet werden.)

2879 Off station (ATC)
The status of an ocean station vessel when

Nicht auf Station (FS)
Status eines Ozeanstationsschiffes, das sich

outside the limits of its assigned ocean station.
(ICAO, Doc 6926–AN/856/4)

2880 Offset, axle ~,
cf./vgl. S.-No./lfd. Nr. 555

2881 Offset frequency simplex (TEL)
A variation of single channel simplex wherein telecommunication between two stations is effected by using in each direction frequencies that are intentionally slightly different but contained within a portion of the spectrum allotted for the operation.
(ICAO, Annex 10, Volume I, 1st Ed.)

2882 Oil control valve (Eng)
An automatic valve to regulate the performance of an oil cooler, e. g. **By-pass, Viscosity, Thermostatic** or **Anti-surge valve.**
(BS 185: Sect. 8: No. 8222)

2883 Oil cooler, air-intake ~,
cf./vgl. S.-No./lfd. Nr. 202

2884 Oil cooler, ducted ~,
cf./vgl. S.-No./lfd. Nr. 1404

2885 Oil cooler, mixed-matrix ~,
cf./vgl. S.-No./lfd. Nr. 2730

2886 Oil cooler, multi-element ~,
cf./vgl. S.-No./lfd. Nr. 2780

2887 Oil cooler, series ~,
cf./vgl. S.-No./lfd. Nr. 3745

2888 Oil cooler, surface ~,
cf./vgl. S.-No./lfd. Nr. 4161

2889 Oil cooler, tank ~,
cf./vgl. S.-No./lfd. Nr. 4270

2890 Oil dilution system (Eng)
A system by which the oil can be diluted to assist cold starting.
(BS 185: Sect. 8: No. 8230)

2891 Oil ring (Eng),
cf./vgl. **Scraper ring,** S.-No./lfd. Nr. 3686

2892 Okta (Met)
The unit, equal to the area of one eighth of the sky, used in specifying cloud amount.
(BS 185: Sect. 15: No. 15 422)

2893 Oleo (A/c)
A telescopic structural member designed to dissipate the energy at landing by the passage of oil under pressure through an orifice.
(BS 185: Sect. 5: No. 5392)

2894 Oleo leg (A/c),
cf./vgl. **Oleo,** S.-No./lfd. Nr. 2893

2895 Oleo strut (A/c),
cf./vgl. **Oleo,** S.-No./lfd. Nr. 2893

2896 Omni-directional beacon (TEL)
A beacon radiating in all directions and providing a datum in relation to which a bearing is obtainable in an aircraft.
(BS 185: Sect. 14: No. 14 306)

2897 Omni-directional light (GS)
A light having a substantially uniform intensity through 360° in azimuth at any particular angle of elevation within such limits as may be specified.
(BS 185: Sect. 13: No. 13 343)

2898 Omni-directional radio beacon (TEL)
cf./vgl. **VHF Omni-range,**
S.-No./lfd. Nr. 4635

2899 Omni-range, VHF ~,
cf./vgl. S.-No./lfd. Nr. 4635

2900 On station (ATC)
The status of an ocean station vessel when within the limits of the assigned ocean sta-

außerhalb der Grenzen seiner zugeteilten Ozeanstation befindet.

Frequenzabgesetzter Simplexbetrieb (Fernm)
Eine Abart des Einkanal-Simplexbetriebes, bei welcher der Fernmeldeverkehr zwischen zwei Stellen in der Weise erfolgt, daß in beiden Richtungen je eine Frequenz benutzt wird, die beide absichtlich etwas gegeneinander abgesetzt sind, jedoch in einem für den Betrieb zugewiesenen Teil des Spektrums liegen.

Ölregelventil (Flmot)
Ein selbsttätiges Ventil zum Regeln der Funktion eines Ölkühlers, z. B. **Umgehungsventil, Viskositätsventil, thermostatisches Ventil, Anti-Stoßwellenventil.**

Ölverdünnungsanlage; Kaltstartanlage (Flmot)
Eine Anlage, in der das Schmieröl verdünnt werden kann, um das Anlassen eines kalten Motors zu unterstützen.

Achtel (Met)
Die einem Achtel der Himmelsfläche entsprechende Einheit, die der Angabe des Bedeckungsgrades dient.

Ölfederbein (Lfz)
Teleskopischer Bauteil, der die Landeenergie dadurch aufnehmen soll, daß Öl unter Druck durch eine Öffnung passiert.

Rundstrahl-Funkfeuer; Drehfunkfeuer (Fernm)
Nach allen Seiten hin ausstrahlendes Funkfeuer, das einen Bezugspunkt abgibt, auf den bezogen eine Peilung von einem Luftfahrzeug aus erhalten werden kann.

Rundstrahlfeuer; Drehfeuer (Bod)
Feuer, das über eine im wesentlichen gleichbleibende Lichtstärke im Umkreis von 360° unter jeweils beliebigem Erhebungswinkel innerhalb festlegbarer Einschränkungen verfügt.

Auf Station (FS)
Status eines Ozeanstationsschiffes, das sich innerhalb der Grenzen seiner zugeteilten Ozean-

tion.
(ICAO, Doc 9626–AN/856/4)

2901 On-top cruising level clearance (ATC)
An aircraft clearance for VFR flight above cloud, haze, smoke or other formation.
(BS 185: Sect. 13: No. 13 246)

2902 Open-jet wind tunnel (Aerodyn)
A wind tunnel with an open working section.
(BS 185: Sect. 4: No. 4641)

2903 Open line refuelling (A/c)
A method of filling the fuel tanks of an aircraft through an aperture at the top without a fuel or gas-tight connection.
(BS 185: Sect. 10: No. 10 401)

2904 Open working section (Aerodyn)
A working section that is not bounded by walls.
(BS 185: Sect. 4: No. 4652)

2905 Opening, delayed ~,
cf./vgl. S.-No./lfd. Nr. 1260

2906 Opening time (Para)
The interval between the beginning of deployment and the full inflation of the canopy.
(BS 185: Sect. 12: No. 12 134)

2907 Opening speed, critical ~,
cf./vgl. S.-No./lfd. Nr. 1194

2908 Operating agency, aircraft ~,
cf./vgl. S.-No./lfd. Nr. 181

2909 Operating crew (Aero),
cf./vgl. **Flight crew,** S.-No./lfd. Nr. 1677

2910 Operating range (Miss)
The range over which a missile is capable of carrying out its function.
(BS 185: Sect. 6: No. 6606)

2911 Operating weight (A/c)
The weight of an aircraft equipped for flight. Normally comprises the 'basic weight' plus those 'variable' items which remain substantially constant for the type of mission. These include oil, crew, crew's baggage, steward's equipment, and emergency and extra equipment that may be carried.
(BS 185: Sect. 5: No. 5621)

2912 Operating weight (A/c)
The weight of an aircraft equipped for flight. The term requires special definition whenever used, but usually included is the weight of oil, crew, crew's baggage, and emergency or extra equipment.
(NASA S.0850)

2913 Operational control (ATC)
The exercise of authority over initiation, continuation, diversion or termination of a flight.
(ICAO, Annex 6, 6th Ed.)

2914 Operational control (AT)
The exercise of authority by the operator or on his behalf over the initiation, continuation, diversion or termination of a flight.
(BS 185: Sect. 13: No. 13 114)

2915 Operational control communications (TEL)
Communications required for exercising authority over initiation, continuation, diversion or termination of a flight in accordance with the provisions of Annex 6.

Note. – Such communications are normally required for the exchange of messages between aircraft and aircraft operating agencies.
(ICAO, Annex 10, Volume I, 1st Ed.)

station befindet.

Flugverkehrsfreigabe einer Flugfläche oberhalb der Wolkendecke (FS)
Freigabe zum Sichtflug über Wolken, Dunst, Rauch o. a.

Offener Windkanal (Aerodyn)
Windkanal, dessen Meßstrecke offen ist.

Offenes Betanken (Lfz)
Auffüllen der Kraftstoffbehälter eines Luftfahrzeugs durch eine Öffnung an der Oberseite ohne kraftstoff- oder luftdichten Anschluß.

Offene Meßstrecke (Aerodyn)
Eine nicht von Wänden begrenzte Meßstrecke.

Öffnungszeit (Fallsch)
Zeit zwischen dem Beginn des Entfaltens und der vollen Füllung der Fallschirmkappe.

Einsatzentfernung (FK)
Entfernung, über die ein Flugkörper seine Funktion auszuführen in der Lage ist.

Betriebsleermasse (Lfz)
Masse eines zum Fliegen ausgerüsteten Luftfahrzeugs. Es umfaßt im allgemeinen die Grundmasse plus diejenigen ‚variablen' Dinge, die für die Art des Flugauftrags im wesentlichen konstant bleiben. Hierzu gehören: Schmierstoff, die Besatzung und deren Gepäck, Ausrüstung des Stewards sowie gegebenenfalls mitgeführte Not- und Sonderausrüstung.

Betriebsleermasse (Lfz)
Masse eines flugfertig ausgerüsteten Luftfahrzeugs. Der Begriff ist bei Anwendung besonders zu definieren, beinhaltet im allgemeinen jedoch die Masseanteile von Hydrauliköl und Schmierstoff, der Besatzung und deren Gepäck sowie der Not- und Sonderausrüstung.

Flugbetriebsleitung (FS)
Die Ausübung der Befugnis, den Beginn, die Fortsetzung, die Umleitung oder die Beendigung eines Fluges zu bestimmen.

Flugbetriebsleitung (LVerk)
Ausübung der Befugnis durch den Luftfahrzeughalter oder in seinem Auftrag, den Beginn, die Fortsetzung, die Umleitung oder die Beendigung eines Flugs zu bestimmen.

Fernmeldeverbindungen für die Flugbetriebsleitung
Fernmeldeverbindungen, die für die Ausübung der Befugnis, den Beginn, die Fortsetzung, die Umleitung oder die Beendigung eines Fluges gemäß Anhang 6 zu bestimmen, erforderlich sind.

Anmerkung: Solche Verbindungen werden üblicherweise für den Austausch von Nachrichten zwischen Luftfahrzeugen und Luftfahrzeughaltern benötigt.

2916 Operator (Aero)
A person, organization or enterprise engaged in or offering to engage in an aircraft operation.
(ICAO, Annex 3, 6th Ed., Annex 6, 6th Ed., Annex 9, 5th Ed., Annex 11, 5th Ed., Annex 12, 4th Ed.)

2917 Operator's local representative (Aero)
An agent of the operator suitably located to permit the ready supply of operational information to the local meteorological office and to receive meteorological information for operational purposes.
(ICAO, Annex 3, 6th Ed.)

2918 Opposed-cylinder engine (Eng)
An engine with its cylinders arranged opposite each other in the same plane, their connecting rods working on the same crankshaft.
(BS 185: Sect. 8: No. 8318)

2919 Opposed-piston engine (Eng)
An engine with two pistons in the same cylinder acting in opposition.
(BS 185: Sect. 8: No. 8319)

2920 Orbit point (Flt OPS)
A geographically defined reference point over land or water, used in stationing airborne aircraft.
(AAP-6)

2921 Orientation, spatial ~,
cf./vgl. S.-No./lfd. Nr. 3892

2922 Origin, false ~,
cf./vgl. S.-No./lfd. Nr. 1581

2923 Ornithopter (A/c)
A heavier-than-air aircraft supported in flight chiefly by the reactions of the air on planes to which a flapping motion is imparted.
(ICAO, Annex 7, 2nd Ed.)

2924 Ornithopter (A/c)
A heavier-than-air aircraft supported in flight chiefly by the reaction of the air on wings to which a flapping motion is imparted.
(BS 185: Sect. 5: No. 5124)

2925 Orographic clouds (Met)
Clouds formed, under suitable conditions, by the passage of air over a mountain or ridge. They may occur close to the top of the mountain or ridge or at the crests of the associated standing waves.
(BS 185: Sect. 15: No. 15 423)

2926 Oscillation, lateral ~,
cf./vgl. S.-No./lfd. Nr. 2387

2927 Oscillation, longitudinal ~,
cf./vgl. S.-No./lfd. Nr. 2557

2928 Oscillation, Phugoid ~,
cf./vgl. S.-No./lfd. Nr. 3035

2929 Oscillation, stable ~,
cf./vgl. S.-No./lfd. Nr. 3974

2930 Oscillation, unstable ~,
cf./vgl. S.-No./lfd. Nr. 4550

2931 Oscillatory spin (Flt OPS)
A spin in which sustained oscillations are present, the most marked being in roll and pitch, e. g. the rate of roll changes from zero to a high value and back again in each cycle.
(BS 185: Sect. 2: No. 2131)

2932 Out-of-alignment (Prop)
Having the blade sweep of one blade dif-

(Luftfahrzeug-)Halter; Flugbetriebsunternehmer (Aero)
Personen, Personenvereinigungen oder Unternehmen, die ein Luftfahrzeug in Betrieb haben oder zum Betrieb anbieten.

Örtlicher Vertreter des (Luftfahrzeug-)Halters (Aero)
Ein Vertreter des (Luftfahrzeug-)Halters, der so günstig untergebracht ist, daß eine sofortige Übermittlung von betrieblichen Auskünften an die örtliche Wetterwarte und der Empfang von Wetterinformationen für betriebliche Zwecke möglich sind.

Boxermotor (Flmot)
Ein Kolbenmotor, dessen Zylinder einander gegenüberliegend angeordnet sind, wobei die Pleuelstangen auf einer gemeinsamen Kurbelwelle gelagert sind.

Doppelkolbenmotor (Flmot)
Ein Motor, in dessen Zylindern jeweils zwei Kolben gegeneinander arbeiten.

Wartepunkt (Flbetr)
Geographisch festgelegter Bezugspunkt über der Erd- oder Wasseroberfläche, der dazu dient, in der Luft befindlichen Luftfahrzeugen einen bestimmten Punkt als Wartestation zuzuweisen.

Schwingenflügler; Ornithopter (Lfz)
Ein Luftfahrzeug, schwerer als Luft, das seine tragende Kraft im Fluge hauptsächlich durch Luftkräfte auf Flügel erhält, die eine schlagende Bewegung ausführen.

Orographische Wolken (Met)
Wolken, die sich unter günstigen Verhältnissen bilden, wenn Luft über einen Berg oder Bergrücken strömt. Sie können in Gipfelnähe des Bergs oder Bergrückens oder an der höchsten Wölbung der zugehörigen stehenden Welle auftreten.

Schwingungstrudeln (Flbetr)
Trudeln mit anhaltenden Schwingungen, die besonders stark um die Längsachse und um die Querachse so in Erscheinung treten, daß sich z. B. die Drehgeschwindigkeit um die Längsachse bei jeder Trudelumdrehung von Null bis zu einem erheblichen Wert und wieder zurück verändert.

Mißpfeilung (Prop)
Wenn der Pfeilwinkel eines Luftschrauben-

ferent from that of the other(s).
(BS 185: Sect. 9: No. 9120)

2933 **Out-of-pitch (Prop)**
Having the blade angle of one blade different
from that of any other at the same radius.
(BS 185: Sect. 9: No. 9121)

2934 **Out-of-track (Prop)**
Having the blade tilt of one blade different
from that of the other(s).
(BS 185: Sect. 9: No. 9122)

2935 **Outer cover (A/c 1)**
The external covering of the hull of a rigid
airship.
(BS 185: Sect. 7: No. 7243)

2936 **Outer-cover wires, circumferential ~,**
cf./vgl. S.-No./lfd. Nr. 937

2937 **Outer horizontal surface (GS)**
A specified portion of a horizontal plane located above the environment of an aerodrome beyond the horizontal limits of the
conical surface, where applicable. The surface establishes a level above which consideration may need to be given to the control
of new construction to facilitate practicable
or efficient instrument approach procedures.
(ICAO, Annex 14, 4th Ed.)

2938 **Outer marker beacon (TEL)**
A marker beacon, associated with the instrument landing system or the standard beam
approach system, which defines the first predetermined point during an instrument approach.
(BS 185: Sect. 14: No. 14 234)

2939 **Outer pack (Para)**
A fabric envelope in which other components of a parachute system are stowed when
the canopy is packed in a separate inner
pack.
(BS 185: Sect. 12: No. 12 136)

2940 **Outer ridge-girder (A/c 1)**
A component member of the outer rings of a
stiff-jointed main transverse frame.
(BS 185: Sect. 7: No. 7276)

2941 **Outer section (A/c),**
cf./vgl. **Wing,** S.-No./lfd. Nr. 4764

2942 **Outside loop (Flt OPS)**
A loop, usually entered from an upright flying position, in which the airplane's back remains toward the outside of the circle flown.
(NASA S.0856)

2943 **Outside loop (Flt OPS),**
cf./vgl. **Inverted loop,** S.-No./lfd. Nr. 2288

2944 **Overcontrol (Flt OPS)**
Of a pilot; to displace or move an aircraft's
controls more than is necessary for the desired performance.
(NASA S.0858)

2945 **Overhang (A/c)**
a) The extent to which the tip of one of two
superimposed planes projects beyond the
tip of the other.
b) The distance from the outer point of support to the tip of a plane.
(BS 185: Sect. 5: No. 5230)

2946 **Override, boost control ~,**
cf./vgl. S.-No./lfd. Nr. 724

2947 **Overshoot (Flt OPS)**
To alight, or to follow an approach path
which would cause an aircraft to alight, beyond the intended area.
(BS 185: Sect. 2: No. 2117)

2948 **Overspeed, maximum engine ~,**
cf./vgl. S.-No./lfd. Nr. 2658

blattes von dem der anderen Blätter bzw. des
anderen Blatts der Luftschraube abweicht.
Blattfehleinstellung (Prop)
Wenn der Einstellwinkel eines Luftschraubenblattes von dem der anderen Blätter abweicht.

Spurfehler (Prop)
Wenn die V-Stellung eines Luftschraubenblattes von der der anderen Blätter bzw. des anderen Blattes abweicht.
Außenhaut (Lfz 1)
Die äußere Bespannung des Gerippes eines
starren Luftschiffes.

Äußere Horizontalfläche (Bod)
Ein festgelegter Teil einer Horizontalfläche
oberhalb der Umgebung eines Flugplatzes jenseits der horizontalen Grenzen der Kegelfläche, wo anwendbar. Die Fläche legt eine Höhe
fest, oberhalb welcher es im Interesse geeigneter und wirksamer Instrumentenanflugverfahren notwendig sein kann, Beschränkungen für
Neubauvorhaben ins Auge zu fassen.

Voreinflugzeichen, Abk. VEZ (Fernm)
Markierungsfunkfeuer, das beim Instrumentenlandesystem (ILS) oder beim SBA-Landefunkfeuersystem (SBA) dazu dient, den ersten
vorbestimmten Punkt während eines Instrumentenanflugs zu kennzeichnen.

Äußerer Verpackungssack (Fallsch)
Eine Stofftasche, in die im Falle, daß die Fallschirmkappe in einen gesonderten inneren
Verpackungssack verpackt ist, andere Teile
des Fallschirms verstaut werden.

Äußerer Firstträger (Lfz 1)
Einzelteil der äußeren Ringe eines versteiften
Hauptringes.

Looping vorwärts (Flbetr)
Im allgemeinen ein aus der Normalfluglage angesetzter Überschlag, bei dem die Oberseite
des Flugzeugs auf der äußeren Seite des geflogenen Kreises verbleibt.

Übersteuern (Flbetr)
Bezeichnung für einen zur Erzielung eines gewünschten Flugzustands übergroßen Ausschlag der Steuerruder eines Luftfahrzeugs
durch den Luftfahrzeugführer.
Überhang; Kragweite (Lfz)
a) Betrag, um den die Spitze einer von zwei
übereinander angeordneten Tragflächen
über die Spitze der anderen hinausragt.
b) Abstand vom äußersten Unterstützungs-
punkt bis zur Spitze einer Tragfläche.

Zu weit kommen (Flbetr)
So landen oder zum Landen anfliegen, daß ein
Luftfahrzeug hinter dem beabsichtigten Be-
reich aufsetzt.

2949 **Overspeed, maximum propeller** ~,
cf./vgl. S.-No./lfd. Nr. 2664

2950 **Oxidant (Miss)**
An oxidizing agent which promotes combustion of fuel.
(BS 185: Sect. 6: No. 6216)

Sauerstoffträger (FK)
Ein Sauerstoff bildendes Agens, das die Verbrennung von Brennstoff fördert.

2951 **Oxidant (Miss)**
A substance (not necessarily containing oxygen) that supports the combustion reaction of a fuel or a propellant.
(NASA S.0859)

Oxidator; Sauerstoffträger (FK)
Eine Substanz, die nicht notwendigerweise Sauerstoff enthält; sie unterstützt die Verbrennungsreaktion eines Brenn- oder Treibstoffs.

2952 **Oxygen meter (A/c 1)**
An instrument indicating the proportion by volume of oxygen in the gas in a balloon or airship.
(BS 185: Sect. 7: No. 7131)

Sauerstoffmeßgerät (Lfz 1)
Gerät, das den Volumenanteil an Sauerstoff in der Gasfüllung eines Ballons oder Luftschiffs anzeigt.

2953 **Oxygen system (Med, A/c)**
The complete equipment of an aircraft providing oxygen to the occupants.
(BS 185: Sect. 17: No. 17 128)

Sauerstoffanlage (Flmed, Lfz)
Die gesamte Ausrüstung eines Luftfahrzeugs, mittels derer die Insassen mit Sauerstoff versorgt werden.

2954 **Oxygen system, continuous flow** ~,
cf./vgl. S.-No./lfd. Nr. 1062

2955 **Oxygen system, demand** ~,
cf./vgl. S.-No./lfd. Nr. 1267

2956 **Oxygen system, pressure-demand** ~,
cf./vgl. S.-No./lfd. Nr. 3211

P

2957 **Pack (Para)**
A fabric bag or envelope in which a parachute is packed.
(BS 185: Sect. 12: No. 12 135)

(Fallschirm-)Verpackungssack
Eine Stofftasche oder -hülle, in der ein Fallschirm verpackt ist.

2958 **Pack cone (Para)**
A small, conical, metal post sewn to one of the flaps of pack. A hole is drilled laterally through the cone a short distance from the apex to admit a locking pin. The other flaps are each fitted with a grommet to pass over the cone, and under the locking pin.
(BS 185: Sect. 12: No. 12 137)

Verschlußkegel (Fallsch)
Kleines, kegelförmiges Metallstück, das auf eine der Verschlußklappen eines Verpackungssacks genäht ist. Es ist kurz vor seinem oberen Ende durchbohrt, um einen Verschlußstift aufzunehmen. Die übrigen Verschlußklappen sind mit je einer Ringöse versehen, die über den Kegel und unter den Verschlußstift passen.

2959 **Pack cover (Para)**, cf./vgl. **Pack,**
S.-No./lfd. No. 2957

2960 **Pack-elastics (Para)**
Elastic cords, with a means of fastening at either end, fixed under tension to pack flaps to ensure their quick opening.
(BS 185: Sect. 12: No. 12 138)

Elastikbänder (Fallsch)
An beiden Enden mit Befestigungen versehene elastische Schnüre, die unter Spannung an die Verschlußklappen angebracht sind, um ein schnelles Öffnen zu gewährleisten.

2961 **Pack, inner** ~,
cf./vgl. S.-No./lfd. Nr. 2213

2962 **Pack, outer** ~,
cf./vgl. S.-No./lfd. Nr. 2939

2963 **Packing (Para)**
The operation of folding the main canopy and enclosing or inserting it with the rigging lines in the pack.
(BS 185: Sect. 12: No. 12 139)

Packen (Fallsch)
Das Zusammenfalten und Verstauen einer Fallschirmkappe und der Fangleinen in den Verpackungssack.

2964 **Pad, launch** ~,
cf./vgl. S.-No./lfd. Nr. 2393

2965 **Paddle-plane (Rotor)**,
cf./vgl. **Cyclogyro**, S.-No./lfd. Nr.1224

2966 **Paddle-wheel rotor**
A rotor of a cyclogyro.
(BS 185: Part 1: No. 6226)

Schaufelrotor (Drehfl)
Rotor eines Schaufelflüglers.

2967 **Paired engines (Eng)**
Two completely independent engines mounted close together.
(BS 185: Sect. 8: No. 8211)

Gepaartes Triebwerk (Flmot)
Zwei völlig unabhängige Triebwerke, die dicht nebeneinander, übereinander oder hintereinander angeordnet sind.

2968 **Pancaking (Flt OPS)**
The alighting of an aircraft at an abnormally high rate of descent or low forward speed.
(BS 185: Part 1: No. 2212)

2969 **Panel (A/c)**
A portion of a stiffened sheet together with its stiffeners.
(BS 185: Part 1: No. 3210)

2970 **Panel (A/c 1)**
A sub-division of a gore.
(BS 185: Sect. 7: No. 7221)

2971 **Panel (Para)**
A sub-division of a gore.
(BS: 185: Sect. 12: No. 12 140)

2971a **Panel, rip ~,**
cf./vgl. S.-No./lfd. Nr. 3591

2972 **Pantobase (A/c)**
Designating an airplane capable of taking off from and alighting on water, ice, snow, and almost any unprepared but fairly smooth and clear land surface, such as sand or swamp.
(NASA S.0861)

2973 **Pants (A/c)**
A set of tear-drop shaped fairings around the wheels of a fixed landing gear on certain airplanes.
(NASA S.0899)

2974 **PAR approach,**
cf./vgl. S.-No./lfd. Nr. 3189

2975 **Parachute**
An umbrella-shaped device to produce drag, commonly used to reduce the rate of descent of a falling body.
(BS 185: Sect. 12: No. 12 141)

2976 **Parachute, anti-spin ~,**
cf./vgl. S.-No./lfd. Nr. 383

2977 **Parachute, approach ~,**
cf./vgl. S.-No./lfd. Nr. 417

2978 **Parachute assembly**
A parachute complete with all its equipment.
(BS 185: Sect. 12: No. 12 162)

2979 **Parachute, automatic ~,**
cf./vgl. S.-No./lfd. Nr. 512

2980 **Parachute, auxiliary ~,**
cf./vgl. S.-No./lfd. Nr. 523

2981 **Parachute, blank gore ~,**
cf./vgl. S.-No./lfd. Nr. 699

2982 **Parachute, brake ~,**
cf./vgl. S.-No./lfd. Nr. 760

2983 **Parachute bucket**
cf./vgl. **Parachute container,** S.-No./lfd. Nr. 2985

2984 **Parachute canopy**
The umbrellalike main element of a parachute, which spreads out to catch the air.
(NASA S.0862)

2985 **Parachute container**
The part of a supply-droping parachute assembly which houses the parachute pack.
(BS 185: Sect. 12: No. 12 163)

2986 **Parachute, emergency ~,**
cf./vgl. S.-No./lfd Nr. 1465

2987 **Parachute, extractor ~,**
cf./vgl. S.-No./lfd. Nr. 1556

2988 **Parachute, flat ~,**
cf./vgl. S.-No./lfd. Nr. 1667

2989 **Parachute, free ~,**
cf./vgl. S.-No./lfd. Nr. 1785

2990 **Parachute harness**
The assembly of straps, buckles etc. which

Durchsacken bei der Landung; Bumslandung (Flbetr)
Landen eines Luftfahrzeugs mit ungewöhnlich hoher Sinkgeschwindigkeit oder mit sehr kleiner Vorwärtsgeschwindigkeit.

Plattenfeld (Lfz)
Teil einer versteiften Platte zusammen mit ihren Versteifungen.

Feld (Lfz 1)
Flächenelement einer Bahnlänge.

(Fallschirm-)Feld
Teil einer Fallschirmbahn.

Allzweck- (Lfz)
Eigenschaftsbezeichnung für ein Flugzeug, das auf Wasser, Eis, Schnee und fast jedem unvorbereiteten, aber verhältnismäßig glatten und hindernisfreien Stück Erdboden, wie z. B. Sand oder Sumpf, zu starten und zu landen vermag.

Radverkleidungen (Lfz)
Ein Satz tropfenförmiger Verkleidungen um die Laufräder eines Festfahrwerks bei bestimmten Flugzeugmustern.

Fallschirm
Schirmförmiges Gebilde, das Luftwiderstand liefert und gewöhlich zur Verminderung der Sinkgeschwindigkeit eines fallenden Körpers verwendet wird.

Fallschirmausrüstung
Fallschirm einschließlich all seines Zubehörs.

Fallschirmkappe
Das schirmähnliche Hauptelement eines Fallschirms, das sich entfaltet, um die Luft aufzufangen.

Fallschirmbehälter
Der Teil der Ausrüstung eines Lastenfallschirms, in dem der Fallschirmverpackungssack untergebracht ist.

Fallschirmgurtzeug
System von Gurten, Schlössern usw., an dem

fits around the body or around a burden to be dropped and to which a parachute is attached.
(NASA S.0863)

2991 Parachute, hem rigged ~,
ef./vgl. S.-No./lfd. Nr. 2002

2992 Parachute, pilot ~,
cf./vgl. S.-No./lfd. Nr. 3042

2993 Parachute, reserve ~,
cf./vgl. S.-No./lfd. Nr. 3522

2994 Parachute, retarder ~,
cf./vgl. S.-No./lfd. Nr. 3529

2995 Parachute, ribbon ~,
cf./vgl. S.-No./lfd. Nr. 3552

2996 Parachute, shaped ~,
cf./vgl. S.-No./lfd. Nr. 3770

2997 Parachute, square ~,
cf./vgl. S.-No./lfd. Nr. 3957

2998 Parachute, stabilizing ~,
cf./vgl. S-No./lfd. Nr. 3973

2999 Parachute tray
An open shallow compartment in which a parachute assembly is stowed and retained by a releasable cover.
(BS 185: Sect. 12: No. 12 164)

3000 Parachute, triangular ~,
cf./vgl. S.-Nr./lfd. Nr. 4451

3001 Parachutist
A person using a parachute.
(BS 185: Part 3: No. 12 151)

3002 Parallax in altitude (Nav)
The angle between the straight line from a celestial body to an observer and the straight line from the celestial body to the centre of the Earth.
(BS 185: Sect. 11: No. 11 208)

3003 Parallel fabric (A/c 1)
A multi-ply fabric with the warp threads of all the plies parallel.
(BS 185: Sect. 7: No. 7220)

3004 Parameter, frequency ~,
cf./vgl. S.-No./lfd. Nr. 1790

3005 Pararaft (Aero)
A raft, especially an inflatable raft, designed to be dropped by parachute, or to be carried by a parachutist.
(NASA S.0865)

3006 Parasheet (Para)
A parachute constructed from a piece (or pieces with parallel warp) of fabric in the form of a regular polygon, with the rigging lines attached to the apices ot the polygon.
(BS 185: Sect. 12: No. 12 165)

3007 Parasheet, gathered ~,
cf./vgl. -S.-No./lfd. Nr. 1841

3008 Parasheet, ungathered ~,
cf./vgl. S.-No./lfd. Nr. 4541

3009 Parasol monoplane (A/c)
A monoplane in which the wings are united in a seperate structure above the fuselage.
(BS 185: Sect. 5: No. 5122)

3010 Passive homing (Miss)
The homing of a guided missile wherein the missile directs itself toward the target by means of energy transmitted or radiated by the target.
(NASA S.0869)

3011 Passive homing guidance (Miss)
A homing guidance system wherein the receiver in a missile utilizes radiations from the target.
(BS 185: Sect. 6: No. 6509)

ein Fallschrim befestigt ist und das den menschlichen Körper oder eine abzuwerfende Last umschließt.

Fallschirm-Packbehälter
Ein offener, flacher Behälter, in den eine Fallschirmausrüstung verstaut und durch eine ablösbare Abdeckung in ihrer Lage gehalten wird.

Fallschirmspringer
Person, welche einen Fallschirm benutzt.

Höhenparallaxe (Nav)
Winkel zwischen der Verbindungsgeraden von einem Gestirn zum Beobachter und der Verbindungsgeraden vom Gestirn zum Erdmittelpunkt.

Parallelstoff (Lfz 1)
Mehrschichtiger Stoff, bei dem alle Lagen parallele Kettenfäden haben.

Abwerfbares Rettungsfloß (Aero)
Ein Floß, insbesondere ein aufblasbares Floß, das für einen Abwurf mit einem Fallschirm oder zum Mitführen durch einen Fallschirmspringer geeignet ist.
Parasheet-Fallschirm
Fallschirm, der aus einem oder mehreren Stoffstücken mit parallelem Fadenlauf besteht und ein regelmäßiges Vieleck bildet, an dessen Ecken die Fangleinen befestigt sind.

(Gestielter) Hochdecker; Parasol (Lfz)
Eindecker, dessen Tragflächen in einer gesonderten Konstruktion über dem Rumpf vereinigt werden.
Passives Zielsuchverfahren (FK)
Zielanflug eines Lenkflugkörpers, bei dem sich der Flugkörper unter Nutzbarmachung der vom Ziel abgegebenen oder ausgestrahlten Energie selbst auf dieses einsteuert.

Passive Zielsuchlenkung (FK)
Zielsuchlenksystem, bei dem der Empfänger in einem Flugkörper Ausstrahlungen des Ziels verwertet.

3012 **Patch, all-directional** ∼,
cf./vgl. S.-No./lfd. Nr. 291
3013 **Patch, channel** ∼,
cf./vgl. S.-No./lfd. Nr. 903
3014 **Patch, eta** ∼,
cf./vgl. S.-No./lfd. Nr. 1535
3015 **Patch, rigging** ∼,
cf./vgl. S.-No./lfd. Nr. 3564
3016 **Patch, split** ∼,
cf./vgl. S.-No./lfd. Nr. 3944
3017 **Patch, vent** ∼,
cf./vgl. S.-No./lfd. Nr. 4613
3018 **Path, glide** ∼,
cf./vgl. S.-No./lfd. Nr. 1874, 1875, 1876
3019 **Pattern, holding** ∼,
cf./vgl. S.-No./lfd. Nr. 2039

3020 **Payload (AT)**
That part of the useful load from which revenue is derived (i. e. passengers, mail and freight).
(BS 185: Sect. 5: No. 5610)

Nutzlast (LVerk)
Der Teil der Zuladung, für den Bezahlung genommen wird, d. h. Fluggäste, Postgut und Fracht.

3021 **Pedals, rudder** ∼,
cf./vgl. S.-No./lfd. Nr. 3646

3022 **Pedestal (A/c)**
The pillar connecting a ski to the aircraft.
(BS 185: Sect 5: No. 5393)

Schneekufen-Federbein (Lfz)
Pfostenkonstruktion, die eine Schneekufe mit dem Luftfahrzeug verbindet.

3023 **Pellets, snow** ∼,
cf./vgl. S.-No./lfd. Nr. 3862

3024 **Penetration (Flt OPS)**
The phase of the letdown from high altitude to a specified approach altitude.
(NASA S.0874)

Sinken auf Anflughöhe; Penetrieren (Flbetr)
Die Phase des Sinkflugverfahrens von großer Flughöhe bis auf eine festgesetzte Anflughöhe.

3025 **Performance (A/c)**
The flying properties of an aircraft which can be expressed quantitatively (e. g., maximum speed, rate of climb, ceiling, range, loads and runway requirements).
(BS 185: Sect. 4: No. 4306)

Flugleistungen (Lfz)
Eigenschaften eines Luftfahrzeugs, die quantitativ erfaßt werden können (z. B. Höchstgeschwindigkeit, Steiggeschwindigkeit, Gipfelhöhe, Reichweite, Tragfähigkeit und Startbahnerfordernisse.

3026 **Perigee (Aero)**
The point at which a satellite orbit is the least distance from the center of the gravitational field of the controlling body or bodies.
(AAP-6)

Perigäum (Aero)
Der Punkt, in dem sich ein künstlicher Satellit auf seiner Flugbahn dem Mittelpunkt des Schwerkraftfelds des oder der Körper, dessen bzw. deren System er angehört, am meisten nähert.

3027 **Perimeter track (GS)**
A taxiway in the form of a closed circuit.
(BS 185: Sect. 13: No. 13 326)

Rollfeldringstraße (Bod)
Rollbahn in Form eines geschlossenen Kreises.

3028 **Period (Stab)**
The time taken for a complete oscillation.
(BS 185: Part 1: No. 4218)

Periode (Stab)
Dauer einer vollen Schwingung.

3029 **Peripheral hem (Para)**
The border round the periphery of a parachute to which the rigging lines are attached.
(BS 185: Sect. 12: No. 12 168)

Kappenbasis (Fallsch)
Der Fallschirmbasisrand, an welchem die Fangleinen befestigt sind.

3030 **Periphery, blown** ∼,
cf./vgl. S.-No./lfd. Nr. 713

3031 **Permeability (A/c 1)**
The rate of the diffusion of gas through unit area of material under specified conditions.
(BS 185: Sect. 7: No. 7122)

Durchlässigkeit (Lfz 1)
Stärke der Diffusion eines Gases durch das Flächenelement eines Werkstoffes unter festgelegten Bedingungen.

3032 **Petal cap (Para)**
A fabric cover formed by joining the bases of a number of triangular flaps to the periphery of a pack, container or tray. The apices are usually joined together temporarily until a static pin or weak tie allows the flaps to separate upon despatch.
(BS 185: Part 3: No. 12 156)

Verschlußklappe (Fallsch)
Stoffabdeckung, die aus einer Anzahl dreieckiger, am Rande eines Verpackungssacks, eines Behälters oder einer Packhülle angebrachter Klappen gebildet wird. Die Ecken dieser Klappen sind üblicherweise zunächst untereinander verbunden, bis durch Lösen eines Sicherungsdrahtstiftes oder Aufreißen einer Verschlußschlaufe die Klappen freigegeben werden.

3033 **Petticoat (A/c 1)**
A sleeve so pleated as to leave a clear passage when collapsed.
(BS 185: Sect. 7: No. 7249)

Hilfsansatz (Lfz 1)
Schlauchleitung, die so gefaltet ist, daß sie auch im gefalteten Zustand einen Luftdurchgang erlaubt.

3034 Petticoat, valve ~,
cf./vgl. S.-No./lfd. Nr. 4573
3035 Phugoid oscillation (Stab)
A long-period longitudinal oscillation involving predominantly changes in airspeed.
(BS 185: Sect. 4: No. 4219)
3036 Pilot (Aero)
1. A member of the aircrew who flies the aircraft.
2. A person who has been trained and is
qualified to fly an aircraft.
(BS 185: Sect. 16: No. 16 114)
3037 Pilot, automatic ~,
cf./vgl. S.-No./lfd. Nr. 513
3038 Pilot balloon (Met)
A small free balloon, the observed motion of
which gives information concerning the
wind currents at different heights.
(BS 185: Sect. 15: No. 15 714)
3039 Pilot, co-~,
cf./vgl. S.-No./lfd. Nr. 1152, 1153, 1154
3040 Pilot, first ~,
cf./vgl. S.-No./lfd. Nr. 1623
3041 Pilot-in-command (Aero)
The pilot responsible for the operation and
safety of the aircraft during flight time.
(ICAO, Annex 1, 5th Ed., Annex 2, 5th Ed.,
Annex 3, 6th Ed., Annex 6, 6th Ed., Annex 9,
5th Ed., Annex 11, 5th Ed., Annex 12, 4th
Ed.)
3042 Pilot parachute
A small auxiliary parachute attached to the
apex of the main parachute, designed to pull
the latter out of its pack.
(NASA S.0884)
3043 Pilot, safety ~,
cf./vgl. S.-No./lfd. Nr. 3670
3044 Pilot, second ~,
cf./vgl. S.-No./lfd. Nr. 3709
3045 Pilot, to ~ (Flt OPS)
To manipulate the flight controls of an aircraft during flight time.
(ICAO, Annex 1, 5th Ed.)
3046 Pilotless aircraft
An aircraft specially designed or equipped to
fly and perform its function or mission without a human pilot aboard.
(NASA S.0883)

3047 Pin, floating gudgeon ~,
cf./vgl. S.-No./lfd. Nr. 1725
3048 Pin, gudgeon ~,
cf./vgl. S.-No./lfd. Nr. 1938
3049 Pin, knuckle ~,
cf./vgl. S.-No./lfd. Nr. 2330
3050 Pin, piston ~,
cf./vgl. S.-No./lfd. Nr. 3066
3051 Pin, rip ~,
cf./vgl. S.-No./lfd. Nr. 3592
3052 Pin, static ~,
cf./vgl. S.-No./lfd. Nr. 4026
3053 Pin, wrist, ~,
cf./vgl. S.-No./lfd. Nr. 4807
3054 Pinpoint (Nav)
The ground position of an aircraft determined by direct observation of the ground.
(BS 185: Sect. 11: No. 11 122)
3055 Pipe, blower ~,
cf./vgl. S.-No./lfd. Nr. 711
3056 Pipe, branch ~,
cf./vgl. S.-No./lfd. Nr. 764
3057 Pipe, ejector ~,
cf./vgl. S.-No./lfd. Nr. 1444

Phugoid-Schwingung (Stab)
Langperiodische Schwingung, die vorwiegend
auf Änderungen der Fluggeschwindigkeit be-
ruht.
Luftfahrzeugführer; Pilot (Aero)
1. Ein Besatzungsmitglied, welches das Luftfahrzeug fliegt.
2. Eine Person, die ausgebildet und einsatzbe-
reit ist, ein Luftfahrzeug zu fliegen.

Pilotballon (Met)
Ein kleiner Freiballon, aus dessen beobachte-
ter Flugbahn die Windverhältnisse in verschiedenen Höhen ermittelt werden.

**Verantwortlicher Luftfahrzeugführer; (Luft-
fahrzeug-)Kommandant (Aero)**
Der für den Betrieb und die Sicherheit eines
Luftfahrzeuges während der Flugzeit verantwortliche Luftfahrzeugführer.

Hilfsschirm (Fallsch)
Ein kleiner, am Scheitel des Hauptfallschirms
befestigter Hilfsfallschirm, der den eigent-
lichen Fallschirm aus seiner Packhülle herausziehen soll.

Steuern; führen (Flbetr)
Bedienung der Steuerorgane eines Luftfahrzeuges während der Flugzeit.

Unbemanntes Luftfahrzeug
Ein speziell für das Fliegen und die Funktions-
oder Auftragsdurchführung ohne einen an
Bord befindlichen menschlichen Luftfahrzeugführer konstruiertes oder dafür ausgerüstetes Luftfahrzeug.

Franz-Standort (Nav)
Standort eines Luftfahrzeugs über Grund, der
durch direkte Beobachtung des Bodens bestimmt wurde.

3058 Pipe, jet ~,
cf./vgl. S.-No./lfd. Nr. 2310
3059 Pipe, stub ~,
cf./vgl. S.-No./lfd. Nr. 4110
3060 Pipe, tall ~,
cf./vgl. S.-No./lfd. Nr. 4230
3061 Pipe, tank vent ~,
cf./vgl. S.-No./lfd. Nr. 4274
3062 Pipes, feed ~,
cf./vgl. S.-No./lfd. Nr. 1592
3063 Pipes, scavenge ~,
cf./vgl. S.-No./lfd. Nr. 3683
3064 Piston displacement (Eng)
In a reciprocating engine, the total volume within the cylinder or cylinders displaced during one stroke of each piston.
(NASA S.0885)
3065 Piston engine
An engine in which the working fluid ist expanded in a cylinder against a reciprocating piston.
(BS 185: Sect. 8: No. 8103)
3066 Piston pin (Eng)
cf./vgl. **Gudgeon pin,** S.-No./lfd. Nr. 1938
3067 Piston supercharger (Eng)
A supercharger in which compression is effected in a cylinder.
(BS 185: Part 2: No. 8365)
3068 Pitch (Prop),
cf./vgl. **Geometric pitch,** S.-No./lfd. Nr. 1863
3069 Pitch, angle of ~,
cf./vgl. S.-No./lfd. Nr. 360
3070 Pitch, braking ~,
cf./vgl. S.-No./lfd. Nr. 762
3071 Pitch control (A/c, Miss)
Any mechanism or device that controls or regulates pitch, either of a blade or of an aircraft, rocket, missile, etc.
(NASA S.0889)

3072 Pitch control, collective ~,
cf./vgl. S.-No./lfd. Nr. 979
3073 Pitch control, cyclic ~,
cf./vgl. S.-No./lfd. Nr. 1223
3074 Pitch, feathered ~,
cf./vgl. S.-No./lfd. Nr. 1587
3075 Pitch, feathering ~,
cf./vgl. S.-No./lfd. Nr. 1590
3076 Pitch, geometric ~,
cf./vgl. S.-No./lfd. Nr. 1863
3077 Pitch indicator (Instr)
An instrument that indicates the amount of pitch, or the rate of pitch of an aircraft or other body.
(NASA S.0891)
3078 Pitch, out-of-~,-
cf./vgl. S.-No./lfd. Nr. 2933
3079 Pitch-under (Stab)
An act or instance of an aircraft pitching nose downward.
(NASA S.0893)
3080 Pitch-up (Stab)
An act or instance of an aircraft pitching nose upward; a tendency of an aircraft to pitch nose upward.
(NASA S.0894)
3081 Pitch, reverse ~,
cf./vgl. S.-No./lfd. Nr. 3541
3082 Pitch setting (Prop)
The propeller blade setting determined by the blade angle measured in a manner, and at a radius, specified in the Propeller Instruction Manual.
(ICAO, Annex 8, 5th Ed.)

Hubraum (Flmot)
Das Gesamtvolumen in dem Zylinder bzw. in den Zylindern eines Kolbenmotors, das in jedem der Zylinder bei einem Arbeitshub verdrängt wird.
Kolbenmotor (Flmot)
Eine Verbrennungskraftmaschine, in der durch die Bewegung eines Kolbens in einem geschlossenen Zylinder Gas verdichtet und unter Arbeitsleistung ausgedehnt wird.

Kolbenlader (Flmot)
Ein Lader, bei dem die Verdichtung in einer Kolbenpumpe erfolgt.

Anstellwinkelsteuerung (Lfz, FK)
Mechanismus oder Vorrichtung, durch die der Anstellwinkel eines Luftschraubenblattes oder Luftfahrzeugs, einer Rakete, eines Flugkörpers usw. gesteuert oder reguliert werden kann.

Längsneigungsmesser (Instr)
Instrument, das den Anstellwinkel oder die Drehgeschwindigkeit eines Luftfahrzeugs oder anderen Körpers um die Querachse anzeigt.

(Plötzliche) Kopflastigkeit (Stab)
Vorgang oder Augenblick, in dem die Luftfahrzeugnase nach unten weggeht.

(Plötzliche) Schwanzlastigkeit (Stab)
Vorgang oder Augenblick, in dem die Luftfahrzeugnase nach oben weggeht; Tendenz eines Luftfahrzeugs mit seiner Nase nach oben wegzugehen.

Steigungseinstellung (Prop)
Die durch den Blattwinkel bestimmte Einstellung des Propellerblattes, wobei der Einstellwinkel in einer Weise und bei einem Radius gemessen wird, die im Propellerhandbuch angegeben sind.

3083 Pitch setting (Prop)
The blade angle of adjustable or variable pitch propellers, measured at the standard radius.
(BS 185: Sect. 9: No. 9123)

Steigungseinstellung (Prop)
Der an dem Bezugsradius einer Luftschraube gemessene Blattwinkel einer Einstellschraube oder einer Verstelluftschraube.

3084 Pitching (Flt OPS)
Angular motion about the lateral axis.
(BS 185: Sect. 2: No. 2118

Kippen; Nicken (Flbetr)
Drehbewegung um die Querachse.

3085 Pitching moment (Aerodyn)
The component about the lateral axis of the couple due to the relative airflow.
(BS 185: Part 1: No. 4141)

Längsmoment; Kippmoment; Nickmoment (Aerodyn)
Komponente des Luftkraftmoments um die Querachse.

3086 Pitot comb (Instr)
A group of pitot tubes for simultaneous observations at a number of points.
(BS 185: Sect. 5: No. 5554)

Nachlaufrechen (Inst)
Eine Gruppe von Pitot-Röhren für gleichzeitige Beobachtungen an einer Anzahl von Punkten.

3087 Pitot pressure (Aerodyn)
The pressure measured by a pitot-tube correctly aligned with the local direction of flow. At a point where the flow is subsonic it is equal to the total pressure, at a point where the flow is supersonic it is equal to the total pressure behind a normal shock wave.
(BS 185: Sect. 4: No. 4460)

Pitot-Druck (Aerodyn)
Der an einem in der örtlichen Strömungsrichtung liegenden Pitot-Rohr abgenommene Druck. Befindet sich der Abnahmepunkt im Unterschallbereich der Strömung, so entspricht er dem Gesamtdruck; befindet er sich im Überschallbereich der Strömung, entspricht er dem Gesamtdruck hinter einem normalen Verdichtungsstoß.

3088 Pitot tube (Instr)
A tube with an open end facing up-stream wherein at subsonic speeds the pressure is equal to the total pressure.
(BS 185: Sect. 5: No. 5531)

Pitot-Rohr; Staurohr (Instr)
Rohr, dessen offenes Ende in die Bewegungsrichtung zeigt, so daß sich im Unterschallbereich in seinen Inneren der Gesamtdruck einstellt.

3089 Pitotstatic tube (Instr),
cf./vgl. **Pressur head,** S.-No. 3217

Statisches Pitot-Rohr (Instr),
cf./vgl. **Staudruckmesser,** lfd. Nr. 3217

3090 Plain flap (A/c)
A flap forming the rear portion of the aerofoil and moving as a whole.
(Bs 185: Sect. 5: No. 5330)

Wölbungsklappe (Lfz)
Landeklappenanordnung, die den rückwärtigen Teil des Tragflügels bildet und sich als Ganzes bewegt.

3091 Plain language (TEL)
For the purpose of this document, plain language refers to a language conveying to aeronautical personnel a directly intelligible meaning through the use of:
a) the vocabulary of a national language, taken with its usual meaning in aviation;
b) abbreviations approved by ICAO for use in the international aeronautical telecommunication service;
c) numerical values of self-explanatory nature.
(ICAO Annex 3, 6th Ed.)

Offene Sprache; Klartext (Fernm)
Im Zusammenhang mit diesem Dokument bezeichnet der Begriff „offene Sprache" einen Sprache, die für Luftfahrtpersonal direkt verständlich ist durch Anwendung:
a) des Wortschatzes eine Landessprache in seiner in der Luftfahrt üblichen Bedeutung;
b) von Abkürzungen, die von der ICAO für die Benutzung im internationalen Flugfernmeldedienst zugelassen sind;
c) von Zahlenwerten, die sich selbst erklären.

3092 Plan, flight ~,
cf./vgl. S.-No./lfd. Nr. 1702, 1703

3093 Plan position approach (= PPI approach) (ATC)
A special type of surveillance radar approach given by the radar controller, using the PPI (plan position indicator) only, to assist the aircraft to the runway.
(BS 185: Sect. 13: No. 13 250)

PPI-Anflug (FS)
Besondere Art von Anflug mit Hilfe von Rundsichtradar, wobei der Radarlotse ausschließlich das Rundsicht-Anzeigegerät verwendet, um das Luftfahrzeug beim Anflug auf die Piste zu unterstützen.

3094 Plan position indicator (TEL)
A cathode ray tube display indicating in plan the positions of radar echo producing objects.
Note. – A plan position indicator normally used for air traffic control purposes generally consists of a cathode ray tube on which the relative direction of a radar echo is indicated by its position in azimuth on the cathode ray tube in relation to a predetermined datum point. The range of the radar echo is indicated by its relative distance from the centre of the PPI tube and along a radius. A suitable map may be superimposed on the cath-

Rundsichtanzeigegerät (Fernm)
Der Bildschirm einer Kathodenstrahlröhre, der in Planform die Standorte von Gegenständen anzeigt, die ein Radarecho hervorrufen.
Anmerkung: Ein Rundsichtanzeigegerät, wie es in der Regel für Zwecke der Flugverkehrskontrolle verwendet wird, besteht im allgemeinen aus einer Kathodenstrahlröhre, auf welcher die Richtung eines Radarechos durch seine Winkellage auf dem Bildschirm in bezug auf einen vorher festgelegten Punkt angezeigt wird. Die Entfernung des Radarechos wird angezeigt durch seinen auf einem Radius gemessenen relativen Abstand vom Mittelpunkt des

ode ray tube as means of providing more specific detail with regard to the relative position of the radar echo.
(ICAO, Doc 4444-RAC/501/8)

3095 Plane (A/c),
cf./vgl. **Aerofoil,** S.-No./lfd. Nr. 92
3096 Plane, fore ~,
cf./vgl. S.-No./lfd. Nr. 1766
3097 Plane, main ~,
cf./vgl. S.-No./lfd. Nr. 2599
3098 Plane, nose ~,
cf./vgl. S.-No./lfd. Nr. 2846
3099 Plane, paddle-~,
cf./vgl. S.-No./lfd. Nr. 2965
3100 Plane, stub ~,
cf./vgl. S.-No./lfd. Nr. 4111
3101 Plane, tail ~,
cf./vgl. S.-No./lfd. Nr. 4231
3102 Plane, tip-path ~,
cf./vgl. S.-No./lfd. Nr. 4384
3103 planes (A/c)
cf./vgl. **Aerofoil,** S.-No./lfd. Nr. 92
3104 Planing bottom (A/c)
That part of the under-surface of a hull or float designed to provide hydrodynamic lift.
(BS 185: Sect. 5: No. 5377)
3105 Plate (A/c)
A portion of an unstiffened sheet.
(BS 185: Sect. 3: No. 3211)
3106 Plate, end ~,
cf./vgl. S.-No./lfd. Nr. 1468
3107 Plate, insulation ~,
cf./vgl. S.-No./lfd. Nr. 2246
3108 Plenum chamber (Eng)
A chamber, usually fed from a ramming intake, supplying air to the engine or for other purposes.
(BS 185: Sect. 8: No. 8270)

3109 Plot, air ~,
cf./vgl. S.-No./lfd. Nr. 220
3110 Plug, igniter ~,
cf./vgl. S.-No./lfd. Nr. 2135
3111 Pneumatic circuit (A/c)
A branch of an aircraft pneumatic system serving a particular purpose; e. g. **Flap circuit, Undercarriage circuit.**
(BS 185: Sect. 10: No. 10 110)
3112 Pneumatic system (A/c)
1. A particular method of transmitting power by means of air under pressure.
2. Of an aircraft: The complete pneumatic installation.
(BS 185: Sect. 10: No. 10 111)
3113 Pod (A/c)
A detachable nacelle supported externally from a fuselage or wing.
(BS 185: Sect. 5: No. 5376)
3114 Pod, engine ~,
cf./vgl. S.-No./lfd. Nr. 1496
3115 Point, aerodrome reference ~,
cf./vgl. S.-No./lfd. Nr. 63
3116 Point, burble ~,
cf./vgl. S.-No./lfd. Nr. 799
3117 Point, critical ~,
cf./vgl. S.-No./lfd. Nr. 1195
3118 Point, datum ~,
cf./vgl. S.-No./lfd. Nr. 1239
3119 Point, departure ~,
cf./vgl. S.-No./lfd. Nr. 1273
3120 Point, dew ~,
cf./vgl. S.-No./lfd. Nr. 1294

Rundsichtanzeigegeräts. Um über die relative Lage des Radarechos genauere Einzelheiten zu erlangen, kann auf der Kathodenstrahlröhre ein geeignetes Kartenbild eingeblendet werden.

Gleitboden (Lfz)
Derjenige Teil des Bodens eines Bootskörpers oder Schwimmers, der hydrodynamischen Auftrieb liefern soll.
Tafel (Lfz)
Teil einer unversteiften Platte.

Ansaugluftsammler; Plenumkammer (Flmot)
Ein Behälter, der üblicherweise von einem Staudruck-Lufteinlaß gespeist wird und von dem die Ansaugluft für das Triebwerk oder für andere Funktionen entnommen wird.

Pneumatischer Kreis (Lfz)
Ein Zweig der Druckluftanlage eines Luftfahrzeuges, der einer bestimmten Funktion dient; z. B. der **Landeklappenkreis,** der **Fahrwerkskreis.**
Druckluftanlage;
Pneumatische Anlage (Lfz)
1. Eine besonder Art von Leistungsübertragung durch unter Druck stehender Luft.
2. Beim Luftfahrzeug: Die gesamte Druckluftanlage.
Pod; abnehmbare Gondel (Lfz)
Abnehmbare Gondel, die sich außen an einem Rumpf oder einer Tragfläche befindet.

3121 **Point, flash ~,**
cf./vgl. S.-No./lfd. Nr. 1664
3122 **Point, hoar-frost ~,**
cf./vgl. S.-No./lfd. Nr. 2038
3123 **Point, holding ~,**
cf./vgl. S.-No./lfd. Nr. 2040, 2041
3124 **Point light   (GS)**
A luminous signal appearing without perceptible length.
(ICAO, Annex 4, 5th Ed.)

Punktfeuer   (Bod)
Ein Lichtsignal ohne wahrnehmbare Längenausdehnung.

3125 **Point, manoeuvre ~ with stick fixed,**
cf./vgl. S.-No./lfd. Nr. 2616
3126 **Point, manoeuvre ~ with stick free,**
cf./vgl. S.-No./lfd. Nr. 2617
3127 **Point, mooring ~,**
cf./vgl. S.-No./lfd. Nr. 2763
3128 **Point, neutral ~ with stick fixed,**
cf./vgl. S.-No./lfd. Nr. 2813
3129 **Point, neutral ~ with stick free,**
cf./vgl. S.-No./lfd. Nr. 2814
3130 **Point of attachment   (A/c 1)**
The point where the rigging is attached to the flying cable.
(BS 185: Sect. 7: No. 7259)

Befestigungspunkt   (Lfz 1)
Punkt, an dem das Leinenwerk mit dem Haltekabel verbunden ist.

3131 **Point of no return (= PNR)   (Flt OPS)**
The point furthest removed from base to which an aircraft can fly and return to base still retaining a given safety margin of fuel.
(BS 185: Sect. 11: No. 11 123)

Umkehrgrenzpunkt   (Fltbetr)
Am weitesten vom Heimathafen entfernter Punkt, den ein Luftfahrzeug erreichen und von dem es mit einer gegebenen Sicherheitsreserve an Kraftstoff zum Heimathafen zurückkehren kann.

3132 **Point of no return   (Flt OPS)**
A point along an aircraft track beyond which its endurance will not permit return to its own or some other associated base on its own fuel supply.
(AAP-6)

Umkehrgrenzpunkt   (Flbetr)
Der Punkt auf dem Flugweg eines Luftfahrzeugs, jenseits dessen es in Anbetracht seiner Höchstflugdauer mit dem mitgeführten Kraftstoff nicht mehr zum eigenen oder zu einem angeschlossenen Flugplatz zurückkehren kann.

3133 **Point, orbit ~,**
cf./vgl. S.-No./lfd. Nr. 2920
3134 **Point, quarter-chord ~,**
cf./vgl. S.-No./lfd. Nr. 3328
3135 **Point, reporting ~,**
cf./vgl. S.-No./lfd. Nr. 3515, 3516
3136 **Point, separation ~,**
cf./vgl. S.-No./lfd. Nr. 3739
3137 **Point, stagnation ~,**
cf./vgl. S.-No./lfd. Nr. 3977
3138 **Point, transition ~,**
cf./vgl. S.-No./lfd. Nr. 4439
3139 **Point vortex   (Aerodyn)**
A cross-section of a line vortex in two-dimensional flow.
(BS 185: Sect. 4: No. 4493)

Zweidimensionaler Wirbel   (Aerodyn)
Schnitt durch einen Linienwirbel zur Betrachtung ebener Strömungen.

3140 **Points, cardinal ~,**
cf./vgl. S.-No./lfd. Nr. 852
3141 **Polar control   (Miss)**
A system providing control about the pitch and roll axes only.
(BS 185: Sect. 6: No. 6407)

Polarsteuerung   (FK)
Steueranlage, die lediglich um die Querachse und um die Längsachse wirksam ist.

3142 **Polar distance   (Nav)**
The arc of a celestial meridian, or corresponding angle at the centre of the Earth, intercepted between a celestial body and the elavated celestial pole.
(BS 185: Sect. 11: No. 11 209)

Polhöhe   (Nav)
Bogenlänge auf einem Himmelsmeridian oder entsprechender Winkel im Erdmittelpunkt zwischen einem Gestirn und dem oberen Himmelspol.

3143 **Porosity   (Para)**
The property of a material which allows a gas to flow through it. It ist usually measured by the volume of air passing through the fabric at a pressure difference of 10 inches of water, in cubic feet of air per square foot per second.
(BS 185: Sect. 12: No. 12 170)

Luftdurchlässigkeit; Porosität   (Fallsch)
Die Eigenschaft eines Materials, welches einem Gas den Durchtritt gestattet. Sie wird gewöhnlich gemessen durch das Luftvolumen, das bei einer Druckdifferenz von 10″ Wassersäule (254 mm WS) in Kubikfaß (= 0,0283 m³) des Stoffes pro Sekunde durchtritt. (In Deutschland wird die Messung bei 16 mm WS

3144 Porosity meter (A/c 1)
An instrument for measuring the porosity of fabric.
(BS 185: Sect. 7: No. 7132)

3145 Porpoising (Flt OPS)
Undulatory movement of a seaplane or amphibian during forward motion on water, caused by instability.
(BS 185: Sect 2: No. 2210)

3146 Position, air ~,
cf./vgl. S.-No./lfd. Nr. 226

3147 Position, chord ~,
cf./vgl. S.-No./lfd. Nr. 919

3148 Position error (Instr)
The part of the difference between the rectified and indicated air speeds due to the recorded static pressure not being equal to the ambient pressure. This discrepancy may arise from the locatin of the pressure head on the aircraft or the conditions of motion, or both.
(BS 185: Sect 11: No. 11 124)

3149 Position, ground ~,
cf./vgl. S.-No./lfd. Nr. 1923

3150 Position line (Nav)
A line, obtained from observations of terrestrial or celestial objects, from radio aids, on which the observer is computed to be at the time of the observation.
(BS 185: Sect. 11: No. 11 125)

3151 Position, line of ~,
cf./vgl. S.-No./lfd. Nr. 2487

3152 Position, most probable ~,
cf./vgl. S.-No./lfd. Nr. 2770

3153 Position, no wind ~,
cf./vgl. S.-No./lfd. Nr. 2820

3154 Position report (ATC)
A report from an aircraft in flight to a controlling station giving the aircraft's position, often together with other information, such as heading, speed, etc.
(NASA S.0905)

3155 Position, rigging ~,
cf./vgl. S.-No./lfd. Nr. 3565

3156 Position, taxi-holding ~,
cf./vgl. S.-No./lfd. Nr. 4287

3157 Positive accelerations (Med),
cf./vgl. **Accelerations,** S.-No./lfd. Nr. 11

3158 Positive-displacement supercharge (Eng)
A supercharge in which volumes of air or mixture are isolated and compressed.
(BS 185: Sect. 8: No. 8365)

3159 Post, alerting ~,
cf./vgl. S.-No./lfd. Nr. 280, 281

3160 Post, fin ~,
cf./vgl. S.-No./lfd. Nr. 1612

3161 Post, rudder ~,
cf./vgl. S.-No./lfd. Nr. 3647

3162 Post, stern ~,
cf./vgl. S.-No./lfd. Nr. 4052

3163 Power approach (Flt OPS)
An approach during which the airplane is under more power than is usual for an approach, used especially to provide better control.
(NASA S.0910)

3164 Power-assisted control system (A/c)
A flight control system in which a power am-

Druckunterschied und mit einer Prüffläche von 20 cm^2 durchgeführt. Die Angabe erfolgt in l/m^2 sec, also in Liter pro Quadratmeter und Sekunde.)

Durchlässigkeitsmeßgerät (Lfz 1)
Gerät zum Messen der Durchlässigkeit eines Stoffes.

Porpoising; Tauchstampfen (Flbetr)
Wellenförmige Bewegung eines Wasserflugzeugs oder Amphibienluftfahrzeugs während seiner Vorwärtsbewegung auf dem Wasser infolge Instabilität.

Einbaufehler (Instr)
Teil des Unterschieds zwischen berichtigter und angezeigter Fluggeschwindigkeit, der davon herrührt, daß der registrierte statische Druck nicht gleich dem Umgebungsdruck ist. Diese Unstimmigkeit kann auf die Lage der Meßstellen für dynamischen und statischen Druck am Luftfahrzeug oder die Bewegungsverhältnisse, bzw. beide Komponenten zurückzuführen sein.

Standlinie (Nav)
Linie, welche durch die Beobachtung von terrestrischen Objekten, Gestirnen oder Funkhilfsmitteln bestimmt wurde und auf welcher sich der Beobachter zum Zeitpunkt der Beobachtung rechnerisch befindet.

Positionsmeldung (FS)
Meldung eines auf einem Flug befindlichen Luftfahrzeugs an eine Bodenleitstelle über seinen Standort, häufig auch mit weiteren Angaben, wie z. B. Steuerkurs, Fluggeschwindigkeit usw.

Lader mit positiver Förderung; Lader der Verdrängerbauart (Flmot)
Ein Lader, in dem Luft- oder Gemischmengen durch Verdrängung verdichtet werden.

Anflug mit Gas (Flbetr)
Anflug, bei dem das Flugzeug zur Verbesserung seiner Steuerfähigkeit mit höherer als bei einem Anflug normalerweise üblichen Motorleistung anfliegt.

Stützmotor-Steuerwerk;
Servo-Steuersystem (Lfz)

plifier is placed between the flying control and the control surface to supplement the pilot's direct effort.
(BS 185: Sect. 5: No. 5340)

3165 **Power boost (Eng)**
A device or system for increasing temporarily the power of an engine above its normal maximum continuous rating.
(BS 185: Sect. 8: No. 8356)

3166 **Power factor, height ~,**
cf./vgl. S.-No./lfd. Nr. 2015

3167 **Power landing (Flt OPS)**
An airplane landing in which the airplane is under power until it touches down.
(NASA S.0913)

3168 **Power loading (Struct)**
The gross weight of an aircraft divided by the horse-power of the enginge(s).
(BS 185: Sect. 5: No. 5603)

3169 **Power loss, induced ~,**
cf./vgl. S.-No./lfd. Nr. 2190

3170 **Power loss, profile-drag ~,**
cf./vgl. S.-No./lfd. Nr. 3258

3171 **Power, maximum continuous ~,**
cf./vgl. S.-No./lfd. Nr. 2654, 2655

3172 **Power, maximum take-off ~,**
cf./vgl. S.-No./lfd. Nr. 2667

3173 **Power, maximum weak mixture ~,**
cf./vgl. S.-No./lfd. Nr. 2669, 2670

3174 **Power plant (Eng)**
The complete system of power unit(s), parts and associated protective devices installed in an aeroplane for the purposes of propulsion.
(ICAO, Annex 8)

3175 **Power plant, auxiliary ~,**
cf./vgl. S.-No./lfd. Nr. 524, 525

3176 **Power rating (Eng)**
The power permitted by the relevant regulations for a certain specified use; e. g. Maximum take-off rating, Combat rating, Maximum continuous rating, Weak-mixture rating.
(BS 185: Part 2: No. 8211)

3177 **Power rating, take-off ~,**
cf./vgl. S.-No./lfd. Nr. 4252

3178 **Power setting (Eng)**
The setting of any control or regulator that effects the output of an engine or power plant, such as a throttle setting, a mixture-control setting, or a propeller-pitch setting.
(NASA S.0914)

3179 **Power unit (Eng, Turbo)**
A system of one or more engines and ancillary parts which are together necessary to provide thrust, independently of the continued operation of any other power unit(s), but not including short period thrust producing devices.
(ICAO, Annex 8, 5th Ed.)

3180 **Power unit (Eng)**
An engine or assembly of two or more engines, complete with all components and accessories used, as fitted into an aircraft.
(BS 185: Sect 8: No. 8212)

3181 **Power unit, auxiliary ~,**
cf./vgl. S.-No./lfd. Nr. 526

3182 **Power unit, coupled-engine ~,**
cf./vgl. S.-No./lfd. Nr. 1164

3183 **Power unit, double-engine ~,**
cf./vgl. S.-No./lfd. Nr. 1365

3184 **Powered control system**
A flight control system in which a power amplifier is placed between the flying control

Steuerwerk, bei dem ein Kraftverstärker zwischen Steuerbedienorgan und Steuerfläche eingebaut ist, um den unmittelbaren Kraftaufwand des Luftfahrzeugführers zu ergänzen.

Leistungszusatz (Flmot)
Vorrichtung oder Anlage zur kurzzeitigen Leistungserhöhung eines Motors über seine normale höchste Dauerleistung hinaus.

Landung mit Gas (Flbetr)
Landung, bei der das Flugzeug bis zum Aufsetzen mit Motorleistungsabgabe geflogen wird.

Leistungsbelastung (Konstr)
Gesamtmasse eines Luftfahrzeugs dividiert durch die Leistung des oder der Triebwerke in PS.

Triebwerk(anlage) (Flmot)
Das gesamte System von Triebwerkseinheiten, von Teilen und Schutzvorrichtungen, das zum Zweck des Vortriebes in ein Flugzeug eingebaut ist.

Nennleistung; zulässige Motorleistung (Flmot)
Die in den entsprechenden Vorschriften für einen bestimmten Arbeitszustand zugelassene Motorleistung; z. B. höchste Startleistung, Kampfleistung, höchste Dauerleistung, Sparflugleistung.

Leistungseinstellung (Flmot)
Die Einstellung jeder Art von Steuerung oder Regelung, die Einfluß auf die Motorleistung hat, wie z. b. Gashebelstellung, Gemischregelung oder Einstellung der Luftschraubensteigung.

Triebwerkeinheit (Flmot, Turbo)
Eine Anlage bestehend aus einem oder mehreren Motoren samt Zubehör, welche als Ganzes unabhängig vom dauernden Betrieb jeder anderen Triebwerkeinheit (aller anderen Triebwerkseinheiten), zur Schuberzeugung notwendig ist, jedoch ohne Vorrichtungen zur kurzzeitigen Schuberzeugung.

Triebwerk (Flmot)
Eine Kraftmaschine oder die Kombination von zwei oder mehreren Kraftmaschinen, wie sie in ein Luftfahrzeug eingebaut ist, zusammen mit allen Einzelteilen und Hilfsgeräten.

Kraftsteuerung (Lfz)
Steuerwerk, bei dem ein Kraftverstärker zwischen Steuerbedienorgan und Steuerfläche

and the control surface.
(BS 185: Sect. 5: No. 5341)

3185 PPI approach (ATC)
A special type of surveillance radar approach given by the radar controller using the PPI only to assist an aircraft to the runway.
(ICAO, Doc 4444–RAC/501/8)

3186 PPI departure (ATC)
A special type of surveillance radar departure given by the radar controller to assist an aircraft in safely expediting its departure from the vicinity of an aerodrome.
(ICAO, Doc 4444–RAC/501/8)

3187 Prebaratic chart (Met)
An isobaric chart forecast for some specified time ahead.
(BS 185: Sect. 15: No. 15 523)

3188 Precipitation (Met)
A general term for the forms in which water may fall from the atmosphere.
(BS 185: Sect. 15: No. 15 311)

3189 Precision approach (= PAR approach) (ATC)
A ground-controlled approach when the final approach is carried out on the precision radar equipment.
(BS 185: Sect. 13: No. 13 259)

3190 Precision approach radar (ATC)
Primary radar equipment used to determine the position of an aircraft during final approach, in terms of lateral and vertical deviations relative to a nominal approach path, and in range relative to touchdown.
Note. – Precision approach radars are designated to enable pilots of aircraft to be given guidance by radio communication during the final stages of the approach to land.
(ICAO, Doc 44–RAC/501/8)

3191 Precision-approach radar, Abbr PAR (TEL)
A device using primary radar to determine accurately the position of an aircraft during its approach, relative to the selected approach path. When used as an element of the **Ground-controlled approach system**, it is known as a **"Precision-approach radar element"**.
(BS 185: Part 3: No. 14 220)

3192 Precision approach runway (GS)
An instrument runway served by ILS or GCA approach aids and intended for use in conditions of poor visibility or low cloud base.
(ICAO, Annex 4, 5th Ed.)

3193 Precision controller (ATC)
A radar controller employed in the transmission of PAR talk-down instructions to the pilot of an aircraft on the final approach to the runway, and in passing monitoring information to the pilot when using a landing aid other than PAR.
(BS 185: Sect. 16: No. 16 115)

3194 Prediction, lead ~,
cf./vgl. S.-No./lfd. Nr. 2401

3195 Preset guidance (Miss)
A kind of missile guidance in which devices in the missile adjusted before firing establish the path of the missile.
(NASA S.0921)

3196 Pressure, air ~,
cf./vgl. S.-No./lfd. Nr. 228

eingebaut ist.

PPI-Anflug (FS)
Eine besondere Art von Anflug mit Hilfe von Rundsichtradar, wobei der Radarlotse ausschließlich das Rundsichtanzeigegerät verwendet, um ein Luftfahrzeug beim Anflug zur Piste zu unterstützen.

PPI-Abflug (FS)
Eine besondere Art von Abflug mit Hilfe von Rundsichtradar, wobei der Radarlotse einem Luftfahrzeug zu einem sicheren und schnellen Abflug aus der Nähe eines Flugplatzes verhilft.

Vorhergesagte Isobarenkarte; Luftdruck-Vorhersagekarte (Met)
Eine Karte der Luftdruckverteilung, die für einen bestimmten, zukünftigen Zeitpunkt vorhergesagt ist.

Niederschlag (Met)
Ein allgemeiner Ausdruck für alle Formen, in denen Wasser aus der Atmosphäre ausgeschieden wird.

PAR-Anflug; Präzisions-GCA-Anflug (FS)
Ein GCA-Anflug, bei dem der Endanflug mit dem Präzisionsanflug-Radargerät geführt wird.

Präzisionsanflugradar (FS)
Primärradargerät zur Bestimmung des Standorts eines Luftfahrzeuges während des Endanfluges nach seitlichen und senkrechten Abweichungen von einem Soll-Anflugweg und nach Entfernung in bezug auf den Aufsetzpunkt.
Anmerkung: Präzisionsanflugradargeräte ermöglichen es, Luftfahrzeugführer während der letzten Phasen des Landeanflugs durch Funk zu führen.

Präzisionsanflug-Radargerät (PAR) (Fernm)
Primäres Radargerät zur genauen Bestimmung des Standorts eines Luftfahrzeugs während eines Anfluges in bezug auf einen vorgegebenen Anflugweg. Wird es in einem **GCA-Anflugsystem** benutzt, so bezeichnet man es als „Präzisionsanflug-Radargeräteelement".

Präzisionsanflugpiste (Bod)
Eine Instrumentenpiste mit ILS- oder GCA-Anflughilfen, die für die Benutzung bei schlechten Sichtbedingungen oder bei niedriger Wolkenuntergrenze bestimmt ist.

Radarlotse für Präzisions-Radargerät (FS)
Radarlotse, der beauftragt ist, während des Endanflugs Sprechfunkanweisung für den Präzisionsanflug an den Luftfahrzeugführer durchzugeben oder Überwachungsangaben an ihn zu übermitteln, wenn er nach einem anderen als dem Präzisionsanflug-Radarverfahren anfliegt.

Programmsteuerung (FK)
Eine Art von Flugkörpersteuerung, bei der Vorrichtungen in dem Flugkörper, die vor dem Start eingestellt werden, die Flugbahn des Flugkörpers bestimmen.

3197 **Pressure altimeter (Instr)**,
cf./vgl. **Barometric altimeter**, S.-No./lfd. Nr.
612

3198 **Pressure altitude (Met)**
An atmospheric pressure expressed in terms
of altitude which corresponds to that pres-
sure in the Standard Atmopshere.
(ICAO, Annex 8, 5th Ed., Annex 10, Volume
I, 1st Ed.)

Druckhöhe (Met)
Ein atmosphärischer Druck als die Höhe angegeben, welche diesem Druck in der Normatmosphäre entspricht.

3199 **Pressure altitude (Met)**
The altitude in the International Standard
Atmosphere at which the atmospheric pres-
sure is equal to the given pressure.
(BS 185: Sect. 1: No. 1108)

Druckhöhe (Met)
Höhe nach der Internationalen Normatmosphäre, bei der der Luftdruck gleich einem gegebenen Druck ist.

3200 **Pressure, atmospheric ~**,
cf./vgl. S.-No./lfd. Nr. 495

3201 **Pressure, boost ~**,
cf./vgl. S.-No./lfd. Nr. 728 ,

3202 **Pressure breathing (Med)**
A technique in which oxygen is supplied to
the lungs at a pressure higher than the ambient barometric pressure.
(BS 185: Sect. 17: 17 135)

Druckatmung (Flmed)
Eine Verfahrensweise, bei der der Sauerstoff der
Lunge mit einem Druck zugeführt wird, der
höher liegt als der Umgebungsluftdruck.

3203 **Pressure breathing (Med)**
Technique in which oxygen is injected inside
the respiratory ducts through a pressure
higher than the ambient barometric pressure.
(AAP−6)

Druck(be)atmung (Flmed)
Verfahren, bei dem der Sauerstoff mit einem
Druck, der höher ist als der umgebende Luft-
druck, in die Atemwege eingeführt wird.

3204 **Pressure cabin (A/c)**
A cabin in which, for the convenience of the
occupants, means are provided to maintain
the air pressure at a higher level than the ambient air pressure.
(BS 185: Sect. 5: No. 5367)

Druckkabine (Lfz)
Kabine, in der zur Bequemlichkeit der Insassen Mittel vorgesehen sind, um den Luftdruck
auf einem höheren Niveau als dem des Umgebungsdrucks zu halten.

3205 **Pressure, centre of ~**,
cf./vgl. S.-No./lfd. Nr. 883

3206 **Pressure contour (Met)**
A line drawn on a chart showing the altitude
at which a specified pressure occurs in the
atmosphere.
(BS 185: Sect 15: No. 15 524)

Luftdruck-Höhenlinie; Isohypse (Met)
Eine Linie auf einer Wetterkarte, die anzeigt,
in welcher Höhe in der Atmosphäre ein bestimmter Luftdruck herrscht.

3207 **Pressure control, barometric ~**,
cf./vgl. S.-No./lfd. Nr. 614

3208 **Pressure controller (A/c)**
A device to prevent a selected fuel delivery
pressure from being exceeded.
(BS 185: Sect. 10: No. 10 402)

Druckregler (Lfz)
Vorrichtung zum Verhüten des Überschreitens
eines vorbestimmten Kraftstoff-Förderdrucks.

3209 **Pressure cowling (Eng)**
A cowling in which the pressure of the air is
increased, either by ram effect or by a fan.
(BS 185: Sect. 8: No. 8208)

Offene Motorhaube (Flmet)
Eine Motorhaube, in welcher der Luftdruck
entweder durch den Staudruck oder durch
eine Kühlluftschraube erhöht wird.

3210 **Pressure defuelling (A/c)**
A method of extracting fuel from the fuel
tanks of an aircraft through a defuelling system to a connection on the aircraft and then
by a closed line to an external suction pump.
(BS 185: Sect. 10: No. 10 403)

Druckenttankung (Lfz)
Ablassen von Kraftstoff aus den Kraftstoffbe-
hältern eines Luftfahrzeugs über eine Enttank-
ungsanlage zu einem Anschluß am Luftfahrzeug und von da über eine geschlossene Leitung zu einer Außenbord-Sogpumpe.

3211 **Pressure-demand oxygen system (A/c)**
A demand oxygen system that furnishes oxygen at a pressure higher than atmospheric
pressure above a certain altitude.
(NASA S.0926)

Automatische Sauerstoffanlage (Lfz)
Ein am Bedarf orientiertes Sauerstoffsystem,
das oberhalb einer bestimmten Flughöhe
Sauerstoff mit einem höheren als dem atmosphärischen Druck abgibt.

3212 **Pressure drag (Aerodyn)**
The part of the drag to the resolved compo-
nent of the pressures normal to the surface.
(BS 185: Part 1: No. 4124)

Druckwiderstand (Aerodyn)
Teil des Widerstandes infolge der Druckkom-
ponenten senkrecht zur Oberfläche.

3213 **Pressure, dynamic ~**,
cf./vgl. S.-No./lfd. Nr. 1416

3214 **Pressure face (Prop)**
The face of a propeller blade formed by the
lower boundaries of the aerofoil elements.
(BS 185: Sect. 9: No. 9129)

Blattdruckseite (Prop)
Die Seite eines Luftschraubenblattes, die von
den unteren Begrenzungen der Blattprofile gebildet wird.

3215 **Pressure gauge, manifold ~,**
cf./vgl. S.-No./lfd. Nr. 2613
3216 **Pressure gradient (Met)**
The rate of change of pressure in a horizontal
plane in a direction normal to the isobars on
a weather chart.
(BS 185: Sect. 15: No. 15 525)
3217 **Pressure head (Instr)**
A device which combines the pitot tube and
static-pressure tube in a form suitable for
mounting on an aircraft.
(BS 185: Sect. 5: No. 5532)
3218 **Pressure heigth (A/c 1)**
The altitude in standard atmosphere at
which, for a given fullness at sea level, the
envelope or gas bag will reach a predetermined superpressure.
(BS 185: Sect. 7: No. 7116)
3219 **Pressure height (Met),**
cf./vgl. **Pressure altitude,** S.-No./lfd. Nr. 3198,
3199
3220 **Pressure, kinetic ~,**
cf./vgl. S.-No./lfd. Nr. 2324
3221 **Pressure, manifold ~,**
cf./vgl. S.-No./lfd. Nr. 2612
3222 **Pressure, maximum delivery ~,**
cf./vgl. S.-No./lfd. Nr. 2656
3223 **Pressure, no-flow ~,**
cf./vgl. S.-No./lfd. Nr. 2818
3224 **Pressure-pattern flying (Nav)**
The planning and navigation of a long range
flight by reference to the barometric pressure distribution.
(BS 185: Sect. 11: No. 11 126)
3225 **Pressure pump (Eng)**
A pump which supplies oil under pressure to
the engine.
(BS 185: Sect. 8: No. 8234)
3226 **Pressure, reacted ~,**
cf./vgl. S.-No./lfd. Nr. 3449
3227 **Pressure, reference ~,**
cf./vgl. S.-No./lfd. Nr. 3480
3228 **Pressure refuelling (A/c)**
A method of filling the fuel tanks of an aircraft from an external pumping unit which
delivers fuel under pressure in a closed line
to a connection on the aircraft.
(BS 185: Sect. 10: No. 10 404)
3229 **Pressure-rigid airship (A/c 1)**
An airship that maintains form both by
means of a light rigid framework and internal pressure.
(NASA S.0929)
3230 **Pressure, saturation vapour ~,**
cf./vgl. S.-No./lfd. Nr. 3679
3231 **Pressure, stall ~,**
cf./vgl. S.-No./lfd. Nr. 3982
3232 **Pressure, static ~,**
cf./vgl. S.-No./lfd. Nr. 4027
3233 **Pressure suit (Med)**
A suit which is capable of exerting pressure
on the body in order to counteract an
increase of pressure in the lungs.
(BS 185: Sect. 17: No. 17 136)
3234 **Pressure suit (Aero)**
a) **Partial.** A skin tight suit which does not
completely enclose the body but which is
capable of exerting pressure on the major
portion of the body in order to counteract
an increased intrapulmonary oxygen pressure.
b) **Full.** A suit which completely encloses
the body and in which a gas pressure, suf-

Luftdruckgradient (Met)
Der Betrag der Luftdruckänderung in einer
horizontalen Ebene in der Richtung senkrecht
zu den auf einer Wetterkarte eingezeichneten
Isobaren.
Staudruckmesser (Instr)
Vorrichtung, die das Pitot-Rohr und das statische Pitot-Rohr in einer Form kombiniert, die
zum Anbringen an einem Luftfahrzeug geeignet ist.
Druckhöhe (Lfz 1)
Höhe in der Normatmosphäre, in der sich – bezogen auf einen gegebenen Füllungsgrad in
Meereshöhe – in der Ballonhülle oder Gaszelle
ein bestimmter Überdruck einstellt.

**Barometrische Navigation; Aerologation;
Fliegen nach Druckfeld (Nav)**
Planung und Durchführung eines Langstrek-
kenfluges mit Bezugnahme auf die barometri-
sche Druckverteilung.
Öldruckpumpe (Flmot)
Eine Pumpe, die das Schmieröl unter Druck
zum Motor fördert.

Druckbetankung (Lfz)
Auffüllen der Kraftstoffbehälter eines Luftfahrzeugs mittels eines Außenbord-Pumpag-
gregats, das Kraftstoff unter Druck in einer geschlossenen Leitung zu einem Anschluß am
Luftfahrzeug fördert.
Halbstarres Luftschiff (Lfz 1)
Luftschiff, dessen Form mittels eines leichten,
starren Gitterwerks und des Innendrucks aufrechterhalten wird.

Druckanzug (Flmed)
Ein Anzug, der einen Druck auf den Körper
ausüben kann, um einer Druckerhöhung in
der Lunge entgegenzuwirken.
Druckanzug (Aero)
a) **Teil-Druckanzug.** An der Haut dicht anlie-
gender Anzug, der zwar den Körper nicht
vollständig umschließt, aber auf den größten Teil des Körpers einen Druck auszuüben vermag, der stark genug ist, einem er-
höhten Sauerstoffdruck in der Lunge entgegenzuwirken.
b) **Voll-Druckanzug.** Anzug, der den ganzen

ficiently above ambient pressure for maintenance of function, may be sustained.
(AAP-6)

3235 Pressure, super ~,
cf./vgl. S.-No./lfd. Nr. 4142

3236 Pressure valve, minimum ~,
cf./vgl. S.-No./lfd. Nr. 2721

3237 Pressure, zero delivery ~,
cf./vgl. S.-No./lfd. Nr. 4820

3238 Pressurized cabin (A/c)
The occupied space of an aircraft in which the air pressure has been increased above that of the ambient atmosphere by compression of the ambient atmosphere into the space.
(AAP-6)

3239 Primary frequency (TEL)
The radio telephony frequency assigned to an aircraft as a first choice for air-ground communication in a radio telephony network.
(ICAO, Annex 10, Volume II, 1st Ed.)

3240 Primary glider (A/c)
A ruggedly built glider, typically having an open framework fuselage, for the elementary training of glider pilots. The craft ist designed chiefly for gliding, rather than soaring.
(NASA S.0932)

3241 Primary holes (Turbo)
Holes through which a portion of the air flow is passed into a flame tube for the early stage of combustion.
(BS 185: Sect. 8: No. 8449)

3242 Primary means of communication (TEL)
The means of communication to be adopted normally by aircraft and ground stations as a first choice where alternative means of communication exist.
(ICAO, Annex 10, Volume I, 1st Ed.)

3243 Primary radar (TEL)
A radar system which uses reflected radio signals.
(ICAO, Doc 4444-RAC/501/8)

3244 Primary structure
Those portions of the structure the failure of which would seriously endanger the aircraft in flight.
(BS 185: Sect. 3: No. 3116)

3245 Primer (Eng)
A device for spraying fuel into the induction system or the combustion chamber to facilitate starting.
(BS 185: Sect. 8: No. 8357)

3246 Printed communications (TEL)
Communications which automatically provide a permanent printed record at each terminal of a circuit of all messages which pass over such circuit.
(ICAO, Annex 11, 5th Ed.)

3247 Probe (A/c)
A tubular structure mounted on a receiver aircraft, projecting forwards, which provides a connection between the receiver fuel system and the reception coupling on the refuelling hose of a taker during refuelling.
(BS 185: Sect. 10: No. 10 424)

3248 Procedure, final-approach ~,
cf./vgl. S.-No./lfd. Nr. 1616

3249 Procedure, holding ~,
cf./vgl. S.-No./lfd. Nr. 2043

Körper umschließt und in dem ein Druck aufrechterhalten werden kann, der für die Körperfunktion ausreichend hoch über dem Umgebungsdruck liegt.

Druckkabine (Lfz)
Von Personen benutzter Raum in einem Luftfahrzeug, in dem der Luftdruck durch Zufuhr komprimierter Luft aus der umgebenden Atmosphäre über den dort herrschenden Luftdruck erhöht wird.

Hauptfrequenz (Fernm)
Die Sprechfunkfrequenz, die einem Luftfahrzeug als erste Möglichkeit für Flugfunkverkehr in einem Sprechfunknetz zugeteilt ist.

Schulgleiter (Lfz)
Ein für die Anfangsschulung von Segelflugzeugführern hergestellter Gleiter von robuster Bauweise, für den ein offener Fachwerkrumpf typisch ist. Dieses Luftfahrzeug ist in erster Linie für den Gleitflug und nicht für den Segelflug ausgelegt.

Primärluftlöcher (Turbo)
Öffnungen im vorderen Teil eines Flammrohrs, durch die der zum Einleiten des Verbrennungsvorgangs notwendige Teil der Luft einströmt.

Haupt(fernmelde)verbindungsart (Fernm)
Die Fernmeldeverbindung, die üblicherweise von Luftfahrzeugen und Bodenstellen bei Vorhandensein mehrerer Verbindungsarten in erster Linie zu verwenden ist.

Primärradar (Fernm)
Ein Radarsystem, das reflektierte Funkzeichen verwendet.

Tragende Bauteile (Konstr)
Diejenigen Bauelemente einer Konstruktion, deren Bruch das Luftfahrzeug im Flug ernstlich gefährden würde.

Anlaßeinspritzpumpe (Flmot)
Eine Vorrichtung zum Einsprühen von Kraftstoff in die Ansaugleitung oder in die Brennkammer, um das Anlassen des Motors zu erleichtern.

Fernmeldeverbindungen mit gedrucktem Beleg
Fernmeldeverbindungen, bei denen an jeder Endstelle automatisch eine bleibende, gedruckte Aufzeichnung aller übermittelten Meldungen erfolgt.

Betankungssonde (Lfz)
Nach vorn ragende, rohrförmige Konstruktion an einem (Kraftstoff) aufnehmenden Luftfahrzeug, die eine Verbindung zwischen der aufnehmenden Kraftstoffanlage und der Anschlußkupplung am Betankungsschlauch des Tankerluftfahrzeugs während des Betankens herstellt.

3250 Procedure, instrument approach ~,
cf./vgl. S.-No./lfd. Nr. 2230
3251 Procedure, landing ~,
cf./vgl. S.-No./lfd. Nr. 2364
3252 Procedure, missed approach ~,
cf./vgl. S.-No./lfd. Nr. 2725, 2726
3253 Procedure turn (ATC)
A manoeuvre in which a turn is made away from a designated track followed by a turn in the opposite direction, both turns being executed so as to permit the aircraft to intercept and proceed along the reciprocal of the designated track.
Note 1. – Procedure turns are designated "left" or "right" according to the direction of the initial turn as follows:
a) Procedure turn left – a procedure turn in which the initial turn is to the left;
b) Procedure turn right – a procedure turn in which the initial turn is to the right.
Note 2. – Procedure turns may be designated as being made either in level flight or while descending, according to the circumstances of each individual instrument approach procedure, the only restriction being that the obstacle clearance specified in Part II, Chapter 2, not be infringed.
(ICAO, Doc 8168–OPS/611/2)

3254 Procedure turn (ATC)
A timed turn in which an aircraft reverses its heading in accordance with a specified procedure, used when accuracy is required in controlling time or in maintaining a track, as in reversing heading along a radio beam.
(NASA S.0934)

3255 Procedure turn, final ~,
cf./vgl. S.-No./lfd. Nr. 1618
3256 Profile (Flt OPS)
The orthogonal projections of a flight path or portion thereof on the vertical surface containing the nominal track.
(ICAO, Doc 4444–RAC/501/8)
3257 Profile drag (Aerodyn)
For shock-free flow, the sum of the surface-friction drag and the form drag.
(BS 185: Sect. 4: No. 4130)
3258 Profile-drag power loss (Prop)
The power expended in overcoming the profile drag of the blade elements of a propeller.
(BS 185: Sect. 9: 9128)
3259 Profile, flight ~,
cf./vgl. s.-No./lfd. Nr. 3256
3260 Profile thickness (Struct)
The maximum distance between the upper and lower contours of an airfoil profile measured perpendicular to the mean line of the profile.
(NASA S.0935)
3261 Prohibited area (ATC)
An airspace of defined dimensions, above the land areas of territorial waters of a State, within which the flight of aircraft is prohibited.
(ICAO, Annex 2, 5th Ed., Annex 4, 5th Ed. Annex 16, 3rd Ed.)
3262 Proof factor (Struct)
The factor of safety corresponding to the proof load.
(BS 185: Sect. 3: No. 3107)

Verfahrenskurve (FS)
Eine Bewegung, bei der eine Kurve geflogen wird, die von einem festgelegten Kurs über Grund wegführt und auf die eine Kurve in entgegengesetzter Richtung folgt. wobei beide Kurven so ausgeführt werden, daß das Luftfahrzeug auf den Gegenkurs eindrehen und diesem folgen kann.
Anmerkung 1: Verfahrenskurven werden entsprechend der einleitenden Kurve wie folgt als „links" oder „rechts" bezeichnet:
a) Verfahrenskurve links – eine Verfahrenskurve, bei der die einleitende Kurve nach links ausgeführt wird;
b) Verfahrenskurve rechts – eine Verfahrenskurve, bei der die einleitende Kurve nach rechts ausgeführt wird.
Anmerkung 2: Verfahrenskurven können entweder für den Horizontalflug oder Sinkflug entsprechend den Bedingungen jedes einzelnen Instrumentenanflugverfahrens festgelegt werden; die einzige Beschränkung ist, daß der in Teil II, Kap. 2, festgelegte Hindernismindestabstand nicht unterschritten werden darf.
Verfahrenskurve (FS)
Eine nach Zeit geflogene Kurve, in der ein Luftfahrzeug seinen Steuerkurs in Übereinstimmung mit einem festgelegten Verfahren umkehrt; wird angewandt, wenn Genauigkeit bei der Zeitkontrolle oder beim Einhalten eines Flugwegs über Grund erforderlich sind, z. B. beim Eindrehen auf Gegenkurs an einem Funkleitstrahl.

(Einsatz-)Profil (Flbetr)
Die rechwinklige Projektion eines Flugweges oder eines Teiles davon auf die Vertikalfläche, in der der Sollkurs über Grund liegt.

Profilwiderstand (Aerodyn)
Summe aus Reibungs- und Formwiderstand bei schockfreiem Luftfluß.

Profilwiderstands-Leistungsverlust (Prop)
Der Teil der Antriebsleistung, der von dem Profilwiderstand der Luftschraubenblätter aufgenommen wird.

Profildicke (Konstr)
Die größte Entfernung zwischen den oberen und unteren Konturlinien eines Tragflügelprofils, gemessen senkrecht zur Skelettlinie des Profils.

(Luft-)Sperrgebiet (FS)
Ein Luftraum von festgelegten Ausmaßen über den Landgebieten oder Hoheitsgewässern eines Staates, in welchem Flüge von Luftfahrzeugen verboten sind.

Prüffaktor; Belastungsfaktor (Konstr)
Der der Prüflast entsprechende Sicherheitsfaktor.

3263 **Proof load (Struct)**
The load which a structure is requiered to withstand and still remain serviceable.
(BS 185: Sect. 3: No. 3118)

3264 **Proof test (El)**
A test of an item of equipment with load conditions outside the normal, but which may occur.
(BS 185: Part 2: No. 10 229)

3265 **Proofing (A/c 1)**
The treatment of fabric to render it gastight or weather-resisting.
(BS 185: Sect. 7: No. 7222)

3266 **Propellant (Miss)**
One or more substances used for the chemical generation of gas at the controlled rates required to provide thrust.
(BS 185: Sect. 6: No. 6213)

3267 **Propellant (Miss)**
That which provides the energy for propelling something; specifically an explosive powder charge for propelling a bullet, shell, or the like; also a fuel, either powder or liquid, for propelling a rocket or the like.

3268 **Propellant, bi~,**
cf./vgl. S.-No./lfd. Nr. 686, 687

3269 **Propellant, liquid ~,**
cf./vgl. S.-No./lfd. Nr. 2500

3270 **Propellant, mono ~,**
cf./vgl. S.-No./lfd. Nr. 2757, 2758

3271 **Propellant, rocket ~,**
cf./vgl. S.-No./lfd. Nr. 3599

3272 **Propellant, solid ~,**
cf./vgl. S.-No./lfd. Nr. 3868

3273 **Propeller**
A power-driven bladed airscrew designed to produce thrust by its rotation in air.
(BS 185: Sect. 9: No. 9130)

3274 **Propeller, adjustable pitch ~,**
cf./vgl. S.-No./lfd. Nr. 32, 33

3275 **Propeller, automatic ~,**
cf./vgl. S.-No./lfd. Nr. 515

3276 **Propeller, constant-speed ~,**
cf./vgl. S.-No./lfd. Nr. 1052

3277 **Propeller, controllable-pitch ~,**
cf./vgl. S.-No./lfd. Nr. 1126

3278 **Propeller, fixed-pitch ~,**
cf./vgl. S.-No./lfd. Nr. 1632, 1633

3279 **Propeller, left-handed ~,**
cf./vgl. S.-No./lfd. Nr. 2408

3280 **Propeller, prototype ~,**
cf./vgl. S.-No./lfd. Nr. 3302

3281 **Propeller, pusher ~,**
cf./vgl. S.-No./lfd. Nr. 3319

3282 **Propeller, reversible-pitch ~,**
cf./vgl. S.-No./lfd. Nr. 3544

3283 **Propeller, right-handed ~,**
cf./vgl. S.-No./lfd. Nr. 3572

3284 **Propeller, series ~,**
cf./vgl. S.-No./lfd. Nr. 3746

3285 **Propeller state, normal ~,**
cf./vgl. S.-No./lfd. Nr. 2837

3286 **Propeller, tractor ~,**
cf./vgl. S.-No./lfd. Nr. 4415

3287 **Propeller turbine engine (Turbo),**
cf./vgl. **Turboprop,** S.-No./lfd. Nr. 4495

3288 **Propeller, variable-pitch ~,**
cf./vgl. S.-No./lfd. Nr. 4596, 4597

3289 **Propeller wash**
The wash produced aft of a rotating propeller.
(NASA S.0948)

Prüflast (Konstr)
Last, die eine Konstruktion, ohne unbrauchbar zu werden, aufzunehmen imstande sein muß.

Überlastversuch (El)
Die Prüfung eines elektrischen Bauteils auf Betriebsbedingungen, die außerhalb des normalen Arbeitsbereichs liegen, die jedoch gelegentlich auftreten können.

Dichten (Lfz 1)
Behandlung eines Stoffes, um ihn gasdicht oder wetterbeständig zu machen.

Treibstoff (FK)
Eine oder mehrere Substanzen, die für die Erzeugung von Gas auf chemischem Weg in dem für die Schuberzeugung erforderlichen und steuerbaren Maß Verwendung finden.

Teibstoff; Treibmittel (FK)
Stoff, der zum Antrieb eines Gegenstandes die erforderliche Energie liefert; im engeren Sinne Pulverladung zum Antrieb von Geschossen o. ä. ebenso ein flüssiger oder pulverförmiger Treibstoff zum Antrieb von Raketen und dergleichen.

Propeller
Eine mit Blättern versehene Luftschraube, die durch einen Motor angetrieben wird und so ausgelegt ist, daß sie vermittels ihrer Rotation in der Luft Schub erzeugt.

Luftschraubennachlauf; Propellerstrahl
Der hinter einer sich drehenden Luftschraube erzeugte Luftnachlauf.

3290 **Propellers, coaxial** ~,
cf./vgl. S.-No./lfd. Nr. 971
3291 **Propellers, contra-rotating** ~,
cf./vgl. S.-No./lfd. Nr. 1065
3292 **Propellers, counter-rotating** ~,
cf./vgl. S.-No./lfd. Nr. 1162
3293 **Propellers, tandem** ~,
cf./vgl. S.-No./lfd. Nr. 4263
3294 **Propelling nozzle (Turbo)**
The nozzle attached to the rear end of the jet
pipe or to the exhaust cone.
(BS 185: Sect. 8: No. 8473)

Schubdüse (Turbo)
Die Düse, die am hinteren Ende des Strahlroh-
res oder des Abgaskonus angebracht ist.

3295 **Propelling nozzle, variable-area** ~,
cf./vgl. S.-No./lfd. Nr. 4592
3296 **Propjet (engine)**
A turbopropeller engine that develops both
propeller thrust and jet thrust.
(NASA S.0949)

Propeller-Turbotriebwerk (Flmot)
Ein Turbotriebwerk mit Luftschraube, das sowohl Propellerschub wie auch Düsenschub
abgibt.

3297 **Proportional control (Miss)**
Control in which the action to correct an er-
ror is made proportional to that error.
(BS 185: Sect. 6: No. 6408)

Proportionalsteuerung (FK)
Steuerung, bei welcher der Ausschlag zur Korrektur eines Fehlers proportional zum Fehler
ist.

3298 **Propulsive efficiency (Prop)**
The ratio of the propulsive thrust horse-
power to the torque horsepower.
(BS 185: Sect. 9: No. 9115)

Vortriebswirkungsgrad (Prop)
Das Verhältnis der Vortriebs-Schubleistung
zur Antriebsleistung einer Luftschraube.

3299 **Propulsive thrust (Prop)**
The shaft thrust less the increase in aircraft
drag caused by the pressence of the slipstream.
(BS 185: Sect. 9: No. 9148)

Vortriebskraft (Prop)
Gesamtschub abzüglich der durch das Vorhandensein des Luftschraubenstrahls verursachten Widerstandserhöhung am Luftfahrzeug.

3300 **Prototype (A/c)**
A model suitable for evaluation of design,
performance and production potential.
(AAP-6)

Prototyp; Versuchsmuster (Lfz)
Modell, das die Beurteilung der Konstruktion
und Leistung eines Gerätes sowie des Produk-
tionspotentials ermöglicht.

3301 **Prototype engine**
The first engine, of a type and arrangement
not approved previously, to be submitted for
type approval test.
(ICAO – Annex 8)

Mustermotor (Flmot)
Der erste Motor eines noch nicht geprüften
Musters bzw. einer Anordnung der/die einer
Musterprüfung unterzogen werden soll.

3302 **Prototype propeller**
The first propeller of a type and arrangement
not approved previously, to be submitted for
type approval test.
(ICAO – Annex 8)

Musterpropeller
Der erste Propeller eines noch nicht geprüften
Musters bzw. einer noch nicht geprüften Anordnung, der/die einer Musterprüfung unterzogen werden soll.

3303 **Prudent limit of endurance (= PLE) (A/c)**
The time which an aircraft can remain air-
borne and still retain a safety margin of fuel.
(BS 185: Sect. 11: No. 11 127)

Sichere Flugdauer (Lfz)
Zeit, die ein Luftfahrzeug in der Luft bleiben
kann, ohne eine Sicherheitsreserve an Kraftstoff anzugreifen.

3304 **Psychrometer (Met)**
A wet-and-dry bulb hygrometer.
(BS 185: Sect. 15: No. 15 705)

Psychrometer (Met)
Ein Feuchtigkeitsmesser mit „trockenem" und
„feuchtem" Thermometer.

3305 **Public authorities (Aero)**
The agencies or officials of a Contracting
State responsible for the application and en-
forcement of the particular laws and regulations of that State which relate to any aspect
of these Standards and Recommended Prac-
tices.
(ICAO, Annex 9, 5th Ed.)

Behörden (Aero)
Dienststellen oder Beamte eines Vertragsstaates, die für die Anwendung und Durchsetzung
derjenigen Gesetze und Vorschriften dieses
Staates verantwortlich sind, die sich in irgendeiner Hinsicht auf die vorliegenden Normen
(Richtlinien) und Empfehlungen beziehen.

3306 **Publication, aeronautical information** ~,
cf./vgl. S.-No./lfd. Nr. 110
3307 **Pull-out (Flt OPS)**
Recovery from a dive.
(BS 185: Sect. 2: No. 2119)

Abfangen (Flbetr)
Aus dem Sturzflug herausnehmen.

3308 **Pull-out distance (A/c carrier)**
The distance travelled by an aircraft during
arresting.
(BS 185: Sect. 13: No. 13 410)

Abfangweg (Flzg-Träger)
Strecke, die ein landendes Flugzeug zurücklegt, bis es von der Landebremsvorrichtung
zum Stillstand gebracht wird.

3309 **Pulse jet (engine) (Turbo)**
An engine producing a pulsating jet by burning fuel in air in such a way that the com-

Pulsostrahltriebwerk (Turbo)
Eine Kraftmaschine, in der ein pulsierender
Gasstrahl durch Verbrennung von Kraftstoff

pression due to forward speed is augmented by the pressure waves within the unit, the pulsation being produced by intermittent closing of the intake or by other means.
(BS 185: Sect. 8: No. 8406)

in Luft dadurch erzeugt wird, daß die durch die Vorwärtsgeschwindigkeit erzeugte Kompression durch Druckwellen im Triebwerk erhöht wird, die durch periodisches Schließen des Lufteinlasses oder durch andere Mittel erzeugt werden.

3310 Pump, accelerator ~,
cf./vgl. S.-No./lfd. Nr. 12

3311 Pump, booster ~,
cf./vgl. S.-No./lfd. Nr. 734

3312 Pump, bulk-injection ~,
cf./vgl. S.-No./lfd. Nr. 789

3313 Pump, direct-injection ~,
cf./vgl. S.-No./lfd. Nr. 1314

3314 Pump, pressure ~,
cf./vgl. S.-No./lfd. Nr. 3225

3315 Pump, scavenge ~,
cf./vgl. S.-No./lfd. Nr. 3684

3316 Purity (A/c 1)
The percentage of lifting gas in a given volume.
(BS 185: Sect. 7: No. 7133)

Reinheit (Lfz 1)
Anteil eines tragenden Gases in einem gegebenen Volumen.

3317 Purity meter (A/c 1)
An instrument for measuring the proportion by volume of the lifting gas present in the gas in a balloon or airship.
(BS 185: Sect. 7: No. 7134)

Reinheitsmeßgerät (Lfz 1)
Gerät zum Messen des Volumenanteils an tragendem Gas in der Gasfüllung eines Ballons oder Luftschiffs.

3318 Pusher aeroplane (A/c)
An aeroplane fitted with pusher propellers.
(BS 185: Sect. 5: No. 5104)

Druckpropellerflugzeug (Lfz)
Flugzeug, das von Druckpropellern angetrieben wird.

3319 Pusher propeller
A propeller designed normally to produce compression in the propeller shaft.
(BS 185: Sect. 9: No. 9138)

Druckpropeller
Ein Propeller, der so angebracht ist, daß er im normalen Betriebszustand die Propellerwelle auf Druck beansprucht.

3320 Pylon (A/c, Miss)
The structure on an aircraft which carries a launching shoe.
(BS 185: Sect. 6: No. 6304)

Außenträger; Pylon (Lfz, FK)
Konstruktion an einem Luftfahrzeug, an der sich ein Raketenschuh befindet.

3321 Pylon,
cf./vgl. **Rotor mast,** S.-No./lfd. Nr. 3631

Q

3322 Q-correction (Nav)
The correction applied to observed altitudes of Polaris, to compensate for its displacement from the North celestial pole, when obtaining latitudes.
(BS 185: Sect. 11: No. 11 210)

Nordsternberichtigung (Nav)
Derjenige Winkel, um den die beobachtete Höhe des Polarsterns korrigiert werden muß, um seine Abweichung vom Himmelspol zur Bestimmung der Breite zu berücksichtigen.

3323 q feel system (A/c)
An artificial feel system in which the feel force is proportional to the square of the equivalent air speed.
(BS 185: Sect. 5: No. 5321)

q-Steuerdrucksimulator (Lfz)
Steuerdrucksimulator, bei dem der (künstliche) Steuerdruck proportional dem Quadrat der äquivalenten Fluggeschwindigkeit ist.

3324 Quadrantal errors (Nav)
The directional errors due to effect of an aircraft's structure on an incoming radio signal. The error is zero on fore and aft and beam bearings and a maximum on quadrantal bearings.
(BS 185: Sect. 11: No. 11 413)

(Viertelkreisige) Funkfehlweisung (Nav)
Durch die Einflüsse der Bauteile eines Luftfahrzeugs verursachte Fehlweisung eines ankommenden Funkstrahls. Der Fehler ist Null bei Peilungen in Richtung der Längs- und der Querachse und am größten bei Peilungen in den Viertelkreisen.

3325 Quadrantal rule (Flt OPS)
A rule by which aircraft flying on a magnetic track within a particular quadrant shall fly at any one of the series of levels specified for that quadrant.
(BS 185: Sect. 13: No. 13 247)

Quadrantenflugregel (Flbetr)
Regel, nach welcher Luftfahrzeuge, die einen mißweisenden Kurs über Grund innerhalb eines bestimmten (Kompaß-)Quadranten fliegen, auf einer der für diesen Quadranten festgelegten Flugflächen zu fliegen haben.

3326 **Quadricycle landing gear (A/c)**
A landing gear consisting of four separate wheels or wheel units.
(NASA S.0955)

3327 **Quarter-chord line (A/c)**
The line through the quarter-chord points of an aerofoil.
(BS 185: Sect. 5: No. 5222)

3328 **Quarter-chord point (A/c)**
The point on the chord of an aerofoil section at one quarter of the chord length behind the leading edge.
(BS 185: Sect. 5: No. 5223)

3329 **Quick release box (Para)**
A device which permits rapid release of the harness from the wearer.
(BS 185: Sect. 12: No. 12 171)

Vierrad-Fahrwerk (Lfz)
Fahrwerk, das aus vier einzelnen Laufrädern oder Laufradeinheiten besteht.

¹/₄-Punktlinie (Lfz)
Durch die ¹/₄-Punkte eines Tragflügels gezogene Linie.

¹/₄-Punkt (Lfz)
Punkt auf der Profilsehne eines Tragflügelprofils im Abstand von einem Viertel der Flügeltiefe von der Vorderkante.

Zentralverschluß (Fallsch)
Vorrichtung, die ein schnelles Lösen des Fallschirmgurtzeugs von seinem Träger ermöglicht.

R

3330 **Radar (TEL)**
A radio detection device which provides information on range, azimuth and/or elevation of objects.
(ICAO, Doc 4444–RAC/501/8)

3331 **Radar, airborne search ~,**
cf./vgl. S.-No./lfd. Nr. 162

3332 **Radar approach (ATC)**
An approach, executed by an aircraft, under the direction of a radar controller.
(ICAO, Doc 4444–RAC/501/8)

3333 **Radar approach (ATC),**
cf./vgl. **Ground-controlled approach,**
S.-No./lfd. Nr. 1916

3334 **Radar, approach control ~,**
cf./vgl. S.-No./lfd. Nr. 404

3335 **Radar beacon (TEL)**
A kind of beacon consisting of a radar transmitter and other associated eqipment that sends out radar waves for pickup and display on a radar set, giving indications of the beacon's range or bearing, or, usually, both range and bearing, from the radar set.

A radar beacon normally transmits signals only when activated by a pulse from a radar set. Such a beacon is often called a transponder. Some types of radar beacons, however, emit signals continuously, not requiring triggering action.
(NASA S.0957)

3336 **Radar blip (TEL)**
A generic term meaning variously a radar echo or a radar response from an aircraft.
(ICAO, Doc 4444–RAC/501/8)

3337 **Radar clutter (TEL)**
The visual indication on a radar display of unwanted signals.
(ICAO, Doc 4444–RAC/501/8)

3338 **Radar contact (TEL)**
The situation which exists when the radar blip of a particular aircraft is seen and identified on a radar display.
(ICAO, Doc 4444–RAC/501/8)

3339 **Radar contact (TEL)**
The identification of a radar echo on a cathode-ray tube, e. g., aircraft, cloud, terrestrial

Radar (Fernm)
Ein Funkerfassungsgerät, das Angaben über die Entfernung, Richtung und/oder Höhe von Gegenständen liefert.

Radaranflug (FS)
Ein Anflug, der von einem Luftfahrzeug nach den Anweisungen eines Radarlotsen durchgeführt wird.

Radarbake; Sekundärradar (Fernm)
Eine Art Funkfeuer, das aus einem Radarsender und anderer dazugehöriger Ausrüstung besteht, und von dem aus Radarimpulse zum Empfang und zur Wiedergabe auf einem Radargerät ausgestrahlt werden, wobei die Entfernung des Sekundärradars von dem Radargerät oder seiner Peilrichtung dazu oder normalerweise beide Werte angezeigt werden.
Ein Sekundärradar sendet seine Signale normalerweise nur, wenn es durch den Impuls eines Radargeräts aktiviert wird. Eine derartige Radarbake wird häufig als „Transponder" bezeichnet. Einige Arten von Radarbaken senden ihre Signale jedoch dauernd und bedürfen keines Auslöseimpulses.

Radarechoanzeige (Fernm)
Ein allgemeiner Begriff, der wechselweise ein Radarecho oder eine Radarantwort von einem Luftfahrzeug bedeutet.

Radarstörflecke (Fernm)
Die Sichtanzeige unerwünschter Zeichen auf einem Radarschirmbild.

Radarerfassung; Radarkontakt (Fernm)
Die Lage, die besteht, wenn die Radarechoanzeige eines bestimmten Luftfahrzeuges auf dem Radarschirmbild gesehen und identifiziert wird.

Radarerfassung (Fernm)
Identifizierung eines Radarechos auf einer Kathodenstrahlröhre, z. B. als Luftfahrzeug,

object, radar beacon.
(BS 185: Sect. 13: No. 13 260)

3340 Radar control (ATC)
Term used to indicate that radar-derived information is employed directly in the provision of air traffic control service.
(ICAO, Doc 4444–RAC/501/8)

3341 Radar control (ATC)
Air-traffic control procedure for controlling and directing aircraft by radar.
(BS 185: Sect. 13: No. 13 261)

3342 Radar controller (ATC)
A qualified air traffic controller holding a radar rating appropriate to the functions to which he is assigned.
(ICAO, Doc 4444–RAC/501/8)

3343 Radar controller (ATC)
A person capable of performing the functions of surveillance controller, traffic director or precision controller.
(BS 185: Sect. 16: No. 16 116)

3344 Radar coverage (TEL)
The limits within which objects can be detected by one or more radar stations.
(AAP-6)

3345 Radar display (TEL)
An electronic display of radar-derived information depicting the position and movement of aircraft.
(ICAO, Doc 4444–RAC/501/8)

3346 Radar echo (TEL)
The visual indication on a radar display of a radar signal reflected from an object.
(ICAO, Doc 4444–RAC/501/8)

3347 Radar element, surveillance ~,
cf./vgl. S.-No./lfd. Nr. 4169

3348 Radar horizon (TEL)
The angle of elevation at which the beams from a radar apparatus are intercepted by the earth's horizon.
(NASA S.0958)

3349 Radar identification (TEL)
The process of correlating a particular radar blip with a specific aircraft.
(ICAO, Doc 4444–RAC/501/8)

3350 Radar, illuminating ~,
cf./vgl. S.-No./lfd. Nr. 2139

3351 Radar map (TEL)
Information superimposed on a radar display to provide ready indication of selected features.
(ICAO, Doc 4444–RAC/501/8)

3352 Radar monitoring (ATC)
The use of radar for the purpose of providing aircraft with information and advice relative to significant deviations from nominal flight path.
(ICAO, Doc 4444–RAC/501/8)

3353 Radar monitoring (ATC)
An air-traffic control procedure for the monitoring of aircraft by radar, so that advice and warning of dangerous traffic situations can be passed to the pilot or air-traffic control unit concerned.
(BS 185: Sect. 13: No. 13 262)

3354 Radar, precision approach ~,
cf./vgl. S.-No./lfd. Nr. 3190, 3191

3355 Radar response (TEL)
The visual indication, on a radar display, of a radar signal transmitted from an object in reply to an interrogation.
(ICAO, Doc 4444–RAC/501/8)

Wolke, terrestrisches Objekt, Radarbake.

Radarkontrolle (FS)
Begriff, der besagt, daß bei der Durchführung des Flugverkehrskontrolldienstes durch Radar gewonnene Informationen unmittelbar verwendet werden.

Radarkontrolle; Kontrolle durch Radar (FS)
Flugverkehrskontrollverfahren zur Kontrolle und zum Leiten von Luftfahrzeugen durch Radar.

Radarlotse (FS)
Ein qualifizierter Flugverkehrslotse, der eine Radarberechtigung für die ihm zugewiesenen Aufgaben besitzt.

Radarlotse (FS)
Eine Person, die befähigt ist, die Funktionen eines Radarlotsen für Rundsicht-Radargerät, für Suchradar oder eines Radarlotsen für Präzisions-Radargerät auszuüben.

Radarerfassungsbereich (Fernm)
Die Grenzen, innerhalb derer Objekte durch eine oder mehrere Radarstationen erfaßt werden können.

Radarschirmbild (Fernm)
Eine elektronische Darstellung von gewonnenen Radarinformationen, die den Standort und die Bewegung von Luftfahrzeugen anzeigen.

Radarecho (Fernm)
Die Sichtanzeige eines von einem Gegenstand reflektierten Radarzeichens auf einem Radarschirmbild.

Radarhorizont (Fernm)
Der Erhebungswinkel, unter dem die Anstrahlungen einer Radarstation auf den Erdhorizont treffen.

Radaridentifizierung (Fernm)
Der Vorgang, eine bestimmte Radarechoanzeige auf ein bestimmtes Luftfahrzeug zu beziehen.

Radarkarte (Fernm)
In ein Radarschirmbild eingeblendete Informationen, durch die ausgewählte Merkmale leicht dargestellt werden können.

Radarüberwachung (FS)
Die Verwendung von Radar zu dem Zweck, Luftfahrzeugen Angaben und Hinweise in bezug auf wesentliche Abweichungen vom Sollflugweg zu erteilen.

Radarüberwachung (FS)
Flugverkehrskontrollverfahren zur Überwachung von Luftfahrzeugen durch Radar, so daß Beratungen und Warnungen über gefährliche Verkehrssituationen an den Luftfahrzeugführer oder die betreffende Flugverkehrskontrollstelle übermittelt werden können.

Radarantwort (Fernm)
Die Sichtanzeige eines von einem Objekt ausgestrahlten Radarsignals auf einem Radarschirmbild als Antwort auf eine Abfrage.

3356 Radar separation (ATC)
The separation used when aircraft position information is derived from radar sources.
(ICAO, Doc 4444–RAC/501/8)

3357 Radar service (TEL)
Term used to indicate a service provided directly by means of radar.
(ICAO, Doc 4444–RAC/501/8)

3358 Radar surveillance (ATC)
A procedure for the observation of aircraft by radar, and the dissemination of information so gained to assist in the expeditious flow of trafic, aircraft separation, position reports and emergency situations.
(BS 185: Sect. 13: No.l 13 263)

3359 Radar, surveillance ~,
cf./vgl. S.-No./lfd. Nr. 4166, 4167

3360 Radar unit (ATC)
That element of an air traffic services unit which uses radar equipment to provide one or more services.
(Doc 4444–RAC/501/8)

3361 Radar vectoring (ATC)
Provision of navigational guidance to aircraft in the form of specific headings, based on the use of radar.
(ICAO, Doc 4444–RAC/501/8)

3362 Radar, weather ~,
cf./vgl. S.-No./lfd. Nr. 4692

3363 Radial engine (Eng)
An engine with a row, or rows, of cylinders spaced radially round a common crankshaft, the cylinders being stationary and the crankshaft revolving.
(BS 185: Sect. 8: No. 8320)

3364 Radial engine, multi-row ~,
cf./vgl. S.-No./lfd. Nr. 2783

3365 Radial-flow compressor (Turbo)
A compressor which functions by the action of alternate rows of fixed and moving blades, axially mounted; the general direction of flow being radial.
(BS 185: Part 2: No. 8413)

3366 Radial-flow turbine (Turbo)
A turbine which functions by the action of the working fluid on rows of rotating blades in conjunction with nozzles, or rows of fixed blades, the general direction of flow being radial.
(BS 185: Sect. 8: No. 8461)

3367 Radial rotor
A rotor of a helicopter or a gyroplane.
(BS 185: Part 1: No. 6227)

3368 Radial strut, intermediate ~,
cf./vgl. S.-No./lfd. Nr. 2271

3369 Radial strut, main ~,
cf./vgl. S.-No./lfd. Nr. 2600

3370 Radial wiring (A/c 1)
A system of wires connecting the joints of a transverse frame to its central fitting.
(BS 185: Sect. 7: No. 7286)

3371 Radiator, annular ~,
cf./vgl. S.-No./lfd. Nr. 374

3372 Radiator, ducted ~,
cf./vgl. S.-No./lfd. Nr. 1405

3373 Radiator, honeycomb ~,
cf./vgl. S.-No./lfd. Nr. 2058

3374 Radiator, leading-edge ~,
cf./vgl. S.-No./lfd. Nr. 2403

3375 Radiator, mixed-matrix ~,
cf./vgl. S.-No./lfd. Nr. 2730

3376 Radiator, nose ~,
cf./vgl. S.-No./lfd. Nr. 2847

Radarstaffelung (FS)
Die Staffelung, die angewendet wird, wenn Informationen über Luftfahrzeugstandorte aus Radarquellen gewonnen werden.

Radardienst (Fernm)
Begriff zur Bezeichnung eines Dienstes, der mit unmittelbarer Hilfe von Radar durchgeführt wird.

Radarleitdienst (FS)
Verfahren zum Beobachten von Luftfahrzeugen durch Radar und Weitergabe der dabei gewonnenen Informationen, um für die flüssige Verkehrsabwicklung, für die Staffelung von Luftfahrzeugen, bei Standortmeldungen und in Notlagen Unterstützung zu geben.

Radarstelle (FS)
Derjenige Teil einer Flugverkehrsdienststelle, der zur Ausübung eines oder mehrerer Dienste Radargeräte benutzt.

Radarführung (FS)
Erteilung navigatorischer Führungshinweise an Luftfahrzeuge in Form von bestimmten Steuerkursen mit Hilfe von Radar.

Sternmotor (Flmot)
Ein Kolbenmotor mit einer oder mehreren Zylinderreihen, wobei die Zylinder in Winkelabständen radial um eine gemeinsame Kurbelwelle angeordnet sind. Beim Sternmotor sind die Zylinder fest eingebaut, während sich die Kurbelwelle dreht.

Radialverdichter (Turbo)
Ein Verdichter, der mit abwechselnd festen und umlaufenden achsial befestigten Schaufeln arbeitet; die allgemeine Strömungsrichtung ist radial.

Radialturbine (Turbo)
Eine Turbine, die von den Reaktionskräften eines auf die Laufradschaufeln strömenden Arbeitsgases getrieben wird, wobei dieses durch Düsen oder Leitschaufeln gelenkt wird. Die Durchströmung erfolgt im wesentlichen in radialer Richtung.

Radialrotor (Drehfl)
Rotor eines Hub- oder Flugschraubers.

Radialseile (Lfz 1)
System von Seilen, das die Knoten eines Ringes mit dem Mittelknoten verbindet.

3377 **Radiator, ring** ~,
cf./vgl. S.-No./lfd. Nr. 3586
3378 **Radiator, secondary-surface** ~,
cf./vgl. S.-No./lfd. Nr. 3713
3379 **Radiator, series** ~,
cf./vgl. S.-No./lfd. Nr. 3747
3380 **Radiator, surface** ~,
cf./vgl. S.-No./lfd. Nr. 4162
3381 **Radiator, under-wing** ~,
cf./vgl. S.-No./lfd. Nr. 4538
3382 **Radiator, wing** ~,
cf./vgl. S.-No./lfd. Nr. 4775

3383 **Radio altimeter (Instr)**
An electronic device which indicates the distance between an aircraft and the surface vertically below.
(BS 185: Sect. 5: No. 5509 & BS 185: Part 3: No. 14 410)

Funkhöhenmesser (Instr)
Elektronisches Gerät, das die Entfernung zwischen einem Luftfahrzeug und der senkrecht darunterliegenden Erdoberfläche anzeigt.

3384 **Radio approach aids (TEL)**
Equipment making use of radio to determine the position of an aircraft with considerable accuracy from the time it is in the vicinity of an airfield or carrier until it reaches a position from which landing can be carried out.
(AAP-6)

Funkanflughilfen (Fernm)
Funkanlagen, mit deren Hilfe sich die Position eines Luftfahrzeugs vom Zeitpunkt der Annäherung an einen Flugplatz oder Flugzeugträger bis zur Erreichung einer Position, aus der die Landung durchgeführt werden kann, mit beträchtlicher Genauigkeit feststellen läßt.

3385 **Radio beacon (TEL)**
A transmitter which emits a distinctive, or charcteristic, signal used for the determination of bearings, courses or location.
(AAP-6)

Funkfeuer (Fernm)
Funksender, der ein charakteristisches Signal ausstrahlt, mit dessen Hilfe Peilungen, Kurse oder Standorte bestimmt werden können.

3386 **Radio beacon (TEL)**
Any radio transmitter, together with its associated equipment, that emits signals enabling the determination by means of suitable receiving equipment, of direction, distance, or position with respect to the beacon.
(NASA S.0959)

Funkfeuer (Fernm)
Funksendegerät mit seiner dazugehörigen Ausrüstung, das Signale aussendet, durch die mittels dafür geeigneter Funkempfangsgeräte die Richtung, Entfernung oder der Standort in bezug auf das Funkfeuer bestimmt werden können.

3387 **Radio beacon identification (TEL)**
The code group transmitted by the radio beacon of an ocean station vessel.
(ICAO, Doc 6926–AN/853/3)

Funkfeuerkennung (Fernm)
Die durch das Funkfeuer eines Flugsicherungsschiffes ausgestrahlte Schlüsselgruppe.

3388 **Radio beacon, omni-directional** ~,
cf./vgl. S.-No./lfd. Nr. 2898

3389 **Radio beacon station (TEL)**
A special radio station the emissions of which are intended to enable the mobile station to determine:
a) its radio bearing or direction with reference to the radio beacon station; or
b) the distance which separates it from the latter; or
c) both of these.
(ICAO, Annex 4)

Funkfeuer (Fernm)
Eine besondere Funkstelle, deren Ausstrahlungen es einer beweglichen Funkstelle ermöglichen sollen,
a) ihre Funkpeilung oder Richtung in bezug auf dieses Funkfeuer oder
b) die Entfernung von diesem oder
c) beides zu bestimmen.

3390 **Radio bearing (TEL)**
The angle between the apparent direction of a definite source of emission of electromagnetic waves and a reference direction, as determined at a radio direction-finding station. A true radio bearing is one for which the reference direction is that of true North. A magnetic radio bearing is one for which the reference direction is that of magnetic North.
(ICAO, Annex 10, Volume II, 1st Ed.)

Funkpeilung (Fernm)
Der durch eine Funkpeilstelle ermittelte Winkel zwischen der scheinbaren Richtung einer bestimmten Quelle elektromagnetischer Wellen und einer Bezugsrichtung. Eine rechtweisende Funkpeilung hat als Bezugsrichtung geographisch Nord, eine mißweisende Funkpeilung magnetisch Nord.

3391 **Radio compass (TEL)**
An airborne radio direction-finder operable either manually or automatically.
(BS 185: Sect. 14: No. 14 212)

Funkkompaß; Radiokompaß (Fernm)
Ein Bord-Funkpeilgerät, das entweder von Hand oder automatisch betrieben werden kann.

3392 **Radio direction-finder (TEL)**
A radio-receiving set, together with its associated equipment , used to determine the direction from which a radio signal is transmitted.

Funkpeilgerät (Fernm)
Funkempfangsgerät mit seiner dazugehörigen Ausrüstung, das dazu dient, die Richtung festzustellen, aus der ein Funksignal gesendet wird.

"Radio direction-finder" is a broad term, applied to radio compasses and other airborne or ground-based radioreceiving sets or stations in direction-finding systems.
(NASA S.0960)

„Funkpeilgerät" ist ein weiter Begriff, der für „Radiokompasse" und andere bord- oder bodengestützte Funkempfangsgeräte oder -stellen in Peilfunksystemen Anwendung findet.

3393 Radio direction finding (TEL)
Radio-location in which only the direction of a station is determined by means of its emissions.
(AAP-6)

Funkpeilen; Funkpeilwesen (Fernm)
Funkortung, bei der nur die Richtung einer Station mit Hilfe ihrer Ausstrahlungen bestimmt wird.

3394 Radio direction-finding station (TEL)
A radio station intended to determine only the direction of other stations by means of transmissions from the latter.
(ICAO, Annex 10, Volum II, 1st Ed., Annex 12, 4th Ed.)

Funkpeilstelle (Fernm)
Eine Funkstelle, die dazu dient, nur die Richtung anderer Funkstellen mit Hilfe derer Ausstrahlung zu ermitteln.

3395 Radiometeorograph (Met)
An instrument or apparatus that senses meteorological phenomena, such as temperature, pressure, etc., and transmits by radio the values of these phenomena to a receiving station for automatic recording; a **radiosonde.**
(NASA S.0962)

Radiosonde (Met)
Instrument oder Gerät, das meteorologische Erscheinungen, wie z. B. Temperatur, Luftdruck usw. wahrnehmen kann und die Meßwerte über Funk an eine Empfangsstelle zur automatischen Aufzeichnung übermittelt. Im Englischen auch als **„radiosonde"** bezeichnet.

3396 Radio navigation
Radio-location intended for the determination of position or direction or obstruction warning in navigation.
(AAP-6)

Funknavigation
Funkortung zur Bestimmung des Standortes oder einer Richtung oder zur Hinderniswarnung beim Navigieren.

3397 Radionavigational aids (TEL)
Radio systems used to assist aircraft to determine their position, to reach their destination, or to land.
(BS 185: Sect. 14: No. 14 201)

Funknavigationshilfsmittel (Fernm)
Funkanlagen, die dazu benutzt werden, Luftfahrzeuge bei der Standortbestimmung, beim Auffinden des Bestimmungsortes und beim Landen zu unterstützen.

3398 Radio-navigation(al) service, aeronautical ~,
cf./vgl. S.-No./lfd. Nr. 116, 117

3399 Radio range (TEL)
A type of radio beacon station the emissions of which are intended tor provide a definite track guidance.
(ICAO, Annex 4, 5th Ed.)

(Vier)Kursfunkfeuer (Fernm)
Ein Funkfeuer, dessen Ausstrahlungen eine festgelegte Kursführung ermöglichen sollen.

3400 Radio range (TEL)
A type of radio beacon station, the emissions of which provide guidance on four predetermined tracks.
(BS 185: Sect. 14: No. 14 217)

(Vier)Kursfunkfeuer (Fernm)
Ein Funkfeuer, dessen Ausstrahlungen Kursführung auf vier festgelegten Kursen über Grund ermöglicht.

3401 Radio range finding (TEL)
Radio-location in which the distance of an object is determined by means of its radio emissions, whether independent, reflected or re-transmitted on the same or other wavelength.
(AAP-6)

Funkentfernungsmessung (Fernm)
Ortsbestimmung durch Funk, bei der die Entfernung eines Objekts mit Hilfe der von diesem direkt ausgesandten, reflektierten oder auf gleicher oder anderer Wellenlänge neu abgestrahlten Funkwellen bestimmt wird.

3402 Radio range station (TEK)
A radio navigation land station in the aeronautical radio navigation service providing radio equisignal zones. (In certain instances a radio range station may be placed on board a ship).
(AAP-6)

(Vier)Kursfunkfeuer (Fernm)
An Land befindliche Funknavigationsstation, die zum Flug-Navigationsfunkdienst gehört und Dauerton-Funkzonen herstellt. (In gewissen Fällen kann ein (Vier-)Kursfunkfeuer auch an Bord eines Schiffes aufgestellt werden).

3403 Radio range, visual/aural ~,
cf./vgl. S.-No./lfd. Nr. 4645

3404 Radiosonde (Met)
A small free balloon carrying instruments transmitting information on upper-air conditions by emitting radio signals.
(BS 185: Sect. 15: No. 15 708)

Radiosonde; Funksonde; Wettersonde (Met)
Ein kleiner Freiballon, der Meßgeräte und einen Sender trägt, welcher die Wetterbedingungen in der Höhe durch Funkmorsezeichen übermittelt.

3405 Radio station, aerodrome control ~,
cf./vgl. S.-No./lfd. Nr. 54

3406 Radio station, air-ground control ~,
cf./vgl. S.-No./lfd. Nr. 198

3407 Radio telephony (TEL)
The transmission of speech by means of modulated radio waves.
(AAP-6)

Sprechfunk; Funktelephonie (Fernm)
Die Übertragung von Sprache mit Hilfe modulierter Funkwellen.

3408 Radio telephony network (TEL)
A group of radio telephony aeronautical stations which operate on and guard frequencies from the same family and which support each other in a defined manner to ensure maximum dependability of air-ground communications and dissemination of air-ground traffic.
(ICAO, Annex 10, Volume II, 1st Ed.)

Sprechfunknetz (Fernm)
Eine Gruppe von Boden-Sprechfunkstellen, die auf Frequenzen der gleichen Familie arbeiten und auf ihnen hörbereit sind, und die sich gegenseitig in einer festgelegten Weise unterstützen, um ein Höchstmaß an Zuverlässigkeit der Flugfunkverbindungen und die Verbreitung des Flugfunkverkehrs sicherzustellen.

3409 Radius of action (A/c)
The maximum distance an aircraft can travel away from its base along a given course with normal load and return without refuelling, allowing for all safety and operating factors.
(BS 185: Sect. 11: No. 11 128)

Aktonsradius (Lfz)
Größte Entfernung, die ein Luftfahrzeug von seiner Basis und zurück auf einem gegebenen Kurs mit normaler Beladung ohne Nachtanken und unter Berücksichtigung aller sicherheitsmäßigen und betrieblichen Faktoren zurücklegen kann.

3410 Radius, rotor ~,
cf./vgl. S.-No./lfd. Nr. 3634
3411 Radius, standard ~,
cf./vgl. S.-No./lfd. Nr. 3994
3412 Radius, turning ~,
cf./vgl. S.-No./lfd. Nr. 4518
3413 Radome (TEL)
A cover, for an aerial system, which is weatherproof and transparent to radio frequency energy.
(BS 185: Sect. 14: No. 14 409)

Antennenkuppel; Radom (Fernm)
Wetterfeste und den Durchgang von Funkwellen nicht beeinflussende Umkleidung einer Antennenanlage.

3414 Rain (Met)
Liquid precipitation in the form of drops of appreciable size such that their individual impact on water surfaces is perceptible.
(BS 185: Sect. 15: No. 15 314)

Regen (Met)
Flüssigkeitsniederschlag in Form von Tropfen, die von solch beträchtlicher Größe sind, daß das Auftreffen der einzelnen Tropfen auf Wasseroberflächen wahrnehmbar ist.

3415 Rain gauge (Met)
An instrument for measuring rainfall.
(BS 185: Part 3: No. 15 717)

Regenmesser (Met)
Ein Gerät zum Messen der Regenmenge.

3416 Rain ice (Met),
cf./vgl. **Glazed frost,** S.-No./lfd. Nr. 1872
3417 Ramjet engine (Turbo)
An engine producing a jet by burning fuel in air which has been compressed by forward speed alone.
(BS 185: Sect. 8: No. 8104)

Staustrahltriebwerk; Lorin-Triebwerk (Turbo)
Ein Motor, in dem durch Verbrennung von Kraftstoff in Luft ein Gasstrahl erzeugt wird, wobei die Luft lediglich durch die Vorwärtsgeschwindigkeit komprimiert wird.

3418 Ramming intake (Eng)
An air intake directed forward to increase the intake air pressure.
(BS 185: Sect. 8: No. 8271)

Staudruck-Lufteinlaß (Flmot)
Ein Lufteinlaß, der sich in der Flugrichtung hin nach vorne öffnet, so daß der Druck der Ansaugluft durch den Flugstaudruck erhöht wird.

3419 Range (A/c)
The distance an aircraft can travel under given conditions without refuelling.
(BS 185: Sect. 4: No. 4311)

Reichweite (Lfz)
Strecke, die ein Luftfahrzeug ohne Nachtanken unter gegebenen Bedingungen fliegen kann.

3420 Range (Miss)
The distance from the launcher to a defined point in the missile's trajectory, measured in a specified manner. The direction should be specified, e. g. slant, horizontal or great circle.
(BS 185: Sect. 6: No. 6604)

Entfernung (FK)
Strecke vom Startgerät zu einem in der Flugbahn des Flugkörpers genau bezeichneten Punkt. Die Meßrichtung ist im einzelnen anzugeben, z. B. als schräg, horizontal oder entlang des Großkreises.

3421 Range, all-burnt ~,
cf./vgl. S.-No./lfd. Nr. 290
3422 Range finding, radio ~,
cf./vgl. S.-No./lfd. Nr. 3401
3423 Range, operating ~,
cf./vgl. S.-No./lfd. Nr. 2910
3424 Range, radio ~,
cf./vgl. S.-No./lfd. Nr. 3399, 3400
3425 Range, slant ~,
cf./vgl. S.-No./lfd. Nr. 3838, 3839

3426 Range, transonic speed ~,
cf./vgl. S.-No./lfd. Nr. 4443
3427 Range, VHF omni- ~,
cf./vgl. S.-No./lfd. Nr. 4635
3428 Range, visual/aural ~,
cf./vgl. S.-No./lfd. Nr. 4645
3429 Rate, lapse ~,
cf./vgl. S.-No./lfd. Nr. 2375
3430 Rate of catch (Met)
The rate at which water from a cloud or rain
strikes an exposed part of an aircraft, usually
expressed in pounds per hour per square
foot.
(BS 185: Sect. 15: No. 15 611)

3431 Rate of climb (A/c)
The vertical component of the true airspeed
in stated conditions.
(BS 185: Sect. 4: No. 4315)
3432 Rate-of-climb indicator (Instr),
cf./vgl. **Vertical speed indicator,** S.-No./lfd.
Nr. 4624
3433 Rate of icing (Met)
The rate of growth of ice on a surface under
given conditions; usually espressed in inches
in depth per minute.
(BS 185: Sect. 15: No. 15 613)

3434 Rate of side-slip (A/c),
cf./vgl. **Lateral velocity,** S.-No./lfd. Nr. 2390
3435 Rating (Aero)
An authorization entered on a license and
forming part thereof, stating special conditions, privileges or limitations pertaining to
such license.
(ICAO, Annex 1, 5th Ed.)
3436 Rating, basic dry ~,
cf./vgl. S.-No./lfd. Nr. 635
3437 Rating, engine ~,
cf./vgl. S.-No./lfd. Nr. 1502
3438 Rating, instrument ~,
cf./vgl. S.-No./lfd. Nr. 2241
3439 Rating, power ~,
cf./vgl. S.-No./lfd. Nr. 3176
3440 Rating, rich-mixture knock ~,
cf./vgl. S.-No./lfd. Nr. 3553
3441 Rating, weak-mixture knock ~,
cf./vgl. S.-No./lfd. Nr. 4688
3442 Ratio, aspect ~,
cf./vgl. S.-No./lfd. Nr. 480
3443 Ratio, contraction ~,
cf./vgl. S.-No./lfd. Nr. 1066
3444 Ratio, glide ~,
cf./vgl. S.-No./lfd. Nr. 1880
3445 Ratio, stress ~,
cf./vgl. S.-No./lfd. Nr. 4089
3446 Ratio, thickness ~,
cf./vgl. S.-No./lfd. Nr. 4336
3447 Ratio, thickness/chord ~,
cf./vgl. S.-No./lfd. Nr. 4333
3448 Ratio, thrust/weight ~,
cf./vgl. S.-No./lfd. Nr. 4360
3449 Reacted pressure (A/c),
cf./vgl. **Zero delivery pressure,** S.-No./lfd.
Nr. 4820
3450 Reaction balance (Eng)
A kind of thrust meter using a balance to
measure the thrust of a rocket or jet engine.
(NASA S.0969)
3451 Reaction engine
Also **Reaction motor.** An engine or motor
that developes thrust by its reaction to a jet
or stream of gases created by the burning of

Auffangmenge (Met)
Diejenige Wassermenge, die an den ausgesetz-
ten Teilen eines Luftfahrzeugs beim Flug
durch die Wolken oder durch Regen aufgefangen wird. Man gibt sie im allgemeinen in engl.
Pfund pro Stunde pro Quadratfuß (in Deutschland in kg pro Stunde pro m²) an.
Steiggeschwindigkeit (Lfz)
Vertikalkomponente der wahren Fluggeschwindigkeit unter festgesetzten Bedingungen.

Vereisungsgeschwindigkeit (Met)
Die Geschwindigkeit, mit der eine Eisschicht
unter gegebenen Bedingungen an einer Oberfläche eines Luftfahrzeugs wächst; sie wird im
allgemeinen in Zolldicke pro Minute (in
Deutschland in cm-Dicke pro Minute) angegeben.

Berechtigung (Aero)
Eine Eintragung in einem Ausweis für Luftfahrtpersonal, die einen Teil dieses Ausweises
bildet und besondere Bedingungen, Rechte
oder dessen Einschränkungen festsetzt.

Schubwaage (Flmot)
Eine Art von Schubmeßgerät, bei dem zur
Messung des Schubs eines Raketen- oder
Strahltriebwerks eine Waage verwendet wird.
Rückstoßtriebwerk; Strahltriebwerk
Im Englischen auch **"reaction motor".** Ein
Triebwerk, dessen Reaktion auf einen Gas-
strom, der durch die Verbrennung von Kraft-

fuel within the engine and ejected from it. (NASA S.0970)

3452 Reaction motor,
cf./vgl. **Reaction engine,** S.-No./lfd. Nr. 3451

3453 Readback (TEL)
A procedure whereby the receiving station repeats a received message or an appropriate part thereof back to the transmitting station so as to obtain confirmation of correct reception.
(ICAO, Annex 10, Volume II, 1st Ed.)

3454 Rebecca-Eureka system (TEL)
A secondary-radar homing and distance-measuring system employing an airborne interrogating installation (Rebecca) and a ground responding beacon (Eureka).
(BS 185: Sect. 14: No. 14 215)

3455 Receiver aircraft
An aircraft which is being refuelled in the air.
(BS 185: Sect. 10: No. 10 427)

3456 Receiver, guidance ~,
cf./vgl. S.-No./lfd. Nr. 1951

3457 Receiver, homing ~,
cf./vgl. S.-No./lfd. Nr. 2056

3458 Reception coupling (A/c)
A device incorporating a shut-off valve, interposed between the drogue and the trailing end of a refuelling hose, to receive the probe of a receiver aircraft and to lock it in the required position for refuelling.
(BS 185: Sect. 10: No. 10 428)

3459 Reciprocal leg (ATC)
The part of a landing procedure during which the aircraft is headed on the reciprocal of the final approach direction.
(BS 185: Sect. 13: No. 13 248)

3460 Reckoning, dead ~,
cf./vgl. S.-No./lfd. Nr. 1243

3461 Recorder, altitude ~ (Instr),
cf./vgl. **Recording altimeter,** S.-No./lfd. Nr. 3467

3462 Recorder, flight ~,
cf./vgl. S.-No./lfd. Nr. 1705

3463 Recorder, flight-path ~,
cf./vgl. S.-No./lfd. Nr. 1701

3464 Recorder, Vg ~,
cf./vgl. S.-No./lfd. Nr. 4633

3465 Recorder, VH ~,
cf./vgl. S.-No./lfd. Nr. 4634

3466 Recording accelerometer (Instr),
cf./vgl. **Accelerometer,** S.-No./lfd. Nr. 13

3467 Recording altimeter (Instr)
An instrument by which variation in altitude is recorded against time.
(BS 185: Sect. 5: No. 5555)

3468 Recovery (Flt OPS)
The process of returning to normal flight after a manoeuvre.
(BS 185: Sect. 2: No. 2120)

3469 Recovery flap (A/c)
A flap, the operation of which so alters the pitching-moment characteristics of an aircraft that recovery from a dive is automatic, or is made easier to the pilot.
(BS 185: Sect. 5: No. 5331)

3470 Recovery, water ~,
cf./vgl. S.-No./lfd. Nr. 4679

3471 Reetified airspeed (A/c)
The indicated airspeed corrected for instrument and position errors.
(BS 185: Sect. 11: No. 11 133)

stoff innerhalb des Triebwerks von diesem ausgestoßen wird, einen Schub erzeugt.

Wiederholen (Fernm)
Ein Verfahren, nach dem die Empfangsstelle eine empfangene Meldung oder einen besonderen Teil dieser Meldung an die Sendestelle zurückübermittelt, um auf diese Weise die Bestätigung des richtigen Empfanges zu erhalten.

Rebecca-Eureka-Verfahren (Fernm)
Sekundäres Radar-Zielflug- und -Entfernungsmeßverfahren, das mit einem Bord-Abfragegerät (Rebecca) und einem Ansprechfunkfeuer am Boden (Eureka) arbeitet.

Aufzutankendes Luftfahrzeug
Ein Luftfahrzeug, das in der Luft betankt wird.

Anschlußkupplung (Lfz)
Vorrichtung, die ein Absperrventil enthält, das zwischen dem Fangtrichter und dem ausgefahrenen Ende eines Betankungsschlauchs liegt, und der Aufnahme der Betankungssonde eines aufnehmenden Luftfahrzeugs und der Verriegelung in der für die Betankung erforderlichen Stellung dient.

Gegenkursteil (FS)
Teil eines Landeverfahrens, bei dem das Luftfahrzeug einen zur Endanflugrichtung entgegengesetzten Kurs fliegt.

Höhenschreiber (Instr.)
Meßgerät, das die Änderung der Höhe in Abhängigkeit von der Zeit registriert.

Herausnehmen; Abfangen; Rückführung (Flbetr)
Vorgang, durch den ein Luftfahrzeug nach einem Flugmanöver wieder in den Normalflug zurückgeführt wird.

Abfangklappe (Lfz)
Klappe, deren Betätigung das Längsmoment eines Luftfahrzeuges so beeinflußt, das das Flugzeug automatisch abgefangen wird oder den Luftfahrzeugführer beim Abfangen unterstützt.

Berichtigte Fluggeschwindigkeit (Lfz)
Angezeigte Fluggeschwindigkeit korrigiert um Instrumenten- und Einbaufehler.

3472 **Red-out** (Med)
A temporary condition in which vision is obscured by a reddishness or in which objects appear to have a reddish color. This condition, sometimes followed by unconsciousness (not considered part of the red-out), is caused by the blood rushing to the head.
(NASA S.0973)

3473 **Reduced frequency** (Struct),
cf./vgl. **Frequency parameter**, S.-No./lfd. Nr. 1790

3474 **Reducing valve** (A/c)
An automatic valve which provides a low pressure supply of fluid, tapped from a high pressure system.
(BS 185: Sect. 10: No. 10 311)

3475 **Re-entry** (A/c, Miss)
An act or instance of a rocket, an airplane etc., having risen above the earth's atmosphere, or above the denser portion of the atmosphere, penetrating the atmosphere or its denser portion in its downward plunge.
(NASA S.0975)

3476 **Re-entry vehicle** (Miss)
That part of a space vehicle designed to reenter the earth's atmosphere in the terminal portion of its trajectory.
(AAP-6)

3477 **Reference datum** (AT)
As used in the loading of aircraft, an imaginary vertical plane at or near the nose of the aircraft from which all horizontal distances are measured for balance purposes. Diagrams of each aircraft show this reference datum as balance station "Zero".
(AAP-6)

3478 **Reference humidity** (Met)
The reference humidity is a humidity to which the mandatory performance information is related and is defined as follows: 70% relative humidity at temperatures up to 33° C., and 35 millibars vapour pressure, whichever is the lesser.
(ICAO, Annex 8, 5th Ed.)

3479 **Reference point, aerodrome** ~,
cf./vgl. S.-No./lfd. Nr. 63

3480 **Reference pressure** (Aerodyn)
Half the product of the density and the square of the velocity of a fluid.
(BS 185: Part 1: No. 4411)

3481 **Reference section** (Struct)
A section of a structure, the displacements of which are taken as the co-ordinates in a semi-rigid representation.
(BS 185: Sect. 3: No. 3318)

3482 **Refraction** (Nav)
The bending of rays of light due to their passage through different media.
(BS 185: Part 3: No. 11 211)

3483 **Refraction, atmospheric** ~,
cf./vgl. S.-No./lfd. Nr. 496

3484 **Refraction, dome** ~,
cf./vgl. S.-No./lfd. Nr. 1360

3485 **Refrigerant injection** (Turbo)
The injection of a refrigerant into the working fluid before, during or after compression to enhance the engine performance.
(BS 185: Sect. 8: No. 8430)

3486 **Refuel/defuel valve** (A/c)
A valve capable of passing flow in either direction selectively.
(BS 185: Sect. 10: No. 10 407)

Red-out; Sehstörung (Flmed)
Vorübergehender Zustand, bei dem das Sehvermögen durch eine Rottönung beeinträchtigt wird oder die Gegenstände rotgefärbt erscheinen. Dieser Zustand, dem manchmal Bewußtlosigkeit folgt (die nicht als Teil dieser Sehstörung zu sehen ist), wird durch einen Blutandrang zum Kopf ausgelöst.

Reduzierventil (Lfz)
Automatisches Ventil, das eine von einem Hochdrucksystem abgenommene Flüssigkeitsförderung im Niederdruckbereich bewirkt.

Wiedereintritt (Lfz, FK)
Vorgang oder Zeitpunkt, zu dem eine Rakete, ein Flugzeug usw., das eine Höhe oberhalb der Erdatmosphäre oder ihrer dichteren Luftschichten erreicht hat, auf dem Rückweg zur Erde in die Atmosphäre oder ihre dichteren Schichten eintaucht.

Wiedereintritts(flug)körper
Derjenige Teil eines Raumfahrzeugs, der im letzten Teil seiner Flugbahn in die Erdatmosphäre zurückkehren soll.

Ladebezugsebene (LVerk)
Bei der Beladung von Luftfahrzeugen: Gedachte senkrechte Ebene an oder in der Nähe des Luftfahrzeugbugs, von der aus alle waagerechten Entfernungen für Zwecke der Schwerpunktermittlung gemessen werden. In den Zeichnungen aller Luftfahrzeuge ist diese Bezugsebene als Station „Null" eingetragen.

Bezugsfeuchtigkeit (Met)
Die Bezugsfeuchtigkeit ist die Luftfeuchtigkeit, auf welche die verbindlichen Leistungsangaben bezogen werden und die wie folgt festgelegt ist: entweder 70% relative Feuchtigkeit bei Temperaturen bis zu 33°C oder die einem Dampfdruck von 35 Millibar entsprechende Feuchtigkeit, je nachdem, welcher Wert der kleinere ist.

Bezugsdruck (Aerodyn)
Produkt der halben Dichte mit dem Quadrat der Strömungsgeschwindigkeit.

Bezugsschnitt (Konstr)
Schnitt durch eine Konstruktion, deren Verschiebungen als Koordinaten in einer halbstarren Darstellung angenommen werden.

Strahlenbrechung; Refraktion (Nav)
Ablenkung von Lichtstrahlen beim Durchgang durch unterschiedliche Medien.

Flüssigkeitseinspritzung (Turbo)
Ein Verfahren zur Verbesserung der Triebwerksleistung durch Einspritzen einer Flüssigkeit in die Luftströmung vor, während oder nach dem Verdichtungsvorgang.

Be- und Enttankungsventil (Lfz)
Ein Ventil, das den Kraftstofffluß wahlweise in beiden Richtungen ermöglicht.

3487 **Refuelling, air** ~,
cf./vgl. S.-No./lfd. Nr. 229

3488 **Refuelling boom (GS)**
A movable spar carrying a pipeline on a
bowser for delivering fuel from an overhead
position.
(BS 185: Sect. 10: No. 10 418)

Betankungsausleger (Bod)
Beweglicher Ausleger an einem Tankwagen,
der eine Rohrleitung trägt, um Kraftstoff aus
einer überhöhten Position abgeben zu können.

3489 **Refuelling, flight** ~,
cf./vgl. S.-No./lfd. Nr. 1706

3490 **Refuelling indicator (A/c)**
A device to give an indication of the completion of the filling of each tank in an aircraft.
(BS 185: Sect. 10: No. 10 409)

Betankungsanzeiger (Lfz)
Vorrichtung zur Anzeige des beendeten Auf-
füllens der einzelnen Kraftstoffbehälter in einem Luftfahrzeug.

3491 **Refuelling, in-flight** ~,
cf./vgl. S.-No./lfd. Nr. 2201

3492 **Refuelling, open line** ~,
cf./vgl. S.-No./lfd. Nr. 2903

3493 **Refuelling, pressure** ~,
cf./vgl. S.-No./lfd. Nr. 3228

3494 **Refuelling tender (GS),**
cf./vgl. **Bowser,** S.-No./lfd. Nr. 752

3495 **Refuelling valve (A/c)**
A device installed in a fuel tank or in a fuel
pipe communicating with the tank, to control the replenishment of the tank and cut off
the fuel flow when a desired level has been
reached.
(BS 185: Sect. 10: No. 10 410)

Betankungsventil (Lfz)
In einen Kraftstoffbehälter oder eine mit dem
Behälter in Verbindung stehende Kraftstoffflei-
tung eingebaute Vorrichtung, mittels derer das
Auffüllen des Behälters überwacht und der
Kraftstofffluß unterbrochen wird sobald ein
gewünschter Kraftstoffspiegel erreicht ist.

3496 **Refuelling valve, float** ~,
cf./vgl. S.-No./lfd. Nr. 1720

3497 **Refuelling valve, solenoid** ~,
cf./vgl. S.-No./lfd. Nr. 3867

3498 **Region, flight information** ~,
cf./vgl. S.-No./lfd. Nr. 1687, 1688

3499 **Registering balloon (Met)**
A small free balloon carrying self-recording
instruments for obtaining information on
upper-air conditions.
(BS 185: Part 3: No. 15 710)

Registrierballon; Wetterballon (Met)
Ein kleiner Freiballon, der selbsttätig registrie-
rende meteorologische Meßgeräte trägt, um
die atmosphärischen Bedingungen in der
Höhe zu ermitteln.

3500 **Regular aerodrome (ATC)**
An aerodrome which may be listed in the
flight plan as an aerodrome of intended landing.
(ICAO, Annex 6, 6th Ed.)

Streckenflugplatz (FS)
Ein Flugplatz, der im Flugplan als Zielflugplatz angeführt werden kann.

3501 **Regular aerodrome (ATC)**
An aerodrome used as a scheduled stop on a
route.
(BS 185: Sect. 13: No. 13 103)

Streckenflugplatz (FS)
Flugplatz, der auf einer Flugstrecke flugplan-
mäßig angeflogen wird.

3502 **Regular station (TEL)**
A station selected from those forming an enroute air-ground radio telephony network to
communicate with or to intercept communications from aircraft in normal conditions.
(ICAO, Annex 10, Volume II, 1st Ed.)

Reguläre Funkstelle (Fernm)
Eine aus einem Strecken-Bord/Boden-Sprech-
funknetz ausgewählte Funkstelle für die Aufnahme der Fernmeldeverbindung mit oder das
Abhören des Fernmeldeverkehrs von Luftfahrzeugen unter normalen Bedingungen.

3503 **Reheat (Turbo)**
Combustion after the last turbine stage to
provide additional thrust.
(BS 185: Sect. 8: No. 8482)

Nachverbrennung (Turbo)
Verbrennung hinter der letzten Turbinenstufe
zur Erzeugung von zusätzlichem Schub.

3504 **Relative humidity (Met)**
The ratio, expressed as a percentage, of the
actual vapour pressure to the saturation vapour pressure over a plane liquid water surface at the same dry-bulb temperature.
(BS 185: Sect. 15: No. 15 113)

Relative Feuchtigkeit (Met)
Das in Prozenten ausgedrückte Verhältnis des
tatsächlich vorhandenen Wasserdampfdrucks
zum Sättigungsdampfdruck über einer ebenen, in flüssigem Zustand befindlichen Wasseroberfläche bei gleicher Trockentemperatur.

3505 **Relay, automatic** ~ **installation,**
cf./vgl. S.-No./lfd. Nr. 516

3506 **Relief (Nav)**
The inequalities in elevation of the surface of
the earth represented on the aeronautical
charts by contours, hypsometric tints, shading or spot elevations.
(ICAO, Annex 4, 5th Ed.)

Relief (Nav)
Die Höhenunterschiede der Erdoberfläche, die
auf Luftfahrtkarten durch Höhenlinien, Höhenschichtfarben, Schummerung oder Höhen-
punkte über Meer dargestellt sind.

3507 **Relief valve, barostatic ~,**
cf./vgl. S.-No./lfd. Nr. 617

3508 **Remote mass-balance weight (Struct)**
A mass-balance weight which is connected to the control surface by a series of links.
(BS 185: Sect. 3: No. 3317)

3509 **Rendering (a certificate of airworthiness) valid (Aero)**
The action taken by a Contracting State, as an alternative of issuing its own Certificate of Airworthiness, in accepting a Certificate of Airworthiness, issued by any other Contracting State as the equivalent of its own Certificate of Airworthiness.
(ICAO, Annex 8, 5th Ed.)

3510 **Rendering (a license) valid (Aero)**
The action taken by a Contracting State, as an alternative to issuing its own license, in accepting a license issued by any other Contracting State as the equivalent of its own license.
(ICAO, Annex 1, 5th Ed.)

3511 **Renversement,** cf./vgl.
Reversement, S.-No./lfd. Nr. 3542

3512 **Report, air ~,**
cf./vgl. S.-No./lfd. Nr. 230

3513 **Report, position ~,**
cf./vgl. S.-No./lfd. Nr. 3154

3514 **Report, weather ~,**
cf./vgl. S.-No./lfd. Nr. 4693

3515 **Reporting point (ATC)**
A specified geographical location in relation to which the position of an aircraft can be reported.
(ICAO, Annex 2, 5th Ed., Annex 11, 5th Ed.)

3516 **Reporting point (ATC)**
A geographical location in relation to which the position of an aircraft is to be reported.
(BS 185: Sect. 13: No. 13 249)

3517 **Rescue coordination centre (ATC)**
A centre established within an assigned search and rescue area to promote efficient organization of search and rescue.
(ICAO, Annex 3, 6th Edl, Annex 11, 5th Ed., Annex 12, 4th Ed. & BS 185: Sect. 13: No. 13 222)

3518 **Rescue sub-centre (ATC)**
A centre subordinate to a rescue coordination centre, established to direct more efficiently the available facilities within a specified area.
(ICAO, Annex 12, 4th Ed.)

3519 **Rescue unit (ATC)**
A unit composed of trained personel and provided with equipment suitable for the expeditious conduct of search and rescue.
(ICAO, Annex 12, 4th Ed.)

3520 **Reserve buoyaney (A/c)**
Excess of the buoyancy over the weight of an aircraft, or other body, wholly or partially immersed in a fluid.
(BS 185: Sect. 1: No. 1112)

3521 **Reserve factor (Struct)**
The ratio of the actual strength of a structure to the minimum required for a specified condition.
(BS 185: Sect. 3: No. 3119)

3522 **Reserve parachute**
A second parachute sometimes carried by a parachutist for use in emergency when the parachute normally used fails to function.
(BS 185: Sect. 12: No. 12 155)

Angelenkter Massenausgleich (Konstr)
Massenausgleich, der mit der Steuerfläche durch eine Reihe von Anschlüssen verbunden ist.

Gültigkeitserklärung (eines Lufttüchtigkeitszeugnisses) (Aero)
Die von einem Vertragsstaat getroffene Maßnahme, durch die an Stelle der Ausstellung eines eigenen Lufttüchtigkeitszeugnisses ein von einem anderen Vertragsstaat ausgestelltes Lufttüchtigkeitszeugnis als gleichwertig anerkannt wird.

Gültigkeitserklärung (eines Luftfahrerscheines) (Aero)
Die von einem Vertragsstaat getroffene Maßnahme, durch die an Stelle der Erteilung seines eigenen Ausweises für Luftfahrtpersonal ein von einem anderen Vertragsstaat ausgestellter Ausweis als gleichwertig anerkannt wird.

Meldepunkt (FS)
Ein festgelegter geographischer Ort, in bezug auf den der Standort eines Luftfahrzeuges gemeldet werden kann.

Meldepunkt (FS)
Geographischer Ort, auf den die Standortmeldung eines Luftfahrzeugs bezogen sein muß.

SAR-Leitstelle; Leitstelle des Such- und Rettungsdienstes (FS)
Eine Zentrale innerhalb eines festgelegten Such- und Rettungsbereiches, die eine wirksame Organisation des Such- und Rettungsdienstes zu gewährleisten hat.

SAR-Unterleitstelle (FS)
Die einer SAR-Leitstelle untergeordnete Zentrale zur wirksameren Lenkung des Einsatzes der vorhandenen Einrichtungen innerhalb eines festgelegten Bereiches.

Rettungseinheit (FS)
Eine aus geschultem Personal zusammengestellte Einheit, die für sofortigen Such- und Rettungseinsatz ausgerüstet ist.

Auftriebsreserve (Lfz)
Überschuß des hydrostatischen Auftriebs über das Gewicht eines ganz oder teilweise in eine Flüssigkeit eingetauchten Luftfahrzeugs oder eines anderen Körpers.

Sicherheitsfaktor; Reservefaktor (Konstr)
Das Verhältnis zwischen der tatsächlichen Festigkeit einer Konstruktion zum Minimum, das für eine gegebene Bedingung gefordert wird.

Reservefallschirm
Zweiter Fallschirm, der gelegentlich von Fallschirmspringern mitgeführt wird und im Notfalle gebraucht wird, wenn der normalerweise benutzte Schirm versagt.

3523 Reservoir (A/c)
The make-up tank containing fluid for a hydraulic system.
(BS 185: Sect. 10: No. 10 112)

Hydraulikbehälter (Lfz)
Der Vorratsbehälter, der die Arbeitsflüssigkeit für eine Hydraulikanlage enthält.

3524 Resistance, head ~,
cf./vgl. S.-No./lfd. Nr. 1995

3525 Resonance test (Struct)
A test in which forced oscillation over a range of frequencies is applied to a structure with the object of determining the natural frequencies and modes of oscillation of the structure.
(BS 185: Sect. 3: No. 3319)

Resonanzversuch (Konstr)
Versuch, bei dem eine Konstruktion durch künstliche Anfachung über einen Frequenzbereich zum Schwingen angeregt wird, um die Eigenfrequenzen und die Schwingungsformen des Systems zu bestimmen.

3526 Rest period (Flt OPS)
Any period of time on the ground during which a flight crew member is relieved of all duties by the operator.
(ICAO, Annex 6, 6th Ed.)

Ruhezeit (Flbetr)
Jeder Zeitraum, während dessen sich ein Flugbesatzungsmitglied am Boden aufhält und vom (Luftfahrzeug-)Halter von allen Pflichten befreit ist.

3527 Restoring moment (Aerodyn)
A moment tending to restore an aircraft to its previous attitude after any rotational displacement, which is dependent upon that displacement.
(BS 185: Part 1: No. 4142)

Rückführmoment; Rückstellmoment (Aerodyn)
Moment, das ein Luftfahrzeug nach einer Drehbewegung wieder in seine Ursprungslage zurückbringen will. Es ist abhängig von der Auslenkung.

3528 Restricted area (ATC)
An airspace of defined dimensions, above the land areas or territorial waters of a State, within which the flight of aircraft is restricted in accordance with certain specified conditions.
(ICAO, Annex 2, 5th Ed., Annex 4, 5th Ed., Annex 15, 3rd Ed.)

Flugbeschränkungsgebiet (FS)
Ein Luftraum von festgelegten Ausmaßen über den Landgebieten oder Hoheitsgewässern eines Staates, in welchem Flüge von Luftfahrzeugen auf Grund bestimmter Bedingungen eingeschränkt sind.

3529 Retarder parachute, cf./vgl.
Extractor parachute, S.-No./lfd. Nr. 1556

3530 Retractable aileron (A/c)
An aileron that retracts into the wing; specifically a retractable spoiler used as an aileron.
(NASA S.0985)

Einziehbares Querruder; Unterbrecherquerruder (Lfz)
Ein in die Tragfläche einziehbares Querruder, speziell eine als Querruder Verwendung findende einziehbare Störklappe.

3531 Retractable undercarriage (A/c)
An undercarriage which can be withdrawn from its operative position, usually into the structure, to reduce drag.
(BS 185: Sect. 5: No. 5402)

Einziehbares Fahrgestell (Lfz)
Fahrgestell, das aus seiner Start- und Landestellung zur Widerstandsverminderung in die Zelle eingezogen werden kann.

3532 Retraction lock (A/c)
A device preventing inadvertent retraction of the undercarriage.
(BS 185: Sect. 5: No. 5394)

Fahrgestell-Einziehsperre (Lfz)
Vorrichtung, die das unbeabsichtigte Einfahren des Fahrgestells verhindert.

3533 Return, earth ~,
cf./vgl. S.-No./lfd. Nr. 1421

3534 Return-flow system (Turbo)
A combustion system in which the entering air and the emerging gas flow in opposite directions.
(BS 185: Sect. 8: No. 8452)

Gegenstrom-Brennkammer (Turbo)
Eine Brennkammer, in der Primärluft und Abgase nach dem Gegenstromprinzip geführt werden.

3535 Return-flow wind tunnel (Aerodyn)
A wind tunnel provided with a duct between the downstream end of the diffuser and the upstream end of the contraction.
(BS 185: Sect. 4: No. 4642)

Windkanal geschlossener Bauart (Aerodyn)
Windkanal, der über ein Verbindungsrohr zwischen dem stromabwärtigen Ende des Diffusors und dem stromaufwärtigen der Verengung verfügt.

3536 Return, point of no ~,
cf./vgl. S.-No./lfd. Nr. 3131, 3132

3537 Returns, ground (sea) ~,
cf./vgl. S.-No./lfd. Nr. 1926

3538 Reversal, aileron ~,
cf./vgl. S.-No./lfd. Nr. 155

3539 Reversal of control (Struct)
The reversal of disturbing moment which can result when displacement of a control surface produces excessive structural distortion.
(BS 185: Sect. 3: No. 3320)

Steuerungsumkehr (Konstr)
Vorzeichenumkehr in der Wirkung eines Störmoments, die eintreten kann, wenn der Ruderausschlag eine übermäßige Verformung der Konstruktion hervorruft.

3540 Reversal speed (A/c)
The lowest equivalent airspeed at which reversal of control occurs.
(BS 185: Sect. 3: No. 3321)

3541 Reverse pitch (Prop)
A negative pitch setting.
(BS 185: Sect. 9: No. 9126)

3542 Reversement (Flt OPS)
Any maneuver or stunt in which an airplane is made to reverse its direction of flight, as a chandelle, an Immelmann turn, or wingover. Also called a **"Renversement"**.
(NASA S.0990)

3543 Reverser, thrust ~,
cf./vgl. S.-No./lfd. Nr. 4353, 4354

3544 Reversible-pitch propeller
A propeller whose pitch may be changed to a negative angle so as to give reverse thrust, used for braking action.
(NASA S.0991)

3545 Revolving storm, tropical ~,
cf./vgl. S.-No./lfd. Nr. 4459

3546 Reynolds number (Aerodyn)
The product of a typical length and the fluid speed divided by the kinematic viscosity of the fluid. It expresses the ratio of the inertial forces to the viscous forces.
(BS 185: Sect. 4: No. 4466)

3547 R, Θ system (TEL)
A navigation system designed to fix the position of an aircraft by the provision of range (R) and bearing (Θ) from a given position.
(BS 185: Sect. 14: No. 14 211)

3548 Rhumb line (Nav)
A line of constant direction that intersects all meridians at the same angle. A rhumb line appears as a straight line on a Mercator projection.
(NASA S.0993)

3549 Rib (A/c)
A fore-and-aft member which maintains the required contour of the covering material of planes or control surfaces, and which may also act as a structural member.
(BS 185: Sect. 3: No. 3212)

3550 Rib, false ~,
cf./vgl. S.-No./lfd. Nr. 1582

3551 Rib, nose ~,
cf./vgl. S.-No./lfd. Nr. 2848

3552 Ribbon parachute
A parachute, the gores of which are constructed of ribbons instead of continuous fabric.
(BS 185: Sect. 12: No. 12 156)

3553 Rich-mixture knock rating (Eng)
A numerical measure of the anti-knock value of a fuel applicable to high power.
(BS 185: Sect. 8: No. 8304)

3554 Ridge (Met)
A band of relatively high pressure usually joining two anticyclones. The term is occasionally used for an elongated wedge. The opposite of a trough.
(BS 185: Sect. 15: No. 15 527)

3555 Ridge-girder, inner ~,
cf./vgl. S.-No./lfd. Nr. 2215

3556 Ridge-girder, outer ~,
cf./vgl. S.-No./lfd. Nr. 2940

3557 Rigging (A/c)
The relative adjustment or alignment of the

Kritische Steuerungsumkehrgeschwindigkeit (Lfz)
Niedrigste äquivalente Fluggeschwindigkeit, bei der Steuerungsumkehr eintritt.

Negative Steigung; Bremssteigung (Prop)
Eine negative Steigungseinstellung.

Richtungswechsel(-Flugmanöver) (Flbetr)
Flugmanöver oder Kunstflugfigur, bei der ein Flugzeug in die entgegengesetzte Flugrichtung gesteuert wird, wie z. B. bei einer "Chandelle", einem Immelmann-Turn oder Abschwung. Im Englischen auch als **"Renversement"** bezeichnet.

Umsteuerbare Luftschraube; Luftschraube mit Bremssteigung
Luftschraube, deren Steigung auf einen negativen Anstellwinkel gefahren werden kann, so daß ein umgekehrter Schub entsteht, der für Bremszwecke genutzt wird.

Reynolds'sche Zahl (Aerodan)
Das Produkt aus einer Bezugslänge und der Geschwindigkeit einer Flüssigkeit dividiert durch die kinematische Zähigkeit einer Flüssigkeit. Es drückt das Verhältnis der Inertialkräfte zu den Zähigkeitskräften aus.

Rho-Theta-Verfahren (Fernm)
Navigationsverfahren zur Bestimmung eines Luftfahrzeugstandorts durch Angabe der Entfernung (R) und Peilung (Θ) von einem gegebenen Ort.

Kursgleiche; Loxodrome (Nav)
Eine Linie gleichbleibender Richtung, die alle Meridiane unter dem gleichen Winkel schneidet. Auf einer Mercator-Kartenprojektion erscheint die Loxodrome als gerade Linie.

Rippe (Lfz)
Bauteil in Längsrichtung, der die erforderliche Kontur des Tragflügels oder Leitwerks hält und auch als tragender Bauteil dienen kann.

Bänderfallschirm
Ein Fallschirm, dessen Bahnen nicht wie üblich aus durchgehendem Breitgewebe, sondern aus Bändern besteht.

Klopffestigkeit bei reichem Gemisch (Flmot)
Eine Zahlengröße, die die Klopffestigkeit eines Kraftstoffs bei hoher Motorleistung angibt.

Hochdruckrücken (Met)
Ein Streifen mit relativ hohem Luftdruck, der normalerweise zwei Hochdruckgebiete miteinander verbindet. Die Bezeichnung „Rücken" wird auch häufig auf einen langgezogenen Keil angewandt. Das Gegenstück zur Tiefdruckrinne.

Aufrüsten (Lfz)
Entsprechender Zusammenbau und Justieren

different components of an aircraft.
(BS 185: Sect. 5: No. 5231)

3558 Rigging (A/c 1)
The system of wires or cords and their attachments, by which the dead weight or the main cable tension, is distributed over the hull or envelope.
(BS 185: Sect. 7: No. 7251)

3559 Rigging angle of incidence (A/c)
The angle between the chord of the main or tail plane and the horizontal when the aeroplane is in the rigging position.
Note. – Not to be confused with **aerodynamic angle of incidence.**
(BS 185: Sect. 5: No. 5232)

3560 Rigging band (A/c 1)
A reinforced band secured to the envelope for the attachment of the rigging.
(BS 185: Sect. 7: No. 7260)

3561 Rigging, centre-point ~,
cf./vgl. S.-No./lfd. Nr. 887

3562 Rigging, flying ~,
cf./vgl. S.-No./lfd. Nr. 1752

3563 Rigging line (Para)
Any cord attached to the canopy which transmits the drag of the parachute to the load.
(BS 185: Sect. 12: No. 12 171)

3564 Rigging patch (A/c 1)
A patch connecting the rigging to the envelope of a balloon.
(BS 185: Sect. 7: No. 7247)

3565 Rigging position (A/c)
The attitude in which, with the lateral axis horizontal, an arbitrary longitudinal datum line is also horizontal.
(BS 185: Sect. 5: No. 5233)

3566 Rigging, running ~,
cf./vgl. S.-No./lfd. Nr. 3654

3567 Rigging, valve ~,
cf./vgl. S.-No./lfd. Nr. 4577

3568 Right ascension (= RA) (Nav)
The arc of the celestial equator, or the corresponding angle at the centre of the Earth, or corresponding spherical angle at the pole, intercepted between the celestial meridian of a celestial body and that of the first point of Aries, measured eastwards from the first point of Aries in units of time.
(BS 185: Sect. 11: No. 11 213)

3569 Right-hand (or clockwise) accessory (Eng)
An accessory rotating clockwise to an observer facing the driven end, to mate with an anti-clockwise drive.
(BS 185: Sect. 8: No. 8215)

3570 Right-hand (or clockwise) drive (Eng)
A drive rotating clockwise to an observer facing the driving end.
(BS 185: Sect. 8: No. 8216)

3571 Right-handed engine (Eng)
An engine in which the propeller shaft rotates in a clockwise direction with the engine between the observer and propeller.
Note. – The "hand" of an engine remains unaltered whatever its position in the aircraft.
(BS 185: Sect. 8: No. 8311)

3572 Right-handed propeller
A propeller rotating clockwise as viewed from behind the aircraft.
(BS 185: Sect. 9: No. 9139)

3573 Rigid airship (A/c 1)
An airship having a rigid framework to maintain the designed shape of the envelope.
(BS 185: Sect. 7: No. 7103)

der verschiedenen Einzelteile eines Luftfahrzeugs.

Leinenwerk; Rigging (Lfz 1)
System von Drähten oder Schnüren mitsamt deren Befestigungen, mit dessen Hilfe das Leergewicht oder die Hauptseilspannung über das Geripppe oder die Hülle verteilt wird.

Einstellwinkel (Lfz)
Winkel zwischen der Profilsehne einer Tragfläche oder einer Höhenflosse und der Horizontalen, wenn sich das Flugzeug in der Aufrüstungsposition befindet.
Anmerkung: Nicht zu verwechseln mit **Anstellwinkel.**

Traggurt (Lfz 1)
Verstärkter Gurt an der Hülle zur Befestigung des Leinenwerks.

Fangleine (Fallsch)
Jede Art von Leine, die an der Fallschirmkappe befestigt ist und die Luftwiderstandskräfte auf die Last überträgt.

Leinenwerkpflaster; Riggingpflaster (Lfz 1)
Pflaster, welches das Leinenwerk mit der Hülle eines Ballons verbindet.

Aufrüstposition (Lfz)
Lage, in der bei horizontaler Querachse eine willkürlich gegebene Längsbezugsachse ebenfalls horizontal ist.

Rektaszension; gerade Aufsteigung (Nav)
Bogen auf dem Himmelsäquator oder entsprechender Winkel im Erdmittelpunkt oder entsprechender sphärischer Winkel am Pol zwischen dem Himmelsmeridian eines Himmelskörpers und des Widderpunktes in östlicher Richtung in Zeiteinheiten vom Widderpunkt gemessen.

Rechtsdrehendes Hilfsgerät (Flmot)
Ein Hilfsgerät, das von der Antriebsseite her gesehen im Uhrzeigersinn läuft und an einen im entgegengesetzten Uhrzeigersinn laufenden Antrieb angeschlossen ist.

Rechtsantrieb (Flmot)
Ein Antrieb, der, von der Antriebsseite her gesehen, im Uhrzeigersinn läuft.

Rechtsdrehender Motor (Flmot)
Ein Flugmotor, dessen Luftschraubenwelle im Uhrzeigersinn rotiert, wenn der Motor zwischen Luftschraube und Betrachter liegt.
Anmerkung: Das Vorzeichen des Drehsinns eines Flugmotors ist unabhängig von der Einbaurichtung des Motors im Flugzeug.

Rechtsdrehende Propeller
Ein Propeller, der sich, vom Heck des Luftfahrzeuges aus gesehen, im Uhrzeigersinn dreht.

Starres Luftschiff (Lfz 1)
Luftschiff, dessen zugrundegelegte Hüllenform durch ein starres Geripppe aufrechterhalten wird.

3574 Rigidly-mounted blade (Rotor)
A blade which has no pivoted connection to the shaft other than a feathering hinge.
(BS 185: Sect. 5: No. 5717)

3575 Rime (Met)
A deposit of ice of a feathery nature, on the windward side of exposed objects when frost and fog occur together.
(BS 185: Sect. 15: No. 15 307)

3576 Rime ice (Met)
A light, white, opaque deposit of ice on forward edges, growing into the air stream; formed by contact with small water droplets in cloud, which freeze substantially on impact.
(BS 185: Sect. 15: No. 15 614)

3577 Ring, collector ~,
cf./vgl. S.-No./lfd. Nr. 982

3578 Ring, compression ~,
cf./vgl. S.-No./lfd. Nr. 1020

3579 Ring cowling (Eng)
A narrow, ring-shaped cowling for a radial engine, designed to reduce drag and improve cooling.
(NASA S.0995)

3580 Ring, exhaust-collector ~,
cf./vgl. S.-No./lfd. Nr. 1540

3581 Ring, gas ~,
cf./vgl. S.-No./lfd. Nr. 1836

3582 Ring, junk ~,
cf./vgl. S.-No./lfd. Nr. 2320

3583 Ring, load ~,
cf./vgl. S.-No./lfd. Nr. 2515

3584 Ring, obturator ~,
cf./vgl. S.-No./lfd. Nr. 2873

3585 Ring, oil ~,
cf./vgl. S.-No./lfd. Nr. 2891

3586 Ring radiator (Eng)
A radiator of circular form through which the cooling air flows radially.
(BS 185: Sect. 8: No. 8391)

3587 Ring, scraper ~,
cf./vgl. S.-No./lfd. Nr. 3686

3588 Rip cord (A/c 1)
A cord for tearing open the rip panel.
(BS 185: Sect. 7: No. 7266)

3589 Rip cord (Para)
A cord or flexible cable on a parachute which, when pulled, opens the pack and allows the parachute to deploy.
(BS 185: Sect. 12: No. 12 173)

3590 Rip link (A/c 1)
A device for ripping the balloon automatically on break-away.
(BS 185: Sect. 7: No. 7267)

3591 Rip panel (A/c 1)
A strip which can be readily ripped off or torn open for rapid deflation in an emergency.
(BS 185: Sect. 7: No. 7268)

3592 Rip pin (Para)
The pin which secures together the flaps on a parachute pack and is withdrawn by a pull on the rip cord.
(BS 185: Sect. 12: No. 12 174)

3593 Rocket (Miss)
A missile whose motion is due to reaction propulsion and whose flight path cannot be controlled during flight.
(BS 185: Sect. 6: No. 6104)

3594 Rocket, booster ~,
cf./vgl. S.-No./lfd. Nr. 735

Starrverbundenes Blatt (Drehfl)
Blatt, das außer einem Verstellgelenk keine Drehzapfenverbindung mit der Rotorwelle besitzt.

Rauhreif (Met)
Eine flockige Eisablagerung an der dem Winde zugewandten Seite von freistehenden Objekten, die dann entsteht, wenn Frost und Nebel gleichzeitig auftreten.

Rauhreifvereisung (Met)
Eine leichte, weiße, undurchsichtige Eisablagerung an den Vorderkanten, welche in den Luftstrom hineinwächst; sie entsteht im Fluge durch Wolken durch den Anprall kleiner Wassertropfen, die im wesentlichen unmittelbar an der Auftreffstelle festfrieren.

NACA-Haube; Ringhaube (Flmot)
Schmale, ringförmige Verkleidung eines Sternmotors zur Verringerung des Luftwiderstandes und Verbesserung der Kühlung.

Radialringkühler (Flmot)
Ein ringförmiger Kühler, der von der Kühlluft radial durchströmt wird.

Reißleine (Lfz 1)
Leine zum Aufreißen der Reißbahn.

Aufziehkabel (Fallsch)
Seil oder biegsames Kabel an einem Fallschirm, das nach Betätigung den Verpackungssack öffnet und die Entfaltung des Fallschirms ermöglicht.

Sicherheitsreißleine (Lfz 1)
Vorrichtung zum selbsttätigen Öffnen der Reißbahn, wenn sich der Ballon von seiner Verankerung losreißt.

Reißbahn (Lfz 1)
Streifen auf der Ballonhülle, der sich leicht zwecks schneller Entleerung im Notfall aufreißen oder abreißen läßt.

Verschlußstift (Fallsch)
Der Stift, der die Klappen eines Fallschirmverpackungssacks zusammenhält und durch Betätigung des Aufziehkabels herausgezogen wird.

Rakete (FK)
Flugkörper, dessen Fortbewegung durch Rückstoßantrieb erfolgt, und der auf seinem Flugweg während des Flugs nicht geleitet werden kann.

3595 Rocket, braking ~,
cf./vgl. S.-No./lfd. Nr. 763

3596 Rocket engine or rocket motor (Miss)
A jet reaction engine or motor that contains within itself, or carries along with itself, all the substances necessary for its operation or for the consumption or combustion of its fuel, not requiring intake of any outside substance and hence capable of operation in outer space.
(NASA S.0997)

3597 Rocket motor (Eng)
A device for producing thrust by the ejection of matter, usually in gaseous form, the thrust being generated entirely from propellant carried in the system.
(BS 185: Sect. 8: No. 8105)

3598 Rocket motor, boost ~,
cf./vgl. S.-No./lfd. Nr. 729

3599 Rocket propellant (Miss)
Any single agent used for consumption or combustion in a rocket and from which the rocket derives its thrust, such as fuel, oxidant, additive, catalyst, or any compound or mixture of these.
(NASA S.0998)

3600 Rocket, sounding ~,
cf./vgl. S.-No./lfd. Nr. 3884

3601 Roll (Flt OPS)
A complete revolution about the longitudinal axis.
(BS 185: Sect. 2: No. 2121)

3602 Roll, aileron ~,
cf./vgl. S.-No./lfd. Nr. 156

3603 Roll, angle of ~,
cf./vgl. S.-No./lfd. Nr. 361

3604 Roll axis (Stab)
A longitudinal axis through an aircraft, missile, or similar body, about which the body rolls. It may be a body, wing, or stability axis, or any other lengthwise axis.
(NASA S.1000)

3605 Roll, barrel ~,
cf./vgl. S.-No./lfd. Nr. 621

3606 Roll, Dutch ~,
cf./vgl. S.-No./lfd. Nr. 1411

3607 Roll, flick ~,
cf./vgl. S.-No./lfd. Nr. 1671

3608 Roll, half- ~,
cf./vgl. S.-No./lfd. Nr. 1983

3609 Roll-off (Flt OPS)
An uncontrolled rolling motion of an aircraft resulting from stalling.
(NASA S.1001)

3610 Roll, slow ~,
cf./vgl. S.-No./lfd. Nr. 3855

3611 Roll, snap ~,
cf./vgl. S.-No./lfd. Nr. 3860

3612 Roll, to ~ (Flt OPS),
cf./vgl. **Rolling,** S.-No./lfd. Nr. 3613

3613 Rolling (Flt OPS in the air)
Angular motion about the longitudinal axis.
(BS 185: Sect. 2: No. 2125)

3614 Rolling balance (Aerodyn)
A wind tunnel balance for measuring aerodynamic forces and moments while the model is rotating about a longitudinal axis.
(BS 185: Sect. 4: No. 4647)

3615 Rolling instability (Stab)
The instability whereby the motion of the aircraft takes up an increasing oscillation after a rolling disturbance and does not settle

Raketentriebwerk; Raketenmotor (FK)
Rückstoßtriebwerk, das alle für seinen Betrieb oder für den Verbrauch oder die Verbrennung seines Treibstoffs benötigten Substanzen in oder bei sich mitführt, keinerlei Substanzen von außerhalb benötigt und daher für eine Verwendung oberhalb der Erdatmosphäre geeignet ist.

Raketenmotor (Flmot)
Vorrichtung zur Erzeugung von Schub durch das Ausstoßen normalerweise gasförmiger Materie, wobei der Schub ausschließlich von in der Anlage mitgeführtem Treibstoff erzeugt wird.

Raketentreibstoff (FK)
Jegliches Agens, das dem Verbrauch oder der Verbrennung in einer Rakete und ihr die Schubkraft verleiht, wie z. B. Brennstoff, Sauerstoffträger, Additive, Katalysatoren oder jede daraus gewonnene Zusammensetzung oder Mischung.

Rolle (Flbetr)
Volle Drehung um die Längsachse.

Rollachse; Längsachse (Stab)
Längsachse durch ein Luftfahrzeug, einen Flugkörper oder ähnlichen Körper, um die sich dieser dreht. Es kann dies eine Körper-, Tragflächen- oder Stabilitätsachse oder jede andere in Längsrichtung verlaufende Achse sein.

Abkippen; Abschmieren (Flbetr)
Ungesteuerte, beim Überziehen auftretende Rollbewegung eines Luftfahrzeugs.

Rollen (Flbetr im Flug)
Drehbewegung um die Längsachse.

Rollwaage (Aerodyn)
Wägeeinrichtung im Windkanal zum Messen von Luftkräften und Momenten an einem Modell, das um eine Längsachse rotiert.

Rollinstabilität; Querinstabilität (Stab)
Instabilität, infolge derer die Bewegung eines Luftfahrzeugs nach einer Rollstörung zu einer anwachsenden Schwingung wird und nicht in

down to a horizontal position.
(BS 185: Part 1: No. 4208)

3616 Rolling moment (Aerodyn)
The component about the longitudinal axis of the couple due to the relative airflow.
(BS 185: Part 1: No. 4143)

3617 Roots supercharger (Eng)
A supercharger in which compression is effected by the relative motion of two meshing rotors in a fixed case.
(BS 185: Sect. 8: No. 8366)

3618 Rose, wind ~,
cf./vgl. S.-No./lfd. Nr. 4738

3619 Rotary derivatives (Stab)
Stability derivatives associated with rotation of the aircraft.
(BS 185: Part 1: No. 4229)

3620 Rotary engine (Eng)
An engine with its cylinders equally spaced round a common crankshaft, the crankshaft being stationary and the cylinders revolving.
(BS 185: Sect. 8: No. 8322)

3621 Rotary transformer (El)
A rotary machine used for the conversion of d. c. of one voltage to d. c. of one or more other voltages.
(BS 185: Sect. 10: No. 10 218)

3622 Rotatable loop aerial (TEL)
A loop aerial, used in direction-finding, which can be rotated in azimuth.
(BS 185: Sect. 14: No. 14 404)

3623 Rotating guide-vanes (Turbo)
Curved extensions of the impeller guide-vanes projecting into, or adjacent to, the throat of the air-intake casing.
(BS 185: Sect. 8: No. 8431)

3624 Rotating talking beacon, VHF ~,
cf./vgl. S.-No./lfd. Nr. 4636

3625 Rotor
A system of rotating aerofoils.
(BS 185: Sect. 5: No. 5736)

3626 Rotor, auxiliary ~,
cf./vgl. S.-No./lfd. Nr. 527

3627 Rotor head (Rotor)
The entire rotor assembly, less the rotor blades.
(BS 185: Sect. 5: No. 5740)

3628 Rotor hub (Rotor)
The central rotating member of the rotor head which carries the blade arms and hinge assemblies.
(BS 185: Sect. 5: No. 5741)

3629 Rotor lift
The lift component, parallel to the plane of symmetry and perpendicular to the line of flight, acting on a rotor.
(NASA S.1011)

3630 Rotor, main ~,
cf./vgl. S.-No./lfd. Nr. 2601, 2602

3631 Rotor mast
A column or structure supporting a rotor on a rotary-wing aircraft. Usually called simply a "mast" or "pylon".
(NASA S.1012)

3632 Rotor, paddle-wheel ~,
cf./vgl. S.-No./lfd. Nr. 2966

3633 Rotor, radial ~,
cf./vgl. S.-No./lfd. Nr. 3367

3634 Rotor radius (Rotor)
The distance of the blade tip from the centre of the rotor hub for zero lag angle and zero or built-in coning angle.
(BS 185: Sect. 5: No. 5742)

eine horizontale Lage strebt.

Rollmoment; Quermoment (Aerodyn)
Komponente des Luftkraftmoments um die Längsachse.

Roots-Lader; Kapsellader (Flmot)
Ein Lader, in dem die Verdichtung durch die Relativbewegung zweier ineinandergreifender Rotoren in einem festen Gehäuse erfolgt.

Drehbewegungsderivativa (Stab)
Stabilitätsderivativa, die mit der Drehbewegung des Luftfahrzeugs zusammenhängen.

Umlaufmotor (Flmot)
Ein Kolbenmotor, dessen Zylinder radial um eine gemeinsame, feststehende Kurbelwelle verteilt sind, wobei die Zylinder rotieren.

Rotierender Umformer (El)
Eine rotierende Maschine zur Umwandlung von einer Gleichstromspannung in eine oder mehrere andere Gleichstromspannungen.

Drehbare Rahmenantenne (Fernm)
Rahmenantenne, die im Azimut gedreht werden kann und zur Richtungsbestimmung benutzt wird.

Laufrad-Eintrittsleitschaufeln (Turbo)
Gewölbte Ansätze an den Laufrad-Leitschaufeln, die entweder in den Eintrittskanal hineinragen oder dicht hinter diesem liegen.

Rotor; Drehflügel (Drehfl)
System rotierender Tragflügel.

Rotorkopf (Drehfl)
Gesamte Rotorbaugruppe ohne Rotorblätter.

Rotornabe (Drehfl)
Das rotierende Mittelstück des Rotorkopfes, das die Blattarme und Gelenkanschlüsse trägt.

Rotorauftrieb (Drehfl)
Auftriebskomponente, die parallel zur Symmetrieebene und senkrecht zur Flugrichtung auf einen Drehflügel wirkt.

Rotorantriebswelle; Rotorbock (Drehfl)
Säule oder Bauelement, das einen Rotor eines Drehflüglers trägt. Im Englischen meist einfach als "Mast" oder "Pylon" bezeichnet.

Rotorhalbmesser (Drehfl)
Entfernung der Blattspitze vom Mittelpunkt der Rotornabe bei einem Schwenkwinkel von Null und einem Konuswinkel von Null bzw. seines Einbauwertes.

3635 **Rotor, tail** ~,
cf./vgl. S.-No./lfd. Nr. 4232

3636 **Rotorcraft** (A/c)
A power-driven heavier-than-air aircraft supported in flight by the reactions of the air on one or more rotors.
(ICAO, Annex 7, 2nd Ed.)

Drehflügler (Lfz)
Ein mit eigener Kraft angetriebenes Luftfahrzeug, schwerer als Luft, das seine tragende Kraft im Fluge durch Luftkräfte auf einen oder mehrere Drehflügel erhält.

3637 **Rotorcraft**
A heavier-than-air aircraft which derives lift from a rotor or rotors.
(BS 185: Sect. 5: No. 6701)

Drehflügler
Luftfahrzeug schwerer als Luft, das seinen Auftrieb von einem Rotor oder von Rotoren bezieht.

3638 **Rotorcraft, compound** ~,
cf./vgl. S.-No./lfd. Nr. 1014

3639 **Rounding-out** (Flt OPS),
cf./vgl. **Flattening-out**, S.-No./lfd. Nr. 1669

3640 **Route, advisory** ~,
cf./vgl. S.-No./lfd. Nr. 37

3641 **Route segment** (AT)
A route or portion of a route usually flown without an intermediate stop.
(ICAO, Annex 10, Volume II, 1st Ed., Annex 15, 3rd Ed.)

Streckenabschnitt; Teilstrecke (LVerk)
Eine Strecke oder ein Teil einer Strecke, die gewöhnlich ohne Zwischenlandung beflogen wird.

3642 **Rudder** (A/c)
A control surface designed to produce primarily yawing moment.
(BS 185: Sect. 5: No. 5349)

Seitenruder (Lfz)
Steuerfläche, die primär ein Giermoment erzeugt.

3643 **Rudder** (A/c 1)
1. The movable surface for controlling the motion of a lighter-than-air aircraft in yaw.
2. That part of the stabilizer of a kite balloon which provides stability in yaw only.
(BS 185: Sect. 7: No. 7269)

Seitenruder (Lfz 1)
1. Bewegliche Fläche zur Steuerung der Gierbewegung eines Luftfahrzeugs leichter als Luft.
2. Teil der Stabilisierungswulst eines Drachenballons, der ausschließlich zur Gierstabilität beiträgt.

3644 **Rudder angle** (A/c)
The angle between the chord of the control surface and the chord of the corresponding fixed surface.
(BS 185: Sect. 5: No. 5206)

Seitenruderausschlag (Lfz)
Winkel zwischen der Sehne der Steuerfläche und der Sehne der zugehörigen festen Fläche.

3645 **Rudder bar** (A/c)
The foot-bar by which the rudder is operated.
(BS 185: Sect. 5: No. 5350)

Seitenruder(fuß)hebel (Lfz)
Fußhebel, mit dem das Seitenruder betätigt wird.

3646 **Rudder pedals** (A/c)
Pedals by which the rudder is operated.
(BS 185: Sect. 5: No. 5351)

Seitenruderpedalen (Lfz)
Pedalen, mit denen das Seitenruder betätigt wird.

3647 **Rudder post** (A/c)
The principal structural member of a rudder, usually carrying the rudder hinges.
(BS 185: Sect. 3: No. 3214)

Seitenruderholm (Lfz)
Hauptbauglied eines Seitenruders, das normalerweise die Seitenrudergelenke trägt.

3648 **Rule, quadrantal** ~,
cf./vgl. S.-No./lfd. Nr. 3325

3649 **Run, alighting** ~,
cf./vgl. S.-No./lfd. Nr. 286

3650 **Run, landing** ~,
cf./vgl. S.-No./lfd. Nr. 2365

3651 **Run, take-off** ~,
cf./vgl. S.-No./lfd. Nr. 4253

3652 **Runner** (A/c)
A kind of slide, other than ski, used in the main landing gear of certain airplanes, especially early airplanes: a **skid**.
(NASA S.1016)

Kufe (Lfz)
Eine Art Kufe, die jedoch nicht als Ski ausgebildet ist, und beim Hauptfahrwerk bestimmter Flugzeuge, vor allem älterer Muster, Verwendung findet. Im Englischen auch als "skid" (= Kufe) bezeichnet.

3653 **Running fix** (Nav)
The intersection of two or more position lines not obtained simultaneously, adjusted to a common time.
(BS 185: Sect. 11: No. 11 129)

Durch Standlinien-Parallelverschiebung ermittelter Peilstandort; Doppelpeilung (Nav)
Schnittpunkt von zwei oder mehreren Standlinien, die nicht zur gleichen Zeit bestimmt worden sind und die auf eine gemeinsame Bezugszeit umgerechnet wurden.

3654 **Running rigging** (A/c 1)
A system of rigging which automatically adjusts itself to a change of direction of pull.
(BS 185: Sect. 7: No. 7261)

Einstell-Leinenwerk (Lfz 1)
Leinenwerk, das sich automatisch einer Änderung der Zugrichtung anpaßt.

3655 Running-time, ground ~,
cf./vgl. S.-No./lfd. Nr. 1925

3656 Runway (GS)
A defined rectangular area, on a land aerodrome, prepared for the landing and take-off run of aircraft along its length.
(ICAO, Annex 2, 5th Ed., Annex 11, 5th Ed., Annex 14, 4th Ed.)

Piste; Start- und Landebahn (Bod)
Eine festgelegte, rechteckige Fläche auf einem Landflugplatz, die in ihrer Länge für Lande- und Startlauf von Luftfahrzeugen hergerichtet ist.

3657 Runway (GS)
A defined rectangular path within a strip to which the landing and take-off run of aircraft are restricted.
(BS 185: Sect. 13: No. 13 317)

Piste; Start- und Landebahn (Bod)
Eine festgelegte, rechteckige Bahn innerhalb eines Start- und Landestreifens, auf die der Lande- und Startlauf von Luftfahrzeugen begrenzt ist.

3658 Runway alignment beacon (GS)
A light beacon indicating a location in the approach to a particular runway of an aerodrome.
(BS 185: Sect. 13: No. 13 357)

Pistenrichtungsfeuer (Bod)
Leuchtfeuer zur Kennzeichnung eines Orts in Anflugrichtung zu einer bestimmten Flugplatzpiste.

3659 Runway alignment indicator (GS)
A group of aeronautical ground lights so arranged and located as to give early direction and roll guidance on the approach to a runway.
(ICAO, Annex 14, 4th Ed.)

Pistenrichtungsanzeiger (Bod)
Eine Gruppe von Luftfahrtbodenfeuern, die so angeordnet und aufgestellt sind, daß sie beim Anflug auf eine Piste frühzeitige Richtungs- und Querlageführung geben.

3660 Runway controller (ATC)
An air-traffic control representative, normally stationed at the down-wind end of the runway in use, to assist in the control of air traffic.
(BS 185: Sect. 16: No. 16 117)

Flugverkehrslotse für Start- und Landebahn (FS)
Beauftragter des Flugverkehrskontrolldienstes, der sich normalerweise an dem der Windrichtung entgegengesetzten Ende der in Betrieb befindlichen Piste befindet und bei der Kontrolle des Luftverkehrs behilflich ist.

3661 Runway edge light (GS)
One of a number of lights indicating the lateral limits of a runway throughout its usable length.
(BS 185: Sect. 13: No. 13 344)

Pistenbegrenzungsfeuer (Bod)
Eines aus einer Anzahl von Feuern, welche die seitlichen Begrenzungen einer Piste über ihre gesamte nutzbare Länge hin kenntlich machen.

3662 Runway, instrument ~,
cf./vgl. S.-No./lfd. Nr. 2242

3663 Runway lights (GS)
Lights defining a runway to indicate the area of taking-off and landing.
(BS 185: Part 3: No. 13 341)

Pistenfeuer (Bod)
Feuer zur Kennzeichnung der Start- und Landefläche einer Piste.

3664 Runway, main ~,
cf./vgl. S.-No./lfd. Nr. 2603

3665 Runway selected basic length (GS)
The length selected by the Competent Authority as a basis for the design of a runway and associated physical characteristics of the land aerodrome.
(ICAO, Annex 14, 4th Ed.)

Pistengrundlänge (Bod)
Die von der zuständigen Behörde gewählte Länge, die als Grundlänge für die Planung einer Piste und der damit zusammenhängenden äußeren Merkmale des Landflugplatzes dient.

3666 Runway surface light (GS)
A light forming part of a system of blister ligthts so arranged as to assist the pilot of an aircraft to discern the runway surface and maintain alignment with the runway.
(BS 185: Sect. 13: No. 13 345)

Pisten(oberflächen)feuer (Bod)
Feuer aus einer Anlage so angeordneter Überrollfeuer, daß der Luftfahrzeugführer im Erkennen der Pistenoberfläche und im geraden Ansteuern der Piste unterstützt wird.

3667 Runway visual range (Flt OPS)
The maximum distance in the direction of take-off or landing at which the runway or the specified lights or markers delineating it can be seen from a position above a specified point on its centre line at a height corresponding to the average eye-level of pilots at touchdown.
Note. – A height of approximately 5 metres (16 feet) is regarded as corresponding to the average eye-level of pilots at touchdown.
(ICAO, Doc 4444-RAC/501/8)

Pistensichtweite (Flbetr)
Die größte Entfernung in Start- oder Landerichtung, in der die Piste oder die sie begrenzenden vorgeschriebenen Feuer oder Marker von einem Standort über einem bestimmten Punkt auf ihrer Mittellinie gesehen werden können, und zwar aus einer Höhe, die der durchschnittlichen Augeshöhe der Piloten beim Aufsetzen entspricht.
Anmerkung: Der durchschnittlichen Augeshöhe der Piloten beim Aufsetzen entspricht eine Höhe von etwa 5 m (16 Fuß).

S

3668 Safety barrier (A/c carrier)
A net or other contrivance by means of which an aircraft that misses the arresting gear is brought to rest.
(BS 185: Sect. 13: No. 13 411)

3668a Safety, factor of~,
cf./vgl. S.-No./lfd. Nr. 1572, 1573

3669 Safety height (Flt OPS)
The altitude below which it is hazardous to fly in instrument-flying conditions.
(BS 185: Sect. 11: No. 11 130)

3670 Safety pilot (Aero)
1. A pilot who accompanies another pilot (e. g. a student pilot or a pilot practising blind flying) to warn of danger or to take over the controls if need be.
2. A pilot who rides in a remotely controlled or automatically controlled aircraft to fly it in the event of equipment failure.
(BS 185: Sect. 16: No. 16 118 & NASA S-1019)

3671 Safety speed (A/c)
The lowest speed above stalling speed which gives the pilot a safe margin of control in flight. In multi-engined aircraft specifically, this is not less than the speed at which the pilot can maintain directional control in event of the complete failure of the engine most affecting directional control.
(BS 185: Part 1: No. 4309)

3672 Safety thread (Para)
A breakable thread of specified strength used to make a safety tie.
(BS 185: Sect. 12: No. 12 176)

3673 Safety tie (Para)
A breakable tie connecting any two parts of a parachute system to prevent accidental release.
(BS 185: Sect. 12: No. 12 177)

3674 Sailplane (A/c)
A glider designed for sustained flight utilizing atmospheric currents.
(BS 185: Sect. 5: No. 5113)

3675 Sand pillar (Met),
cf./vgl. **Dust devil,** S.-No./lfd. Nr. 1409

3676 Sandstorm (Met)
A strong wind carrying dust or sand, extending over a considerable area.
(BS 185: Sect. 15: No. 15 230)

3677 Sandwich (A/c)
A structural component consisting of two parallel or nearly parallel skins continuously attached to either side of a core of material of different properties.
(BS 185: Sect. 3: No. 3215)

3678 Saturated adiabatic lapse rate (Met)
The lapse rate of saturated air under adiabatic conditions. Its value varies rapidly with temperature and slowly with pressure. For pressures between 1050 and 700 mb it is approximately 0.5 deg C per 100 metres at 10° C, or 3° deg F per 1000 feet at 50° F.
(BS 185: Sect. 15: No 15 120)

3679 Saturation vapour pressure (Met)
The partial pressure of water vapour in equi-

Sicherheitsfangnetz (Flzg-Träger)
Netz oder andere Vorrichtung, mittels derer ein Luftfahrzeug aufgefangen wird, wenn es bei der Landung die Landebremsvorrichtung verfehlt.

Sicherheitshöhe (Flebtr)
Höhe über Meer, unterhalb der das Fliegen unter Instrumentalflugbedingungen gefährlich ist.

Sicherheitsluftfahrzeugführer (Aero)
1. Ein Luftfahrzeugführer, der einen anderen Luftfahrzeugführer (z. B. einen Flugschüler oder einen Blindflug übenden Luftfahrzeugführer) begleitet, um ihn vor Gefahren zu warnen oder erforderlichenfalls die Führung des Luftfahrzeugs zu übernehmen.
2. Ein Luftfahrzeugführer an Bord eines ferngesteuerten oder automatisch gesteuerten Luftfahrzeugs, um es bei Geräteausfall zu fliegen.

Sichere Geschwindigkeit (Lfz)
Niedrigste über der Abkippgeschwindigkeit liegende Geschwindigkeit, die dem Luftfahrzeugführer eine sichere Reserve für den gesteuerten Flug gewährleistet. Für mehrmotorige Luftfahrzeuge liegt diese Geschwindigkeit nicht unter der Geschwindigkeit, bei der die Seitensteuerbarkeit für den Luftfahrzeugführer auch dann erhalten bleibt, wenn das die Seitensteuerbarkeit am meisten beeinflussende Triebwerk vollkommen ausfällt.

Sicherungsfaden (Fallsch)
Faden von festgelegter Reißfestigkeit, der als Sicherungsverbindung dient.

Sicherungsverbindung (Fallsch)
Sollbruchverbindung zwischen zwei beliebigen Teilen eines Fallschirms zur Verhütung eines unbeabsichtigten Auslösens.

Segelflugzeug (Lfz)
Gleitflugzeug, das entwickelt ist, längere Flüge unter Ausnutzung von Luftströmungen durchzuführen.

Sandsturm (Met)
Ein stürmischer Wind, der sich über ein größeres Gebiet erstreckt und Sand und Staub mit sich trägt.

Sandwich (Lfz)
Bauteil, der aus zwei parallelen oder nahezu parallelen Platten besteht, die beiderseits eines Kerns aus Material mit unterschiedlichen Eigenschaften fest verbunden sind.

Feuchtadiabatischer Temperaturgradient (Met)
Der Temperaturgradient gesättigter Luft unter adiabatischen Bedingungen. Er ändert sich schnell mit der Temperatur und langsam mit dem Druck. Bei einem Luftdruck zwischen 1050 und 700 Millibar beträgt die Änderung bei 10 °C etwa 0,5 °C je 100 m ode 3 °F je 1000 Fuß bei 50 °F.

Sättigungsdampdruck (Met)
Der Partialdruck des Wasserdampfes im

librium with a plane surface of water or of ice. It increases with temperature and below 0° C it is, at a given temperature, greater over supercooled water than over ice.
(BS 185: Sect. 15: No. 15 114)

3680 Scale, Abac ~,
cf./vgl. S.-No./lfd. Nr. 1

3681 Scale effect (Aerodyn)
The effect upon any non-dimensional aerodynamic coefficient of a change in the size of a body, other conditions remaining unchanged. More generally, the effect of a change in the Reynolds number.
(BS 185: Sect. 4: No. 4156)

3682 Scale, graphic ~,
cf./vgl. S.-No./lfd. Nr. 1899

3683 Scavenge pipes (Eng)
Return pipes leading oil from the engine to the oil tank.
(BS 185: Sect. 8: No. 8232)

3684 Scavenge pump (Eng)
A pump which withdraws used oil from the engine and returns it to the oil tank.
(BS 185: Sect. 8: No 8235)

3685 Scope, B-~,
cf./vgl. S.-No./lfd. Nr. 559

3686 Scraper ring (Eng)
A spring ring for removing superfluous oil from the cylinder wall.
(BS 185: Sect. 8: No. 8341)

3687 Screen (GS)
An imaginary obstacle of specified height assumed in determination of take-off and alighting performance.
(BS 185: Sect. 4: No. 4316)

3688 Screen, glow ~,
cf./vgl. S.-No./lfd. Nr. 1891

3689 Screened ignition system (El)
An ignition system in which all components are surrounded by an earthed metallic screen to prevent radio interference therefrom.
(BS 185: Sect. 8: No. 8381)

3690 Scud (Met),
cf./vgl. **Fractostratus,** S.-No./lfd. Nr. 1774

3691 Sea breeze (Met)
An on-shore wind during the day, caused by the more rapid heating of the air over land than over water.
(BS 185: Sect. 15: No. 15 212)

3692 Sea disturbance (Met)
The state of the sea produced locally by wind.
(BS 185: Sect. 15: No. 15 124)

3693 Sea fog (Met)
Fog formed at sea, usually condensation of moisture in the lower layers of a warm air current passing over a relatively cold sea surface.
(BS 185: Sect. 15: No. 15 303)

3694 Sea returns,
cf./vgl. S.-No./lfd. Nr. 1926

3695 Sealed cabin (A/c)
The occupied space of an aircraft characterized by walls which do not allow any gaseous exchange between the ambient atmosphere and the inside atmosphere and containing its own ways of regenerating the inside atmosphere.
(AAP-6)

3696 Sealed cowling (Eng),
cf./vgl. **Non-pressure cowling,** S.-No./lfd. Nr. 2828

Gleichgewicht mit einer ebenen Wasser- oder Eisfläche. Er nimmt mit der Temperatur zu und ist bei einer gegebenen Temperatur unterhalb 0 °C größer über unterkühltem Wasser als über Eis.

Maßstabseinfluß (Aerodyn)
Einfluß einer Größenänderung eines Körpers auf die dimensionslosen aerodynamischen Beiwerte bei unveränderten sonstigen Bedingungen. Allgemeiner: Einfluß einer Änderung der Reynolds'schen Zahl.

Rückförderleitungen (Flmot)
Rohrleitungen, durch die das Schmieröl vom Motor zum Ölbehälter zurückgeleitet wird.

Ölrückförderpumpe (Flmot)
Eine Pumpe, die das benutzte Schmieröl aus dem Sumpf eines Motors absaugt und in den Ölbehälter zurückfördert.

Ölabstreifring (Flmot)
Ein Federring, der überflüssiges Öl von der Zylinderwand abstreifen soll.

Screen (Bod)
Angenommenes Hindernis von näher bezeichneter Höhe, das der Bestimmung der Start- und Landeleistung eines Luftfahrzeugs zugrundegelegt wird.

Abgeschirmte Zündanlage (El)
Eine Zündanlage, deren Einzelteile mit einem geerdeten Metallschirm umgeben sind, um Störungen der Funkanlage zu verhüten.

Seewind (Met)
Ein auflandiger Wind, der am Tage dadurch hervorgerufen wird, daß sich die Luft über Land schneller erwärmt als über Wasser.

Seegang (Met)
Der örtlich durch Wind hervorgerufene Zustand der Meeresoberfläche.

Seenebel (Met)
Nebel, der sich über See bildet, für gewöhnlich durch Kondensation in den unteren Schichten einer Warmluftmasse, die über eine verhältnismäßig kalte Wasseroberfläche hinwegströmt.

Abgedichtete Kabine (Lfz)
Von Personen benutzter Raum in einem Luftfahrzeug, der dadurch gekennzeichnet ist, daß seine Wände keinerlei Gasaustausch zwischen der Atmosphäre außerhalb des Luftfahrzeugs und dem Innenraum gestatten, und der mit eigenen Vorrichtungen zur Lufterneuerung innerhalb des Luftfahrzeugs versehen ist.

3697 Seam, cross ~,
cf./vgl. S.-No./lfd. Nr. 1199

3698 Seam, main ~,
cf./vgl. S.-No./lfd. Nr. 2604

3699 Seaplane (A/c)
An aeroplane capable of taking-off from and alighting on water.
(BS 185: Sect. 5: No. 5105)

Wasserflugzeug; Seeflugzeug (Lfz)
Flugzeug, das auf dem Wasser starten und landen kann.

3700 Seaplane, boat ~,
cf./vgl. S.-No./lfd. Nr. 715

3701 Seaplane, float ~,
cf./vgl. S.-No./lfd. Nr. 1721

3702 Seaplane tank (Aerodyn)
A long narrow tank of uniform section, provided with a travelling carriage to which models are attached for observation of their behaviour in motion.
(BS 185: Part 1: No. 4516)

Wasserflugzeug-Schleppkanal (Aerodyn)
Länglicher, enger Tank mit gleichförmigem Querschnitt und einem Schleppwagen, auf dem Modelle zur Beobachtung und Messung ihres Verhaltens in der Bewegung angebracht werden können.

3703 Search and rescue area (ATC)
An area in which the coordination of search and rescue is integrated by a single rescue coordination centre.
(ICAO, Annex 12, 4th Ed.)

Such- und Rettungsbereich (FS)
Ein Bereich, in dem die zusammenfassende Lenkung des Such- und Rettungsdienstes einer einzigen SAR-Leitstelle obliegt.

3704 Search-and-rescue area (ATC)
The area in which search-and-rescue operations become the responsibility of a particular rescue co-ordination centre.
(BS 185: Sect. 13: No. 13 223)

Such- und Rettungsbereich (FS)
Der Bereich, in dem eine bestimmte Such- und Rettungsleitstelle für Such- und Rettungsoperationen verantwortlich ist.

3705 Searchlight, cloud ~,
cf./vgl. S.-No./lfd. Nr. 962

3706 Searing (Para)
Damage to rigging lines or fabric due to heat generated by friction.
(BS 185: Sect. 12: No. 12 180)

Verschmelzen (Fallsch)
Beschädigung an Fangleinen oder Gewebe durch von Reibung erzeugter Hitze.

3707 Seat, ejection ~,
cf./vgl. S.-No./lfd. Nr. 1442, 1443

3708 Second mean chord (A/c),
cf./vgl. **Aerodynamic mean chord,** S.-No./lfd. Nr. 80

3709 Second pilot (Aero)
cf./vgl. **Co-pilot,** S.-No./lfd. Nr. 1152, 1153, 1154

3710 Secondary depression (Met)
A small area of low pressure accompanying a larger primary depression.
(BS 185: Sect. 15: No. 15 512)

Sekundärdepression; Randtief (Met)
Ein kleines Tiefdruckgebiet in der Nachbarschaft eines primären Tiefs.

3711 Secondary frequency (TEL)
The radio telephony frequency assigned to an aircraft as a second choice for air-ground communication in a radio telephony network.
(ICAO, Annex 10, Volum II, 1st Ed.)

Nebenfrequenz (Fernm)
Die Sprechfunkfrequenz, die einem Luftfahrzeug als zweite Möglichkeit für Flugfunkverkehr in einem Sprechfunknetz zugeteilt ist.

3712 Secondary holes (Turbo)
Holes through which air is passed into a flame tube downstream of the primary holes to stabilize the flame and to complete combustion.
(BS 185: Sect. 8: No. 8450)

Sekundärluftlöcher (Turbo)
Öffnungen, die hinter den Primärluftlöchern in einem Flammrohr angebracht sind und durch die der Teil der Ansaugluft einströmt, der zur Vervollständigung des Verbrennungsvorgangs und zur Stabilisierung der Flamme benötigt wird.

3713 Secondary-surface radiator (Eng)
A radiator with the cooling surface increased by fins.
(BS 185: Sect. 8: No. 8392)

Rippenkühler (Flmot)
Ein Kühler, dessen wärmeabführende Oberfläche durch Rippen vergrößert ist.

3714 Section, aerofoil/ airfoil ~,
cf./vgl. S.-No./lfd. Nr. 93, 194

3715 Section, centre ~,
cf./vgl. S.-No./lfd. Nr. 889

3716 Section, inner ~,
cf./vgl. S.-No./lfd. Nr. 2215

3717 Section, outer ~,
cf./vgl. S.-No./lfd. Nr. 2941

3718 Section, reference ~,
cf./vgl. S.-No./lfd. Nr. 3481

3719 **Section, wing-tip ~,**
cf./vgl. S.-No./lfd. Nr. 4779
3720 **Sector, course ~,**
cf./vgl. S.-No./lfd. Nr. 1171
3721 **Sector, glide path ~**
cf./vgl. S.-No./lfd. Nr. 1879
3722 **Sector, warm ~,**
cf./vgl. S.-No./lfd. Nr. 4671
3723 **Segment, route ~,**
cf./vgl. S.-No./lfd. Nr. 3641
3724 **SELCAL system (TEL)**
A system which permits the selective calling of individual aircraft over radio telephone channels linking in ground station with the aircraft.
(ICAO, Annex 10, Volume I, 1st Ed.)
3725 **Selector valve (A/c)**
A valve for directing the flow of fluid into any one of a number of circuits or 'ways', e. g. 3-way selector, 4-way selector.
(BS 185: Sect. 10: No. 10 115)
3726 **Semi-active homing guidance (Miss)**
A homing guidance system wherein a receiver in the missile utilizes radiations reflected from the target from a source other than the missile.
(BS 185: Sect. 6: No. 6510)
3727 **Semi-automatic relay installation (TEL)**
A teletypewriter installation where interpretation of the relaying responsibility in respect of an incoming message and the resultant setting-up of the connections required to effect the appropriate retransmissions require the intervention of an operator but where all other normal operations of relay are carried out automatically.
(ICAO, Annex 10, Volume II, 1st Ed.)

3728 **Semi-diameter (Nav)**
The angular radius of the sun or moon which must be added to, or subtracted from, observed altitudes when the lower or upper limb of either is observed.
(BS 185: Sect. 11: No. 11 214)
3729 **Semi-integral tank (A/c)**
A detachable tank which forms part of the aircraft structure when in place.
(BS 185: Sect. 8: No. 8251)
3730 **Semi-rigid airship (A/c 1)**
An airship having a rigid longitudinal member to distribute the load and to assist in maintaining the designed shape of the envelope.
(BS 185: Sect. 7: No. 7104)
3731 **Semi-rigid theory (Struct)**
An approximate theory of elastic structures in which the theoretical infinite number of degrees of freedom is represented by a finite number, each being associated with an invariable mode.
(BS 185: Sect. 3: No. 3322)
3732 **Separation (Aerodyn)**
Detachment of the flow from a solid surface with which ist has been in contact.
(BS 185: Sect. 4: No. 4468)
3733 **Separation (Miss)**
The detachment of an air-launched missile from its launcher, or of one part of a missile from another, or the moment in time at which such detachment occurs.
(BS 185: Sect. 6: no. 6106)
3734 **Separation, flow ~,**
cf./vgl. S.-No./lfd. Nr. 1731

SELCAL-System (Fernm)
Ein System, das erlaubt, einzelne Luftfahrzeuge über Sprechfunkkanäle, welche die Bodenstation mit den Luftfahrzeugen verbinden, selektiv anzurufen.

Wahlventil; Mehrwegehahn (Lfz)
Ein Ventil, mit dessen Hilfe die Flüssigkeitsströmung in einen von einer Anzahl von Kreisen oder ‚Wegen‘ geleitet werden kann, z. B. Dreiwegehahn, Vierwegehahn.

Halbaktive Zielsuchlenkung (FK)
Zielsuchlenksystem, bei dem der Empfänger im Flugkörper vom Ziel reflektierte Ausstrahlungen, die nicht vom Flugkörper herrühren, nutzbar macht.

Halbautomatische Weitergabeeinrichtung (Fernm)
Eine Fernschreibeinrichtung, bei der die Festlegung der Verantwortung für die Weitergabe in bezug auf eine einlaufende Meldung und auf die darauf folgende Herstellung der erforderlichen Verbindungen zur entsprechenden Weitergabe das Eingreifen des Bedienungspersonals bedingt, bei der jedoch alle anderen normalen Weitergabevorgänge automatisch erfolgen.

Halb(durch)messer (Nav)
Der im Winkelmaß gemessene Radius der Sonne oder des Mondes, der zu der beobachteten Höhe hinzugerechnet oder von dieser abgezogen werden muß, wenn der obere oder untere Rand dieser Gestirne beobachtet wird.

Halbintegralbehälter (Lfz)
Herausnehmbarer Behälter, der in eingebautem Zustand Teil der Konstruktion eines Luftfahrzeugs ist.

Halbstarres Luftschiff (Lfz 1)
Luftschiff mit einem starren Längsträger, der die Belastung verteilt und die Aufrechterhaltung der zugrunde gelegten Hüllenform unterstützt.

Halbstarre Theorie (Konstr)
Näherungsverfahren der Festigkeitslehre, bei dem die theoretisch unendliche Anzahl von Freiheitsgraden durch eine endliche Anzahl dargestellt wird, wobei jedem Freiheitsgrad eine unveränderliche Form zugeordnet wird.

Ablösen; Abreißen (Aerodyn)
Ablösen der Strömung von einer festen Oberfläche, mit der sie in Berührung gewesen ist.

Trennung (FK)
Loslösen eines in der Luft gestarteten Flugkörpers von seinem Startgerät oder eines Teils eines Flugkörpers von einem anderen oder der Augenblick, in dem das Loslösen erfolgt.

3735 **Separation, laminar ~,**
cf./vgl. S.-No./lfd. Nr. 2337
3736 **Separation, lateral ~,**
cf./vgl. S.-No./lfd. Nr. 2388
3737 **Separation, longitudinal ~,**
cf./vgl. S.-No./lfd. Nr. 2558
3738 **Separation, momentum ~,**
cf./vgl. S.-No./lfd. Nr. 2749
3739 **Separation point (Aerodyn)**
The point at which the streamline flow, whether laminar or turbulant, separates from the surface of a body.
(BS 185: Part 1: No. 4402)
3740 **Separation, turbulent ~,**
cf./vgl. S.-No./lfd. Nr. 4506
3741 **Separation, vertical ~,**
cf./vgl. S.-No./lfd. Nr. 4622
3742 **Sequence, approach ~,**
cf./vgl. S.-No./lfd. Nr. 426
3743 **Sequence valve (A/c)**
A selector valve which comes into operation at some stage in the movement of one component to initiate movement of the next component in any sequence.
(BS 185: Sect. 10: No. 10 117)
3744 **Series engine**
An engine essentially identical in design, in materials, and in methods of construction, with one which has been approved previously.
(ICAO, Annex 8)
3745 **Series oil cooler (Eng)**
A ducted oil cooler mounted behind a radiator.
(BS 185: Sect. 8: No. 8227)
3746 **Series propeller**
A propeller essentially identical in design, in materials and in methods of construction, with one which has been approved previously.
(ICAO, Annex 8)
3747 **Series radiator (Eng)**
A ducted radiator mounted in front of an oil cooler.
(BS 185: Sect. 8: No. 8393)
3748 **Service, aerodrome-control ~,**
cf./vgl. S.-No./lfd. Nr. 55, 56
3749 **Service, aeronautical broadcasting ~,**
cf./vgl. S.-No./lfd. Nr. 99, 100
3750 **Service, aeronautical fixed ~,**
cf./vgl. S.-No./lfd. Nr. 104, 105
3751 **Service, aeronautical mobile ~,**
cf./vgl. S.-No./lfd. Nr. 114, 115
3752 **Service, aeronautical radio-navigation(al) ~,**
cf./vgl. S.-No./lfd. Nr. 116, 117
3753 **Service, aeronautical telecommunication ~,**
cf./vgl. S.-No./lfd. Nr. 122
3754 **Service, air ~,**
cf./vgl. S.-No./lfd. N. 233, 234
3755 **Service, air traffic advisory ~,**
cf./vgl. S.-No./lfd. Nr. 261, 262
3756 **Service, air traffic control ~,**
cf./vgl. S.-No./lfd. Nr. 266, 267
3757 **Service, alerting ~,**
cf./vgl. S.-No./lfd. Nr. 282
3758 **Service, approach control ~,**
cf./vgl. S.-No./lfd. Nr. 405, 406
3759 **Service, area control ~,**
cf./vgl. S.-No./lfd. Nr. 447, 448
3760 **Service ceiling (A/c)**
The altitude at which the maximum rate of climb has a defined value approximating to

Ablösungspunkt (Aerodyn)
Punkt, in dem sich die laminare oder turbulente Strömung von der Oberfläche eines Körpers ablöst.

Arbeitsfolgeventil (Lfz)
Ein Wahlventil, das zu einem bestimmten Zeitpunkt betätigt wird, um aus einem vorgegebenen Arbeitsgang den darauffolgenden Arbeitsgang in beliebiger Folge einzuschalten.

Serienmotor (Flmot)
Ein Motor, der mit einem bereits mustergeprüften in der Konstruktion, den Werkstoffen und der Bauausführung im wesentlichen übereinstimmt.

Hintereinander eingebauter Ölkühler (Flmot)
Ein Düsenkühler, der hinter einem Kühlstoffkühler eingebaut ist.

Serienpropeller
Ein Propeller, der mit einem bereits mustergeprüften in der Konstruktion, den Werkstoffen und der Bauausführung im wesentlichen übereinstimmt.

Hintereinander eingebauter Kühler (Flmot)
Ein Düsenkühler, der vor einem Ölkühler eingebaut ist.

Dienstgipfelhöhe (Lfz)
Höhe, in der die maximale Steiggeschwindigkeit einen bestimmten Wert aufweist, der in

the lowest practicable for a service operation.
(BS 185: Sect. 4: No. 4302)

3761 Service, flight information ~,
cf./vgl. S.-No./lfd. Nr. 1689, 1690

3762 Servo-control (A/c)
A control devised to reinforce the pilot's effort by a relay.
(BS 185: Part 1: No. 5328)

3763 Servo tab (A/c)
A balance tab directly operated by the pilot to produce forces which in turn move the main surface.
(BS 185: Sect. 5: No. 5359)

3764 Sesquiplane (A/c)
A biplane in which one of the wings is one half, or less than one half, the size of the other wing.
(NASA S. 1025)

3765 Sextant, air ~,
cf./vgl. S.-No./lfd. Nr. 237

3766 Sextant, bubble ~,
cf./vgl. S.-No./lfd. Nr. 783

3767 Sextant, gyro ~,
cf./vgl. S.-No./lfd. Nr. 1975

3768 Shaft, climbing ~,
cf./vgl. S.-No./lfd. Nr. 952

3769 Shaft thrust (Prop)
The axial aerodynamic force exerted by the blades in the flow field in which they are situated.
(BS 185: Sect. 9: 9149)

3770 Shaped parachute
A parachute, the canopy of which consists of bell-shaped gores. The rigging lines are generally continuous over the canopy.
(BS 185: Sect. 12: No. 12 158)

3771 Shear centre (Struct)
That point in the plane of a section of a member of uniform cross-section at which a shear force, in whatever direction it is applied, produces only bending without twist.
(BS 185: Sect. 3: No. 3120)

3772 Shear lag (Struct)
The type of diffusion in which the lag of longitudinal displacement of one part of a transverse section relative to that of another results entirely from shear loading applied along lines parallel to the length of the structure.
(BS 185: Sect. 3: No. 3105)

3773 Shear, wind ~,
cf./vgl. S.-No./lfd. Nr. 4739

3774 Shear wires (A/c 1)
Crossed diagonal wires between adjacent frames to take vertical shear.
(BS 185: Sect. 7: No. 7287)

3775 Sheet (A/c)
Material of which the thickness is small in comparsion with the other dimensions.
(BS 185: Sect. 3: No. 3219)

3774 Sheet, vortex ~,
cf./vgl. S.-No./lfd. Nr. 4658

3777 Shell (A/c)
A curved structure formed of sheet (either stiffened or unstiffened) generally closed on itself as in a tube.
(BS 185: Sect. 3: No. 3220)

3778 Shimmy (A/c)
An oscillation of a castoring wheel about the castor axis excited when travelling on a surface the coefficient of friction of which exceeds a critical value.
(BS 185: Sect. 5: No. 5395)

etwa dem niedrigsten, betrieblich regulär nutzbaren Wert entspricht.

Servosteuerung (Lfz)
Steuerungsmechanismus zur Verminderung des Kraftaufwandes des Luftfahrzeugführers durch ein Relais.

Servoklappe; Servoruder (Lfz)
Ausgleichsruder, das vom Luftfahrzeugführer unmittelbar bestätigt wird, um Kräfte zu erzeugen, die ihrerseits die Hauptfläche bewegen.

Anderthalbdecker (Flzg)
Doppeldecker, bei dem eine der Tragflächen die Hälfte oder weniger als die Hälfte der Größe der anderen Tragfläche aufweist.

Gesamtschub (Prop)
Die von den Blättern im Strömungsfeld ihrer Wirksamkeit entwickelte axiale Luftkraft.

Kugelkappenfallschirm
Fallschirm, der aus glockenförmigen Bahnen zusammengesetzt ist. Die Fangleinen laufen im allgemeinen über die gesamte Fallschirmkappe.

Schubmittelpunkt (Konstr)
Punkt in der Ebene eines Querschnitts eines Trägers mit gleichförmigem Profil, in dem eine Schubkraft, gleichgültig in welcher Richtung sie wirkt, reine Biegung ohne Torsion verursacht.

Schubfluß (Konstr)
Art von Spannungsverlauf, bei der die Behinderung der Längsverschiebung eines Querschnitteils relativ zu der eines anderen nur von Schubkräften herrührt, die in Richtung der Längsachse verlaufen.

Scherseile (Lfz 1)
Gekreuzte Diagonalseile zwischen benachbarten Rahmen zur Übertragung vertikaler Scherkräfte.

Platte (Lfz)
Material, dessen Dicke gering ist im Vergleich zu seinen anderen Abmessungen.

Schale (Lfz)
Gekrümmter Bauteil aus versteiften oder unversteiften Platten, im allgemeinen wie eine Röhre in sich geschlossen.

Flattern (Lfz: Bug- oder Spornrad)
Schwingung eines schwenkbaren Rades um die Schwenkachse, hervorgerufen beim Rollen über eine Oberfläche, deren Reibungskoeffizient einen kritischen Wert überschreitet.

3779 Shimmy damper (A/c)
A damper designed for suppressing shimmy.
(BS 185: Sect. 5: No. 5396)
3780 Shipplane (A/c)
A heavier-than-air aircraft specially adapted for taking-off and alighting on a ship's deck.
(BS 185: Part 1: No. 5107)
3781 Shock absorber (A/c)
The energy-absorbing member of the undercarriage
(BS 185: Part 1: No. 5371)
3782 Shock cord (Flt OPS)
A strong, many-stranded rubber cord encased in a braided fabric sheath, used, e. g. as a shock absorber in certain light planes or as a launching device for gliders.
(NASA S.1029)
3783 Shock wave (Aerodyn)
A narrow region, crossing the streamlines, through which there occur abrupt increases in pressure, density and temperature, and an abrupt decrease in velocity. Accompanied by an increase of entropy. The normal component of velocity relative to the shock wave is supersonic upstream and subsonic downstream.
(BS 185: Sect. 4: No. 4476)

3784 Shoe (Miss),
cf./vgl. **Launching shoe**, S.-No./lfd. Nr. 2397
3785 Shoreline (Aero)
A line following the general contour of the shore, except that in cases of inlets or bays less than thirty nautical miles in width, the line shall pass directly across the inlet or bay to intersect the general contour on the opposite side.
(ICAO, Doc, 4444–RAC/501/8)
3786 Short distance navigational aid
An equipment or system which provides navigation assistance to a range not exceeding 200 nautical miles.
(AAP-6)
3787 Shoulder (GS)
An area adjacent to the edge of a paved surface so prepared as to provide a transition between the pavement and the adjacent surface for aircraft running off the pavement.
(ICAO, Annex 14, 4th Ed.)
3788 Showers (Met)
Precipitation of short duration, falling only from convection clouds.
(BS 185: Sect. 15: No. 15 315)
3789 Shroud line (Para),
cf./vgl. **Rigging line**, S.-No./lfd. Nr. 3563
3790 Shroud ring, turbine ~,
cf./vgl. S.-No./lfd. Nr. 4488
3791 Shroud, turbine static ~,
cf./vgl. S.-No./lfd. Nr. 4490
3792 Shrouded balance (A/c)
A balance with control area forward of the hinge and operating within a space bounded by shrouds which form part of the aerofoil contour.
(BS 185: Sect. 5: No. 5313)
3793 Shuttle valve (Hydr)
A valve permitting fluid from one of two pipes to enter or to leave a component, at the same time isolating the other pipe, depending on which is under pressure, the change from one pipe to the other being automatic.
(BS 185: Sect. 10: No. 10 117)

Flatterdämpfer (Lfz)
Dämpfer zum Unterdrücken des Flatterns (eines Bug- oder Spornrads).
Bordflugzeug (Lfz)
Luftfahrzeug schwerer als Luft, das zum Starten und Landen auf dem Deck eines Schiffes besonders geeignet ist.
Stoßdämpfer (Lfz)
Energie aufnehmender Bauteil des Fahrgestells.

Gummiseil; Startseil (Flbetr)
Starkes, vieladriges Gummiseil mit einer geflochtenen Textilummantelung, das z. B. als Stoßdämpfer bei bestimmten Leichtflugzeugen oder als Startseil für Segelflugzeuge Verwendung findet.
Verdichtungsstoß; Stoßwelle (Aerodyn)
Schmales Band quer zu den Stromlinien, innerhalb dessen abrupte Erhöhungen von Druck, Dichte und Temperatur sowie eine abrupte Verringerung der Strömungsgeschwindigkeit in Verbindung mit einem Entropiezuwachs auftreten. Die Normalkomponente der Strömungsgeschwindigkeit verläuft in bezug auf den Verdichtungsstoß in Anströmrichtung im Überschallbereich, in Abströmrichtung im Unterschallbereich.

Küstenlinie (Aero)
Eine Linie, die dem allgemeinen Küstenverlauf folgt, außer daß in Fällen von Buchten oder Meerbusen mit weniger als dreißig Seemeilen Breite die Linie die Bucht oder den Meerbusen geradlinig kreuzen soll, so daß sie den allgemeinen Küstenverlauf auf der gegenüberliegenden Seite schneidet.
Kurzstrecken-Navigationshilfe
Gerät oder System, das Navigationshilfe bis zu einer Entfernung von nicht mehr als 200 nautischen Meilen (= etwa 360 km) leistet.

Schulter (Bod)
Eine an den Rand einer befestigten Oberfläche angrenzende Fläche, die so hergerichtet ist, daß sie für Luftfahrzeuge, die vom Belag abkommen, einen Übergang zwischen dem Belag und der angrenzenden Oberfläche bildet.
Schauer (Met)
Niederschlag von kurzer Dauer, der lediglich aus Haufenwolken fällt.

Abgeschirmter Nasenausgleich (Lfz)
Ruderausgleich, bei dem ein Teil der Steuerfläche vor der Drehachse liegt und in einem von Abschirmungen begrenzten Raum arbeitet. Die Abschirmungen bilden einen Teil des Profilumrißes.
Pendelventil (Hydr)
Ein Ventil, das selbsttätig eine von zwei Leitungen zu bzw. von einem hydraulisch betätigten Bauteil öffnet und Flüssigkeit ein- oder ausströmen läßt, wobei es gleichzeitig die andere Leitung abschließt, je nachdem, welche Leitung unter Druck steht; das Umschalten von einer auf die andere Leitung erfolgt automatisch.

3794 **Sickness, air** ~,
cf./vgl. S.-No./lfd. Nr. 243
3795 **Sickness, altitude** ~,
cf./vgl. S.-No./lfd. Nr. 243
3796 **Sickness, decompression** ~,
cf./vgl. S.-No./lfd. Nr. 1254
3797 **Side-by-side assembly (Eng)**
An assembly of connecting rods in which a
number of similar plain connecting rods are
arranged successively side-by-side with narrow big-ends usually carrying roller bearings.
(BS 185: Sect. 8: No. 8331)

Nebeneinandergelagerte Pleuel (Flmot)
Eine Anordnung von flach ausgebildeten Pleuelstangen, deren Köpfe schmal ausgebildet
und dicht nebeneinander auf einer gemeinsamen Kurbel gelagert sind und meist auf Rol-
lenlagern laufen.

3798 **Side force (Aerodyn)**
The component of the total aerodynamic
force in the direction of the lateral axis.
(BS 185: Sect. 4: No. 4145)

Seitenkraft (Aerodyn)
Komponente der aerodynamischen Gesamtkraft in Richtung der Querachse.

3799 **Side-force meter (Instr)**
An instrument for measuring changes in the
external side force acting upon it, excluding
gravity. If suitably positioned it will give an
approximate measurement of the sideslip.
(BS 185: Sect. 5: No. 5533)

Schiebekraftmesser (Instr)
Instrument zur Messung von Änderungen der
auf dieses von außen einwirkenden Schiebe-
kraft, wobei die Schwerkraft ausgeschlossen
ist. Bei geeigneter Anbringung gestattet es
eine ungefähre Messung des Schiebeflugs.

3800 **Sideslip, angel of** ~,
cf./vgl. S.-No./lfd. Nr. 362
3801 **Sideslip display (Instr)**
An instrument which displays variations in
sideslip.
(BS 185: Sect. 5: No. 5534)

Schiebeflug anzeiger (Instr)
Instrument zur Anzeige von Änderungen im
Schiebeflug.

3802 **Sideslip indicator (Instr),**
cf./vgl. **Sideslip display,** S.-No./lfd. Nr. 3801
3803 **Sideslip meter (Instr)**
An instrument for measuring the angle of
sideslip.
(BS 185: Sect. 5: No. 5535)

Schiebewinkelanzeiger (Instr)
Instrument zur Messung des Schiebewinkels.

3804 **Sideslip, rate of** ~,
cf./vgl. S.-No./lfd. Nr. 3434
3805 **Sideslipping (Flt OPS)**
Motion of an aircraft relative to the air such
that the mean air flow has component along
the lateral axis.
(BS 185: Sect. 2: No. 2126)

Schiebeflug; Slippen (Flbetr)
Bewegung eines Luftfahrzeuges, wobei die
mittlere Luftströmung eine Komponente entlang der Querachse hat.

3806 **Sideslipping (Para)**
Changing the direction of descent by pulling
the rigging lines on one side to increase the
spilling locally.
(BS 185: Sect. 12: No. 12 183)

Slippen (Fallsch)
Die Änderung der Fallrichtung durch einseiti-
ges Ziehen an den Fangleinen, so daß der
Luftabfluß an einer Seite der Fallschirmkappe
vermehrt wird.

3807 **Side-tracking skate (GS)**
A device to facilitate moving an aircraft side-
ways on the ground.
(BS 185: Part 3: No. 13 318)

Verschiebeschlitten (Bod)
Vorrichtung zur seitlichen Bewegung von
Luftfahrzeugen auf dem Boden.

3808 **Sidereal (Nav)**
Pertaining to the stars.
(BS 185: Sect. 11: No. 11 215)

Siderisch (Nav)
Auf Sterne bezogen.

3809 **Siderial time, local** ~,
cf./vgl. S.-No./lfd. Nr. 2529
3810 **Sight, drift** ~,
cf./vgl. S.-No./lfd. Nr. 1386
3811 **Sight-line gyro (Miss)**
A stabilizing gyroscope attached to a missile
aerial to ensure that the aerial remains
locked on to the target.
(BS 185: Sect. 6: No. 6516)

Visierkreisel (FK)
Stabilisierungskreisel an einer Flugkörperan-
tenne, der sicherstellt, daß die Antenne auf das
Ziel aufgeschaltet bleibt.

3812 **SIGMET information (Met)**
Information prepared by a meteorological
watch office regarding the occurence or ex-
pected occurence of one or more of the fol-
lowing phenomena:
– Active thunderstorm area
– Tropical revolving storm
– Severe line squall
– Heavy hail
– Severe turbulence

SIGMET-Meldung (Met)
Meldungen über das Auftreten oder das vor-
aussichtliche Auftreten einer oder mehrerer
der folgenden Wettererscheinungen in einem
Gebiet, über dem Flugwetterüberwachung
durchgeführt wird:
– Aktiver Gewitterherd
– tropischer Wirbelsturm
– ausgeprägte Linienbö
– starker Hagel

- Severe icing
- Marked mountain waves
- Widespread sandstorm/duststorm.
(ICAO, Annex 3, 6th Annex 11, 5th Ed.)
3813 Signal (TEL)
1. As applied to electronics, any transmitted electrical impulse.
2. Operationally, a type of message, the text of which consists of one or more letters, words, characters, signal flags, visual displays or special sounds, with prearranged meaning and which is conveyed or transmitted by visual, accustical or electrical means.
(AAP–6)
3814 Signal area (GS)
An area on an aerodrome used for the display of ground signals.
(ICAO, Annex 2, 5th Ed., Annex 14, 4th Ed.)
3815 Signal area (GS)
A selected part of an aerodrome used for the display of ground signals to aircraft.
(BS 185: Sect. 13: No. 13 318)
3816 Significant turn (Flt OPS)
A turn, the change of direction of which is sufficiently large for explicit account of the reduction of gradient of climb (as compared with that in straight flight) to be taken operationally.
(ICAO, Annex 8, 5th Ed.)
3817 Silence, cone of ~,
cf./vgl. S.-No./lfd. Nr. 1037
3818 Silencer, jet ~,
cf./vgl. S.-No./lfd. Nr. 2312
3819 Simplex (TEL)
A method in which telecommunication between two stations takes place in one direction at a time.
Note. – In application to the Aeronautical Mobile Service this method may be subdivided as follows:
a) **single channel simplex;**
b) **double channel simplex;**
c) **offset frequency simplex.**
(ICAO, Annex 10, Volume I, 1st Ed.)
3820 Simplex burner (Turbo)
A burner with a single fuel entry and a single exit orifice.
(BS 185: Sect. 8: No. 8436)
3821 Simplex, double channel ~,
cf./vgl. S.-No./lfd. Nr. 1364
3822 Simplex, offset frequency ~,
cf./vgl. S.-No./lfd. Nr. 2881
3823 Simplex, single channel ~,
cf./vgl. S.-No./lfd. Nr. 3826
3824 Simulated altitude (Med)
A set of air conditions maintained within a chamber which duplicates certain of the conditions, commonly pressure and temperature, that usually occur at some given altitude.
(NASA S. 1040)
3825 Simulator (Aero)
A device, such as a Link trainer, an electronic apparatus, etc., that simulates flight or some other condition in one way or another, used e. g. in exercises or problem solving.
(NASA S. 1042)

3826 Single channel simplex (TEL)
Simplex using the same frequency channel in each direction.
(ICAO, Annex 10, Volume I, 1st Ed.)

- starke Turbulenz
- starke Vereisung
- starker Wind über Gebirgsgegenden
- verbreitete Sandstürme/Staubstürme.
Signal; Zeichen (Fernm)
1. In der Elektronik: jeder ausgestrahlte elektrische Impuls.
2. Im Fernmeldebetrieb: eine Spruchart, deren Text aus einem oder mehreren Buchstaben, Wörtern, Zeichen, Signalflaggen, optischen Zeichen oder bestimmten Geräuschen mit vorher vereinbarter Bedeutung besteht und die mit optischen, akustischen oder elektrischen Mitteln übermittelt oder ausgesendet werden.
Signalfeld; Signalplatz (Bod)
Ein Feld zum Auslegen von Bodensignalen auf einem Flugplatz.

Signalfeld (Bod)
Bestimmter Teil eines Flugplatzes zum Auslegen von Bodensignalen für Luftfahrzeuge.

Minderungskurve (Flbetr)
Eine Richtungsänderung, deren Auswirkung so groß ist, daß im Betrieb der Verminderung des Steigwinkels (verglichen mit jenem im Geradeausflug) ausdrücklich Rechnung zu tragen ist.

Simplexbetrieb (Fernm)
Ein Verfahren, bei dem der Verkehr zwischen zwei Fernmeldestellen jeweils nur in einer Richtung stattfindet.
Anmerkung: Bei der Anwendung im beweglichen Flugfunkdienst kann zwischen folgenden Verfahren unterschieden werden:
a) **Einkanal-Simplexbetrieb;**
b) **Zweikanal-Simplexbetrieb;**
c) **frequenzabgesetzter Simplexbetrieb.**

Simplexbrenner (Turbo)
Ein Brenner mit einem einzigen Wirbelsystem und einer einzigen Austrittsöffnung.

Kammerhöhe; simulierte Druckhöhe (Flmed)
Simulierte Merkmale des Luftzustandes in einer Höhenkammer, im allgemeinen Luftdruck und Temperatur betreffend, wie sie normalerweise in einer gegebenen Höhe vorherrschen.

Flugsimulator (Aero)
Gerät, wie z. B. ein Link-Trainer, eine elektronische Apparatur usw., das auf unterschiedliche Weise einen Flug oder andere Bedingungen simuliert und beispielsweise zum Üben oder zum Lösen von Aufgaben Verwendung findet.

Einkanal-Simplexbetrieb (Fernm)
Simplexbetrieb, bei dem in beiden Richtungen der gleiche Frequenzkanal benutzt wird.

3827 **Single-entry compressor** (Turbo)
An compressor in which the air is admitted to one side only of the impeller, or at one end of the rotating member.
(BS 185: Sect. 8: No. 8421)

Einflutiger Verdichter (Turbo)
Ein Verdichter, bei dem die Luft nur auf einer Seite des Laderlaufrads oder des Läufers eintritt.

3828 **Single-stage compressor** (Turbo)
A compressor having one stage of compression.
(BS 185: Part 2: No. 8415)

Einstufiger Verdichter (Turbo)
Ein Verdichter, der eine Verdichtungsstufe enthält.

3829 **Single-stage turbine**
A turbine having one set of stator blades followed by a set of rotor blades.
(NASA S. 1045)

Einstufen-Turbine
Turbine mit einem Satz von Leitschaufeln, nach denen ein Satz von Rotorschaufeln folgt.

3830 **Six-component balance** (Aerodyn)
A wind tunnel balance for measuring a complete system of forces and moments about three axes.
(BS 185: Sect. 4: No. 4648)

Sechs-Komponentenwaage (Aerodyn)
Wägeeinrichtung im Windkanal zum Messen der Kräfte und Momente um drei Achsen.

3831 **Skate, side-tracking ~,**
cf./vgl. S.-No./lfd. Nr. 3807

3832 **Ski landing gear** (A/c)
A landing gear incorporating skis.
(BS 185: Sect. 5: No. 5390)

Schneekufenfahrwerk (Lfz)
Fahrwerk mit Kufen.

3833 **Skid,** cf./vgl. **Runner,** S.-No./lfd. Nr. 3652

3834 **Skid, tail ~,**
cf./vgl. S.-No./lfd. Nr. 4234

3835 **Skin** (A/c)
Sheet covering a framework of stiffeners or forming the outer members of a sandwich.
(BS 185: Sect. 3: No. 3221)

Haut; Bespannung (Lfz)
Beplankung eines Rahmenwerks oder äußere Schicht einer Sandwich-Konstruktion.

3836 **Skin friction** (Aerodyn)
The friction of a fluid against the skin of an aircraft or other body.
(NASA S.1049)

Oberflächenreibung (Aero)
Reibung einer Strömung an der Haut bzw. Bespannung eines Luftfahrzeugs oder anderen Körpers.

3837 **Skirt** (Para)
The lower portion of the canopy.
(BS 185: Sect. 12: No. 12 184)

Glocke (Fallsch)
Der untere Teil der Fallschirmkappe.

3838 **Slant range** (Miss)
The straight line distance from a specified point to the target.
(BS 185: Sect. 6: No. 6607)

Schrägentfernung (FK)
Geradlinige Strecke von einem festgelegten Punkt zum Ziel.

3839 **Slant range** (Aero)
The direct distance between two points not at the same heights, as between a ground observer and an airborne aircraft.
(NASA S.1051)

Schrägentfernung (Aero)
Kürzeste Entfernung zwischen zwei Punkten, die sich nicht in gleicher Höhe befinden, wie z. B. zwischen einem Beobachter am Boden und einem in der Luft befindlichen Luftfahrzeug.

3840 **Slat** (A/c)
The forward portion of a slotted aerofoil with forwardly located slot.
(BS 185: Sect. 5: No. 5203)

Vorflügel (Lfz)
Vorderteil eines Spaltflügels mit vorn liegendem Schlitz.

3841 **Sleet** (Met)
Precipitation of rain and snow together or of partially melted snow.
(BS 185: Sect. 15: No. 15 316)

Schneeregen; körniger Eisregen (Met)
Niederschlag von Regen und Schnee zusammen oder von halbgeschmolzenem Schnee.

3842 **Sleeve** (Para)
A fabric container for a parachute, often used in a parachute pack.
(BS 185: Sect. 12: No. 12 185)

Packschlauch (Fallsch)
Stoffhülle für einen Fallschirm, die oft in einem Fallschirm-Verpackungssack Verwendung findet.

3843 **Sleeve, wind ~,**
cf./vgl. S.-No./lfd. Nr. 4740

3844 **Slide, tail ~,**
cf./vgl. S.-No./lfd. Nr. 4235

3845 **Slinger ring** (Prop)
A device at the hub of a propeller from which de-icing or anti-icing fluid is thrown out along the blades by centrifugal force.
(NASA S.1053)

Luftschrauben-Enteisungsring (Prop)
Vorrichtung an der Luftschraubennabe, aus der Enteisungsflüssigkeit durch die Zentrifugalkraft auf die Luftschraubenblätter geschleudert wird.

3846 **Slip tank** (A/c),
cf./vgl. **Drop tank,** S.-No./lfd. Nr. 1394

3847 **Slipper-type assembly** (Eng)
An assembly of connecting rods in which each rod has a slipper, held in place by

Pleuelanordnung mit Gleitfäden (Flmot)
Eine Pleuelstangenanordnung, bei der die einzelnen Pleuel in einer Gleitfläche enden, die

flanges, riding on the outer surface of the big-end bearing, or in an annular groove.
(BS 185: Sect. 8: No. 8332)

zwischen Flanschen läuft, welche entweder außen am Lager des Hauptpleuels oder in einer Ringnute gelagert sind.

3848 Slipstream (Prop)
The stream of air discharged aft by a rotating propeller.
(BS 185: Sect. 9: No. 9142)

Luftschraubenstrahl (Prop)
Der Luftstrahl, der von dem laufenden Propeller nach hinten induziert wird.

3849 Slope of the lift curve (Aerodyn)
The slope of the curve of the wing lift coefficient against the angle of attack, expressed as increment of the lift coefficient per radian.
(ICAO, Annex 8, 5th Ed.)

Neigung der Auftriebskurve (Aerodyn)
Die Neigung der Kurve des Flügel-Auftriebsbeiwertes über dem Anstellwinkel ausgedrückt als Zunahme des Auftriebsbeiwertes je Einheit im Bogenmaß.

3950 Slot aerial (TEL)
A slot in the metal surface of an aircraft which acts as a radiating element. If the slot is backed by a cavity of specific size, the cavity acts as a reflector and the radiation from the slot is beamed.
(BS 185: Sect. 14: No. 14 406)

Schlitzantenne (Fernm)
Schlitz in der Metalloberfläche eines Flugzeugs, der als Antene wirkt. Wenn hinter diesem Schlitz eine Vertiefung von bestimmter Größe angebracht ist, wirkt diese als Reflektor, und die Ausstrahlung aus dem Schlitz ist gerichtet.

3851 Slot, suction ~,
cf./vgl. S.-No./lfd. Nr. 4120

3852 Slotted aerofoil (A/c)
An aerofoil having one or more air passages (or slots) connecting its two surfaces to modify the normal force.
(BS 185: Sect. 5: No. 5202)

Spaltflügel (Lfz)
Tragflügel, in dem eine oder mehrere Luftdurchtrittsöffnungen (oder Schlitze) zwischen seiner Ober- und Unterseite zur Beeinflussung der Auftriebskräfte angebracht sind.

3853 Slotted aileron (A/c)
An aileron whose leading edge is so shaped that the slot between it and the wing improves the flow over its upper surface when the aileron is deflected downwards.
(BS 185: Sect. 5: No. 5305)

Spaltquerruder (Lfz)
Querruder, dessen Vorderkante so geformt ist, daß durch den Spalt zwischen ihm und der Tragfläche beim Ruderausschlag nach unten die Strömung an seiner Oberseite verbessert wird.

3854 Slotted flap (A/c)
A flap whose leading edge is so shaped that the slot, or slots, between it and the wing improves the flow over its upper surface when the flap is deflected downwards.
(BS 185: Sect. 5: No. 5332)

Spaltklappe (Lfz)
Klappe, deren Vorderkante so geformt ist, daß der Spalt bzw. die Spalten zwischen ihr und der Tragfläche in nach unten ausgeschlagenem Zustand der Klappe die Strömung über ihrer Oberseite verbessern.

3855 Slow roll (Flt OPS)
A roll performed largely by movement of the ailerons, the rudder and elevators being used for trimming purposes, and the flight path remaining substantially straight throughout. Also called an "aileron roll".
(NASA S.1060)

Gesteuerte, langsame Rolle (Flbetr)
Eine vorwiegend durch Querruderbetätigung geflogene Rolle, bei der Seiten- und Höhenruder der Trimmung dienen und der gesamte Flugweg im wesentlichen geradlinig verläuft. Im Englischen auch als "aileron roll" (= Querruderrolle) bezeichnet.

3856 Slow-running cut-off (Eng)
A device for cutting off the supply of metered fuel.
(BS 185: Sect. 8: No. 8358)

Kraftstoff-Zufuhrunterbrecher (Flmot)
Eine Vorrichtung zum Unterbrechen der Förderung von zugemessenem Kraftstoff.

3857 Small-end (Eng)
The piston end of a connecting rod.
(BS 185: Part 2: No. 8331)

Kolbenbolzenende (Flmot)
Das Ende einer Pleuelstange, an dem sich der Kolben befindet.

3858 Snaking (Stab)
An uncontrolled oscillation in yaw, the amplitude of which remains approximately constant.
(BS 185: Sect. 2: No. 2127)

Snaking (Stab)
Ungesteuerte Gierschwingung, deren Amplitude ungefähr konstant bleibt.

3859 Snaking (Stab)
A weaving of an aircraft, missile, etc. from side to side; technically, a persistent directional oscillation of constant amplitude.
(NASA S.1062)

Seiteninstabilität; Snaking (Stab)
Pendelbewegung eines Luftfahrzeugs, Flugkörpers usw. von Seite zu Seite; technisch handelt es sich um eine andauernde Schwingung um die Längsachse mit konstanter Amplitude.

3860 Snap roll (Flt OPS)
A roll in which the airplane is first brought sharply nose-up, then rolled by a quick application of the rudder in the desired direction of roll. This roll is essentially a spin executed in horizontal flight.
(NASA S.1063)

Gerissene Rolle (Flbetr)
Rolle, bei der das Flugzeug zunächst scharf angezogen und dann mit dem Seitenruder schnell in die gewünschte Richtung gerollt wird. Diese Rolle entspricht im wesentlichen einer im Horizontalflug ausgeführten Trudelbewegung.

3861 Snow (Met)
Precipitation in the form of feathery ice crys-

Schnee (Met)
Niederschlag in Form von flockigen Eiskristal-

tals.
(BS 185: Sect. 15: No. 15 317)

3862 Snow pellets (Met)
Small, white, opaque, soft pellets of hail.
(BS 185: Sect. 15: No. 15 318)

3863 Soar (Flt OPS)
To fly along without engine power, especially in a sailplane, maintaining or gaining altitude from ascending air currents.
(NASA S.1065)

3864 Sock (Para),
cf./vgl. **Sleeve,** S.-No./lfd. Nr. 3842

3865 Sock, wind ~,
cf./vgl. S.-No./lfd. Nr. 4741

3866 Soft hall (Met),
cf./vgl. **Snow pellets,** S.-No./lfd. Nr. 3862

3867 Solenoid refuelling valve (A/c)
A refuelling valve the opening and closing of which is controlled by integral electromagnets.
(BS 185: Sect. 10: No. 10 412)

3868 Solid propellant (Miss)
A rocket propellant in solid form, usually such a propellant containing both fuel and oxidizer combined or mixed in a solid (not powdered nor granulated) form.
(NASA S.1067)

3869 Solidity (Rotor)
The ratio of the total blade area of a rotor to the disk area.
(BS 185: Sect. 5: No. 5743)

3870 Solidity (Prop)
1. The ratio of the total blade area to the disk area.
2. The ratio of the sum of the chord lenghts of the blades at the standard radius to the circumference of a circle of that radius.
(BS 185: Sect. 9: No. 9143)

3871 Solo flight time (Aero)
Flight time during which a pilot is the sole occupant of an aircraft.
(ICAO, Annex 1, 5th Ed.)

3872 Sonde, balloon ~,
cf./vgl. S.-No./lfd. Nr. 3499

3873 Sonde, radio ~,
cf./vgl. S.-No./lfd. Nr. 3404

3874 Sonic altimeter (Instr)
An experimental form of altimeter that measures absolute altitude by means of the elapsed time interval between the transmission of a distinctive sound from an aircraft and the return of its echo from the surface.
(NASA S.1069)

3875 Sonic barrier (Aerodyn)
A popular term for the large increase in drag that acts upon an aircraft approaching the speed of sound. Also called the "sound barrier".
(NASA S.1070)

3876 Sonic boom (Aerodyn)
A noise caused by a shock wave emenating from an aircraft or other object traveling at or above the speed of sound. A shock wave is a pressure disturbance and is received as a noise or clap by the ear.
(NASA S.1071)

3877 Sonic speed (Aerodyn)
The local speed of sound.
(BS 185: Sect. 4: No. 4478)

3878 Sonic speed (Aerodyn)
The speed of sound. Sound travels at differ-

len.

Graupel; Reifgraupel (Met)
Kleine, weißliche, nicht durchsichtige, weiche Hagelkörner.

Segeln (Flbetr)
Fliegen ohne Motorkraft, insbesondere mit einem Segelflugzeug, mit dem unter Nutzung aufsteigender Luftströmungen die Höhe gehalten bzw. Höhe gewonnen wird.

Betankungs-Magnetventil (Lfz)
Betankungsventil, dessen Öffnen und Schließen durch eingebaute Elektromagnete bewirkt wird.

Festtreibstoff; Feststoff (FK)
Raketentreibstoff in fester Form, der normalerweise sowohl Brennstoff wie Oxidant in fester Form kombiniert oder gemischt enthält (jedoch weder in Pulverform noch granuliert).

Völligkeit (Drehfl)
Verhältnis der Summe der Fläche der Blätter eines Rotors zu der Rotorkreisfläche.

Völligkeit; Ausfüllungsgrad (Prop)
1. Das Verhältnis der Summe der Flächen der Blätter einer Luftschraube zu deren Spitzenkreisfläche.
2. Das Verhältnis der Summe der auf dem Bezugsradius gemessenen Blattiefen einer Luftschraube zu dem Umfang des Bezugsradius.

Alleinflugzeit (Aero)
Flugzeit, während der ein Luftfahrzeugführer alleiniger Insasse eines Luftfahrzeuges ist.

Echolot; Behm-Lot; Schallhöhenmesser (Instr)
Versuchsmuster eines Höhenmessers, der die absolute Höhe durch Zeitmessung zwischen Abgabe eines bestimmten Schallsignals von einem Luftfahrzeug und dem Eintreffen seines Echos von der Oberfläche ermittelt.

Schallmauer (Aerodyn)
Populäre Bezeichnung für das starke Anwachsen des Widerstandes, dem ein Luftfahrzeug bei Annäherung an die Schallgeschwindigkeit ausgesetzt ist. Im Englischen auch als "sound barrier" bezeichnet.

Überschallknall (Aerodyn)
Durch eine Schockwelle verursachter Lärm, der von einem Luftfahrzeug oder anderen Gegenstand ausgeht, der sich mit Schallgeschwindigkeit oder schneller fortbewegt. Eine Schockwelle ist eine Druckstörung, die vom menschlichen Ohr als Lärm oder Knall empfunden wird.

(Örtliche) Schallgeschwindigkeit (Aerodyn)
Die Schallgeschwindigkeit am Ort.

Schallgeschwindigkeit (Aerodyn)
Die Geschwindigkeit des Schalls. Der Schall

ent speeds through different mediums and at different speeds through any given medium under different conditions of temperature etc. In standard atmosphere at sea level sonic speed is approximately 1100 fps, or 750 mph. (NASA S.1072)

pflanzt sich durch verschiedenartige Medien mit unterschiedlichen Geschwindigkeiten fort und bei jedem gegebenen Medium mit unterschiedlicher Geschwindigkeit in Abhängigkeit von den unterschiedlichen Temperaturverhältnissen usw. In der Normatmosphäre in Normal Null beträgt die Schallgeschwindigkeit etwa 1100 fps (Fuß/Sekunde = ca. 335 m/sec) oder 750 mph (Meilen/Stunde = ca. 1206 km/h).

3879 Sound barrier,
cf./vgl. **Sonic barrier**, S.-No./lfd. Nr.3875

3880 Sound meter (Instr)
cf./vgl. **Noise meter**, S.-No./lfd. Nr. 2821

3881 Sound-meter, objective ~,
cf./vgl. S.-No./lfd. Nr. 2865

3882 Sound-meter, subjective ~,
cf./vgl. S.-No./lfd. Nr. 4114

3883 Sounding balloon (Met)
A balloon, free or captive, carrying equipment for the measurement of meteorological or other (e. g. cosmic radiation) quantities in the atmosphere.
(BS 185: Sect. 15: No. 15 709)

Registrierballon; Sondenballon (Met)
Ein Frei- oder Fesselballon, der Meßgerät für meteorologische oder andere Werte (z. B. kosmische Strahlung) trägt.

3884 Sounding rocket (Miss)
An unmanned rocket-propelled vehicle for making observations in the upper atmosphere.
(BS 185: Sect. 6: No. 6105)

Raketensonde (FK)
Unbemanntes, raketengetriebenes Fahrzeug zur Durchführung von Beobachtungen in der oberen Atmosphäre.

3885 Span (A/c)
a) Of an aeroplane: the distance between the wingtips.
b) of an aerofoil: the length along a specified line measure normal to the mean air flow.
(BS 185: Sect. 5: No. 5234)

Spannweite (Lfz)
a) Eines Flugzeugs: Abstand zwischen den Tragflächenspitzen.
b) Eines Tragflügels: Länge, die entlang einer festgelegten, senkrecht zur mittleren Strömungsrichtung verlaufenden Linie gemessen wird.

3886 Span loading (Struct)
The gross weight of an aeroplane or glider divided by the square of the span.
(BS 185: Sect. 5: No. 5604)

Spannweitenbelastung (Konstr)
Gesamtmasse eines Flugzeugs oder Gleiters dividiert durch das Quadrat der Spannweite.

3887 Spar (A/c)
A principal spanwise structural member of an aerofoil or control surface.
(BS 185: Sect. 3: No. 3222)

Holm (Lfz)
Hauptbauteil eines Tragflügels oder Leitwerks in Richtung der Spannweite.

3888 Spar frame (A/c)
A specially strong frame in the plane of any spar.
(BS 185: Sect. 3: No. 3207)

Holmrahmen (Lfz)
Besonders fester Rahmen in der Ebene eines beliebigen Holms.

3889 Spare parts (A/c)
Articles of a repair or replacement nature for incorporation in aircraft, including engines and propellers.
(ICAO, Annex 9, 5th Ed.)

Ersatzteile (Lfz)
Für Instandsetzung oder Austausch bestimmte Gegenstände zum Einbau in ein Luftfahrzeug – einschließlich Motoren und Propeller.

3890 Spark gap, isolatind ~,
cf./vgl. S.-No./lfd. Nr. 2303

3891 Spat (A/c)
A teardrop-shaped fairing around the wheel of a fixed landing gear on certain airplanes.
(NASA S.1076)

Radverkleidung (Lfz)
Tropfenförmige Verkleidung des Laufrades eines Festfahrwerks bestimmter Flugzeugmuster.

3892 Spatial orientation (Med)
The awareness of one's attitude in space.
(BS 185: Sect. 17: No. 17 141)

Räumliche Orientierung (Flmed)
Die Wahrnehmung der eigenen Lage im Raum.

3893 Special VFR flight (ATC)
A VFR flight authorized by air traffic control to operate within a control zone under meteorological conditions below the visual meteorological conditions.
(ICAO, Doc 4444–RAC/501/8)

Sonder-VFR-Flug (FS)
Ein von der Flugverkehrskontrolle genehmigter VFR-Flug in einer Kontrollzone bei Wetterverhältnissen, die unter den Sichtwetterbedingungen liegen.

3894 Special VFR flight (ATC)
A flight carried out within a control zone, subject to prior clearance by air-traffic control but not subject ot full IFR.
(BS 185: Sect. 13: No. 13 253)

Sonder-VFR-Flug (FS)
Ein innerhalb einer Kontrollzone ausgeführter Flug, der der vorherigen Freigabe durch die Flugverkehrskontrolle, aber nicht den vollen Instrumentenflugregeln unterliegt.

3895 Specific consumption (Eng, Turbo)
1. Of engines driving propellers: the quantity of fuel or oil consumed per horsepower per hour.
2. Of jet reaction engines: the weight of the propellant or fuel consumed per pound of thrust per hour.
(BS 185: Sect. 8: No 8205)

Spezifischer Verbrauch (Flmot, Turbo)
1. Bei Triebwerken mit Propellerantrieb: die je PS in der Stunde verbrauchte Kraftstoff- oder Ölmenge.
2. Bei Strahltriebwerken: das je Schubeinheit in der Stunde verbrauchte Gewicht von Treib- oder Kraftstoff.

3896 Speed, air ~,
cf./vgl. S.-No./lfd. Nr. 246, 247

3897 Speed brake (A/c)
An air brake in the form of a flap or plate. Also called a "drag brake".
(NASA S.1080)

Sturzflugbremse; Luftbremse (Lfz)
Luftbremse in Form einer Klappe oder Platte. Im Englischen auch als "drag brake" (= Widerstandsbremse) bezeichnet.

3898 Speed, approach ~,
cf./vgl. S.-No./lfd. Nr. 427

3899 Speed course (A/c)
A selected course of known length, used for obtaining the ground speed of an aircraft.
(BS 185: Part 1: No. 4329)

Meßstrecke (Lfz)
Ausgewählte Strecke von bekannter Länge zur Messung der Grundgeschwindigkeit eines Luftfahrzeuges.

3900 Speed, critical closing ~,
cf./vgl. S.-No./lfd. Nr. 1192

3901 Speed, critical opening ~,
cf./vgl. S.-No./lfd. Nr. 1194

3902 Speed, divergence ~,
cf./vgl. S.-No./lfd. Nr. 1358

3903 Speed, end ~,
cf./vgl. S.-No./lfd. Nr. 1469

3904 Speed, engaging ~,
cf./vgl. S.-No./lfd. Nr. 1472

3905 Speed, engine ~,
cf./vgl. S.-No./lfd. Nr. 1508

3906 Speed, equivalent air ~,
cf./vgl. S.-No./lfd. Nr. 1527, 1528

3907 Speed, flutter ~,
cf./vgl. S.-No./lfd. Nr. 1741

3908 Speed, geostrophic wind ~,
cf./vgl. S.-No./lfd. Nr. 1865

3909 Speed, gradient wind ~,
cf./vgl. S.-No./lfd. Nr. 1898

3910 Speed, ground ~,
cf./vgl. S.-No./lfd. Nr. 1927

3911 Speed, hump ~,
cf./vgl. S.-No./lfd. Nr. 2092

3912 Speed, hypersonic ~,
cf./vgl. S.-No./lfd. Nr. 2108

3913 Speed, indicated air ~,
cf./vgl. S.-No./lfd. Nr. 2155, 2156

3914 Speed, indicated stalling ~,
cf./vgl. S.-No./lfd. Nr. 2158

3915 Speed, landing ~,
cf./vgl. S.-No./lfd. Nr. 2366

3916 Speed, maximum flying ~,
cf./vgl. S.-No./lfd. Nr. 2659

3917 Speed, minimum flying ~,
cf./vgl. S.-No./lfd. Nr. 2719

3918 Speed range, transonic ~,
cf./vgl. S.-No./lfd. Nr. 4443

3919 Speed, rectified air ~,
cf./vgl. S.-No./lfd. Nr. 3471

3920 Speed, reversal ~,
cf./vgl. S.-No./lfd. Nr. 3540

3921 Speed, safety ~,
cf./vgl. S.-No./lfd. Nr. 3671

3922 Speed, sonic ~,
cf./vgl. S.-No./lfd. Nr. 3877, 3878

3923 Speed, stalling ~,
cf./vgl. S.-No./lfd. Nr. 3987

3924 Speed, subsonic ~,
cf./vgl. S.-No./lfd. Nr. 4117

3925 Speed, supersonic ~,
cf./vgl. S.-No./lfd. Nr. 4146

3926 Speed, take-off ~,
cf./vgl. S.-No./lfd. Nr. 4256

3927 **Speed, tip** ~,
cf./vgl. S.-No./lfd. Nr. 4285

3928 **Speed, transonic** ~,
cf./vgl. S.-No./lfd. Nr. 4442

3929 **Speed, true air** ~, **(A/c),**
cf./vgl. S.-No./lfd. Nr. 4463, 4464

3930 **Spill burner (Turbo)**
A burner in which a portion of the entering fuel is recirculated instead of passing into the combustion chamber.
(BS 185: Sect. 8: No. 8437)

Rücklaufbrenner (Turbo)
Ein Brenner, in dem ein Teil des geförderten Kraftstoffes (zur Erzielung eines konstanten Einspritzdrucks) wieder zurückfließen kann, anstatt in die Brennkammer einzuströmen.

3931 **Spill valve (A/c)**
A valve through which excess air in the pressurizing system is discharged to the atmosphere.
(BS 185: Sect. 10: No. 10 312)

Luftablaßventil (Lfz)
Ventil, durch welches überflüssige Luft aus der Druckbelüftungsanlage in die freie Atmosphäre abgelassen wird.

3932 **Spilling (Para)**
The escape of air, with local partial collapse at the periphery of a parachute canopy, caused either by the instability of the parachute or by side-slipping.
(BS 185: Sect. 12: No. 12 186)

Abfließen von Luft (Fallsch)
Abfließen von Luft über einem örtlich zusammengefallenen Teil des Randes einer Fallschirmkappe entweder infolge Instabilität des Schirms oder durch Slippen.

3933 **Spin (Flt OPS)**
A continuous spiral descent in which the mean angle of incidence exceeds the angle of stall.
(BS 185: Sect. 2: No. 2128)

Trudeln (Flbetr)
Andauernder Spiralsinkflug, bei dem der mittlere Anstellwinkel größer als der kritische Anstellwinkel ist.

3934 **Spin, flat** ~,
cf./vgl. S.-No./lfd. Nr. 1668

3935 **Spin, inverted** ~,
cf./vgl. S.-No./lfd. Nr. 2289, 2290

3936 **Spin, oscillatory** ~,
cf./vgl. S.-No./lfd. Nr. 2931

3937 **Spin-stabilized (Miss)**
Of a projectile: Stabilized in flight by a rotating motion about its longitudinal axis.
(NASA S.1082)

Kreiselstabilisiert (FK)
Bei einem Flugkörper: Stabilisierung des Fluges durch eine Drehbewegung um seine Längsachse.

3938 **Spinner (Prop)**
A streamlined fairing, fitted coaxially and rotating with the propeller, enclosing the hub or boss.
(BS 185: Sect. 9: No. 9144)

Propellerhaube
Eine stromlinienförmige Verkleidung der Propellernabe oder Nabenwulst, die koaxial montiert ist und sich mit dem Propeller dreht.

3939 **Spiral divergence (Stab)**
The divergence involving a combination of rolling, yawing and sideslipping, which tends to a spiral descent with increasing rate of turn.
(BS 185: Sect. 4: No. 4207)

Angefachte aperiodische Spiralbewegung (Stab)
Die aus einer Kombination von Rollen, Gieren und Schieben bestehende angefachte aperiodische Bewegung, die leicht in einen Sturzspiralflug mit zunehmender Kurvendrehgeschwindigkeit übergeht.

3940 **Spiral glide (Flt OPS)**
A banked continuous gliding turn.
(BS 185: Sect. 2: No. 2111)

Spiralgleitflug (Flbetr)
Andauernder Kurvenflug im Gleitflugzustand.

3941 **Spiral instability (Stab),**
cf./vgl. **Spiral divergence,** S.-No./lfd. Nr. 3939

3942 **Spiral stability (A/c)**
The property of an airplane to recover of itself from a steeply banked downward spiral, or the property of an airplane not to go into a spiral from a banked turn.
(NASA S.1084)

Spiralstabilität (Flzg)
Eigenschaft eines Flugzeugs, aus einer mit steiler Querlage geflogenen Spirale nach unten von selbst in den Normalflugzustand zurückzukehren, oder die Flugeigenschaft, aus einer Kurve mit Querlage nicht in einen Spiralflug überzugehen.

3943 **Split flap (A/c)**
A flap inset into the lower surface of the aerofoil.
(BS 185: Sect. 5: No. 5333)

Spreizklappe (Lfz)
Landeklappenanordnung in der Unterseite des Tragflügels.

3944 **Split patch (A/c)**
A patch used for reinforcing the ends of fabric attachments, e. g. the leading edge of an air scoop, to the envelope.
(BS 185: Sect. 7: No. 7248)

Verstärkungspflaster (Lfz 1)
Pflaster zur Verstärkung einer Naht, z. B. auf der Hülle an der Vorderkante einer Lufthutze.

3945 **Split S (Flt OPS)**
An airplane performance or maneuver con-

Abschwung (Flbetr)
Flugmanöver, das aus einer halben gerissenen

sisting of half a snap roll or half slow roll followed by an inverted half-loop (usually an inverted inside half-loop) resulting in a reversal of the direction of flight of the airplane. (NASA S.1085)

3946 Spoiler (A/c)
A device which changes the airflow round an aerofoil with the object of modifying the lift. (BS 185: Sect. 5: No. 5352)

3947 Spoiler aileron (A/c)
A movable or retractable spoiler intended for the lateral control of an airplane. (NASA S.1086)

3948 Spoiler, thrust ~,
cf./vgl. S.-No./lfd. Nr. 4356

3949 Sponson (A/c)
A projection from a hull to give lateral stability on the water. (BS 185: Sect. 5: No. 5378)

3950 Spot height (Nav)
A number on a map or chart denoting the elevation of a particular point. (BS 185: Sect. 11: No. 11 310)

3951 Spot landing (Flt OPS)
An airplane landing in which the pilot terminates, or attempts to terminate, the landing run at a particular point or place. (NASA S.1089)

3952 Spring feel system (A/c)
An artificial feel system in which the load required to move a flying control in the absence of air forces is dependent on the displacement from the trimmed condition. (BS 185: Sect. 5: No. 5322)

3953 Spring tab (A/c)
A balance tab the angular movement of which is geared to the compression or extension of a spring embedded in the main control circuit. The primary purpose is to reduce the pilot's effort at high airspeeds. The spring may be preloaded so that the tab does not move until that effort exceeds the preset value. (BS 185: Sect. 5: No. 5360)

3954 Squall (Met)
A strong wind which rises and dies away rapidly, lasting only for a few minutes, frequently associated with a temporary change in wind direction. (BS 185: Sect. 15: No. 15 321)

3955 Squall, line ~,
cf./vgl. S.-No./lfd. Nr. 2493

3956 Square, centre ~,
cf./vgl. S.-No./lfd. Nr. 891

3957 Square parachute
A parachute, the canopy of which when laid out flat, is approximately square. (BS 185: Sect. 12: No. 12 159)

3958 Squid (Para)
An abnormal configuration, squid-like in form, taken up by a fully-deployed canopy under certain pressure conditions. It is dynamically stable. (Also used as a verb.) (BS 185: Sect. 12: No. 12 187)

3959 Stability
The quality whereby any disturbance of steady motion tends to decrease. A given type of steady motion is stable if the aircraft will return to that state of motion after disturbance without movement of the controls by the pilot. (BS 185: Sect. 4: No. 4221)

oder einer halben langsamen Rolle besteht, der ein halber Looping aus der Rückenfluglage nachfolgt (normalerweise ein Looping rückwärts aus dem Rückenflug), wodurch das Flugzeug auf Gegenkurs gebracht wird.

Störklappe (Lfz)
Vorrichtung, die die Strömung um einen Tragflügel ändert, um den Auftrieb zu verändern.

Störklappen-Querruder (Flzg)
Bewegliche oder einziehbare Störklappe, die der Quersteuerung eines Flugzeugs dient.

Schwimmerstummel; Bootsstummel (Lfz)
Ausladender Teil am Bootskörper, der Querstabilität auf dem Wasser ergeben soll.

Höhenangabe; Höhe eines Punktes (Nav)
Zahlenangabe auf einer Karte, welche die Höhe eines bestimmten Ortes angibt.

Punktlandung; Ziellandung (Flbetr)
Flugzeuglandung, bei der der Flugzeugführer das Ausrollen seiner Maschine an einem bestimmten Punkt oder Ort beendet bzw. zu beenden versucht.

Feder-Steuerdrucksimulator (Lfz)
Ein Steuerdrucksimulator, bei dem die bei nicht vorhandenen Luftkräften erforderliche Kraft zum Bewegen einer Steuervorrichtung von der Größe des Ausschlags, bezogen auf den ausgetrimmten Zustand, abhängt.

Federsteuerung; federgesteuertes Hilfsruder (Lfz)
Ausgleichsruder, dessen Winkelausschlag mit dem Zusammendrücken oder Ausziehen einer in die Hauptsteueranlage eingebauten Feder gekoppelt ist. Hauptzweck ist, den Kraftaufwand des Luftfahrzeugführers bei hohen Fluggeschwindigkeiten zu verringern. Die Feder kann vorgespannt sein, so daß das Hilfsruder erst dann ausschlägt, wenn die Steuerkraft einen festgelegten Betrag überschreitet.

Bö(e) (Met)
Ein kräftiger Wind, der schnell aufkommt und vergeht und nur wenige Minuten andauert, wobei sich häufig die Windrichtung vorübergehend ändert.

Viereckfallschirm
Fallschirm, dessen Kappe im flach ausgelegten Zustand annähernd quadratisch ist.

Squid; Schluckform (Fallsch)
Eine unter bestimmten Druckverhältnissen auftretende, einem Tintenfisch ähnelnde abnorme Formgebung einer voll entfalteten Fallschirmkappe, die dynamisch stabil ist. (Auch als Verb gebräuchlich: **Luft schlucken**.)

Stabilität
Eigenschaft, infolge derer jede Störung einer stationären Bewegung zum Abklingen neigt. Ein gegebener stationärer Flugzustand ist stabil, wenn das Flugzeug nach einer Störung wieder ohne Steuerbetätigung des Luftfahrzeugführers in diesen Zustand zurückkehrt.

3960 **Stability, aerodynamic ~,**
cf./vgl. S.-No./lfd. Nr. 81

3961 **Stability derivatives (Stab)**
Quantities expressing the rate of change of the aerodynamic forces and moments with respect to changes in the components of velocity, angular velocity, etc.
(BS 185: Sect. 4: No. 4228)

3962 **Stability, directional ~,**
cf./vgl. S.-No./lfd. Nr. 1324

3963 **Stability, dynamic ~,**
cf./vgl. S.-No./lfd. Nr. 1417

3964 **Stability, inherent ~,**
cf./vgl. S.-No./lfd. Nr. 2202

3965 **Stability, lateral ~,**
cf./vgl. S.-No./lfd. Nr. 2389

3966 **Stability, longitudinal ~,**
cf./vgl. S.-No./lfd. Nr. 2559

3967 **Stability, spiral ~,**
cf./vgl. S.-No./lfd. Nr. 3942

3968 **Stability, static ~,**
cf./vgl. S.-No./lfd. Nr. 4031

3969 **Stability, weathercock ~,**
cf./vgl. S.-No./lfd. Nr. 4695

3970 **Stabilizer (A/c 1)**
The unit comprising fins and rudders at the stern of a kite balloon providing aerodynamic stability.
(BS 185: Sect. 7: No. 7270)

3971 **Stabilizer diaphragm (A/c 1)**
cf./vgl. **Diaphragm,** S.-No./lfd. Nr. 1300

3972 **Stabilizing float (A/c)**
A small float used to stabilize a seaplane in the water, ususally one of a pair attached to the wings on either side of a flying boat or single-float seaplane.
(NASA S.1097)

3973 **Stabilizing parachute**
A parachute used to stabilize an otherwise unstable load.
(BS 185: Sect. 12: No. 12 160)

3974 **Stable oscillation (Stab)**
An oscillation which tends to decrease.
(BS 185: Part 1: No. 4220)

3975 **Stack (ATC)**
A group or number of orbiting aircraft at different altitudes above an airdrome awaiting turns to land.
(NASA S.1098)

3976 **Stagger (of a multiplane: A/c)**
The distance between the leading edge of the lower plane and the projection of the leading edge of the upper plane on to the chord of the lower plane.
(BS 185: Sect. 5: No. 5235)

3977 **Stagnation point (Aerodyn)**
A point where streamlines divide or combine, and where the fluid speed is zero.
(BS 185: Sect. 4: No. 4482)

3978 **Stall (Aerodyn)**
The progressive breakdown of the flow over an aerofoil.
(BS 185: Sect. 4: No. 4158)

3979 **Stall, angle of ~,**
cf./vgl. S.-No./lfd. Nr. 363

3980 **Stall, compressor ~,**
cf./vgl. S.-No./lfd. Nr. 1032

3981 **Stall fence,** cf./vgl. **Fence,** S.-No./lfd. Nr. 1600, 1601

3982 **Stall pressure (A/c)**
cf./vgl. **Zero-delivery pressure,** S.-No./lfd. Nr. 4820

Stabilitätsderivativa (Stab)
Größen, die die Änderungsgeschwindigkeit der auf ein Luftfahrzeug wirkenden aerodynamischen Kräfte und Momente infolge Änderung der Komponenten von Geschwindigkeit, Winkelgeschwindigkeit usw. ausdrücken.

Leitwerk; Stabilisierungswülste (Lfz 1)
Einheit aus Flossen und Seitenruder am Heck eines Drachenballons, die aerodynamische Stabilität liefert.

Stützschwimmer (Lfz)
Kleiner Schwimmer zum Stabilisieren eines Seeflugzeugs im Wasser, normalerweise paarweise mit je einem Schwimmer an den Tragflächen eines Flugbootes oder Seeflugzeugs mit Zentralschwimmkörper angeordnet.

Stabilisierungsfallschirm
Fallschirm, der die Aufgabe hat, eine andernfalls unstabile Last zu stabilisieren.

Stabile Schwingung (Stab)
Schwingung mit abklingender Tendenz.

Stack; Wartestapel (FS)
Gruppe oder eine Anzahl in verschiedenen Höhen über einem Flugplatz kreisender Luftfahrzeuge, die auf ihren Abruf zur Landung warten.

Staffelung (Lfz mit mehreren Tragflächen)
Abstand zwischen der Vorderkante der unteren Tragfläche und der Projektion der Vorderkante der oberen Tragfläche auf die Profilsehne der unteren Tragfläche.

Staupunkt (Aerodyn)
Punkt, an dem sich Stromlinien trennen oder vereinigen und die Strömungsgeschwindigkeit gleich Null ist.

Strömungsabriß (Aerodyn)
Die progressive Ablösung der Strömung an einem Tragflügel.

3983 Stall, to ~, (Flt OPS)
To reach or exceed the stalling angle.
(BS 185: Part 1: No. 2134)

3984 Stalling (Flt OPS)
The condition in which a stall has seriously affected the handling qualities of an aircraft.
(BS 185: Sect. 2: No. 2132)

3985 Stalling angle (Aerodyn)
Less often: **Stalling angle of attack.** The minimum angle of attack of an airfoil or airfoil section or other dynamically lifting body at which a stall occurs, i.e. a critical angle of attack.
(NASA S.1102)

3986 Stalling flutter (Struct)
Flutter in one or more degrees of freedom near the angle of stall.
(BS 185: Sect. 3: No. 3312)

3987 Stalling speed (A/c)
The equivalent air speed corresponding to the maximum lift-coefficient of an aircraft.
(BS 185: Part 1: No. 4310)

3988 Stalling speed, indicated ~,
cf./vgl. S.-No./lfd. Nr. 2158

3989 Standard atmosphere (Met)
When the term Standard Atmosphere is used in any Standards for the Airworthiness of Aircraft that are applicable to aircraft the prototype of which is submitted to the appropriate national authorities for certification on and after 12 November 1966 it means an atmosphere defined as follows:
a) the air is a perfect dry gas;

b) the physical constants are:
   - Sea Level Mean Molecular Weight:
     $M_0 = 28.9644 \times 10^{-3} \text{kg/mole}$

   - Sea Level Atmospheric Pressure:
     $P_0 = 1013.250$ millibars
     $= 1.013250 \times 10^5$
     newtons m^{-2}
   - Sea Level Temperature:
     $t_0 = 15^\circ$ C (59° F)
     $T_0 = 288.15^\circ$ K (518.67° R)
   - Sea Level Atmospheric Density:
     $p_0 = 1.2250$ kg m^{-3}
   - Temperature of the Ice Point:
     $T_i = 273.15^\circ$ K (491.67° R)
   - Universal Gas Constant:
     $R* = 8.31432$ Joules (° K)$^{-1}$ mole^{-1}
c) the temperature gradient from 5000 standard geopotential metres below sea level to an altitude at which the air temperature becomes -56.5° C is -0.0065° C per standard geopotential metre; from that level (11 000 standard geopotential metres) to an altitude of 20 000 standard geopotential metres the temperature gradient is zero (0), and from 20 000 to 32 000 standard geopotential metres the temperature gradient is $+0.0010^\circ$ C per standard geopotential metre.

Note 1. – The Council has recommended that this new definition be applied, as far as practicable, beginning 1 June 1964.

Note 2. – The standard geopotential metre has the value 9.80665 m^2 sec^{-2} (the Standard geopotential foot has the value 32.17405 ft^2 sec^{-2}).

Note 3. – See Doc 7488/2 for the relationship between the variables and for tables giving

Überziehen (Flbetr)
Erreichen oder Überschreiten des kritischen Anstellwinkels.

Überziehen (Flbetr)
Flugzustand, bei dem sich ein Strömungsabriß ernsthaft auf die Steuerungseigenschaften eines Luftfahrzeugs auswirkt.

Abreißanstellwinkel (Aerodyn)
Im Englischen weniger häufig auch als **"Stalling angle of attack"** bezeichnet. Der kleinste Anstellwinkel eines Tragflügels oder Flügelquerschnitts oder eines anderen Körpers mit dynamischem Auftrieb, bei dem die Luftströmung vom Profil abreißt, d. h. ein kritischer Anstellwinkel.

Flattern in abgerissener Strömung (Konstr)
Flattern in einem oder mehreren Freiheitsgraden unmittelbar vor Erreichen des kritischen Anstellwinkels.

Abkippgeschwindigkeit; Überziehgeschwindigkeit (Lfz)
Äquivalente Fluggeschwindigkeit, die mit dem größten Auftriebsbeiwert eines Luftfahrzeugs übereinstimmt.

Normatmosphäre (Met)
Wenn der Ausdruck „Normatmosphäre" in irgendwelchen Normen für die Lufttüchtigkeit von Luftfahrzeugen verwendet wird, deren Prototyp den zuständigen nationalen Behörden zur Bescheinigung der Lufttüchtigkeit am oder nach dem 12. November 1966 vorgelegt wird, ist ihre Bedeutung wie folgt:
a) die Luft ist ein vollkommenes, trockenes Gas;

b) die physikalischen Konstanten sind:
   - Mittleres Molekulargewicht in Meereshöhe:
     $M_0 = 28,9644 \times 10^{-3} \text{kg/Mol}$
   - Luftdruck in Meereshöhe:
     $P_0 = 1013,250$ Millibar
     $= 1,013250 \times 10^5$
     Newton m^{-2}
   - Temperatur in Meereshöhe:
     $t_0 = 15^\circ$ C (59° F)
     $T_0 = 288,15^\circ$ K (518,67° R)
   - Luftdichte in Meereshöhe:
     $p_0 = 1,2250$ kg m^{-3}
   - Temperatur des Eispunktes:
     $T_i = 273,15^\circ$ K (491,67° R)
   - Universelle Gaskonstante:
     $R* = 8,31432$ Joules (° K)$^{-1}$ Mol^{-1}
c) der Temperaturgradient von 5000 geopotentiellen Normmetern unter Meereshöhe bis zu einer Höhe über Meer, wo die Lufttemperatur $-56,5^\circ$ C wird, beträgt $-0,0065^\circ$ C je geopotentieller Normmeter; von dieser Fläche (11 000 geopotentielle Normmeter) bis zu einer Höhe über Meer von 20 000 geopotentiellen Normmetern beträgt der Temperaturgradient Null (0), und von 20 000 bis 32 000 geopotentiellen Normmetern beträgt der Temperaturgradient $+0,0010^\circ$ C je geopotentieller Normmeter.

Anmerkung 1: Der Rat hat empfohlen, daß diese neue Definition so weit wie möglich ab 1. Juni 1964 beachtet wird.

Anmerkung 2: Der geopotentielle Normmeter hat den Wert 9,80665 m^2 sec^{-2} (der geopotentielle Normfuß hat den Wert 32,17405 ft^2 sec^{-2}).

Anmerkung 3: Doc 7488/2 gibt die Beziehung zwischen den Veränderlichen sowie Tabellen

the corresponding values of temperature, pressure, density and geopotential.
Note 4. – Doc 7488/2 also gives the specific weights, viscosity, Kinematic viscosity and sound speed at various altitudes.
(ICAO, Annex 8, 5th Ed.)

3990 Standard atmosphere (Met)
Any hypothetical atmosphere the physical properties of which are given arbitrary values, approximately to mean conditions, for specific purposes.
(BS 185: Sect. 15: No. 15 104)

3991 Standard atmosphere, international ~,
cf./vgl. S.-No./lfd. Nr. 2281

3992 Standard beam approach system, Abbr SBA (TEL)
A system of radionavigation which provides an aircraft with lateral quidance and marker-beacon indications at specific points during its approach.
(BS 185: Sect. 14: No. 14 225)

3993 Standard mean chord (A/c)
A chord of length equal to the gross wing area divided by the span.
(BS 185: Sect. 5: No. 5224)

3994 Standard radius (Prop)
An arbitrary radius used for specifying the characteristics of a propeller.
(BS 185: Sect. 9: No. 9145)

3995 Standard rate turn (Flt OPS)
A turn in an aircraft in which the heading changes at the rate of 3° per second.
(NASA S.1104)

3996 Standard time (Nav)
An arbitrary local time used over a specified area, usually differing from Greenwich mean time by a convenient number of hours.
(BS 185: Sect. 11: No. 11 219)

3997 Standing waves (Met)
Ascending and descending currents associated in certain circumstances with wind flow over mountains, hills or even relatively small ridges. The waves may extend on the lee side to great distances and to several times the elevation of the obstacle.
(BS 185: Sect. 15: No. 15 233)

3998 Start, hot ~,
cf./vgl. S.-No./lfd. Nr. 2077
3999 Starter, air-injection ~,
cf./vgl. S.-No./lfd. Nr. 199
4000 Starter, cartridge ~,
cf./vgl. S.-No./lfd. Nr. 857
4001 Starter, combustion ~,
cf./vgl. S.-No./lfd. Nr. 987
4002 Starter, compressed-air ~,
cf./vgl. S.-No./lfd. Nr. 1016
4003 Starter, electric ~,
cf./vgl. S.-No./lfd. Nr. 1448
4004 Starter, ground ~,
cf./vgl. S.-No./lfd. Nr. 1928
4005 Starter, hand ~,
cf./vgl. S.-No./lfd. Nr. 1984
4006 Starter, impulse ~,
cf./vgl. S.-No./lfd. Nr. 2147
4007 Starter, inertia ~,
cf./vgl. S.-No./lfd. Nr. 2193
4008 Starter, internal-combustion ~,
cf./vgl. S.-No./lfd. Nr. 2275
4009 Starter, turbine ~,
cf./vgl. S.-No./lfd. Nr. 4497
4010 Starter, turbo ~,
cf./vgl. S.-No./lfd. Nr. 4497

der entsprechenden Werte für Temperatur, Druck, Dichte und Geopotential an.
Anmerkung 4: Doc 7488/2 gibt die spezifischen Gewichte, die Viskosität, die kinematische Zähigkeit und die Schallgeschwindigkeit in verschiedenen Höhen an.
Normatmosphäre (Met)
Eine für bestimmte Zwecke definierte hypothetische Atmosphäre, deren pyhsikalische Eigenschaften durch willkürliche Werte gegeben sind, die annähernd den Durchschnittswerten entsprechen.

SBA-Landefunkfeuersystem (Fernm)
Funknavigationsanlage, die ein Luftfahrzeug während seines Anflugs mit Kursführungsangaben und mit Anzeigen von Markierungsfunkfeuern an bestimmten Punkten versorgt.

Mittlere Flügeltiefe (Lfz)
Flügeltiefe, deren Länge gleich der Gesamtflügelfläche dividiert durch die Spannweite ist.

Bezugsradius (Prop)
Ein willkürlich definierter Radius an der Luftschraube, auf den bestimmte Luftschraubenkennzahlen bezogen werden.
Standard-Blindflugkurve (Flbetr)
Kurve, bei der die Kursänderung des Luftfahrzeugs konstant 3° pro Sekunde beträgt.
Normalzeit; Standardzeit (Nav)
Willkürliche Ortszeit, die für ein bestimmtes Gebiet benutzt wird und die im allgemeinen von der mittleren Greenwich-Zeit um eine geeignete Anzahl von Stunden abweicht.
Stehende Wellen (Met)
Auf- und absteigende Luftströmungen, die unter bestimmten Umständen mit der Windströmung über Bergen, Hügeln oder selbst verhältnismäßig kleinen Hügelketten zusammenhängen. Die Wellen können sich leewärts über große Entfernungen und um ein Mehrfaches der Hindernishöhe nach oben erstrecken.

4011 State, normal propeller ~,
cf./vgl. S.-No./lfd. Nr. 2837

4012 State of registry (Aero)
The State on whose register the aircraft is entered.
(ICAO, Annex 6th Ed., Annex 7, 2nd Ed., Annex 8, 5th Ed., Annex 12, 4th Ed., Annex 13, 2nd Ed.)

Eintragungsstaat (Aero)
Der Staat, in dessen Luftfahrzeugregister das Luftfahrzeug eingetragen ist.

4013 State, vortex-ring ~,
cf./vgl. S.-No./lfd. Nr. 4657

4014 State, windmill-brake ~,
cf./vgl. S.-No./lfd. Nr. 4759

4015 Static balance (Prop)
A propeller is in static balance if, when concentrically mounted on a spindle supported by knife-edges, it will remain at rest in any position.
(BS 185: Sect. 9: No. 9104)

Statischer Ausgleich (Prop)
Eine Luftschraube ist dann statisch ausgeglichen, wenn sie reibungsfrei in ihrer Achse gelagert, in jeder Lage stehenbleibt.

4016 Static balance (Struct)
The condition of a control surface in which the mass-balance is such that the centre of mass lies on the hinge axis.
(BS 185: Sect. 3: No. 3323)

Statischer Massenausgleich (Konstr)
Zustand einer Steuerfläche, bei welcher der Massenausgleich mit dem Mittelpunkt der Masse auf der Drehachse liegt.

4017 Static cable (Para)
A steel cable, to which static lines are attached and on which they can slide, extending along the inside of the fuselage and secured at both ends.
(BS 185: Sect. 12: No. 12 188)

Führungskabel; Ankerseil (Fallsch)
In einem Flugzeugrumpf befestigtes Stahlkabel, auf welchem die selbsttätigen Aufziehleinen gleitend angebracht sind.

4018 Static ceiling (A/c 1)
The equilibrium height in standard atmosphere under design conditions.
(BS 185: Sect. 7: No. 7117)

Statische Höhe (Lfz 1)
Gleichgewichtshöhe in der Normatmosphäre unter Bedingungen, die der Konstruktion zugrunde gelegt sind.

4019 Static ground (El)
The automatic connection to the ground of an aircraft earth system.
(BS 185: Part 1: No. 1112)

Automatische Erdung (El)
Die automatische Verbindung der Erdungsanlage eines Luftfahrzeuges mit der Erde.

4020 Static jet thrust (Turbo)
In jet propulsion engines: the net thrust in pounds with no translational motion at specified ambient conditions.
(BS 185: Sect. 8: No. 8408)

Standschub (Turbo)
Bei Strahltriebwerken: Der Gesamtnutzschub in kN, der unter bestimmten Umgebungsverhältnissen von einem unbewegten Triebwerk geliefert wird.

4021 Static lift (A/c 1)
The difference between the weight of the air displaced by a lighter-than-air aircraft at rest and that of the gas contained therein.
(BS 185: Sect. 7: No. 7130)

Statischer Auftrieb (Lfz 1)
Differenz zwischen dem Gewicht der Luft, die von einem ruhenden Luftfahrzeug leichter als Luft verdrängt wird, und dem Gewicht der Gasfüllung.

4022 Static line (Para)
A cord or cable, the tension of which initiates a deployment sequence due to the relative motion of two bodies, one of which contains a parachute assembly. The other body is commonly the static cable or a strong point on an aircraft.
(BS 185: Sect. 12: No. 12 189)

Selbsttätige Aufziehleine (Fallsch)
Leine oder Kabel, durch dessen Spannung die Entfaltungsfolge aufgrund der relativen Bewegung zweier Körper ausgelöst wird, wobei der eine Fallschirmausrüstung trägt. Der andere Körper ist im allgemeinen ein Führungskabel oder ein verstärkter Befestigungspunkt in einem Luftfahrzeug.

4023 Static load (Struct)
A load imposed under static conditions, such as the load imposed upon the wings of an aircraft in unaccelerated flight by the weight of the aircraft.
(NASA S.1106)

Statische Belastung (Konstr)
Unter statischen Verhältnissen auftretende Belastung, wie z. B. die durch die Masse des Luftfahrzeugs im beschleunigungsfreien Flug auf die Tragflächen des Luftfahrzeugs ausgeübte Belastung.

4024 Static margin with stick fixed (Stab)
A measure of the displacement of the control column in terms of chord necessary to produce a given change in the trimmed speed. It is positive when the displacement is forward for an increase in speed.*)
(BS 185: Sect. 4: No. 4229)

Maß für die statische Stabilität mit festem Knüppel (Stab)
Maß des Steuersäulenausschlags in Flügeltiefe ausgedrückt, das erforderlich ist, eine gegebene Änderung der getrimmten Geschwindigkeit zu erzielen. Es ist positiv, wenn zur Geschwindigkeitserhöhung ein Ausschlag nach vorn erforderlich ist.*)

*) The measure commonly used for these quantities is an equivalent movement of the centre of gravity of the aircraft.

*) Das für diese Größen allgemein benutzte Maß ist das einer entsprechenden Schwerpunktverlagerung im Luftfahrzeug.

4025 Static margin with stick free (Stab)
A measure of the change of hinge moment

Maß für die statische Stabilität mit losem Knüppel (Stab)

on the control surface in terms of chord necessary to produce a given change in the trimmed speed. It is positive when a push force on the control column is required for an increase in speed.*)

*) The measure commonly used for these quantities is an equivalent movement of the centre of gravity of the aircraft.

4026 Static pin (Para)
Normally a piece of piano wire used to secure together the petals of a petal cap. It is attached to one end of the static line so that, when sufficient tension is introduced into the line, the pin is withdrawn allowing the parachute to deploy.
(BS 185: Sect. 12: No. 12 190)

4027 Static pressure (Aerodyn)
The mean of the normal components of stress on three mutually perpendicular elements of surface at rest relative to a fluid. It is the pressure which would be measured by an infinitesimally small instrument at rest relative to the fluid.
(BS 185: Sect. 4: No. 4463)

4028 Static-pressure tube (Instr)
An tube with an aperture or apertures for measuring the ambient static pressure.
(BS 185: Sect. 5: No. 5537)

4029 Static rail (Para)
A metal rail secured to the inside of an aircraft and used as a static cable.
(BS 185: Sect. 12: No. 12 191)

4030 Static shroud, turbine ~,
cf./vgl. S.-No./lfd. Nr. 4490

4031 Static stability
Stability when only aerodynamic stiffness is taken into account.
(BS 185: Sect. 4: No. 4226)

4032 Static thrust (Prop)
The thrust developed by a rotating propeller with no translational motion.
(BS 185: Sect. 4: No. 9150)

4033 Static vent (Instr)
A small aperture in a plate fixed to form part of the fuselage and located appropriately for measuring the ambient static air pressure.
(BS 185: Sect. 5: No. 5536)

4034 Station, aeronautical ~,
cf./vgl. S.-No./lfd. Nr. 118, 119

4035 Station, aeronautical fixed ~,
cf./vgl. S.-No./lfd. Nr. 106

4036 Station, aeronautical telecommunication ~,
cf./vgl. S.-No./lfd. Nr. 123

4037 Station, aircraft ~,
cf./vgl. S.-No./lfd. Nr. 183, 183 a

4038 Station, aircraft radio ~,
cf./vgl. S.-No./lfd. Nr. 183, 183 a

4039 Station, designated ~,
cf./vgl. S.-No./lfd. Nr. 1289

4040 Station, ocean ~,
cf./vgl. S.-No./lfd. Nr. 2876

4041 Station, off ~,
cf./vgl. S.-No./lfd. Nr. 2879

4042 Station, on ~,
cf./vgl. S.-No./lfd. Nr. 2900

4043 Station, radio beacon ~,
cf./vgl. S.-No./lfd. Nr. 3389

4044 Station, radio direction finding ~,
cf./vgl. S.-No./lfd. Nr. 3394

4045 Station, radio range ~,
cf./vgl. S.-No./lfd. Nr. 3402

Maß der Änderung des Rudermoments an einer Steuerfläche in Flügeltiefe ausgedrückt, das erforderlich ist, eine gegebene Änderung der getrimmten Geschwindigkeit zu erzielen. Es ist positiv, wenn zur Geschwindigkeitserhöhung eine Druckkraft an der Steuersäule erforderlich ist.*)

*) Das für diese Größen allgemein benutzte Maß ist das einer entsprechenden Schwerpunktverlagerung im Luftfahrzeug.

Sicherungsdrahtstift (Fallsch)
Gewöhnlich ein Stück Klaviersaitendraht, mit dem die Fallschirmverschlußkappe zusammengehalten wird. Er ist an einem Ende an der selbsttätigen Aufziehleine befestigt und wird von dieser beim Überschreiten einer bestimmten Zugkraft ausgezogen, woraufhin sich der Fallschirm entfalten kann.

Statischer Druck (Aerodyn)
Mittelwert der Spannungskomponenten dreier senkrecht zueinander stehender Oberflächenelemente, die sich relativ zu einer Strömung im Ruhezustand befinden. Es ist der Druck, der mit einem relativ zur Strömung im Ruhezustand befindlichen Infinitesimalinstrument gemessen würde.

Statisches Druckmeßrohr (Instr)
Rohr mit einer oder mehreren Öffnungen zur Messung des statischen Umgebungsdrucks.

Führungsschiene (Fallsch)
Metallschiene, die in einem Luftfahrzeug befestigt ist und als Führungskabel benutzt wird.

Statische Stabilität
Stabilität unter ausschließlicher Berücksichtigung der aerodynamischen Steifigkeit.

Standschub (Prop)
Der Schub, den eine Luftschraube ohne Längsbewegung liefert.

Statisches Luftloch (Instr)
Kleine Öffnung in einer als Teil des Rumpfes so angebrachten Platte, daß der statische Umgebungsdruck gemessen werden kann.

4046 Station, tributary ~,
cf./vgl. S.-No./lfd. Nr. 4452

4047 Statistical accelorometer (Instr),
cf./vgl. **Counting accelerometer,** S.-No./lfd. Nr. 1163

4048 Stator blade (Turbo)
A blade or vane that remains stationary with respect to a rotating blade and that serves to guide or direct a flow, as in an axial-flow compressor or in a turbine.
(NASA S.1110)

Leitschaufel (Turbo)
Blatt oder Leitblech, das gegenüber einem rotierenden Blatt stationär bleibt und der Lenkung eines Luftstroms dient, wie z. B. in einem Axialverdichter oder einer Turbine.

4049 Stator-blades, exhaust ~,
cf./vgl. S.-No./lfd. Nr. 1546

4050 Statoscope (Instr)
An instrument for indicating small changes in altitude or variations from a preset altitude.
(BS 185: Sect. 5: No. 5538)

Statoskop; Feinhöhenmesser (Instr)
Instrument zur Anzeige kleiner Höhenänderungen oder Abweichungen von einer vorher eingestellten Sollhöhe.

4051 Step (A/c)
A discontinuity in the under-surface of a hull or float to facilitate take-off.
(BS 185: Sect. 5: No. 5379)

Stufe (Lfz)
Absatz im Boden eines Bootskörpers oder Schwimmers zur Erleichterung des Abhebens vom Wasser.

4052 Stern post (A/c)
A single member terminating a fuselage, hull or float.
Note. – Not to be confused with **Rudder post** (cf./vgl. S.-No./lfd. Nr. 3647).
(BS 185: Sect 3: No. 3223)

Hintersteven; Achtersteven (Lfz)
Einzelbauteil, der den Rumpf, Bootskörper oder Schwimmer abschließt.
Anmerkung: Nicht mit **Seitenruderholm** zu verwechseln.

4053 Steward/Stewardess (Aero)
A member of the cabin crew responsible for the feeding, general comfort and safety of the passengers.
(BS 185: Sect. 16: No. 16 120)

Steward/Stewardeß; Flugbegleiter(in) (Aero)
Mitglied der Kabinenbesatzung, das für Beköstigung, allgemeinen Komfort und Sicherheit der Fluggäste verantwortlich ist.

4054 Stick force (Aero)
The force required for a pilot to move the control stick or control column.
(NASA S.1112)

Steuerkraft; Knüppel(betätigungs)kraft (Aero)
Kraft, die ein Luftfahrzeugführer aufzuwenden hat, um den Steuerknüppel oder die Steuersäule zu bewegen.

4055 Stiffener (A/c)
A member attached to a sheet to restrain its movement normal to the surface.
(BS 185: Sect. 3: No. 3224)

Versteifung; Aussteifung (Lfz)
Bauteil, der an einer Platte angebracht ist, um deren Bewegung senkrecht zu ihrer Oberfläche zu beschränken.

4056 Stiffeners, bow ~,
cf./vgl. S.-No./lfd. Nr. 751

4057 Stiffeners, nose ~,
cf./vgl. S.-No./lfd. Nr. 2849

4058 Stiffness criterion (Struct)
A relation between the stiffness and other properties of a structure which, when satisfied, is sufficient to prevent flutter or other type of instability or loss of control.
(BS 185: Sect. 3: No. 3324)

Steifigkeitskriterium (Konstr)
Beziehung zwischen der Steifigkeit und anderen Eigenschaften eines Bauteils, deren Erfüllung sicherstellt, daß weder Flattern noch irgendwelche anderen Instabilitäten noch Verlust an Steuerbarkeit eintreten.

4059 Sting (Aerodyn)
An arm projection upstream in a wind tunnel to the forward end of which a model can be attached.
(BS 185: Sect. 4: No. 4622)

Modellarm (Aerodyn)
Ein stromaufwärts in den Windkanal ragender Träger, an dessen vorderem Ende ein Modell angebracht werden kann.

4060 Stoichiometric (Eng)
Of a combustible mixture: Having the exact proportions required for complete combustion.
(NASA S.1115)

Stöchiometrisch (Flmot)
Bei einem brennbaren Gemisch: Vorhandensein des genauen Gemischverhältnisses, wie es für eine vollständige Verbrennung erforderlich ist.

4061 STOL (Flt OPS)
Abbreviation for "Short take-off and landing".
(BS 185: Sect. 2: No. 2211)

STOL (Flbetr)
Abkürzung für "Short take-off and landing" = Kurzstart und -landung.

4062 STOL (A/c)
Abbreviation for short take-off and landing. An attributive adjective designating a heavier-than-air aircraft capable of taking off and landing within a relatively short horizontal distance (sometimes specifically defined in particular context).
(NASA S.1116)

STOL; Kurzstart (Lfz)
Abkürzung für "short take-off and landing". Adjektiv für die Bezeichnung von Luftfahrzeugen schwerer als Luft, die in der Lage sind, innerhalb einer verhältnismäßig kurzen Horizontalentfernung zu starten und zu landen (fallweise im jeweiligen Zusammenhang genauer definiert).

4063 **Stop, intermediate ~,**
cf./vgl. S.-No./lfd. Nr. 2272

4064 **Stopway (GS)**
A defined rectangular area on the ground at the end of a runway in the direction of take-off designated and prepared by the Competent Authority as a suitable area in which an aircraft can be stopped in the case of an interrupted take-off.
(ICAO, Annex 4, 5th Ed., Annex 14, 4th Ed.)

4065 **Stopway (GS)**
A defined rectangular area forming an extension to a runway, selected or prepared so that an aircraft can, in an emergency, be safely brought to rest after a take-off which has been abondened.
(BS 185: Sect. 13: No. 13 319)

4066 **Stopway light (GS)**
One of a number of lights to indicate the limits of a stopway.
(BS 185: Sect. 13: No. 13 346)

4067 **Stores (AT)**
Articles of a readily consumable nature for use or sale on board an aircraft during flight, including commissary supplies.
(ICAO, Annex 9, 5th Ed.)

4068 **Storm (Met)**
Beaufort number 10: Seldom experienced inland. Trees uprooted; considerable structural damage occurs (wind speed: 48−55 knots).
(BS 185: Sect. 15: Table 2)

4069 **Storm, dust ~,**
cf./vgl. S.-No./lfd. Nr. 1410

4070 **Storm, eye of ~,**
cf./vgl. S.-No./lfd. Nr. 1557

4071 **Storm, tropical revolving ~,**
cf./vgl. S.-No./lfd. Nr. 4459

4072 **Storm, violent ~,**
cf./vgl. S.-No./lfd. Nr. 4637

4073 **Stowage loops (Para)**
Tape, webbing, or cordage loops for stowing the rigging lines, lift cables or wires in a pack.
(BS 185: Sect. 12: No. 12 192)

4074 **Straight-flow system (Turbo)**
A combustion system in which the entering air and the emerging gas flow in the same direction.
(BS 185: Sect. 8: No. 8453)

4075 **Straight-in approach (ATC)**
The part of a landing procedure during which an aircraft is flown along the axis of the runway in use until the beginning of the final approach.
(BS 185: Sect. 13: No. 13 250)

4076 **Straight-through wind tunnel (Aerodyn),**
cf./vgl. **Non-return-flow wind tunnel,** S.-No./lfd. Nr. 2831

4077 **Straighteners (Aerodyn),**
cf./vgl. **Honeycomb,** S.-No./lfd. Nr. 2057

4078 **Straighteners, fan ~,**
cf./vgl. S.-No./lfd. Nr. 1586

4079 **Stratocumulus (Met)**
Grey or whitish or both grey and whitish, patch, sheet or layer of cloud which almost always have dark parts composed of tessellations, rounded masses, rolls etc., which are non-fibrous (except where there are streaks of precipitations falling from the cloud, these streaks usually evaporate before reaching the ground) and which may or may not be

Stoppbahn (Bod)
Eine festgelegte rechteckige Fläche auf dem Boden am Ende einer Piste in Startrichtung, die von der zuständigen Behörde bezeichnet und so hergerichtet ist, daß darauf ein Luftfahrzeug im Falle eines abgebrochenen Starts zum Halten gebracht werden kann.

Stoppbahn (Bode)
Eine festgelegte, rechteckige Fläche in Verlängerung einer Piste, so ausgewählt oder hergerichtet, daß ein Luftfahrzeug in einem Notfall nach abgebrochenem Start darauf sicher zum Stillstand gebracht werden kann.

Stoppbahnfeuer (Bod)
Eines aus einer Anzahl von Feuern, welche die Begrenzungen einer Stoppbahn kenntlich machen.

Bordvorräte (LVerk)
Waren, einschließlich Verpflegungsvorräte, die zum sofortigen Verbrauch geeignet und für die Verwendung oder den Verkauf an Bord eines Luftfahrzeuges während des Fluges bestimmt sind.

Schwerer Sturm (Met)
Windstärke (Beaufort-Zahl) 10: Selten auf dem Lande; Bäume werden entwurzelt; beträchtliche Beschädigungen an Bauwerken (Windgeschwindigkeit: 48−55 Knoten).

Packschlaufen (Fallsch)
Schlaufen aus Bändern, Gurten oder Schnüren, unter denen die Fangleinen, Tragkabel oder -drähte in der Packhülle verstaut werden.

Gleichstrom-Brennkammer (Turbo)
Eine Brennkammer, in der Primärluft und Abgase nach dem Gleichstromprinzip geführt werden.

Geradeausanflug (FS)
Teil eines Landeverfahrens, während dessen ein Luftfahrzeug bis zum Beginn des Endanflugs auf der Anfluggrundlinie geflogen wird.

Stratokumulus (Met)
Graue oder weißliche oder weißlich/grau gemischte Wolkenfelder, -decken oder -schichten, die fast immer dunkle Stellen aufweisen, bestehend aus mosaik-, kugel-, rollenförmigen oder ähnlichen Wolkenmassen nichtfaseriger Art (ausgenommen in den Fällen, in denen Niederschläge in Streifen aus den Wolken niedergehen, wobei die Streifen im allgemeinen

merged; most of the regularly arranged small elements have an apparent width of more than five degrees.
(BS 185: Sect. 15: No. 15 416)

4080 Stratopause (Aeroy)
The upper boundary of the stratosphere.
(NASA S.1118)

4081 Stratosphere (Met)
The layer of the atmosphere above the troposphere in which the change of temperature with altitude is relatively small.
(BS 185: Sect. 15: No. 15 105)

4082 Stratus (Met)
Generally grey cloud layer with a fairly uniform base, which may give drizzle, ice prisms, or snow grains. When the sun is visible through the cloud its outline is clearly discernible. Stratus does not produce halo phenomena except, possibly, at very low temperatures. Sometimes stratus appears in the form of ragged patches.
(BS 185: Sect. 15: No. 15 417)

4083 Stream, jet ~,
cf./vgl. S.-No./lfd. Nr. 2313

4084 Streamline (Aerodyn)
A line such that at any instant the local direction of flow at any point on it is in the direction of the tangent.
(BS 185: Sect. 4: No. 4484)

4085 Streamline loop aerial (TEL)
A loop aerial completely enclosed in a streamline housing of insulating material.
(BS 185: Sect. 14: No. 14 405)

4086 Streamline motion (Aerodyn)
The steady motion of a fluid past an obstacle in laminar flow when the paths of all particles contain neither abrupt changes in direction nor closed curves.
(BS 185: Part 1: No. 4417)

4087 Streamline wire (A/c)
A wire the cross-section of which is elongated to reduce its drag.
(BS 185: Sect. 3: No. 3234)

4088 Street, vortex ~,
cf./vgl. S.-No./lfd. Nr. 4659

4089 Stress ratio (Struct)
The ratio of the minimum stress to the maximum stress occuring in one stress cycle.
(NASA S.1123)

4090 Stressed-skin structure (Struct)
A structure covered with sheet which contributes substantially to its strength and stiffness.
(BS 185: Sect. 3: No. 3121)

4091 Stringer (A/c)
A stiffener which also assists the sheet to carry direct load in the direction of its length.
(BS 185: Sect. 3: No. 3225)

4092 Strip (GS)
A rectangular portion of the landing area, specially prepared for the take-off and landing of aircraft in a particular direction, in some cases including a runway.
(BS 185: Sect. 13: No. 13 320)

4093 Strip, air ~,
cf./vgl. S.-No./lfd. Nr. 256

4094 Strip, trailing edge ~,
cf./vgl. S.-No./lfd. Nr. 4427

4095 Strip, trimming ~,
cf./vgl. S.-No./lfd. Nr. 4457

vor Erreichen des Bodens verdunsten), die miteinander verbunden oder nicht verbunden sein können; die meisten der regelmäßig angeordneten kleinen Elemente scheinen eine Ausdehnung von über fünf Grad zu haben.

Stratopause (Aero)
Obergrenze der Stratosphäre.

Stratosphäre (Met)
Die Schicht der Atmosphäre über der Troposphäre, in der die Temperaturänderung mit der Höhe verhältnismäßig gering ist.

Stratus (Met)
Im allgemeinen graue Wolkenschicht mit ziemlich gleichförmiger Untergrenze, aus der Nieselregen, Eisprismen oder Schnee fallen können. Wenn die Sonne durch die Wolke sichtbar ist, zeichnet sie sich klar ab. Halo-Erscheinungen treten bei Stratuswolken nicht auf, es sei denn bei sehr tiefen Temperaturen. Stratus hat zeitweilig die Form zerrissener Wolkenfelder.

Stromlinie (Aerodyn)
Eine Linie, die so beschaffen ist, daß der örtliche Strömungsverlauf überall und zu jeder Zeit in Richtung ihrer Tangente verläuft.

Stromlinienförmige Rahmenantenne (Fernm)
Rahmenantenne, die ganz in einer stromlinienförmigen Verkleidung angebracht ist, welche aus einem nichtleitenden Material besteht.

Potentialströmung (Aerodyn)
Stationäre Bewegung einer Flüssigkeit um ein Hindernis in laminarer Strömung, wobei die Bahnen der Flüssigkeitsteilchen weder plötzliche Richtungsänderungen zeigen noch geschlossene Kurven beschreiben.

Profildraht (Lfz)
Draht mit länglichem Querschnitt zur Verminderung des Luftwiderstandes.

Spannungsverhältnis (Konstr)
Verhältnis der Mindestspannung zur Höchstspannung, wie sie in einem Belastungszyklus auftritt.

Schalenbauweise (Konstr)
Bauweise, bei der die Beplankung wesentlich zur Festigung und Steifheit einer Konstruktion beiträgt.

Längsversteifung; Stringer (Lfz)
Versteifung, die die Platte unterstützt, Kräfte auch in Längsrichtung aufzunehmen.

Start- und Landestreifen (Bod)
Rechtwinkliger Teil des Landebereichs, der für Start und Landung von Luftfahrzeugen in einer bestimmten Richtung hergerichtet ist und der in manchen Fällen eine Piste enthält.

4096 Strong breeze (Met)
Beaufort number 6: Large branches in motion; whistling heard in telegraph wires; umbrellas used with difficulty (wind speed: 22–27 knots).
(BS 185: Sect. 15: Table 2)

4097 Strong gale (Met)
Beaufort number 9: Slight structural damage occurs (chimney pots and slates removed) (wind speed: 41–47 knots).
(BS 185: Sect. 15: Table 2)

4098 Strop (Para)
A length of wire cable, cordage or webbing, with loop ends or metal fittings attached, to increase the distance at deployment between two components of a parachute assembly.
(BS 185: Sect. 12: No. 12 193)

4099 Structural damping (Struct)
The total damping of a built-up structure.
(BS 185: Sect. 3: No. 3306)

4100 Structure, primary ~,
cf./vgl. S.-No./lfd. Nr. 3244

4101 Structure, stressed-skin ~,
cf./vgl. S.-No./lfd. Nr. 4090

4102 Strut (A/c)
A structural member intended to resist compression.
(BS 185: Sect. 3: No. 3226)

4103 Strut, air-oil shock ~,
cf./vgl. S.-No./lfd. Nr. 219

4104 Strut, intermediate radial ~,
cf./vgl. S.-No./lfd. Nr. 2271

4105 Strut, main radial ~,
cf./vgl. S.-No./lfd. Nr. 2600

4106 Strut, oleo ~,
cf./vgl. S.-No./lfd. Nr. 2895

4107 Struts, drag ~,
cf./vgl. S.-No./lfd. Nr. 1379

4108 Struts, interplane ~,
cf./vgl. S.-No./lfd. Nr. 2284

4109 Stub (A/c),
cf./vgl. **Sponson,** S.-No.-/lfd. Nr. 3949

4110 Stub pipe (Eng)
A short pipe which discharges the exhaust gases directly from a cylinder in the absence of a manifold.
(BS 185: Sect. 8: No. 8372)

4111 Stub plane (A/c)
A short length of plane projecting from the fuselage or hull (usually forming a part thereof) to which an aerofoil can be connected.
(BS 185: Sect. 5: No. 5347)

4112 Sub-circuit (El),
cf./vgl. **Feeder circuit,** S.-No./lfd. Nr. 1593

4113 Subgravity (Aero)
A condition in which the resultant ambient acceleration is between 0 and one G.
(AAP–6)

4114 Subjective noise-meter (Instr)
An instrument for the measurement of loudness by aural comparison with a reference sound.
(BS 185: Sect. 5: 5553)

4115 Subsidence (Stab)
A disturbance which decreases without oscillation.
(BS 185: Sect. 4: No. 4231)

4116 Subsonic flow (Aerodyn)
Flow in which the speed is everywhere subsonic.
(BS 185: Sect. 4: No. 4434)

Starker Wind (Met)
Windstärke (Beaufort-Zahl) 6: Starke Äste bewegen sich; Telegraphendrähte pfeifen; es ist schwierig, einen Regenschirm zu halten (Windgeschwindigkeit: 22–27 Knoten).

Sturm (Met)
Windstärke (Beaufort-Zahl) 9: Leichte Beschädigungen an Bauwerken (Kaminaufbauten und Ziegel fallen) (Windgeschwindigkeit: 41–47 Knoten).

Aufziehleinenstropp (Fallsch)
Ein Stück Drahtkabel, Schnur oder Gurt mit Schlaufenenden oder Metallbeschlägen zur Vergrößerung der Entfernung beim Entfalten zwischen zwei Teilen einer Fallschirmausrüstung.

Strukturelle Dämpfung (Konstr)
Gesamte Dämpfung einer Konstruktion nach dem Zusammenbau.

Strebe; Stiel (Lfz)
Bauteil zur Aufnahme von Druckkräften.

Abgasstutzen (Flmot)
Ein kurzes Rohr, das bei Nichtvorhandensein eines Abgassammlers die Abgase aus einem Zylinder unmittelbar ableitet.

Ansatztragfläche; Flossenstummel (Lfz)
Kurzes Tragflächenstück, das aus dem Flugzeugrumpf oder Flugbootkörper (von dem es gewöhnlich einen Bestandteil bildet) hervorragt und mit dem ein Tragflügel verbunden werden kann.

Quasischwerelosigkeit (Aero)
Zustand, bei dem die resultierende scheinbare Schwerkraft zwischen 0 und 1 g liegt.

Vergleichsgeräuchmesser (Instr)
Instrument zum Messen der Lautstärke durch Hörvergleich mit einem Bezugsgeräusch.

Abklingende aperiodische Bewegung (Stab)
Störung, die ohne Schwingungen abnimmt.

Strömung im Unterschallbereich (Aerodyn)
Strömung, deren Geschwindigkeit überall im Unterschallbereich liegt.

4117 **Subsonic speed (Aerodyn)**
A speed below sonic speed.
(BS 185: Sect. 4: No. 4479)

4118 **Suction face (Prop)**
The face of a propeller blade formed by the
upper boundaries of the aerofoil elements.
(BS 185: Sect. 9: No. 9146)

4119 **Suction flap (A/c)**
A flap whose effectiveness is increased by
boundary-layer suction.
(BS 185: Sect. 5: No. 5334)

4120 **Suction slot (A/c)**
A slot in a surface, such as a wing's surface,
through which boundary layer air is removed
by suction.
(NASA S.1127)

4121 **Suit, exposure ~,**
cf./vgl. S.-No./lfd. Nr. 1553

4122 **Suit, G-~,**
cf./vgl. S.-No./lfd. Nr. 1820

4123 **Suit, pressure ~,**
cf./vgl. S.-No./lfd. Nr. 3234

4124 **Suit, water ~,**
cf./vgl. S.-No./lfd. Nr. 4680

4125 **Sump, crankcase ~**
cf./vgl. S.-No./lfd. Nr. 1182

4126 **Sun compass (Nav, Instr)**
A type of astrocompass with which direction
is determined by utilizing the direction of the
sun.
(NASA S.1128)

4127 **Supercharge (Eng)**
To force more air or fuel-air mixture into an
internal combustion reciprocating engine
than the engine would normally induct under the prevailing atmospheric pressure.
(NASA S.1130)

4128 **Supercharged engine (Eng)**
An engine in which the charge pressure in
the induction system may be increased by
mechanical means above that produced by
normal aspiration.
(BS 185: Sect. 8: No. 8323)

4129 **Supercharger (Eng)**
A compressor used to increase the density of
the air or mixture supplied to an engine. Normally driven either by the engine or by an
exhaust turbine.
(BS 185: Sect. 8: No. 8360)

4130 **Supercharger, axial-flow ~,**
cf./vgl. S.-No./lfd. Nr. 543

4131 **Supercharger, cabin ~,**
cf./vgl. S.-No./lfd. Nr. 819

4132 **Supercharger, centrifugal ~,**
cf./vgl. S.-No./lfd. Nr. 893

4133 **Supercharger, multi-speed ~,**
cf./vgl. S.-No./lfd. Nr. 2784

4134 **Supercharger, multi-stage ~,**
cf./vgl. S.-No./lfd. Nr. 2786

4135 **Supercharger, piston ~,**
cf./vgl. S.-No./lfd. Nr. 3067

4136 **Supercharger, positive-displacement ~,**
cf./vgl. S.-No./lfd. Nr. 3158

4137 **Supercharger, Roots ~,**
cf./vgl. S.-No./lfd. Nr. 3617

4138 **Supercharger, vane ~,**
cf./vgl. S.-No./lfd. Nr. 4586

4139 **Supercirculation (Aerodyn)**
The provision of additional flow over an airfoil, as by air tapped from a compressor, so
as to obtain more than the theoretical lift that
would be obtained with potential flow.
(NASA S.1131)

Unterschallgeschwindigkeit (Aerodyn)
Eine unterhalb der (örtlichen) Schallgeschwindigkeit liegende Geschwindigkeit.

Saugseite (Prop)
Die Seite eines Luftschraubenblattes, die von
den oberen Begrenzungen des Blattprofils gebildet wird.

(Grenzschicht-)Absaugklappe (Lfz)
Klappe, deren Wirksamkeit durch Grenzschichtabsaugung erhöht wird.

Absaugschlitz (Lfz)
Schlitz in einer Oberfläche, wie z. B. der einer
Tragfläche, durch den Grenzschichtluft abge-
saugt wird.

Sonnenkompaß (Nav, Instr)
Eine Art Astrokompaß, bei der die Richtungsbestimmung nach dem Stand der Sonne vorgenommen wird.

Aufladen; Vorverdichten (Flmot)
Das Zuführen, einer größeren Menge von Luft
oder Kraftstoff-/Luftgemisch in einen Verbren-
nungskolbenmotor als dieser normalerweise
bei dem vorherrschenden Luftdruck ansaugen
würde.

Ladermotor (Flmot)
Ein Kolbenmotor, dessen Ladedruck durch
mechanische Mittel über den im Lufteinlaß
herrschenden Druck erhöht werden kann.

Lader (Flmot)
Ein Verdichter, der die Dichte der Ansaugluft
oder des angesaugten Gemischs eines Flugmotors erhöht. Dieser kann entweder direkt vom
Motor oder von einer Abgasturbine angetrieben werden.

Überzirkulation (Aerodyn)
Die Herstellung einer verstärkten Strömung
über einem Tragflügel, wie. z. B. durch die Zu-
führung von einem Kompressor abgenomme-
ner Luft, um einen höheren Auftrieb als den
theoretisch mit der Potentialströmung erreich-
baren zu erzielen.

4140 **Supercompression engine (Eng)**
An unsupercharged engine of high compression ratio which is designed not to be run at full throttle except at or above some predetermined altitude.
(BS 185: Sect. 8: No. 8324)

4141 **Superheat (A/c 1)**
The difference between the temperature of the gas in the envelope or gas bags and that of the surrounding air. If the gas temperature is the higher, the superheat is positive.
(BS 185: Sect. 7: No. 7135)

4142 **Superpressure (A/c 1)**
The amount by which the gas pressure at a specified point in an envelope or gas bag exceeds the pressure in the surrounding air at the same height.
(BS 185: Sect. 7: No. 7136)

4143 **Supersonic effuser (Aerodyn),**
cf./vgl. **Nozzle,** S.-No./lfd. Nr. 2853

4144 **Supersonic flow (Aerodyn)**
Flow in which the speed is everywhere supersonic outside the boundary layer.
(BS 185: Sect. 4: No. 4435)

4145 **Supersonic flow (Aerodyn)**
Flow at a speed greater than the speed of sound in the medium under the prevailing conditions.
(NASA S.1134)

4146 **Supersonic speed (Aerodyn)**
A speed above sonic speed.
(BS 185: Sect. 4: No. 4480)

4147 **Supersonic wind tunnel (Aerodyn)**
A wind tunnel in which the stream velocity is greater than the speed of sound.
(BS 185: Part 1: No. 4528)

4148 **Supplementary aerodrome (ATC)**
An aerodrome designated for use when an aircraft is unable to reach its regular aerodrome.
(BS 185: Sect. 13: No. 13 104)

4149 **Supply mains (El)**
Conductors conveying power from a generating source to a busbar.
(BS 185: Part 2: No. 10 225)

4150 **Supporting surfaces (A/c)**
Surfaces, the primary function of which is to provide lift for an aircraft.
(BS 185: Sect. 5: No. 5354)

4151 **Suppressed aerial (TEL)**
An aerial which does not project from the surface of an aircraft, to eleminate drag from the aerial.
(BS 185: Sect. 14: No. 14 407)

4152 **Suppressor (El)**
A device used to suppress unwanted current or voltage fluctuations, which might give rise to radio interference.
(BS 185: Sect. 10: No. 10 219)

4153 **Suppressor, noise ~,**
cf./vgl. S.-No./lfd. Nr. 2824

4154 **Surface, approach ~,**
cf./vgl. S.-No./lfd. Nr. 429, 430

4155 **Surface, balanced ~,**
cf./vgl. S.-No./lfd. Nr. 579

4156 **Surface, control ~,**
cf./vgl. S.-No./lfd. Nr. 1113

4157 **Surface-friction drag (Aerodyn)**
Drag arising from the resolved components of the tangential forces on the surface of a body.
(BS 185: Sect. 4: No. 4133)

4158 **Surface, landing ~,**
cf./vgl. S.-No./lfd. Nr. 2368

Überverdichtungsmotor (Flmot)
Ein nicht aufgeladener Kolbenmotor, der ein hohes Verdichtungsverhältnis besitzt und so konstruiert ist, daß er nur über einer bestimmten Höhe mit voll geöffneter Drosselklappe laufen darf.

Aufwärmung (Lfz 1)
Differenz zwischen der Gastemperatur in der Hülle oder Gaszelle und der Temperatur der umgebenden Luft. Wenn die Gastemperatur die höhere ist, so ist die Aufwärmung positiv.

Überdruck (Lfz 1)
Betrag, um den der Gasdruck an einem bestimmten Punkt in einer Hülle oder Gaszelle den Druck in der umgebenden Luft bei gleicher Höhe übersteigt.

Strömung im Überschallbereich (Aerodyn)
Strömung, deren Geschwindigkeit außerhalb der Grenzschicht überall im Überschallbereich liegt.

Überschallströmung (Aerodyn)
Eine unter den vorherrschenden Verhältnissen schneller als die Schallgeschwindigkeit im Medium verlaufende Strömung.

Überschallgeschwindigkeit (Aerodyn)
Eine oberhalb der (örtlichen) Schallgeschwindigkeit liegende Geschwindigkeit.

Überschallkanal (Aerodyn)
Windkanal, in dem die Strömungsgeschwindigkeit über der Schallgeschwindigkeit liegt.

Hilfsflugplatz (FS)
Flugplatz, den zu benutzen für den Fall bestimmt wird, daß ein Luftfahrzeug seinen Streckenflugplatz nicht erreichen kann.

Netz(haupt)leitung (El)
Leiter, die elektrische Energie von einem Stromerzeuger zu einer Sammelschiene übertragen.

Tragende Flächen (Lfz)
Flächen, deren Hauptaufgabe darin besteht, Auftrieb für ein Luftfahrzeug zu liefern.

Versenkte Antenne (Fernm)
Antenne, die nicht über die Oberfläche eines Luftfahrzeugs hinausragt, um den Luftwiderstand der Antenne auszuschalten.

Entstörgerät (El)
Ein Gerät zur Unterdrückung unerwünschter Strom- und Spannungsschwankungen, die Funkstörungen verursachen könnten.

Reibungswiderstand (Aerodyn)
Widerstand infolge der Tangentialkräftekomponenten an der Oberfläche eines Körpers.

4159 **Surface loading** (Struct)
The mean normal force per unit area carried by a particular aerofoil under specified aerodynamic conditions.
(BS 185: Sect. 5: No. 5605)

4160 **Surface movement indicator, aerodrome** ~,
cf./vgl. S.-No./lfd. Nr. 66

4161 **Surface oil cooler** (Eng)
A cooler in which some part of the surface of the aircraft is adapted for cooling.
(BS 185: Sect. 8: No. 8228)

4162 **Surface radiator** (Eng)
A radiator in which some part of the surface of the aircraft is adapted for cooling.
(BS 185: Sect. 8: No. 8394)

4163 **Surface, take-off** ~,
cf./vgl. S.-No./lfd. Nr. 4257, 4258

4164 **Surfaces, supporting** ~,
cf./vgl. S.-No./lfd. Nr. 4150

4165 **Surveillance controller** (ATC)
A radar controller employed in the use and interpretation of search and/or height-finding radar equipment.
(BS 185: Sect. 16: No. 16 122)

4166 **Surveillance radar** (TEL)
Radar equipment used to determine the position of an aircraft in range and azimuth.
(ICAO, Doc 4444−RAC/501/8)

4167 **Surveillance radar** (TEL)
A radio-navigational aid employing radar to display at a land station the position of aircraft within its range.
(BS 185: Sect. 14: No. 14 226)

4168 **Surveillance, radar** ~,
cf./vgl. S.-No./lfd. Nr. 3358

4169 **Surveillance radar element, Abbr SRE** (TEL)
An element of the ground-controlled approach system using primary radar to establish the distance and azimuth of all aircraft within its range, so that controlled aircraft can be directed on the approach path.
(BS 185: Sect. 14: No. 14 227)

4170 **Suspension, winch** ~,
cf./vgl. S.-No./lfd. Nr. 4729

4171 **Sustainer** (Miss)
A motor which provides thrust after the boosts, if any, are all burnt, and which does not separate from the missile.
(BS 185: Sect. 6: No. 6217)

4172 **Sweep** (Struct)
The slant of a wing or other airfoil, or of a reference line in an airfoil, with repect to the perpendicular to the longitudinal axis of the aircraft, i. e. **sweepback** or **sweepforward.**
(NASA S.1142)

4173 **Sweep-back or sweep-forward** (A/c)
The angle in plan between a specified spanwise line along an aerofoil and the normal to the plane of symmetry. For an aerofoil as a whole, the quarter-chord line is preferred, but any other specified line such as the leading or trailing edge may be taken for a particular purpose.
(BS 185: Sect. 5: No. 5210)

4174 **Sweep, blade** ~,
cf./vgl. S.-No./lfd. Nr. 697

4175 **Sweep-forward,**
cf./vgl. S.-No./lfd. Nr. 4173

4176 **Sweep, leading** ~,
cf./vgl. S.-No./lfd. Nr. 2404

Flügelbelastung (Konstr)
Mittlere Normalkraft pro Flächeneinheit, die ein bestimmter Tragflügel unter speziellen aerodynamischen Bedingungen aufnimmt.

Oberflächenölkühler (Flmot)
Ein Ölkühler, der einen Teil der Oberfläche eines Luftfahrzeuges als Kühlfläche benutzt.

Oberflächenkühler (Flmot)
Ein Kühler, der einen Teil der Oberfläche eines Luftfahrzeugs zur Wärmeabfuhr benutzt.

Radarlotse für Rundsicht-Radargerät (FS)
Radarlotse für Radar, der mit der Bedienung und Auswertung von Radar-Such- bzw. Höhensuchradar-Geräten beauftragt ist.

Rundsichtradar (Fernm)
Radargerät zur Bestimmung des Standortes eines Luftfahrzeuges nach Entfernung und Richtung.

Rundsicht-Radargerät (Fernm)
Funknavigationseinrichtung, die mittels eines Radargeräts den Standort von Luftfahrzeugen innerhalb seines Erfassungsbereichs bei einer Land-Bodenstelle anzeigt.

Rundsicht-Radargeräteelement (Fernm)
Element des GCA-Anflugsystems, welches mittels des primären Radargeräts die Entfernung und den Azimut von Luftfahrzeugen innerhalb seines Erfassungsbereichs ermittelt, so daß erfaßte Luftfahrzeuge zum Anflugweg geleitet werden können.

Marschtriebwerk (FK)
Triebwerk, das nach Ausbrennen der Zusatztriebwerke, soweit vorhanden, den Schub erzeugt und nicht vom Flugkörper getrennt wird.

Pfeilung; Pfeilwinkel (Konstr)
Der Winkel zwischen einer Tragfläche oder anderem Tragflächenprofil oder der Bezugslinie in einem Tragflügel und der Senkrechten zur Längsachse eines Luftfahrtzeugs, d. h. **Rückwärtspfeilung** bzw. **positive Pfeilung** oder **Vorwärtspfeilung** bzw. **negative Pfeilung.**

Positive oder negative Pfeilstellung (Lfz)
Winkel im Grundriß zwischen einer gegebenen Bezugslinie längs eines Tragflügels und der Senkrechten zur Symmetrieebene. Für einen Tragflügel als Ganzes wird die Linie der 1/4-Punkte bevorzugt, jedoch kann jede andere im einzelnen festgelegte Linie, wie die Vorder- und Hinterkante, für einen besonderen Zweck gewählt werden.

4177 Sweep, trailing ~,
cf./vgl. S.-No./lfd. Nr. 4428

4178 Swell (Met)
Wave motion persisting in the sea after the disturbing cause has passed away or due to a disturbance at a distance, usually characterised by long, low, regular undulations.
(BS 185: Sect. 15: No. 15 125)

Dünung (Met)
Wellenbewegung der Meeresoberfläche, die nach dem Aufhören der ursprünglichen Störungsursache verbleibt, oder die auf eine Störung in einem entfernten Gebiet zurückzuführen ist. Dünung besteht normalerweise aus langen, regelmäßigen Wellenbewegungen von geringer Höhe.

4179 Swept wing (A/c)
A wing having sweep: especially a wing having sweepback of both the leading and the trailing edges.
(NASA S.1143)

Pfeilflügel (Flzg)
Gepfeilte Tragfläche, insbesondere eine Tragfläche, bei der sowohl die Vorder- wie auch die Hinterkante eine positive Pfeilung aufweist.

4180 Swing (Flt OPS)
Involuntary deviation of an aircraft from a straight course while taxying, alighting or taking-off.
(BS 185: Sect. 2: No. 2212)

Ausbrechen (Flbetr am Boden)
Unfreiwillige Abweichung eines Luftfahrzeuges aus einer geraden Richtung während des Rollens, Landens oder Startens.

4181 Swirl-vane (Turbo)
A vane used to impart a swirling motion to the air passing into the flame tube or combustion chamber.
(BS 185: Sect. 8: No. 8454)

Wirbelblech (Turbo)
Ein Blech zum Verwirbeln der in die Brennkammern eintretenden Primärluft.

4182 Switch, altitude ~,
cf./vgl. S.-No./lfd. Nr. 330

4183 Switch, fuel-pressure ~,
cf./vgl. S.-No./lfd. Nr. 1815

4184 Symmetrical flutter (Struct)
Flutter in which the components on the port and starboard sides of an aircraft undergo equal displacements in the same direction at any instant.
(BS 185: Sect. 3: No. 3313)

Symmetrisches Flattern (Konstr)
Flattern, bei dem die Komponenten auf Steuer- und Backbord eines Luftfahrzeugs in jedem Augenblick gleiche Verschiebungen in derselben Richtung erfahren.

4185 Synchroscope (Eng)
An instrument of the voltmeter type that indicates a difference in the rotational speeds of an aircraft's engines.
(NASA S.1146)

Synchroskop (Flmot)
Instrument nach Art der Voltmeter, das eine Drehzahldifferenz der Triebwerke eines Luftfahrzeugs anzeigt.

4186 Synoptic meteorology
The collection and presentation of information regarding meteorological conditions over a wide area at a given time.
(BS 185: Sect. 15: No. 15 126)

Synoptische Meteorologie
Das Sammeln und Aufzeichnen von Daten über Wetterbedingungen in einem größeren Gebiet zu einem gegebenen Zeitpunkt.

4187 Synoptic weather chart (Met)
A chart showing the weather conditions prevailing at a given time over a wide area.
(BS 185: Sect. 15: No. 15 528)

Synoptische Wetterkarte (Met)
Eine Karte, die die Wetterbedingungen zu einer gegebenen Zeit für ein größeres Gebiet zeigt.

4188 System, angle-of-approach indicator ~,
cf./vgl. S.-No./lfd. Nr. 355

4189 System, artificial feel ~,
cf./vgl. S.-No./lfd. Nr. 476

4190 System, beam-approach beacon ~,
cf./vgl. S.-No./lfd. Nr. 670

4191 System, continuous flow oxygen ~,
cf./vgl. S.-No./lfd. Nr. 1062

4192 System, demand oxygen ~,
cf./vgl. S.-No./lfd. Nr. 1267

4193 System, Doppler navigation ~,
cf./vgl. S.-No./lfd. Nr. 1363

4194 System, earth return ~,
cf./vgl. S.-No./lfd. Nr. 1422

4195 System, electrical ~,
cf./vgl. S.-No./lfd. Nr. 1453

4196 System, flight control ~,
cf./vgl. S.-No./lfd. Nr. 1676

4197 System, flight instrument ~,
cf./vgl. S.-No./lfd. Nr. 1692

4198 System, ground-controlled approach ~,
cf./vgl. S.-No./lfd. Nr. 1918

4199 System, guidance ~,
cf./vgl. S.-No./lfd. Nr. 1953

4200 **System, hydraulic ~,**
cf./vgl. S.-No./lfd. Nr. 2099
4201 **System, hyperbolic ~,**
cf./vgl. S.-No./lfd. Nr. 2107
4202 **System, instrument landing ~,**
cf./vgl. S.-No./lfd. Nr. 2236, 2237, 2238
4203 **System, irreversible control ~,**
cf./vgl. S.-No./lfd. Nr. 2296
4204 **System, oil-dilution ~,**
cf./vgl. S.-No./lfd. Nr. 2890
4205 **System, oxygen ~,**
cf./vgl. S.-No./lfd. Nr. 2953
4206 **System, pneumatic ~,**
cf./vgl. S.-No./lfd. Nr. 3112
4207 **System, power-assisted control ~,**
cf./vgl. S.-No./lfd. Nr. 3164
4208 **System, powered control ~,**
cf./vgl. S.-No./lfd. Nr. 3184
4209 **System, q feel ~,**
cf./vgl. S.-No./lfd. Nr. 3323
4210 **System, Rebecca-Eureka ~,**
cf./vgl. S.-No./lfd. Nr. 3454
4211 **System, return-flow ~,**
cf./vgl. S.-No./lfd. Nr. 3534
4212 **System, rho-theta ~,**
cf./vgl. S.-No./lfd. Nr. 3547
4213 **System, screened ignition ~,**
cf./vgl. S.-No./lfd. Nr. 3689
4214 **System, spring feel ~,**
cf./vgl. S.-No./lfd. Nr. 3952
4215 **System, standard beam approach ~,**
cf./vgl. S.-No./lfd. Nr. 3992
4216 **System, straight-flow ~,**
cf./vgl. S.-No./lfd. Nr. 4074

T

4217 **Tab (A/c)**
A hinged rear portion of a control surface or flap.
(BS 185: Sect. 5: No. 5355)

Hilfsruder; Hilfsklappe (Lfz)
Angelenkter hinterer Teil einer Steuerfläche oder Klappe.

4218 **Tab, balance ~,**
cf./vgl. S.-No./lfd. Nr. 574
4219 **Tab, controlled ~,**
cf./vgl. S.-No./lfd. Nr. 1131
4220 **Tab, geared ~,**
cf./vgl. S.-No./lfd. Nr. 1857
4221 **Tab, servo ~,**
cf./vgl. S.-No./lfd. Nr. 3763
4222 **Tab, spring ~,**
cf./vgl. S.-No./lfd. Nr. 3953
4223 **Tab, trimming ~,**
cf./vgl. S.-No./lfd. Nr. 4458
4224 **Tail booms (A/c)**
A cantilever carrying the tail unit of an aircraft in which the fuselage does not perform this function.
(BS 185: Sect. 5: No. 5380)

Leitwerksträger (Lfz)
Freitragende Konstruktion zur Aufnahme des Leitwerks eines Luftfahrzeugs, dessen Rumpf diese Funktion nicht wahrnimmt.

4225 **Tail, butterfly ~,**
cf./vgl. S.-No./lfd. Nr. 808
4226 **Tail cone (A/c)**
A segment or component having a cone or conelike shape at the rear end of something, such as the tapering rear part of an airplane fuselage; an exhaust cone.
(NASA S.1150)

Heckkonus (Flzg)
Segment oder Einzelteil, das am Ende eines Gegenstandes kegelförmig oder als Kegel ausläuft, wie z. B. das spitz zulaufende Heckteil eines Flugzeugrumpfes; ein Abgaskonus.

4227 **Tail-guy mooring (A/c 1)**
A method of securing a balloon close to the ground in its flying attitude, in which the

Heckstroppverankerung (Lfz 1)
Verfahren, um einen Ballon dicht am Boden in seiner Fahrlage festzumachen. Dabei wird ein

outboard end of a rope attached to the stern of the balloon is constrained to travel in a circle.
(BS 185: Sect. 7: No. 7309)

4228 Tail heaviness (Flt OPS)
The tendency of an aircraft to pitch down by the tail in flight.
(BS 185: Sect. 2: No. 2133)

4229 Tail hook (A/c)
An arresting hook at the tail of an airplane.
(NASA S.1151)

4230 Tail pipe (Eng)
A pipe which leads exhaust gases away from a manifold or collector.
(BS 185: Sect. 8: No. 8373)

4231 Tail plane (A/c)
An aerofoil fixed, movable or adjustable in flight, located aft of the main plane, contributing to longitudinal control and/or stability.
(BS 185: Sect. 5: No. 5348)

4232 Tail rotor
On some rotary-wing aircraft, a rotor, usually an antitorque rotor, located at the tail.
(NASA S.1154)

4233 Tail-setting angle (A/c)
The angle between the chord of the main supporting surface and the chord of the tail plane.
(BS 185: Sect. 5: No. 5211)

4234 Tail skid (A/c)
On certain airplanes, a skid attached to the rear part of the airplane on the underside and supporting the tail.
(NASA S.1146)

4235 Tail slide (Flt OPS)
Rearward motion of an aeroplane along its longitudinal axis after a stall.
(BS 185: Sect. 2: No. 2134)

4236 Tail unit (A/c)
The combination of stabilizing and controlling surfaces situated at the rear of an aircraft.
(BS 185: Sect. 5: No. 5361)

4237 Tail-wheel landing gear (A/c)
A landing gear with a tail-wheel undercarriage.
(BS 185: Sect. 5: No. 5391)

4238 Tailerons (A/c),
cf./vgl. **Elevons,** S.-No./lfd. Nr. 1461

4239 Tailless aircraft (A/c)
An aircraft with its longitudinal control and stabilizing surfaces incorporated in the main plane.
(BS 185: Sect. 6: No. 5126)

4240 Take-off (Flt OPS)
The procedure of taking-off.
(BS 185: Part 1: No. 2215)

4241 Take-off area (GS)
A take-off surface augmented in the direction of take-off by a portion of the aerodrome, which the aerodrome authority has declard available for accelerate-stop purposes for aircraft intending to take off in that direction.
(ICAO, Annex 6, 6th Ed.)

4242 Take-off area (GS)
A defined portion on the surface of the ground or water at the end of a runway, stopway or clearway.
(BS 185: Sect. 13: No. 13 321)

4243 Take-off climb area (GS)
A specified portion of the surface of the

Schwanzlastigkeit; Hecklastigkeit (Flbetr)
Tendenz eines Luftfahrzeugs, im Flug nach hinten abzukippen.

Fanghaken (Flzg)
Arretierhaken am Heck eines Flugzeugs.

Abgas(führungs)rohr (Flmot)
Ein Rohr, das die Abgase vom Sammler in die Atmosphäre leitet.

Höhenflosse (Lfz)
Feststehender, beweglicher oder im Flug verstellbarer Tragflügel, der sich hinter der Haupttragfläche befindet und zur Steuerung um die Querachse und/oder Längsstabilität beiträgt.

Heckrotor (Drehfl)
Ein normalerweise dem Drehmoment entgegenwirkender, am Heck eines Drehflüglers befindlicher Rotor.

Höhenflossen-Einstellwinkel (Lfz)
Winkel zwischen der Sehne der Haupttragfläche und der Sehne der Höhenflosse.

Schleifsporn; Schwanzsporn; Hecksporn (Flzg)
Eine bei bestimmten Flugzeugen unterhalb des rückwärtigen Endes angebrachte Kufe zur Unterstützung des Rumpfhinterteils.

Abrutschen über den Schwanz (Flbetr)
Rückwärtsbewegung eines Flugzeugs entlang seiner Längsachse nach einem Strömungsabriß.

(Heck-)Leitwerk (Lfz)
Zusammenfassung der Stabilisierungs- und Steuerflächen, die sich am hinteren Ende eines Luftfahrzeugs befinden.

Spornradfahrwerk (Lfz)
Fahrwerk mit Spornrad-Fahrgestell.

Schwanzloses Flugzeug (Lfz)
Luftfahrzeug, dessen Steuer- und Dämpfungsflächen für die Längssteuerung in die Haupttragfläche einbezogen sind.

Start (Flbetr)
Der Vorgang des Startens.

Startbereich (Bod)
Eine Startfläche, in Startrichtung um denjenigen Teil des Flugplatzes verlängert, den die zuständige Behörde für den Startlaufabbruch von in dieser Richtung startenden Luftfahrzeugen für verfügbar erklärt hat.

Startbereich (Bod)
Ein festgelegter Teil der Boden- oder Wasseroberfläche am Ende einer Piste, Stoppfläche oder Freifläche.

Abflugsektor (Bod)
Ein festgelegter Teil auf der Boden- (oder Was-

ground (or water) beyond the end of a runway or clearway in the direction of take-off. It is an area within which it may be necessary to take one or more of the following actions: restrict the creation of new obstructions; remove objects or mark objects in order to ensure a satisfactory level of safety and efficiency for aircraft operations during the take-off climb phase.
(ICAO, Annex 14, 4th Ed.)

4244 Take-off climb surface (Flt OPS)
A specified portion of an inclined plane or other specified surface limited in plan by the vertical projection of the take-off climb area and chosen so as to establish the heights above which the action described in "take-off climb area" may need to be taken.
(ICAO, Annex 14, 4th Ed.)

4245 Take-off distance available (AMC No. 1) (GS)
The accelerate stop distance available augmented by the length measured in the direction of take-off of the surface of runway, stopway and clearway that the aerodrome authority has declared suitable for climb to 15 metres (50 feet).
(ICAO, Annex 6, 5th Ed.)

4246 Take-off distance available (AMC No. 2) (GS)
The accelerate stop distance available augmented by the length measured in the direction of take-off of the surface of runway, stopway and clearway that the aerodrome authority has declared suitable for climb to 10.5 metres (35 feet).
Note. – The take-off distance available is not intended to exceed twice the take-off run available.
(ICAO, Annex 6, 6th Ed.)

4247 Take-off horsepower (Eng)
A maximum rated horsepower that an engine can develop without damage to itself for a specified short period of time for take-off and initial climb.
(NASA S.1157)

4248 Take-off, jump ~,
cf./vgl. S.-No./lfd. Nr. 2319

4249 Take-off point (Flt OPS)
The point on the runway or alighting channel at which the pilot opens the throttle with a view to taking-off.
(BS 185: Sect. 2: No. 2213)

4250 Take-off power and/or thrust rating (Turbo)
The power and/or thrust (other than propeller thrust) developed under standard sea level static conditions, under the maximum conditions of rotational speed and exhaust gas temperature approved for use in normal take-off.
(ICAO, Annex 8, 5th Ed.)

4251 Take-off power, maximum ~,
cf./vgl. S.-No./lfd. Nr. 2667

4252 Take-off power rating (Eng)
The brake horsepower developed under standard sea level conditions, under the maximum conditions of crankshaft rotational speed and engine manifold pressure approved for use in normal take-off.
(ICAO, Annex 8, 5th Ed.)

4253 Take-off run (Flt OPS)
The distance travelled in contact with the

ser-)oberfläche hinter dem Ende einer Piste oder Freifläche in Startrichtung. Es handelt sich um einen Sektor, in dem es notwendig sein kann, eine oder mehrere der folgenden Maßnahmen zu ergreifen: den Bau neuer Hindernisse zu beschränken; Objekte zu entfernen oder Objekte zu markieren, um ein ausreichendes Maß von Sicherheit und Zügigkeit für den Betrieb von Luftfahrzeugen während der Startsteigphase zu gewährleisten.

Abflugfläche (Flbetr)
Ein festgelegter Teil einer schiefen Ebene oder einer anderen festgelegten Fläche, der im Grundriß durch die vertikale Projektion des Abflugsektors begrenzt und so gewählt ist, daß die Höhen bestimmt werden können, oberhalb welcher es notwendig sein kann, die unter „Abflugsektor" beschriebenen Maßnahmen zu ergreifen.

Verfügbare Startstrecke (AMC 1) (Bod)
Die verfügbare Start(lauf)abbruchstrecke, verlängert um den in Startrichtung gemessenen Teil der Piste, Stoppfläche und Freifläche, den die zuständige Behörde zum Steigen auf 15 Meter (50 Fuß) für geeignet erklärt hat.

Verfügbare Startstrecke (AMC 2) (Bod)
Die verfügbare Start(lauf)abbruchstrecke, verlängert um den in Startrichtung gemessenen Teil der Piste, Stoppfläche und Freifläche, den die zuständige Behörde zum Steigen auf 10,5 Meter (35 Fuß) für geeignet erklärt hat.
Anmerkung: Die verfügbare Startstrecke darf nicht mehr als die doppelte Länge der verfügbaren Startlaufstrecke aufweisen.

Startleistung (Flmot)
Maximale Nennleistung, die ein Flugmotor für eine festgelegte kurze Zeitdauer für den Start und anfänglichen Steigflug abzugeben in der Lage ist, ohne Schaden zu nehmen.

Startpunkt (Flbetr)
Der Punkt auf der Start- und Landebahn bzw. Wasserlandebahn, an welchem der Luftfahrzeugführer auf volle Triebwerkleistung geht, um zu starten.
Start-Nennleistung und/oder -Nennschub (Turbo)
Die Leistung und/oder der Schub (jedoch ohne Propellerschub), die am Stand in Normatmosphäre in Meereshöhe bei den für normalen Start zugelassenen Höchstwerten für Drehzahl und Abgastemperatur erzeugt werden.

Start-Nennleistung (Flmot)
Die Bremsleistung in Normatmosphäre in Meereshöhe bei den für normalen Start zugelassenen Höchstwerten für Kurbelwellendrehzahl und Ladedruck.

Start(lauf)strecke; Startlauf (Flbetr)
Strecke, die während des Starts auf dem Bo-

Earth during taking-off.
(BS 185: Sect. 2: No. 2214)

4254 Take-off run available (GS)
The length of that part of the surface of an aerodrome that:
a) is free from all obstructions;
b) starting at a point at which it can be ensured that the aeroplane will be at the start of the take-off run, does not extend beyond the last point on the take-off surface capable of bearing the weight of the aeroplane under the prevailing operating conditions;
c) is within the limits of the surface that the aerodrome authority has declared available for the normal ground or water run of aeroplanes taking off in a particular direction.
(ICAO, Annex 6, 6th Ed.)

4255 Take-off safety speed (A/c)
The lowest speed above the minimum flying speed at which, in the take-off configuration and after failure at take-off power of the engine most affecting control, a safe margin of control by the pilot is ensured.
(BS 185: Sect. 4: No. 4323)

4256 Take-off speed (Alc)
The indicated air speed of an aircraft at the instant of take-off.
(BS 185: Part 1: No. 4311)

4257 Take-off surface (GS)
That part of the surface of an aerodrome which the aeordrome authority has declared available for the normal ground or water run of aircraft taking off in a particular direction.
(ICAO, Annex 6, 6th Ed.)

4258 Take-off surface (GS)
A portion of an inclined plane, the limits of which are vertically above its corresponding take-off area.
(BS 185: Sect. 13: No. 13 322)

4259 Take-off, time to ~,
cf./vgl. S.-No./lfd. Nr. 4382

4260 Take-off weight, maximum ~,
cf./vgl. S.-No./lfd. Nr. 2668

4261 Take-off weight, maximum licensed ~,
cf./vgl. S.-No./lfd. Nr. 2663

4262 Taking-off (Flt OPS)
An aircraft is taking-off while it accelerates from the take-off point until it becomes airborne.
(BS 185: Sect. 2: No. 2215)

4263 Tandem propellers
A set or arrangement of propellers one behind the other, usually contrarotating propellers.
(NASA S.1160)

4264 Tank, auxiliary ~,
cf./vgl. S.-No./lfd. Nr. 528

4265 Tank, belly ~,
cf./vgl. S.-No./lfd. Nr. 681

4266 Tank, drop ~,
cf./vgl. S.-No./lfd. Nr. 1394

4267 Tank, gravity ~,
cf./vgl. S.-No./lfd. Nr. 1901

4268 Tank, integral ~,
cf./vgl. S.-No./lfd. Nr. 2253

4269 Tank, jettisonable ~,
cf./vgl. S.-No./lfd. Nr. 2317

4270 Tank oil cooler (Eng)
A cooler and oil tank combined.
(BS 185: Sect. 8: No. 8229)

den zurückgelegt wird.

Verfügbare Startlaufstrecke (Bod)
Die Länge desjenigen Teiles der Oberfläche eines Flugplatzes, der
a) von allen Hindernissen frei ist;
b) an einem Punkt beginnt, bei welchem sichergestellt werden kann, daß das Flugzeug am Beginn seines Startlaufs sein wird und der nicht über den letzten Punkt der Startfläche hinausgeht, die die Masse des Flugzeuges unter den vorherrschenden Betriebsbedingungen tragen kann;
c) innerhalb der Grenzen der Fläche liegt, welche die zuständige Behörde für den normalen Startlauf von in einer bestimmten Richtung startenden Flugzeugen für verfügbar erklärt hat.

Sichere Startgeschwindigkeit;
Abhebegeschwindigkeit (Lfz)
Die niedrigste, oberhalb der Mindestfluggeschwindigkeit liegende Geschwindigkeit in Startzustandsform und nach Ausfall des für die Luftfahrzeugführung wesentlichsten Triebwerks, bei der dem Piloten ein sicherer Spielraum für die Luftfahrzeugführung verbleibt.

Abhebegeschwindigkeit;
Startgeschwindigkeit (Lfz)
Angezeigte Fluggeschwindigkeit eines Luftfahrzeugs im Augenblick des Abhebens.

Startfläche (Bod)
Derjenige Teil der Fläche eines Flugplatzes, den die zuständige Behörde für den normalen Startlauf von in einer bestimmten Richtung startenden Luftfahrzeugen für verfügbar erklärt hat.

Startfläche (Bod)
Teil einer schiefen Ebene, dessen Grenzen senkrecht über dem entsprechenden Startbereich liegen.

Starten (Flbetr)
Ein Luftfahrzeug startet, wenn es sich aus der Ruhelage vom Startpunkt aus in Bewegung setzt bis es abhebt.

Tandem-Luftschrauben
Hintereinander angeordnetes, meist gegenläufig arbeitendes Luftschraubenpaar.

Behälterölkühler (Flmot)
Eine Kombination von Ölkühler und Ölbehälter.

4271 **Tank, seaplane** ~,
cf./vgl. S.-No./lfd. Nr. 3702
4272 **Tank, semi-integral** ~,
cf./vgl. S.-No./lfd. Nr. 3729
4273 **Tank, slip** ~,
cf./vgl. S.-No./lfd. Nr. 3846
4274 **Tank vent pipe (A/c)**
A pipe leading from the air space in a fuel tank to the atmosphere.
(BS 185: Part 1: No. 5383)
4275 **Tank vent pipe (A/c)**
A pipe leading from the air-space in an oil tank to the atmosphere or engine casing.
(BS 185: Sect. 8: No. 8233)
4276 **Tank, ventral** ~,
cf./vgl. S.-No./lfd. Nr. 4616
4277 **Tanker (A/c),**
cf./vgl. **Tanker aircraft,** S.-No./lfd. Nr. 4278
4278 **Tanker aircraft (A/c)**
An aircraft designed or adapted for carrying fuel or other liquids in bulk, and which may be equipped to refuel another aircraft.
(BS 185: Sect. 10: No. 10 413)

4279 **Tape, teletypewriter** ~,
cf./vgl. S.-No./lfd. Nr. 4306
4280 **Tapered wing (A/c)**
A wing in which there is progressive decrease in the chord length from root to tip.
(BS 185: Sect. 5: No. 5236)
4281 **Tare weight (A/c)**
For design purposes: the standard weight of a type of aircraft complete in flying order but without crew, fuel, oil, removable equipment or pay load.
(BS 185: Sect. 5: No. 5622)
4282 **Taschengurt (Para)**
Short lengths of tape or webbing, across and external to the rigging lines, joining adjacent lobes of the peripheral hem to increase the critical opening speed, and thereby the rate of inflation, of the parachute.
(BS 185: Sect. 12: No. 12 195)

4283 **Taxi-channel (GS)**
A defined path, on a water aerodrome, intended for the use of taxying aircraft.
(ICAO, Doc 4444–RAC/501/7 & BS 185: Sect. 13: No. 13 323)
4284 **Taxi-channel lights (GS)**
Aeronautical ground lights arranged along a taxi-channel to indicate the route to be followed by taxying aircraft.
(ICAO, Doc 4444–RAC/501/7)
4285 **Taxi-channel markers (GS)**
Markers indicating a taxi channel.
(BS 185: Sect. 13: No. 13 361)

4286 **Taxi circuit, aerodrome** ~,
cf./vgl. S.-No./lfd. Nr. 67
4287 **Taxi-holding position (Flt OPS)**
A designated position short of which taxying aircraft may be required to stop.
(ICAO, Annex 14, 4th Ed.)
4288 **Taxi-holding position (Flt OPS)**
A designated position at which a taxying aircraft is required to wait pending permission to proceed.
(BS 185: Sect. 13: No. 13 324)
4289 **Taxi track (GS),**
cf./vgl. **Taxiway,** S.-No./lfd. Nr. 4290, 4291
4290 **Taxiway (GS)**
A defined path, on a land aerodrome, se-

Kraftstoffbehälter-Entlüftungsrohr (Lfz)
Rohr, das vom Luftraum eines Kraftstoffbehälters an die Außenluft führt.

(Öl-)Behälterentlüftungsrohr (Lfz)
Eine Rohrleitung von dem Luftraum in einem Ölbehälter zur freien Atmosphäre oder in das Motorgehäuse.

Tankerluftfahrzeug (Lfz)
Luftfahrzeug, so ausgelegt oder hergerichtet, daß es Kraftstoff oder andere Flüssigkeiten in Mengen transportieren kann, und möglicherweise so ausgestattet, daß es ein anderes Luftfahrzeug betanken kann.

Trapezflügel (Lfz)
Tragfläche, deren Flügeltiefe von der Tragflächenwurzel bis zur -spitze ständig abnimmt.

Leermasse; Rüstgewicht (Lfz)
Für Konstruktionszwecke: nominale Masse eines flugbereiten Luftfahrzeugmusters, jedoch ausschließlich Besatzung, Kraftstoff, Öl, beweglicher Ausrüstung oder Nutzlast.

Taschengurte (Fallsch)
Kurze Bänder oder Gurte, die quer zu den Fangleinen und um diese herumlaufend die Ränder benachbarter Lagen der Fallschirmkappe miteinander verbinden, um die kritische Öffnungsgeschwindigkeit und damit die Füllungsgeschwindigkeit des Fallschirms zu erhöhen.

Zufahrtrinne; Wasserrollbahn (Bod)
Ein festgelegter Weg auf einem Wasserflugplatz, der für die Zufahrt von Luftfahrzeugen bestimmt ist.

Zufahrtrinnenfeuer; Wasserrollbahnfeuer (Bod)
Luftfahrtbodenfeuer, die längs einer Zufahrtrinne angeordnet sind und den Weg für Luftfahrzeuge anzeigen.

Wasserrollbahn-Sichtzeichen; Zufahrtrinnenmarker (Bod)
Sichtzeichen, die eine Wasserrollbahn kennzeichnen.

Rollhalt(eort) (Flbetr am Boden)
Ein bezeichneter Ort, vor dem rollende Luftfahrzeuge zum Anhalten aufgefordert werden können.

Rollhalt(eort) (Flbetr am Boden)
Bestimmter Platz, an dem rollende Luftfahrzeuge warten müssen, bis sie die Erlaubnis zum Weiterrollen erhalten.

Rollweg; Rollbahn (Bod)
Ein festgelegter Weg auf einem Landflugplatz,

lected or prepared for the use of taxying aircraft.
(ICAO, Annex 2, 5th Ed., Annex 4, 5th Ed., Annex 14, 4th Ed. & BS 185: Sect 13: No. 13 325)

4291 Taxiway (GS)
A specially prepared or designated path on a land aerodrome for the use of taxying aircraft.
(AAP-6)

4292 Taxiway lights (GS)
Aeronautical ground lights arranged along a taxiway to indicate the route to be followed by taxying aircraft.
(ICAO, Doc 4444–RAC/501/7)

4293 Taxiway lights (GS)
Lights marking a taxiway.
(BS 185: Sect. 13: No. 13 347)

4294 Taxying (Flt OPS on the ground)
Movement of an aircraft under its own power in contact with the Earth, other than when taking-off or alighting.
(BS 185: Sect. 2: No. 2216)

4295 Tear-off cap (Para)
A piece of fabric, lightly sewn over the opening of a pack, and torn off by tension in the static line, allowing the parachute to deploy.
(BS 185: Sect. 12: No. 12 196)

4296 Telecommunication
Any transmission, emission or reception of signs, signals, writing, images and sounds or intelligence of any nature by wire, radio, visual or other electro-magnetic systems.
(ICAO, Annex 10, Volume II, 1st Ed.)

4297 Telecommunication agency, aeronautical ~,
cf./vgl. S.-No./lfd. Nr. 120
4298 Telecommunication log, aeronautical ~,
cf./vgl. S.-No./lfd. Nr. 121
4299 Telecommunication log, automatic ~,
cf./vgl. S.-No./lfd. Nr. 517
4300 Telecommunication network, aeronautical fixed ~,
cf./vgl. S.-No./lfd. Nr. 107
4301 Telecommunication service, aeronautical ~,
cf./vgl. S.-No./lfd. Nr. 122
4302 Telecommunication service, international ~,
cf./vgl. S.-No./lfd. Nr. 2282
4303 Telecommunication station, aeronautical ~,
cf./vgl. S.-No./lfd. Nr. 123

4304 Telemeter (Instr)
An instrument or apparatus for automatically measuring a quantity, such as speed, acceleration, temperature, etc., and transmitting the measurement to a distant station, used for example in a sounding balloon or rocket.
(NASA S.1165)

4305 Telephony, radio ~,
cf./vgl. S.-No./lfd. Nr. 3407
4306 Teletypewriter tape (TEL)
A tape on which signals are recorded in the 5-unit Start-Stop code by completely severed perforations (chad tape) or by partially severed perforation (chadless tape) for transmission over teletypewriter circuits.
(ICAO, Annex, Volume II, 1st Ed.)
4307 Temperatur, exhaust gas ~,
cf./vgl. S.-No./lfd. Nr. 1542
4308 Temperatur inversion (Met)
A condition in which the usual decrease of temperature with increasing altitude is in-

der für die Benutzung durch Luftfahrzeuge ausgewählt oder hergerichtet ist.

Rollweg (Bod)
Zum Rollen von Luftfahrzeugen besonders hergerichtete oder vorgesehene Bahn auf einem Landflugplatz.

Rollwegfeuer; Rollbahnfeuer (Bod)
Luftfahrtbodenfeuer, die längs eines Rollweges angeordnet sind und den Weg für Luftfahrzeuge anzeigen.

Rollbahnfeuer (Bod)
Feuer zur Kennzeichnung einer Rollbahn.

Rollen (Flbetr am Boden)
Bewegung eines Luftfahrzeugs auf dem Boden mit eigener Kraft, außer bei Start und Landung.

Reißkappe (Fallsch)
Stoffkappe, die leicht auf die Öffnung einer Packhülle aufgenäht ist, und die durch Zug an der selbsttätigen Aufziehleine aufgerissen wird, woraufhin sich der Fallschirm entfalten kann.

Fernmeldeverkehr
Jede Übermittlung, Aussendung und jeder Empfang von Zeichen, Signalen, Schriftzeichen, Bildern und Tönen oder Nachrichten jeder Art durch Draht, Funk, optische oder andere elektromagnetische Systeme.

Fernmeßgerät (Instr)
Instrument oder Apparat zur automatischen Messung von Werten, wie z. B. Geschwindigkeit, Beschleunigung, Temperatur usw., von dem aus die Meßwerte an eine abgesetzte Empfangsstation übermittelt werden, wie z. B. im Falle eines Höhensondenballons oder einer Meßrakete.

Fernschreiblochstreifen (Fernm)
Ein Streifen, auf dem zur Übermittlung über Fernschreibverbindungen Zeichen im Fünferalphabet gelocht (Stanzstreifen) oder geprägt (Prägestreifen) aufgezeichnet sind.

(Temperatur-)Inversion; Temperaturumkehr (Met)
Wetterbedingungen, unter denen die üblicher-

verted, i. e. in which the temperature increases with increasing altitude. (NASA S.1166)

4309 Temperature stress (Struct)
A stress induced when a structure embodying materials with different coefficients of linear expansion is exposed to a temperature other than that prevailing at the time of assembly.
(BS 185: Sect. 3: No. 3122)

4310 Temporary visitor (AT)
Any person, without distinction as to race, sex, language or religion, who disembarks and enters the territory of a Contracting State other than that in which that person normally resides; remains there for not more than three months for legitimate non-immigrant purposes, such as touring, recreation, sports, health, familiy reasons, study, religious pilgrimages, or business; and does not take up any gainful occupation during his stay in the territory visited.
(ICAO, Annex 9, 5th Ed.)

4311 Tender, refuelling ~,
cf./vgl. S.-No./lfd. Nr. 3494

4312 Terminal control area (ATC)
A control area normally established at the confluence of ATS routes in the vicinity of one or more major aerodromes.
(ICAO, Annex 2, 5th Ed., Annex 11, 5th Ed.)

4313 Terminal nose-dive (Flt OPS)
A dive during which an aircraft reaches its terminal velocity.
(BS 185: Sect. 2: No. 2106)

4314 Terminal velocity (A/c)
a. The highest value of the limiting velocity.
b. The velocity for which the drag of a freely falling body just balances the weight of a given altitude.
(BS 185: Sect. 4: No. 4159)

4315 Terrain clearance warning indicator (TEL)
An airborne radionavigational device giving a warning signal when the clearance between the aircraft and the Earth immediately below reaches a predetermined minimum value.
(BS 185: Sect. 14: No. 14 235)

4316 Terrestrial guidance (Miss)
A system of guidance with reference to the strength and/or direction of the Earth's magnetic and/or gravitational field.
(BS 185: Sect. 6: No. 6519)

4317 Tertiary holes (Turbo)
Holes through which air is passed into a flame tube downstream of the secondary holes to dilute the hot gas and so to reduce its temperature.
(BS 185: Sect. 8: No. 8451)

4318 Test bed (Eng)
A base, mount, or frame within or upon which a piece of equipment, especially an engine, is secured for testing.
(NASA S.1169)

4319 Test coupling, ground ~,
cf./vgl. S.-No./lfd. Nr. 1929

4320 Test distortion, degree of standardized ~,
cf./vgl. S.-No./lfd. Nr. 1256

4321 Test, flight ~,
cf./vgl. S.-No./lfd. Nr. 1709

4322 Test, high-voltage ~,
cf./vgl. S.-No./lfd. Nr. 2030

weise mit zunehmender Höhe erfolgende Temperaturabnahme umgekehrt wird, d. h. es erfolgt ein Ansteigen der Temperatur mit zunehmender Höhe.

Temperaturspannung (Konstr)
In einer Konstruktion aus Materialien mit unterschiedlichen linearen Ausdehnungskoeffizienten dann auftretende Spannungen, wenn diese Konstruktion einer anderen als zum Zeitpunkt des Zusammenbaues vorherrschenden Temperatur ausgesetzt wird.

Zeitweiliger Besucher (LVerk)
Jede Person, ohne Unterschied der Rasse, des Geschlechts, der Sprache oder Religion, die aussteigt und in das Gebiet eines Vertragsstaates einreist, in dem sie nicht ständig wohnt, und sich dort nicht länger als drei Monate zu rechtmäßigen, nicht auf Einwanderung gerichteten Zwecken wie Touristik, Erholung, Sport, Gesundheit, familiäre Gründe, Studium, religiöse Pilgerfahrten oder Geschäfte aufhält und während ihres Aufenthaltes in dem besuchten Gebiet keiner erwerbsmäßigen Beschäftigung nachgeht.

Nahverkehrsbereich (FS)
Ein Kontrollbezirk, der in der Regel am Knotenpunkt von Flugverkehrsstrecken in der Nähe eines oder mehrerer größerer Flugplätze errichtet ist.

Endsturzflug (Flbetr)
Sturzflug, bei dem ein Luftfahrzeug seine Endgeschwindigkeit erreicht.

Endgeschwindigkeit (Lfz)
a) Höchster Wert der Grenzgeschwindigkeit.
b) Die Geschwindigkeit, bei der sich der Widerstand eines frei fallenden Körpers in einer gegebenen Höhe mit seinem Gewicht ausgleicht.

Echolot-Warngerät (Fernm)
Bord-Funknavigationsgerät, das ein Warnsignal gibt, wenn der Abstand zwischen dem Luftfahrzeug und der senkrecht darunter liegenden Erdoberfläche einen vorgegebenen Mindestwert unterschreitet.

Terrestische Lenkung (FK)
Lenksystem bezogen auf Stärke und/oder Richtung des erdmagnetischen Felds und/oder des Erdschwerefelds.

Tertiärluftlöcher (Turbo)
Öffnungen in einem Flammrohr, die hinter den Sekundärluftlöchern in einem Flammrohr angebracht sind und durch die die restliche Ansaugluft eintritt, um sich mit den Brenngasen zu vermischen und dadurch deren Temperatur herabzusetzen.

Prüfgerüst; Prüfstand (Flmot)
Plattform, Einbauvorrichtung oder Rahmen, in bzw. auf denen ein Gerät, insbesondere ein Motor, für Prüfzwecke befestigt ist.

4323 Test, proof ~,
cf./vgl. S.-No./lfd. Nr. 3264
4324 Test, resonance ~,
cf./vgl. S.-No./lfd. Nr. 3525
4325 Test stand (Eng, Instr)
A stationary platform or table, together with
any testing apparatus attached thereto, for
testing or proving engines, instruments, etc.
(NASA S.1171)
4326 Theory, semi-rigid ~,
cf./vgl. S.-No./lfd. Nr. 3731
4327 Thermal (Met)
A rising current of warm air.
(NASA S.1172)
4328 Thermal barrier (Aero)
An obstacle to flight beyond certain very
high speeds owing to the aerodynamic heating that takes place. Also called "heat barrier".
(NASA S.1173)
4329 Thermal wind (Met)
The vector difference between the winds at
two levels due to the mean horizontal gradient of temperature in the layer of atmosphere between those levels.
(BS 185: Sect. 15: No. 15 236)
4330 Thermograph (Met)
A recording thermometer.
(BS 185: Sect. 15: No. 15 710)
4331 Thermometer (Met)
An instrument for measuring temperature.
(BS 185: Part 3: No. 15 711)
4332 Thermostatic valve (Eng),
cf./vgl. **Oil control valve,** S.-No./lfd. Nr. 2882
4333 Thickness/chord ratio (A/c)
The ratio of the maximum thickness of an
aerofoil section measured perpendicular to
the chord, to the chord length.
(BS 185: Sect. 5: No. 5237)
4334 Thickness lines (Met)
Lines joining points on a chart of which the
vertical distance between specified constant
pressure surfaces is the same.
(BS 185: Sect. 15: No. 15 510)
4335 Thickness, profile ~,
cf./vgl. S.-No./lfd. Nr. 3260
4336 Thickness ratio (A/c),
cf./vgl. **Thickness/chord ratio,** S.-No./lfd. Nr.
4333
4337 Three-component balance (Aerodyn)
A wind tunnel balance for measuring three
components of forces and moments, usually
lift, drag and pitching moment.
(BS 185: Sect. 4: No. 4649)
4338 Threshold (GS)
The beginning of that portion of the runway
usable for landing.
(ICAO, Annex 14, 4th Ed.)
4339 Threshold, cruising ~,
cf./vgl. S.-No./lfd. Nr. 1208
4340 Threshold lights (GS)
Lights indicating the longitudinal limits of
that portion of the runway or strip which is
usable for landing.
(BS 185: Sect. 13: No. 13 348)
4341 Throttle, air-compressor intake ~,
cf./vgl. S.-No./lfd. Nr. 167
4342 Throttle ice (Met)
Ice formed in or near the engine throttle by
the cooling due to isentropic expansion of
the inspired air in the temperature range of
0° C to 5° C.
(BS 185: Sect. 15: No. 15 617)

Prüfstand (Flmot, Instr)
Ortsfeste Plattform oder Tisch mit montiertem
Prüfgerät zur Überprüfung oder Erprobung
von Motoren, Instrumenten usw.

Thermik (Met)
Eine aufsteigende Warmluftströmung.

Wärmemauer (Aero)
Durch die jenseits bestimmter, sehr hoher Geschwindigkeiten auftretende aerodynamische
Aufheizung gegebene Behinderung des Fliegens. Im Englischen auch als "heat barrier"
(= Hitzemauer) bezeichnet.
Thermischer Wind; Scherwind (Met)
Die Vektordifferenz zwischen den Winden in
zwei Höhenniveaus, die sich aufgrund des
mittleren horizontalen Temperaturgradienten
der dazwischenliegenden Luftschicht ergibt.

Thermograph (Met)
Ein registrierendes Thermometer.

Thermometer (Met)
Ein Gerät zum Messen der Temperatur.

Dickenverhältnis; relative Profildicke (Lfz)
Verhältnis der senkrecht zur Profilsehne gemessenen maximalen Profildicke zur Flügeltiefe.

Linien gleicher Schichtdicke (Met)
Linien, welche auf einer Karte diejenigen
Punkte verbinden, für die der vertikale Ab-
stand zwischen bestimmten Flächen gleichen
Druckes derselbe ist.

Dreikomponentenwaage (Aerodyn)
Wägeeinrichtung im Windkanal zum Messen
von drei Kraftkomponenten und Momenten,
die im allgemeinen Auftrieb, Widerstand und
Längsmoment umfassen.
Schwelle (Bod)
Der Anfang des für die Landung benutzbaren
Teiles der Piste.

Schwellenfeuer (Bod)
Feuer, durch welche die Längsbegrenzungen
des für die Landung nutzbaren Teils der Piste
oder des Start- und Landestreifens gekennzeichnet werden.

Vergaservereisung (Met)
Eisablagerung an oder nahe des Vergasers eines Flugmotors infolge der Abkühlung der
Luft bei isentropischer Expansion der Ansaugluft im Temperaturbereich zwischen 0° bis 5 °C

4343 Through-flight (AT)
A particular operation of aircraft, identified by the operator by the use throughout of the same symbol, from point of origin via any intermediate points to point of destination. (ICAO, Annex 9, 5th Ed.)

4344 Thrown line (Para),
cf./vgl. **Blown periphery,** S.-No./lfd. Nr. 713

4345 Thrust (Aerodyn)
The aerodynamic force attributed to the propulsive system.
(BS 185: Sect. 4: No. 4146)

4346 Thrust (Prop)
The component of the resultant air force on a propeller, parallel to the propeller axis.
(BS 185: Part 2: No. 9148)

4347 Thrust, apparent ~,
cf./vgl. S.-No./lfd. Nr. 391

4348 Thrust, gross ~,
cf./vgl. S.-No./lfd. Nr. 1911

4349 Thrust, maximum continuous power and/or ~,
cf./vgl. S.-No./lfd. Nr. 2655

4350 Thrust, net ~,
cf./vgl. S.-No./lfd. Nr. 2808

4351 Thrust, propulsive ~,
cf./vgl. S.-No./lfd. Nr. 3299

4352 Thrust rating, take-off ~,
cf./vgl. S.-No./lfd. Nr. 4250

4353 Thrust reverser (Turbo)
A controllable device mounted at or on the propelling nozzle to reverse the jet thrust.
(BS 185: Sect. 8: No. 8483)

4354 Thrust reverser (Turbo)
A device or apparatus for reversing thrust, especially of a jet engine.
(NASA S.1181)

4355 Thrust, shaft ~,
cf./vgl. S.-No./lfd. Nr. 3769

4356 Thrust spoiler (Turbo)
A controllable device mounted at or on the propelling nozzle to reduce the jet thrust.
(BS 185: Sect. 8: No. 8483)

4357 Thrust, static ~,
cf./vgl. S.-No./lfd. Nr. 4032

4358 Thrust, static jet ~,
cf./vgl. S.-No./lfd. Nr. 4020

4359 Thrust, weight per pound ~,
cf./vgl. S.-No./lfd. Nr. 4720

4360 Thrust/weight ratio (Struct)
The thrust of the power plant divided by the gross weight of the aircraft.
(BS 185: Part 1: No. 5509)

4361 Thrust wire (A/c1) 1
A wire led aft from an engine car to the hull or envelope to transmit thrust.
(BS 185: Sect. 7: No. 7262)

4362 Tilt, blade ~,
cf./vgl. S.-No./lfd. Nr. 698

4363 Time, approach ~,
cf./vgl. S.-No./lfd. Nr. 433

4364 Time, arrival ~,
cf./vgl. S.-No./lfd. Nr. 472

4365 Time, block ~,
cf./vgl. S.-No./lfd. Nr. 709

4366 Time, buoy-to-buoy ~,
cf./vgl. S.-No./lfd. Nr. 795

4367 Time, chock-to-chock ~,
cf./vgl. S.-No./lfd. Nr. 913

4368 Time, departure ~,
cf./vgl. S.-No./lfd. Nr. 1275

4369 Time, dual instruction ~,
cf./vgl. S.-No./lfd. Nr. 1400

Durchgehender Flug (LVerk)
Ein bestimmter Flug, der auf der gesamten Strecke vom Ausgangspunkt über beliebige Zwischenpunkte bis zum Bestimmungsort die gleiche, vom (Luftfahrzeug-)Halter festgelegte Bezeichnung trägt.

Schub (Aerodyn)
Die dem Antriebssystem zuzuschreibende aerodynamische Kraft.

Schub (Prop)
Die parallel zur Luftschraubenachse verlaufende Komponente der resultierenden Luftkraft an einer Luftschraube.

Schubumlenkung; Schubumkehrer (Turbo)
Eine verstellbare Konstruktion der Schubdüse, durch die der Strahlschub umgelenkt werden kann.

Schubumlenkung (Turbo)
Vorrichtung oder Gerät zum Umlenken des Schubs insbesondere eines Strahltriebwerks.

Strahlbremse (Turbo)
Eine verstellbare Konstruktion der Schubdüse, durch die der Strahlschub reduziert werden kann.

Reziproke Schubbelastung; Schub/Masse-Verhältnis (Konstr)
Schub der Triebwerksanlage dividiert durch die Gesamtmasse des Luftfahrzeuges.

Schubkabel (Lfz 1)
Draht, der den Schub von einer Motorgondel nach hinten auf das Gerippe oder die Hülle leiten soll.

4370 Time, expected approach ~,
cf./vgl. S.-No./lfd. Nr. 1551
4371 Time, flight ~,
cf./vgl. S.-No./lfd. Nr. 1711,
1712
4372 Time, flying ~,
cf./vgl. S.-No./lfd. Nr. 1755
4373 Time, Greenwich mean ~,
cf./vgl. S.-No./lfd. Nr. 1904
4374 Time, ground running ~,
cf./vgl. S.-No./lfd. Nr. 1925
4375 Time, inflation ~,
cf./vgl. S.-No./lfd. Nr. 2200
4376 Time, instrument ~,
cf./vgl. S.-No./lfd. Nr. 2244
4377 Time, instrument ground ~,
cf./vgl. S.-No./lfd. Nr. 2235
4378 Time, local mean ~,
cf./vgl. S.-No./lfd. Nr. 2528
4379 Time, local sidereal ~,
cf./vgl. S.-No./lfd. Nr. 2529
4380 Time, opening ~,
cf./vgl. S.-No./lfd. Nr. 2906
4381 Time, standard ~,
cf./vgl. S.-No./lfd. Nr. 3996

4382 Time to take-off (Flt OPS)
The duration of taking-off.
(BS 185: Sect. 2: No. 2217)

Startdauer (Flbetr)
Die zum Starten benötigte Zeit.

4383 Time, zone ~,
cf./vgl. S.-No./lfd. Nr. 4827

4384 Tip-path plane (Rotor)
The plane substantially containing the path
described by the blade tips as they rotate.
(BS 185: Sect. 5: No. 5746)

Blattspitzenebene (Drehfl)
Ebene, die im wesentlichen den von den rotierenden Blattspitzen beschriebenen Weg enthält.

4385 Tip speed (Rotor)
The mean angular velocity of the rotor multi-
plied by the rotor radius.
(BS 185: Sect. 5: No. 5744)

Blattspitzengeschwindigkeit (Drehfl)
Mittlere Winkelgeschwindigkeit des Rotors
multipliziert mit dem Rotorhalbmesser.

4386 Tip vortex (Aerodan)
A vortex springing from the tip of a wing or
other surface owing to the flow of air around
the tip from the high-pressure region below
the surface to the low-pressure region above
it.
(NASA S.1189)

Randwirbel (Aerodyn)
Wirbel, der an der Spitze eines Tragflügels
oder einer anderen Fläche dadurch entsteht,
daß die Luft aus dem Bereich hohen Drucks
unterhalb der Tragfläche um deren Spitze zum
Bereich niedrigen Drucks oberhalb der Fläche
strömt.

4387 Top camber, cf./vgl.
Upper camber, S.-No./lfd. Nr. 4553

4388 Topping-up (A/c 1)
The replenishment of a lighter-than-air air-
craft with gas.
(BS 185: Sect. 7: No. 7137)

Nachfüllen (Lfz 1)
Wiederauffüllen eines Luftfahrzeugs leichter
als Luft mit Gas.

4389 Torch igniter (Turbo)
A combined igniter plug and fuel atomizer
for initiating combustion when starting the
turbine.
(BS 185: Sect. 8: No. 8446)

Fackelzünder (Turbo)
Eine Kombination von einer Anlaßzündkerze
und einem Kraftstoffzerstäuber, mit deren
Hilfe die Verbrennung beim Anlassen einer
Gasturbine eingeleitet wird.

4390 "Torn-tape" relay installation (TEL)
A teletypewriter installation where messages
are received and relayed in teletypewriter
tape form and where all operations of relay
are performed as the result of operator intervention.
(ICAO, Annex 10, Volume II, 1st Ed.)

**Lochstreifen-Weitergabeeinrichtung;
nichtautomatische Weitergabeeinrichtung
(Fernm)**
Eine Fernschreibeinrichtung, bei der Meldungen in Fernschreiblochstreifenform empfangen und weitergegeben werden und bei der
alle Weitergabevorgänge durch das Eingreifen
des Bedienungspersonals erfolgen.

4391 Tornado (Met)
(1) A violent whirlwind of small radius, advancing over the land, in which winds of
destructive force circulate round a centre.
It forms a region of strong ascending currents and is generally made visible by a
funnel cloud.
(2) in West Africa the squall accompanying a
thunderstorm; it occurs most frequently
during the transition months between

Tornado; Wirbelsturm (Met)
(1) Ein heftiger Wirbelwind mit kleinem
Durchmesser, der sich über Land fortbewegt und in dem Winde von zerstörender
Gewalt um ein Zentrum wehen. Er bildet
ein Gebiet starker Aufwindströmungen
und ist im allgemeinen an einer trichterför-
migen Wolke zu erkennen.
(2) In Westafrika ein Gewitter in Begleitung einer Böenlinie. Tritt am häufigsten in den

rainy and dry seasons.
(BS 185: Sect 15: No. 15 237)

4392 Toroidal guide vane (Turbo)
A flared annular guide-vane in an air-intake casing to guide the incoming air evenly over the entire area of the impeller intake.
(BS 185: Sect. 8: No. 8267)

4393 Torque (Prop)
The moment of the air forces on a propeller about its axis of rotation.
(BS 185: Sect. 9: No. 9151)

4394 Torque, aerodynamic ~,
cf./vgl. S.-No./lfd. Nr. 83

4395 Torque dynamometer (Eng)
An item of test equipment for absorbing the power and measuring the torque of an engine.
(BS 185: Sect. 8: No. 8217)

4396 Torque links (A/c)
A linkage to prevent relative rotation between telescopic members.
(BS 185: Sect. 5: No. 5397)

4397 Torquemeter (Eng)
A device fitted to an engine for measuring its torque output.
(BS 185: Sect. 8: No. 8218)

4398 Total equivalent brake horsepower (Turbo)
In propeller turbine engines: the brake horsepower available at the propeller shaft plus the equivalent horsepower derived from the jet thrust.
(BS 185: Sect. 8: No. 8409)

4399 Total head (Aerodyn)
The sum of the dynamic and static pressure.
(BS 185: Part 1: No. 4413)

4400 Total lift (Aerodyn)
The component of force in the direction of the lift axis excluding that due to gravity.
(BS 185: Part 1: No. 4131)

4401 Touch-down (Flt OPS)
An aircraft touches down when it makes contact with the Earth and ceases to be fully airborne.
(BS 185: Sect. 2: No. 2218)

4402 Touchdown (Flt OPS)
The point where the nominal glide path intercepts the runway.
Note. – Touchdown as defined above is only a datum and is not necessarily the actual point at which the aircraft will touch the runway.
(ICAO, Doc 4444–RAC/501/8)

4403 Towed glider (A/c)
A glider which relies on towing for sustained flight.
(BS 185: Sect. 5: No. 5114)

4404 Track (A/c)
The distance between the outer points of contact of the port and starboard main undercarriages.
(BS 185: Sect. 5: No. 5398)

4405 Track, cf./vgl., **Tread,** S.-No./lfd. Nr. 4449

4406 Track (Nav)
The projection on the Earth's surface of the path of an aircraft, the direction of which at any point is usually expressed in degrees from North (true, magnetic or grid).
(ICAO, Annex 2, 5th Ed., Annex 11, 5th Ed.)

4407 Track (Nav)
The projection of the path of an aircraft on the Earth's surface.
(BS 185: Sect. 11: No. 11 135)

Übergangsmonaten zwischen der Regenzeit und der Trockenzeit auf.
Toroidale Eintrittsleitschaufel (Turbo)
Sich nach außen erweiternde, ringförmige Leitschaufel im Einlaßgehäuse, die die einströmende Luft gleichmäßig über den Laufradeintritt verteilen soll.
Drehmoment (Prop)
Das Moment der Luftkräfte einer Luftschraube um ihre Drehachse.

Drehmomentenwaage (Flmot)
Ein Prüfgerät, das die Motorleistung aufnimmt und das Drehmoment mißt.

Drehmomentenstückegabel;
Federbeinschere (Lfz)
Gestänge zur Verhinderung der Verdrehung von Gliedern eines Teleskopfederbeins gegeneinander.
Drehmoment(en)messer (Flmot)
Ein in einen Motor eingebautes Gerät zum Messen des abgegebenen Drehmoments.

Gesamte äquivalente Bremsleistung (Turbo)
Beim Propellerturbinen-Luftstrahltriebwerk: Die Summe aus der Leistung an der Luftschraubenwelle und der aus dem Strahlschub umgerechneten äquivalenten Schubleistung.

Gesamtdruck (Aerodyn)
Summe von Staudruck und statischem Druck.

Gesamtauftrieb (Aerodyn)
Kraftkomponente in Richtung der Auftriebsachse unter Ausschluß der Schwerkraft.

Aufsetzen (Flbetr)
Ein Luftfahrzeug setzt auf, wenn es den Boden berührt und nicht mehr voll von der Luft getragen wird.

Aufsetzpunkt (Flbetr)
Der Punkt, an dem der Soll-Gleitweg die Landebahn schneidet.
Anmerkung: Der oben definierte Aufsetzpunkt ist nur ein Bezugspunkt und nicht unbedingt der Punkt, an dem das Luftfahrzeug die Landebahn tatsächlich berührt.

Geschlepptes Gleitflugzeug (Lfz)
Gleitflugzeug, das für längere Flüge darauf angewiesen ist, sich schleppen zu lassen.

Spurweite (Lfz)
Abstand zwischen den äußeren Berührungspunkten des linken und rechten Hauptfahrgestells mit dem Boden.

Kurs über Grund (Nav)
Der auf die Erdoberfläche projizierte Flugweg eines Luftfahrzeuges, dessen Richtung an irgendeinem Punkt gewöhnlich in Graden ausgedrückt und auf rechtweisend, mißweisend oder Gitter-Nord bezogen wird.
Kurs über Grund (Nav)
Projektion des Wegs eines Luftfahrzeugs auf die Erdoberfläche.

4408 Track angle (Nav)
The angle, at any instant, between the track and the meridian through the aircraft.
(BS 185: Sect. 11: No. 11 136)

4409 Track guide (TEL)
A radio beacon system providing one or more tracks for the guidance of aircraft.
(BS 185: Sect. 14: No. 14 219)

4410 Track, holding ~,
cf./vgl. S.-No./lfd. Nr. 2044

4411 Track, out-of ~,
cf./vgl. S.-No./lfd. Nr. 2934

4412 Track, perimeter ~,
cf./vgl. S.-No./lfd. Nr. 3027

4413 Track, taxi ~,
cf./vgl. S.-No./lfd. Nr. 4289

4414 Tractor aeroplane (A/c)
An aeroplane fitted with tractor propellers.
(BS 185: Sect. 5: No. 5108)

4415 Tractor propeller (Prop)
A propeller designed normally to produce tension in the propeller shaft.
(BS 185: Sect. 9: No. 9140)

4416 Trade winds (Met)
Persistent winds which blow from the horse latitudes towards the doldrums. The flow from the north-east in the northern hemisphere and from the south-east in the southern hemisphere.
(BS 185: Sect. 15: No. 15 238)

4417 Trade zone, customs-free ~,
cf./vgl. S.-No./lfd. Nr. 1216

4418 Traffic, aerodrome ~,
cf./vgl. S.-No./lfd. Nr. 68, 69

4419 Traffic air ~,
cf./vgl. S.-No./lfd. Nr. 259, 260

4420 Traffic circuit, aerodrome ~,
cf./vgl. S.-No./lfd. Nr. 70, 71

4421 Traffic director (ATC)
A radar controller employed in the identification and directing of aircraft in a desired traffic pattern, and in maintaining suitable separation between aircraft and aircraft tracks so as to allow an expeditious flow of air traffic at all times.
(BS 185: Sect. 16: No. 16 123)

4422 Trail, condensation ~,
cf./vgl. S.-No./lfd. Nr. 1033

4423 Trail rope (A/c)
1. A rope trailed by a balloon over the ground to decrease the ground speed and to regulate the height automatically when near the ground by varying the weight of the rope carried by the balloon.
2. A rope carried in an airship for ground handling.
(BS 185: Sect. 7: No. 7310)

4424 Trail, to ~ (A/c)
To unwind the hose from the tanker aircraft to the contact position.
(BS 185: Sect. 10: No. 10 430)

4425 Trailing edge (A/c)
The rear edge of an aerofoil or other body moving through the air.
(BS 185: Sect. 5: No. 5238)

4426 Trailing edge cord (A/c),
cf./vgl. **Trimming strip,** S.-No./lfd. Nr. 4457

4427 Trailing edge strip (A/c),
cf./vgl. **Trimming strip,** S.-No./lfd. Nr. 4457

4428 Trailing sweep (Prop)
A deviation towards the trailing edge.
(BS 185: Sect. 9: No. 9109)

Kurswinkel (über Grund) (Nav)
Der zu einem beliebigen Zeitpunkt gemessene Winkel zwischen dem Kurs über Grund und dem durch das Luftfahrzeug verlaufenden Meridian.

Kursführungsanlage (Fernm)
Funkfeueranlage, die es ermöglicht, Luftfahrzeuge auf einem oder mehreren Kursen zu leiten.

Zugpropellerflugzeug
Flugzeug, das von Zugpropellern angetrieben wird.

Zugpropeller
Ein Propeller, der so angebracht ist, daß er im normalen Betriebszustand die Propellerwelle auf Zug beansprucht.

Passat(winde) (Met)
Regelmäßig anhaltende Winde, die von den Roßbreiten nach dem Kalmengürtel wehen. Auf der nördlichen Halbkugel kommen sie aus Nordosten, auf der südlichen Halbkugel aus Südosten.

Radarlotse für Suchradar (FS)
Radarlotse für Radar, der damit beauftragt ist, Luftfahrzeuge zu identifizieren und den Luftverkehr so zu leiten, daß geeignete Abstände zwischen Luftfahrzeugen und ihren Kursen über Grund eingehalten werden, um eine jederzeit flüssige Verkehrsabwicklung zu ermöglichen.

Schleppseil (Lfz 1)
1. Seil, das vom Ballon über den Boden gezogen wird und das die Geschwindigkeit über Grund verringern und die Höhe selbsttätig regulieren soll durch Änderung des Gewichts des vom Ballon frei herabhängenden Seilstücks.
2. Seil, das in einem Luftschiff zur Handhabung am Boden mitgeführt wird.

Ausfahren (Lfz)
Aus dem Tankerluftfahrzeug erfolgendes Herausdrehen des Betankungsschlauchs in Kontaktposition.

Hinterkante; Austrittskante (Lfz)
Rückwärtige Kante eines Tragflügels oder anderen Körpers, der sich durch die Luft bewegt.

Rückwärtspfeilung (Prop)
Eine Blattpfeilung in Richtung der Blatthinterkante.

4429 **Trailing vortex (Aerodyn)**
A vortex extending downstream from the surface of a body.
(BS 185: Sect. 4: No. 4494)

4430 **Training, approved ~,**
cf./vgl. S.-No./lfd. Nr. 438

4431 **Trajectory band (A/c 1)**
A band of webbing carried over the upper surface of an envelope to reduce deformation under load.
(BS 185: Sect. 7: No. 7263)

4432 **Transfer valve (Eng)**
A valve which enables fuel to be transferred from one tank to another, particularly during flight. Usually so arranged that, when the fuel in a tank falls below a predetermined level, the valve opens and admits fuel from another tank.
(BS 185: Sect. 8: No. 8258)

4433 **Transformer, rotary ~,**
cf./vgl. S.-No./lfd. Nr. 3621

4434 **Transit area, direct ~,**
cf./vgl. S.-No./lfd. Nr. 1315

4435 **Transit arrangements, direct ~,**
cf./vgl. S.-No./lfd. Nr. 1316

4436 **Transition altitude (Flt OPS)**
The altitude in the vicinity of an aerodrome at or below which the vertical position of an aircraft is controlled by reference to altitudes.
(ICAO, Annex 2, 5th Ed., Doc 4444–RAC/501/8, Doc 8168–OPS/611/2)

4437 **Transition layer (Flt OPS)**
The airspace between the transition altitude and the transition level.
(ICAO, Doc 4444–RAC/501/8, Doc 8168–OPS/611/2)

4438 **Transition level (Flt OPS)**
The lowest flight level available for use above the transition altitude.
(ICAO, Doc 4444–RAC/501/8, Doc 8168–OPS/611/2)

4439 **Transition point (Aerodyn)**
The point at which the flow in a boundary layer begins to change from laminar to turbulent.
(BS 185: Part 1: No. 4403)

4440 **Transitional surface (GS)**
A specified surface sloping upwards and outwards from the edge of the approach surface and from a line originating at the end of the inner edge of each approach area, drawn parallel to the runway centre line in the direction of landing. The transitional surface establishes the heights above which it may be necessary to take one or more of the following actions; restrict the creation of new obstructions; remove objects or mark objects in order to ensure a satisfactory level of safety and regularity for aircraft flying at low altitude and displaced from the runway centre line in the approach, or missed approach phases.
(ICAO, Annex 14, 4th Ed.)

4441 **Transmission, blind ~,**
cf./vgl. S.-No./lfd. Nr. 702

4442 **Transonic speed (Aero)**
The speed of a body relative to the surrounding fluid at which the flow is in some places subsonic and in other places supersonic.
(NASA S.1202)

Freier Wirbel; Wirbelschleppe (Aerodyn)
Von der Oberfläche eines Körpers sich stromabwärts erstreckender Wirbel.

Stützgurt (Lfz 1)
Gurtband, das über die Oberseite einer Hülle führt und deren Verformung unter Last verringern soll.

Ausgleichsventil (Flmot)
Ventil, mittels dessen vor allem im Fluge der Kraftstofffluß von einem Behälter zum anderen ermöglicht wird. Es arbeitet normalerweise so, daß es sich bei Unterschreitung eines bestimmten Kraftstoffspiegels öffnet und Kraftstoff aus einem anderen Behälter zufließen läßt.

Übergangshöhe (Flbetr)
Die Höhe über Meer in der Umgebung eines Flugplatzes, in oder unterhalb welcher die Flughöhe eines Luftfahrzeuges nach Höhen über Meer bestimmt wird.

Übergangsschicht (Flbetr)
Der Luftraum zwischen der Übergangshöhe und der Übergangsfläche.

Übergangsfläche (Flbetr)
Die niedrigste Flugfläche, die für die Benutzung oberhalb der Übergangshöhe verfügbar ist.

Umschlagpunkt (Aerodyn)
Punkt, an dem die Strömung in einer Grenzschicht vom laminaren zum turbulenten Zustand umschlägt.

Übergangsfläche (Bod)
Eine festgelegte Fläche, die vom Rand der Anflugfläche und von einer Linie aus, die am Ende des inneren Randes jedes Anflugsektors beginnt und in Landerichtung parallel zur Pistenmittellinie gezogen ist, schräg aufwärts nach außen verläuft. Die Übergangsfläche legt die Höhen fest, oberhalb welcher es notwendig sein kann, eine oder mehrere der folgenden Maßnahmen zu ergreifen: den Bau neuer Hindernisse zu beschränken; Objekte zu entfernen oder Objekte zu markieren, um ein ausreichendes Maß von Sicherheit und Regelmäßigkeit für Luftfahrzeuge zu gewährleisten, die während der Anflug- oder Fehlanflugphasen in niedrigen Höhen und versetzt von der Pistenmittellinie fliegen.

Transonische/schallnahe Geschwindigkeit
Geschwindigkeit eines Körpers im Verhältnis zum umgebenden Gas, wobei die Strömung an einigen Stellen im Unterschallbereich und an anderen im Überschallbereich liegt.

4443 Transonic speed range (Aerodyn)
The range of undisturbed stream speeds near the local speed of sound when mixed flow regions occur in the neighbourhood of the body.
(BS 185: Sect. 4: No. 4481)

4444 Transpiration (A/c 1)
The flow of gas through passages long in comparison with their diameter, the diameter being, however, sufficiently large for the rate of transfer to be determined chiefly by the viscosity of the gas and to be approximately proportional to the pressure difference.
(BS 185: Sect. 7: No. 7123)

4445 Transponder (TEL)
A transmitter-receiver capable of accepting the challenge of an interrogator and automatically transmitting an appropriate reply.
(AAP-6)

4446 Transponder (TEL)
A radar beacon consisting principally of an antenna, receiver and transmitter that emits signals only when triggered by the pulses of an interrogating radar set. This is the commonest kind of radar beacon.
(NASA S.1204)

4447 Transverse accelerations (Med),
cf./vgl. **Accelerations,** S.-No./lfd. Nr. 11

4448 Trapez bar (A/c 1)
1. A transverse horizontal bar, immediately above the basket of a kite balloon, to the ends of which the port and starboard rigging are led, so arranged that the basket can move freely in pitch but not in roll relative to the balloon;
2. A bar on an airship for the attachment or release of heavier-than-air aircraft.
(BS 185: Sect. 7: No. 7264)

4449 Tread (A/c)
The transverse distance between the longitudinal centers of the main wheels, floats, etc. of a landing gear. Also called the **"track"**.
(NASA S.1207)

4450 Trefoil (Para)
A cluster of three parachutes.
(BS 185: Part 3: No. 12 111)

4451 Triangular parachute
A parachute which is approximately triangular when laid out flat.
(BS 185: Sect. 12: No. 12 161)

4452 Tributary station (TEL)
An aeronautical fixed station that may receive or transmit messages but which does not relay except for the purpose of serving similar stations connected through it to a communication centre.
(ICAO, Annex 10, Volume II, 1st Ed.)

4453 Tricycle landing gear (A/c),
cf./vgl. **Nose-wheel landing gear,**
S.-No./lfd. Nr. 2850

4454 Trim (A/c 1)
The condition of static balance in pitch.
(BS 185: Sect. 7: No. 7138)

4455 Trim, to ~ (A/c)
To set the flying controls so that the aircraft will maintain a desired attitude in steady flight.
(BS 185: Sect. 2: No. 2135)

Schallnaher Geschwindigkeitsbereich (Aerodyn)
Der Bereich ungestörter Strömungsgeschwindigkeiten in der Nähe der örtlichen Schallgeschwindigkeit, bei dem in der Nachbarschaft des Körpers gemischte Strömungsbereiche auftreten.

Transpiration (Lfz 1)
Strömung eines Gases durch Öffnungen, deren Querschnitt klein ist im Verhältnis zu ihrer Länge, wobei jedoch der Querschnitt genügend groß ist, so daß die Austauschgeschwindigkeit im wesentlichen von der Zähigkeit des Gases bestimmt wird und annähernd der Druckdifferenz proportional ist.

Transponder; automatisches Antwortgerät (Fernm)
Sender/Empfänger, der in der Lage ist, den Anruf eines Abfragegeräts zu empfangen und automatisch eine entsprechende Antwort zu senden.

Transponder (Fernm)
Radarbake, die im wesentlichen aus Antenne, Empfänger und Sender besteht und Signale lediglich dann sendet, wenn sie durch die Impulse eines Abfrageradars aktiviert wird. Es ist dies die meistgebräuchliche Art eines Sekundärradars.

Trapezträger (Lfz 1)
1. Horizontaler Querträger unmittelbar über dem Korb eines Drachenballons, zu dem die Steuerbord- und Backbordleinen führen in solch einer Weise, daß der Korb frei kippen kann, aber am Rollen relativ zum Ballon gehindert ist;
2. Träger an einem Luftschiff zum Befestigen oder Ausklinken eines Luftfahrzeugs schwerer als Luft.

Spur(weite) (Lfz)
Die Querentfernung zwischen den Mittelpunkten der Längsachse von Laufrädern, Schwimmern usw. eines Fahr- bzw. Schwimmwerks. Im Englischen auch als **"track"** bezeichnet.

Drillingsfallschirm (Para)
Drei miteinander gekoppelte Fallschirme.

Dreieckfallschirm
Fallschirm, der im flach ausgelegten Zustand annähernd Dreiecksform besitzt.

Fernmeldenebenstelle
Eine feste Flugfernmeldestelle, die Meldungen empfangen oder senden kann, aber nicht weitergibt, abgesehen von Meldungen für ähnliche Stellen, die über sie an eine Fernmeldezentrale angeschlossen sind.

Trimming (Lfz 1)
Zustand des statischen Gleichgewichts um die Querachse.

Trimmen; austrimmen (Lfz)
Das Steuerwerk so einstellen, daß ein Luftfahrzeug eine gewünschte Fluglage im beschleunigungsfreien Flugzustand beibehält.

4456 **Trim, to** ~ **(A/c 1)**
To adjust the angle of pitch.
(BS 185: Sect. 7: No. 7139)

4457 **Trimming strip (A/c)**
A strip of metal or length of cord or wire, adjustable only on the ground, applied to the trailing edge of a control surface to modify the balance or trim.
(BS 185: Sect. 5: No. 5363)

4458 **Trimming tab (A/c)**
A tab the setting of which in relation to the main surface is separately adjustable by the pilot.
(BS 185: Sect. 5: No. 5361)

4459 **Tropical revolving storm (Met)**
A small cyclonic depression, originating over tropical oceans, with strong winds, often of hurricane force, circulating counter-clockwise in the northern, and clockwise in the southern hemisphere. Known as **Hurricane** in the West Indies, **Cyclone** in the Indian Ocean, **Typhoon** in the China seas, and **Willy-willy** in Australia.
(BS 185: Sect. 15: No. 15 240)

4460 **Tropopause (Met)**
The transition zone between the stratosphere and the troposphere.
(BS 185: Sect. 15: No. 15 106)

4461 **Troposphere (Met)**
The lower layer of the atmosphere extending to an altitude varying roughly between 25 000 and 50 000 feet in which temperature normally decreases with altitude at an average rate of 3 deg F per 1000 feet or 0.6 deg C per 100 metres.
(BS 185: Sect. 15: No. 15 107)

4462 **Trough (Met)**
A "valley" of low pressure, the opposite of a ridge.
(BS 185: Sect. 15: No. 15 529)

4463 **True airspeed (Flt OPS)**
The speed of the aeroplane relative to undisturbed air.
(ICAO, Annex 8, 5th Ed.)

4464 **True airspeed = TAS (Flt OPS)**
The speed of an aircraft relative to the air.
(BS 185: Sect. 4: No. 4324)

4465 **True bearing (Nav)**,
cf./vgl. **Azimuth**, S.-No./lfd. Nr. 556

4466 **True course (Nav)**
A course measured with respect to true north.
(NASA S.1213)

4467 **True heading (Nav)**
Heading measured from true north.
(NASA S.1214)

4468 **True north (Nav)**
The direction of the geographic north pole.
(NASA S.1215)

4469 **Tuba (Met)**,
cf./vgl. **Funnel cloud**, S.-No./lfd. Nr. 1818

4470 **Tube, flame** ~,
cf./vgl. S.-No./lfd. Nr. 1643

4471 **Tube, pitot** ~,
cf./vgl. S.-No./lfd. Nr. 3088

4472 **Tube, pitotstatic** ~,
cf./vgl. S.-No./lfd. Nr. 3089

4473 **Tube, static-pressure** ~,
cf./vgl. S.-No./lfd. Nr. 4028

4474 **Tube, Venturi** ~,
cf./vgl. S.-No./lfd. Nr. 4617

Trimmen (Lfz 1)
Justieren des Längsneigungswinkels.

Trimmkante; Trimmstreifen (Lfz)
Metallstreifen oder Stück Schnur oder Draht, die nur am Boden verstellbar und an der Hinterkante einer Steuerfläche angebracht sind, um den Ruderausgleich oder die Trimmung zu beeinflussen.

Trimmruder; Trimmklappe (Lfz)
Hilfsruder, dessen Einstellung gegenüber der Hauptfläche vom Luftfahrzeugführer gesondert vorgenommen werden kann.

Tropischer Wirbelsturm (Met)
Ein kleines zyklonenartiges Tiefdruckgebiet, das seinen Ursprung in tropischen Meeresgebieten hat und in dem starke Winde herrschen, die oftmals Orkanstärke erreichen. Auf der nördlichen Halbkugel drehen diese im entgegengesetzten Uhrzeigersinn und auf der südlichen Halbkugel im Uhrzeigersinn. In Westindien werden sie als **Hurrikane** bezeichnet, im Indischen Ozean als **Zyklone**, im Gelben Meer als **Taifune** und in Australien als "Willy-Willy".

Tropopause (Met)
Die Übergangszone zwischen der Stratosphäre und der Troposphäre.

Troposphäre (Met)
Die untere Schicht der Atmosphäre, die sich bis zu einer etwa zwischen 25 000 und 50 000 Fuß (etwa 7500−15 000 m) variablen Höhe erstreckt, in der die Temperatur mit zunehmender Höhe normalerweise im Durchschnitt um 3 °F je 1000 Fuß oder 0,6 °C je 100 m abnimmt.

Tiefdruckrinne; Trog (Met)
Eine Rinne niedrigen Luftdrucks. Das Gegenstück zum Hochdruckrücken.

Wahre Fluggeschwindigkeit; Eigengeschwindigkeit (Flbetr)
Die Geschwindigkeit des Flugzeuges relativ zur ungestörten Luft.

Wahre Fluggeschwindigkeit; Eigengeschwindigkeit (Flbetr)
Die Geschwindigkeit eines Luftfahrzeugs relativ zur Luft.

Rechtweisender Kurs (Nav)
Eine auf rechtweisend Nord bezogene Kursmessung.

Rechtweisender Steuerkurs (Nav)
Von rechtweisend Nord gemessener Steuerkurs.

Geographisch/rechtweisend Nord (Nav)
Richtung des geographischen Nordpols.

4475 Tunnel, water ~,
cf./vgl. S.-No./lfd. Nr. 4681
4476 Tunnel, wind ~,
cf./vgl. S.-No./lfd. Nr. 4447
4477 Turbine, axial-flow ~,
cf./vgl. S.-No./lfd. Nr. 544
4478 Turbine, blowdown ~,
cf./vgl. S.-No./lfd. Nr. 710
4479 Turbine disk (Turbo)
The rotating member on which the blades of
an axial-flow turbine are carried.
(BS 185: Sect. 8: No. 8462)

Turbinenscheibe (Turbo)
Der rotierende Teil einer Axialturbine, auf
dem die Schaufeln befestigt sind.

4480 Turbine engine, compound ~,
cf./vgl. S.-No./lfd. Nr. 1015
4481 Turbine engine, contra-flow ~,
cf./vgl. S.-No./lfd. Nr. 1064
4482 Turbine engine, ducted fan ~,
cf./vgl. S.-No./lfd. Nr. 1403
4483 Turbine engine, jet ~,
cf./vgl. S.-No./lfd. Nr. 2315
4484 Turbine engine, propeller ~,
cf./vgl. S.-No./lfd. Nr. 3287
4485 Turbine entry duct (Turbo)
A duct leading the products of combustion
to the turbine.
(BS 185: Sect. 8: No. 8463)

Turbineneintrittskanal (Turbo)
Der Kanal, durch den die Verbrennungsgase
der Turbine zugeleitet werden.

4486 Turbine, inward-flow ~,
cf./vgl. S.-No./lfd. Nr. 2294
4487 Turbine, radial-flow ~,
cf./vgl. S.-No./lfd. Nr. 3366
4488 Turbine shroud ring (Turbo),
cf./vgl. **Turbine static shroud,** S.-No./lfd. Nr.
4490
4489 Turbine, single-stage ~,
cf./vgl. S.-No./lfd. Nr. 3829
4490 Turbine static shroud (Turbo)
A ring used to prevent the escape of gas past
the tips of the blades in an axial-flow turbine.
(BS 185: Sect. 8: No. 8465)

Turbinendeckband (Turbo)
Ein Ring, der das Vorbeiströmen des Abgases
um die Schaufelspitzen in einer Axialturbine
verhindert.

4491 Turbine wheel (Turbo)
The assembly comprising a turbine disk and
blades.
(BS 185: Sect. 8: No. 8466)

Turbinenlaufrad (Turbo)
Der Läufer einer Turbine, bestehend aus einer
Turbinenscheibe mit den Turbinenschaufeln.

4492 Turbofan,
cf./vgl. **Ducted-fan turbine engine,** S.-No./lfd.
Nr. 1403
4493 Turbojet (Turbo)
A gas turbine engine in which the net energy
available is utilized by the air or hot gas
solely in the form of a jet issuing through a
propelling nozzle.
(BS 185: Sect. 8: No. 8417)

**Turbinen-Luftstrahltriebwerk, Abk TL-
Triebwerk (Turbo)**
Ein Gasturbinentriebwerk, bei dem die gesamte Nutzleistung ausschließlich aus der
Strömungsenergie der durch eine Schubdüse
austretenden Luft und Abgase als Vortriebs-
schub gewonnen wird.

4494 Turbojet, nuclear ~,
cf./vgl. S.-No./lfd. Nr. 2859
4495 Turboprop (Turbo)
A gas turbine engine in which a proportion
of the net energy is used to drive a propeller.
(BS 185: Sect. 8: No. 8418)

**Propellerturbinen-Luftstrahltriebwerk, Abk
PTL-Triebwerk (Turbo)**
Ein Gasturbinentriebwerk, bei dem ein Teil
der Nutzleistung zum Antrieb eines Propellers
benutzt wird.

4496 Turboramjet engine
A name applied to a turbojet with an after-
burner attached.
(NASA S.1224)

Turbinen-Staustrahltriebwerk
Bezeichnung für ein Turbostrahltriebwerk mit
angebautem Nachbrenner.

4497 Turbo-starter (Turbo)
A starter incorporating a small turbine energized by compressed air or other gas with or
without combustion.
(BS 185: Sect. 8: No. 8289)

Anlaßgasturbine (Turbo)
Anlaßmotor mit einer eingebauten kleinen
Gasturbine, die durch Druckluft oder ein anderes Gas mit oder ohne Verbrennungsvor-
gang angetrieben wird.

4498 Turbulence, atmospheric ~,
cf./vgl. S.-No./lfd. Nr. 497
4499 Turbulence, clear air ~,
cf./vgl. S.-No./lfd. Nr. 945

4500 **Turbulence, convectional ~,**
cf./vgl. S.-No./lfd. Nr. 1144
4501 **Turbulence, cumulonimbus ~,**
cf./vgl. S.-No./lfd. Nr. 1211
4502 **Turbulence, frictional ~,**
cf./vgl. S.-No./lfd. Nr. 1796
4503 **Turbulence, mechanical ~,**
cf./vgl. S.-No./lfd. Nr. 2681
4504 **Turbulent boundary layer (Aerodyn)**
A boundary layer in which the flow is turbulent.
(BS 185: Sect. 4: No. 4404)
4505 **Turbulent flow (Aerodyn)**
Flow in which small irregular fluctuations with time are superposed on a mean flow.
(BS 185: Sect. 4: Nol 4436)
4506 **Turbulent separation (Aerodyn)**
Boundary separation after transition.
(BS 185: Sect. 4: No. 4475)
4507 **Turn-and-bank indicator (Instr)**
An instrument which combines the functions of a turn indicator and a cross level.
(BS 185: Part 1: No. 5446)
4508 **Turn-and-sideslip indicator (Instr),**
cf./vgl. **Turn-and-slip indicator,** S.-No./lfd. Nr. 4509
4509 **Turn-and-slip indicator (Instr)**
An instrument which combines then functions of a turn indicator and a side-force meter.
(BS 185: Sect. 5: No. 5540)
4510 **Turn, final procedure ~,**
cf./vgl. S.-No./lfd. Nr. 1618
4511 **Turn, Immelmann ~,**
cf./vgl. S.-No./lfd. Nr. 2142
4512 **Turn indicator (Instr)**
An instrument for indicating rate of turn of an aircraft about the vertical axis.
(BS 185: Sect. 5: No. 5539)
4513 **Turn, procedure ~,**
cf./vgl. S.-No./lfd. Nr. 3253, 3254
4514 **Turn, standard rate ~,**
cf./vgl. S.-No./lfd. Nr. 3995
4515 **Turnaround (AT, etc.)**

The length of time between arriving at a point and departing from that point. It is used in this sense for the turnaround of shipping in ports, and for aircraft refuelling and rearming.
(AAP-6)
4516 **Turnaround cycle (AT, etc.)**
This term is used in conjunction with vehicles, ships, and aircraft and comprises the following: loading time at home, time to and from destination, unloading and loading time at destination; unloading time at home, planned maintenance time and, where applicable, time awaiting facilities.
(AAP-6)

4517 **Turning (Para)**
The manoeuvre by which a parachutist turns his body, generally to face the direction of drift, by pulling on particular rigging lines.
(BS 185: Sect. 12: No. 12 197)
4518 **Turning radius (A/c)**
The radius of the specified minimum circle within which all the wheels can negotiate a complete turn of an aircraft on the ground.
(BS 185: Sect. 2: No. 2219)
4519 **Twilight (Nav)**
The period of time preceding sunrise, or fol-

Turbulente Grenzschicht (Aerodyn)
Eine Grenzschicht mit turbulentem Strömungsverlauf.

Turbulente Strömung (Aerodyn)
Strömung, in der kleine, unregelmäßige Schwankungen eine Normalströmung mit der Zeit überlagern.
Turbulentes Ablösen (Aerodyn)
Ablösen der Grenzschicht nach dem Umschlagpunkt.
Wende- (und Querneigungs)zeiger (Instr)
Instrument, das die Funktionen eines Wendezeigers und Querneigungszeigers in sich vereint.

Wende- und Schiebeflug(an)zeiger (Instr)
Instrument, in dem die Funktionen eines Wendezeigers und eines Schiebekraftmessers kombiniert sind.

Wendezeiger (Instr)
Instrument zur Anzeige der Drehgeschwindigkeit eines Luftfahrzeuges um seine Hochachse.

Liegezeit; Abfertigungszeit (bis zum nächsten Einsatz) (LVerk usw.)
Die zwischen dem Eintreffen an einem Ort und dem Verlassen dieses Orts liegende Zeitspanne. Der Begriff wird in diesem Sinne für die Liegezeit von Schiffen in Häfen sowie für die Betankung und Munitionierung von Luftfahrzeugen benötigte Zeit verwendet.
Umlaufzeit (LVerk usw.)
Dieser Begriff wird im Zusammenhang mit Landfahrzeugen, Schiffen und Luftfahrzeugen angewendet und umfaßt: die Ladezeit am Heimatort, die Fahrzeit (Flugzeit) zwischen Heimat- und Bestimmungsort (hin und zurück), die Ent- und Beladezeit am Bestimmungsort, die Entladezeit am Heimatort, die für die Instandhaltung vorgesehene Zeit sowie gegebenenfalls die Wartezeit an den Abfertigungsanlagen.
Drehen (in Abtriftrichtung) (Fallsch)
Manöver, mit dem sich ein Springer im allgemeinen in die Abtriftrichtung dreht, indem er an bestimmten Fangleinen zieht.

Kurvenradius (Lfz)
Der Halbmesser des angegebenen Kleinstkreises, innerhalb dessen alle Laufräder eines Luftfahrzeugs einen Vollkreis auf dem Boden beschreiben können.
Dämmerung (Nav)
Zeitspanne unmittelbar vor Sonnenaufgang

lowing sunset, during which light from the sun is present owing to scatter from particles in the atmosphere. It is described as **astronomical**, **nautical** or **civil**, according to whether the period is measured from sunrise or sunset to the time when the sun's centre is 18°, 12° or 6° respectively below the horizon. (BS 185: Sect. 11: No. 11 221)

4520 Twilight, astronomical ~,
cf./vgl. S.-No./lfd. Nr. 490
4521 Twilight, civil ~,
cf./vgl. S.-No./lfd. Nr. 941
4522 Twilight, nautical ~,
cf./vgl. S.-No./lfd. Nr. 4519
4523 Twist, aerodynamic ~,
cf./vgl. S.-No./lfd. Nr. 84
4524 Twist and steer (Miss),
cf./vgl. **Polar control,** S.-No./lfd. Nr. 3141
4525 Twist, geometric ~,
cf./vgl. S.-No./lfd. Nr. 1864
4526 Type of aircraft
All aircraft of the same basic design including all modifications thereto except those modifications which result in a change in handling or flight characteristics.
(ICAO, Annex 1, 5th Ed.)

oder nach Sonnenuntergang, während das Sonnenlicht durch Reflektion von Partikeln in der Atmosphäre auf die Erde fällt. Man unterscheidet **astronomische, nautische** und **bürgerliche Dämmerung,** je nachdem, ob die Zeit gemessen wird vom Sonnenaufgang bzw. -untergang bis zu dem Zeitpunkt, in dem der Mittelpunkt der Sonne 18°, 12° oder 6° unter dem Horizont steht.

Luftfahrzeugmuster
Alle Luftfahrzeuge der gleichen Grundkonstruktion, ungeachtet aller Abänderungen, jedoch mit Ausnahme derjenigen, die eine Änderung der Handhabung oder der Flugeigenschaften zur Folge haben.

U

4527 Ullage (Eng)
The amount that a container, such as a fuel tank lacks of being full.
(NASA S.1234)
4528 Ultimate factor (Struct)
The factor of safety corresponding to the ultimate load.
(BS 185: Sect. 3: No. 3108)
4529 Ultimate load (Struct)
The limit load multiplied by the appropriate factor of safety.
(ICAO, Annex 8, 5th Ed.)
4530 Ultimate load (Struct)
The maximum load which a structure is required to be capable of withstanding.
(BS 185: Part 3: No. 3126)
4531 Umbilical connector (Miss)
A unit through which electrical, pneumatic, hydraulic and other supplies are conveyed to a missile before it is launched.
(BS 185: Sect. 6: No. 6308)
4532 Unaccompanied baggage (AT)
Baggage not carried on the same aircraft with the passengers or crew to whom it belongs.
(ICAO, Annex 9, 5th Ed.)
4533 Uncertainty phase (ATC)
A situation wherein uncertainty exists as to the safety of an aircraft and its occupants.
(ICAO, Annex 11, 5th Ed., Annex 12, 4th Ed.)
4534 Uncontrolled mosaic (Aero)
A mosaic assembled without correction for distortion of any kind, and so containing errors in scale.
(NASA S.1236)
4535 Undercarriage (A/c)
A major assembly of the alighting gear.
(Main, Nose, Tail.)
(BS 185: Part 1: No. 5399)

Fehlmenge; Tankleerraum (Flmot)
Die einem Behälter, wie z. B. einem Kraftstoffbehälter, von seiner Gesamtkapazität abgehende Einfüllmenge.
Bruchfaktor (Konstr)
Der der Bruchlast entsprechende Sicherheitsfaktor.

Bruchlast (Konstr)
Die sichere Last multipliziert mit dem anzuwendenden Sicherheitsfaktor.

Bruchlast (Konstr)
Maximale Beanspruchung, der eine Konstruktion zu widerstehen imstande sein muß.

Nabelschnuranschluß(stecker) (FK)
Einheit, über die einem Flugkörper elektrische, pneumatische, hydraulische und andere Versorgungsdienste vor seinem Abfeuern geliefert werden.
Unbegleitetes Gepäck (LVerk)
Gepäck, das nicht in demselben Luftfahrzeug befördert wird wie die Fluggäste oder die Besatzung, denen es gehört.

Ungewißheitsstufe; Alarmstufe 1 (FS)
Eine Lage, in der über die Sicherheit eines Luftfahrzeugs und seiner Insassen Ungewißheit besteht.
Nicht entzerrtes Luftbild (Aero)
Ein ohne Korrektur von Verzerrungen jeder Art zusammengesetztes Luftbild, das demzufolge Maßstabsfehler aufweist.

Fahrgestell (Lfz)
Hauptbaugruppe des Fahrwerks (z. B. Hauptfahrgestell, Bugrad, Spornrad).

4536 **Undercarriage, retractable** ~,
cf./vgl. S.-No./lfd. Nr. 3531

4537 **Undershoot (Fl OPS)**
To alight, or to follow an approach path
which would cause an aircraft to alight, short
of the intended area.
(BS 185: Sect. 2: No. 2136)

Zu kurz kommen (Flbetr)
So landen oder zum Landen anfliegen, daß ein
Luftfahrzeug vor dem beabsichtigten Bereich
aufsetzt.

4538 **Under-wing radiator (Eng)**
A radiator fitted below a wing.
(BS 185: Sect. 8: No. 8395)

Hängender Tragflächenkühler (Flmot)
Ein Kühler, der an der Unterseite einer Tragfläche angebracht ist.

4539 **Undulating light (GS)**
A continuously luminous light increasing
and decreasing in intensity in cyclic sequence.
(BS 185: Sect. 13: No. 13 349)

**Festfeuer mit periodisch veränderlicher
Lichterscheinung (Bod)**
Periodisch in seiner Helligkeit zu- und abneh-
mendes Feuer.

4540 **Unfactored load (Struct),**
cf./vgl. **Limit load,** S.-No./lfd. Nr. 2475, 2476

4541 **Ungathered parasheet (Para)**
A parasheet the periphery of which is not
constrained by a hem cord.
(BS 185: Sect. 12: No. 12 167)

Parasheet-Fallschirm ohne verstärkte Basis
Ein Parasheet-Fallschirm, dessen Basis nicht
durch ein Basisband verstärkt ist.

4542 **Uniform flow (Aerodyn)**
Flow in which the streamlines are parallel
and the velocity is constant throughout.
(NASA S.1237)

Gleichförmige Strömung (Aerodyn)
Parallelverlaufende Strömung mit insgesamt
konstanter Geschwindigkeit.

4543 **Unit, air-mileage ~ (Instr),**
cf./vgl. **Airlog,** S.-No./lfd. Nr. 211

4544 **Unit, power** ~,
cf./vgl. S.-No./lfd. Nr. 3179, 3180

4545 **Unit, radar** ~,
cf./vgl. S.-No./lfd. Nr. 3360

4546 **Unit, rescue** ~,
cf./vgl. S.-No./lfd. Nr. 3519

4547 **Unit, tail** ~,
cf./vgl. S.-No./lfd. Nr. 4236

4548 **Unlading (AT)**
The removal of cargo, mail, baggage or stores
from an aircraft after a landing, except cargo,
mail, baggage or stores continuing on the
next stage of the same through-flight.
(ICAO, Annex 9, 5th Ed.)

Ausladen; Entladung (LVerk)
Das Absetzen von Fracht, Post, Gepäck oder
Bordvorräten aus einem Luftfahrzeug nach einer Landung, ausgenommen Fracht, Post, Gepäck oder Bordvorräte, die auf dem nächsten
Abschnitt desselben durchgehenden Fluges
weiterbefördert werden.

4549 **Unsealed cowling (Eng),**
cf./vgl. **Pressure cowling,** S.-No./lfd. Nr. 3209

4550 **Unstable oscillation (Stab)**
An oscillation which tends to increase.
(BS 185: Part 1: No. 4221)

Instabile Schwingung (Stab)
Schwingung mit anwachsender Tendenz.

4551 **Unsymmetrical loading (Struct)**
A loading condition of an airplane in which
the load is unequally distributed on each
side of the plane of symmetry, as in a roll.
(NASA S.1241)

**Unsymmetrische Auftriebsverteilung
(Konstr)**
Beanspruchungsbedingung bei einem Flugzeug mit ungleicher Verteilung der Belastungen beiderseits der Symmetrieebene, wie z. B.
bei einer Rolle.

4552 **Up-and-down-lock (A/c)**
A lock on a retractable undercarriage to hold
it in either the retracted or the operative position.
(BS 185: Sect. 5: No. 5403)

Fahrgestellverriegelung (Lfz)
Verriegelung an einem einziehbaren Fahrge-
stell, um es in der aus- oder eingefahrenen
Stellung zu halten.

4553 **Upper camber (A/c)**
The camber of the upper side of an airfoil.
Also called **"top camber"**.
(NASA S.1242)

Saugseitenwölbung (Lfz)
Wölbung der Tragflügeloberseite; im Englischen auch als **"top camber"** bezeichnet.

4554 **Useful load (A/c)**
The gross weight less the basic weight or
weight empty.
(BS 185: Sect. 5: No. 5611)

Zuladung (Lfz)
Gesamtmasse vermindert um Leermasse oder
Rüstgewicht.

V

4555 **Valley breeze** (Met)
A wind which blows up valleys and mountain slopes during the day when the sun warms the ground.
(BS 185: Sect. 15: No. 15 213)

Talwind (Met)
Ein Aufwind, der am Tage entlang von Tälern und an Bergabhängen hinaufweht infolge der Erwärmung des Bodens durch Sonneneinstrahlung.

4556 **Valve, anti-surge** ~,
cf./vgl. S.-No./lfd. Nr. 384

4557 **Valve, automatic** ~,
cf./vgl. S.-No./lfd. Nr. 518

4558 **Valve, automatic, cut-out** ~,
cf./vgl. S.-No./lfd. Nr. 508

4559 **Valve, barostatic relief** ~,
cf./vgl. S.-No./lfd. Nr. 617

4560 **Valve, by-pass** ~,
cf./vgl. S.-No./lfd. Nr. 812

4561 **Valve, crabpot** ~,
cf./vgl. S.-No./lfd. Nr. 1181

4562 **Valve, damping** ~,
cf./vgl. S.-No./lfd. Nr. 1236

4563 **Valve, differential control** ~,
cf./vgl. S.-No./lfd. Nr. 1304

4564 **Valve, dump** ~,
cf./vgl. S.-No./lfd. Nr. 1406

4565 **Valve, float refuelling** ~,
cf./vgl. S.-No./lfd. Nr. 1720

4566 **Valve hood** (A/c 1)
A hood or cowl which protects the valve on an envelope agaist the weather.
(BS 185: Sect. 7: No. 7293)

Ventilabdeckung (Lfz 1)
Abdeckung oder Verkleidung, die das Ventil an einer Hülle gegen die Witterung schützt.

4567 **Valve, idling control** ~,
cf./vgl. S.-No./lfd. Nr. 2130

4568 **Valve, jettison** ~,
cf./vgl. S.-No./lfd. Nr. 2316

4569 **Valve line** (A/c 1)
A cord for the operation of a valve.
(BS 185: Sect. 7: No. 7294)

Ventilleine (Lfz 1)
Leine zum Bedienen eines Ventils.

4570 **Valve, manoeuvring** ~,
cf./vgl. S.-No./lfd. Nr. 2621

4571 **Valve, minimum pressure** ~,
cf./vgl. S.-No./lfd. Nr. 2721

4572 **Valve, oil control** ~,
cf./vgl. S.-No./lfd. Nr. 2882

4573 **Valve petticoat** (A/c 1)
A petticoat between the valve and gas container, making it possible to tie off the petticoat and to change valve without loss of gas.
(BS 185: Sect. 7: No. 7250)

Hilfsansatz für Ventilaustausch (Lfz 1)
Hilfsansatz zwischen dem Ventil und einem Gasbehälter, der es ermöglicht, nach Abbinden des Ansatzes das Ventil ohne Gasverlust auszuwechseln.

4574 **Valve, reducing** ~,
cf./vgl. S.-No./lfd. Nr. 3474

4575 **Valve, refuel/defuel** ~,
cf./vgl. S.-No./lfd. Nr. 3486

4576 **Valve, refuelling** ~,
cf./vgl. S.-No./lfd. Nr. 3495

4577 **Valve rigging** (A/c 1)
The rigging, usually inside a gas bag or envelope, by means of which an automatic valve is operated.
(BS 185: Sect. 7: No. 7265)

Ventilleinen (Lfz 1)
Leinen, üblicherweise innerhalb einer Gaszelle oder Hülle, mit deren Hilfe ein automatisches Ventil betätigt wird.

4578 **Valve, selector** ~,
cf./vgl. S.-No./lfd. Nr. 3725

4579 **Valve, sequence** ~,
cf./vgl. S.-No./lfd. Nr. 3743

4580 **Valve, shuttle** ~,
cf./vgl. S.-No./lfd. Nr. 3793

4581 **Valve, solenoid refuelling** ~,
cf./vgl. S.-No./lfd. Nr. 3867

4582 **Valve, spill** ~,
cf./vgl. S.-No./lfd. Nr. 3931

4583 **Valve, thermostatic ~,**
cf./vgl. S.-No./lfd. Nr. 4332
4584 **Valve, transfer ~,**
cf./vgl. S.-No./lfd. Nr. 4432
4585 **Valve, viscosity ~,**
cf./vgl. S.-No./lfd. Nr. 4639
4586 **Vane supercharger (Eng)**
A supercharger in which compression is effected by the motion of vanes carried in a rotor eccentrically located in a fixed case.
(BS 185: Sect. 8: No. 8367)
4587 **Vane, swirl ~,**
cf./vgl. S.-No./lfd. Nr. 4181
4588 **Vapor lock (Eng)**
A stoppage or diminution of fuel flow in a system caused by fuel vapor in the lines.
(NASA S.1248)

4589 **Vapor trail,** cf./vgl. **Condensation trail,** S.-No./lfd. Nr. 1033
4590 **Vapour concentration (Met)**
The mass of water vapour per unit volume of air.
(BS 185: Sect. 15: No. 15 115)
4591 **Vapour pressure, saturation ~,**
cf./vgl. S.-No./lfd. Nr. 3679
4592 **Variable-area propelling nozzle (Turbo)**
A propelling nozzle in which the flow area can be varied to obtain optimum engine operating conditions.
(BS 185: Sect. 8: No. 8481)
4593 **Variable-datum boost control (Eng)**
A boost control in which the controlled manifold pressure varies progressively with the position of the hand throttle lever.
(BS 185: Sect. 8: No. 8344)

4594 **Variable-density wind tunnel (Aerodyn),**
cf./vgl. **Compressed-air wind tunnel,** S.-No./lfd. Nr. 1017
4595 **Variable geometry intake (Turbo)**
An air intake whose area or shape can be varied in flight.
(BS 185: Sect. 8: No. 8272)
4596 **Variable-pitch propeller**
A propeller, the pitch setting of which changes, or can be changed, when the propeller is rotating. This includes:
a) a propeller, the pitch setting of which is directly under the control of the flight crew;
b) a propeller, the pitch setting of which is controlled by a governor of other automatic means, which may be either integral with the propeller or a separately mounted accessory, and which may, or may not, be controlled by the flight crew;
c) a propeller, the pitch setting of which may be controlled by a combination of a) and b).
(ICAO, Annex 8, 5th Ed.)

4597 **Variable-pitch propeller**
A propeller with provision for changing the pitch setting when rotating.
(BS 185: Sect. 9: No. 9141)
4598 **Variation (Nav)**
The horizontal angle between the true and magnetic meridians.
(BS 185: Sect. 11: No. 11 137)
4599 **Variation (Nav)**
The horizontal angle at a place between the true north and magnetic north measured in degrees and minutes east or west according

Flügelradverdichter (Flmot)
Ein Lader, in dem die Verdichtung durch die Rotation eines exzentrisch in einem festen Gehäuse gelagerten Rotors erfolgt, an den Schaufeln angelenkt sind.

Dampf(blasen)sperre; Dampfsack (Flmot)
Von verdampftem Kraftstoff in den Leitungen verursachte Unterbrechung oder Verlangsamung des Kraftstoff-Flußes in einer Kraftstoffanlage.

Absolute Feuchtigkeit/Feuchte (Met)
Die in der Luft enthaltene Wasserdampfmenge pro Volumeneinheit.

Verstellbare Schubdüse (Turbo)
Eine Schubdüse, deren Querschnittsfläche verändert werden kann, um den Optimalzustand für die Betriebsbedingungen des Triebwerks zu erreichen.
Ladedruckregler mit veränderlicher Ausgangsstellung der Regeldose; Variabler Ladedruckregler (Flmot)
Ein Ladedruckregler, bei dem der regulierte Absolutladedruck sich kontinuierlich mit der Gashebelstellung verändert.

Lufteinlauf mit veränderlicher Geometrie (Turbo)
Lufteinlauf, dessen Fläche und Form im Flug verändert werden können.
Verstellpropeller
Ein Propeller, dessen Steigungseinstellung während des Laufs sich ändert oder geändert werden kann. Hierzu gehört:
a) ein Propeller, dessen Steigungseinstellung unmittelbar durch die Flugbesatzung geändert werden kann;
b) ein Propeller, dessen Steigungseinstellung durch einen Regler oder andere selbsttätige Mittel geändert wird. Diese können ein unmittelbarer Bestandteil des Propellers oder von diesem getrennt eingebaute Hilfsgeräte sein. Sie können überdies einer Beeinflussung durch die Flugbesatzung zugänglich sein oder nicht;
c) ein Propeller dessen Steigungseinstellung sowohl nach a) wie nach b) geändert werden kann.
Verstellpropeller (Prop)
Ein Propeller, dessen Blätter im Betrieb verstellt werden können.

Kompaßmißweisung; Deklination (Nav)
Der in der Horizontalen gemessene Winkel zwischen dem rechtweisenden und dem magnetischen Meridian.
Ortsmißweisung (Nav)
Der Horizontalwinkel zwischen geographisch Nord und magnetisch Nord, gemessen in Graden und Minuten nach Osten oder Westen, je

to whether magnetic north lies east or west of true north.
(AAP–6)

4600 Variometer (Instr),
cf./vgl. **Vertical speed indicator,** S.-No./lfd. Nr. 4624

4601 Vectoring, aircraft ~,
cf./vgl. S.-No./lfd. Nr. 187

4602 Veering (Met)
A clockwise change of wind direction in either hemisphere.
(BS 185: Sect. 15: No. 15 241)

4603 Velocity, cutoff ~,
cf./vgl. S.-No./lfd. Nr. 1220

4604 Velocity, lateral ~,
cf./vgl. S.-No./lfd. Nr. 2390

4605 Velocity, limiting ~,
cf./vgl. S.-No./lfd. Nr. 2478

4606 Velocity, longitudinal ~,
cf./vgl. S.-No./lfd. Nr. 2560

4607 Velocity, normal ~,
cf./vgl. S.-No./lfd. Nr. 2838

4608 Velocity, terminal ~,
cf./vgl. S.-No./lfd. Nr. 4314

4609 V-engine (Eng)
An engine with its cylinders forming, in end view, the letter "V".
(BS 185: Sect. 8: No. 8325)

4610 Vent (Para)
An opening, usually in the centre of a canopy.
(BS 185: Sect. 12: No. 12 198)

4611 Vent cap (Para)
An piece of fabric covering the vent, sewn on to the vent hem.
(BS 185: Sect. 12: No. 12 199)

4612 Vent hem (Para)
The hem, usually reinforced by tape, round the periphery of the vent.
(BS 185: Sect. 12: No. 12 200)

4613 Vent patch (Para),
cf./vgl. **Vent cap,** S.-No./lfd. Nr. 4611

4614 Vent pipe, tank ~,
cf./vgl. S.-No./lfd. Nr. 4275

4615 Vent, static ~,
cf./vgl. S.-No./lfd. Nr. 4033

4616 Ventral tank (A/c)
A tank fitted in the under surface of the fuselage, which may be of the fixed, drop or jettisonable type.
(BS 185: Part 1: No. 5384)

4617 Venturi tube (Instr)
(After G. B. Venturi (1746–1822).) A tube or pipe having a converging-diverging passage which increases the velocity and decreases the pressure of fluid flowing through it, in accordance with Bernoulli's law. The venturi tube has various applications, such as for driving suction-operated aircraft instruments.
(NASA S.1255)

4618 Vertical bank (Flt OPS)
A bank in which the lateral axis of the aircraft is perpendicular, or substantially so, to the horizontal plane.
(NASA S.1256)

4619 Vertical circle (Nav)
A great circle on the celestial sphere passing through the zenith, the plane of which is at right angles to the celestial horizon.
(BS 185: Sect. 11: No. 11 222)

4620 Vertical engine (Eng)
An engine with its cylinders vertically above

nachdem ob magnetisch Nord ostwärts oder westlich von geographisch Nord liegt.

Rechtsdrehen (des Windes) (Met)
Eine Änderung der Windrichtung im Uhrzeigersinn; dies gilt für beide Hemisphären.

V-Motor (Flmot)
Ein Kolbenmotor, dessen Zylinderreihen so zueinander angeordnet sind, daß sie von hinten gesehen den Buchstaben „V" bilden.

Scheitelloch (Fallsch)
Öffnung in der Fallschirmkappe, üblicherweise an derem höchsten Punkt.

Scheitelabdeckung (Fallsch)
Stoffkappe über dem Scheitelloch, die am Scheitelrand angenäht ist.

Scheitelrand (Fallsch)
Der normalerweise durch ein Band verstärkte Rand des Scheitellochs.

Bauchbehälter (Lfz)
Behälter, der in die Rumpfunterseite eingebaut ist; es kann sich um einen festeingebauten, einen Abwurf- oder einen abwerfbaren Behälter handeln.

Venturi-Rohr (Instr)
(Nach G. B. Venturi (1746–1822) benannt). Ein Rohr oder eine Leitung mit konvergierendem-divergierendem Durchgang, wodurch nach der Bernoullischen Gleichung die Geschwindigkeit eines hindurchfließenden Gases erhöht und der Druck vermindert wird. Das Venturi-Rohr findet verschiedenartige Anwendungen, wie z. B. zum Antrieb sogbetriebener Fluginstrumente.

Messerflug (Flbetr)
Querlage, bei der die Querachse eines Luftfahrzeugs senkrecht oder annähernd senkrecht zur Horizontalebene verläuft.

Vertikalkreis (Nav)
Ein Großkreis durch den Zenit auf der Himmelskugel, dessen Ebene senkrecht auf dem Himmelshorizont steht.

Motor mit stehenden Zylindern (Flmot)
Ein Kolbenmotor, dessen Zylinder senkrecht

the crankshaft.
(BS 185: Sect. 8: No. 8326)

über der Kurbelwelle stehen.

4621 Vertical gyro (Instr)
A gyroscopic instrument used in aircraft to establish a vertical datum and to measure the aircraft attitude relative to it.
(BS 185: Sect. 5: No. 5527)

Vertikalkreisel (Instr)
In Luftfahrzeugen benutztes Kreiselgerät zur Darstellung eines vertikalen Bezugswertes, auf den bezogen die Lage des Luftfahrzeugs gemessen wird.

4622 Vertical separation (ATC)
The vertical spacing of aircraft flying over or near the same point.
(BS 185: Sect. 13: No. 13 254)

Höhenstaffelung (FS)
Vertikale Staffelung von Luftfahrzeugen, die über oder in der Nähe des gleichen Punktes fliegen.

4623 Vertical separation (ATC)
A specified vertical distance measured in terms of space between aircraft in flight at different altitude or flight levels.
(AAP–6)

Höhenstaffelung (FS)
Festgelegter Vertikalabstand, der als Zwischenraum zwischen in verschiedenen Höhen bzw. auf verschiedenen Flugflächen fliegenden Luftfahrzeugen gemessen wird.

4624 Vertical speed indicator (Instr)
An instrument for indicating rate of climb or descent.
(BS 185: Sect. 5: No. 5541)

Variometer (Instr)
Instrument zur Anzeige der Steig- und Sinkgeschwindigkeit.

4625 Vertical wind tunnel (Aerodyn)
A wind tunnel in which the air stream is vertical. Principally used in testing a special form of model in a free spin.
(BS 185: Part 1: No. 4529)

Vertikaler Windkanal; Trudelkanal (Aerodyn)
Windkanal, in dem die Luftströmung senkrecht geleitet wird. Diese Anordnung wird in der Hauptsache zur Untersuchung des freien Trudelns besonderer Modell benutzt.

4626 Vessel, ocean station ~,
cf./vgl. S.-No./lfd. Nr. 2878

4727 V$_F$ (A/c)
The design flap speed.
(ICAO, Annex 8, 5th Ed.)

V$_F$ (Lfz)
Bemessungsgeschwindigkeit bei ausgefahrenen Klappen.

4628 VFR (ATC)
The symbol used to designate the visual flight rules.
(ICAO, Annex 2, 5th Ed., Annex 11, 5th Ed.)

VFR (FS)
Das für die Bezeichnung von Sichtflugregeln benutzte Zeichen.

4629 VFR (ATC)
Abbreviation for "Visual Flight Rules".
(BS 185: Sect. 13: No. 13 251)

VFR (FS)
Abkürzung für "Visual Flight Rules", d. h. Sichtflugregeln.

4630 VFR flight (ATC)
A flight conducted in accordance with the visual flight rules.
(ICAO, Annex 2, 5th Ed., Annex 11, 5th Ed.)

VFR-Flug (FS)
Ein nach Sichtflugregeln durchgeführter Flug.

4631 VFR flight (ATC)
A flight conducted in accordance with VFR.
(BS 185: Sect. 13: No. 13 252)

VFR-Flug (FS)
Nach Sichtflugregeln durchgeführter Flug.

4632 VFR flight, special ~,
cf./vgl. S.-No./lfd. Nr. 3893, 3894

4633 Vg recorder (Instr)
An instrument recording (usually graphically) simultaneous values of indicated airspeed and acceleration.
(BS 185: Sect. 5: No. 5556)

Vg-Schreiber (Instr)
Instrument, das gleichzeitig auftretende angezeigte Fluggeschwindigkeits- und Beschleunigungswerte (im allgemeinen durch Aufzeichnung) registriert.

4634 VH recorder (Instr)
An instrument recording (usually graphically) simultaneous values of indicated airspeed and altitude.
(BS 185: Sect. 5: no. 5557)

VH-Schreiber (Instr)
Instrument, das gleichzeitig auftretende angezeigte Fluggeschwindigkeits- und Höhenwerte (im allgemeinen durch Aufzeichnung) registriert.

4635 VHF Omni-range, Abbr VOR (TEL)
A short-range, very-high-frequency omni-directional beacon which provides an indication in the aircraft of the bearing of the beacon, or left-right track indication.
(BS 185: Sect. 14: No. 14 213)

UKW-Drehfunkfeuer (Fernm)
Ein mit kleiner Reichweite radial nach allen Seiten ausstrahlendes UKW-Funkfeuer, welches im Luftfahrzeug eine Anzeige der Funkfeuer-Peilrichtung oder der seitlichen Abweichung vom Flugweg liefert.

4636 VHF rotating talking beacon (TEL)
An automatic very-high-frequency radio-telephone beacon system having a radiation pattern which is continuously rotated.
(BS 185: Sect. 14: No. 14 307)

Drehfunkfeuer für Sprechverkehr (Fernm)
Selbsttätig arbeitende UKW-Funkfeueranlage für Sprechverkehr, deren Strahlungsdiagramm gleichmäßig rotiert.

4637 Violent storm (Met)
Beaufort number 11: Very rarely experienced; accompanied by widespread damage (wind speed: 56–63).
(BS 185: Sect. 15: Table 2)

Orkanartiger Sturm (Met)
Windstärke (Beaufort-Zahl) 11: Sehr selten; schwere Schäden (Windgeschwindigkeit: 56–63 Knoten).

4638 Virtual inertia (Struct)
That part of the effective inertia forces in an oscillation which is due to the presence of the surrounding air and is proportional to the density of that air.
(BS 185: Sect. 3: No. 3325)

4639 Viscosity valve (Eng),
cf./vgl. **Oil control valve,** S.-No./lfd. Nr. 2882

4640 Visibility (Met)
The ability, as determined by atmospheric conditions and expressed in units of distance, to see and identify prominent unlighted objects by day and prominent lighted objects by night.
(ICAO, Annex 2, 5th Ed.)

4641 Visibility (Met)
The greatest distance at which an object of specified characteristics can be seen and recognized. At night, lights are observed and an equivalent daylight visibility is deduced.
(BS 185: Sect. 15: No. 15 127)

4642 Visibility, flight ~,
cf./vgl. S.-No./lfd. Nr. 1717

4643 Visibility, ground ~,
cf./vgl. S.-No./lfd. Nr. 1935

4644 Visual approach (ATC)
An approach by an IFR flight when either part or all of an instrument approach procedure is not completed and the approach is executed in visual reference to terrain.
(ICAO, Doc 4444−RAC/501/8)

4645 Visual/aural range, Abbr VAR (TEL)
A very-high-frequency radio range. In the aircraft, two tracks are identified by visual and two by aural indication.
(BS 185: Sect. 14: No. 14 218)

4646 Visual call design (TEL)
A call sign provided primarily for visual signalling.
(AAP-6)

4647 Visual contact approach (Flt OPS)
An approach under IFR carried out by visual reference to the ground.
(BS 185: Sect. 13: No. 13 225)

4648 Visual flight (Flt OPS)
Flight in which the pilot uses his vision directly, rather than instruments, to determine attitude, positions, relative to other objects, etc. Certain instruments, such as the altimeter, airspeed indicator, compass, etc., are used in visual flight.
(NASA S.1261)

4649 Visual meteorological conditions
Meteorological conditions expressed in terms of visibility, distance from cloud, and ceiling, equal to or better than specified minima.
(ICAO, Annex 2, 5th Ed., Annes 11, 5th Ed.)

4650 Visual meteorological conditions (= VMC) (Met)
Weather conditions equal to, or better than, specified minima lead down in the regulations of the country concerned.
(BS 185: Sect. 13: No. 13 256)

4651 VMC (Met)
The symbol used to designate visual meteorological conditions.
(ICAO, Annex 2, 5th Ed., Annex 11, 5th Ed.)

4652 VOR (TEL),
cf./vgl. **VHF omni-range,** S.-No./lfd. Nr. 4635

4653 Vortex (Aerodyn)
A region of fluid in circulatory motion, hav-

Scheinbare Trägheit (Konstr)
Anteil der wirksamen Trägheitskräfte bei einer Schwingung infolge der Anwesenheit von umgebender Luft, der proportional der Luftdichte ist.

Sicht (Met)
Das durch atmosphärische Verhältnisse bedingte und in Längenmaßen ausgedrückte Vermögen, bei Tag auffällige unbeleuchtete und bei Nacht auffällige beleuchtete Gegenstände zu sehen und zu erkennen.

Sicht (Met)
Die größte Entfernung, aus der ein festgelegtes Bezugsobjekt noch gesehen und erkannt werden kann. Bei Nacht werden Lichter beobachtet und ein entsprechender Tages-Sichtwert davon abgeleitet.

Sichtanflug (FS)
Ein als IFR-Flug durchgeführter Anflug, bei dem das Instrumentenanflugverfahren abgebrochen oder nicht angewendet wird und der mit Erdsicht erfolgt.

(Vier)Kursfunkfeuer mit Sicht- und Höranzeige (Fernm)
UKW-(Vier)Kursfunkfeuer, bei dem an Bord des Luftfahrzeugs zwei Kurse durch Sicht- und zwei durch Höranzeige angezeigt werden.

Optisches Rufzeichen (Fernm)
Rufzeichen, das in erster Linie für den optischen Signalverkehr vorgesehen ist.

Sichtanflug (Flbetr)
Anflug nach Instrumentalflugregeln, der mit Erdsicht erfolgt.

Sichtflug; Fliegen mit Sicht (Flbetr)
Flug, bei dem der Luftfahrzeugführer sein Sehvermögen unmittelbar und nicht die Instrumente dafür benutzt, den Flugzustand, die Lage seines Luftfahrzeuges zu anderen Objekten usw. festzustellen. Bestimmte Instrumente, wie z. B. der Höhenmesser, Fahrtmesser, Kompaß usw. werden beim Sichtflug benutzt.

Sichtwetterbedingungen (Met)
Wetterverhältnisse, ausgedrückt in Werten für Sicht, Abstand von den Wolken und Hauptwolkenuntergrenze, welche den festgelegten Mindestwerten entsprechen oder darüber liegen.

Sichtwetterbedingungen (Met)
Wetterverhältnisse, die bestimmten Mindestwerten, wie in den Bestimmungen des betreffenden Landes festgelegt, entsprechen oder besser sind.

VMC (Met)
Das für die Bezeichnung von Sichtwetterbedingungen benutzte Zeichen.

Wirbel (Aerodyn)
Ein in kreisförmiger Bewegung befindlicher

ing a core of intense vorticitiy, the strength of the vortex being given by its circulation. (BS 185: Sect. 4: No. 4489)

4654 Vortex line (Aerodyn)
A line such that its direction is everywhere that of the local vorticity.
(BS 185: Sect. 4: No. 4497)

4655 Vortex, line ~,
cf./vgl. S.-No./lfd. Nr. 2496

4656 Vortex, point ~,
cf./vgl. S.-No./lfd. Nr. 3139

4657 Vortex-ring state (Rotor)
The operating condition of a rotor when the axial flow through the rotor disk area is in the opposite direction to the axial flow outside the rotor disk area and to the rotor thrust.
(BS 185: Sect. 5: No. 5731)

4658 Vortex sheet (Aerodyn)
A surface across which there is a discontinuity in the velocity component.
(BS 185: Sect. 4: No. 4499)

4659 Vortex street (Aerodyn)
A regular arrangement of line vortices in two approximately parallel rows, which is sometimes formed behind two-dimensional bodies.
(BS 185: Sect. 4: No. 4500)

4660 Vortex, tip ~,
cf./vgl. S.-No./lfd. Nr. 4386

4661 Vortex, trailing ~,
cf./vgl. S.-No./lfd. Nr. 4429

4662 Vorticity (Aerodyn)
Generally, rotational motion in a fluid, defined at any point in a fluid as twice the mean angular velocity of a small element of fluid surrounding the point.
The **component vorticity** in a given direction at a point in a fluid is equal to the circulation round a elementary surface normal to the direction, divided by the area of the surface.
(BS 185: Sect. 4: no. 4503)

4663 Vorticity, component ~,
cf./vgl. S.-No./lfd. Nr. 4462

4464 V_{S0} (A/c)
A stalling speed or minimum steady flight speed with wing flaps in the landing position.
(ICAO, Annex 8, 5th Ed.)

4665 V_{S1} (A/c)
A stalling speed or minimum steady flight speed.
(ICAO, Annex 8, 5th Ed.)

4666 VTOL (Flt OPS) Abbreviation for "Vertical take-off and landing".
(BS 185: Sect. 2: No. 2220)

4667 VTOL (Flt OPS)
Abbreviation for **V**ertical **T**ake-**o**ff and landing. An attribute adjective designating a heavier-than-air aircraft that can take off and land vertically.
(NASA S.1266)

Strömungsbereich mit einem Kern hoher Wirbelintensität; die Stärke des Wirbels wird durch seine Zirkulation bestimmt.

Wirbellinie (Aerodyn)
Eine Linie, die so beschaffen ist, daß ihre Richtung überall der des örtlichen Wirbelverlaufs entspricht.

Wirbelringzustand (Drehfl)
Betriebszustand des Rotors, bei dem der axiale Durchfluß durch die Rotorkreisfläche in die zur axialen Strömung außerhalb der Rotorkreisfläche und zum Rotorschub entgegengesetzte Richtung zeigt.

Wirbelfläche (Aerodyn)
Fläche, in der eine Unterbrechung der tangential zu ihr verlaufenden Geschwindigkeitskomponente eintritt.

Wirbelstraße (Aerodyn)
Regelmäßige Anordnung von Linienwirbeln in zwei annähernd parallelen Reihen, die sich manchmal hinter zweidimensionalen Körpern bildet.

Wirbelstärke; Verwirbelung (Aerodyn)
Drehbewegung einer Strömung, die im allgemeinen in irgendeinem Punkt einer Strömung als gleich der doppelten mittleren Winkelgeschwindigkeit eines kleinen Strömungselements um diesen Punkt definiert wird.
Der **Wirbelvektor** in einer gegebenen Richtung durch einen Punkt in einer Strömung ist gleich der Zirkulation um ein Flächenelement senkrecht zu dieser Richtung dividiert durch den Flächeninhalt.

V_{S0} (Lfz)
Eine Überziehgeschwindigkeit oder stetige Mindestgeschwindigkeit mit Flügelklappen in Landestellung.

V_{S1} (Lfz)
Eine Überziehgeschwindigkeit oder stetige Mindestgeschwindigkeit.

VTOL (Flbetr)
Abkürzung für „Vertikal take-off and landing" = Senkrechtstart und -landung.
VTOL; Senkrechtstart (Flbetr)
Abkürzung für „vertical take-off and landing".
Attributives Eigenschaftswort zur Bezeichnung von Luftfahrzeugen schwerer als Luft, die senkrecht starten und landen können.

W

4668 Wake (Aerodyn)
The region of fluid behind a body in which

Nachlauf; Wirbelschleppe (Aerodyn)
Strömungsgebiet hinter einem Körper, in dem

the total pressure has been changed by the presence of the body.
(BS 185: Sect. 4: No. 4504)

4669 Wall, fire ~,
cf./vgl. S.-No./lfd. Nr. 1620

4670 Warm front (Met)
The boundary line at the Earth's surface between the advancing warm air and the colder air over which it rises.
(BS 185: Sect. 15: No. 15 517)

4671 Warm sector (Met)
A body of warm air, found in a recently-formed active depression, bounded by the warm and cold fronts.
(BS 185: Sect. 15: No. 15 530)

4672 Warning (Met)
Advance notification of a meteorological phenomenon which may be dangerous, e. g. thunderstorm, gale or airframe icing.
(BS 185: Sect. 15: No. 15 531)

4673 Warning indicator, terrain clearance ~,
cf./vgl. S.-No./lfd. Nr. 4315

4674 Warning system, cloud and collision ~,
cf./vgl. S.-No./lfd. Nr. 959

4675 Wash-in (A/c)
Increase in angle of incidence towards the tip of a wing or other aerofoil.
(BS 185: Sect. 5: No. 5212)

4676 Wash-out (A/c)
Decrease in angle of incidence towards the tip of a wing or other aerofoil.
(BS 185: Sect. 5: No. 5211)

4677 Water channel (Aerodyn)
An open channel for investigating the flow past a stationary body in a stream with a free surface.
(BS 185: Sect. 4: No. 4627)

4678 Water injection (Eng)
The injection of water, usually mixed with an anti-freeze agent such as methanol, into an engine to suppress detonation.
(BS 185: Sect. 8: No. 8359)

4679 Water recovery (A/c 1)
The collection of water from the exhaust gas for ballast.
(BS 185: Sect. 7: No. 7142)

4680 Water suit (Aerodyn)
A G-suit in which water is used in the inter-lining, thereby automatically approximating the required hydrostatic pressure gradient under G forces.
(AAP-6)

4681 Water tunnel (Aerodyn)
An apparatus for producing a controlled water stream for experiments not involving a free surface.
(BS 185: Sect. 4: No. 4628)

4682 Waterspout (Met)
The counterpart of a tornado, over water.
Note. – The core is made visible by the condensation of water drops from adiabatic cooling produced by the lowering of pressure in the core.
(BS 185: Sect. 15: No. 15 242)

4683 Wave cloud (Met)
An orographic cloud formed at the crest of a standing wave, commonly lenticular in form.
(BS 185: Sect. 15: No. 15 424)

4684 Wave, shock ~,
cf./vgl. S.-No./lfd. Nr. 3783

4685 Waves, lee ~,
cf./vgl. S.-No./lfd. Nr. 2407

der Gesamtdruck durch das Vorhandensein des Körpers verändert ist.

Warmfront (Met)
Die Grenze auf der Erdoberfläche zwischen vorrückenden Warmluftmassen und der Kaltluft, auf welcher sie aufgleiten.

Warm(luft)sektor (Met)
Eine warme Luftmasse, welche man in einer frisch gebildeten aktiven Depression antrifft und die von einer Kaltfront und einer Warmfront begrenzt wird.

Wetterwarnung (Met)
Die im voraus erfolgende Mitteilung über gefährliche Witterungserscheinungen, wie z. B. Gewitter, Sturm, Flugwerkvereisung.

Positive Verwindung (Lfz)
Anstellwinkelvergrößerung zur Spitze einer Tragfläche oder eines anderen Tragflügels hin.

Negative Verwindung (Lfz)
Anstellwinkelverkleinerung zur Spitze einer Tragfläche oder eines anderen Tragflügels hin.

Offener Wasserkanal (Aerodyn)
Offener Kanal für die Untersuchung der Strömung hinter einem ruhenden Körper in einem Strömungskanal mit einer freien Wasseroberfläche.

Wassereinspritzung (Flmot)
Das Einspritzen von Wasser, das im allgemeinen mit einem Frostschutzmittel, wie Methanol, vermischt ist, in den Motor zur Verhinderung des Klopfens.

Ballastwassergewinnung (Lfz 1)
Gewinnung von Wasser aus den Auspuffgasen, um Ballast zu bekommen.

Anti-G-Fliegeranzug (Aero)
Anti-G-Anzug, in dessen Zwischenschicht sich Wasser befindet; hierdurch wird bei Einwirkung von Beschleunigungskräften automatisch der erforderliche hydrostatische Druckgradient annähernd erreicht.

Geschlossener Wasserkanal (Aerodyn)
Anordnung zur Erzeugung einer wohldefinierten Wasserströmung für Versuche, die keine freie Wasseroberfläche erfordern.

Wasserhose (Met)
Das Gegenstück zum Tornado über See.
Anmerkung: Der Kern wird durch Kondensation von Wassertropfen sichtbar, welche infolge adiabatischer Abkühlung durch die Druckerniedrigung im Kern eintritt.

Lentikularis-Wolke; Wogenwolke (Met)
Eine orographische Wolke, die sich an der höchsten Wölbung einer stehenden Welle bildet und gewöhnlich linsenförmig ist.

4686 Waves, standing ~,
cf./vgl. S.-No./lfd. Nr. 3997
4687 Weak link (Para),
cf./vgl. **Weak tie**, S.-No./lfd. Nr. 4690
4688 Weak-mixture knock rating (Eng)
A numerical measure of the anti-knock value of a fuel applicable to most economical cruising.
(BS 185: Sect. 8: No. 8305)
4689 Weak mixture power, maximum ~,
cf./vgl. S.-No./lfd. Nr. 2669, 2670
4690 Weak tie (Para)
A piece of cord or thread which is intentionally broken at some stage of the deployment of a parachute in order that the deployment may occur in some predetermined manner.
(BS 185: Sect. 12: No. 12 201)
4691 Weather chart, synoptic ~,
cf./vgl. S.-No./lfd. Nr. 4187
4692 Weather radar (TEL)
A primary-radar equipment in an aircraft providing, by a cathode-ray tube display, indication of the position of potentially dangerous clouds or high ground.
(BS 185: Sect. 14: No. 14 236)
4693 Weather report (Met)
A statement of the actual meteorological conditions.
(BS 185: Sect. 15: No. 15 532)
4694 Weathercock (Aero)
Of an aircraft, a rocket, etc., especially of an airplane: To head into the wind, or to try to head into the wind.
(NASA S.1276)
4695 Weathercock stability (Stab)
The tendency of a body to turn into the relative wind.
(BS 185: Sect. 4: No. 4227)
4696 Wedge (Met)
A region of relatively high pressure extending from an anticyclone, with the isobars in the shape of a wedge with its angle rounded.
(BS 185: Sect. 15: No. 15 533)

4697 Wedge intake (Turbo)
A variable geometry intake, usually of rectangular form, whose area and shape are defined by the position of one or more variable ramps.
(BS 185: Sect. 8: No. 8273)
4698 Weight, A.P.S. ~,
cf./vgl. S.-No./lfd. Nr. 441
4699 Weight, basic ~,
cf./vgl. S.-No./lfd. Nr. 637
4700 Weight, construction ~,
cf./vgl. S.-No./lfd. Nr. 1056
4701 Weight, design gross ~,
cf./vgl. S.-No./lfd. Nr. 1283
4702 Weight, design landing ~,
cf./vgl. S.-No./lfd. Nr. 1284
4703 Weight, design maximum ~,
cf./vgl. S.-No./lfd. Nr. 1285
4704 Weight, design take-off ~,
cf./vgl. S.-No./lfd. Nr. 1286
4705 Weight, dischargeable ~,
cf./vgl. S.-No./lfd. Nr. 1325
4706 Weight, disposable ~,
cf./vgl. S.-No./lfd. Nr. 1335
4707 Weight, distributed mass-balance ~,
cf./vgl. S.-No./lfd. Nr. 1342
4708 Weight, dry ~,
cf./vgl. S.-No./lfd. Nr. 1397, 1398
4709 Weight empty (A/c)
For operational purposes; the measured

Klopffestigkeit bei armem Gemisch (Flmot)
Eine Zahlengröße, die die Klopffestigkeit eines Kraftstoffs bei armem Gemisch angibt.

Entfaltungsregelung (Fallsch)
Schwache Schnur oder Faden, der zu einem bestimmten Zeitpunkt des Entfaltungsvorgangs reißt und dafür vorgesehen ist, die Entfaltung in vorgegebener Weise erfolgen zu lassen.

Wetterradar(gerät) (Fernm)
Ein Primärradargerät in einem Luftfahrzeug, das über den Bildschirm einer Kathodenstrahlröhre die Position potentiell gefährlicher Wolken oder von hohem Gelände anzeigt.

Wetterbericht; Wettermeldung (Met)
Eine Beschreibung der vorherrschenden Wetterbedingungen.

In den Wind drehen (Aero)
Bei Luftfahrzeugen, Raketen usw., insbesondere Flugzeugen: Das Eindrehen in Windrichtung, oder die Neigung in den Wind zu drehen.

Windfahnenstabilität (Stab)
Tendenz eines Körpers, in die Anströmrichtung zu drehen.

Hochdruckkeil; Keil hohen Luftdrucks (Met)
Ein Gebiet relativ hohen Luftdrucks, das sich von einem Hochdruckgebiet aus erstreckt, wobei die Isobaren die Form eines Keiles mit abgerundeter Spitze haben.
Keilförmiger Lufteinlauf (Turbo)
Lufteinlauf mit veränderlicher Geometrie, meist in rechteckiger Form, dessen Fläche und Form durch die Position einer oder mehrerer angestellter Leitflächen bestimmt werden.

Leermasse (Lfz)
Für den Flugbetrieb; die gewogene Masse ei-

weight of an individual aircraft less non-mandatory removable equipment and disposable load.
(BS 185: Sect. 5: No. 5623)

4710 Weight, empty ~,
cf./vgl. S.-No./lfd. Nr. 1467

4711 Weight, fixed ~,
cf./vgl. S.-No./lfd. Nr. 1638

4712 Weight, gross ~,
cf./vgl. S.-No./lfd. Nr. 1912

4713 Weight, mass-balance ~,
cf./vgl. S.-No./lfd. Nr. 2645

4714 Weight, maximum ~,
cf./vgl. S.-No./lfd. Nr. 2671

4715 Weight, maximum landing ~,
cf./vgl. S.-No./lfd. Nr. 2661, 2662

4716 Weight, maximum licensed take-off ~,
cf./vgl. S.-No./lfd. Nr. 2663

4717 Weight, maximum take-off ~,
cf./vgl. S.-No./lfd. Nr. 2668

4718 Weight, operating ~,
cf./vgl. S.-No./lfd. Nr. 2911, 2912

4719 Weight per horse-power (Eng)
The dry weight of an engine divided by its maximum permissible horse-power.
(BS 185: Sect. 8: No. 8220)

Leistungsgewicht (Flmot)
Das Verhältnis des Trockengewichts eines Triebwerks zu der maximalen zulässigen Leistung.

4720 Weight per pound thrust (Turbo)
The dry weight of an engine divided by the maximum permissible thrust under standard sea level conditions.
(BS 185: Sect. 8: No. 8221)

Schubgewicht (Turbo)
Das Verhältnis des Trockengewichts eines Triebwerks zu dem maximalen zulässigen Schub in Meereshöhe.

4721 Weight, remote mass-balance ~,
cf./vgl. S.-No./lfd. Nr. 3508

4722 Weight, tare ~,
cf./vgl. S.-No./lfd. Nr. 4281

4723 Wet-type filter element (Eng)
A filter element in which the filtration is effected by a liquid film.
(BS 185: Sect. 8: No. 8277)

Naßfilterelement (Flmot)
Ein Filterelement, in dem die Filterung durch einen Flüssigkeitsfilm erfolgt.

4724 Wheel base (A/c)
The fore-and-aft distance between the main-wheel centre and the nose-wheel or tail-wheel centres.
(BS 185: Sect. 5: No. 5404)

Radstand; Achs(ab)stand (Lfz)
Abstand in Längsrichtung zwischen den Mittelpunkten des Hauptlaufrads und des Bug- bzw. Spornrads.

4725 Wheel well (A/c)
A recess or hollow in a wing, fuselage, etc. for a retractable landing-gear wheel.
(NASA S.1279)

Fahrwerksschacht (Lfz)
Aussparung oder Vertiefung in einer Tragfläche, dem Rumpf usw. zur Aufnahme des Laufrads eines Einziehfahrwerks.

4726 Wheel, turbine ~,
cf./vgl. S.-No./lfd. Nr. 4491

4727 Whirling arm (Aerodyn)
An apparatus for making experiments by carrying models or instruments at the extremity of an arm rotating in a horizontal plane.
(BS 185: Sect. 4: No. 4629)

Rundlauf (Aerodyn)
Anordnung zur Durchführung von Versuchen an Modellen, die am Ende eines langen Armes aufgehängt sind, der in einer horizontalen Ebene rotiert.

4728 Whirlwind (Met)
A limited region in which air revolves rapidly round a core of low pressure, sometimes extending upwards many hundreds of feet.
(BS 185: Sect. 15: No. 15 243)

Wirbelwind; Wirbelsturm; Windhose (Met)
Ein begrenztes Gebiet, in welchem die Luft rasch um einen Kern tiefen Druckes wirbelt. Wirbelwinde können manchmal bis in Höhen von vielen hundert Fuß hinaufreichen.

4729 Winch suspension (A/c 1),
cf./vgl. **Flying rigging,** S.-No./lfd. Nr. 1752

4730 Wind across (A/c carrier)
The horizontal component of the wind at right angles to the fore-and aft line of the ship or catapult.
(BS 185: Sect. 13: No. 13 412)

Querwind (Flz-Träger)
Horizontalkomponente des Windes senkrecht zur Längsachse eines Flugzeugträgers oder des Katapults.

4731 Wind axes (Aerodyn)
A system of co-ordinate axes with the origin in the aircraft and the direction fixed by that of the relative airflow.
(BS 185: Part 1: No. 4117)

Flugwindachsen (Aerodyn)
Koordinatensystem mit dem Ursprung im Luftfahrzeug und mit Achsenrichtungen, die durch die Anströmrichtung festgelegt sind.

nes einzelnen Luftfahrzeuges ohne zusätzliche bewegliche Ausrüstung und verfügbare Last.

4732 **Wind cone (GS)**
A wind indicator in the form of a truncated fabric cone.
(BS 185: Sect. 13: No. 13 362)

4733 **Wind-direction indicator (GS)**
A wind-actuated device indicating visually to aircraft the direction of the surface wind.
(BS 185: Sect. 13: No. 13 363)

4734 **Wind down (A/c carrier)**
The horizontal component of the wind along the fore-and-aft line of the ship or catapult.
(BS 185: Sect. 13: No. 13 413)

4735 **Wind force, Beaufort scale of ~,**
cf./vgl. S.-No./lfd. Nr. 680

4736 **Wind, hurricane ~,**
cf./vgl. S.-No./lfd. Nr. 2095

4737 **Wind, katabatic ~,**
cf./vgl. S.-No./lfd. Nr. 2321

4738 **Wind rose (Met)**
A diagram showing, for a definite locality, and usually for a more or less extended period, the frequency of winds of different directions and strengths.
(BS 185: Sect. 15: No. 15 244)

4739 **Wind shear (Met)**
Change of wind velocity with distance along an axis at right angles to the wind direction (usually specified as vertical or horizontal).
(BS 185: Sect. 15: No. 15 245)

4740 **Wind sleeve (GS),**
cf./vg. **Wind cone,** S.-No./lfd. Nr. 4732

4741 **Wind sock (GS),**
cf./vgl. **Wind cone,** S.-No./lfd. Nr. 4732

4742 **Wind speed, geostrophic ~,**
cf./vgl. S.-No./lfd. Nr. 1865

4743 **Wind speed, gradient ~,**
cf./vgl. S.-No./lfd. Nr. 1898

4744 **Wind, storm ~,**
cf./vgl. S.-No./lfd. Nr. 4068

4745 **Wind tee (GS)**
A weather vane shaped like the letter "T" or like an airplane, located on an airdrome or landing area to show the wind direction to flying aircraft. Also called a **"landing tee".**
(NASA S.1282)

4746 **Wind, thermal ~,**
cf./vgl. S.-No./lfd. Nr. 4329

4747 **Wind tunnel (Aerodyn)**
An apparatus for producing a controlled stream of air or other gas for fluid dynamic experiments.
(BS 185: Sect. 4: No. 4630)

4748 **Wind tunnel, compressed-air ~,**
cf./vgl. S.-No./lfd. Nr. 1017

4749 **Wind tunnel, free-flight ~,**
cf./vgl. S.-No./lfd. Nr. 1783

4750 **Wind tunnel, high-speed ~,**
cf./vgl. S.-No./lfd. Nr. 2029

4751 **Wind tunnel, non-return-flow ~,**
cf./vgl. S.-No./lfd. Nr. 2831

4752 **Wind tunnel, open-jet ~,**
cf./vgl. S.-No./lfd. Nr. 2902

4753 **Wind tunnel, return-flow ~,**
cf./vgl. S.-No./lfd. Nr. 3535

4754 **Wind tunnel, straight-through ~,**
cf./vgl. S.-No./lfd. Nr. 4076

4755 **Wind tunnel, supersonic ~,**
cf./vgl. S.-No./lfd. Nr. 4147

4756 **Wind tunnel, variable-density ~,**
cf./vgl. S.-No./lfd. Nr. 4594

4757 **Wind tunnel, vertical ~,**
cf./vgl. S.-No./lfd. Nr. 4625

Windsack (Bod)
Windrichtungsanzeiger in Form eines abgeschnittenen kegelförmigen Stoffsackes.

Windrichtungsanzeiger (Bod)
Windbetätigtes Gerät zur optischen Anzeige der Bodenwindrichtung für Luftfahrzeuge.

Längswind (Flzg-Träger)
Horizontalkomponente des Windes in Richtung der Längsachse eines Flugzeugträgers oder des Katapults.

Windrose; Winddiagramm (Met)
Ein Diagramm, das für einen bestimmten Ort und gewöhnlich für einen mehr oder weniger langen Zeitraum die Häufigkeit von Winden verschiedener Richtung und Stärke angibt.

Windscherung (Met)
Änderung der Windgeschwindigkeit mit der Entfernung entlang einer zur Windrichtung senkrechten Achse (für gewöhnlich vertikal oder horizontal gelegt).

Windrichtungsanzeiger; Lande-T (Bod)
Ein auf einem Flugplatz oder dem Landebereich befindliches Sichtzeichen in Form des Buchstaben „T" oder eines Flugzeugs, das in der Luft befindlichen Luftfahrzeugen die Windrichtung anzeigt. Im Englischen auch als **"landing tee" (= Landekreuz)** bezeichnet.

Windkanal (Aerodyn)
Anordnung zur Erzeugung einer wohldefinierten Luft- oder anderen Gasströmung zur Durchführung von strömungsdynamischen Versuchen.

4758 Windmill (Prop)
An airscrew designed to produce power by
axial translation relative to the air.
(BS 185: Sect. 9: No. 9152)

4759 Windmill-brake state (Rotor)
The operating condition of a rotor when the
rotor thrust and the axial flow through and
outside the rotor disk area are all in the same
direction.
(BS 185: Sect. 5: No. 6219)

4760 Windmilling (Prop)
A propeller is "windmilling" when it is de-
livering power to the propeller shaft.
(BS 185: Sect. 9: No. 9153)

4761 Winds aloft (Met)
Winds at high altitudes, unaffected by surface features; the direction and speed of such
winds.
(NASA S.1281)

4762 Winds, anti-trade ~,
cf./vgl. S.-No./lfd. Nr. 386

4763 Winds, trade ~,
cf./vgl. S.-No./lfd. Nr. 4416

4764 Wing (A/c)
A main supporting surface of an aircraft.
This may be divided into **inner, outer** and
wing-tip sections.
(BS 185: Sect. 5: No. 5364)

4765 Wing area, design ~,
cf./vgl. S.-No./lfd. Nr. 1288

4766 Wing area, gross ~,
cf./vgl. S.-No./lfd. Nr. 1914

4767 Wing area, net ~,
cf./vgl. S.-No./lfd. Nr. 2809

4768 Wing car (A/c 1)
A car suspended off the centre line of an air-
ship.
(BS 185: Sect. 7: No. 7211)

4769 Wing, clipped ~,
cf./vgl. S.-No./lfd. Nr. 953

4770 Wing, delta ~,
cf./vgl. S.-No./lfd. Nr. 1265

4771 Wing, gull ~,
cf./vgl. S.-No./lfd. Nr. 1965

4772 Wing loading (Struct)
Gross weight divided by gross wing area.
(BS 185: Sect. 5: No. 5607)

4773 Wing loading, gross ~,
cf./vgl. S.-No./lfd. Nr. 1915

4774 Wing loading, net ~,
cf./vgl. S.-No./lfd. Nr. 2810

4775 Wing radiator (Eng)
A radiator located in a wing.
(BS 185: Sect. 8: No. 8396)

4776 Wing, swept ~,
cf./vgl. S.-No./lfd. Nr. 4179

4777 Wing, tailless ~,
cf./vgl. S.-No./lfd. Nr. 1756

4778 Wing, tapered ~,
cf./vgl. S.-No./lfd. Nr. 4280

4779 Wing-tip section (A/c),
cf./vgl. **Wing**, S.-No./lfd. Nr. 4764

4780 Wingbar (GS)
A line of lights extending laterally outwards
from the edge of a runway at right angles to
the runway direction; wingbars are normally
provided symmetrically in opposite pairs on
each side of the runway.
(BS 185: Sect. 13: No. 13 364)

4781 Wire, anti-rolling ~,
cf./vgl. S.-No./lfd. Nr. 832

Windmühlenrad (Prop)
Eine Luftschraube, die dazu vorgesehen ist,
Energie aus der relativen Luftströmung zu ge-
winnen.

Tragschrauberzustand (Drehfl)
Betriebszustand eines Rotors, bei dem sowohl
der Schub als auch der axiale Durchfluß durch
und die axiale Strömung außerhalb der Rotorkreisfläche die gleiche Richtung haben.

**Antrieb des Propellers durch den Fahrtwind
(Prop)**
Ein Propeller „läuft im Fahrtwind mit", wenn
er Leistung an die Propellerwelle abgibt.

Höhenwinde (Met)
Die durch Konturen der Erdoberfläche unbe-
einflußten Winde in großen Höhen; ihre Richtung und Geschwindigkeit.

Tragfläche; Flügel (Lfz)
Fläche eines Luftfahrzeugs, die den Hauptteil
des Auftriebs liefert. Sie kann in das **Tragflä-
chen-Innenstück,** das **Tragflächen-Außen-
stück** und das **Randbogenstück** unterteilt werden.

Seitengondel (Lfz 1)
Gondel, die außerhalb der Mittelachse eines
Luftschiffs aufgehängt ist.

**Tragflächenbelastung; Flächenbelastung
(Konstr)**
Gesamtmasse dividiert durch Gesamt-Flügel-
fläche.

Tragflächenkühler (Flmot)
Ein Kühler, der in eine Tragfläche eingebaut
ist.

**(Pisten-)Seitenbalken; Außenkettenfeuer
(Bod)**
Eine Linie von Feuern, die seitlich vom Pi-
stenrand im rechten Winkel zur Pistengrundli-
nie verlaufen; Seitenbalken sind normalerweise symmetrisch, paarweise gegenüberliegend, auf beiden Seiten der Piste angeordnet.

4782 **Wire, axial** ~,
cf./vgl. S.-No./lfd. Nr. 546

4783 **Wire, drag** ~,
cf./vgl. S.-No./lfd. Nr. 1381

4784 **Wire, main mooring** ~,
cf./vgl. S.-No./lfd. Nr. 2598

4785 **Wire, streamline** ~,
cf./vgl. S.-No./lfd. Nr. 4087

4786 **Wire, thrust** ~,
cf./vgl. S.-No./lfd. Nr. 4361

4787 **Wires, anti-drag** ~,
cf./vgl. S.-No./lfd. Nr. 377

4788 **Wires, anti-lift** ~,
cf./vgl. S.-No./lfd. Nr. 381

4789 **Wires, catenary** ~,
cf./vgl. S.-No./lfd. Nr. 865

4790 **Wires, circumferential gas bag** ~,
cf./vgl. S.-No./lfd. Nr. 936

4791 **Wires, circumferential outer-cover** ~,
cf./vgl. S.-No./lfd. Nr. 937

4792 **Wires, drag** ~,
cf./vgl. S.-No./lfd. Nr. 1382

4793 **Wires, flying** ~,
cf./vgl. S.-No./lfd. Nr. 1757

4794 **Wires, incidence** ~,
cf./vgl. S.-No./lfd. Nr. 2152

4795 **Wires, landing** ~,
cf./vgl. S.-No./lfd. Nr. 2372

4796 **Wires, lift** ~,
cf./vgl. S.-No./lfd. Nr. 2436, 2437

4797 **Wires, shear** ~,
cf./vgl. S.-No./lfd. Nr. 3774

4798 **Wires, yaw-guy** ~,
cf./vgl. S.-No./lfd. Nr. 4811

4799 **Wiring, bulkhead** ~,
cf./vgl. S.-No./lfd. Nr. 791

4800 **Wiring, chord** ~,
cf./vgl. S.-No./lfd. Nr. 922

4801 **Wiring, gas-bag** ~,
cf./vgl. S.-No./lfd. Nr. 1831

4802 **Wiring, mesh** ~,
cf./vgl. S.-No./lfd. Nr. 2689

4803 **Wiring, radial** ~,
cf./vgl. S.-No./lfd. Nr. 3370

4804 **Working section (Aerodyn)**
That part of a wind or water tunnel where experiments are made.
(BS 185: Sect. 4: No. 4650)

Meßstrecke (Aerodyn)
Der Teil eines Wind- oder Wasserkanals, in dem Versuche durchgeführt werden.

4805 **Working section, closed** ~,
cf./vgl. S.-No./lfd. Nr. 956

4806 **Working section, open** ~,
cf./vgl. S.-No./lfd. Nr. 2904

4807 **Wrist-pin (Eng)**
The pin which attaches an articulated connecting rod to the master rod.
(BS 185: Sect. 8: No. 8335)

Anlenkbolzen (Flmot)
Ein Bolzen, der einen Nebenpleuel mit dem Hauptpleuel verbindet.

4808 **Wrist-pin end (Eng)**
The crank-pin end of an articulated rod.
(BS 185: Part 2: No. 8332)

Anlenkbolzenende (Flmot)
Das Ende eines Nebenpleuels, an dem sich der Kurbelzapfen befindet.

X

4809 **X-engine (Eng)**
An engine with its cylinders forming, in end view, the letter "X".
(BS 185: Sect. 8: No. 8327)

X-Motor (Flmot)
Ein Kolbenmotor, dessen Zylinderreihen von hinten gesehen den Buchstaben „X" bilden.

Y

4810 Yaw, aileron ~,
cf./vgl. S.-No./lfd. Nr. 159

4811 Yaw-guy wires (A/c 1)
Ropes dropped from the bow of an airship and attached to the yaw-guys on the ground.
(BS 185: Sect. 7: No. 7311)

4812 Yaw meter (Instr)
An instrument which detects changes in direction of air flow. By use, the term is not restricted to instruments detecting changes in yaw.
(BS 185: Sect. 5: No. 5542)

4813 Yawing (Flt OPS)
Angular motion about the normal axis.
(BS 185: Sect. 2: No. 2137)

4814 Yawing moment (Aerodyn)
The component about the normal axis of the couple due to the relative airflow.
(BS 185: Part 1: No. 4144)

Bugseitenleinen (Lfz 1)
Seile die vom Bug eines Luftschiffs herabhängen und seitlich am Boden verankert werden.

Gierungsmesser (Instr)
Instrument, das Änderungen des aerodynamischen Anstellwinkels ermittelt. Der Begriff ist in seiner Anwendung nicht auf Instrumente beschränkt, die Änderungen im Gierverhalten ermitteln.

Gieren (Flbetr)
Drehbewegung um die Hochachse.

Giermoment (Aerodyn)
Komponente des Luftkraftmoments um die Hochachse.

Z

4815 Z marker beacon (TEL)
A type of radio beacon, the emissions of which radiate in a vertical cone-shaped pattern.
(ICAO, Annex 10, Volume I, 1st Ed.)

4816 Z marker-beacon (TEL)
A form of marker beacon radiating a narrow conical beam along the vertical axis of the cone of silence of a radio range.
(BS 185: Sect. 14: No. 14 304)

4817 Z marker beacon (TEL)
Equipment identical with the fan marker except that it is installed as part of a four course radio range at the intersection of the four range legs, and radiates vertically to indicate to aircraft when they pass directly over the range station. It is usually not keyed for identification. (Also known as **"Zone of silence marker"**).
(AAP-6)

4818 Zenith (Nav)
The point on the celestial sphere directly above the observer.
(BS 185: Sect. 11: No. 11 223)

4819 Zenith distance (Nav)
The arc of the vertical circle, intercepted between a celestial body and the zenith. It is equal to 90° minus altitude.
(BS 185: Sect. 11: No. 11 224)

4820 Zero delivery pressure (Hydr)
The stabilized pressure at which, at constant speed and under the action of a control mechanism, there is no flow from a hydraulic pump.
(BS 185: Sect. 10: No. 10 118)

4821 Zero-length launcher (Miss)
A launcher which exercises full control on the direction of the missile's travel.
(BS 185: Sect. 6: No. 6302)

4822 Zone, buffer ~,
cf./vgl. S.-No./lfd. Nr. 785

Z-Funkfeuer (Fernm)
Ein Funkfeuer mit vertikal gerichteter und kegelförmiger Ausstrahlung.

Z-(Markierungs-)Funkfeuer (Fernm)
Eine bestimmte Art von Markierungsfunkfeuer mit einem kegelförmigen Ausstrahlungsdiagramm, das eng gebündelt entlang der Vertikalachse des Nullkegels eines Kursfunkfeuers verläuft.

Z-Funkfeuer (Fernm)
Gerät, das mit dem Fächerfunkfeuer identisch ist, nur daß es als Teil eines Vierkursfunkfeuers im Schnittpunkt der vier Leitstrahlen montiert ist und senkrecht nach oben strahlt, um Luftfahrzeugen anzuzeigen, wann sie das Funkfeuer direkt überfliegen. Im allgemeinen hat es keine Kennung. (Wird auch als **„Nullkegel-Funkfeuer"** bezeichnet).

Zenit (Nav)
Punkt auf der Himmelskugel senkrecht über einem Beobachter.

Zenitentfernung; Zenitdistanz (Nav)
Bogen des Vertikalkreises von einem Gestirn bis zum Zenit. Er ist 90° minus der Höhe.

Nullförderdruck (Hydr)
Derjenige stabile Druck unter Steuerbetätigung und konstanter Geschwindigkeit, bei dem eine Hydraulikpumpe ihre Förderung einstellt.

Punktstartgerät (FK)
Startgerät, das allein die Flugrichtung des Flugkörpers bestimmt.

4823 Zone, control ~,
cf./vgl. S.-No./lfd. Nr. 1124, 1125
4824 Zone, customs-free trade ~,
cf./vgl. S.-No./lfd. Nr. 1216
4825 Zone, equi-signal ~,
cf./vgl. S.-No./lfd. Nr. 1526
4826 Zone of silence marker,
cf./vgl. **Z marker beacon,** S.-No./lfd. Nr. 4817
4827 Zone time (Nav)
An extension of standard time to sea areas, which are divided into 15° bands of longitude, the first being centred on 0°, each taking as zone time LMT of the central meridian of the band.
(BS 185: Sect. 11: No. 11 220)
4828 Zooming (Flt OPS)
Utilizing kinetic energy to gain height.
(BS 185: Sect. 2: No. 2138)

Zonenzeit (Nav)
Eine Ausdehnung der Normalzeit auf Seegebiete, die in Streifen von je 15 Längengraden, mit dem ersten beidseitig des Nullmeridians beginnend, unterteilt sind; die Zonenzeit ist dann jeweils die mittlere Ortszeit des mittleren Meridians eines solchen Streifens.
(Kurzes) Hochziehen; Hochreißen (Flbetr)
Ausnutzen von kinetischer Energie, um Höhe zu gewinnen.

Part 2

Teil 2

German Index

Deutsches Stichwortverzeichnis

A

Beaufort-Bezeichnung 679
~-Skala, Windstärken
nach der ~~ 680
~-Windstärkeskala 680
Bebauung 1209
Bedeckungsgrad 958, 1768
Befestigungsleinenwerk 1752
~pflaster, fächer-
förmiges ~~ 1535
~~, kreisförmiges ~~ 291
~~, röhrenförmiges ~~ 903
~punkt 3130
Beginn der Einflug-
schneise 1840
Behälter, abwerfbarer ~ 2317
~entlüftungsrohr,
(Öl-) ~~ 4275
~ölkühler 4270
Behm-Lot 3874
Behörde, zuständige ~ 1009
~n 3305
Beladen 2331
Belastung, statische ~ 4023
~sfaktor 3262
Beleuchtungsradar 2339
Bemessungsflügelfläche 1288
~grundmasse 1283
~höchstmasse 1285
~landemasse 1284
~rollmasse 1287
~startmasse 1286
Beobachter,
automatischer ~~ 511
~ungsballon 2866
Beratung 778
~sbezirk,
(Flugverkehrs-)~~ 36
~sdienst,
(Flugverkehrs-)~~ 261, 262
~sluftraum,
(Flugverkehrs-)~~ 35
Berechtigung 3435
~ für IFR-Flüge 2241
Bereitschaftsstufe 278
Bergwind 2773
Berichtigte Fahrt-
messeranzeige 824, 825
~ Fluggeschwindig-
keit 824, 825, 3471
Besatzung 188
~sbetriebsraum 1679
~smitglied 1187
~sraum 1679
Beschleunigung,
negative ~ 2802
~en 11
~sanzeiger 13
~sfehler 9
~smesser 13
~~, Landestoß-~~ 2143
~sschreiber 13
~szähler 1163
Bester Gleitwinkel 2720
Bestimmung des
Nordwertes 2842
~ Ostwertes 1425
Besucher, zeitweiliger ~ 4310
Betanken, offenes ~~ 2903
~ungsanzeiger 3490
~~ausleger 3488
~~-Magnetventil 3867
~~-Schwimmerventil 1720
~~sonde 3247

~~ventil 3495
Betonabstellplatz 1986
Betriebsbedingungen,
zu erwartende ~~ 387
~leermasse 637, 2911, 2912
Be- und Enttankungs-
ventil 3486
Bevollmächtigter 505
Bewegliche Boden-
funkstelle 2736
~r Flugfunkdienst 114, 115
Bewegung, abklingende
aperiodische ~ 4115
~, angefachte
aperiodische ~ 1354
~sfläche 2776, 2777
Bewölkung 1768
Bezirkskontroll-
dienst 447, 448
~stelle 445, 446
Bezugsdruck 3480
~ebene 1238
~feuchtigkeit 3478
~fläche 1238
~flügelfläche 1288
~kompaß 2351
~linie 2581
~radius 3994
~schnitt 3481
Biergol 687
Blashutze 711
Blatt, angelenktes ~ 474
~, fallendes ~ 1579
~, starrverbundenes ~ 3574
~belastung 694
~dämpfer 693
~druckseite 3214
~einstellwinkel 689
~fehleinstellung 2933
~fläche, wirksame ~~ 688
~pfeilung 697
~spitzenebene 4384
~~geschwindigkeit 4385
~steigung,
geometrische ~~ 1863
~~-V-Stellung 698
~~winkel 689
Blendschutz 1870
Blindfluginstrumente 701
~flugkurve, Standard-~ 3995
~übermittlung 702
Blinkfeuer 1665
Blitzfeuer 1665
Blizzard 706
Bodenanlaßgerät 1928
~anschlüsse 1929
~ausrüstung 1919
~/Bord-Funk-
verkehr 1932, 1933
~~ -Verkehr 1932, 1933
~echo 1926
~funkstelle 118, 119
~~, bewegliche ~~ 2736
~gerät 1919
~laufzeit 1925
~leerlaufzustand 1920
~sicht 1768, 1935
~verkehr, Signalfeuer
für den ~~ 1934
~wind 1768
Bö(e) 164, 1967, 3954
~en(schwell)tiefe 1968
Bootskörper 2086

~rumpf 2086
~stummel 3949
Bord/Boden-Funk-
verkehr 257, 258
~/Boden-Verkehr 257, 258
~flugzeug 3780
~gestütztes Flugzeug 854
~~ Luftfahrzeug 854
~ingenieur 1682
~verständigungs-
anlage 2259, 2283
~vorräte 4067
Boxermotor 2918
Brandschott 1620
Breitenentfernung 1272
Bremsklappe 162 a
~leistung 756, 757
~~, gesamte
äquivalente ~~ 4398
~rakete 763
~schirm 760
~~, Landeanflug-~~ 417
~steigung, Luftschraube
mit ~ 3544
~stellung 762
Brenner 800
~kammer 986, 988
~~, Gegenstrom-~~ 3534
~~, Gleichstrom-~~ 4074
~~-Zwischenstück 2260
~schluß 288, 289
~~entfernung 290
~~geschwindigkeit 806
~stoff 1806
~stopp 1219
~~geschwindigkeit 1220
Briefing 779
Brise, frische ~ 1794
~, leichte ~ 2445
~, mäßige ~ 2740
~, schwache ~ 1861
Bruchfaktor 4528
~last 4529, 4530
Buffeting 787
Bugkappe 750
~kühler 2847
~radfahrwerk 2850
~seitenleinen 4811
~versteifungen 751
Bumslandung 2968
Bürgerliche
Dämmerung 941, 4519
Buys Ballots Gesetz 810
Bypass-Triebwerk 811, 1403

C

C-Schirm 813
Cetan-Zahl 895
Co-Pilot 1154
Coriolis-Effekt 1159
Crabpot-Ventil 1181

D

D-Wert 1226, 1227
Dämmerung 4519
~, astronomische ~ 4519
~, bürgerliche ~ 941, 4519
~, nautische ~ 4519
Dampf(blasen)sperre 4588

~system,
Leitstrahlanflug-~~ 670
~täuschung, Meacon-~~ 2672
Funkhöhenmesser 3383
~kompaß 509, 3391
~navigation 3396
~navigationshilfsmittel 3397
~peilen 3393
~~gerät 3392
~~stelle 3397
~~ung 3390
~~wesen 3393
~sonde 3404
~stelle für die
(Flug)Platzkontrolle 54
~~, reguläre ~~ 3502
~telephonie 3407
~verkehr,
Boden/Bord-~~ 1932, 1933
~~, Bord/Boden-~~ 257, 258

G

G-Anzug, Anti-~ 378
Gabelpleuel 1769
~rohr 764
Gasentladungsleuchte 1034
~leitung 1835
~schacht 1837
~turbine 1838
~~ntriebwerk, Gegen-
strom-~~~ 1064
~volumen 1839
~zelle 1827, 1833
~~nnetz 1829, 1831
~~n-Umfangsseile 936
GCA-Anflug 1916
~~, Präzisions-~~ 3189
~~system 1918
~-Verfahren 1916, 1917
Gebläse 730
~gleichrichter 1586
Gee 1858
~ H 1859
Gefahrenfeuer 1991, 1992
~gebiet 1237
Gefühl,
fliegerisches ~ 1594, 1595
~, Steuerdruck-~ 1594
Gegenkabel 381
~kursteil 3459
~läufige Propeller 1065
~passat 386
~sprechanlage 2259, 2283
~strom-Brennkammer 3534
~~-Gasturbinen-
triebwerk 1064
Gekuppeltes Triebwerk 1164
Geltender Flugplan 1213
Gemisch, Klopffestigkeit
bei armem ~ 4688
~~ reichem ~ 3553
~anreicherung,
automatische ~~ 520
~regler 2732
~~, selbsttätiger ~~ 510
~ter Kühler 2730
~verarmung,
automatische ~~ 506
~verteilung 2734
Genehmigt 437
~e Ausbildung 438

Geodätische Bauweise 1862
~graphisch Nord 4468
~metrie, Lufteinlauf mit
veränderlicher ~~e 4595
~~sche Blattsteigung 1863
~~sche Verwindung 1864
~strophische Wind-
geschwindigkeit 1865
Gepaartes Triebwerk 2967
Gepäck 562
~, unbegleitetes ~ 4532
Gepreßter Kontakt 1190
Gerade Aufsteigung 3568
~ausanflug 4075
Geräuschmesser 2821
~, absoluter ~ 2865
Gerätekategorie I-ILS 1563
~ II-ILS 1564
~ III-ILS 1565
Gerippe 2087
Gerissene Rolle 1671, 3860
Gesamtauftrieb 1909, 4400
~druck 4399
~e äquivalente
Bremsleistung 4398
~flügelfläche 1914
~flugzeit 1755
~schub 3769
Geschäftsflugzeug 1539
Geschlepptes
Gleitflugzeug 4403
Geschlossene Meßstrecke 956
~ Motorhaube 2828
~r Wasserkanal 4681
~s Vereisungsnetz 1825
Geschwindigkeit,
kritische ~ (eines
Wasserflugzeugs) 2092
~, schallnahe ~ 4442
~, sichere ~ 3671
~, transonische ~ 4442
~, untere kritische ~ 1192
~sbereich,
schallnaher ~~ 4443
Gesteuerte, langsame
Rolle 3855
~ Rolle 156
~r Kreis 2266
~s Hilfsruder 1131
Gestielter Hochdecker 3009
Gestirnshöhe 489
~nunterschied 2254
Gestutzte Tragfläche 953
Gewicht, abwerfbares ~ 1325
~, festes ~ 1638
~, verfügbares ~ 1335
Gieren 4813
~moment 4814
~~, Querruder-~~ 159
~ungsmesser 4812
Gipfelhöhe 866
~, absolute ~ 5
~, Reiseflug-~ 1206
~, Schwebeflug-~ 2082
Gitter 858
~navigation 1906
~netz 1905
~-Nord 1907
Glatteis 1872
Gleichgewichtshöhe 1521
~strom-Brennkammer 4074
~~umformer 1147
Gleitboden 3104

~er 1884
~flächen, Pleuel-
anordnung mit ~~ 3847
~flug 1873
~~zeug 1884
~~~, geschlepptes ~~~ 4403
~spiralflug 3940
~weg 1874, 1875, 1876
~~-Funkfeuer 1878
~~sektor 1879
~~strahl 1876
~~winkel 1877
~winkel 1889
~~, bester ~~ 2720
~~befeuerung 355
~zahl 1880
Gletscherwind 1869
Glocke 3837
Gondel 846, 2788
~, abnehmbare ~ 3113
Gouge-Klappe 1554
Gradientwind-
geschwindigkeit 1898
Gradnetz 1900, 1905
~navigation 1906
Graupel 3862
Greenwich-Zeit,
mittlere ~ 1904
Grenzgeschwindigkeit 2478
~schicht 739
~~, laminare ~~ 2334
~~, turbulente ~~ 4504
~~ablösung 743
~~-Absaugklappe 4119
~~absaugung 744
~~beeinflussung 741, 742
~~steuerung 742
~~übergang 745
~~verdichtung 740
~~zaun 1600, 1601
Grivation 1908
Große Höhe 2026
~kreis 1902
Grund,
Kurs über ~ 4406, 4407
~, Standort über ~ 1923
~geschwindigkeit 1927
~masse 637
Gruppe im festen
Flugfernmeldenetz 143
Gültigkeitserklärung
(eines Luftfahrer-
scheins) 3510
~ Lufttüchtigkeits-
zeugnisses) 3509
Gummiseil 3782

H

H-Motor 2024
Hagel 1980
Halbaktive Zielsuch-
lenkung 3726
~automatische
Weitergabeeinrichtung 3727
~(durch)messer 3728
~e Rolle 1983
~er Looping 1982
~er Überschlag 1982
~integralbehälter 3729
~messer 3728
~starre Theorie 3731

285

Faszination Fliegen

Wer vom Fliegen fasziniert ist und über diesen Bereich ständig auf dem Laufenden sein will, hat in FLUG REVUE die richtige Zeitschrift für sein Interesse gefunden.

FLUG REVUE berichtet alles Wissenswerte über Luftverkehr, Militärflugzeuge, Triebwerke, Raumfahrt, Elektronik und Sportfliegerei. Mit fundierten Beiträgen und einzigartigen Farbfotos.

FLUG REVUE – Deutschlands größte Zeitschrift für Luft- und Raumfahrt. Jeden Monat neu.

Überall im Zeitschriftenhandel erhältlich